История
российского крестьянства
XX века

20世紀ロシア農民史

奥田 央——編

社会評論社

20世紀ロシア農民史＊目次

凡例／9

序にかえて　20世紀ロシア農民史と共同体論──奥田央 ……11

第1部◉歴史と現代

20世紀ロシア農民の歴史的記憶
　　──イリーナ・コズノワ（松井憲明訳）……………………………59
　はじめに／59
　1．記憶研究の諸傾向／60
　2．農民的記憶の基本的特徴／62
　3．20世紀の文脈における農民の記憶／65
　4．いくつかの結論／78

第2部◉コルホーズ以前の農民

ストルィピン土地整理政策と首都県の農民
　　──ドミトリー・コヴァリョーフ（崔在東訳・鈴木健夫補筆）……87
　はじめに／87
　1．改革前の農民土地利用／88
　2．ストルィピン改革の進行／91
　3．農業技術援助と区画地経営／95
　4．モスクワ県における集団的土地整理／98
　5．第1次世界大戦期における土地整理政策／99
　むすび／105

20世紀初頭ロシアにおける農民信用組合（1904−1919年）
　　──モスクワ県を中心として──崔在東 ………………………111
　はじめに／111
　1．農民信用組合の設立／113
　　1.1．農民信用組合の設立まで・113
　　1.2．ゼムストヴォ小規模信用金庫と農民信用組合・115
　　1.3．土地整理委員会と区画地経営・117

1.4. ストルィピン農業改革と農民信用組合の発展・119
　2. 農民信用組合の設立と成長／121
　3. 組合員の構成／123
　　3.1. 組合員構成・123
　　3.2. 入会・脱退・除名・125
　4. 預金事業と資金調達／126
　　4.1. 預金事業・126
　　4.2. 借入・128
　　4.3. ロシア革命期における資金調達・129
　5. 貸付事業／132
　　5.1. 無担保・無保証貸付・132
　　5.2. 未回収債権率・133
　　5.3. 貸付利用者と貸付額・137
　　5.4. 貸付期間と貸付金利・139
　　5.5. 貸付の目的と使用先・140
　6. 農業物資調達のための仲介事業／142
　むすび／144

1918－21年のウクライナにおけるマフノー運動の本質について——ヴィクトル・コンドラーシン（梶川伸一訳）……………153
　1. マフノー運動への新たな視座／153
　2. マフノー運動におけるアナキズム／160
　3. マフノー運動の理論的基盤／164
　4. マフノー運動の政治的立場／171
　5. マフノー運動とボリシェヴィキ／174
　6. 反マフノー・キャンペーンの展開／179
　7. マフノー運動の悲劇／182

農村統治とロシア都市——県・市合同の分析（1918－1921）——池田嘉郎 ……………………………………………193
　はじめに／193
　1. 1920年初頭までの全国状況／194
　2. モスクワ県・市合同の前史／199
　3. モスクワ県・市合同／201
　4. 県・市合同後のモスクワ党組織／205
　5. 県・市合同後のモスクワ・ソヴェト機構／207
　むすび／210

共産主義「幻想」と1921年危機──現物税の理念と現実
──梶川伸一 …………………………………………………………219
1. 現物税の理念的基盤／219
   1.1. 問題の所在・219
   1.2. 共産主義「幻想」・223
   1.3. 社会主義的交換への移行・225
   1.4. 過渡的措置としての現物税・228
2. 21年危機の現実とそれへの対応／231
   2.1. 21年危機の出現・231
   2.2. 第10回党大会・235
3. 現物税構想の変容／237
   3.1. 党大会決議から法案作成へ・237
   3.2. 政策方針変更の要因・242
むすびにかえて／244

ヴォルガ河に鳴り響く弔鐘
──1921-1922年飢饉とヴォルガ・ドイツ人──鈴木健夫 ………253
はじめに／253
1. 第1次世界大戦・社会主義革命・内戦／254
2. 食糧徴発、暴動・虐殺／258
3. 飢饉／266
おわりに／285

共同体農民のロマンスと家族の形成──1880年代-1920年代
──広岡直子 ……………………………………………………………291
1. 出会いの場／293
   1.1. 農民の性別年齢階梯における呼称・293
   1.2. 青年の地位と役割・297
   1.3. 出会いの機会・306
2. 結婚生活／317
   2.1. 婚前交渉・317
   2.2. 処女性と結婚生活の公開・319
小括──むすびにかえて／324

ネップ期の農村壁新聞活動
──地方末端における「出版の自由」の実験──浅岡善治 ………335
はじめに／335

1.「わが村の新聞」――農村壁新聞活動の構想と射程／337
   2. 農村壁新聞活動の展開と1926－27年サークル調査／344
  おわりに／357

穀物調達危機と中央黒土農村における社会政治情勢（1927－29年）――セルゲイ・エシコフ（梶川伸一訳）……373
   1. ネップと「農民同盟」／373
   2. 穀物調達危機と非常措置／378
   3. 危機の慢性化／385
   4. 暴力の全面化　集団化へ／393

農村におけるネップの終焉――奥田央 ……403
  はじめに／403
   1. 転換はいかに起こったか／404
   2. 村への調達計画の割当／409
   3. キャンペーンの同時性／418
   4. 村計画のシステム化／427
   5. 暴力の源泉／432

第3部●コルホーズ農民

1928－1931年の赤軍における「農民的気分」――ノンナ・タルホワ（浅岡善治訳）……455
  はじめに／455
   1. 赤軍の「農民性」の社会的特徴づけ／458
   2. 1928－1931年の赤軍における「農民的気分」／459
     2.1. 軍政治機関のシステムと情報提供の諸原理・459
     2.2. 農村における「新路線」に対する軍の反応・462
     2.3. 1928年夏以降の「農民的気分」・466
     2.4. 1929年の「農民的気分」・469
     2.5. 1930年の「農民的気分」・471
     2.6. 1931年の「農民的気分」・473
  むすびにかえて／474

ロシアとウクライナにおける1932－1933年飢饉
：ソヴェト農村の悲劇
　　──ヴィクトル・コンドラーシン（奥田央訳）..................481
　1. 問題の所在と研究の視角／481
　2. 背景　1930－1931年／483
　3. 1932年の経済危機／485
　4. 飢饉　1932－1933年／495

1920年代－1930年代のヨーロッパ・ロシア北部における
コルホーズ・農民・権力
　　──マリーナ・グルムナーヤ（奥田央訳）..................511
　はじめに／511
　1. コルホーズ管理史／512
　2. 突撃作業員／518
　3. 国家とコルホーズ／522
　4. 共同体とコルホーズ／524

20世紀前半のウラル地方における農業の変容
　　──ゲンナジー・コルニーロフ（鈴木健夫訳）..................537
　はじめに／537
　1. 1920年代－1930年代／538
　2. 第2次世界大戦期／546
　　2.1. コルホーズ経営と副業経営・546
　　2.2. 農業各部門・552
　　2.3. 農業政策──穀物調達・食糧問題・556
　おわりに／562

コルホーズ制度の変化の過程　1952－1956年
　　──松井憲明..................567
　はじめに／567
　1. 逃亡農民の送還問題　1952－53年／569
　　1.1. キーロフ州からロストフ州への農民逃亡事件・569
　　1.2. アストラハン州からスターヴロポリ辺区への農民逃亡事件・570
　2. コルホーズ員からの付属地返上嘆願の問題　1952－53年／573
　3. 農業アルテリ（コルホーズ）模範定款改正問題　1955－56年／578
　4. コルホーズ員給与支給問題　1955－56年／582
　5. 若干のコメント／584

5.1. 逃亡農民の送還問題について・584
　　5.2. コルホーズ員からの付属地返上嘆願の問題について・587
　　5.3. 農業アルテリ定款改正問題とコルホーズ員給与支給問題について・589

1960年代－1980年代のロストフ州農村における労働力の可能性：行政的調整の試み
　　——ヴィターリー・ナウハツキー（池田嘉郎訳） ················597
　はじめに／597
　1. 農村人口の変化と労働リソースの利用状況／598
　2. 農村における物資・技術基盤の拡張および社会的領域の発展／607
　3. カードル問題への「非市場的」対応／617
　むすび／623

第4部◉ポスト・ソヴェト農民

ロシアにおける土地流通・土地市場
　　——実態理解のための若干の考察——野部公一 ················631
　1. 課題設定／631
　2. 土地改革の経緯／633
　3. 土地流通・土地市場の特徴／637
　4. 変貌する土地市場／646
　5. おわりに／650

移行経済下ロシアの農村における貧困動態
　　——都市の貧困動態との比較から——武田友加 ················655
　はじめに／655
　1. ロシアの貧困の特徴／656
　　1.1. 貧困と不平等の拡大・656
　　1.2. 都市・農村の貧困リスクと貧困増加・減少の変化率・659
　2. データと分析方法／661
　　2.1. 貧困動態分析のためのデータ・661
　　2.2. 貧困の測定・661
　　2.3. 貧困動態：慢性的貧困、一時的貧困、非貧困・662
　3. 都市貧困と農村貧困の相違／663
　　3.1. 都市と農村の貧困動態：一時的貧困か、慢性的貧困か？・663
　　3.2. ロシア全体の貧困動態と労働力状態・666

3.3. 都市内・農村内の貧困動態と労働力状態の連関の相違・670
　　3.4. 都市・農村間の貧困動態の相違・673
おわりに／678

編者あとがき／685
事項索引／691
人名索引／703
著者紹介／709
ロシア語目次／715

［凡例］

1　本書に掲載されている論文は、日本人、ロシア人を問わず、本論文集向けに新しく執筆されたものである。ただし、エシコフ論文だけは、都合により、本研究グループの最初の作品である露文の論文集（«XX век и сельская Россия», CIRJE-R-2, Faculty of Economics, University of Tokyo, 2005）に所収のテキストを訳出した。同論文集所収の論文を基礎として、あるいはそれに関連して書かれたものも、本書には一部ふくまれている。なお、この露文論文集については、編者の「あとがき」を参照。

2　翻訳論文中の小見出しは便宜的に訳者が付したものである。例外はコズノワ論文とタルホワ論文で、その小見出しは原著者のものであり、後者には若干の変更を加えた。

3　原文の強調（イタリック、ボールド、傍点、隔字体）は、特記なきかぎり、ゴシック体とした。

4　ロシア語固有名詞のカタカナ表記については、原則を設けなかった。

5　翻訳論文のパラグラフのあとに付せられている原注（＊で示した）は、原テキストのものではなく、編者あるいは訳者の質問に著者がこたえた内容にもとづいている。

6　換算は次のとおり。
　　1プード＝40フント＝16.38キログラム
　　1ツェントネル＝100キログラム
　　1サージェン＝3アルシン＝48ヴェルショーク＝2.134メートル
　　1デシャチーナ＝2400平方サージェン＝1.092ヘクタール

序にかえて　20世紀ロシア農民史と共同体論

奥田央

　管見のかぎりではここにはじめて指摘されることであるが、1949年に刊行された『スターリン著作集』第12巻には、重大な修正が施されている。1929年にスターリンは、反右翼キャンペーンのさなかに、「農民は**最後の資本家的な階級である**」という、農民層全体に対する強い警戒心を露わにした命題を定式化した。この命題はその後、まさに「スターリン時代」といわれる時期をとおして、彼の『レーニン主義の諸問題』の各版において（1947年刊の第11版にいたるまで）撒き散らされた。それは、20年も経った1949年に無言のうちにひきだしの奥にしまいこまれ、かわって、「個人的な農民は**最後の資本家的な階級である**」という、集団化以前の時代的限定がついたトーンの低い命題があらわれた[1]。この間、農民はつねにソヴェト権力にとってとりわけ意のままにならない存在であった。

　巨大な「農民国」ロシアで権力についたボリシェヴィキが、みずからを、広大な農民の海に囲まれた小島に譬えたことは、その歩みの困難と危うさを象徴していた。しかしその困難とは、スターリンがここに強調したような、農民が資本家に転化するという意味での困難ではなかった。資本家階級の発生母体としてロシアの農民をとらえることは、危機感を煽る効果は大きかったとはいえ、問題そのものをむしろ小さくするものであった。

　20世紀のロシアの農民は、そのような傾向を萌芽として見せることはあったとはいえ、他方で、みずからの労働を通した土地との強い関係、みずからの個人的な経営を執拗に維持しつづけた。レーニン以来の国是であった「労農同盟」の原則は、農民の個人経営に対して最終的に肯定的なのか

否定的なのか、曖昧な部分を残しつづけた。個人経営の維持に概ね肯定的であった1920年代の末にいたって、経営への期待を滲ませる農民が、他方での「クラーク」（富農）への敵視のなかで、「牝牛は何頭までであればクラークにならないか」と権力者に問う姿は、社会主義ロシアのアポリアをあらわしていた。コルホーズ以後もその問題は本質的には同じであった。農民はこうして、ソ連の社会主義体制にとってどこか収まりの悪い社会的勤労者と私的所有者という「わらじを履いたヤヌス」でありつづけた。

　顧みれば、スターリンのソ連は、農民との緊張関係を全般的な背景として存在していた国家であった。冒頭のスターリンのかつての命題は、むしろ体制がもつこの緊張関係を明らかにしていた。或る階層を敵視しつづける権力は、その対象を失うとき、その存在理由の大きな一つを失う。ロシア革命後8割を優に超えた農村人口は、21世紀に入ったときには3割を下回っており、農業従事者はそれよりはるかに少なかった。とくに、スターリンに象徴されるソ連の終焉を準備した時期に当たる1960年代－80年代は、同時に都市化、「脱農民化」、したがっておそらくは大衆社会化がもっとも急速に発展した時期であった。農村における深刻な飢餓や弾圧というソ連史の負の要因をも、さらに、人類史にとっておそらく必然的でもある傾向をも、ともに原因としてふくむ「脱農民化」は、それが進行したソ連という国の基礎そのものを掘り崩すことになった。

　この歴史のすべての展開の基点にあったのが、農民共同体という古めかしい制度であった。「ヤヌス」としての農民の歴史的な起源は、「個人的なもの」と「集団的なもの」と併せもつ共同体農民であった。マルクスに由来する「固有の二元性」という概念は、それとして意識されなくとも、かつて多くのロシア農民の研究者が直面し、現在も直面している問題状況をいいあてている。われわれもまた、共同体とそれをめぐる情勢の変遷過程を追跡しながら20世紀を鳥瞰することからはじめることになる。

　1990年代、すなわちソ連崩壊後の新しい状況の下で、ソ連農民史研究の

指導者であったダニーロフ（1925－2004）のもとに集まった研究者チームは、新しいロシア農民運動史研究に精力的に従事してきた。本書の共同研究に参加しているロシア人研究者のなかでは、コンドラーシン、エシコフ、タルホワがそのメンバーである。ダニーロフは、1902年から1922年までをロシア農民革命の時期区分（したがってロシア革命の時期）として設定することをほぼ定説の地位に据えた[2]。1902年、強い地主制と農民の土地不足を特徴とするポルタワ県とハリコフ県でそれがはじまり、1905年革命と1917年革命、次いでボリシェヴィキに対抗する大規模な農民戦争をへて、その敗北のあと（しかし別のいい方をすればその成果として）1922年の土地法典が農民の共同体的な慣行を法的に確立した、という歴史がそれである。農民運動がはじまる直前の1902年1月にトルストイがニコライ2世に送った書簡のなかで、土地の私的所有の廃止を訴え、自分の労働で耕作するものに土地を譲渡することをまさに訴えたことは、20世紀ロシア農民史の全過程の予言であった。

　1902年－1922年の過程において農民共同体が重要な役割を演じたことは、さらに以前から詳細に明らかにされてきた。とりわけ1905年革命においては2つの重要な特徴があらわれた。第1に、基本的な革命的行動、とくに地主地の奪取が、共同体的自治の機関でもあった村スホード（共同体の集会）における決議（プリガヴォール）を通して実行されたことである。こうして専制の統治機構の末端として機能していた共同体は突然革命的な、民主主義的な機能を果たしはじめ、地方によってはそれは国家から完全に独立した存在であるとみずから宣言した。そのもっとも明白な実例が、モスクワ県ヴォロコラムスク郡マルコヴォ共和国であり、この「共和国」は、1905年10月31日から1906年7月18日まで実在した。共同体的な農民権力の樹立という事実は1905年の10月－11月にサマーラ県やサラートフ県でも広汎に存在した[3]。第2に、農民のなかに、土地はそれを自分の労働で耕作するものにのみ属する、という主張が公然とあらわれ、土地は完全に無償で没収するべきであり、それを耕作する人の均等的な利用向けに譲渡されるという綱領

的な要求にまで具体化された。

　このような農民の土地観は、「農民慣習法」という研究対象としてすでに19世紀から広く考察されていた（エフィメンコ、パフマン等々）が、1920年代には、とくに、ノヴゴロド県の農村を詳細に調査したフェノメーノフによって、「肉体労働を所有権の基礎と見なす見解は、農民のなかに広汎に普及している」と断定された[4]。しかしそれだけではない。農民の観念は、人の手がくわえられていない、「自然」がつくりだしたすべてのものにも及んでいた。それによれば、労働が投下された、蜜蜂の巣が掘ってある木を伐採すれば泥棒であるが、自然の、すなわち林間に播種地のない、あるいは植樹されたのではない森の木を切っても、それは神の恵みをえただけであった。石油、石炭やその他の燃料、鉱物など、地下資源もそうであった[5]。1917年春にはじまったあらたな農民革命の段階において、たとえばタンボフ農村では、農民の盲目的な森林伐採が彼らの行動の一つの核を形成しており、同年秋には、様々な資源、農用地の占拠行為のうち20％もの部分を自然資源の占拠（なによりもまず森林伐採）が占めていた[6]。ほとんどすべての農用地が農民の手に移った1918年初頭にはその動きは沈静化したものの高い木材需要のもとでなおも停止することはなく、革命後、国有化された森林の伐採は1920年代にはかえって大規模となった。「自然」と農民という問題は、実に、コルホーズ制度のもとにおいても存在したのであるが、それはのちにも考察しよう。

　1905年革命のあと、翌年のストルィピン農業改革においてツァーリ政府は決定的に反共同体の立場に転じたが、20世紀初頭のロシアにおいては共同体は大多数の農民にとってなおも社会的庇護と自己防衛の組織でありつづけ、ロシアの資本主義は伝統的な農村のありかたを崩壊させることはできなかった。それどころか、土地革命の過程において主要な農業地帯の農民は逆にストルィピン改革の成果を葬り去った。それは「共同体革命」、ときには「共同体的反革命」（«общинная контрреволюция»）とさえ呼ばれた。実際それは、農民上層の激減と農業生産力の低落をともなった。

土地革命期の農村のほとんど唯一の実態調査といえる若きペルシンが指導したヴォロネジ県ザドンスク郡の調査結果には、次のような印象的な一文があった。「革命の最初から、共同体は急速かつ強力に蘇り、土地の一時的な分配の時期には、農業改造の根本的な形態となっている。その均等的割替システムは、個々の村の狭い枠を超えて全郷へと移っている」。この調査は、郷のなかでの村間での土地の均等化と、村内部での「間断のない毎年の割替」を確認した[7]。

土地利用に関する共同体の復活は、同時に農民の社会的な自治の組織としての共同体の強化をも意味していた。ソヴェト時代、集団化以前の1920年代のロシアの共同体は、公式には「土地団体」（земельное общество）と称された。この表現自身が、共同体の機能は土地の分配や管理に関する役割に限定され、その他の社会的、文化的、政治的等の機能は地方ソヴェトが担うものと想定していた。しかし実際には「土地団体」は、土地に関する団体という機能を大幅に超えていた。1927年末からの様々なキャンペーンのもとでの権力と農民の対抗（本書エシコフ論文、奥田論文を参照）は、「農民同盟」（крестьянский союз）(*)としての共同体の性格を際立たせた。1928年初頭のタンボフ農村に関する労農監督人民委員部の文書は、まさにその情勢のもとで次のように記した。「土地団体は同盟に結合できる権利を利用し、したがって土地団体のアクチーフもこの権利をもっている。こうして共同体は農民同盟の萌芽的状態から一層広汎で強力な組織へと転化する可能性を受けとっている」。この文書は、共同体の廃止を断定的に要求した[8]。

　＊この場合には、農民の地域的な団体としての共同体の性格が強調されており、本書のコズノワ論文、エシコフ論文における同じロシア語名の概念とは異なる。後二者の場合には、労働組合とは区別された、農民の利益を擁護する「農民組合」という訳語が実態により近い。他方、コヴァリョーフ論文（93頁）のそれは歴史上実在した1905年革命期（1917年にも復活した）のものであり、「全ロシア農民同盟」設立大会の決議（05年11月）は、私的土地所有の廃止、「雇用労働なしに、家族労働で土地を耕作するもの」へのその利用の譲渡を要求した。本書のコズノ

ワとエシコフの論文に登場する1920年代の「農民同盟」は、農民が05年革命時の組織の歴史を直接に意識していたか否かを問わず、1920年代という時代の様々な特性を反映させながら、都市に対抗して農民固有の利益を守ろうとした動きであり、それに対する農民間での符牒のようなもの（あるいは場合によっては権力側からのレッテル）である。旧ソ連の歴史学で、それを、20年代初頭に絶滅された農民反乱の非合法的残党、エス・エルの影響下の「クラーク的」反革命組織として詳論し、評価を確定したのはククーシキンである[9]。

　こうして農民共同体を廃絶することは集団化の明示的な、公式の課題であった。1927年12月の第15回党大会におけるモロトフの報告は共同体廃絶への党の方針（しかしこのときはまだ方向性であった）を宣言したものであった。農民共同体を地方自治の組織としての局面で理解すれば、その直後に訪れた穀物調達と集団化の、共同体に対する窒息的な役割は明らかである。ソヴェトの農業集団化の実態を少しでも知るものは、その巨大な変革、変動の規模に驚くであろう。大局的に把握すれば、第1次五カ年計画期に確立した党と国家の一元的な支配体制は、自治組織としての農村共同体の存在とは相容れないものであり、農村末端の共同体＝村社会に固有の統治の機能は、より上部の行政機構へ、最終的には国家へと吸収されていった[10]。また土地団体としての共同体がメンバー間に平等に土地を分配する組織であったのに対して、分与地の仕切りのない、分配されることのないひとまとまりの耕地をもつコルホーズは、土地団体としての共同体を否定したものである。
　さらにコルホーズは工業化のための国家の法外な穀物調達に本質的に従属した組織であり、事実上収奪の対象にすぎなかった。スターリンの時代を通して存続した義務納入制においてこの状況はかわらなかった。コルホーズ農民は、ときに自虐的にこの新しい組織を「アルテリ『徒労<small>ナプラースヌイ・トルート</small>』」と名付け（「赤い労働<small>クラースヌイ・トルート</small>」の洒落か）、ますます「賦役<small>バールシチナ</small>」や「貢租<small>オブローク</small>」を思い起こし、共産党の頭文字「ヴェ・カ・ペ」を「第2期農奴制」（«второе крепостное право»）と読みかえた。いいかえれば、圧倒的な調達

義務のもとで、耕地は事実上国家の独占物とかわることがなくなった。1932－1933年の飢饉に際しては、多くの農婦は、コルホーズの耕地（かつての自分の分与地！）から夜な夜な穂を切って盗みとる「床屋」になった。手にはさみをもっていたからである。帝政期の共同体では「泥棒」は現行犯でつかまれば、いばしば「ミール」（農民共同体）全体で殴り殺された。しかしいまや「泥棒」は国家であった。ソ連の飢饉の時期には、権力に仲間を売らない「連帯責任」が働いていた[11]。これが、1990年代以降、ロシアの農民史学で永らく注目を浴びている「モラル・エコノミー」[*]にいう、「閉鎖団体的な農民の秘密」（«корпоративные секреты крестьянства»）の典型的な一例である[12]。

　＊アメリカの歴史家ジェームズ・スコット（主著に Scott, James C., *Weapons of the Weak: Everyday Forms of Peasant Resistance*, Yale University Press, 1985）によって提起された概念で、農民の特性を、社会的、心理的、政治的要素、行動規範、観念を重視した総体として把握し、とくに、飢饉、凶作、窮乏に対して、遠い過去から守られてきた農民の相互扶助や集団的な自助のしきたり、システムに着目する。

このようにして農業集団化が共同体史のもっとも主要な局面の終焉、時代の急激な転換であるという歴史の画期は疑うことができない。20世紀ロシア農民史最大の境界線が、1920年代末から1930年代初頭の数年間に引かれることは疑う余地がない。それに比べると、ロシアの土地革命においては、その直前までには多くの土地が地主から賃借され、分与地と購入地とともに全体の9割をも占める土地が農民の耕作のもとにあったことを考慮に入れると、それは反地主闘争という形態をとったとはいえ、より一層重要なその本質は、**耕作者としての農民自身のあいだでの土地分配**、口数原則を全国的規模に拡大した農民間での土地分配であったといわなければならない[13]。残されている数字としては、ヨーロッパ・ロシアで1927年までに（すなわちかつての非勤労的土地所有をふくむ）農民の全播種地の3分の2が割替を蒙ったのである[14]。

他方、集団化においては、分与地における分配原則そのものが一義的に否定された。かつての共同体の分与地の仕切りは一掃されて、「手のひらのように」平らな「土地のひとまとまり」が出現した。農民の手からは馬や犂などの生産手段が倉庫や畜舎に移され、集団的な労働組織の形態が考案された。これは共同体からコルホーズへの転化の問題である。ところが現実には、前述のように、この転化が「純粋な」形で生起した例はおそらく一つとして存在しないに相違ない。現実の集団化は、穀物をはじめとする農産物、畜産物のあらゆる種類の「もの」、さらに購買力という名の「金」や、あげくはクラーク清算のスローガンのもとで「人」までも農村から収奪する行為と表裏一体であり、この事実が、ロシアにおける共同体からコルホーズへの転化という問題を考察することを極端に困難にしているのである。集団化は、巨大な都市権力が実際に発動し、農村においてあらゆる種類の暴力が行使され、農民の労働の成果を奪い取る「人」が目に見える姿として現実に登場したという未曾有の特徴をもっていた[15]。したがって、以下の「転化」の問題は、つねに一定の、あるいは場合によって著しい抽象性を帯びているのである。

　まず、1920年代の共同体農民を前提として、それをスターリン体制の発生や成立に関連づけることができるのか、できるとすればそれはどのようにして可能かという大問題が存在する。或る意味では、渓内謙の研究全体はこの問題をめぐって執拗に、しかし実証史家にしては、しばしば思弁的にさえ追求したものであるといっても過言ではない。この点で、本書に収録されたタンボフのエシコフ（もとはアントーノフ農民運動の専門家である）の論文はまことに簡潔、かつ大胆なものである。彼は、農民スホードの決議（秘密投票ではなく挙手[16]）が多くの場合、全員一致を原則としていたという伝統に着目した。そこから、共産党内での右翼反対派の存在——右派が非常措置を非難するかぎり、農民にとってその存在ははるかに有利であるにもかかわらず——を理解する能力を本質的に欠いた、ロシア農民的な「民主主義」の担い手としての共同体農民に想到し、こうして、

右派弾劾の「上からの」キャンペーンに呼応するスターリン体制の「下からの」支柱となったという構造を想定した（本書388－389頁を参照）。

これほど直截に議論を展開した研究者を筆者はほかにほとんど知らない[17]。作業仮説はこのような場合にとくに貴重である。とくに「大転換」全体が右翼反対派との闘争と全く**不可分**に展開したということは、様々な歴史的意味づけを歴史家に可能にする興味深い事実であり、農民共同体とこの事実とをむすびつけたのは、エシコフの歴史家としての直感の鋭さを物語るものである。しかしあえて反論するならば、たしかに「『ミール』として行動するという古い農村の伝統」は、当時まだ非常に強く維持されていた。ところが、「ミールのいくところへ、われわれもすぐに」（«Куда мир, туда и мы вир»）という農民の古いことわざにしたがって行動するという「共同体的な行動様式」は、コルホーズに反対してそれを拒否する場合にも、否、この拒否の場合にこそ一層頻繁に見られたことを、同様にして強調しておかなければならない[18]。

スホードによる全体的な意思決定という手続きについては補足が必要である。それが帝政期の共同体の慣行に起源をもつものであることは、まず疑いを入れないであろう。やはり共同体全体の意思にもとづいて、スホードによって決定されたとされる「クラーク清算」については、第2次大戦後の或る決定の立案過程に貴重な資料が残されている。ウクライナのコルホーズからの農民の追放に関する1948年2月21日付ソ連最高会議幹部会布令（ウカース）——全国を対象とした同年6月2日付の有名な布令に先行するウクライナ版——の直接的な前提となった報告覚書（スターリン宛て）のなかで、フルシチョフは、帝政ロシア期に、地域の「福祉と安全」に有害な人物を追放する決議を共同体が採択できるという法律があったことを想起させた[19]。ソ連期には、共同体の集会における決定という法的な規定は、それを共同体農民（「市民」）の下からの「自発性」の根拠としようとする権力機関によって、それ以前から多くの重要な場面に導入されていた。しかし、集団化のような大がかりな政策的強行突破の時期においては、それは

多分に権力機関による、統治の正統性を付与することを目的とした、実体をともなわない擬制としての性格を帯びた。

しかし1948年6月2日布令にもとづくコルホーズ員の追放の場合には、コルホーズ集会において多数の出席者が公然と不賛成の意思を表明した事実が史実として残されている。一例だけにとどめよう。ヴォログダ州ババーエヴォ地区リュボチスカヤ・ゴルカ村では、追放の賛成者は出席者32名中のわずか5名であった。しかしそれも3度目の投票結果であった！[20]

当初ソヴェトの集団化においては、農村における従来の伝統的な関係を根底から覆すという急進的な企てと関連して、しかし本質的には、相対的に少数の活動家による最大限広域的なテリトリーを掌握するという目的から、巨大な規模のコルホーズの建設、いわゆる「ギガント・マニア」(巨大狂) に熱中するという不毛な企てが多くの地方を席巻し、それはその後もくりかえされた。しかしこの短い期間のあとには、コルホーズは基本的には「土地団体 (共同体) の枠のなかで」(в рамках земельного общества)、すなわち一つの共同体をテリトリーとして、基本的には同じメンバーシップのもとに発生した。1930年代のコルホーズの数が1920年代の村の数とよく一致していることはそれを物語っている[21] (クラークの清算、その他の方法によるメンバーの追放、あるいは棄村、逃亡等によるメンバーシップの変化があったことはいうまでもなく、ここでは問わない)。

1930年4月1日付のロシア共和国農業人民委員部の公式文書では、「村規模のコルホーズ」(«колхоз-село») を原則として今後コルホーズが建設されるという方針は、当時の大多数のコルホーズには自動車も電話もトラクターもなく、馬力が圧倒的な役割を演じていることによって規定されざるをえないという、むしろ消極的な理由にもとづいていた[22]。公式決定は同時に、半径「5キロ」までという条件の下で小規模村落の合併を例外として許容したが、それは、「徒歩」によって条件付けられていた。本質的には、ロシア農業人民委員部の規定は、人間と馬力 (およびそれに付属せしめられる犂) という伝統的な生産の形態にコルホーズの本質を依存

させたのである[23]。

　こうしてコルホーズ制度のもとでも村落の構造は維持された。まるで全一体を構成するような村、人々、周辺の森林、土地といったロシア農民の「ミール」に関する観念は、ネップはもとより集団化によっても完全に破壊されることはなかった[24]。メンバーシップの同一性は、本書でグルムナーヤが指摘するように、コルホーズが社会として共同体の延長にあるという自明の命題へとわれわれを導く。また共同体とコルホーズは、ともに旧西側のわれわれがいう私的土地所有の欠如という点で共通している。しかしこの共通性は、コルホーズ制度のなかで共同体的な原理が生き残ることを明らかに可能にした。さらに、スターリンの時代には、その自由な移動を制限した国内旅券制（パースポルト）の例を挙げるまでもなく、農民は収奪の対象として明らかに下層の身分におかれていたばかりでなく、彼らの農業は生存維持のための経営であり、それが飢餓水準にまで達することも全く珍しくなかった。このような状況では、生活を守るための共同体的な関係は各所に維持された。このことはすぐあとで論じることとしよう。

　ロシア本国では、共同体（いわゆる個人農）から社会主義農業への転化という命題のもとに、農民共同体の死滅という事実は自明視されてきた。その後、1980年代の後半以降のいわゆる歴史の見直しという状況のなかで、共同体とコルホーズとの截然とした制度的、段階的相違という前提を守らなければならない旧来の制約が崩壊した。それについて、小さな指摘ながら具体的に研究を指示したのが、中世史家であるリュドミーラ・ダニーロワ、ほかでもなく上記ダニーロフの夫人であった。彼女は、ロシアでは20世紀初頭まで機能していた均等的、割替制的な共同体に固有の、伝統的な土地獲得の原理は著しく生命力があり、集団化の後でもすぐには消滅しなかった、と主張した。そればかりでなく、さらに、「コルホーズは（部分的にはソフホーズも）、土地共同体の機能のより大きな部分を吸収し、若干のその［共同体の］社会的な規範と道徳的・倫理的な規範を保存した」と書いた。彼女は、フョードル・アブラーモフ、ヴァレンチン・ラスプー

チン、ヴァシーリー・ベローフら、いわゆる「農村派」といわれる小説家の作品のなかにそれが描き出されているにもかかわらず、これらの小説が学問的な対象とされていない、と指摘した[25]。

　このことは、集団化が農民社会や広義での文化のもっとも基底的な部分にどの程度の本質的な影響をあたえることができたかという、より一般的な問題に通じるものである。ダニーロワにやや先立って、同じシリーズの刊行物のなかで、1970年代までのおよそ100年間にわたるモルドワ共和国の北西部の1村の歴史——著者は「全国の歴史の縮図」であるという——を追跡したエフェーリン夫妻のすぐれた論文は、この間のあらゆる経済的、政治的大変動の過程を考察した最後に、「農民の生活、伝統の内容、農村の陰翳は根本的な変化をこうむらなかった。農民のメンタリティは政治的な改革よりも強力であった」と結論づけた[26]。これは明らかに農民社会の基底部分に論及しようとしたものである。

　それとの関連で付言すれば、集団化における都市権力の意思を体現して共同体の清算と農民からの収奪という任務を背負っていた「全権代表」や党の責任者が、同じ国民を標的にして村の現場に銃をもってあらわれ、下部の活動家も、銃がたとえなくても何らかの武器をもってあらわれたという事実（その後もくりかえされた）は、農民の記憶に深く刻み込まれた。ところが、彼らがそれぞれの村に永く居残ることはなかった。しばしば彼らに投げつけられた「村から村への渡り者になっている」（«гастролировать из села в село»）という非難[27]は、それ自体として「支配」の本質的な限界をも示唆している。コルホーズの建設が「決定」されたあと、常態が戻るやいなや、農夫は「共同化」されたはずの「自分の」馬を探して馬小屋を歩き、飼料をあたえ、「自分の」馬で労働し、馬に御者が必要ならかつての所有者がそれにあたった。犂でさえ、荷馬車でさえ以前と同じものを使った。馬も牝牛も、以前の綽名、印、付属用具一式をもっていた[28]。北部地方の1村を対象としたミクロな研究によれば、年老いた農民や気骨のある農民は、不便な土地であるといえ、個別の土地をあたえ

られて、「しばしば」「戦争にいたるまで」個人農でありつづけ、その子供の世代になってやっとコルホーズのメンバーとなった[29]。後述する住宅付属地の利用と労働組織の問題をこれらにくわえて、初期のコルホーズの実態を意識的に解明しようとした研究はまだない。

　以下くりかえして論じるように、コルホーズ制度上における共同体的関係の維持という関係を考察することは、新しい制度上でのたんなる「残滓」や「遺物」ではなく、移行の過程をいっそう歴史的に把握するということである。すなわちそれは、**新しい体制に対する農民の消極的抵抗、あるいは逆に体制の農民的な消極的受容**という、より広い、時代的な問題に関連しているのである。

　1990年代前半（1991－1996年）に、農民ロシアの核心をなす地方で農業改革下の農村のフィールド・ワークに従事したイリーナ・コズノワは、集団化後に出現したコルホーズ農村の歴史的規定を、まもなく次のように大胆に下した。「全体としてコルホーズ制度に対応していたのは、はやくも**農奴解放前の農民の志向**（ウスタノフカ）［引用文中のゴシック体は以下特記なきかぎり引用者のもの］であり、土地は個人的な所有にはなっていないが、農民はその利用の権利をもつという志向である。……コルホーズは、形式的には共同体を破壊しながら、農民のメンタリティを本質的には変えることができなかった。このことによって、農村の生活様式において共同体的原理が一定程度安定的であって、再生産する能力をもっていると想定する根拠があたえられている。個人的な経営形態への志向と均等的な集団主義との同時的な結合という共同体農民の相反する志向［二元性］は事実上かわらないままであった。この志向は、個人副業経営が執拗に維持されていることのなかにあらわれている」[30]。

　エフェーリン夫妻の前述の作品がアルヒーフ史料にもとづいた厳密に歴史家の作品であるのに比べて、これはおそらく、コズノワがみずからの歴史家出身としての素養（彼女は現在、アカデミー哲学研究所に所属しているが、博士候補論文は1920年代の共同体に関するものであった）とフィー

ルド・ワークからうけた直感とを結合させた作業仮説であろう。後者の直感に関していえば、筆者の学会報告（2003年6月）に先立って筆者の関心に応えて、彼女は次のように私信を送ってきた。「共同体とコルホーズという2つの概念を混同するのは農民に特有のものであり、このことはフィールド・ワークで私だけではなく他の人も体験したことです」[31]と。

　まず狭く共同体とコルホーズの土地関係に関していえば、共同体のもっていた集団的原理と個人的原理という「固有の二元性」は、コルホーズ経営と住宅付属地という形で依然として残された。スターリンの集団化は、当初のコムーナ（完全な共産体）への熱中に見られるように、この矛盾を一挙に取り去ろうとしたものであったが、この「矛盾」は、その後の歴史が示すように、コルホーズという組織のなかに、或る種のダイナミズム、内在的な生命力をさえ付与することになった。

　1935年に住宅付属地をコルホーズ農業の嫡子とすることで、スターリンは農民の慣行に大幅に譲歩した。それは、本質的には、コルホーズ経営（共同経営）が、当時のあらゆる条件の下において、農民のぎりぎりの生存（のちに述べるサヴァイヴァル выживание）を保障するだけの力をもっていなかったからである。したがって、住宅付属地の規模は、**その時代の条件**（すなわち生存の極限性、それに促された付属地拡大への農民の要求とそれに対する権力の制限の力）を反映させながら不断に変化した。1939年5月、党の指導部はスターリンがあまりに農民に譲歩しすぎたということに（ゼレーニンの表現を用いれば）「はっと気がついた」。党・政府は、コルホーズ経営の強化を目的として、付属地経営（土地と家畜）に制限をくわえようとした。こうしてコルホーズの土地の「無駄遣い、掠め取り」による付属地経営の「不法な拡大」を目論む「私的所有者的、がりがり亡者的分子」という、農民攻撃の形式がつくりだされた[32]。第2次大戦期には、生存の困難を背景として地方当局の黙認のもとに付属地経営の拡大がつづけられた（本書コルニーロフ論文）。ドイツ軍に占領されてソヴェト権力が空白になったところでコルホーズの土地の「占拠」はもっとも

著しくなった[33]。しかし、戦後にはふたたびその規制が開始された。まもなく登場したフルシチョフは当初この規制を緩和しようとした。しかしヴァシーリー・ポポーフによれば、1950年代後半のフルシチョフによる農民の個人経営に対する攻撃（1950年代末からというべきであろう）は、転換の意識と衝撃の大きさの点で集団化に比肩する、20世紀ロシア農村の二大事件の一つとして農民の記憶に残されたという[34]。

　共同体との関連で一層重要なことは、集団化によって共同体の耕地がメンバー間で分配されなくなり、さらに穀物調達の法外な強化のためにこの耕地が事実上農民のものであることを止めるとともに、かつて耕地上で実施されてきた周期的割替の原理が住宅付属地に適用されるにいたったことである[35]。この事実は、コルホーズ制度のもとでいかに住宅付属地が農民にとって生死を分けるほどの意義をもったかを物語るものである。とりわけ大家族の生活を保障するために住宅付属地を口数で割替えようとする農民の要求は1935年の新アルテリ模範定款の審議の時期にも、さらに第2次大戦直後の1940年代の飢餓の時代にもその実例がみられ、その実施の例も広汎に指摘されている[36]。とくに1990年代以降のロシアの研究史では、コルホーズ制度上で住宅付属地を口数で割替えるという農民の要求が広く論点として提起されるようになった（とくにポポーフ、イリーナ・コズノワ、リュドミーラ・マーズルら[37]）。マリーナ・グルムナーヤも、本書の論文において、1930年代末にもそれは（彼女が研究したヨーロッパ北部において）見られると指摘した。権力側が、その大きさの決定に際してコルホーズの共同労働へのコルホーズ員の参加の程度を配慮しようとしたのに対して、農民にとっては、家族の口数の多寡を考慮に入れることが「公平」であった。しかしわれわれは、これらの現象をコルホーズ制度上における共同体史のたんなる残滓として片付けることはできないのである。

　それは、農民のぎりぎりの生存、サヴァイヴァル（выживание）というもっとも重要な問題に本質的に関連しているからである。ここ10年間以上のロシアの農民、農村の研究史において、私はサヴァイヴァルという言

葉に何度出会ったことであろうか。

　梶川伸一と鈴木健夫、筆者、あるいは（本書では残念ながらあまりにも簡単に）飢饉の専門家ヴィクトル・コンドラーシンが論じたように、1921－1922年と1932－33年はソ連の大飢饉の時期として知られている。しかし農民の飢餓、飢饉はその時期に限られるものではない。

　1924年、とくにネップの頂点とさえいわれる1925年にも各地の農村が飢饉の様相を呈した[38]。穀物調達の恣意的な強化がはじまった1928年－1929年にははやくも「飢饉」という言葉が使われはじめ、消費地帯にまでその描写が及ぶにいたる[39]。1933年以降の義務納入制の時期にも概ね慢性的に飢餓的な状況が支配し、「腹が一杯に」なるのはむしろ例外的な地方、年であった。1936年は大旱魃の年であった。1939年5月27日の悪名高い法令（後述34頁をも参照）は、各地方に対してコルホーズ員の年間の「作業日の義務的ミニマム」を設定し、それに達しないコルホーズ員を脱退者と見なし、コルホーズのすべての権利を喪失したものと見なした。これは追放に等しい。さらに住宅付属地が不足していると見なされたコルホーズでは、コルホーズ員も遠隔地に「移住」（事実上追放）されることになった。コルホーズの耕地を付属地用に切り取ってはならないからである[40]。1946年にコルホーズ員の貨幣所得中、コルホーズでの労働からえた所得が2％にすぎず、副業経営からのそれが65％に達したという事実[41]は、戦時中の状況を直接に表現しているであろう。住宅付属地の上での経営はコルホーズ員の最重要の生存の源であった。苦難の戦時期の直後の1946－47年の飢饉は死者200万人を出したともいわれ、都市住民をも広汎に巻き込んだ。1948年6月にも、怠け者の追放に関する同様のソ連最高会議幹部会布令（前述19頁）が出され、その適用は広汎な規模に達した[42]。これらのすべてが、農民の深刻な飢餓、餓死、逃亡をひきおこしたに相違ない。

　こうして梶川伸一がロシア革命について「飢餓の革命」を真剣に論じたこと[43]は、おそらくは梶川の意図を超えて、著しく長期にわたるロシア農民史の一つの本質に迫る論点を提起するものであったというべきである。

0-0 序にかえて　20世紀ロシア農民史と共同体論◆奥田央

　20世紀の農民の大規模な蜂起には、近づきつつある飢饉への予感がある、と書きかけたのはコンドラーシンである[44]。飢餓を恐れて農民は、蜂起という非日常的な手段に訴えたばかりではなく、「生存ミニマム」(«промежуточный минимум»)の恒常的な保障を求めて共同体に割替を要求した[45]。ロシアの土地革命によって、土地割当の基準が全国で一挙に圧倒的に「口数」となったのは、ロシアの農民が革命に求めたものを象徴していたといってよいであろう。「スムータ（動乱）を経験した革命後の農村において、この生存の不安定性の感覚は極限にまで尖鋭化した」[46]。この極限的な状況を見つめたロシアの農民の脳裏を離れなかった言葉が「生き残り」であった。

　おそらく前述のダニーロワの示唆に影響を受けたのではないかと考えられる論考が、ヴォログダ教育大学のタチヤーナ・ディモーニによって執筆された。アブラーモフの小説『家』を考察した彼女は、北部のコルホーズでは、かつての「耕地の獲得」という労働の記憶と、それにもとづく土地との緊密な結びつきはコルホーズに加入したあとにも消えることはなく、この土地を荒れ果てるに任せることを許さなかった、と指摘した。戦争の時代にもこの勤労原理は生きていた。労働の記憶が最終的に消滅するのは1970年代のことで、このとき農民はもはや労働を人生の価値とみなさなくなった、と彼女は主張した。とくに付属地で牝牛を飼育することを農民は拒否するようになり（「牝牛は苦役である」）、ソフホーズ労働者への人間類型の転換が起こった。ディモーニは、1970年代に「農村の生活から農民の労働の詩も、土地、自然との一体性の感覚も消えていく」と書いた[47]。

　地方アルヒーフ史料にもとづいた彼女の別稿は一層興味深い。少なくとも彼女が考察した北部地方のコルホーズにおいては、1960年代にいたるまで「自分の」土地に対する記憶が生きており、それは土地の境界、家紋（родовой знак）とむすびついていた。コルホーズ員は「自分の」土地に何度となく播種した。全面的集団化期の「クラーク的陰謀（プローイスキ）」は、柵の破壊と家畜によるコルホーズ播種地の踏み荒らしという企てであった。も

っとも頻繁な「反コルホーズ的な行動」は「土地割替を原因として」おこった[48]。

かつての共同体においては、耕地とともに採草地も割替の対象となっていた。共同体がコルホーズに転化しても、類似の関係が維持されていた。ヨーロッパ・ロシア北部の例では、コルホーズ員の住宅付属地には採草地がごくわずかで、コルホーズからの干し草の供給も十分ではなかったため、コルホーズ員は夜半こっそりと森や空き地で草を刈った。同地方の主な産業部門である畜産にとって重要な意味をもつ採草地は、「農村社会の意見に押されて」しばしばコルホーズ管理部によるコルホーズ農民への分配の対象となっていた。コルホーズのこの「機能は農民共同体に近かった」（本書のグルムナーヤ論文でも関連する指摘がある[49]）。1946年にヴォログダ州の或るコルホーズでは、管理部がコルホーズの採草地を作業日で分配していた。アルハンゲリスク州では、よい労働をしたコルホーズ員には1・1ヘクタールずつコルホーズの採草地が分配されていた。こうして、この分配においては、作業日や労働の質など、採草地に投下される労働が考慮されていた。ディモーニは次のように断定する。「『不法な』草刈りに対する地方権力のかくも忠義な態度は、『誰のものでもない』自然環境という農民のメンタリティに深く根づいた観念にもとづいていた。この自然環境に対しては、この土地のうえで誠実に働き自分の労働で生計を立てているすべてのものが、平等に権利をもっているのである」[50]。コルホーズ管理部のこのような「忠義な態度」は、はやくも1939年5月27日付の立法（前述26頁で論述済み）の1条項のなかで、コルホーズ議長のコルホーズからの除名と裁判による処罰に結果することが明記されていた[51]。それでもこうしてそれは歴史の底流のなかに潜んでいたのである。

本書に収録されている、同じくヴォログダのグルムナーヤの論文もそれに劣らず興味深いものである。彼女は、全面的集団化とともにコルホーズの国家化がはじまったとしながらも、村社会とその人々の「生き残り」を保証する機能の一部は、コルホーズが引き受け、この意味では、コルホー

ズは共同体の後継者であったと主張した。彼女は、住宅付属地の割替だけではなく、労働の分配と組織の分野にもその問題を拡大した[52]。収穫を口数によって分配するというのがそれである。1930年代前半には、大家族的経営やかつての農業労働者の生活を支える制度としてそれが生き延びたことを示した（本書527頁）。ここでもぎりぎりの生存、それを保障する（客観的に保障できるかどうかにかかわらず）機能と割替、あるいはさらに共同体的関係との関連が明確に指摘されている。

飢餓、飢饉という生存そのものを脅かす深刻な環境のもとで、農民は共同体という社会保障的な団体に固執したばかりでなく、さらに社会－共同体を超えたところに助けを求める根強い意識をつくりだした。その対象は、直接に、ツァーリでも、国家でもよい、社会あるいは「農民」そのものを超越した何かであった。この要求が家父長的温情（「パターナリズム（патернализм）」）を求める農民の心性であり[53]、ソ連時代には、ことあるごとに共産党が農民、とくに貧農を弾劾した「すねかじり根性」（иждивенческие настроения）がこれであった。「農民代表人」（ходоки）という、可能な限り上級の権力機関へ訴えようとする農民の慣行は特徴的である。

集団化という未曾有の暴力に農民が直面した際にも、コルホーズからの脱退を求め「プラウダ」を要求する共同体は、村ソヴェトや地区執行委員会を超えて、州や地方に、もっとも重要なことは、直接にスターリンとカリーニンに書簡を送り、そればかりか膨大な数の「農民代表人」を直接にモスクワへ、全ロシア中央執行委員会や農業人民委員部へ派遣した[54]。農民と国家あるいはスターリン、カリーニンとのあいだには、媒介環がなかった。1932－1933年の飢饉に際しては、あまりにも多くのコルホーズ員の代表者がモスクワに殺到するため、カガノーヴィチは陳情者の出発を地元で差し止めるよう要求したほどであった[55]。

第２次大戦後も同様であった。北部地方の困難な史料状況のなかで1940年代、50年代の農民の訴えの様式を分析したディモーニは、農民の意識に

おいて、スターリン、ジダーノフ、カリーニンといった権力の最上部は「本当の真実」（«истинная правда»）、「衷心なる公平性」（«искренняя справедливость»）を見いだす立場にあり、あるいは組織や機関としての中央委員会や『プラウダ』などモスクワ中央もそれに準じた。州(オーブラスチ)の指導者も「お上」に入ったが、残念なことに彼らはコルホーズを訪れないために、「地元の指導者」に騙されているのであり、後者こそが農民にとって悪の権化であり、圧制者であり、弾圧者であった(56)。

ところがこのような国家権力への共同体農民の依存意識は、政策的な大転換の時期に、その担当者によって積極的に利用された。農民への**約束の濫発**がそれである。穀物調達においても集団化においても、政策的突破の最末端では、権力者は、トラクターをやる、機械をやる、何でもやる、と農民に約束を濫発した。飢餓を恐れる農民には「パンはやる」という約束が現場の調達責任者の口から出た。効果が実際にあったから彼らは約束したのである。彼ら自身が「われわれは貧農にとても多くを約束したと告白しなければならない」と語った(57)。集団化に際して、トラクターをくれるという権力者の約束に対して、スホードは「くれー、とおらくたー！」（«Да-ешь трак-тор!»）と一斉に声を上げた(58)。意識ある農民は、「われわれ貧農には、阿呆にでもするように、ミルクの河とキセーリの堤［お伽話の桃源郷］を約束している」、「金でも銀でも約束するがいい」、「われわれは小舟に乗っている。そしてキセーリの堤が約束されている。この小舟に乗って溺れるのだ」、と権力を嘲り、憎んだ(59)。約束の濫発をいくら食い止めようとしても、「約束は避けて通れない」という告白が口をついて出た（1931年春）(60)。

もとより、それは逆に諦観の温床ともなった。コルホーズは嫌だといいながらコルホーズに加入する農民からは、ロシア全国から一様に同じ答えが返ってきた。「どうしようもない」「お上には逆らえない」（«куда деваться», «против власти не выступишь»）。或る農民は父のいったことを覚えていた。「どんな権力でも服従しなさい。すべての権力は神が遣

わしたものだ。どんな権力でもそれは暴力なんだから」[61]と。

　しかし他方、団体的、共同体的にではなく個別的に、すなわちストルィピン改革が目的とした農民的土地所有の個別化の方向で土地問題を解決しようとする農民グループが、少なくとも地域的には（とくにロシア西部、北西部など）出現した。ロシアの土地革命において、ヴォルガ流域や中央黒土というロシアの重要な農業地帯で強力な共同体の復活が起こったのに対して、そこでは、フートル農民やオートルプ農民といった、共同体から脱退してヨーロッパ的な個人農を維持し発展させるという傾向が、全ロシアから見れば量的にはきわめて小規模ながら——革命後のロシアでそれらが最大規模に達した1927年にさえ、農民のすべての土地面積のわずか3.4％にしか達しなかった[62]——しかし確実に存在した。地域的にはその増加は1920年代においても持続した。歴史学において共同体に対する関心が強まれば強まるほど、その関心がときには共同体の時代錯誤的な美化と紙一重となり、あるいはロシアが共同体で一面に「塗りつぶされて」、逆にこれら少数の正反対物（アンチポッド）への関心がますます小さくなってきたように見える。しかしそれは、当時の史料を読む人にはただちに理解されるように、それを間近に目撃した同時代の人々には非常に大きな、新鮮な関心をひきおこしていた。それが市場関係の発展した先進的な地方において顕著な現象であっただけに、余計にそうであった。本書が扱うほとんどすべての時期において、都市は、正の意味であれ、負の意味であれ、農民の意識の大きな部分が向けられていた対象であった。帝政期のペテルブルグやモスクワといった首都、大都市の近郊農村に関する本書の崔在東とコヴァリョーフの論文の出現はその意味でも待ち望まれたものであり、ロシアの区画地的土地利用はもっと関心がもたれなければならない対象である。

　多くの公式統計は、土地革命期（土地法典以前の時期）に、フートル化、オートルプ化がほとんど皆無であったことを示している。たしかに、1919年2月の「社会主義的土地整理規定」の強い影響のもとで、フートル、オ

31

ートルプという個人的土地利用形態に対する十把ひとからげに否定的な態度が出現した。しかし、土地革命期におけるモスクワ県の例では、それは地方権力の態度を意味するにすぎず、個人的土地利用形態の減少（たとえばダニーロフのあげた数字では1916年の9.3％から1922年の3.3％へ）は、共同体へのその現実的な吸収を意味するものではなく、たんなる名目的な土地団体への加入を意味するだけで、区画地の独立した利用の形態は不変のままであった[63]。その形成は、ロシアの西部や北西部ばかりでなく多くの中央諸県でも見られたのであり、「この時期の土地整理の公的な総括に、このような運動はほとんど反映しなかった」にすぎない。「経営的、経済的動機から新しい土地利用形態へ向かいたくてたまらない住民は、驚嘆すべき縦横の機知を発揮し、結局最後には、あらゆる種類の禁止的措置を回避する方法を見いだした」[64]。

　共同体から脱退した区画地経営の場合には、文字通り、割替を蒙らない土地区画の安定性を特徴としている。しかしソヴェト期の区画地的土地利用においては、次の2点が見逃されてはならない。第1に、その出現そのものが、ロシアの土地革命を背景として土地利用の均等化と緊密に結びついており、この点が「新しい」区画地経営として強く意識されていた。すなわち、ソヴェト期のフートル化は総割替をともない、逆に、均等的な土地利用をもたない（共同体の決議に違反した）区画地的土地利用は「ストルィピンの」それとして1920年代に総割替の対象となった。こうして1920年代には、フートル、オートルプの展開の裏側で、同時に（きわめて部分的であるとはいえ）共同体の復活がつづいていた[65]。第2に、共同体からの脱退の形態としてのフートルやオートルプの出現は、ロシアにおいては歴史的にまだ比較的若い現象であった。それがもつ散居制的な構造ゆえに、農家相互が社会的に孤立する可能性が強いこと、公共の建造物（学校や電化設備をふくむ）の利用が非効率にならざるをえないこと、いいかえれば、その十全な発展のためにはそれ自体として一定以上の高い生産力水準を前提としていることなど、まだ過渡的な、不安定な要因をもっていた。

しかしここには独特の社会的、歴史的要因も絡まっていた。

1920年代に農村詩人の作品を収集していた或る女性が記録したノヴゴロド県の年老いた共同体農民の言葉によれば、フートル農民に危機が訪れるのは、「フートル農民にもう何人か息子が育ち、土地が少なくなったとき」であった（後述38頁）。共同体農民が「『ストルィピン』の境界」と呼んだ区画地の場合には、家族の数が増えて、割替、土地分与の必要が生まれたときに、それが不可能になるから、共同体農民は「尻込みをした」[66]。逆に、家族分割によってフートルを分割した場合には、「フートルとオートルプのうえでは、一層のフートル化、農民経営の一層の細分化が現在進行している」と1920年代末のスモレンスクの地方新聞は伝えた[67]。共同体農民は語った。「フートルは、フートル農民の家族［メンバー］の増加とともに不可避的に滅びるであろう」[68]。フートルの分割による土地の細分化に苦しむ農民は、地方土地機関の政策（たとえば、口数の少ない家族に最小限の基準で土地をあたえるというモスクワ県の1925年の政策）に影響を受けて、土地を求めて共同体的土地利用慣行を復活させた[69]。他方、土地分割をしないフートル農民の場合には、もし、子供が農戸のメンバーから離れないのであれば必然的に大家族的となり、口数ばかりでなく働き手でさえ多くなる傾向があった[70]。

はやくも1922年の土地法典は、フートル農民、オートルプ農民が経営の再生産を可能にする一定基準以下には土地を分割できないことを規定していた。この場合、もし余分な口数や労働力が農家のなかに発生すれば、彼らを土地から遠ざけなければならず、こうして、ロシアで区画地経営が一層発展していたならば、長子相続制（マイオラート）を知らないロシアでも土地の均等分割以外の何らかの土地分割（不分割）の形態をつくりださざるをえなかったであろう。実際にも、1924年12月のモスクワ県ヤロポレーツ郡の調査によれば、貧農でさえ、「土地分配の頭割りのシステムの維持によって深刻になっている」「土地不足からの出口」としてオートルプを求めていた[71]。しかしいずれにしても現実には、ソヴェト政権は、フートル化、オートル

プ化が階級分化を促し、共同体の農地を細分化しコルホーズのためのテリトリー的基礎をあたえないという判断から、集団化に先立ってその過程を中断させた。

前述のように、1930年代初頭の農業集団化の基本的な特質は、都市化・工業化が要求した農民からの穀物収奪を中心的な目的とした農民共同体の統制への強制的なシステムであり、そのために、1920年代のフートルや小規模な村という農民の居住様式は、集団化によっても手が触れられないままであった。集団労働や農業機械化への障害となるこのような居住様式に対して1935年に方策が作成されはじめ、翌年実際に着手された。共同体の特徴をなす集村的な居住様式を散居制的なそれに転化させたフートルや小規模な村の歴史を、もう一度逆転させること、すなわち「集村化」（cceление）がそれであった。それは、1939年5月の中央委員会総会の決議によって急激に加速化され、「粗野な行政的圧力」をともないながら1941年初頭までに大きな部分を完了した。その過程で土地不足やその他の理由で集村化ができなかったフートル農民は遠隔地へ追放された。それは一種のクラーク清算でもあった[72]。しかし直後の戦争とともに、その動きは中断した。

フートルや小規模な村のなかには、何十年、何百年という存在とむすびついた歴史的伝統をもち、また林や沼などの自然的条件によっても独立した存在をなすものがあった。集村化の措置を蒙る彼らのなかには、家を売り、あるいは放擲して村を捨てるものがあらわれた。村の名前も永久に消えた。1940−41年の合併においては、周辺の小村よりも土地などで一層有利な条件をもつ村は、合併を嫌って、まもなくもとの村の規模のコルホーズを復活させた[73]（この社会的な意義については後述42−47頁を参照）。このようにしてそれは、多くの本質的な意味において、後述する戦後の「コルホーズの大規模化」の歴史的先駆けと、それに対する農民の対応であった。戦後までなおも残されたフートルや小規模な村は、1970年代初頭に「展望のない村」（後述46頁を参照）の廃絶の過程で最終的に消滅した[74]。

34

1990年代以降を対象とする第4部は歴史家の領域ではなく、現状分析に従事する研究者によって取り組まれるべき領域である。本書では、歴史研究に携わる上記の人々と個人的な関係の深いそのような専門研究者にわれわれのグループへの参加と寄稿をお願いしたにとどまっている。しかし歴史研究者にも発言できるいくつかの問題点がある[75]。それは、これまで論じてきた本書第2部「コルホーズ以前の農民」と第3部「コルホーズ農民」との関係に関わる問題でもある。

1991－1993年のロシアの土地改革においては、コルホーズ、ソフホーズの従業者、その他の社会的、文化的な分野の従業者（幼稚園の保母など）、また年金生活者にも、土地の持分に対する権利が無償であたえられた（関連する専門的な分析は本書野部論文を参照）。持分は多くは抽象的、観念的なものであったが、集団を脱退すれば、それは具体的な土地区画としてあらわれるものとされた。エリツィンが1991年12月27日に「脱集団化」を宣言したのは、スターリンが1929年末に「クラークの階級としての絶滅」を宣言した奇しくも62年後の同じ日であった。ロシアでは、いわば現代のフートル版にあたるフェルメルをつくることも、個人副業経営を拡大するために土地を分離することも、アレンダ（賃貸）に出すことも、売ることも、贈与することも、交換することも、相続することも可能となった。1994年の初頭までに最初の土地の再分配は終わると想定されていた。

実際に、そのときまでにほとんどのコルホーズとソフホーズは再編され、その多くが組織権利上の状態を変化させ、株式会社、農業コレクチーフ、農民経営団体等々、様々な名称をもつ農業企業があらわれた。しかし1990年代に発展を遂げたのは、フェルメルでも集団経営でもなく、個人副業経営であった。そこでは機械化の手段も少なく、現物経済化が進行した。実際、改革の結果に関して、農村の多くの社会学的調査は、「コルホーズとソフホーズの組織的・法的地位はかわったが、経済的関係の本質は以前のままである」と断定した[76]。

フェルメルに向かわない「集団」主義的な傾向に関していえば、農工コ

ンプレックス社会経済発展問題研究所所長ヴェ・オストロフスキーが1991年1月に『農村生活』紙の記者に示したデータによれば、中央黒土諸州の様々なカテゴリーの農業従業者3000人以上をアンケート調査した結果は、コルホーズ、ソフホーズから脱退したいと思っているのは、10％以下にすぎないという事実を明らかにした[77]。1991年1月にはまだ農村の住民に準備ができていなかったという評価もありうるであろう。しかし、次の事実は、傾向はソ連崩壊以前に決定されていたことを示している。1996年から1997年にかけてシベリアで実施されたアンケート調査では、78％もの農業従業者が「農業生産の集団的形態」がよい、と回答しており、30歳以下の世代でさえ63％がそう答え、30歳を超えた世代では90％に近い人々がそう回答している。その理由について、4割が困難なときに援助や共同労働がえられるからだと答え、2割が現在の条件の下では個人経営は困難だからだと回答し、残りの4割は、集団的な労働の有利性を何も挙げないで、集団で働くことに慣れているからだと回答した。この調査を実施した研究者は、「明らかに、経済的な配慮や個人的な有利性よりも、**伝統の力（силы традиции）**が農村の従業者に一層本質的に影響している」と結んだ[78]。

　もとより、「集団経営」が好ましいと回答した人々が個人副業経営を不要だとみなしていたのではない。すでに述べたように、コルホーズに維持され内在している「二元性」、すなわち、「個人的な経営形態への志向と均等的な集団主義との同時的な結合」（前述23頁）という矛盾する両面の存在は、その組織に一種のダイナミズムを付与し、むしろ強い生命力をあたえていた。1990年代の前記の調査では、個人副業経営は、個人経営、フェルメルへと発展、転化するものではなく、それは「集団経営と連合してのみ成功裏に発展しうる」と見なされていた[79]。終戦直後にコルホーズ員の貨幣所得においてほとんど無視しうる大きさしか占めなかった共同労働からの所得は、いまや保証賃金制のもとでその重要な役割を果たしているばかりではない。コルホーズ経営は、副業経営に家畜、種子、農業機械、運

搬手段などの有利な条件での貸与などをとおして、後者の存在の不可欠な前提条件となっているのである[80]。

1991年12月のエリツィンの「脱集団化」宣言とともにはじめられたフェルメル（個人農経営）は顕著な展開を示さなかった。フェルメルに反対する農民の論拠も、ときに共同体的な観点を強く残している。土地改革のはじめ（1992-1993年）に、コルホーズ（ソフホーズ）で働いているとみなされたもの全員、さらに年金生活者や、ふつう村の社会的な分野での従業者も、土地の持分をうけとった。またこのメンバーは個人副業経営を土地の持分の規模にまで拡大することができた。しかし土地の分与時にその子供は土地の持分をうけとらなかった。子供は、土地持分の何らかの動き（相続、購買、長期アレンダなど）によって時がたって土地所有者となることができる。相続できないものは、買わなければならない。

コズノワは、そのフィールド・ワークで、ヴォログダ州の或るコルホーズ議長の次のような発言に出会った。「もし現実に［コルホーズ］経営を分割すると、パラドックスが発生します。私の家族は6人家族です。妻とともに18ヘクタールがあたえられるとします。もし私の4人の子供が経営に残って働きつづけると、彼らは土地をもらえません。他方、家族メンバーが少なくて、コルホーズで働いていない家族がいます。この土地を買わなければなりません。しかしポケットは無一文です」[81]。この議長は、土地の分配に際しては、子供もふくんで、すなわち口数で分配することが公平であるとみなしているのである。コズノワはここで共同体的な原理に言及していないが、彼女の無言の含意は明らかである。

このコルホーズ議長の発言は、コルホーズ以前に、共同体を支持してフートル的な土地利用を嫌悪していた農民の口癖と事実上、全く同じである。さきにわれわれはすでにその中心的な部分に注意を喚起した（33頁）が、以下に全文を引用しよう。「人生を3つに、つまり第1に、家族のなかでの、あるいは結婚までの人生、第2に、妻をめとった人生、第3に、妻と離婚した人生に分けるように、フートル農民もそのように分けることがで

きる。共同体での生活、それは、父のもとでの、結婚までの人生だ。そこではすべてが整えられており、すべての人が助けてくれる。フートルでの生活、それは、それは妻帯者であり、切り取られたパン切れ［独り立ちした人間］である。女房以外に誰もいない。娘っこに近づけもしないし、女性は見向きもしない。『なぜってもう結婚しているから』。フートル農民も同じ、君のフートルだけで、それ以上に何もない。妻と離婚した人生、それはフートル農民にもう何人か息子が育ち、土地が少なくなったときのことだ。何とかまた別々に暮らさなければならないか、あるいは出ていかなければならない。しかし村には逆には受け入れてくれない」[82]。

　この2つのケースにおいては、ともに、農民には、フェルメルやフートル農以前の土地利用形態（共同体やコルホーズ）が、土地なしになることを防いでくれる組織として映っているのである。彼らはそのなかに社会的公平と、物質的安全の担保を見いだしている。かつてそれは、とりわけ口数の多い家族（大家族）が生活できる基礎（労働する権利）をあたえた。それは、現実には決して平等を実現したわけではなく独立した経営を約束したわけでもないが、一種の最低限の社会保障としての機能をもつものと農民によってみなされた。

　記録された共同体農民の発言の最後の部分、すなわち、いったん共同体を脱出するともう一度受けいれてもらうことはできない、というのも、コルホーズやソフホーズからフェルメルに出る場合とよく似ている。脅迫とも決定とも聞こえる集団経営の指導者の次のような言葉を、コズノワは「典型的な」ものと把握している。「望むものはどうぞソフホーズから出ていってください。自分の経営をつくってください。あなたのところでこれからどうなるのか見ようじゃないか！　ただあとになって、戻らせてくれとはいわせない！」[83]。この発言もまた、さきの共同体農民の言葉と比較すると、まことに興味深い。

　さらに、個人的経営形態の典型であるフェルメル自身にも、われわれの私的所有観では説明のつかない事象が報告されている。1993年のサラート

フ州の600のフェルメルに対しておこなった調査では、半数以上のフェルメルが、アレンダを選好し、私的土地所有へ移行することに反対した。その理由は、病気や借金など、フェルメルに何かおこった場合、土地を売らなければならず、そのあとで買い戻すことはもはや不可能であろう、というものであった。同州アトカルスク地区の或るフェルメルは次のように述べた。「国だけではなく、自分のことさえ信用できない。もし私に何かおこったら、おしまいです。どうやって家族を養いますか。物乞いをして歩くのですか。土地は国家のものにすればよい。土地をうまく経営できなければ、土地は国が取ればよいし、役に立てると示せれば、国が土地をくれればよい」。この場合、「国家」とは、国有化の主体、すなわち所有権の主体としての国家（地代や難しい条件を提示する国家）ではないであろう。農民は、働く意欲があれば何の困難もなく土地をあたえてくれるものを「国家」といっているのであり、ここで「国家」に収用された土地は「誰のものでもない」ことを意味しているのである。

このデータを引いたコズノワは、次のように書いている。「たしかにここで話題になっているのは、個人的経営の経済的、法的不安定性の現代的な局面である。しかしここにはもっと以前の歴史的な時代の響きが聞こえる」[84]。コズノワはそれを展開したわけではないが、彼女がここでも共同体を念頭においていることは明らかである。このフェルメルの言葉にあるように、土地への権利とは、家族が生存できる権利であり、そのための「労働への権利」[85]である。

1990年2月のソ連基本土地法は、コルホーズ、ソフホーズから脱退する農民には、その土地の「相続可能な終身の領有（владение）権」を認めたが、住宅付属地についても同じそれを認めた。法的にはそれは私的所有となったのである（他方、1935年の模範定款では、それは「コルホーズ農戸」が受け取るコルホーズ員の権利であった）。しかし、上の「公平」の思想は、たとえば法律の立場から非難される次のような「評論家」の意見

のなかに生きているのを見ることができる。以下の文章の執筆者はロシア農業アカデミーのシメリョーフ（Г. Шмелев）である。

——新聞や研究書には、付属地経営の経済効率をあげるため、と称する次のような間違った提案が出されている。年金生活者や、家族メンバーの少ない農家、その他等々が利用していない付属地を、それを耕作できる家族や、やむをえない場合には、ふたたび農業企業に譲渡するという提案がそれである。このような提案を実行すると、付属地利用の安定性を拒否することを意味しうるであろう。なぜなら、小さな家族も、結婚や子供の出生、あるいは、長期間不在であった家族メンバーの帰還などで、比較的短期間に平均的な、あるいは大きな家族に転化するし、逆に、大きな家族も、様々な理由で小さな家族に転化しうるからである。「このためにひきおこされる付属地利用の変更は、地所の**恒常的な割替**と、土地をめぐる家族間でのコンフリクトをひきおこすであろう。付属地は家族の個人的（私的）所有であるから、これは受け入れられない」[86]。——

歴史研究に携わるものは、最後の文章が2001年に刊行された著作の一節であるとはにわかには信じられないであろう。付属地の規模を家族の口数に依存させるとその**定期的割替**が発生すると、**コルホーズ農民自身**が指摘した実例を筆者は1935年と1955年の2度知っている[87]。隣の家が土地を使っていないのであれば、それを手放してもらって、生活に困っていて働き手のある家族に使わせた方がよい、という意見は日本の人々のなかではまず出てこないはずである。このような意見があらわれること自体が、住宅付属地が私的所有であるという規定がロシアに根付いていない証拠であり、いつでもあらわれうるのであろう。だからこそ、個人副業経営を非常によく知っているシメリョーフは、強く反発しているのである。

逆にここで、シメリョーフによって非難されている意見を聞いて、なるほどと思われる方がいれば、その方は、ロシアの共同体農民、ムジークの考え方に非常に近くなっているのである。土地を使っていないのであれば、生活に困っていて働き手のある家族に使わせた方がよい、という考え方は、

土地は働くものに帰属し、したがって土地は家族の働き手の数や家族の規模に依存するという思想に容易に発展する。家族に変化が生じると土地は大きさも帰属の関係も変化することになる。これが割替である。この場合、執筆者は、住宅付属地の私的所有という観点に立っているのに対して、非難されている新しい意見の提案者は、それが欠如した農民の伝統的な共同体的な観点に立っているといえよう。

しかし、これまで論じてきたように、ロシアの農民の平等意識は、家族の生存と維持に対する危機意識を前提にしなければ発生しない。戦後のどこかの時期で、あるいは最近のどこかの時期で、家族の再生産が保障され、こうして労働が生存権から離れ、たんに追加的な消費のための手段に転化したならば、それは、共同体的な関係の本質的な消滅と考えてよいであろう。そのときにはじめてシメリョーフの非難は、過去の記憶にもとづく懸念に終わるであろう。

すでに論じたように、集団化のあとに出現したコルホーズは旧来の村の規模にとどまっていた。それに規定されて、周辺の小村を経済的、行政的、文化的にも引きつけていた大村(セロー)（市が立ち、農民の工業的営業も多かった）だけが比較的大きなコルホーズを形成した。教会も位置するこの村は、農民革命においても、農業集団化においても、都市権力に抵抗する農民の拠点であった[88]。

こうして1930年代に全国平均で65農戸であったコルホーズは小規模なものを多くふくんでいた。それは、コルホーズになってからも「むら」というふつうの農民の表象と合致したものであった。「１村＝１コルホーズ」という関係を注意深く観察したコズノワは、地域的な人間関係が調和的に維持されていたコルホーズについて、その特徴を、「共同の経営が原則として一つの村の規模に留められ、以前の村の社会集団（общность）のマイクロ・クライメイト（微気候 микроклимат）が生きていたコルホーズ農村の特別な雰囲気」、一言にすれば、社会的凝集力であったとし、「『朝

焼けから夕焼けまで』（«от зари дозари»）働き、『全員が、機械でではなく自分で』働くことに慣れていた」状態と把握した。1990年代の農村を調査した彼女によれば、年老いた世代のなかに、1960年代初頭までに存在した、いいかえれば「コルホーズの大規模化」以前の、「よき『過去』」（доброе «раньше»）に対するノスタルジアがとくに強かった。彼らの意見では、その後の、とくにソフホーズはただの「出鱈目」（«бесхозяйственность»）であった[89]。

　この関係は、1930年代以降、とくに、ロシアの中央非黒土から北の地方において維持されていた著しく小規模な村について指摘が多いように見える。明らかにその社会的凝集力には権力機関の弾圧が逆に生命をあたえていた。度はずれに熱心な穀物調達者が村にくるという兆候が少しでも見えれば、村人は、あっという間に極秘裏に穀物、野菜、家畜を隠した。村＝コルホーズではかつての「連帯責任」でさえ有益に機能することがあった[90]。第2次大戦後の1948－49年においても、とくに非黒土地帯——そこではもともと村が小規模であった——で戦前に合併された村（前述34頁）を旧態の小さな村に復する動きがみられた。コルホーズ農民の訴えによれば、かつての小村は、独立した輪作という点でも、ワン・セットの自然環境や農用地の点でも、彼らになじみの深い小宇宙であった[91]。

　しかしすでに理解されるとおり、なじみ深さの理由には、表だっては書けない、自然条件以外の事柄が秘められていた。もともとロシアの村落は、その形成時においては、開拓をともないながら村をつくり、あるいは同様にしばしば開拓をともないながら大規模な親村から小規模な村へ分離することによって村をつくりだしてきた。新しい村をつくろうとする農民は、この開拓時に課せられる困難に対して集団的に連帯することを要求された。こうして彼らは、ともに新しい村をつくらなければならないという経営的、経済的な利害関係の共同性によって、ときには気のあった親族や友人という関係によってむすびつけられていた[92]。したがって何らかの条件の下では、親族や友人という高い社会的凝集力を備えた地域的な共同団体が再

生産される可能性をもっていた。

　コルホーズに根本的な変化がもたらされたのは第 2 次大戦後のことである。戦後のコルホーズ農村は疲弊の極にあり、脱農化の過程が進行しはじめた。農村に国家の権力的な影響力を強化することのできる普遍的な手段が求められていた。国家の農村への攻勢を強める口実となったのが、小規模なコルホーズの「組織的・経営的弱体性」であった。小規模なコルホーズが優勢な地方（北部など）では、それが、「共同のコルホーズ労働の長所」を完全には利用できず機械・トラクター・ステーション（エム・テ・エス）の現代的技術も生産的に利用できずに残されており、そのことがこれらのコルホーズとコルホーズ員の低い所得の原因となっている、と指摘された。

　ここに登場してきた課題が「コルホーズの大規模化」（укрупнение колхозов）、すなわちコルホーズの合併（слияние）、「集村化」であった。重要な決定は党中央委員会の「小規模なコルホーズの大規模化とこの事業における党組織の任務について」（1950年 5 月30日付）であった[93]。いうまでもなく、公言されたその長所は、農業機械化等の近代的な施策の効果を小規模なコルホーズでは十分に発揮できないということであったが、それがもっていたもっと大きな政策的な意図が、集団化後もコルホーズ社会に維持されていた「マイクロ・クライメイト」を最終的に葬り去り、農村を国家の政策の浸透が容易な組織体に変化させること、すなわち農村統治を一層集権化することにあったといっても過言ではない[94]。たとえばヴォログダ州党書記がマレンコフに送った手紙は、こうしたコルホーズの大半に親族的な関係が維持されていて、「家族主義」（семейственность）がはびこっており、コルホーズの利益よりも個人的な利益が重視されている、と指摘していた。ノヴゴロド州委員会書記の指摘も同様であり、小規模なコルホーズの多くのコルホーズ員は合併を望んでおらず、その理由は、「小さなコルホーズではすべてが家族的になされている」からだ、と指摘した（「おまけに彼らは大部分が親戚である」）。

ここではすべてが逆さまに書かれていた。公式の報告が非難する小規模なコルホーズの保守性は、ソヴェト権力が共同体的関係をコルホーズに閉じこめたゆえのそれであった。そこに維持されていたのは、戦後まもなくの、きわめて貧困な条件の下での農民の「生き残り」を目的とした家族、友人関係にもとづいた相互扶助などの共同体的伝統であり[95]、それが権力に対する農民の抵抗が発芽してきた温床であった。まさにそのために、「コルホーズの大規模化」の公式決定が存在しない1949年の段階で、地区委員会や地区執行委員会の全権代表が、コルホーズの「合併」に関する架空の決定に言及して、わずかな賛成者しかいないコルホーズ集会で「全員一致」の採決がとられるという、20年も前に広汎に出現した方法がここかしこであらわれたのである[96]。

　「コルホーズの大規模化」は1950年から全連邦のキャンペーンとなった。この過程でコルホーズは現在われわれがみる大規模な農業企業体へと変貌を遂げた。とりわけ1950年の決定前後から夏は明らかに異常であった。ふつう経済的により「強い」1つのコルホーズが2、3の「弱い」コルホーズに合併された。統計的には、1949年末に25万2000あったコルホーズが、1年後の1950年末には12万1000へと半分以下になった[97]。このような短期的なキャンペーンが強制そのもので、その成果がしばしば形式的であったことは、それまでのソ連史でとっくに証明済みの「お馴染みの」ことがらであった。このときにも集団化と同様に、家畜の屠殺をふくむ農民の抵抗が広汎におこった。とくにロシア共和国の非黒土では状況は複雑で、それぞれ15ないし20の農戸からなる小規模な居住地が6ないし10あるいはそれ以上バラバラに散在するという「大規模な」コルホーズが出現した。村と村を隔てる川、森林、沼などの自然的条件が無視され、富裕なコルホーズと貧困なコルホーズの合併は、両者の経済的格差ゆえに全体として著しい混乱をもたらした。過去を思い出した農民は、「富裕なコルホーズの一種の『クラーク清算』」（своеобразное «раскулачивание» богатых колхозов）、「第2期集団化」（«Вторая коллективизация»）なる言葉に言

年	コルホーズ数（万）	1コルホーズあたり農戸数（戸）	1コルホーズあたりメンバー数（人）
1940年	23・5	79	322
1945年	22・0	82	293
1949年	25・2	77	276
1951年	9・9	202	713
1963年	3・9	415	1451

及した[98]。

　しかし合併の措置を受ける以前のコルホーズは、しばしばそのどれ一つとして新しい大規模経営の物質的基礎となることができず、その経営的中心点はほとんど全く新たに建設しなければならなかった。こうしてまさに非黒土地域においていわゆる「農業都市（アグロゴロド）」なる建設計画が巻き起こったことは偶然ではなかった。「アグロゴロド」の裏側では多くの小規模なコルホーズの農家は廃屋となり、多くの農民が村を捨てた。1952年7月に農業大臣ベネヂクトフがコルホーズ問題会議議長アンドレーエフに送った詳細な数字は、コルホーズの大規模化による一層の貧困化、農民の離村の過程を示していた。1959年から1989年までの30年間にロシアから消えた居住地区（町、集落など）は13万を超えた[99]。

　1940年代初頭における「大規模化」の小さな傾向、（途中の戦争を経て）同年代末におけるコルホーズの部分的な「小規模化」と、1950年代初頭からの「ギガント・マニア」、「大規模化」のキャンペーンを反映して、ソ連全土のコルホーズの数と1コルホーズあたりの農戸数、経営数は、上の表のように変化した[100]。数字はすべて各年末である。

　1930年代のコルホーズの分析は、コルホーズ議長、管理部、経理部長、会計係、見張りをはじめとする多数の管理機構、それに要する膨大な管理・行政費の存在（ときにはコルホーズの全作業日の数十パーセントに達する）を明らかにしており、それは、全体として、指令経済の末端の組織としてのコルホーズが著しく高くつくという深刻な事実を証明してい

た[101]。「コルホーズの大規模化」は、その節約に資するという一面をもつものではあったが、かわってそのことが今度は農村管理の中央集権化をもたらすことになった。合併された大規模なコルホーズの議長になったのはコルホーズ員ではなく、以前の各コルホーズから遊離し「下」よりも「上」を向いた地区の「ノメンクラトゥーラ」であり、コルホーズ民主主義は毀損され、コルホーズの「自発性」は地区委員会ビューローの決議が「保証した」[102]。

コルホーズの大規模化につづいて1954年からはコルホーズのソフホーズへの転化が開始され、後者もまた経営の大規模化、合併をともなった。「大規模化」は「集村化」をともない、それによって取り残された多くの村が「展望のない村」と指定され、消滅の道をたどった。残されたイズバー（百姓小屋）は放置され、墓は貯水池に沈没した。1963年の数字も掲げた前出の統計表は、フルシチョフも、スターリンが集団化によってはじめた「都市化」「脱農民化」の延長にしっかりと位置していたことを示している。ロシア農民の「歴史と現在」を問いつづけているコズノワは、これらすべてのソヴェトの歴史が「人々が過去へ回帰する希望を最終的に阻止するため」の措置であったと評価した[103]。たとえ「都市化」「脱農民化」が人類史の必然的な現象であったと仮りに想定するとしても、ロシアではその背後には農村「支配」と不可分の関係に立つ歴史があった。

ところが1990年代初頭の権力側の政策においては、今度は、大規模な集団経営を個々の小規模な経営（家族経営、フェルメル経営）へ、あるいは小規模な集団経営まで「小規模化」（разукрупнение）しようとした傾向があったことはすでに見た。小規模化、解体のシンボルとなったのが、資産パイと土地持分の農民への分与であった。しかしコズノワによれば、大規模な経営体が客観的、主観的な様々な原因で実際に小規模化を決意することがあっても、解体は、フェルメルや家族経営にまでへの細分化ではなく、より小規模な「コレクチーフ」に向かうのであり、しばしばそれは、1950年代から1960年代初頭におこなわれた**行政的な**「**コルホーズの大規模**

化」以前に存在したコレクチーフに相当しているという。彼女は、それは「事実上以前の共同体の境界」に相当するとさえ主張した[104]。

　もともと、コルホーズ以前の土地革命期と1920年代のロシアの農村では、ヨーロッパ・ロシアの中央から南東へ向かって優勢となる大規模な、多農戸的な村（それは辺鄙な都市よりもしばしば大きかった）は、土地の著しい遠在、休耕方式などの後進的な農耕方式の存在、旱魃に対する弱体さ、改革への集団的合意の困難等々、後進性と停滞性のあらゆる汚名を背負っていた。そこから脱出してつくられた新しい、小さな村の名称は、「ノーヴィ」（新しい）や「ヴィセロク」（分村）を冠していた[105]。社会的凝集性を特徴とする「小さな村」は時代の合い言葉であった。農民共同体は平均して小規模化の傾向をたどり、1920年代をとおしてその数が増加した[106]。その後、集団化の課題が焦眉となるとともに、まず農業経営体の規模の経済という観点から、次いで、現実にコルホーズが出現するとともに、陰に陽に「支配」の観点から、大規模化に狙いが定められた。われわれは、これまで集団化以降におけるコルホーズの規模の複雑な変遷について、何度となく目撃してきた。ロシア20世紀農民史でくりかえされてきた村の大規模化と小規模化という2つの傾向の対立のなかに、「歴史と現代」という綿々とつづく関連をわれわれは見いだしているのである。

・

注
（1）　Ср.: Как ломали НЭП. Т. 4. М. 2000. С. 470; *Сталин И. В.* Соч. Т. 12. М., 1949. С. 40. および『レーニン主義の諸問題』各版。
（2）　以下詳細は、*Данилов В. П.* Крестьянская революция в России, 1902-1922 гг. // Крестьяне и власть. Материалы конференции. М.-Тамбов, 1996.
（3）　Подробнее см.: Советское крестьянство. Краткий очерк истории (1917-1970 гг.). Под редакцией В. П. Данилова и др. Изд. 2-е. М., 1973. С. 15-16（執筆者はドゥブロフスキーとカバーノフ）; *Павлов И. Н.* Марковская республика. Из истории крестьянского движения 1905

г. в Московской губернии. М.-Л., 1926. See also: Teodor Shanin, *Russia, 1905-07: Revolution as a Moment of Truth*, Macmillan, 1986, pp. 109-111. この共和国建設には、農業専門家ズブリーリンも重要なメンバーとして参加していた。1920代のモスクワ農村におけるズブリーリンの活動について、詳細は、奥田央『コルホーズの成立過程——ロシアにおける共同体の終焉』、岩波書店、1990年、第2章を参照。

(4) *Феноменов М. Я.* Современная деревня. Ч. 2. М., 1925. С. 93.

(5) *Яхшиян О. Ю.* Собственность в менталитете русских крестьян // Менталитет и аграрное развитие России (XIX-XX вв.). М., 1996. С. 100-101.

(6) *Дьячков В. Л., Есиков С. А., Канишев В. В.* Крестьянская революция 1902-1922 годов в Тамбовской губернии // Россия в XX веке. Реформы и революции. Т. 1. М., 2002. С. 518-519.

(7) *Келлер В, Романенко И.* Первые итоги аграрной реформы. Воронеж, 1922. С. 100.

(8) ГАРФ. Ф. Р-374. Оп. 6. Д. 281. Л. 13-14. Подробнее см.: *Окуда Х.* Самообложение сельского населения в 1928-1933 гг.: к вопросу о последнем этапе русской крестьянской общины // XX век и сельская Россия. Токио, 2005. С. 175-176.

(9) См.: *Кукушкин Ю. С.* Сельские советы и классовая борьба в деревне (1921-1932 гг.). М., 1966. С. 90-92. 新しいロシアの研究史として代表的なものは、*Куренышев А. А.* Крестьянство и его организации в первой трети XX века. М., 2000. С. 174-207.

(10) Подробнее см.: *Окуда Х.* Указ. соч. С. 172-184. 同じ観点についてСм.: Многоукладная аграрная экономика и российская деревня (середина 80-х—90-е годы XX столетия). М., 2001. С. 124.

(11) 奥田『ヴォルガの革命——スターリン統治下の農村』、東京大学出版会、1996年、510－512頁、*Кондрашин В. В.* Голод в крестьянском менталитете // Новые страницы истории отечества (по материалам Северного Кавказа. Межвузовский сборник научных статей). Вып. 1. Ставрополь, 1996. С. 58.

(12) *Кознова И. Е.* Аграрные преобразования в памяти российского крестьянства // Социологические исследования. 2004. № 12. С. 77. 後述78頁では「社団的秘密」と訳されている。権力に仲間を売ったものをリンチで殺害したことなどは、村ぐるみで秘密にされ、子供にさえしゃべらなかっ

たという。

(13) *Она же.* Историческая память российского крестьянства в XX веке. Докторская диссертация. Самара, 2005. С. 123.

(14) *Югов А.* Народное хозяйство Советской России и его проблемы. Берлин, 1929. С. 91. 著者はメンシェヴィキ系のすぐれた研究者であるが、残念ながらここには典拠が示されていない。

(15) 「全権代表」の亡霊はいまも生きている。1990年代に農村調査に従事する社会学者が腰に録音カセット用のケースをつけているのを見た農婦は「全権代表だ、見な、銃サックだ」といって慌ててその場を離れた（*Кознова И. Е.* Указ. докт. дисс. С. 428）。

(16) 1920年代の農民が「コムニストのいないソヴェト」を要求したのはありふれた例であるが、それに際して「秘密投票」がそれを可能にするという珍しい主張がある（См.: Трагедия советской деревни. Т. 1. М., 1999. С. 576-577）。しかしそれもソヴェト選挙に関する要求であって、スホードではない。

(17) 本来なら、ここでヴラヂーミル・カバーノフ（晩年はみずからの師ダニーロフと公然と対立した）に簡単にでも論及するべきところであるが、かつて別の機会に一節を設けて詳論したことがあり、すべてそれに委ねることにする。奥田央「ダニーロフ ヴェ・ペ――1920年代ロシア農民史研究のために――（2）」『経済学論集』第66巻第1号、2000年、41-67頁。すでに、カバーノフもダニーロフもゼレーニンも故人となった。

(18) Труд и быт в колхозах. Сб. 1. Л., 1931. С. 78. 奥田央「集団化過程の農民――民俗学者の調査資料にみる――」（和田春樹編『ロシア史の新しい世界』、山川出版社、1986年）、200-201頁を参照。「農民の共同体的行動様式」という問題は筆者のはやくからの関心の的でもあった。奥田『コルホーズの成立過程』、471-474、558-559、594-595、646頁、さらに См.: Коллективизация сельского хозяйства в Среднем Поволжье (1927-1937 гг.). Куйбышев, 1970. С. 627.

(19) Отечественные архивы. 1993. № 2. С. 33-36.

(20) *Димони Т. М.* Северное крестьянство и власть: формы противостояния в общественно-политическом конфликте (1945-1960 гг.) // Северная деревня в XX веке: актуальные проблемы истории. Вып. 2. Вологда, 2001. С. 112.

(21) このことを最初に論じたのはおそらく、*Никонов-Смородин М. З.* Поземельно-хозяйственное устройство крестьянской России. Б. м. (София?), 1939. である。さらに奥田『コルホーズの成立過程』、156－164頁を

も参照。

(22) Бюллетень узаконений и распоряжений по сельскому и лесному хозяйству. 1930. № 11. С. 6-7.

(23) 奥田『コルホーズの成立過程』、522－526頁。

(24) См. также: *Мазур Л. Н.* Сельское расселение и укрупнение колхозов на Урале в 50-е годы//Особенности российского земледелия и проблемы расселения. Тамбов, 2000. С. 292.

(25) *Данилова Л. В.* Природное и социальное в крестьянском хозяйстве//Крестьяноведение. Теория. История. Современность. Ежегодник. 1997. М., 1997. С. 52.

(26) *Еферина Т. В., Еферин Ю. Г.* История села Старое Синдрово //Крестьяноведение. Теория. История. Современность. Ежегодник. 1996. М., 1996. С. 160-205.

(27) 溪内謙『スターリン政治体制の成立』第3部、岩波書店、1980年、243－244頁、奥田『ヴォルガの革命』、81頁、本書グルムナーヤ論文517頁。

(28) *Кознова И. Е.* XX век в социальной памяти российской крестьянства. М., 2000. С. 97; *Анисков В. Т.* О перманентной «революции сверху» и социальном насилии над крестьянством//Особенности российского земледелия и проблемы расселения. С. 319.

(29) *Ястребинская Г. А.* Таежная деревня Кобелево. М., 2005. С. 74-75.

(30) Многоукладная аграрная экономика и российская деревня (середина 80-х—90-е годы XX столетия). Под редакцией Е. С. Строева. М., 2001. С. 123, 124.

(31) 以下、コズノワの主張の紹介については、本稿との若干の重複もあるが、一層の詳細やその周辺の諸問題について、奥田「ロシアにおける『私的土地所有』：伝統と現在」(『比較経済体制学会年報』第41巻第1号、2004年、所収）を参照。

(32) *Зеленин И. Е.* Новое наступление на индивидуальное землепользование крестьянина-колхозника и хуторские хозяйства в конце 1930-х годов//Землевладение и землепользование в России (социально-правовые аспекты). Калуга, 2003. С. 343.

(33) *Горбачев О. В.* На пути к городу: сельская миграция в Центральной России (1946-1985 гг.) и советская модель урбанизации. М., 2002. С. 69.

(34) *Попов В. П.* Влияние государственной политики на крестьянское

сознание и хозяйство в колхозный период // Крестьянское хозяйство: история и современность. Часть 1. Вологда, 1992. С. 151.「農民の記憶」についての専門家コズノワによれば、20世紀最大の事件は、上記2件にくわえて、コルホーズの大規模化とエリツィンの脱集団化の計4事件であった（*Кознова И. Е.* Указ. докт. дисс. С. 460.）。

(35) この命題について次注の奥田の文献をみよ。ただし厳密にいえば、集団化以前のロシアの共同体も住宅付属地の割替を原則的に排除したのでは決してない。詳細は、帝政期について、鈴木健夫「農民共同体」（倉持俊一編『ロシア・ソ連』、有斐閣選書、1980年、70、72頁）、*Зырянов П. Н.* Крестьянская община Европейской России: 1907-1914 гг. М., 1992. С. 42、なおこの点で、*Карелин Ап. А.* Общинное владение в России. СПб., 1893. С. 23, 25, 27. は明晰である。1920年代について詳細は、奥田『コルホーズの成立過程』、42－50頁を参照。

(36) 集団化期および1935年を中心とする1930年代の住宅付属地については、奥田、前掲書、50－54頁。戦争直後の1940年代については、奥田央『ヴォルガの革命――スターリン統治下の農村』東京大学出版会、1996年、684-685頁（ただし後者は後出のポポーフの資料集によったもの）。さらに、См.: *Мацуи Н.* Феодальное и общинное: к истории приусадебного землепользования в колхозах СССР // Новый мир истории России. Под ред. Бордюгова Г., Исии Н. и Томита Т. М., 2001.

(37) Российская деревня после войны (июнь 1945 — март 1953). Сборник документов. Под ред. В. П. Попова М., 1993. С. 181-193; *Кознова И. Е.* Роль традиций, исторического опыта и социальной памяти крестьянства в эволюции земельных отношений // Земельный вопрос. Под редакцией Е. С. Строева. М., 1999. С. 219; *Мазур Л. Н.* Приусадебное землепользование колхозников, работников совхозов и горожан в 1930—1980-е годы (по материалам Урала) // Землевладение и землепользование в России (социально-правовые аспекты). С. 375; 本書グルムナーヤ論文、わが国では本書松井論文をも参照。

(38) Советская деревня глазами ВЧК-ОГПУ-НКВД. Т. 2. М., 2000. の各所を見よ（本書鈴木論文285－286頁にも1924年への言及がある）。

(39) Подробнее см.: Государственный архив Самарской области (ГАСО). Ф. 1141. Оп. 4. Д. 37. Л. 11; РГАЭ. Ф. 7486. Оп. 37. Д. 56. Л. 13-13 об.; *Шинкарчук С. А.* Общественное мнение в Советской России в 30-е годы (по материалам Северо-Запада). СПб., 1995. С. 56-62. さらに、奥

田『ヴォルガの革命』、73頁、注176の文献を参照。
(40) *КПСС в резолюциях...* Изд. 9-ое. Т. 7. М., 1985. С. 113-115.
(41) *Вербицкая О. М.* Российское крестьянство: от Сталина к Хрущеву. М., 1992. С. 142.
(42) Российская деревня после войны... С. 167-171; *Попов В.П.* Укрупнение колхозов в 50-е — начале 60-х годов как очередная ломка социального уклада села // Особенности российского земледелия и проблемы расселения. С. 312-313.
(43) 梶川伸一『飢餓の革命——ロシア十月革命と農民』、名古屋大学出版会、1997年。
(44) См.: *Кондрашин В. В.* Голод в крестьянском ментальтете // Новые страницы истории отечества (по материалам Северного Кавказа). Вып. 1. С. 56-57.
(45) 奥田『コルホーズの成立過程』、6－7頁。
(46) *Козлова Н. Н.* Горизонты повседневности советской эпохи. М., 1996. С. 122-123.
(47) *Димони Т. М.* История колхозной деревни в романном творчестве Ф. А. Абрамова // Отечественная история. 2002. № 1. С. 133-134.
(48) *Она же.* От частника к колхознику: трансформация представлений о собственности крестьянского двора в 1930-1950 гг. (на материалах Европейского Севера России // Собственность в представлении сельского населения России (середина XIX XX вв.): регионально-исторический аспект. Под ред. Д. С. Точеного. Ульяновск, 2001. С. 179.
(49) См. также: *Глумная М. Н.* К вопросу о земельных отношениях на Европейском Севере России в 1920-е—1930-е // Землевладение и землепользование в России (социально-правовые аспекты). С. 328.
(50) *Димони Т. М.* От частника к колхознику.... С. 181-182.
(51) *КПСС в резолюциях...* Изд. 9-ое. Т. 7. М., 1985. С. 112.
(52) 労働組織については、前掲奥田『コルホーズの成立過程』、164－167頁なども参照。
(53) 土地割替と国家の「パターナリズム」への願望の関連を論じたコズノワの学位論文の一節をみよ（*Кознова И. Е.* Указ. докт. дисс. С. 103-104.）。
(54) Подробнее см.: Социалистическое землеустройство. 1930. Кн. III-IV. С. 73-74, 78-79; О политическом положении в деревне и ходе сева. Самара, 1930. С. 27-28, 37, 39-40, 41; *Шинкарчук С. А.* Общественное мне-

ние в Советской России в 30-е годы. С. 73.

(55) ГАСО. Ф. 1141. Оп. 14. Д. 1. Л. 128-128 об.

(56) *Димони Т. М.* Северное крестьянство и власть.... С. 115-116, 122. これらは危機における指導者への農民の強い依存を意味するもので、体制としてのスターリン崇拝にいたるかどうかは別問題である。

(57) Трагедия советской деревни. Т. 1. М., 1999. С. 308.

(58) Труд и быт в колхозах. Сб. 1. Л., 1931. С. 21.

(59) ГАСО. Ф. 1141. Оп. 20. Д. 371. Л. 31-32; Д. 758. Л. 114; РГАЭ. Ф. 7486. Оп. 37. Д. 131. Л. 48.

(60) РГАЭ. Ф. 7446. Оп. 2. Д. 545. Л. 169-170.

(61) *Кознова И. Е.* Указ. докт. дисс. С. 350.

(62) Итоги десятилетия советской власти в цифрах 1917-1927 гг. М., 1927. С. 120-121.

(63) *Ковалев Д. В.* Аграрные преобразования и крестьянство столичного региона в первой четверти XX века. М., 2004. С. 156-158. コヴァリョーフによれば、モスクワ郡で共同体的な割替がおこなわれた村においても、たんなる頭割りの割当ではなく、年齢によってポイントが相違しており、そればかりか共同体の決議による次の割替は12年以上、しばしば30年もあと（！）であり（Там же. С. 148-149)、土地利用形態の改良以外の目的の（この点に注意せよ）割替は結局集団化にいたるまでなかったことを示している。

(64) Газета: Экономическая жизнь. 15 января 1924 г.; Сельское и лесное хозяйство. Кн. 16. 1924. С. 3. См. также: О земле. Вып. 1. М., 1922. С. 45.

(65) Материалы по вопросу об избыточном труде в сельском хозяйстве СССР. М., 1926. С. 104; *Гагарин А.* Хозяйство, жизнь и настроения деревни. М.-Л., 1925. С. 8, 9; Газета: Московская деревня. 14 декабря 1928 г., 19 апреля 1929 г.

(66) Беднота. 13 апреля 1926 г.; Крестьянская правда. Л., 16 октября 1928 г.

(67) Газета: Наша деревня. Смоленск, 18 июня 1929 г.

(68) Крестьянская газета. 21 декабря 1926 г.; 4 января 1927 г.

(69) Сельско-хозяйственная жизнь. 1928. № 11. С. 19.

(70) На аграрном фронте. 1929. № 11-12. С. 100-101. これはヴォロネジ県の例。以上、フートルについては奥田『コルホーズの成立過程』、302－308頁の要約である。大家族的なフートル農民の実例は多い。

(71) *Кретов Ф.* Деревня после революции. М., 1925. С. 34. 実際、1924/25年

度の全国統計は、区画地的土地利用が普及しているウクライナやベロルシアにおいて、分割される農戸の割合がロシアよりもより少ないことを示している（*Данилов В. П.* Советская доколхозная деревня: население, землепользование, хозяйство. М., 1977. С. 229, 230-231）。なお、何らかの理由で長期間土地割替がなかった地方では、19世紀の70年代－80年代から相続や遺言状によって土地が譲渡されるケースが出現しはじめていた（*Зырянов П. Н.* Обычное и гражданское право в пореформенной общине // Ежегодник по аграрной истории. Вып. VI. Вологда, 1976. С. 96.）。さらに、20世紀初頭の共同体農民において、土地不足ゆえに「若い世代」が土地分与から排除される傾向があった事実について（*Кознова И. Е.* Указ. докт. дисс. С. 108.）。

(72) 前掲奥田『コルホーズの成立過程』、316-323頁を参照。

(73) «Второй важнейший этап»（об укрупнении колхозов в 50-е―начале 60-х годов）. Сост. В. П. Попов // Отечественные архивы. 1994. № 1. С. 38.

(74) *Димони Т. М.* Сселение хуторов Европейского Севера России в конце 1930-х годов（на материалах Вологодской области）// Особенности российского земледелия и проблемы расселения. С. 282.

(75) ポスト・ソヴェト期に先行するいわゆるペレストロイカ期の農村住民の土地利用観については、イブラギーモワの研究がある（*Ибрагимова Д. Х.* НЭП и перестройка: массовое сознание сельского населения в условиях перехода к рынку. М., 1997）。本書の共同体論にも関連するその内容については、前掲奥田「……伝統と現在」、4－5頁を参照。

(76) *Калугина З. И.* Парадоксы аграрной реформы в России. Новосибирск, 2000. С. 136. わが国の研究として、野部公一『CIS農業改革研究序説 旧ソ連における体制移行下の農業』、農文協、2003年、70－100頁を見よ。

(77) Земельный вопрос // Газета: Сельская жизнь. 24 января 1991 г. この記事は、同時にフェルメルを嫌う農民の動機に過去の「クラーク清算」に関する農民の強い記憶があることを明らかにした（Подробнее см.: *Кознова И. Е.* Зажиточное хозяйство 1920-х годов в памяти российского крестьянства // Зажиточное крестьянство России в исторической ретроспективе. Вологда, 2001, с. 423-424）。

(78) *Калугина З. И.* Указ. соч. С. 45.

(79) Там же. С. 17.

(80) 副業経営の問題点もふくめて、野部、前掲書、101－123頁を参照。

(81) *Кознова И. Е.* Роль традиций, исторического опыта и социальной памяти крестьянства.... С. 225.

(82) *В. С-берг.* Деревенские поэты // Обновленная деревня. Сборник. Под ред. В. Г. Тана-Богораза. Л., 1925. С. 57. この文章は、すでに前掲奥田『コルホーズの成立過程』、304－305頁と Многоукладная аграрная экономика и российская деревня（статья И. Е. Козновой）. С. 188. に引用されている。

(83) Многоукладная аграрная экономика и российская деревня. С. 161.

(84) Там же. С. 188.

(85) 保田孝一『ロシア革命とミール共同体』御茶の水書房、1971年にも言及があるが、カチャロフスキーによりながら「労働に対する権利」を詳細に論じたのは、小島修一『ロシア経済思想史の研究』ミネルヴァ書房、1987年である。同書、51-65頁を参照せよ。

(86) Многоукладная аграрная экономика....（статья Г. Шмелева）. С. 343.

(87) 1935年は、Коллективизация сельского хозяйства в Западном районе (1927-1937 гг.). Смоленск, 1968. С. 592. 1955年は、*Горбачев О. В.* На пути к городу: сельская миграция в Центральной России (1946-1985 гг.) и советская модель урбанизации. М., 2002. С. 73-74.

(88) 本書コンドラーシン論文（159頁）、奥田『ヴォルガの革命』、356－357頁。前者は農民革命で、後者は集団化で。

(89) Подробнее см.: *Кознова И. Е.* XX век в социальной памяти российской крестьянства. М., 2000. С. 152-155; *она же.* Проблемы современной хозяйственной реорганизации на селе // Особенности российского земледелия и проблемы расселения. С. 246-247. См. также: *Бердинских В.* Крестьянская цивилизация в России. М., 2001, с. 352.

(90) *Анисков В. Т.* О перманентной «революции сверху» и социальном насилии над крестьянством // Особенности российского земледелия и проблемы расселения. С. 318-319.

(91) Подробнее см.: *Горбачев О. В.* Указ. соч. С. 55-56.

(92) 奥田『コルホーズの成立過程』、224－225頁。1930年代について См.: *Бердинских В.* Указ. соч. С. 325.

(93) КПСС в резолюциях... Изд. 9-ое. Т. 8. М., 1985. С. 233-241.

(94) Подробнее см.: *Попов В. П.* Крестьянство и государство (1945-1953). Париж, 1992, с. 21-23.

(95) *Он же.* Укрупнение колхозов в 50-е — начале 60-х годов // Особенно-

сти российского земледелия и проблемы расселения. С. 307.

(96) *Димони Т. М.* Северное крестьянство и власть.... С. 112-113.
(97) Советская деревня в первые послевоенные годы. 1946-1950. М., 1978. С. 310.; *Толмачева Р. П.* Колхозы Урала в первые послевоенные годы. Томск, 1979. С. 151.
(98) *Димони Т. М.* Северное крестьянство и власть.... С. 112; Советская деревня в первые послевоенные годы. С. 312.
(99) Там же. С. 113; *Никонов А. А.* Спираль многовековой драмы: аграрная наука и политика России (XVIII - XX вв.). М., 1995, С. 279; Отечественные архивы. 1994. № 1. С. 39-43.
(100) *Попов В. П.* Укрупнение колхозов в 50-е — начале 60-х годов... С. 314.
(101) 前掲奥田『ヴォルガの革命』、645-646頁。
(102) *Никонов А. А.* Указ. соч. С. 278; Отечественные архивы. 1994. № 1. С. 44-48.
(103) *Кознова И. Е.* Роль традиций, исторического опыта и социальной памяти крестьянства.... С. 219.
(104) *Она же.* Проблемы современной хозяйственной реорганизации на селе // Особенности российского земледелия и проблемы расселения. С. 246-247; *она же.* Аграрные преобразования в памяти российского крестьянства // Социалистические исследования. 2004. № 12. С. 77.
(105) 1920年代も後半になって、分村化が政策的に推進されるようになると、名称も、「ノーヴィ・プーチ」(新しい道)、「ノーヴァヤ・ジズニ」(新しい生活)、「ザリャー」(曙)などとなった。1930年代のコルホーズになっても、後者の名づけ方がつづいた。
(106) Подробнее см.: *Говоров А. С.* Ивановка. Самара, 1926; Вестник землеустройства и переселения. 1928. № 4. С. 46, 50, 51-52; там же. 1929. № 1. С. 24-25, № 6. С. 76; *Кирнос П. И.* География сельского расселения Воронежской области в связи с особенностями развития размещения сельского хозяйства. Канд. дисс. Воронеж, 1954. С. 267-268, 291-292, 301-302.

第1部◎歴史と現代

▲…ア・プラストフ「草刈り」(1945年)
3世代同時の農作業。ロシア農村の牧歌。

20世紀ロシア農民の歴史的記憶

イリーナ・コズノワ
（松井憲明訳）

はじめに

　近年、ロシアの歴史家の著作において大きな注意が払われているのは、歴史上の出来事や経過の中での人間の経験の特質を研究することである。そのような特定の社会文化的文脈の中で形成された経験は、過去の中に根拠をもち、未来に向かって中継される可能性がある。したがって、研究者が記憶に関心をもつことは偶然ではない。

　ロシアの場合、歴史的記憶の研究は農民の記憶を例としておこなうことが生産的であるように思われる。

　農民は社会の最古の層であり、常にほかの社会層の補給源となってきた。ロシアでは人口の大きな部分が農民出身であり、農民と農民の記憶とがどのようなものであるかを知らずにロシア社会を研究することはまったく考えられない。

　農民は現代社会に残る伝統的社会の遺産であり、「生きた過去」と考えてよい。ヨーロッパ社会において記憶に対するはっきりとした関心が生まれた（それは19世紀と20世紀のはざまのことである）のは、とくに農業社会の崩壊に伴って、伝統に決定的な打撃が加えられた時期であったということを強調するのは重要である。近代文明の形成は、農民の文化——フランスの歴史家ピエール・ノラの表現によれば、集合的記憶の「典型」[1]——の終焉と関連している。この点ではロシアも例外ではなく、過去200年のその歴史は農業社会から都市社会への移行の歴史である。

農民は包括的な研究対象であり、というのも、彼らの間では社会制度の多くの基礎的形態が追跡されるからである。社会的な型としての農民の人類学的特徴づけでは、何よりも生物学的なものと社会的なもの、社会的なものと文化的なものの全体性、不可分性、一体性が注目されている。農民学（peasant studies）における農民——すなわち、都市生活とそこで発展する科学とは異なる社会関係および生活様式を表現する特別の社会文化的世界（正確には、諸世界）としての農民——に対する関心は、社会史的探求の傾向を促した。

　最後に、農民の記憶の研究は、「下からの歴史」という現代の動向に内接している。なぜなら、問題となっている記憶が、「普通」の人々、「庶民」、「ヒラ」、「下っ端」の人々の記憶であり、通俗性、日常性のレベルの記憶だからである。日常性とは、末端の現実体験が、（公式の言説の影響も含めて）過去の経験の顕現と解釈、その抑制あるいは忘却を通して衝突し、相互作用しあう空間である。

1. 記憶研究の諸傾向

　農民の記憶を理解する上で重要なのは、社会的記憶の理論が作り上げているアプローチである。

　記憶現象の解釈と記述との知的伝統は20世紀の世界で強力な刺激を与えられた。ベルグソン、フロイト、アルヴァックス、ユング、ブロック、その他の名を挙げるだけで十分だろう。注意すべきことに、記憶が何よりも社会的なものであり、社会形成的なものであるという考えはほかならぬアルヴァックスのものであった[2]。

　「記憶」概念の理論的解釈は、記憶を（広い意味での）社会的コミュニケーションの一現象——種々の形態と多くのレベルでおこなわれ、特定の社会的経験を伝えるもの——として理解することと関連している[3]。

研究者は好んで集合的（集団的）記憶、社会的記憶、歴史的記憶（歴史的過去の象徴的再現）、情報伝達的（生の）記憶、そして文化的記憶を区分する。情報伝達的記憶とは、談話の方略を作り上げるための、出来事の証人による（個人レベルおよび集団レベルでの）記憶の直接的な（「生の」）伝達である。文化的記憶というのは、文化的意味の伝達と活性化の諸形態のうち、それらの意味が個々の人間あるいはグループの経験の枠を超えて伝統によって保存される特別の象徴的形態として理解されている。それは最も有意の過去のみを保持する[4]。

　記憶は、体験者あるいは同時代人の心に刻み込まれた過去の表象と見なされ、直接の子孫に中継され、その後の世代において復元あるいは再構成される。記憶とは何よりも過去を構成する過程（回想によるものを含む）であり、想像上の過去である。したがって、記憶は同時に現在でもある。生活様式もまた記憶である。記憶の社会性は、記憶が社会的行為の文脈の中で発生する過去の象徴的イメージである点に表れている[5]。ブルデューの言葉を借りれば、記憶とは社会的世界の知覚をめぐる象徴の闘争といってよい[6]。

　過去は記憶の助けを借り、様々な文化の中で様々に組織化される。記憶は文化的な特色をもっており、思考、経験、価値、感覚その他の文化的なあり方を中継する。この意味で、人間が「間違ったこと」を覚えているものであり、過去を不正確に再構成するものだといった主張はほとんど無意味なのであり、人々が嘘をついたり、物語を思いついたりする場合でさえ、彼らは自らの文化状況にしたがってそうしているのである[7]。

　原則的な意義をもっているのは、記憶と記銘とには歴史的、社会的文脈が存在するという、記憶研究（memory studies）の中で得られている認識である。記憶の機能の律動性と周期性が注目されている[8]。「記憶と忘却」の問題が研究されている。歴史と過去の経験の再解釈は「過去の抑制」と見なされ、これは、過去についての知識の増加、その非神話化、社会的記憶の範囲の拡大、忘却の抑制、そして責任感覚の形成による[9]。個人的経

験の再現方法としての自伝的記憶の研究が展開されている[10]。記銘と記憶とのジェンダー的特性の問題が提起されている[11]。

　伝統的農業文化に対する近代化の作用を記述するために農民学の中で定式化された「モラル・エコノミー」と「弱者の武器」の概念は、記憶の働きに注意を向けている[12]。農民文化の文脈における記憶のテーマは農民学の一特殊分野と目されている[13]。国外の資料にもとづくいくつかの著作がそれを扱っている[14]。

　フォークロアの作品を主な史料とするロシア農民の記憶の歴史的・具体的研究は18世紀から20世紀初めの時期にかかわっている。学者の関心は農民の歴史の見方に集中しており、それは民族的自覚の形成という角度から研究されている[15]。20世紀については、農民革命の一因としての歴史的記憶[16]、記憶に対する諸戦争と諸革命の体験の影響[17]が問題となっている。農民的特徴（その「痕跡」）はソ連人のメンタリティに現れていることが指摘されている[18]。

2. 農民的記憶の基本的特徴

　農村住民の間に、彼らを一体化する社会的記憶が発達しており、彼らに共同の精神的実践をおこなう能力のあることは、文献上、農民の存続と役割の発揮の重要な標識として、また、きわめて重要な文化的伝統として考えられている。農民社会における記憶はたんなる過去との結びつきではなく、農民文化には「過去と現在」の二元一体性が存在する。社会的記憶の深さと力とを理解するためのパラメーターとしては次のようなものがある。農村住民による自らの農民的アイデンティティの自覚、彼らの仕事を子供たちに続けさせようとする志向、祖先との精神的つながりの感覚と、彼らの経験の再解釈に対する欲求、隣人同士としての感覚、そして、特別の社会的共同関係[19]。むろん、これらの要因の意義と作用は農民の歴史の中

で変るものであり、それは特殊研究の対象となりうる。

　農民生活の中では宗教観と結びついた精神的経験が特別な場を占めている。ロシア農民の宗教観念、彼らの信心深さの問題は多くの点で論争的なものであり、記憶の面を含めて深い特殊研究を必要としている[20]。問題は、特定の宗教的経験とその具体的な現象形態とが記憶によって再現されることである。

　通例、記憶の構造では2つのレベルが区分される。出来事のレベル（本来の回顧的記憶、過去の出来事の記憶）と普遍的なレベル（人間の意識と行動）である。農民的記憶にあっては、両レベルとも、民衆文化の特性と関連した特質をもっている。

　民衆文化の基本的な特徴としてよく挙げられるのは口承的性格と伝統主義である。これは、農民の間での情報伝達的および再生的記憶の優勢を証明しており、その表現が「先祖が暮したようにわしらも暮す」という常套句である。土地の上での経営活動は、境界標のような物象化された記憶の形態に表れている。記憶の伝達メカニズムに含まれうるのは、フォークロア、年長者の言葉（これは先行する世代の経験にもとづく）、そして慣習法である。この場合、研究家はフォークロアの中継のジェンダー的特性に注目している。農民社会において口承文化は家父長制の基盤でもあり、古老の言葉は権力の源である。伝統的社会の集合的記憶は、秩序の情報、慣習的なものの情報を保持することを使命としており、したがって、それは儀礼的である。フォークロアと儀礼には緊密な関係があり、このことは農民生活のすべての領域に表れる。

　再構成的形態の記憶は全体として農民に特有のものではないが、個々の地域（ロシアではヨーロッパ・ロシア北部、シベリア）や個々の人間は口承記憶の限界を越えている。農民の文字記憶には特徴がある。農民の文字証言（もっとも、その程度は様々である）は規範的文化の信奉を示している。手紙の儀礼的部分になりうるのは家族の者への呼びかけであり、農民の手紙の基本的な部分は、しばしば、息子から親への敬意の披瀝、祝福を

与えてくれるようにという親へのお願い、妻への深々としたお辞儀の書き送り、子供の祝福、成功と健康の祈念である。ロシアの兵士は前線からこのような手紙を書き、同じような返事を受け取った[21]。日記や回想記の中では、気候条件や、年々繰り返される農民の農事暦の出来事が記録の基本的な部分である[22]。

それでも農民は、ある程度の読み書きができたとしても、基本的に自分のことを書き物で表現しようとはせず（ただこれが当局へのアピールでなければの話である）、彼らは相変わらず「沈黙者」であり続けた。彼らの記憶はそこではなく、ほかならぬ農民性の中に、すなわち、土地の上での生活様式の存続とその土地への「奉仕」とに結びついた農民的な秩序と名誉と尊厳の中に表現される。

記憶の社会文化的ヴァリアントを研究する者は、研究の史料的基盤に関する一連の問題にぶつかる。それはまずもって史料の性格、選択、典型性、比較可能性の問題であり、それらの研究方法の問題である。

農民の記憶の史料は、歌謡とチャストゥーシカ［民衆叙情詩］、伝説と物語、アネクドート［小噺］と噂であり、慣習と儀式であり、住居や調度、家畜、農具を含む物質的文化であり、生息環境そのものである。したがって、農民の記憶の研究者は何よりもフォークロアの作品と民俗学的記述とに依拠している（19世紀以前についてはほぼすべて）。農民的環境のただ中から発した文書史料は多くない。とはいえ、集団出処の文書（古くは嘆願状、請願書、村会決議録、後になると要求書、異議申立て、陳情書）と並んで、農民的環境の中でも個人出処の文書（日記、手紙、回想、伝記、自伝）が発展している。

ロシア農民の記憶に関するわれわれの研究が依拠しているのは、(1) 農民の手紙、回想、行政機関への異議申立てなどのアルヒーフ資料（ロシア国立社会政治史アルヒーフ（РГАСПИ）、国立ロシア連邦アルヒーフ（ГАРФ）、ロシア国立経済アルヒーフ（РГАЭ））であり、(2) ロシア科学アカデミー民族学・人類学研究所（ИЭА РАН）の学術アルヒーフと国

立歴史博物館の文献資料部（ОПИ ГИМ）とに所蔵されている歴史民俗学的および社会学的調査の資料であり、(3) 1990年代のヨーロッパ・ロシア中央部の農村調査に加わった本論文の著者の個人的観察であり、そしてまた、(4) 公刊された農民の証言（口頭での話、回想、家族の歴史、日記）である。これらの証言は、1920－90年代のロシア農村における歴史家、社会学者、民族学者、フォークロア研究家の活動の結果である。そして、(5) 特別な意義をもっているのが学際的社会科学研究センター（Интерцентр）のアルヒーフの文書であり、そこには、ロシアの8地域20ヵ村で専門的な方法により実施されたロシア・イギリス共同社会学プロジェクト「ロシア農村の社会構造、1990－1994年」（責任者テオドル・シャーニン教授）の資料が集中している。記録された家族の歴史は130点以上に上り、そのいくつかはすでに公刊された[23]。

　記憶の史料は、20世紀農民史の時期ごとに、また、それらの基本的タイプごとに不均等であり、したがって、それらに含まれている情報の比較可能性という問題が生ずる。社会的記憶は、何らかの理想、規準的な当為の判断を考慮しつつ機能するものであり、それは、農民的な特徴、特有の行動スタイル、そして生活様式全体を再現するように「働く」。記憶の助けを借りて、土地、労働、家族、共同関係、権力といった基本的、「基盤」的な価値が保持される。この観点からその様々な史料を評価することができる。

3. 20世紀の文脈における農民の記憶

　農民の記憶の研究という点で20世紀はとくに重要である。農民の進化はその記憶にも影響している。と同時に、記憶こそ農民の変化のマーカーである。農民の記憶は20世紀にその固有の特徴と性質のいくつかを失う。農民の記憶のいろいろな構成部分、すなわち、記憶の行動的成分と価値的成

分、そしてまた本来の回顧的成分が、減衰から活性化に至るまでのいろいろな程度の変形を見せている。

何よりもまず、農民とその記憶の変化には文明共通の根拠が存在する。それは、近代化の過程、都市化、社会的移動の増大、都市文化とそのすべての物質的・精神的属性の農村への活発な浸透といったものである。農民は口承文化と文字文化の交差点に立っている。

国家の教育制度を含め、記憶を組織化する新たな方法が形成されている。公式の記憶の影響力が強まり、大衆の意識と行動がマスコミの影響により操作される可能性が増している。人生設計・生活設計の適用範囲が広がり（このことは1920年代の、また1950年代以後世紀末までの歴史民俗学的調査研究において記録されている）、そのために世代間の断絶が強まり、過去の経験を参照する必要性は疑問視されている。これらの過程はすべて民衆一般、とくに農民に対して影響を及ぼした。

次のような全ロシア的な文脈についても指摘しておく必要がある。すなわち、農民は20世紀初めには個人農の農家の主人だったが、まもなく集団化されたこと、集団化とその後のコルホーズの合併が脱農民化を促進したこと、そして、ペレストロイカの中で農民的ウクラード［社会経済形態］の再生の可能性が問題として提起され、1990年代初めの脱集団化の時代に農民は異なった経営形態・方法の実存的選択に直面したこと、――こういった全ロシア的な文脈である。

現代の研究において指摘されているように、権力と文化とをめぐる戦いの場で諸集団がいかに記憶し確信するかという点の研究は、おそらく歴史的記憶の中心的な問題である[24]。

20世紀の全期間にわたって、農民の意識と行動に対する彼らの「過去の生活の学校」の影響を明らかにすることができる。

農民の集合的記憶の根本は「土地の威力」である。この概念は多くの点で隠喩的性格をもっている。その構成要素は、(1) 土地との特別な結びつきと勤勉さ（つまり、「土地への勤め」）とに対する、したがって、国の

1-1 20世紀ロシア農民の歴史的記憶◆イリーナ・コズノワ

「養い親」としての自らのユニークな社会的使命——これが農民的アイデンティティの根本にある——に対する農民の強い信念、(2) かつては誰もが使えたという土地についての集合的記憶、(3)「神の恵み」としての土地のイメージ、(4) 生息環境としての土地に対する各人の自然的共有権と、それを支える共同体制度、そして、(5)「勤労にもとづく権利」である。何世代もの農民が土地に注いだ血と汗の話は（現代に至るまで）変ることがない。

20世紀の第1四半期に特徴的なのは、農民が生き抜くための共同体存続機運の強化と、様々な形の伝統的生活基盤の変革志向という相異なる過程である。それらは、過去の経験の相異なる活性化の方法という記憶の機能の観点から解釈できる。

これらの過程は、「モラル・エコノミー」の心理の危機、習慣的な世界観・人生観のあり方の変形、読み書き能力の向上、意識の世俗化といった状況において生じた。農民の市場参入は、農村と社会全体における（何よりも世代間の）対立と矛盾の増大や、村世界の分解を伴った。農村に「対抗文化」が現れ、農村社会は直接、「文化対立」の中心地になる。

1902−22年の農村革命の時期、農民的秩序の強化を求める声は「土地と自由」の公式——すなわち、勤労にもとづく農民の土地に対する権利の回復——に具体化された。この公式は地主所有地の占拠と屋敷の破壊においてその真価を発揮した。

と同時に、「労働支出」の概念がまったく異なった場面で歴史的論拠として現れた。それによって農民は、共同体の存続と土地割替が不可欠なことも、また逆に、世帯別所有への移行が不可欠なことも根拠づけた。共同体から抜け出したい者は、「これも運命とあきらめ、先祖と同じように土地を耕す」ことを強いる秩序にうんざりしていた。しかし、主な論拠は「自分の分与地で自由に働く可能性」であった。こうして、何世紀もの伝統と数世代の記憶とにもとづく集団的経験と、個人的記憶——といっても、それは、農民の多層的な記憶という共通の「パイ」からすくい取ったもの

である——にもとづく個別的経験とが矛盾を来した[25]。共同体的秩序に対するこの不満の背後には重要な文明の進展があり、それは、特別の型、ロシアの農村にとっては新しい型の形成を伴っていた[26]。

農民の記憶の最も重要な優性形質はこの時代のものである。20世紀は膨大な否定的経験によって農民を比類なく「豊か」にし、彼らの心理状態を変形させた。研究者は、民衆の意識と行動に対する諸戦争の否定的な影響を指摘し、「戦争は革命的暴力に免罪符を与えた」ことを強調している[27]。ただし、この「新しい経験」は、農村の往年の日常生活と、その様々な、とくに土地関係の争いとの中に根拠を置いている[28]。農民の記憶に保持されたものは、農村での暴力のエスカレーションを物語る多数の事実（地主の領地、フートル農家、そして豊かな農民の掠奪、近隣の村々の衝突）である。この時代の支配的な記憶は、地域社会の抵抗と組織的行動の記憶である。こうした宿命は1920年代になっても続き、均等割替や土地紛争の活発化、共同体からの脱退の妨害となって表れた。

農民戦争——ボリシェヴィキ体制とその食糧政策に対する1918－21年の農民戦争——への農民革命の転化は、暴動、軍隊からの脱走、ギャング行為、播種面積の縮小、大量の暴力を特徴としていた[29]。

しかし、農民は次のようなまったく合理的な行動形態も見せていた。すなわち、村会決議運動、当局への様々な形での訴状の提出、代表者の派遣、新聞雑誌編集部や中央農民会館の企画による1920年代の様々な討論への参加、自分自身の個人農経営の発展と市場および協同組合への志向、共同体外での自主的な経済活動、農業博覧会への参加、都市への出稼ぎ、農村通信員の活動、就学、意図的な農村文化との断絶、そして行政機関への参与である[30]。

1920年代ロシアの農村の実生活と農民の世界観の中では、安定性と力動性、連続性と変化の両契機が複雑にからみ合っていた。この場合、研究者は、安定性の面と力動性の面の対立的な相互作用に注目している。革命前から見られた農村の家父長制の侵食、その世代間の伝統的関係の侵食は歴

然としていた。たとえば、フォークロア研究家の観察によれば、当時のチャストゥーシカの出だしは、実にしばしば、「怒らないでよ、母さん」という歌詞であった。農村では、新しい、当時きわめて特徴的だった青年のタイプが形成されてきた。つまり、過去との決別を目指し、農民的な伝統や価値観には敵対的で、村の生活様式と労働とを軽蔑する気分になっている青年のタイプである。彼らに特有なのはいわゆる「移住ムード」であり、彼らは、都市、国家勤務、当局との親密さといったものを自分の人生の目標としていた[31]。

ネップの受け止め方は社会の様々な世代と集団において一様ではなかった。多数派の農民の経済的理想は自分の土地での経営の自由だったが、私有財産の所有の自由あるいは市場活動・企業活動の自由ではなかった。とはいえ、一部の、とくに裕福な農民に特徴的だった心理は、市場行動や自分の事業の拡張、財産の増加のために十分成熟していた。と同時に、農村の下層社会では反ネップの機運が強力であり、しかも、その根本は勤労の記憶であった。「私の提案は、他人の汗と血で儲けた物はすべて国家に納めなければならないということだ」、と[32]。

農民的な秩序は全体として、「自由な市民として自由な土地に生き」、市場経済の中で自分の経営を伸ばし、国家との受入れ可能な関係（「国家に支払いを済ませ、自分も足りる」という関係）を築こうとする志向に表れており、また、農民の政権参加という視点から革命の結果を若干見直すように求める声（「もしもわれわれの政権なら、われわれもどこか隅っこに置いてくれ」）に表れていた。その秩序は農民的生活様式それ自体の保持にも表れており、その際、男性は自分の記憶を文字証言の中で調音し（「黒だろうが赤だろうが政権はみな同じだ。ただ、どっちもわれわれには構わないでくれ」。「政権がどうだろうと、われわれは耕すだけだ」）、これに対して、その秩序の儀式的・儀礼的側面の維持が女性の役回りであった[33]。したがって、集団化は、その前夜においても本格的に開始されてからも、様々な形態での農民の抵抗を伴っていた。農家経営の縮小、都市

への逃亡、農民同盟結成の呼びかけ、コルホーズ反対の扇動、ビラ配りといったものから、「サラファン」［農婦の袖なし長衣］騒動を含む公然行動とテロに至るまでである(34)。

　農民世界の破壊は一瞬の出来事ではなく、その土台は一つ一つ爆破されてきたものだとはいえ、クライマックスは集団化であった。農村のしきたりに対する権力の攻撃は、宗教、財産、自治に至るまで徹底しておこなわれた。しかし、この過程が始まったのは集団化以前であり、それは集団化によっても完了しなかった。しきたりの有意の変動に先立って、社会にはかなり長期間のアノミー［過熱した欲望の無規制状態］があり、そこでは古い規範の作用がすでに弱まっているが、新しい規範はまだ強くなかった（「新旧入り混じり」という含みの多い常套句がすでに1920年代に使われていたのは偶然でない）。ここで肝要なのは、最も教育があり、エネルギッシュで経営上手だった農民部分である「クラーク」の消滅だけでなく、世代交代ということであり、そのために老人は自分の価値観を青年に伝えることができず、あるいはそうすることを怖れ、青年は新しい神に祈りはじめるのである。アノミーにとって20世紀初頭の諸革命と諸戦争は理想的な環境だったことに注意したい。

　農民の記憶に対するソ連的近代化の影響は一様ではなかった。

　1930－50年代の農民の記憶は多くの点でなお伝統的記憶の特徴を残していた。初期コルホーズ時代（戦前）の農民は、個人農時代の農村の、儀式的性格をもつ土地関係の労働儀礼のうち、いくつかをコルホーズ生活の行事にしようとした（「ドジンキ」［収穫最終日の祝い］、穂の「巻きつけ」等）。伝統には勤労の原理がはっきりと表れていた。コルホーズの作業を記述するに当たって、農民のヴェ・ア・プロトニコフがその当時の自分の回想の中で"страдовать"［苦しむ、刈り取る］という使い慣れた古い動詞を用いているのは偶然ではない。最初のコルホーズの結成に当って、農民はスプリャーガ［共同畜耕］や結いの経験、そしてまた未分割大家族の伝統をも考慮した。新しい状況においてさえ、独特な形の「社会契約」関係（「ど

の農民も自分のために働くが、1ヘクタール当りで必要なだけ国家に引き渡さなければならない」)が重要であるように思われた[35]。この場合、農村は、民衆の信仰と観念の世界に生きながら、ソ連的伝統の軌道に乗せられた[36]。コルホーズ社会内部では様々な社会集団ごとに現在と過去のイメージが異なっており、この点は特殊研究を必要としている。

　他面で、コルホーズの日常生活は、当局の不公正な行動に対する反作用として、農民の記憶の中に定着していた定型的行動を想起させた。たとえば、コルホーズの現実は、共同体の均等方式を受け継ぎ、農民が生き抜くことを目的とするところの日常的経済生活のいくつかの面（労働割当ての「口数」原則、住宅付属地分与の際の「口数」原則遵守の要求）の保存を促した。欠勤、必要最小限の作業日の不履行、土地の切り足し［無断拡張］と占拠、夫役［賦役］の忌避といった様々な形の農民的な抵抗が展開された。農民的抗議の「武器なき」形態のうちで最も大規模かつ活発だったのは離村とコルホーズ（ソフホーズ）からの盗みである[37]。

　都市化の影響を受けて、農民の生活様式と彼らの土地との関係は1960年代－80年代に大きく変化した。「脱農民化」の兆候となったのは勤労の記憶の風化であり、世代の対立はコルホーズの日常生活の欠かすことのできない一部になった。その際、コルホーズは社会的保護の一形態として伝統となった。勤労精神の全般的な低下と自分の活力の衰えとに対する農村の年長世代の痛々しい反作用として、個人農時代の農家と1930年代－40年代のコルホーズとにおける労働の回想録が生まれた[38]。

　農民の記憶の最も重要な音域である儀礼は著しい変化を被った。それは農業労働の分野ではほとんど失われた。しかるに、儀礼は伝統的にこの分野でこそ農民的生活様式の十全な再生産の一方法となっていたのであり、したがって、宗教的・儀式的生活の全体が退化することになった。もっとも、婚礼の儀式と葬式はその意味がより完全に保持された。フォークロアは全体として消滅していないが、変質しつつあり、いくつかの新しい特徴と特質が生まれ、都市の伝統の影響を受けている。最も特徴的なジャンル

になったのはチャストゥーシカとアネクドートであり、そこには、20世紀の社会的政治的大異変の民衆的な受け止め方が最も鮮明に、かつ生き生きと、そして（エム・エム・バフチンによれば）「陽気」に表現されている。フォークロア的記憶が活性化するのは戦争の時である。たとえば、昔話の中では、農民兵士が「まじない」で敵の銃弾が当らなくなる。ソ連的文化モデルに対する農民的伝統の影響をとくに鮮明に示しているのは大祖国戦争［第二次世界大戦］である。

　20世紀の特徴は、記憶が出来事の側面に対して関心を高めることである。通例、出来事の記憶は3－4世代にわたって保持される。この場合、歴史的時間、出来事の時間の視点からすれば、農民の記憶の基本的寿命は百年ほどである。農民は自身の心象にしたがって時間の道標を立てる傾向がある。「農民的」時間と密接な関係にあるのは、(1) 民衆暦、(2) 個人農時代の農家と共同体の、次いでコルホーズ農戸と共同農場の運命、(3) 満腹の、あるいは飢えた生活、(4) 善良な、あるいは容赦のない支配者、そして、(5) 戦争である。

　いずれにせよ、「農民的」な歴史というのは政治指導者の交代のことではなく、人間とその共同体の生活のことであり、その活力と年代記は、「種を播き、耕し、刈り取る」という習慣的なものに支えられている。記憶の優性形質となったのは農家経営そのものである。貧困から抜け出し、立ち上がり、一定のレベル（中位の、できれば裕福なレベル）に踏みとどまろうとする農民家族の志向は強く記憶される。家族の歴史は裕福さのひとつの社会文化的ファクターと見ることができる[39]。

　農民の記憶に残るのは農産物や工業製品の価格であり、あれこれの作業の賃率であり、納めた税金の額であり、いろいろな時期の食事の品数である。恐ろしくしっかりしているのは馬の記憶であり、というのも、家族の豊かさは馬にかかっていたからである。馬の生まれた日や購入した日、購入価格や販売価格はよく記憶される。

　記憶は農村生活の急変期の展開と収束とを記録している。肯定的な転機、

1-1　20世紀ロシア農民の歴史的記憶◆イリーナ・コズノワ

すなわち、農民が積極的だった時期として、農村革命の記憶が保持された。農村生活の否定的な転換期として記銘されたのは、コルホーズの結成、1940年代－50年代の個人副業経営への攻撃、コルホーズの大規模化、そして、1990年代初めの脱集団化である。これらを農民は喪失という用語によって想起する（喪失の中味は様々である）が、それらは農民生活の分水嶺となり、悪と不公正を連想させる。

農民の記憶の中で特別な場を占めているのが集団化と戦争である。

社会化された土地での集団労働に大量の個人農が自発的に移ったという、数十年間存在してきた集団化の出来事の公式の再現に関しては、昔から信奉者がいたし、今でもいる。コルホーズに入ってあれこれの家族が「よくなった」という告白はロシアの各地で少なくない。

と同時に、集団化の記憶は、コルホーズ以前の農村、つまり、「よい暮らし」や「昔のよい時分」に対するノスタルジアを伴っている。このノスタルジアの構成要素は、個人農時代の農民家族の自分の土地での労働、満腹、豊かさ、手持ちの金、村社会の枠内で容認されうる既存の社会的分化、そして当局からの独立である。これらすべてが農民的秩序を表現している。秩序とは、「すべてが考え抜かれ、どれも甲乙をつけられない」ときのことであり、絶対に農民の一生のすべての面――出生、洗礼、嫁取り（嫁入り）と婚礼、死亡と埋葬、仕事と休み、平日と祭日――に及んでいて、農民の様々な世代の男女にかかわるものであり、伝統と習慣に支えられている。農民の日常生活では身の回りの物が代々使われる。年長世代の言葉は権威があり、その行動、生（と死）はお手本である。この秩序にはまた、宗教的規範への服従、精神的・肉体的な健康、節酒と禁酒、隣人との助け合いも含まれている。

集団化は、土地の上で働く人間の相貌と農民の生活様式とを変えた経済的・文化人類学的惨事として、20世紀の第1四半期に生まれた農民世代の記憶に刻み込まれた。集団化は古い世代では「生活の単純化」という概念と結びついている。この場合、男性の記憶の中では、農家経営と土地の上

で働く者自身とに起った変化、農民の名誉と尊厳の喪失が記銘されている。他方、集団化が女性の運命が経験するものとなれば、力点は、農民的生活様式の儀式的・儀礼的現象形態と生活全体のリズムとの破壊や、コルホーズと農家とでの女性労働の内容にかかわる変化に置かれる。ただし、集団化が農民的秩序の破滅であり、その秩序の核心が、労働と、行動の方法としての勤労の記憶とであった点で、記憶は一致している[40]。

集団化の記憶は大祖国戦争の記憶と密接に結びついている。戦争は、満腹していて幸福だった戦前の生活という神話を生み出した。戦争はまた農民的生活様式の破滅の一階梯となり、「よい暮らし」か「悪い暮らし」かという基準による農民生活の比較の原点となった。農民出征兵士にとって秩序破滅の象徴は刈り取られることがなかったライ麦畑であり、それが記憶の中に刻み込まれた。戦争の記憶とは、戦場の人間、彼らの英雄的行為と不屈さの記憶である。それは、祖国、土地、子供という最高の価値のために戦った人々の記憶であり、大文字で書かれた「偉業の時代」に関する記憶である。

戦勝の代価に関する記憶の諸説についていえば、ここで記憶は体制の本質を示すために自分の口調を持ち込んでいる。戦争の記憶の中で、「農民対権力」という遠近短縮画法は独特の意味をもっている。農民に向かって立ちはだかっているのはばかでかい権力であり、それは農民を戦争に巻き込み、あるいは占領軍としてやって来て彼らを異国へと送る。体制に抗して生き抜き適応する力というものは、（前線、後方、捕虜の区別なく）記憶の最も強い層であり、要するに、「われわれの務めは、戦う時は戦い、歌う時は歌って時間を過ごすことで、もし始終悲しんでいたら、もうとっくに死んでいる」のである。

戦時中（とくにドイツによる占領期）のコルホーズの記憶は「都合の悪い記憶」という性格をもっている。というのも、それは、戦時中と戦後に存在していたコルホーズの解散機運を養分としているからである。戦争は集団化に続く農村の零落の次の段階となった。体制の農村への圧力は著し

1-1　20世紀ロシア農民の歴史的記憶◆イリーナ・コズノワ

く、そのために、この圧力は戦争の記憶の中で実に大きな場を占めており、（とくに女性の場合）戦友同士の友情や人間性に関するノスタルジックな思いを「覆い隠す」ほどである[41]。

　記憶における過去の出来事の知覚について文献で記述されたモデルからすれば、集団化の記憶は「惨事」（「犠牲の記憶」）として、戦争の記憶は「大勝利」（英雄的行為と献身）として現れる。人間は不安定な状況にあってはとくに肯定的な、そして英雄的な過去の表象を必要とする以上、戦争はこの場合、そうした性格の思い出にとって最も相応しい対象となるのであり、これは、戦争が莫大な損害をもたらすにもかかわらず、そうなのである。こうして、戦争の記憶は集団化と弾圧の記憶に取って代わる。なぜならば、後者の思い出は、保持されるとはいえ、あまりにも心が痛むからである。この点に関連して、戦争の記憶は著しく儀礼化されており、これは日常生活の現実から失われた儀礼に対する農民の欲求を表現している。

　情報伝達的（生の）記憶の形態を留めながら、集団化と戦争の記憶は次第に文化的記憶の特徴をもち始め、適応と生き残りの経験、農村社会と都市社会の相互作用の経験を前面に押し出すようになる。この記憶に特有なのは、研究者が「ソ連的二重思考」と名づける二重の規準と評価の体系である[42]。これは、同じ年長世代の間に、「ソ連農村の悲劇」としての集団化の記憶と並んで、コルホーズについての肯定的な記憶（和解の記憶）が保持されている点にも表れている。肯定的なコルホーズの記憶の持ち主は1940年代－70年代生まれの人々である。

　1980年代と1990年代のはざまにおいて、ロシア社会の集合的記憶の中で「土地と自由」の公式の活性化が生じた。その意味は、「農民の中の農民的なもの、すなわち、土地の主人という感覚の再生」ということに帰着した。

　諸文書の分析が示すところでは、1990年代の初め、農村は、とりわけ個人農時代の農村を覚えていた年長世代に特徴的な、次のような確信を抱きながら、市場経済改革に踏み込んだ。すなわち、「昔は」土地に対する主人としての注意深い態度があり、農民である以上、子供の頃から一日中休

みなく働いていたのに対して、「今では」土地は荒れ放題で、使われることなく「遊んで」おり、子供は「能なし」で、従業員はコルホーズ畑の「臨時雇い」に過ぎず、「条件がすべて揃ったのにそれでも働こうとしないのは、真の主人がいないからだ」、という確信である。すべては勤労の記憶の喪失を証明していた。

　この評価は農村改革の立案者たちの見方と一致していたように思われるかもしれない。彼らは、土地の私有化とコルホーズ・ソフホーズの再編とにもとづいて、農業従事者の労働のモチベーションを変えることを目的としていた。しかし、改革のこうした方向を支持したのは農村・都市住民の小部分であり、主として「絶滅されたクラーク」の子孫である(43)。

　市場経済化の農村変革の中で支配的な役割を演ずるようになったのは、以前の形態（共同体・コルホーズ型）の生き抜き戦術であり、これは、集団的アイデンティティと個人に対する社会的な監督とが失われるという農民の危惧によって促進された（かつてストルィピン改革も突き当たった現象である）。「時代の断絶」に対する反動として、過去への憧れが観察された。

　農民の記憶は、1970年代──安定と、平和で落ち着いた「よい」暮らしとの時代、農業従事者の社会的有意性が安定して認められた時代──に向かい、ノスタルジアの性格を帯びるようになった。「政権は自前で暮らし、他人の世話もした」というのが、その時点から1970年代当時を指向したおおよその動機である。農村の「1970年代」へのノスタルジアとは、農村が都市に最大限接近した時代の喪失感であり、この場合、記憶に顕著に表れていたのは消費価値である。「土地と自由」に代って、記憶は「ソーセージと国家の農村支援」を前面に押し出した。

　研究者の指摘によれば、ノスタルジアの泉の中では、過去はたんに保存されるだけでなく再び高揚するのであり、しかも通例、それは最も魅力的な姿で描き出されるものである(44)。

　現代の農村社会の進化は、生き抜き戦略と開発戦略の衝突を内容とする

ものであり、その各々が特有の過去の表象をもっている。ただし、記憶の境界は必ずしも明白でよく見分けがつくものでもない。過去の活性化は異なる形態とレベルにおいて生ずるからである。行動的側面では、記憶は深部の歴史的な生き抜き体験だけでなく、ますます適応の多様な経験と集団的連帯感とに訴えて助けを求めており、村の社会的分化という状況の中で多様な「支援ネットワーク」の構築をアピールしている。

社会的記憶におけるこうした種々の層と意味のからみ合いが証明するのは、過去の経験の活性化としてのその現れ方と働きとが多面的であり、(1) 土地の上での経営活動も、(2) 農民的労働と決別しようとする志向も、どちらもそれに依拠することがあるということである。

第1の場合、記憶の中では、村世界と権力との関係が後者の圧力と弾圧の角度から再現され、20世紀の農民の歴史はすべて「犠牲の歴史」として現れる。勤労の記憶の喪失および消費の記憶の前面進出は世代間の断絶と青年の都市移住とを促進している。第2の場合、記憶は権力との肯定的な関係の経験にもとづいている。農民経営が復活し、その市場参入の経験の記憶が支持されている。今日活動的な労働年齢期にある者は、生き抜きの多様なやり方も（労働が決してすべてを作り出すわけではない所で）、本来の勤労の記憶、すなわち、「どんな仕事もこなす」という原則も、どちらも目標にして行動している[45]。

ある村の女性が、農民と民衆の記憶全体との理解にとって事実上鍵になる考えを述べた。「私たちは何が起っても村では全然大丈夫ですから」、と。これは「一瞬を生きる」という重要な能力、自然的なものと社会的なものの境界にある生活から来る重要な能力である。そこには記憶のプラグマティックな要素が内包されている。

4. いくつかの結論

　われわれは20世紀に関して農民の記憶の中に何を見出すのか。

　農民の記憶は集合的記憶である。共通の運命の認識は農民個々人の証言にも染み込んでいる。共通の運命が生まれる理由は、それぞれの歴史的時期ごとに具体的に表現される。たとえば、20世紀前半に活動的な生活期に入った農民の多くにとって、共通の運命は個人農時代の農家経営の破壊によって決定された。活発な生産活動をおこなう時期が20世紀後半に当たっていた世代にとっては、共通の運命は比較的新しいコルホーズ時代のものである。

　農民の記憶に固有なのは、多層性、無尽蔵さ、循環性であり、その境界は相対的、可変的である。こうして、農民における土地の記憶とは、農家の記憶でも権力の記憶でもある。そして、権力の記憶とは同時に村社会と農家の記憶でもある。記憶は「時間外的」なものであり、その証言は「自己の時間的空間」から「没収」され、同じ20世紀の範囲内で別の空間に「移転」させられることがある。

　いずれにせよ、20世紀の農民の記憶には重要な色調がある。その中で前面に押し出されているのは、権力の圧力に由来する一切のことである。心理的苦痛の記憶、嘲笑と侮辱の記憶、そして恐怖と危惧、――これらはすべて日常性の一要素となり、人々の行動モデルとして保持された。農民が、自分たちと権力およびその代弁者との衝突を記憶し、社会の位階制秩序の中で彼らの上に立つ者との衝突を記憶したということは、「対立の記憶」が最も深く根づいた社会においてこそ記憶の対立が最も鋭いということの見事な確証である[46]。だが、農民のほうも自らの「社団的秘密」をよく記憶しており、「みんなと同じに」という社会的やり方と隠れた日常的抵抗とによって「上から」の圧力に抵抗した試みのことも、また、「下から」トリックを弄する独特の方法のこともよく記憶した。

農民の歴史的記憶について語るとき、いくつかの点を考慮しなければならない。第1に、農民がその形成にかかわってきたのはソ連社会の集合的記憶であった。第2に、ソ連の都市社会は、農民出身であるにもかかわらず、農村の生活様式に対する、そして土地での労働とそこで働く人間とに対する軽蔑的な態度が特有であり、それは驚くほど広まっている。これらのことはすべて、農民的記憶の縮減、そのポテンシャルの衰弱の方向に働いた。20世紀の農民は積極的行動から消極的適応へと至る道を歩んだ。記憶の中でより大きく聞こえるのは女性の声である。事実、農民の記憶はひとつの主要なサイクルを完了した。今世紀のロシア社会の文化的記憶、農民社会とその新しい世代の文化的記憶が自分の中に何を取り込むかは未解決の問題である。

注
（1） Nora P., "Between Memory and History: Les lieux de memoire," *History and Memory in African-American Culture*, Ed. by G. Fabre and R. O'Meally, New York, Oxford, 1994, p. 292（ピエール・ノラ「記憶と歴史のはざまに」、同編［谷川稔監訳］『記憶の場』第1巻、岩波書店、2003年、30頁）.
（2） Halbwachs M., *La memoire collective*, Paris: Albin Michel, 1997（アルヴァックス［小関藤一郎訳］『集合的記憶』、行路社、1989年）. また、Ассманн Я. Культурная память: Письмо, память о прошлом и политическая идентичность в высоких культурах древности. Пер. с нем. М. М. Сокольской. М.: Языки славянской культуры. 2004. С. 35-38 も参照。
（3） Репина Л. П. Культурная память и проблемы историописания (историографические заметки). М.: Изд-во ВШЭ. 2003.
（4） Assmann J., *Das kulturelle Gedächtnis: Schrift, Erinnerung und politische Identität in den frühen Hochkulturen*, München: Beck, 1992. 露訳（Ассманн Я. Культурная память）も参照。
（5） Nerone J., "Professional History and Social Memory," *Communication*, Vol. 11, 1989, pp. 89-104.
（6） Бурдье П. Начала. Пер. с фр. Пер. Н. А. Шматко. М.: Socio-logos. 1994. С. 192-200.

(7) *Коул М.* Культурно-историческая психология: наука будущего. Пер. с англ. М.: «Когито-центр». Изд-во «Ин-т психологии РАН». 1997. С. 75-86.

(8) *Лотман Ю. М.* Семиосфера. СПб.: «Искусство-СПБ». 2000. С. 219, 488-489, 567, 579, 616, 676; *Ферретти М.* Расстройство памяти: Россия и сталинизм // Мониторинг общественного мнения: Экономические и социальные перемены. № 5. 2002. С. 50-74.

(9) Преодоление прошлого и новые ориентиры его переосмысления. Опыт России и Германии на рубеже веков. Под ред. К. Аймермахера, Ф. Бомсдорфа, Г. Бордюгова. М.: АИРО-ХХ. 2002.

(10) *Нуркова В. В.* Свершенное продолжается: Психология автобиографической памяти личности. М.: Изд-во УРАО. 2000.

(11) *Пушкарева Н. Л.* Андрогинна ли Мнемозина? Гендерные особенности запоминания и памяти // Сотворение истории. Человек. Память. Текст. Под ред. Е. А. Вишленковой. Казань. 2001. С. 274-304.

(12) Scott J., *Weapons of the Weak: Everyday Forms of Peasant Resistance.* New Haven: Yale univ. press, 1985.

(13) *Гордон А. В.* Крестьянство Востока: исторический субъект, культурная традиция, социальная общность. М.: Наука. Главная ред. вост. лит-ры. 1989.

(14) Beardsley, R. K., Hall, J. W., Ward, L. F., *Village Japan.* Chicago, 1957; 河北新報社編集局編『むらの日本人』、勁草書房、1975年; Jun Jing, *The Temple of Memories. History, Power and Morality in a Chinese Village.* Stanford, California: Stanford univ. press, 1996; Zonabend F., *The Enduring Memory: Time and History in a French Village.* Manchester univ. press, 1985.

(15) *Громыко М. М.* Мир русской деревни. М.: Мол. гвардия. 1991; *Громыко М. М., Буганов А. В.* О воззрениях русского народа. М.: Паломник. 2000.

(16) *Левин М.* Деревенское бытие: нравы, верования, обычаи // Крестьяноведение. Теория. История. Современность. Ежегодник. 1997. М., 1997. Вып. 2.; *Шанин Т.* Революция как момент истины. Россия 1905-1907 гг. - 1917-1922 гг. Пер. с англ. М.: «Весь мир». 1997.

(17) *Кабанов В. В.* Крестьянская община и кооперация России XX века. М.: ИРИ РАН. 1997; *Поршнева О. С.* Ментальный облик и социальное поведение солдат русской армии в условиях Первой мировой

войны (1914-февраль 1917 гг.) // Военно-историческая антропология. Ежегодник, 2002. Предмет, задачи, перспективы развития. Отв. ред. и сост. Сенявская Е. С. М.: РОССПЭН. 2002. С. 252-267.

(18) Менталитет и аграрное развитие России (XIX-XX вв.). Материалы международной конференции. М.: РОССПЭН. 1996.

(19) *Гордон А. В.* Указ. соч. С. 56-57.

(20) *Леонтьева Т. Г.* Вера и прогресс: православное сельское духовенство России во второй половине XIX- начале XX вв. М.: Новый хронограф. 2002. また、*Громыко М. М., Буганов А. В.* の前掲書も参照。

(21) *Зензинов В. М.* Встреча с Россией. Как и чем живут в Советском Союзе. Письма в Красную Армию 1939-1940 г. Нью-Йорк. 1944を参照。

(22) Автобиографические записки сибирского крестьянина В. А. Плотникова. Омск. 1995; Дневник тотемского крестьянина А. А. Замараева. 1906-1922 годы. М. 1995; На разломе жизни. Дневник Ивана Глотова, пежемского крестьянина Вельского района Архангельской области. 1915-1931 годы. М.,1997 и др.

(23) 詳しくは、*Кознова И. Е.* XX век в социальной памяти российского крестьянства. М., 2000を参照。

(24) History and Memory in African-American Culture. Ed. by G.. Fabre and R. O'Meally, New York, Oxford: Oxford univ. press, 1994, p. 52.

(25) Земельный вопрос. Под ред. Е. С. Строева. М.: Колос, 1999. С. 202-226.

(26) *Гордон А. В.* Пореформенная деревня в цивилизационном процессе (Размышления о постановке вопроса) // Рефлексивное крестьяноведение. Десятилетие исследований сельской России. Под ред. Т. Шанина, А.Никулина, В.Данилова. М.: МВШСЭ. РОССПЭН. 2002. С. 141-160.

(27) *Кабанов В. В.* Указ. соч. С. 108-110; *Поршнева О. С.* Указ. соч.; *Шанин Т.* Революция как момент истины. С. 299.

(28) *Левин М. Я.* Указ. соч. С. 84-90.

(29) *Данилов В. П.* Крестьянская революция в России. 1902-1922 гг. // Крестьяне и власть: Мат-лы конф. М.-Тамбов. 1996. С. 8-22.

(30) *Козлова Н. Н.* Горизонты повседневности советской эпохи (голоса из хора). М.: Изд-во ИФ РАН. 1996; *Лившин А. Я., Орлов И. Б.* Власть и общество: Диалог в письмах. М.: РОССПЭН. 2002; *Файджес*

О. Крестьянские массы и их участие в политических процессах 1917-1918 гг. //Анатомия революции. 1917 год в России: массы, партии, власть. Отв. ред. В. Ю. Черняев. СПб.: Глаголъ. 1994. С. 236-237.

(31) *Кузнецов И. С.* На пути к «великому перелому». Люди и нравы сибирской деревни 1920-х гг. (Психоисторические очерки). Новосибирск: Новосиб. гос. ун-т. 2001. С. 116-133.

(32) *Лившин А. Я., Орлов И. Б.* Указ. соч. С. 118-121.

(33) Крестьянские истории: Российская деревня 20-х годов в письмах и документах/Сост. С. С. Крюкова. М.: РОССПЭН. 2001.

(34) Менталитет и аграрное развитие России. С. 247-259; Трагедия советской деревни. Коллективизация и раскулачивание. Т. 1-2. Под ред. В. Данилова, Р. Маннинг, Л. Виолы. М.: РОССПЭН. 1999-2000.

(35) *Зеленин И. Е.* Крестьянство и власть в СССР после «революции сверху» //Вопросы истории. № 7. 1996. С. 28.

(36) *Анохина Л. А., Шмелева М. Н.* Культура и быт колхозников Калининской области. М.: Наука. 1964; *Зензинов В. М.* Указ. соч.; Село Вирятино в прошлом и настоящем. Опыт этнографического изучения русской колхозной деревни. М.:Изд. АН СССР. 1958.

(37) *Димони Т. М.* От частника к колхознику: трансформация представлений о собственности крестьянского двора в 1930-1950 гг. (на материалах Европейского Севера России)//Собственность в представлении сельского населения России (XIX-XX вв.): Регионально-исторический аспект. Под ред. Д.С.Точеного. Ульяновск, 2001. С. 179-184; *Попов В. П.* Российская деревня после войны (июнь 1945 - март 1953). Сборник документов. М.: «Прометей». 1993. С. 181-193.

(38) *Виноградский В. Г.* Российский крестьянский двор //Мир России. № 3. 1996. С. 3-76.

(39) *Кознова И. Е.* Зажиточное хозяйство 1920-х годов в памяти российского крестьянства (по свидетельствам конца XX в.)//Зажиточное крестьянство России в исторической ретроспективе. Материалы XXVII сессии Симпозиума по аграрной истории Восточной Европы. Вологда. 2001. С. 410-425.

(40) Архив междисциплинарного академического центра социальных наук (Интерцентр). Материалы российско-британского проекта «Социальная структура российского села (1990-1994)»; Голоса

крестьян: Сельская Россия XX века в крестьянских мемуарах. М.: Аспект Пресс. 1996; *Кознова И. Е.* Труд на земле в памяти российского крестьянства // XX век и сельская Россия. Под ред. Х. Окуда. Токио. 2005. С. 7-37.

(41) *Бердинских В. А.* Народ на войне. Киров: Киров. обл. типогр., 1996; Материалы российско-британского проекта.

(42) *Коткин Стивен.* Говорить по-большевистски (из кн. «Магнитная гора: Сталинизм как цивилизация») // Американская русистика: Вехи историографии последних лет. Советский период: Антология. Сост. М. Дэвид-Фокс. Самара: Изд-во «Самарский университет». 2001. С. 326-328; *Пациорковский В.В.* Сельская Россия: 1991-2001 гг. М.: Финансы и статистика. 2003. С. 327-328.

(43) *Казарезов В. В.* Фермеры России. Очерки становления. Т. 1-2. М.: Колос. 2000; Многоукладная аграрная экономика и российская деревня (середина 80-х - 90-е годы XX столетия). Под ред. Е. С. Строева. М.: Колос. 2001. С. 138-148, 160-163.

(44) *Репина Л. П.* Культурная память и проблемы историописания. С. 32.

(45) *Кознова И. Е.* Аграрные преобразования в памяти российского крестьянства // Социологические исследования. № 12. 2004. С. 74-85; Рефлексивное крестьяноведение. Десятилетие исследований сельской России.

(46) Schudson M., "The Present in the Past versus the Past in the Present," *Communication*. Vol. 11, 1989, p. 91.

第2部◎コルホーズ以前の農民

▲…文盲撲滅のポスター（1923年）。「女性よ！　読み書きをおぼえたまえ！」
　"あーあ、ママ！　ママが読み書きできたら、ママから教えてもらえるのにね！"

ストルィピン土地整理政策と首都県の農民

ドミトリー・コヴァリョーフ
（崔在東訳・鈴木健夫補筆）

はじめに

「目的は手段を正当化する」という原則によって容赦ないかつ強制的な共同体的土地制度の解体とフートル経営の植え付け（フートル化）を実施したという、ストルィピン農業改革についてのよくある非難[1]は、より綿密に検証してみると、少なからず歴史的実態にそぐわないものである。ストルィピン土地改革の政策デザインと実現過程についての詳細、かつ先入観のない研究は、首相と政権内における彼の終始一貫した仲間が取った農業問題の解決へのアプローチが、ある種の百貨店的ななんでもよしという愚鈍な無能からのものではなく、何よりもまず、ロシア農村の伝統的な社会経済構造の特殊性についてよく考え抜かれたものであり、そして柔軟でかつ全体的に正確な計算にもとづくものであったという確信に導く。本稿の検討対象である2つの首都県（ペテルブルグ県とモスクワ県）は、一方では農業近代化の急テンポという特徴的な共通点をもちながら、他方では農民土地利用の特質の面においてはお互いにかなり異なる性格を有している。しかし、いずれも上記のことを申し分なく裏付ける素材である。2つの県における地域条件は、土地整理の過程において単に考慮されただけでなく、作業形態の優先順位、性格、規模、そして改革の推進プロセスにも十分に考慮されていた。

1. 改革前の農民土地利用

　ペテルブルグ県における農民土地利用・土地所有の主要な特徴の1つは、相対的安定性であった。その証拠となるものは、何よりもまず、とりわけ首都地域にとってかなり高い無割替共同体の割合（76％以上）である[2]。首都に最も隣接している一連の地域において割替が長年にわたってなかったことは、ズィリャーノフが考察した通り、「相続権と遺言権の萌芽の出現をもたらしており、それこそ分与地における私的所有（частная собственность）の実際的形成の第一歩であった」[3]。1858年から1878年までの20年間にペテルブルグ県における1人の継続的な分与地保有の平均年数は15年であったが、それは農民外身分の保有年数とほぼ同じものである[4]。時間の流れとともに、安定化の傾向は一層はるかに確固たるものとなっていった。土地の追加・削減と再分配は漸次的に減衰していたが、それは農民共同体内部における土地に対する相続権の事実上の確立をより頑固たるものとした。

　ペテルブルグ県の農民共同体における割替メカニズムの消滅を促した要因の1つは、未利用地が経営的利用に編入されることが相対的に広く保障されていたことであったが、それは時にはフートル経営の形成を伴ったり、あるいはいずれにせよ共同体的土地利用の原則の否定を伴ったりしていた。農村人口の増加とともに、共同体のフートル経営への分割のプロセスは村全体をとらえはじめ、19世紀末－20世紀初頭にすでに大半の郡において看取されていた。地形の特殊性（土壌の雑多性、用地の細分性、多数の水源の存在など）や、隣接のバルト沿岸諸県とフィンランドのフートル経営の実例の影響、そして90％の村落が50戸以下である（1897年人口センサス）というこの地域の農民村落の特徴が、区画地経営の普及を促していた。しかし実際は、村落の大半には、人口調査員が複数のフートル経営や小規模分村を通常1つの居住地にまとめて数えていたため、それよりはるかに多

2-1 ストルィピン土地整理政策と首都県の農民◆イドミトリー・コヴァリョーフ

い経営が含まれていた[5]。

長期的な出稼ぎが著しく発展していたことにくわえて、フートル的な居住様式がこのように形成されていたために、おそらく、1890年代にいたるまで地域農民は特別な困難なしに土地確保の問題を解決できたのであろう。ペテルブルグ県は、農民改革後の20年間には１ドゥシャー当たり平均分与地規模が全く不変（5.1デシャチーナ）であった、というユニークな県であった。この時期にヨーロッパ・ロシアのほかの地域では、平均して４分の１以上という非常に著しい減少が発生した。モスクワ市近郊の農村においてさえ、土地不足と共同体内における当時ある程度広まっていた土地の再分配にもかかわらず、分与地は3.1デシャチーナから2.9デシャチーナへと減少し、20世紀初頭には2.5デシャチーナになっていた[6]。

このように、首都県において個人主義化に向かう農民の土地制度の進化は明らかであった。さらにその進化はフートル経営の形成や割替の消滅だけでなく、農民人口が密で、相対的に土地が不足した郡の場合には、共同体的土地保有を維持しながら、共同耕作を廃止するという事態をもたらした。たとえば、ツァールスコエ・セロー郡においては、強制的輪作の代わりに、「各人は他人と関係なく、やりたいところでやりたいものを播種する」という雑圃制がおこなわれはじめた。このようなシステムの下では、農村は共同放牧地を仕切り、家畜ももはや耕地に放牧しなかった。それに伴ってしばしば牧草播種の導入を伴う広幅地条への割替がおこなわれた[7]。この地域の農民の自立的土地整理のための努力に対するゼムストヴォ側からの援助は、モスクワ市の近郊地域と異なって、非常に制限されていた。そのため、彼らは高い費用を払いながら私的測量技師に頼らざるをえなかったが、それは必ずしも望ましい結果をもたらしていなかった[8]。

モスクワ市周辺の郡における状況は全く異なった。高い人口密度のもとで、土地構造が極端に錯綜し土地保有が複雑に絡み合っていたために、短期間でフートル経営とオートルプ経営を創出する私的土地整理（единоличное землеустройство）をいくらかでも顕著に増加させることは事

実上不可能であった。私的土地整理は農民共同体間および農民外身分所有者との間に錯綜している境界の速やかな整理の後にはじめて展開することが可能であった。モスクワ市近郊の地域は、単一土地分界図村落（одно-планные селения）［農用地のはなはだしい混在や共有地の存在のために、他の共同体や村落、あるいは土地所有者と同じ1つの土地分界図をもつ］の数と面積の面においてヨーロッパ・ロシア諸県の中で首位を占めた。分与地の半分以上（圧倒的多数の郡においては一層多い）がこの単一土地分界図村落の利用にあった[9]。形式上ではそれは私的土地整理への障害となっていなかったとしても、しかし実際では多くの問題をもたらし、それが解決されないと他形態の土地整理活動の実現が不可能であるとしばしば農民は理解していた。何よりもまず、土地保有の正確な境界区分なしでは、区画地経営の形成は多くの場合境界争いのためにそもそも不可能であった。というのも、その最終的な決着なしでは区画地の確定と割当ははじめられないからであった[10]。県の貴族団長達とゼムストヴォ参事会代表達は、1906年秋に予定された土地整理事業について議論する際に、「農民の間で生じた争いの大半は、いつも境界の不明瞭さのためであった」ことを確認した。郡土地整理委員会による調査結果も全く同様のことを証明した[11]。土地整理委員会の中にすでにその設立の瞬間からほかならぬ「複村共有地の分界と村落ごとの土地決定」について大量の請願が殺到したのは偶然ではない[12]。県の数百（1910年には千以上）の村団が類似した要請を持ち込んで、土地整理員に最優先課題とすることを要求した。しかも、これらの作業の実行のために農民は係争中の訴訟を打ち切ることに同意したり、ほかの村団にかなりの面積の土地を自発的に譲ったりするなどしばしば自らの権利を犠牲にしたし、また作業に必要な労働者の雇用、荷馬車の借入れ、境界柱の購入のためなどに少なからぬ額の金銭を自ら負担したりした。たとえば、ヴェレヤー郡ロシチャ大村は、数十年間事実上所有していた100デシャチーナの耕地をスモリンスコエ村に譲った[13]。

2. ストルィピン改革の進行

　改革の立案者達と現場の実行者が広大な国の様々な地域のもつ特殊性をあまり考慮に入れずに、全ロシアに「同一の尺度を適用し」、農民の土地を「正方形に」割り振ろうとしたという確信にもとづいた批判が研究史の中でよく見かけられる。しかし、首都県における土地整理の実態と施行指針は、正反対の結論に導く。1908年10月15日に公布された「分与地の1箇所への分離についての臨時規則」は、「土地形態の最も完全なタイプは」フートル経営であるが、その形成が不可能な場合には「屋敷からは離れたオートルプ経営が最適である」と定めていることはよく知られている。ところが、土地の1箇所への分離が地域条件によってはいつも可能であったわけでなく、その場合には複数の区画地へ多様な用地を分離する可能性を定めている（28条）。土地整理活動の進展とともに、その活動は、地域の特質と農業生産の特殊性にあわせて展開されていったため、一層複雑化した。そのため、改革の多くの批判者の誤解と違って、経済的合理性がある場合には、整備される私的所有耕地の分散化さえ許容された。たとえば、耕地の一部に高付加価値の複数の作物が栽培されていた場合に、「農業作物の独立的栽培の権利」を侵害するような強制的輪作と家畜の共同放牧などを廃止し、作物ごとの耕地分割が必要であると認められた。1910年2月はじめに開かれたモスクワ県の地方行政官および土地整理委員会常任委員の協議会におけるこれについての解説の中で、「あらゆる脱退（もちろん全村の区画地経営への分割も含む：著者）は、自らの所有から最も多くの利益を搾り出すことができるような所有形態を分離者に与えることを、主要課題として考慮に入れなければならない」、したがって「分離者に与えられる区画地の量の問題は副次的である」と指摘された[14]。

　同様な論理は、ストルィピン自らの見方とも全く合致した。すなわち、ストルィピンは、混在地の「強制的分割」の問題を、個別分離の場合でさ

え、それが経営プロセスに与える影響次第で解決しようとした[15]。

区画地経営の形成の際にかなりの土地面積を共同利用で維持したのも、耕作者の経済的利害を優先的に考慮したからであった。モスクワ県はこの意味でとりわけ際立っていた。ここでは私的土地整理の過程において、ほかのどの県よりはるかに高い、用地の5分の1が共同利用地として残された。ところが、土地整理員たちはこのような状況を容認しただけでなく、それを最適なものと見なした。というのも、モスクワ市近郊の状況の下では多様な用地の交替は極めてまれであり、ほとんどの場合に、これらは個々の村団の枠内における単一の土地をなしていたからである。そのため、「一部を共同利用に残さないで」1つの区画地へだけ土地を分界することは「不可能である」と土地整理委員会の職員たちが確認した。逆に、例外なしに1つの区画地へ分界する場合には、多くの戸主から放牧地などを奪い取らざるを得ず、結局「経済的損失」を与えることになるため、それは土地整理の課題と相容れないものになる。しかも、将来、土地所有者は再度の分界（土地整理規定第46条）を要請し、より大きな個人所有化を手に入れることが可能であったため、なおさらであった[16]。

ところが、土地整理委員会の設立の際に見られた彼らに対する農民側からの不信と否定的な対応は非常に一般的なものであった。たとえば、クリン郡における15郷スホードのうち7郷だけが土地整理委員会への自らの代表を選んだのであり、ヴォロコラムスク郡でも選出はほとんどのところ（11郷のうち8郷）でボイコットされた。ペテルブルグ県の7郷においても選出は拒否された[17]。しかし、間もなくして、このような対応が何よりも農民的偏見と法律の本質の間違った理解の結果であったことが明らかになった。有名なヴォロコラムスク郡の居住農民・小説家のエス・テ・セミョーノフは当時の状況を次のように回想している。「新しい法律はあまり知られておらず、農民たちはそれを漠然と理解し、法律に存在しなかったものをそれに書き加えた」[18]。

ところが、翌1911年モスクワ県における5つの新しい土地整理委員会の

設置の際に以前の誤解は全くなくなった。しかも、土地整理委員が驚いたことに、共同体から脱退したものの大半は、「この間までは農村の扇動家としての役割を果たし、あらゆる政府の政策の熱心な反対者であった、いわゆる意識的な農民」であった[19]。セミョーノフも同様の思わぬ結論を出した。「他所でどのような種類の農民が区画地経営への個別的分離に賛成する立場に立っているのか、また誰から新しい土地利用形態への移行のイニシアチヴが出ているのかを調べてみると、1905年に農民同盟に賛同する集会に参加した読み書きのできる先進的な農民がいたるところで事をはじめていることが分かった」と彼は書いた[20]。同じような一大変身はペテルブルグ県でも看取されたが、それらは改革の賛成者も反対者も当惑させた[21]。

多様な方向から農村を襲った改革の反対者たちの執拗な扇動が、農民の頭脳に想像を絶するパニックをもたらした。ところが、現実的に思考する耕作者は、はじまった改革の中から実質的利益を見ているため、農業問題をめぐる首都における政治闘争をつねに注目しつつも、ますます改革の支持に傾いた。土地整理員たちが語ったペテルブルグ県のある農村における状況はその奇妙さで示唆的である。「スピンジャック」＊と、ニスを塗った靴を身につけた農民が彼らに次のように述べた。「私は確信をもっている勤労党の党員である……そして党の綱領では11月9日法に反対しているが、私は実際にはそれに賛成している……それゆえ、あなた方に感謝することを許してください」[22]。

　＊「背広(ピジャーク)」の語の発音が農民風にゆがめられた俗語。背広は農民のなかではまれ。土地整理員が農民の発言の特殊性を伝えようとしたもの。

扇動者たちの活動が共同体農民の間にある程度成果をあげたものの、共同体農民は大部分において平等的かつ集団的心性を固守し続けていたし、見慣れた制度の根本的な変化については受け入れがたかった。残されている歴史的史料は、ロシア農民の独特な心性が決定的な役割を果たしてい

ことを示している。この意味において首都県地域も例外ではなかった。数世紀の間に確立された心性は、当然ながら、一世代では変えられない。共同体的生活の伝統的形態に縛り付けられた思考の習性は、それまでの国家の農業政策の後見的性格と同様に、大きな保守的要素であった。農業集約化と私的土地整理の規模において県内でも特に目立ったモジャイスク郡でさえ、土地整理委員会の常任委員は、農業変革を妨げた原因について報告する際に、農民の「惰性」と「古いものに対する執着とすべての新しいものに対する恐れ」を指摘しながら、農民は「以前と違う状況に、また違った経営のやり方の下に」自らを置くことができない、「彼らにとって、共同体からの脱退は死と等しいものである」と述べた[23]。しかし、このような見解はモジャイスク郡に限っては若干誇張されたものであろう。というのも、モジャイスク郡では革命直前まで半分以上の戸主が分与地を私的所有に確定し、さらに4分の1が区画地経営への移行を決定し、しかし実際にはそのおよそ30％がフートル経営に移行したからである[24]。

ところが、スタートの条件は、改革者たちによる土地関係の近代化の加速的かつ精力的実行の可能性を著しく狭め、彼らはより妥協的かつ注意深いヴァリアントを模索しなければならなかった。共同体に対する政府の政策の転換はかなり急激なもので、新たな課題への心理的、イデオロギー的、法律的そして組織的適応にはかなりの時間が必要であるため、なおさらである。当然ながら、これが改革初期の数年間における土地整理事業の不活性化の主な原因である。実際に、首都県地域における変化についての分析は、すでにこの段階においても土地整理は改革的進路の主要な優先課題であっただけでなく、様々な障害にもかかわらず比較的に広い規模に達していたことを示している。1911年までペテルブルグ県において測量作業は全分与地の5分の1を超える面積で遂行されていた。しかも、実行中の作業の大部分はその段階では特に困難であった私的土地整理であった[25]。すでにこの時私的土地整理は最も求められるものとなり、分与地に対する私的所有権の確定の大半は、まさにフートル経営とオートルプ経営を形成す

るためにおこなわれた。すなわち、土地整理委員会の活動の2年間（1909年9月1日まで）、私的土地所有権を正式な手続きを通じて確定した5033名の農民のうち2900名（およそ60％）が1つの場所に土地を分離した[26]。その後区画地化する農民が増加し、そして、区画地経営へ移行するためにまず共同体から脱退しなければならない義務を廃止した1911年5月29日法の公布の後には区画地化した農民の方が多くなり、1916年にはフートル経営とオートルプ経営は私的所有権を確定した農民より数倍も多くなった（3万3427名対1万406名）[27]。さらに、区画地経営への移行を要請した潜在的な区画地経営は5万2825名（分与地戸主の50％）であったことを考慮するならば、これだけの大きな成長は決して役人の熱意の結果だけでは説明できないものである[28]。首都郡とその周辺の郡では、結局のところ、区画地化した経営が圧倒的多数をなした。これは、次のように述べたストルィピンの言葉が正当であることを明らかにするものである。「政府役人は土地整理事業のために多く働いた。……しかし、私は民衆の賢明さを本当に尊敬している。ロシア農民は、命令ではなく、内的確信にしたがって、自らの土地様式を立て直している」[29]。

3. 農業技術援助と区画地経営

　様々な官庁によって県でおこなわれた地域調査は、新しい経営形態の農耕に対する影響が疑いなく肯定的であることを物語っていた。1911年に政府側農業技術指導員によって収集された資料によれば、フートル経営とオートルプ経営の70％までが多圃輪作を導入していた。共同体に比べて区画地経営の著しい農業技術的改善は、財務官庁の役人も同様に指摘した。彼らは、1912年の財務省アンケート調査の結果を総括して、「農民のフートル経営およびオートルプ経営への移行と同時に、混在地や共同体の廃止と同時に、経営改善のための志向が一層目立つようになった。すなわち、農

民は正しい8圃輪作経営を導入しようと努め、区画地は石ころから解放されている……」と記している[30]。1911－15年に農民経営の主要作物の収量が1901－1905年に比べて著しく増加したことは偶然ではない[31]。

　ところが、ペテルブルグ県は、土地整理委員会の下に農業技術援助組織が設立されなかったいくつかの県の1つであった。これはゼムストヴォの建設的な立場によって、あるいは多くの場合農業問題の解決に妥協する用意ができていたことによって説明できる[32]。ゼムストヴォ農業技術援助員と土地整理員との協力の模範的な例となったのは、ヤムブルグ郡であった。地域ゼムストヴォは区画地経営への積極的な農業技術援助を示しただけでなく、多くの場合自らの活動を土地整理委員会の計画に一致させた[33]。一致した努力の実は明らかであった。すなわち、ここでは、共同体における相対的に高い農業文化がフートル経営とオートルプ経営の成功裏の発展と結びついた。その結果、ストルィピン農業改革直前、この郡の農民の土地利用の個人主義化への志向はほかのほとんどの郡よりはるかに低い水準であったが、1917年に区画地経営の数はほぼ40％に達した[34]。

　これと反対に、モスクワ市近郊の地域においては、まず政府の改革に対するゼムストヴォの反対の姿勢[35]が、ゼムストヴォ農業技術援助員と土地整理員との有益な相互協力の可能性を疑問視した。区画地経営に対する多かれ少なかれ安定的な援助を保障するために、1910年3月15日モスクワ県において、大半のほかの県と同様に土地整理委員会の下に県農業技術援助組織が設立され、県農業技術援助員ア・ア・トルブニコフがその代表となった[36]。

　政府側農業技術援助員は当初は区画地経営との作業だけのためにつくられたという見解が研究史においてしばしば述べられているが、それには明らかに無理がある。1910年10月初めにズヴェニゴロド郡土地整理委員会代表のペ・エス・シェレメチェフ伯爵宛てに送られた電報の中で、首相は、農民への農業技術援助の問題について触れながら、農業技術援助は共同体とともに区画地経営に与えられるべきであると指摘した[37]。同時に、土

地整理委員会の下における農業技術援助組織の設置は、最も企業精神の旺盛な耕作者の経営的独立のための最も強力な刺激となった。ほかならぬ彼らこそが共同体内部における先進的な農業技術事業の主要な先導者でもあった。

それにもかかわらず、政府の反対者たちは、モスクワ市近郊の土地に対するきわめて高い需要とその価格の急騰を考慮に入れ、ここにおける「新所有者たち」による農業用地の大規模な売却を予言した。しかし、そのような予言はわずかしか土地整理農戸に該当しなかった。1910年に実施された県土地整理委員会による農業技術援助についての調査によれば、オートルプ経営およびフートル経営へ移行したのは主として中規模の農民であり、彼らは区画地化された土地の5％未満しか売却していなかった[38]。

それと同時に、ストルィピン農業改革の条件下においてあらわれた明らかな傾向は、まさに農業を目的としたモスクワ市近郊地に対する需要の急増であった。その中にはほかの県からの農民も含まれていた。こうして、農民土地銀行型のフートル経営とオートルプ経営は相対的にしばしば西部、北西部、バルト海沿岸と南部諸県からの移住農民たちによって取得された。ところで、諸県側からの情報によれば、通常、移住農民は「経験豊かな農作者」であった。県知事のヴェ・エフ・ジュンコフスキーの見解によれば、彼らは「地域住民にとって良き模範となる」ことができた[39]。相対的に高い価格にもかかわらず、1911－1915年に農民土地銀行のサービスを利用した農民土地所有規模データによれば、モスクワ県における主な顧客は土地保有規模において土地不足農民と中規模農民であった。取引契約の際に購入者は平均6.4デシャチーナを所有していた。ところが、モスクワ市近郊において新しい土地を取得した結果、3337名の戸主は自らの土地所有面積をほぼ2倍、すなわち12.7デシャチーナまで増やした[40]。

4. モスクワ県における集団的土地整理

　ところで、ロシアの工業中心地帯の主要な県であるモスクワ県にとって、改革期に最も重要な役割を果たしたのは、集団的土地整理であった。しかし、その意味はストルィピン農業改革の研究史においてしばしば過小評価されている。ところが、ヴェ・ゲ・チュカフキンの実証的な研究によれば、土地整理作業の過程において農民の多くの部分は共同体から脱退せず、混在地や細長地の廃止と遠隔地の縮小によって経営を著しく改善した[41]。第1段階（1907－1910年）においてすでに、集団的土地整理の対象となった面積は全分与地面積の4分の1に達した。結果として用地の5分の1を占める単一土地分界図村落［前述90頁を参照］は、隣との採草地の毎年の分割という苦労から解放された。ストルィピン農業改革直前までの1861年改革からの45年間、県農民の絶えざる努力にもかかわらず、2000以上の単一土地分界図村落のうち18でしか所有地の境界区分が実現できなかったことを考えると、その成果の規模が分かる[42]。

　土地境界区分のほかに、ストルィピン農業改革の最初の3年間にモスクワ市近郊地域の100以上の村団が、農民分与地間の土地整理のおかげで土地利用の重要な改良を成し遂げた。この種の作業の必要性が共同体的農村にどれだけ大きかったかが、この段階の政府の土地整理政策のしかるべき優先性を規定した。実行に採択された訴えに対する土地整理員による文書関係事務の資料もそれを立証している。すなわち、1911年まで集団的土地整理に関して完全に実現された計画案は、寄せられた要請のおよそ40％であった。しかし、そのうち私的土地整理関連作業は4分の1未満であった。ところが、1917年までの2つのカテゴリー別の結果は、48％と38％まで高まった。このように、私的土地整理作業の若干の遅れは、個別区画地への個別分離と全村分割についての要請の増加にもかかわらず、全体的にそのままであった[43]。フートル経営とオートルプ経営が強制的かつ行政的に

植え付けられたものであれば、全体図は上述とは全く異なるものになっただろう、と思われる。

　他方、集団的土地整理はかなりの程度、区画地経営との関係において、それらのためにより好都合な基盤を準備し、補助的かつ移行的役割をも果たしていた。土地整理が次の段階（1912－14年）にすでに入った時、村全体による私的土地整理についての要請の数が持続的に増加し始め、フートル経営とオートルプ経営の数が3倍に増加したことは偶然ではなかった。一連の郡（モスクワ郡、モジャイスク郡、ポドリスク郡）において、区画地経営の割合は10％以上に上った[44]。モスクワ郡土地整理委員会の職員は、次のように物語った。「混在性の解消についての要請の後に今や区画地経営への全村分割の要請が寄せられることがしばしば起こっている」。たとえば、オゼレツカヤ郷の3つの村の土地整理の際に上述のようなことが起こった[45]。

5. 第1次世界大戦期における土地整理政策

　勃発した戦争は土地改革の進展に深刻な修正をもたらした。ストルィピン農業改革の研究史において、農業改革全体と土地整理事業の中止を世界大戦の勃発と結びつける見方が広く存在していた[46]。通常、このような見方は農業省のいくつかの通達の内容に裏付けられている。その最も有名なのが、強制的やり方でおこなわれる、また戦争へ徴兵された人々の利害と関連した事業の中止についての1915年4月29日付通達第31号である。このような見方は、通達そのものも政府の方針も1914－16年の間に土地整理の完全な縮小を予定していなかったため、部分的にしか事実に合っていないものである。ロシアの参戦と同時に、政府の農業政策の課題と優先順位がかなり修正されたことは当然である。政府は、工業部門への原料の安定的な供給と食糧安定化を目的とした農業の生産基盤の強化に力を注いだ。

1915年10月26日勅令による農業省の名称の変更（ГУЗиЗ［農業・土地整理庁］から Министерство земледелия［農業省］への変更）——これによって「土地整理」という用語が省の正式名称から消えた——もある程度このような重点の変更を反映したものであった。ところが、これらの変更は土地整理事業の一時中止を全く意味しなかった。農業省の通達によっては、村団の意志に反して強制的やり方で実現される、またとりわけ戦線に徴兵された農民の利害に関わる私的土地整理だけが中止された[47]。これは戦争の条件においては全く妥当でありかつ不可避な決定であった。

　いうまでもなく、利害関係が対立する私的土地整理に関連した事業の延期を定めた農林省大臣ア・ヴェ・クリヴォシェインの4月29日付通達は、スホードの同意に関係なく分離者の要請にしたがって土地整理作業を強制的におこなう権利を定めていたストルィピン農業改革関連法の基本的規定と矛盾するものであった。さらに、農民分与地の不可処分法に基づいて1893年に共同体から分与地を割り当てられた農民が分離を要望した場合、その農民の運命を決める権利が共同体に戻された。しかし、世界大戦の初めまで、よく知られているように、区画地経営の形成の圧倒的多数は、全村分割と共同体内の境界区分の結果であった。これらの場合は、土地整理計画案は何よりもミールのメンバー相互の合意にもとづくものであったため、原則的に対立的性格を帯びなかった。そのため、上記の農業省の決定も全体的に集団的土地整理だけでなく、私的土地整理の継続のための十分に広い可能性を残していた。しかも、改革の全期間中に共同体そのものも本質的に変わった。共同体は政府の土地変革に対してより理解するようになった。

　このような条件において、組織的かつ技術的問題と農村における社会状況の複雑化にもかかわらず、土地整理事業は続けられただけでなく、多くの面において農業近代化過程の全く本質的部分となった。改革が最も一貫して実現され、また決定的な段階に入った首都県地域においてとりわけそうであった。こうして、戦争の勃発は、土地関係の更新の過程にいくつか

2-1 ストルィピン土地整理政策と首都県の農民◆イドミトリー・コヴァリョーフ

の障害をもたらしたにもかかわらず、全体的に土地改革の衰微はもたらさなかった。

もちろん、軍隊への徴兵は、首都に最も隣接している地域、とりわけ徴兵された男性の数が50％まで達したモスクワ市近郊地域の住民の土地整理に対する対応に影響を与えざるを得なかった[48]。これと関連して、1914年における土地整理についての要請の数は戦前の1913年に比べて2分の1弱、すなわち2万9400件から1万6500件に減少した[49]。ところが、実施される作業の規模はそれほど著しい減少をこうむらなかった。1913年に土地整理された土地の全面積は7万1700デシャチーナであったが、1914年にそれは5万6600デシャチーナに減少した。ところが、私的土地整理に関連する作業の規模は、2万1000デシャチーナから3万デシャチーナへと著しく増加したし、新たに形成されたフートル経営とオートルプ経営の数は3080から4425に増加した[50]。このような相互関係は、戦前期におこなわれた村間境界区分と混在地の解消によって得られた条件に基いて、土地整理事業の当然の最終段階としてのフートル経営およびオートルプ経営へ移行する全村分割がおこなわれた結果であった。逆に、ペトログラード県では私的土地整理についての要請の減少が1912年以降始まったが、戦時期にも続き、このために、郡土地整理委員会役員は共同体内部の作業に力を注いだ。この共同体内部の作業は、以前は区画地経営への全村分割の実行に著しく遅れを取っていた[51]。

農村の男性住民の多くの部分を戦線へ徴兵したことは、土地整理に参加する農民の利害の調整の際に多くの問題を生み出した。戸主の不在の状態で、村団は徴兵された同村人の同意なしで進められる事業の中止を請願した。その他に、郡土地整理委員会の報告書で指摘されたように、大量の徴兵の結果「スホードの顔ぶれ」が変わり、女性と「高齢の老人」という最も保守的な人々の影響が著しく強くなった。このことは、農村内部の関係を先鋭化し、土地整理員の活動に深刻な障害となった[52]。戦前にも見られていたストルィピン土地整理に対する女性の抵抗は戦時期にとりわけ積

極化した。戦時期に村団および村の経済生活における彼女らの役割は非常に増加した。夫の帰還前における土地整理の継続に対する女性の決定的抵抗はしばしば絶望的なものとなり、それがなくても複雑な国内の情勢を緊張させた[53]。

　さらに、農民が新兵の圧倒的多数を占めていたことと、後方における土地問題に対して彼らが注意深く注目していたことを考慮に入れると、村団側の同意なき事業を延期することを定めた農業省の上記の通達は、時宜にかなったものであった。しかし、この通達の結果、より正確には出版物における通達の公表の結果、ことは政府が期待したような文書関係事務の修正だけでは済まないことになった。多くの場合、農民はクリヴォシェインの要請をすべての私的土地整理に拡大して解釈した。首都県における通達についての報道が、ヨーロッパ・ロシアの多くの地域において起こったような、フートル経営とオートルプ経営所有者に反対する著しい運動にまで至らなかったものの、通達の間違ったすべての解釈は、土地整理事業規模の低下をもたらした重大な要素の1つであったと土地整理委員会は指摘した。ルーザ郡土地整理委員会常任委員代理は「これらの通達は、戦時中における私的土地整理の完全な中止として、農民によって理解されている」と知らせた。「平和期における個別分離の準備（自発的同意の達成）が、オートルプ経営およびフートル経営に対する大衆の否定的対応のために決して容易なものではなかったのに対して、戦時期の農村は次のような状況である。『願うでもおこなうでもなく、新聞などに述べられた通りに、いかなるオートルプ経営も終戦までは作らないように、（個別分離者は）平和が訪れる時を待つのがよい』。たまにこのような表明の後にスホードはこれみよがしに解散した」。結果として、「私的個別分離の著しい減少」が生じたが、その際「戦争はほかの形態の土地整理には何の影響も与えなかった」。類似した情報がほかの郡からも同じく入った[54]。県全体において1915年に土地整理された区画地経営の数は3961戸まで（前年度対比10％減少）、境界区分された面積は3万デシャチーナから1万9900デシャチーナ

まで減少した(55)。と同時に、フートル経営の形成は完全に中止された。というのも、戦時状況における物価の急騰と区画地を担保とした貸付供与の中止が自立的農民にとってさえフートル経営への移行をほとんど不可能にしたからである。

　しかしながら、集団的土地整理は十分に集中的に発展しつづけた。1915年の1年間にその面積は1914年に対して113％（2万9400デシャチーナ）だけであったものの、対象農戸の数は1.5倍以上の6385戸であった(56)。区画地経営の建設に関連する作業のやむを得ぬ減少のために、村間境界整理、分村、多圃制の導入、分与地内の混在性の解消、広幅地条への組み直しの請願に応えるためにかなりの力を注ぐことができた。このことが集団的土地整理の規模の大きな増加をもたらす主な原因となった。これと関連して、翌年のこの作業の計画は顕著に拡大し、9236名の戸主が、面積ではおよそ7万デシャチーナが計画に入った(57)。

　類似した状況はペトログラード県にも見られた。そこでは区画地経営への土地割当まで完了した事業の数も著しく増加した(58)。これは、何よりもまず1915年4月15日付通達にしたがってフィールド・ワークを減らすことと、自由になる測量技師全員を「完了した土地整理」の室内作業に配置転換することを命令したア・ヴェ・クリヴォシェインの修正の結果である。ヴェ・ゲ・チュカフキンの確実な論拠のある見解によれば、区画地の最終的割当を急速に促進したこの措置は、大半の測量技師の徴兵延期の期限が終了していたため、やむをえないことであった(59)。

　ところが、1916年の耕作期の開始まで土地整理機関の技術部門のスタッフは、とりわけ郡土地整理委員会常任委員、監査官と測量技師の多数の徴兵によってかなり弱まった。多くの場合、状況は土地整理融資の減少によって深刻化し、結局のところ、作業は計画されたものよりはるかに小規模で遂行された。たとえば、モスクワ県における作業は、計画された戸主の3分の2、計画案で予定されていた土地面積の40％強を対象として遂行され、この意味では、区画地経営への土地割当事業は、若干良好な状況に

あった。すなわち、計画案に含まれていた戸主の68％、面積の57％が遂行された。それは主に小規模な村（8－12戸主）の全村分割によるものであった。というのも、ここでは当事者間の合意が通常特別の困難なく達成できたからである[60]。

　ロシアのほかの大半の地域と異なって、モスクワ県では、強力な共同体体制と農村人口の高い密集度にもかかわらず、私的土地整理は1916年においてさえ中止されなかった。1916年の間にここでは1500戸のオートルプ経営が形成された[61]。しかも、モスクワ市近郊の農村における状況は、地域職員の見解によれば、「十分な根拠をもっていいうるのだが、一時的な沈滞は続かないだろうし、平和的な生活条件が訪れると、農民の土地整理は戦前より2倍の力をもって前進するだろう。この意味で小規模所有者の文化的模範となるのは、疑いもなくドイツとオーストリアから故郷に戻ったロシア人の捕虜たちであろう。というのも、彼らは実際に、農民の物資的状況は土地面積だけでなく、主としてそれを利用する方法にかかるということを確信していたからである」。これと関連して、興味深い観察がモジャイスク郡土地整理委員会常任委員の報告書の中で述べられていた。戦争が土地改革の継続に大きな刺激を与えることができたと指摘しながら、彼は次のように語った。「西欧におけるフートル経営を見た兵士が帰還すると、彼らの話は大きな影響を与えるだろう。多くの農村において次のようなことを聞くだろう。『戦争が終わるまで待ちなさい。彼ら全員は方々に散らばって、共同体の中で暮らすだろう』」[62]。一見したところでは、この土地整理員の大胆な予測は、戦時期の上述した制約と混乱の下の1914－16年の間だけで、県内の分与地においてフートル経営とオートルプ経営の所有者となったものが9500名の戸主、すなわち改革の全期間に区画地経営へ移行した者のおよそ半分であったことに注目すると、それほど大胆なものとは見えない。しかも、戦争の最初の何年間かの停滞の後に、1916年には区画地経営への土地割当とほかの形態の土地整理作業についての農民側からの要請の増加が再び開始した。要請を出した戸主の数は、1916年

に1万名を超えたが、これは前年に比べて1.5倍以上大きなものである[63]。

むすび

　全体的に、1917年まで土地整理はモスクワ近郊地域では全分与地面積のおよそ47％、ペトログラード県では半分以上の57.5％において完了し、実際上（完全に準備された計画案の土地整理委員会への提出の段階で）作業はそれぞれ農民所有地の81万6700デシャチーナと75万1000デシャチーナで終了した[64]。このような結果は、将来に対する楽観的な見方のための重みある根拠を与えていた。しかし、国における社会経済的状況の悪化は、更なる土地変革の完全な凍結をもたらし、すでに1916年11月29日皇帝は土地整理事業の中止についての法律を承認した。

　ロシアにとって勝利でなく、革命と全国的な内戦に終わった第一次世界大戦は、改革と共に土地利用と土地所有の形態の選択自由についての農民の期待を葬った。それにもかかわらず、首都県では農業改革は1914年までにすでに経済的に不可逆的な段階に入り、エ・エム・シチャーギンの正当な主張によれば、「農民層の相対的に広い層を自らの軌道へ」引き入れていた[65]。そのため、革命的混乱とそれに続く土地の社会化は、ストルィピン土地整理の結果を無にはしなかった。多くの場合、ストルィピン農業改革は、共同体の立場の復活と割替機能の強化にもかかわらず、20世紀初頭までに形成され、ネップの全期間に維持されていた土地関係の構造を規定していた。改革期に形成された区画地経営は、1918－19年の「全体的平等化」の結果、自らの用地の若干を失ったが、全面的集団化の開始直前まで首都圏地域の農業発展において著しい役割を果たしつづけた。県内における農民土地利用についての調査資料を総括する際に、あるモスクワ・ソヴェト土地局の職員が後になって認めたように、ストルィピン農業改革の過程で形成されたフートル経営とオートルプ経営は十分に生命力があり、

「1917年と1918年の経済的後退の時期を痛まずに生き残った」⁽⁶⁶⁾。さらに、「戦時共産主義」の諸条件においてさえ、首都県の農民はとにかく区画地経営への分離をおこないつづけていた。ペトログラード県における社会化の過程において直接に農民たちは、混在地を解消する志向によって割替を偽装し、フートル経営およびオートルプ経営を形成するために割替をおこなった⁽⁶⁷⁾。首都県地域のまさにこの事例は、ストルィピン農業改革の発展を裏付けるものだけでなく、土地整理の課題を近い将来に成功裏に解決できると期待しうる大きな根拠を与えるものでもあった。

注

（1） *Зырянов П. Н.* Крестьянская община Европейской России в 1907-1914 гг. М., 1992. С. 139; Судьбы российского крестьянства. М., 1995. С. 53; *Ефременко А. В.* Агрономический аспект столыпинской земельной реформы//Вопросы истории. 1996. № 11-12. С. 4.

（2） Россия. 1913 год. СПб., 1995. С. 68.

（3） *Зырянов П. Н.* Указ. соч. С. 51.

（4） *Тернер Ф.* Государство и землевладение. Ч. I. Спб., 1896. С. 176.

（5） Энциклопедический словарь. Т. XXVIIIA. Спб., 1900. С. 278; *Огановский Н.* Революция наоборот. (Разрушение общины). Пг., 1917. С. 46.

（6） *Зырянов П. Н.* Крестьянская община Европейской России в 1907-1914 гг. М., 1992. С. 49.

（7） *Забоенкова А. С.* Землевладение и землепользование крестьян северо-западных губерний России накануне столыпинской реформы// Северо-Запад в аграрной истории России: Межвуз. сб. науч. тр. Калининград, 2001. С. 134-135.

（8） *Морачевский В. В.* Успехи крестьянского хозяйства в России. Спб., 1910. С. 63-63; *Симбирский Н.* Свобода на земле. (Друзья и враги русского земледельца). Спб., 1912. С. 210 - 211; ЦИАМ. Ф. 369. Оп. 4. Д. 35. Л. 22 об.

（9） ГАРФ. Ф. 826. Оп. 1. Д. 107. Л. 39; ЦИАМ. Ф. 369. Оп. 4. Д. 35. Л. 40-41.

（10） ГАРФ. Ф. 826. Оп. 1. Д. 107. Л. 39.

(11) *Джунковский В. Ф.* Воспоминания. В 2 тт. Т. 1. М., 1997. С. 184; Центральный исторический архив Москвы (далее ЦИАМ). Ф. 369. Оп. 4. Д. 35. Л. 22 об.-23 об., 31 об., 45, 53.
(12) ГАРФ. Ф. 826. Оп. 1. Д. 107. Л. 38 об., 39; *Джунковский В. Ф.* Указ. соч. С. 347.
(13) ЦИАМ. Ф. 369. Оп. 4. Д. 35. Л. 22 об., 23, 23 об., 53.
(14) ГАРФ. Ф. 826. Оп. 1. Д. 168. Л. 18, 20.
(15) *Столыпин П. А.* Нам нужна великая Россия...: Полное собрание речей в Государственной Думе и Государственном Совете. 1906-1911 гг. М., 1991. С. 58.
(16) ЦИАМ. Ф. 369. Оп. 4. Д. 226. Л. 295-295 об.
(17) Там же. Д. 35. Л. 14, 28 об.; РГИА. Ф. 408. Оп. 1. Д. 2. Л. 97; 115; Д. 32. Л. 184.
(18) *Семенов С. Т.* Двадцать пять лет в деревне. Пг., 1915. С. 274.
(19) ЦИАМ. Ф. 369. Оп. 4. Д. 35. Л. 47.
(20) *Семенов С. Т.* Указ. соч. С. 274.
(21) *Симбирский П.* Указ соч. Спб., 1912. С. 300.
(22) Там же. С. 207.
(23) ЦИАМ. Ф. 369. Оп. 4. Д. 362. Л. 131.
(24) ЦИАМ. Ф. 369. Оп. 4. Д. 362. Л. 130, 240 об.; *Першин П. Н.* Земельное устройство дореволюционной деревни. Т. 1. М.- Воронеж, 1928. С. 429.
(25) Землеустройство (1907-1910 г.г.). Спб., 1911. С. 19, 24, 25, 30-31から計算。
(26) РГИА. Ф. 1290. Оп. 6. Д. 94. Л. 34 об.-35.
(27) *Дубровский С. М.* Столыпинская земельная реформа. Из истории сельского хозяйства России в начале XX века. М., 1963. С. 588; Статистический справочник по аграрному вопросу. Вып. I. М., 1917. С. 26.
(28) РГИА. Ф. 408. Оп. 1. Д. 803. Л. 180 об.; Отчетные сведения о деятельности землеустроительных комиссий на 1 января 1916 года. Пг., 1916. С. 68.
(29) *Столыпин П. А.* Нам нужна Великая Россия...: Полн. собр. речей в Государственной Думе и Государственном Совете. 1906 - 1911 гг. М., 1991. С. 252.
(30) Отчеты инспекторов сельского хозяйства и правительственных

агрономов по 25 губерниям Европейской России за 1911 год. СПб., 1913. Ч. 1. С. 150; Хлебная торговля на внутренних рынках Европейской России. Описательно-статистические исследования. СПб., 1912. С. 468.

(31) Сельское хозяйство в России в XX веке. Сборник статистико-экономических сведений за 1901-1922 гг. М., 1923. С. 140-143.

(32) *Ефременко А. В.* Агрономический аспект столыпинской земельной реформы//Вопросы истории. 1996. № 11-12. С. 10; Отчеты инспекторов сельского хозяйства и правительственных агрономов. С. 129.

(33) *Симбирский Н.* Указ. соч. С. 202.

(34) РГИА. Ф. 408. Оп. 1. Д. 803. Л. 180 об.; *Першин П. Н.* Земельное устройство дореволюционной деревни. Т. 1. М.- Воронеж, 1928. С. 435.

(35) ГАРФ. Ф. 826. Оп. 1. Д. 107. Л. 141 об.; *Атонова С. П.* Влияние столыпинской аграрной реформы на изменения в составе рабочего класса. М., 1951. С. 17.

(36) Отчет о деятельности агрономической организации губернской Комиссии за 1910 г. М., 1911. С.1.

(37) РГИА. Ф. 1287. Оп. 37. Д. 789. Л. 11.

(38) ГАРФ. Ф. 826. Оп. 1. Д. 107. Л. 77 об.

(39) Там же. Л. 66 об.; ЦИАМ. Ф. 369. Оп. 4. Д. 362. Л. 172 об.

(40) Статистический справочник по аграрному вопросу. Вып.1. Землевладение и землепользование. М., 1918. С. 19.

(41) *Тюкавкин В. Г.* Землеустройство- главное направление второго этапа столыпинской аграрной реформы//Формы сельскохозяйственного производства и государственное регулирование. Материалы XXIV сессии симпозиума по аграрной истории Восточной Европы. М., 1995. С. 123.

(42) ЦИАМ. Ф. 369. Оп. 4. Д. 35. Л. 45.

(43) Землеустройство (1907-1910 г. г.). Прилож.II. С. 16-17, 22-23, 28-29; ЦИАМ. Ф. 369. Оп. 4. Д. 362. Л. 241 об.-242; 245 об.-246; 249 об.-250; 253 об.-254; 257 об.-258; 261 об.-262; 265 об.-266; 269 об.-270.

(44) Землеустройство. С. 28-29; ЦИАМ. Ф. 369. Оп. 4. Д. 35. Л. 41; Д. 329. Л. 167, 168, 171, 172; РГИА. Ф. 408. Оп. 1. Д. 803. Л. 179.

(45) ЦИАМ. Ф. 369. Оп. 4. Д. 362. Л. 154 об.

(46) Судьбы российского крестьянства. С. 35.

(47) Русское слово. 1915. 6 мая.

(48) ЦИАМ. Ф. 369. Оп. 4. Д. 362. Л. 236 об.

(49) Отчетные сведения о деятельности землеустроительных комиссий на 1 января 1914 г. Пг., 1914. Таблицы. С. 68; Отчетные сведения о деятельности землеустроительных комиссий на 1 января 1915 г. Таблицы. С.68.

(50) Отчетные сведения... на 1 января 1914 г. Таблицы. С. 69; Отчетные сведения ... на 1 января 1915 г. С. 69.

(51) Отчетные сведения... на 1 января 1914 г. Таблицы. С. 76-77; Отчетные сведения... на 1 января 1915 г. С. 72-73.

(52) ЦИАМ. Ф. 369. Оп. 4. Д. 362. Л. 10-10 об., 27 об.-28.

(53) *Вронский О. Г.* Государственная власть России и крестьянская община в годы «великих потрясений» (1905 - 1917). М., 2000.

(54) ЦИАМ. Ф. 369. Оп. 4. Д. 362. ЛЛ. 170, 173 об., 237.

(55) Отчетные сведения... на 1 января 1915 г. Таблицы. С. 69; Отчетные сведения... 1 января 1916 г. Пг, 1916. Таблицы. С. 69.

(56) Там же.

(57) ЦИАМ. Ф. 369. Оп. 4. Д. 362. Л. 237.

(58) Отчетные сведения... на 1 января 1916 г. Таблицы. С. 72-73.

(59) *Тюкавкин В. Г.* Великорусское крестьянство и столыпинская аграрная реформа. М., 2001. С. 204.

(60) ЦИАМ. Ф. 369. Оп. 4. Д. 362. ЛЛ. 170 об., 237, 242, 245 об., 246.

(61) ЦИАМ. Ф. 369. Оп. 4. Д. 362. ЛЛ. 242, 245 об., 246.

(62) ЦИАМ. Ф. 369. Оп. 4. Д. 362. Л. 237 об., 131 об.

(63) Отчетные сведения... на 1 января 1915 г. С. 69; Отчетные сведения... на 1 января 1916 г. Таблицы. С. 68, 69; ЦИАМ. Ф. 369. Оп. 4. Д. 329. ЛЛ. 241 об.-242; 24 об.- 246; 249 об.; 253 об.; 257 об. - 258; 261 об.; 265 об.; 269 об.

(64) Отчетные сведения... на 1 января 1915 г. С.69; Отчетные сведения... на 1 января 1916 г. Таблицы. С. 69; ЦИАМ. Ф. 369. Оп. 4. Д. 362. Л. 241 об.-242; 245 об.-246; 249 об.; 253 об.-254; 257 об-258; 261 об.-262; 265 об.-266; 269 об.-270; *Першин П. Н.* Указ . соч. С. 411, 429, 435

(65) *Щагин Э. М.* Об опыте и уроках столыпинской аграрной реформы //Власть и общественные организации России в первой трети XX столетия М., 1994. С. 49.

(66) Центральный государственный архив Московской области. Ф. 4997. Оп. 1. Д. 1929. Л. 22 об.
(67) РГАЭ. Ф. 478. Оп. 6. Д. 1697. Л. 130.

20世紀初頭ロシアにおける農民信用組合
(1904－1919年)

——モスクワ県を中心として——

崔在東

はじめに

　1890年代に大規模の飢饉をきっかけにロシア政府は、1861年農奴解放以降の農民経営を取り巻く経済的、社会的、文化的さらに法的状況についての全面的な見直しを余儀なくされた。ところで、ロシア政府内部において議論されていたのは、土地利用と土地所有における変革だけではなかった。というのも、農民経営の再生のためにはこれらだけで足りなく、農民経営の経営活動の活発化を図るためには、安い資金の提供と、共同体と異なる農村社会の新しいネットワークが必要であるからであった。新たに注目されることになったのが農民協同組合であり、中でも1904年6月7日の「小規模信用組織規定」にもとづく農民信用組合（крестьянские кредитные товарищества）がとくに重要な位置を占めることになった。実際に、ロシアにおいて農民信用組合は1905年ロシア革命後の1907年から拡大しはじめ、第１次世界大戦期を経て、1917年ロシア革命の後でも絶え間なく急速に拡大し続けた。これは、当時のロシア農村社会で生じた、ストルィピン農業改革に匹敵するともいえる最も大きな変化の１つであった。

　ストルィピン農業改革期のロシア農村についての従来の研究史は主として土地利用だけに注目してきており、最近になって、土地所有と家族財産関係における変化、すなわち共同体からの脱退と同時に実現される直系卑属の場合の戸主による排他的私的所有権の認定・確定とその他の家族形態の場合の共同所有権の認定・確定、それに伴う相続や家族分割（経営の細

111

分化)などという土地所有や家族財産所有関係に対してストルィピン農業改革がひきおこした変化が究明されている[1]。ところが、ストルィピン農業改革と時間的にも空間的にも完全に重なりつつ急速な発達を成し遂げていた農民信用組合についてはこれまで十分に検討されてこなかった。とりわけ、ストルィピン農業改革期における土地所有の面における変化が農民信用組合の急速な発展とどのような関係を有していたのかが十分に注目されてこなかった。

　農奴解放以降のロシア農民社会における農民向け小規模信用組織に関してはコレーリンによる優れた先駆的な研究があるが[2]、これが体系的な研究としては唯一のものであるといえる。この研究は、地方レベルの実状、ゼムストヴォ、土地整理委員会との関連性、ストルィピン農業改革との関連性については十分に検討していない。次はロシア政府の農業政策の中における農業資金の調達および組織化をめぐる議論を検討したジャーキンの研究が挙げられる[3]。この研究は政策議論を中心としたものであり、農村・農民社会、また農民信用組合組織の活動や実態についての分析がおこなわれていないという限界をもっている。さらに、ロシア革命期における農民協同組合および共同体と協同組合の関係についてのカバーノフによる優れた研究がある。カバーノフの研究は革命期にも農民協同組合が持続的に成長していたことを明らかにしたが、その主な対象は協同組合連合体であり、個別の農民信用組合における実態についての分析がほとんどなされていない[4]。その他、コノヴァーロフによる農民協同組合研究[5]や第9巻まで出版された農民協同組合についての論文集[6]が挙げられる。

　本稿の主な検討対象は、モスクワ県において最も安定した発展を見せた1904年の上記の新規定にもとづいて設立された、出資金の義務が全くないかほとんどない農民信用組合であり、対象時期は新規定が導入される1904年から1917年ロシア革命後戦時共産主義が実際にはじまる1919年3月までである。主に使われる資料は、ゼムストヴォ農業技術援助組織の調査報告書、土地整理委員会農業技術援助組織の活動報告書、監査報告書、農民信

用組合の年次および月例報告書である。

　本稿は、前の時期と違って農民信用組合が急速に発展することができた理由はどこにあったのか、全く同じ時期かつ同じ空間で進められていたストルィピン農業改革と農民信用組合の急速な発展とはどのような関係にあったのか、ゼムストヴォと土地整理委員会は農民信用組合の組織化とどのような関係をもっていたのか、激動のロシア革命期に農民信用組合と農民組合員の対応はどのような状況にあったのか、などを解明することを主な課題とする。

1. 農民信用組合の設立

1.1. 農民信用組合の設立まで

1.1.1. 相互信用組合の試み

　モスクワ県において農民向けの信用機関が組織化されはじめたのは1870年代前半からであるが、当時の農民経営の負債状況を70年代の調査にもとづいて見ると、集団負債の8割強は税金と未納金の支払のためのものであり、残りが種子の購入と用地の賃貸のためのものであった。集団負債の規模は数十ルーブリから1000ルーブリ以上までで、4割弱は100－250ルーブリであった。負債の借入期間はほとんどが1年以下で、5割弱は3－6ヵ月のものであった。貸付利子は5％から320％まで様々であるが、8割は10－60％、10％以下はわずか、60－320％は16％で、全体の平均は44.7％であった。個人負債も集団負債とほぼ同様の状況であった。

　このような困難な状況を改善するために、農民向け信用供与機関の組織化の試みとして1870年代前半にモスクワ県ではゼムストヴォの援助の下で組合員の高い出資を基礎とするドイツのシュルツェ原則に従った相互信用組合（ссудо-сберегательные товарищества）が設立された。ポドリ

スク郡ゼムストヴォによる相互信用組合の設立を皮切りに、全部で県ゼムストヴォから23相互信用組合の設立のために各1000ルーブリ、合計2万3000ルーブリの貸付が供与された。

　ところが、ゼムストヴォ側からも活発かつ持続的な援助と監督がおこなわれなかったため、相互信用組合の活動は発達しなかった。貸付の返済の満期が到来した1891年の状況を見ると、23組合のうち5組合だけが貸付を返済できたが、その5組合のうち2組合は破綻していた。4組合は不定期に貸付の返済をおこなっていた。残りの14組合は破産し、返済能力がないことが判明した。結局1897年には16組合が閉鎖し、7組合だけが存続していた[7]。

1.1.2. ゼムストヴォ参事会による直接的貸付

　大半の相互信用組合が期待できない状況に置かれていることから、県ゼムストヴォ参事会は郡ゼムストヴォに負債の回収を要請すると同時に、1896年度県ゼムストヴォ会議は相互信用組合への貸付供与の中止を決定した。その翌年の1897年7月に開かれた県経済協議会とゼムストヴォ農業技術援助員との共同会議は農民向けの小規模信用の組織化は時期尚早であるという結論を全員一致で採択した。その代わりに1897年度ゼムストヴォ定例会議は、穀物担保付貸付と家畜購入などのための貸付の供与を優先に、ゼムストヴォが直接におこなうべきであるという決定を採択した[8]。

　しかし、これらの貸付に対する農民（共同体と個人）からの返済は、ほとんどおこなわれなかった。1909年1月1日までのクリン郡ゼムストヴォの状況を見ると、農具と種子、屋根用鉄板の貸出の92％、家畜の購入のための貸付の100％、防火設備や井戸の掘削のための貸付の70％が返済されていなかった[9]。全体として、未回収債権額は全貸付額の88％に達していた[10]。また、ズヴェニゴロド郡で1909年6月1日までの76.5％[11]、ヴォラコラムスク郡で1910年1月1日までの83.5％[12]、モジャイスク郡で1910年1月1日までの86％[13]、さらにドミトロフ郡で1912年1月1日までの

75.6%[14]が未回収債権であった。このように不良債権率が極めて高かったために、モスクワ県とほとんどすべての郡ゼムストヴォは、ゼムストヴォ参事会を通じて住民に貸付を直接供与することは不可能であると結論づけた。

1.2. ゼムストヴォ小規模信用金庫と農民信用組合

モスクワ県においては、1904年6月7日の「小規模信用組織規定」にもとづいて、信用組合が再び設立されはじめた。組合の設立の際に必要な資本金の貸付をおこなう権利は国立銀行とゼムストヴォに与えられた。

ヨーロッパ・ロシアにおいて1904年規定にもとづいて新たに設立された農民信用組合は急激な増加を見せたが、そのほとんどは国立銀行の援助を受けたもので、ゼムストヴォ小規模信用金庫の援助を受けたものは少なく、全体のわずか7.7%にすぎなかった。1915年までの推移は、以下の第1表の通りである。

このようなゼムストヴォの援助の下で設立された農民信用組合が全体的にわずかにすぎなかった主な理由は、国立銀行がゼムストヴォと異なり、長年、農民小規模信用事業を通じて豊富な経験を積んでおり、多くの実践的活動家を抱え、資金の面においても豊富であるからであるのに対して、ゼムストヴォは財政の面において大きな制約が存在しており、経験も浅く、活動家もほとんど揃えていないからであった。

ゼムストヴォが設立に取り掛かることができたのはゼムストヴォ小規模信用金庫を設立してからであるが、モスクワ県において郡ゼムストヴォ小

第1表 ヨーロッパ・ロシアにおける農民信用組合の設立推移

区分	1904	1905	1906	1907	1908	1909	1910	1911	1912	1913	1914	1915	計
総数	248	249	509	953	1084	1235	1298	1881	2485	2078	1520	850	14390
ゼムストヴォ	/	/	1	22	15	42	92	166	201	266	208	101	1114

出所）РГИА. Ф. 582. Оп. 6. Д. 497. Л. 3-3 об.

規模信用金庫の設立は1910年モスクワ郡ゼムストヴォ小規模信用金庫の設立を皮切りに漸次おこなわれ、共同体の金庫、農業改良のための金庫、そして協同組合の中央金庫としての役割が期待されていた。

1915年7月1日までモスクワ県に設立された227農民信用組合のうちゼムストヴォ小規模信用金庫から資本金の支援を受けて設立されたのは66組合（30％）であった。このように、モスクワ県ではヨーロッパ・ロシア全体よりゼムストヴォの援助の下で設立された農民信用組合の割合はかなり高かった。

ゼムストヴォ小規模信用金庫の活動が活発であったのは、モスクワ県13郡のうちモスクワ郡、ブロンニツィ郡、ヴォロコラムスク郡、ドミトロフ郡とセルプホフ郡の5郡だけであった。これらの郡では、ゼムストヴォによって信用組合のネットワークが計画され、その大半がゼムストヴォ小規模信用金庫によって設立された。モスクワ郡では、1910年から1916年までに郡ゼムストヴォによって17組合が設立され、全組合の53％を占めていた。また、ヴォロコラムスク郡では前者は12、後者は18であった。ブロンニツィ郡の場合でも前者が16、後者が24であった。さらに、ドミトロフ郡では24のうち12が、セルプホフ郡でも17のうち6がゼムストヴォ小規模信用金庫の援助の下で設立されたものであった[15]。

上記の郡のほかにモスクワ県においては8郡が存在していたが、これらの郡において郡ゼムストヴォ小規模信用金庫の活動は相対的に弱かった。その最も大きな原因は、ゼムストヴォ小規模信用金庫から農民信用組合に供与される貸付に対する金利が国立銀行からの貸付金利より高いことと、ゼムストヴォ小規模信用金庫の活動を管理していた郡参事会の人的構成にあった。クリン郡では、郡ゼムストヴォ参事会に商人や地主など、協同組合に対して否定的な態度を取る人々が多く参加しており、協同組合とモスクワ県ゼムストヴォ小規模信用金庫との関係を妨害し、クリン郡の信用組合が連合することを妨げていた。実際にクリン郡ゼムストヴォは商人に供与するために多量のカラス麦や粉などを購入したものの、これらを購入し

ようとしていた信用組合への援助は拒否した[16]。モジャイスク郡の参事会とゼムストヴォ小規模信用金庫の活動についても同様の監査報告がなされた[17]。これらと関連して、1915年7月の小規模信用監査官ルチンチョフは「8つの郡のゼムストヴォ参事会ではクラークと商人が多数を占め、農村における小規模信用事業を無視する傾向が非常に強い」と報告していた[18]。このような状況を背景にこれらの郡における農民信用組合の設立は国立銀行からの基本資本金を受けて農民側から手がけていくことが多く見られた。

このようなゼムストヴォの異質性のために、当初ゼムストヴォ小規模信用金庫に期待されていた「協同組合の中央金庫」としての役割が実現できない結果となった。さらに、農民協同組合連合組織の必要性がとりわけ戦時中に議論された際に、ゼムストヴォ組織と違う独立した組合連合組織が作られることになったことも上記に見られた状況がその背景にあった。

1.3. 土地整理委員会と区画地経営

ストルィピン農業改革を推進し主として区画地経営だけに農業技術援助をおこなっていたモスクワ県土地整理委員会も、区画地経営への援助のために信用組合の組織に取り掛かったが、最初は、区画地経営だけを対象とした信用組合の設立を試みた。1911年夏にヴォロコラムスク郡のセレヂノ郷でセレヂノ村とコスチノ村の区画地経営のために、土地整理委員会のイニシアチヴで、国立銀行からの援助を受けてセレヂノ信用組合が設立された。個人経営だけを受け入れるという当初の計画は実現しなかったものの、1913年におけるセレヂノ信用組合の組合員540人のうちおよそ200人が区画地経営農民であった[19]。

ロシア政府内部においても農民信用組合とストルィピン農業改革との結びつきをめぐって内務省と大蔵省との間に意見の不一致が存在していた。土地所有と土地利用における変化（ストルィピン農業改革）を通じて農民

117

経営の再生を模索していた内務省は区画地経営だけへの農業技術援助と農民信用組合を通じる資金供与を望んでいたのに対して、収税を管轄する大蔵省は区画地経営だけへの農業技術援助の提供に反対していた。大蔵省が国立銀行を通じる農民信用組合の設立を進めると同時に、それらの組合に対する監督をおこなっていたため、結局は内務省の思惑通りにはいかなかった[20]。

こうして、農民信用組合は土地所有の形態に無関係に組合員を受け入れることになり[21]、当然ながらフートル経営とオートルプ経営は必要な貸付を利用していた。たとえば、ヴォロコラムスク郡において1914年に区画地経営の4分の3が貸付利用者であり、すべての区画地経営が組合のネットワークに入っていた[22]。土地整理委員会はゼムストヴォの指導の下で活動している信用組合への区画地経営の入会を認めざるをえなかった[23]。

その他に、土地整理委員会の農業技術援助員の援助を受けて設立される農民信用組合も存在していた。モジャイスク郡のフェドロフスコエ信用組合とクニャジェヴォ信用組合は1913年末土地整理委員会の農業技術援助員の援助を受けて設立された[24]。このモジャイスク郡の1914年における状況を見ると、10組合の全組合員3243人のうち314人（およそ10％）が区画地経営であり、最も区画地経営組合員の割合が高いフェドロフスコエ信用組合におけるその割合は28％（57人）であった[25]。

ヨーロッパ・ロシア全体においても区画地経営の農民協同組合への積極的な参加が見られた。1913年におこなわれた区画地経営についての選別調査は調査対象の1万4935戸のうち土地整理前に協同組合に加入していたのは2677戸（18％）であったが、土地整理後には6291（42％）に増えた。その大半は農民信用組合であったが、加入農戸数は2520戸から6023戸へと増加を示した[26]。

農民信用組合は区画地経営にとって孤立から逃れ、共同体に代わり集団的・社会的関係を取り戻す極めて重要な場であった。また、共同体的インフラから離脱することになる区画地経営は独立経営の形成のために一層大

きな資金が必要とされた。とりわけ住居まで区画地に移し、全く新しい環境で経営を作らなければならなかったフートル経営には莫大な資金が必要とされた。これと関連して、ペルシンは、ペルミ県クラスノウフィムスク郡の区画地経営の将来について、「孤立的に組織された経営の運命は協同組合にかかっている」と結論付けた[27]。このように、農民信用組合は区画地経営にとって必修不可欠なものとなり、区画地経営の組合組織率はより高くなっていったと推定される。

1.4. ストルィピン農業改革と農民信用組合の発展

第1表で見られるように、農民信用組合の発展は1905年から見られ、1905年1月1日に249組合が存在していたが、1915年1月1日には1万4390組合へと増加した。第2表で見られるように、モスクワ県においても農民信用組合の急増が同様に見られた。1905年から見られはじめた増加は、1905年ロシア革命後1906年末からはじまるストルィピン農業改革と密接な関係を有していた。

1861年農奴解放以降1905年ロシア革命までロシアにおいては1902年のハリコフ県とポルタヴァ県における農民蜂起以外にはほとんど農民運動が見られなかった。それだけにロシア政府にとって1905年革命期に見られた農民の積極的な運動は大きなショックを与えた。1905年革命はロシア農民の意識にも大きな変化をもたらした。帝政期の著名な農民協同組合研究者であるヘイシンが指摘した通り、1905年革命の敗北は「民衆の中からそれまでの後見に対する信頼をなくし、自力で自らの経営を建てなければならない意識を芽生えさせるには十分であった」[28]。無償で土地をもらえるという期待の破綻は建設の方に心を向けさせるに十分な根拠になった。ロシア農民の心性にもたらされた変化についてはクルィジヌィも同様の見解を示した[29]。

このような心性の変化に拍車をかけることになったのが、1905年革命直

後にロシア政府によって積極的に進められたストルィピン農業改革であった。ストルィピン農業改革によって非常に高い割合の農民が法律的に私的所有に認定・確定されたと見なされた。すなわちストルィピン農業改革関係法によって割替共同体農民に共同体からの任意脱退の権利が与えられた。分与以来一度も総割替がなかった無割替共同体は世帯別所有に移行したとみなされ、そして世帯別所有の村団はそのまま私的所有に移行すると定められた。こうして、それまでロシア農村社会システムを支えていた割替共同体的所有関係と家族所有の原則が廃止された。ストルィピン農業改革期間中に法律的に私的所有に移行したとされた戸主数は、ヨーロッパ・ロシアの全戸主数のおよそ80％にまで達することになった[30]。

　ここで、最も重要なことは、法律的に私的所有に移行したとされた農戸は、土地売却、家族分割、相続や遺言などの際に、属している共同体の性格、すなわち私的所有への移行如何についての審査が必ず義務付けられていたため、共同体的土地所有関係に残った農戸とは全く異なる法律的扱いを、1つの例外もなく受けたということである。とりわけ、無割替共同体と世帯別所有共同体に属する農戸は、共同体からの脱退如何に関係なく自動的に別途の扱いを受けた。しかも、この法的権利上の変化は、家族分割や相続と土地取引などをめぐる無数の訴訟と登録戸主数の急速な増加から見られるように、ロシア農民側からも十分に認識されて、また積極的に利用されていた[31]。

　このようにストルィピン農業改革によってロシア農村と農民の法的状況と社会経済状況は全く変わることになった。ストルィピン農業改革を通じて輪作強制、連帯責任制、割替にもとづく平等原理を有する共同体から解放されたこれらの経営は、自由な個人の利益を追求する個人主義のためのより広い可能性をもつことになった。共同体に代わって社会的関係を保障する組織を求めた。その結果、従来の共同体に代わって自由意志にもとづく個人同士の新たな社会関係を提供している農民信用組合への加入が促された[32]。また、共同体からの解放は、共同体的関係において厳しく制限

されていた農民の支払能力と農民所有財産の価値を高める役割を果たした。分与地規定の適用による制限は依然としてあったものの、土地財産の取引の自由は大きな意味をもつものであったし、農民は自分に利益になる場合には私的所有権の範囲を最大限に解釈しようとしていた。さらに、ストルィピン農業改革は農村内部に大量の貨幣需要をもたらした。私的所有経営の創出と戸主権の確定は農民家族内部において財産権をめぐる対立を伴い、多数の家族分割と世帯数の増加をもたらした。戸主の死後に発生する相続の際にも相続権をめぐる対立や均分相続慣行のために結果として新たな経営が多く作られた。これらの大量に創出された私的所有権にもとづく新世帯は自立した経営の形成のために建物や家畜および農具などを新たに購入しなければならなかった。したがって、上述の区画地経営だけでなく、ストルィピン農業改革で大量に創出された私的所有に認定・確定された経営も安い資金を求めて積極的に農民信用組合に加わっていた。それらを背景に、1905年革命以前と違って、ストルィピン農業改革期には農民側から農民信用組合の設立や活動の活発化を求める動きが積極的に見られるようになった。

2. 農民信用組合の設立と成長

　第2表で見られるように、モスクワ県における農民信用組合の数は、1910年から1916年までの6年間で、47から227へとおよそ5倍に増加した。また、信用組合の組織率は各年1月1日で見ると、1910年に全農戸の9.2％であったが、毎年漸次に増加し、1911年に11.9％、1912年に17.2％、1913年に27.0％、1914年に34.6％、1915年に48.8％で[33]、1915年7月1日には54.5％へと増加した[34]。1916年と1917年における全県の状況についての資料は存在していないが、ヴォロコラムスク郡から間接的に確認できる。ヴォロコラムスク郡における組合組織率は、1912年に26％、1913年に32％、

第2表　モスクワ県における農民信用組合の設立の推移　　（単位：ルーブリ、人）

年度	1910.1.1.1	1911.1.1.1	1912.1.1.2	1913.1.1.2	1914.1.1.3	1915.1.1.4	1915.7.1.5
組合数	47	66	87	141	184	205	227
うちゼムストヴォ	1	11	31	53	/	66	
組合員数	21,230	27,556	39,687	61,521	88,048	110,064	122,604
全農民に占める割合	9.2%	11.9%	17.2%	27.0%	34.6%	48.8%	54.5%
1組合当り組合員数	451.3	417.5	456.2	436.3	478.5	536.9	540.1
流動資金規模	602,315	702,411	1,141,892	2,236,803	4,099,515	5,637,342	7,718,760
貸付金規模	558,457	740,792	1,468,710	3,145,958	5,511,980	6,891,206	4,116,372（半年）
1組合当り貸付金	11,882	11,224	16,881	22,311	29,956	33,615	18,133（半年）
1人当り平均貸付金	26.3	26.9	37.0	51.1	62.6	62.6	/

出所）1. Приложение к докладу №４-в Московской губернской земской управы 1910 года. Обзор деятельности кооперативных учреждений; 2. Доклад №４-в Московской губернской земской управы 1912 года; 3. Доклад №４-в Московской губернской земской управы 1913 года; 4. Доклад №４-в Московской губернской земской управы 1914 года; 5. Приложение к докладу №４-в Московской губернской земской управы 1915 года.

1914年に49％、1915年に62％、1916年に69％、1917年に74％へと増加を示している[35]。ヴォロコラムスク郡における1915年までの増加推移はモスクワ県全体とほぼ一致しており、全県においても1916年と1917年にヴォロコラムスク郡と同様の増加が見られたと推定される。

　1組合当たりの組合員数においても大きな増加が見られた。全県において1910年1月1日には451人であったが、1915年7月1日には540人へと増加した。ヴォロコラムスク郡のデータは1915年以降においても著しい増加が生じていたことを示している。ヴォロコラムスク郡においてそれは1912年に464人、1913年に450人、1914年に460人、1915年に580人と全県のデータとほぼ同様の傾向を見せていたが、1916年と1917年は各々642人と685人へと著しい増加を示した。セルプホフ郡の農民信用組合の月例報告書からも1915年から1917年までの間に持続的な組合員数の増加を見ることができる。

　さらに、1917年から1919年までもセルプホフ郡の大半の組合において持

2-2 20世紀初頭ロシアにおける農民信用組合（1904－1919年）◆崔在東

続的に成長していた。まず、1917年1月から1918年1月までの増加を見ると、ヴィフロヴォ組合77人、ミフネヴォ組合29人、ストレミロヴォ組合43人、バベエヴォ組合64人、ハトゥノ組合24人、プシノ組合17名の著しい増加が看取された。さらに1918年1月以降の状況を見ると、ハトゥノ組合では1918年1月から1919年3月までに108人の増加、ヴィフロヴォ組合においても1918年1月から9月までの間に39人の増加が見られた。プシノ組合、ミフネヴォ組合、ノヴゴロド組合、バベエヴォ組合でも10人強が増加した。

さらに、第2表で見られるように、組合や組合員数以上の増加率を見せたのが、組合の流動資金と貸付額であった。農民信用組合の流動資金総額の推移を見ると、1910年に60万ルーブリであったが、5年半後の1915年7月1日には10倍以上の772万ルーブリに達していた。貸付総額においても、1910年1月1日に56万ルーブリであったのが、1915年1月1日は10倍をはるかに超える690万ルーブリに達していた。1916年と1917年においてもヴォロコラムスク郡の例から持続的な増加が確認できる。それに、流動資金と貸付金の1組合当り・組合員1人当り平均金額も毎年増加を示していた。後述するように、ロシア革命期においても持続的な成長が見られた。

3. 組合員の構成

3.1. 組合員構成

実際に農民信用組合の組合員になったのはどのような階層であったか。農民信用組合の組合員の財産規模別分布を、資料を確認できたモスクワ郡の例をとって見ると、まず馬の保有度において、馬なし経営と馬1頭保有経営が1909年と1910年の各々9組合と10組合において、全組合員の81.5％と84.3％で、零細な農民経営がその大半を占めており、2頭以上保有経営は2割弱であった[36]。1910年のほかの5組合についての資料を見ると、

123

馬なし経営と馬1頭所有経営が合わせて87％を占めているという同様の傾向を示したが、馬2頭保有経営が10％で、馬3頭以上保有経営は3％にすぎなかった。組合員の中で馬3頭以上保有の富裕な経営が占める割合はわずかにとどまっていた。とりわけ馬1頭保有の小規模農民経営の積極的な参加が目立っている[37]。

　同様の傾向は牛保有度における組合員の分布においても見られていた。1909年と1910年の各々9組合と10組合において、牛なし経営と牛1頭保有経営の割合は両方とも77.8％で、牛2頭保有経営が16.2％と17.2％、牛3頭以上の経営が6％と5.2％であった。ここにおいても、牛3頭以上保有の富裕な農民経営の割合は少なかった。また、1910年の5組合についての調査は、組合活動地域における農戸全体の馬保有度別農民経営の分布と組合員の馬保有度分布とほぼ一致していることを示した。このように、モスクワ県農民信用組合は、特定の階層に偏らず、さらに財産状況に関係なく、全農民層に開放されていた。このことは、全農民に安い資金を供与し、農民経営の再生と新たに創出された私的所有権にもとづく小農経営を保護、育成するという当時ロシア政府の農民政策が十分に体現していることを意味していたが、これは後述する貸付事業においても全く同様に確認される。

　ちなみに、組合員の職業的分布を見ると、モスクワ郡の1910年に11組合[38]と7組合[39]に対しておこなわれた2つの調査は、農業だけの従事者が68.7％と81％、クスターリや農業とクスターリとの兼業者が23.8％と16％を占め、農民外身分である政府機関の役人、商人、インテリ層は極めてわずかな割合しか占めていなかった。

　ところで、上記の資料はモスクワ県農民信用組合の発展の初期段階に当るものであるという限界をもっている。前述した通りにモスクワ郡だけでなく、モスクワ県全体において組合員の数は急速に増加し、1915年には全県の農戸数の半数以上、1917年には7割までが組合に加入しているため、上記の組合員構成は大きく変わらなかったと推定される。

　他県の農民信用組合の組合員構成についての資料も同様に、時間が経つ

につれて、小規模農民経営の比重が増えるという結果を示していた。ウファー県の1906年から1911年までの農民信用組合の構成についての調査によれば、馬2頭以下の経営の比重と組織率が持続的に増加していたのに対して、3頭以上の経営は逆に減少を示した。同様に1912年1月から1914年1月までのチェリャビンスク郡の農民信用組合についての調査も同様に、馬2頭以下の経営の比重が高くなったのに対して、3頭以上の経営は減少を示した[40]。

3.2. 入会・脱退・除名

　モスクワ県農民信用組合への入会は、ほぼすべての住民に開放されていた。実際に入会が拒否されたケースは、極めてわずかにすぎなかった。組合レベルで確認できたセルプホフ郡農民信用組合のうち入会拒否の記録が残っているのは、ヴィフロヴォ組合で1915年中の115入会希望者のうち3人、1916年中の178人の入会希望者のうち2人だけであった。ほかの組合においては入会が拒否されたケースは報告されていなかった。

　次に組合員数の変動は、「死亡」と「一身上の都合」による脱退と、「貸付金未返済」と「その他の理由」による除名によって生じていた。まず、本人の意思と関係なくおこなわれた除名のケースはほんのわずかであったことは特記に値する。1917年以前の時期に確認できたのは、バベエヴォ組合の1913年1件、1914年4件、ミフネヴォ組合の1915年8件、ヴィフロヴォ組合の1915年5件、プシノ組合の1915年22件、ハトゥノ組合の1915年2件と1916年20件であった。そのうち「貸付未納」が理由となったのはバベエヴォ組合の1914年中の3件だけで、残りは「その他の理由」によるものであった。さらに、「死亡」と「個人都合」による脱退は、除名よりはるかに多かった。

　ところで、ロシア革命期における状況については、セルプホフ郡の農民信用組合の月例報告書を通じて部分的に確認ができるが、1917年、1918年、

1919年初頭までの間に強制的除名された者はきわめてわずかにすぎなかった。報告されたのは、ハトゥノ組合の3件、ヴィフロヴォ組合の2件だけであった。その規模は戦前期と戦時期の除名者規模よりはるかに小さいものであった[41]。

4. 預金事業と資金調達

4.1. 預金事業

モスクワ県の農民信用組合における預金は、信用組合活動の発展に伴い、第3表で見られるように大きな増加を見せた。このような預金の急増は農民信用組合の事業活動と管理部に対する信頼がますます高まっていったことを意味する。

ところで、農民信用組合の預金者はだれであったか。まず、モスクワ郡の1911年度の18農民信用組合における預金者数と預金額を見ると、1912年1月1日預金者は551人、預金総額は7万7006ルーブリ、したがって預金者1人当り平均預金額は140ルーブリであり、中には400ルーブリや300ルーブリを超える組合も存在した。そして「預金の大部分は中農をはるかに超える住民の最も裕福な階層から入っていると結論付けられる」と指摘された[42]。次に、ブロンニツィ郡の農民信用組合の1913年1月1日における預金規模を見ると、19組合において預金者は345人で、預金総額は7万9955ルーブリで、預金者1人当りの平均預金額は232ルーブリであった[43]。後述のバベエヴォ組合の平均預金額403ルーブリであった。

預金者の具体的構成はどのようなものであったか。セルプホフ郡のバベエヴォ農民信用組合の例を見ると、この組合における預金主は個人と農業局（Департамент Земледелия）関連機関であって、預金額は1912年に3万9439ルーブリ、1913年に7万7592ルーブリであった。1914年には8万

第3表　農民信用組合における預金と借入の推移　　　　　　　　（単位：ルーブリ）

区分	モスクワ県[1]			モスクワ郡[2]		
	1910.1.1.	1911.1.1.	1912.1.1.	1911.1.1.	1912.1.1.	1913.1.1.
資本金	219,014	243,904	297,188	28,392	48,475	106,476
預金	198,738	262,993	458,107	21,220	77,006	146,413
借入	109,028	102,158	240,507	28,722	126,490	391,520
運用資金総額	602,315	702,411	1,141,892	83,964	271,012	689,531

区分	ヴォロコラムスク郡[3]					
	1912	1913	1914	1915	1916	1917
資本金	9,333	20,907	37,678	52,523	60,740	67,733
預金	15,619	48,231	129,597	197,542	300,141	645,694
借入	/	9,645	20,446	127,114	33,794	569,951
運用資金総額	28,253	90,843	214,333	433,318	451,729	1,358,654

出所）1. Материалы по кооперации в Московской губернии. Вып. 5. Кредитная кооперация в Московской губернии по отчетам за 1909, 1910 и 1911 гг. М., 1913. С. 18-23; 2. Обзор деятельности кредитных кооперативов Московского уезда в 1912 году. С. 6; 3. Степанов И. П. Обзор деятельности агрономической организации по Волоколамскому уезду Московской губернии 1910-1917 г. Волоколамск, 1918. С. 78-81.

8265ルーブリであったが、その詳細な内訳を見ると、聖職者が867ルーブリ、自営業が1333ルーブリ、小規模信用機関とその連合体（коллектив）が1万8150ルーブリ、商人が1万11383ルーブリ、残りの5万6531ルーブリ（64.0％）は農民であった。預金額の規模による分布を見ると、預金者総数219人のうち、50ルーブリ未満が57人、50－300ルーブリが89人、300－1000ルーブリが55人、1000－3000ルーブリが15人、3000ルーブリ以上が3人であった[44]。ここで分かるように、まず農民預金者のうち50ルーブリ以下の者はわずかにすぎなかった。それに対して、300ルーブリ以下の者を全員農民層であると見ても、農民層による預金総額の半分以下であるから、300ルーブリも超える者が数多く存在しており、特記に値する。ここから農民信用組合の発展に伴って活動の場を失いつつあった農村部内の高利貸付業者の多くが組合の活動に加わっていったことが推定される。

預金に対して払われる金利はどのような水準であったか。まず、モスクワ郡の1912年度の預金金利を見ると、4％から8％までに設定されている。普通預金に対しては、6組合が4％、10組合が5％、4組合が6％を支払っていた。1年未満の定期預金に対しては大半6％を支払っており、1年以上については大半が7％を払っていた。8％という最も高い金利は4組合が支払っていたが、ゼムストヴォ小規模信用金庫からの貸付金利が7％であるため、それ以上を払っていたことである[45]。ブロンニツィ郡の農民信用組合における1913年度の状況も同様であった[46]。このように預金金利が高く設定されていた最も大きな理由は、当然ながら、より多くの預金を誘致するためであった。当時国家貯蓄金庫（государственные сберегательные кассы）での預金金利は平均年利3.6％であった。さらに、預金誘致のために国家貯蓄金庫には預金額が1000ルーブリまでと制限されていたが、農民信用組合には預金額の制限がなかった。

　ところで、預金金利の引下げの傾向は見られたか。セルプホフ郡のバベエヴォ農民信用組合は、1912年度全権代表定例会議において預金利子を定期預金に対して7％から6％へ、普通預金は6％から5％へと引き下げることを決定した[47]。しかしその後も預金規模は減らず、増加しつづけていた。預金の持続的増加と組合員数の急増の中で、バベエヴォ組合のように預金金利の引下げをおこなう農民信用組合は少なくなかった。

　農民信用組合における預金期間は、モスクワ県において普通預金が5割弱で、1年未満の定期預金が3割強、1年以上の定期預金が2割強を示していた[48]。郡レベルで見れば、モスクワ郡はモスクワ県とほぼ同様な傾向を示していたが[49]、ブロンニツィ郡では、定期預金が3分の2を占め、その中で1年未満が27％、1年以上が40％を占めていた[50]。

4.2. 借入

　農民信用組合の借入先は、国立銀行とゼムストヴォ小規模信用金庫であ

128

るが、ゼムストヴォ小規模信用金庫の活動が最も活発なモスクワ郡、ヴォロコラムスク郡、ブロンニツィ郡とセルプホフ郡では農民信用組合の借入金の大半はゼムストヴォ小規模信用金庫からの貸付金が占めていた。たとえば、モスクワ郡では1912年１月１日に農民信用組合による借入総額12万6490ルーブリのうち９万3364ルーブリ（73.8％）で、1913年１月１日には39万1520ルーブリのうち36万6948ルーブリ（93.7％）であった。また、ヴォロコラムスク郡の場合には、ゼムストヴォ小規模信用金庫による貸付は農民信用組合だけでなくその連合体にも供与されたが、その規模は農民信用組合の借入総額をはるかに超えていた。

　これに対して、ゼムストヴォ小規模信用金庫の活動が弱い郡や国立銀行の援助の下で設立された農民信用組合の場合には借入金の多くは国立銀行からの貸付が占めていた。たとえば、国立銀行の援助の下で設立されたセルプホフ郡のバベエヴォ農民信用組合の1915年１月１日における借入総額は１万8314ルーブリであったが、その内訳を見ると、１万2000ルーブリが国立銀行、5904ルーブリがセルプホフ郡ゼムストヴォ小規模信用金庫、410ルーブリは農業局からの無利子長期貸付であった[51]。

4.3. ロシア革命期における資金調達

　ロシア革命期の資金調達における最も大きな第１の特徴は、国立銀行の活動が革命によって低迷することに伴って、国立銀行からの借入が事実上ほとんどなくなったことである。実際に組合の年次および月例報告書が確認できたセルプホフ郡農民信用組合において1917年１月１日段階にすでに国立銀行からの借入は全くなかった。

　第２の特徴は、郡ゼムストヴォ小規模金庫からの借入が多くの組合において激減していたことである。次ページの第４表で見られるように、ハトゥノ組合とヴィフロヴォ組合だけが例外で、ほかの組合でゼムストヴォ金庫からの借入は全くなくなるか激減するかどちらかであった。残念ながら

129

第4表　ロシア革命期セルプホフ郡農民信用組合の預金と借入　（単位：人、ルーブリ）

組合	ハトゥノ組合[1]				プシノ組合[2]			
年度	1917.1.1	1918.1.1	1919.1.1	1919.3末	1917.1.1	1918.1.1	1919.1.1	1919.2末
預金	54,315	79,829	86,616	82,795	31,274	34,252	28,770	25,968
借入*	23,629	17,564	20,415	21,267	8,272	0	0	0
	32,000	52,000	254,011	452,500		0	0	0

組合	ヴィフロヴォ組合				ミフネヴォ組合			
年度	1916.1.1[3]	1917.1.1	1918.1.1	1918.9末[4]	1916.1.1[5]	1917.1.1	1918.1.1	1918.11末[6]
預金	24,824	51,289	64,730	17,869	10,829	23,132	32,715	29,108
借入	0	0	35,000	35,000	2,177	3,807	1,952	9,530
			28,000	50,000				

組合	ストレミロヴォ組合				ノヴゴロド組合			
年度	1916.1.1[7]	1917.1.1	1918.1.1[8]	1919.1.1[9]	1916.1.1[10]	1917.1.1	1918.1.1[11]	1918.7末[12]
預金	15,893	32,869	33,231	25,376	25,580	43,313	55,660	68,097
借入	0	420	0	0	0	0	0	0

組合	バベエヴォ組合							
年度	1913.1.1[13]	1914.1.1[14]	1915.1.1[15]	1916.1.1[16]	1917.1.1	1918.1.1	1918.9[17]	
預金	39,440	77,593	88,265	118,883	134,766	181,067	184,526	
借入	10,400(国)	12,838	18,315	6,339	1,135	135	135	
	460	410		360	40,360	43,608	76,463	

出所）1. ЦИАМ. Ф. 194. Оп. 1. Д. 795; 2. ЦИАМ. Ф. 194. Оп. 1. Д. 701; 3. ЦИАМ. Ф. 194. Оп. 1. Д. 686; 4. ЦИАМ. Ф.194. Оп. 1. Д. 764; 5. ЦИАМ. Ф. 194. Оп. 1. Д. 719; 6. ЦИАМ. Ф. 194. Оп. 1. Д. 763; 7. ЦИАМ. Ф. 194. Оп. 1. Д. 725; 8. ЦИАМ. Ф. 194. Оп. 1. Д. 754; 9. ЦИАМ. Ф. 194. Оп. 1. Д. 822; 10. ЦИАМ. Ф. 194. Оп. 1. Д. 687; 11. ЦИАМ. Ф. 194. п. 1. Д. 770; 12. ЦИАМ. Ф. 194. Оп. 1. Д. 817; 13. Отчет Бабеевского кредитного Отовариществa за 1912 г. С. 24; 14. Отчет Бабеевского кредитного товарищества за 1913 г. С. 24; 15. ЦИАМ. Ф. 194. Оп. 1. Д. 626; 16. ЦИАМ. Ф. 194. Оп. 1. Д. 683; 17. ЦИАМ. Ф. 194. Оп. 1. Д. 762.

注）借入の上段はゼムストヴォ金庫・国立銀行・信用組織などの公式的機関からの借入額、下段はその他（у прочих）からの借入額である。

具体的内訳を確認することはできなかったが、その代わりに大半を占めていたのは「その他（у прочих）」であった。

　第3の特徴は、ハトゥノ組合とバベエヴォ組合を除いた大半の組合にお

2-2　20世紀初頭ロシアにおける農民信用組合（1904－1919年）◆崔在東

ける資金調達原に借入が占める割合は低くなり、とりわけプシノ組合、ミフネヴォ組合、ストレミロヴォ組合、ノヴゴロド組合において借入が全く無かったことである。これらの組合における資金は主として預金によって調達されていた。このように、農民を基軸としている農村部内の資金によって組合の運用資金がまかなわれていた。

　第4の特徴は、預金総額が相対的な増加を示していたことである。1918年中に預金の著しい減少が見られたヴィフロヴォ組合は例外として、ロシア革命期においてもプシノ組合、ミフネヴォ組合とストレミロヴォ組合において預金額は維持され、ハトゥノ組合、ノヴゴロド組合とバベエヴォ組合では増加が見られた。

　革命期における預金期間を確認できるハトゥノ組合の状況を見ると、1918年に普通預金73.2％、短期定期預金4.8％、1－5年定期預金22.1％、1917年に普通預金71.1％、短期定期預金8.1％、1－5年定期預金20.8％であったが、1916年に普通預金51.5％、短期定期預金11.3％、1－5年定期預金33.3％、その他3.9％、1915年に普通預金57.7％、短期定期預金6.8％、1－5年定期預金28.6％、その他6.9％であった。このように、普通預金の割合は高くなり、（長期）定期預金の若干の減少が見られていた。預金の内訳が確認できるストレミロヴォ組合とプシノ組合にも同様のことが確認できた。それにもかかわらず、波乱に満ちていた革命期に多くの組合において預金総額は現状維持か増加を示していた。このことはこの地域において農民信用組合が革命期においても依然として農村住民の支持を受けつづけていたことを物語るものであった。

5. 貸付事業

5.1. 無担保・無保証貸付

　信用組合の貸付事業はどのような状況だったのだろうか。第 2 表で見られるように、農民信用組合の貸付総額は、1910年 1 月 1 日に56万ルーブリであったが、1915年 1 月 1 日は10倍をはるかに超える690万ルーブリに達していた。第 5 表で見られるように、1915年と1916年においてもヴォロコラムスク郡の例から持続的な増加が確認できる。さらに、ロシア革命期においても、セルプホフ郡農民信用組合の月例報告書にもとづいて作成した第 6 表（後出）で見られるように、多くの組合の貸付総額は増加していた。

　ところで、農民信用組合によっておこなわれた貸付のほとんどは無担保・無保証（по личному доверию）貸付であった。モスクワ県の農民信用組合によっておこなわれた1912年 1 月 1 日における貸付総額90万3604

第 5 表　農民信用組合の貸付残高と未回収債権残高の推移　　　　（単位：ルーブリ）

区分	モスクワ県[1]			モスクワ郡[2]		
	1910.1.1.	1911.1.1.	1912.1.1.	1911.1.1.	1912.1.1.	1913.1.1.
貸付残高	456,855	519,500	903,604	74,076	244,543	621,365
未回収債権残高	1115,574 (25.3%)	110,276 (21.2%)	117,741 (13.0%)	8,252 (11.1%)	8,356 (3.4%)	16,102 (2.6%)

区分	ヴォロコラムスク郡[3]				
	1913.1.1.	1914.1.1.	1915.1.1.	1916.1.1.	1917.1.1.
貸付残高	68,396	161,121	366,112	235,031	684,253
未回収債権残高	575 (0.8%)	1,865 (1.2%)	10,210 (2.8%)	6,927 (2.9%)	19,655 (2.9%)

出所）1. Материалы по кооперации в Московской губернии. Вып. 5. С. 9; 2. Обзор деятельности кредитных кооперативов Московского уезда в 1912 году. С. 24-26; 3. Степанов И. П. Обзор деятельности агрономической организации по Волоколамскому уезду. С. 92.

ルーブリのうち担保付貸付はわずか5万4871ルーブリ（6％）にすぎなかった[52]。モスクワ郡の貸付総額に占める担保付貸付の割合は、1910年1月0.6％、1911年1月4.6％、1912年1月2.2％、1913年1月2.7％であり[53]、ヴォロコラムスク郡におけるそれも1912年と1913年に0％、1914年5％、1915年1％であった[54]。このことはロシア全地域の農民信用組合において見られていた。1913年中の貸付の内訳を見ると、「無担保・無保証」80.7％、「農業機械担保付」9.5％、「動産・不動産担保付」9.8％で、担保貸付の6割以上はバルト沿岸諸県においておこなわれていた[55]。モスクワ県セルプホフ郡農民信用組合の事業報告書で確認できるように、戦時共産主義が開始される直前の1919年初頭までも同様の原則が堅持されていた。

　無担保・無保証貸付が発展した現実的理由は、まず分与地に対する担保設定が法律的に禁止されているためであった。さらに、自由な処分権が認められている穀物や農具などの動産が担保物にならざるを得なかったが、動産担保物を保管する施設を具備するには多くの費用が要されていた[56]。

　無担保・無保証貸付にもかかわらず、上記ほどの発展ができた背景には、その他にも、農民向け貸付の量的拡大と貸付へのアプローチの容易さの保障を通じて、農民経営への資金調達の円滑を図ろうとするロシア政府の思惑が存在していた。また農民信用組合の管理部と組合員との間また組合員間に私的信頼・信用関係、管理体系が形成されていることが前提されていた。

5.2. 未回収債権率

5.2.1 未回収債権率

　農民組合員による貸付の返済は適時におこなわれたか。第5表で見られるように、貸付総額に占める未回収債権の割合は低く、漸次減少する傾向を示している。ヴォロコラムスク郡においては1917年までの長期間の傾向が確認できるが、モスクワ郡と同様に著しく低く、いずれも3％を下回る

極めて低い割合を示している。

　未回収債権のわずかな割合はモスクワ県だけでなく、ロシア全体において共通的に確認されていた。各年1月1日における貸付総額に占める未回収債権の割合を見ると、1909年に7.3％、1910年に6.2％、1911年に5.3％、1912年に4.4％、1913年に4.6％であった。また、このような傾向において地域的偏差はほとんど見られなかった。1913年1月1日の各地域における未回収債権の割合を見ると、北部地域3.6％、工業地域3.7％、東部地域5.3％、中央地域3.1％、南部地域4.2％、南西部地域3.4％、西部地域5.2％などであった[57]。

　ところで、期限内返済はどのような形でおこなわれていたか。大半の場合には正常なやり方でおこなわれ、強制的な取立の割合は小さかった。たとえば、セルプホフ郡のバベエヴォ農民信用組合の1912年年度末における貸付総額6万1328ルーブリのうち、継続的な未回収債券が2834ルーブリ（4.6％）であったが、そのうち1775ルーブリは取立なしに返済され、135ルーブリだけが取立されたものであった。こうして、1912年度末に920ルーブリが未回収債権として残ったが、そのうち1人（75ルーブリ）に対して取立の通知が出されていた[58]。1913年度と1914年度の場合でも同様であった[59]。

　また、病気や事故などのやむ得ない場合には借換（переписка）を通じて返済を済ます場合があった。借換による返済が占める割合を全体的に把握することはできなかったが、ブロンニツィ郡のロバノヴォ農民信用組合の1913年度監査報告書に記されている借換記録によれば、1913年度の期限内返済額は1万7921ルーブリであるが、そのうち3000ルーブリ（16.7％）が借換による返済で、未回収債権は1364ルーブリであった[60]。

　さらに、私的高利貸付人に借りたり、複数の人々が循環で借換を通じて返済をおこなったりする場合が看取された。後者は当然ながら組合の不良化を招きかねないおそれがあったため、組合は対策を講じていた。たとえば、バベエヴォ農民信用組合は1912年度総会においてこの問題に対する対

策として一定期間置きの貸付と分割返済などの制度の導入を決定した[61]。

ところで、貸付返済の際に少なからず見られた特徴的状況は、適時に返済された場合に、貸付用途によって金額の差はあったものの、再度の貸付が安定的かつ持続的に保証されていることである。すなわち、貸付の返済と再度の貸付との間においてはわずかなズレ（1週間ほど）しか見られず、事実上はほぼ同時に保障されるケースがしばしば見受けられていた。農民信用組合における組合員別の貸付と返済記録は、ブロンニツィ郡のロバノヴォ組合の監査報告書で確認することができる。組合員イグナチエヴィチの例を見ると、1912年3月11日に75ルーブリを借り、9月2日と9月9日に各々45ルーブリと30ルーブリを返済した。また9月16日に35ルーブリを借り、翌年の1913年1月15日に35ルーブリを返済した。さらに、3月24日に25ルーブリを借り、9月1日に返済し、9月8日に60ルーブリを借り、11月3日に60ルーブリを返済していた。11月3日に25ルーブリを1914年5月10日に返済する条件で借りた。この組合において1912年と1913年の2年間におこなわれたすべての貸付と返済はこのイグナチエヴィチの例とほぼ同一の形態でおこなわれるものが少なくなかった[62]。この返済と再度貸付が一般的に保障されていたことは、安定的返済構造の確立と返済のための組合外の高利貸利用の必要性をなくす同時に、実質的に1年以上の長期貸付的効果を与えているものであり、事実的に極めて低い未回収債権率を保障するシステムの1つであった。ところが、上記の例でも見られるように、同一の金額の再度貸付でなく、組合員の貸付目的に応じて貸付金額が異なっていたため、いずれの場合でも組合員の適時の自発的返済を前提として成り立つものであった。こうして、セルプホフ郡バベエヴォ組合は早くも1913年年次報告書においてこの問題に関連して、「1912年度報告書で触れられた3者間でおこなわれる貸付返済はほぼ完全になくなった」、「隠された借換は著しく減少し、全く見えなくなった」などと報告した[63]。

第6表　ロシア革命期セルプホフ郡農民信用組合の貸付と未回収債権

(単位：人、ルーブリ)

組合	ハトゥノ組合[1]				プシチノ組合[2]			
年度	1917.1.1	1918.1.1	1919.1.1	1919.3末	1917.1.1	1918.1.1	1919.1.1	1919.2末
貸付	23,158	42,362	127,410	324,302	15,183	12,023	20,456	18,286
未回収債権	855 (3.7%)	1,577 (3.7%)	2,515 (2.0%)	1,520 (0.5%)	447 (2.9%)	1,264 (10.5%)	2,899 (14.2%)	3,739 (20.4%)
組合	ヴィフロヴォ組合				ミフネヴォ組合			
年度	1916.1.1[3]	1917.1.1	1918.1.1	1918.9末[4]	1916.1.[5]	1917.1.1	1918.1.1	1918.11末[6]
貸付	13,401	14,161	19,218	75,202	15,091	15,178	21,017	25,635
未回収債権	534 (4.0%)	144 (1.0%)	1,415 (7.4%)	3,001 (4.0%)	132 (0.9%)	151 (1.0%)	966 (4.6%)	1,841 (7.2%)
組合	ストレミロヴォ組合				ノヴゴロド組合			
年度	1916.1.1[7]	1917.1.1	1918.1.1[8]	1919.1.1[9]	1916.1.1[10]	1917.1.1	1918.1.1[11]	1918.7末[12]
貸付	12,052	12,125	28,191	27,265	23,849	28,423	39,456	72,258
未回収債権	230 (1.9%)	230 (1.9%)	391 (1.4%)	1,718 (6.3%)	2,482 (10.4%)	2,647 (9.3%)	3,224 (8.2%)	4,533 (6.3%)
組合	ババエヴォ組合							
年度	1913.1.1[13]	1914.1.1[14]	1915.1.1[15]	1916.1.1[16]	1917.1.1	1918.1.1	1918.9[17]	
貸付	61,328	84,789	100,166	104,851	95,978	122,577	129,788	
未回収債権	2,834 (4.6%)	3,665 (4.3%)	3,533 (3.5%)	10,885 (10.4%)	9,679 (10.1%)	15,843 (12.9%)	33,351 (25.7%)	

出所）第4表と同様

5.2.2. ロシア革命期の未回収債権率

　モスクワ県公文書館に月例事業報告書が残っているセルプホフ郡の複数の農民信用組合の年次および月例報告書にもとづいて1917年から1919年までの未回収債権の規模を確認することができる。

　第6表で見るように、革命期においてもセルプホフ郡の7組合の貸付総額は持続的に増加している。さらに、これらの大半の組合では、混乱に満ちた帝政崩壊後の1917年とロシア革命後の1918年においてもロシア革命前の極めて低い未回収債権率は揺ぎなく堅持されていた。とりわけハトゥノ組合とノヴゴロド組合では未回収債権率が持続的に低下していた。ヴィフ

136

ロヴォ組合、ミフネヴォ組合、ストレミロヴォ組合では若干の揺れは見られたものの、全体として10％以下の低い割合が維持された。このことは、ロシア農民の心性の中に協同組合のルールと文化がいかに確固として定着していたかを雄弁するものであり、さらに農民が土地収用という暴力的解決だけでなく、日常の経営をどれほど充実させようとしていたのかを物語るものである。

5.3. 貸付利用者と貸付額

　貸付の利用者数は、まずモスクワ県の1910年1月1日から1912年1月1日までのデータによれば、1万1536人、1万6041人、2万3870人であるが、これらが組合員総数に占める割合は各年に54.3％、58.2％、60.1％で、漸次的な増加が見られた[64]。ほとんどの郡から、貸付の利用者は少数の人に傾かず、全組合員にわたっていたことが一貫して報告されている。たとえば、ブロンニツィ郡のロバノヴォ農民信用組合の1914年1月1日組合員数は325人であったが、貸付受領者名簿を見ると、1913年中に貸付を受けたのは283人（87.1％）であった。ここに1913年1月1日に貸付を受けていた者も加えるとその数は314人（96.6％）になる[65]。1916年1月1日付のプシノ組合会員名簿によれば、全組合員412人のうち372人（90.3％）が貸付を受けていた[66]。さらに、1915年、1916年、1917年の1月1日付の会員名簿が確認できるセルプホフ郡ストレミロヴォ組合では、各々435人のうち434人（99.8％）、そして489人と581人の組合員全員（100％）が貸付を受けていた[67]。

　全組合員に貸付をできるようにするため、すべての組合は1人当りの貸付額の上限を設けていた。農民信用組合の模範規定には300ルーブリになっているが、たとえば1912年1月1日にモスクワ県における82組合の状況を見ると、300ルーブリが5組合、200ルーブリが7組合、175ルーブリが1組合、150ルーブリが16組合、125ルーブリが4組合、100ルーブリが27

組合、80ルーブリが2組合、75ルーブリが10組合、50ルーブリが10組合であった[68]。

1人当りの平均貸付額はどのくらいであったか。当然ながら、組合別に1人当り平均貸付額は異なっていた。たとえば、1912年1月1日におけるモスクワ郡の農民信用組合の状況を見ると、41ルーブリから181ルーブリまでばらついていた。50ルーブリ未満が2組合、50－75ルーブリが6組合、75－100ルーブリが5組合、100－125ルーブリが4組合、125－150ルーブリが5組合、150－175ルーブリが3組合、175－200ルーブリが1組合であった[69]。

さらに、同一組合における組合員による貸付利用額の分布はどのようになっていたか。ブロンニツィ郡ロバノヴォ組合において1913年中1人当り平均貸付額は65ルーブリであったが、組合員に供与された貸付額の分布を見ると、0－30ルーブリが96人（28.9％）、30－50ルーブリが50人（15.1％）、50－100ルーブリが102人（30.7％）、100－150ルーブリが62人（18.7％）、150ルーブリ以上が22人（6.8％）であった[70]。このように、組合員の間においてもばらつきが見られたものの、100ルーブリを超える者が4分の1を占め、50ルーブリ以上はおよそ6割弱を占めていた。セルプホフ郡ストレミロヴォ組合の1915年1月1日付組合員名簿によれば、30ルーブリ未満が20人（4.8％）、30－50ルーブリが28人（6.4％）、50－100ルーブリが202人（46.4％）、100－150ルーブリが153人（35.2％）、150ルーブリ以上が31人（7.1％）であった。同組合の1916年1月1日付[71]と1917年1月1日付[72]の組合員名簿での分布は150ルーブリ以上が若干増えていたものの、ほぼ同様であった。

組合員1人当りの平均貸付額についてのまず各年1月1日のモスクワ県におけるデータを見ると、1910年に26.3ルーブリであったが、1911年に26.9ルーブリ、1912年に37.0ルーブリ、1913年に51.1ルーブリ、1914年に62.6ルーブリ、1915年に62.6ルーブリへと持続的な増加を示した（第2表を参照）。また、モスクワ郡における調査データはモスクワ県のそれをはる

かに超えるかなり大きな規模を示していた。すなわち、1911年に51ルーブリ、1912年に71ルーブリ、そして1912年末には102ルーブリへと増加していた[73]。さらに、ヴォロコラムスク郡では、1912年62ルーブリ、1913年79ルーブリ、1914年91ルーブリ、1915年100ルーブリ、1916年120ルーブリへと同様に持続的増加が見られた[74]。

5.4. 貸付期間と貸付金利

　農民信用組合によっておこなわれた貸付はどのような期間で供与されていたか。モスクワ県の信用組合による貸付のほとんどは短期貸付であった。1912年の調査によれば、1909年から1911年までの3年間でおこなわれた貸付のおよそ97％が1年未満の短期信用で、1年から5年までの長期信用は3％にすぎなかった[75]。

　このように長期貸付がほんのわずかであった理由の1つとして、まず模範規定の第53条の「信用組合による長期貸付額は組合の資本金を超えてはならない」という規定がヴォロクラムスク郡参事会によって指摘された[76]。また、国立銀行やゼムストヴォ小規模信用金庫から供与される貸付のほとんどが短期貸付であったことも大きな理由の1つであった。

　農民信用組合は、短期貸付に対してどの水準の金利を取っていたか。1909年から1911年までのモスクワ県の農民信用組合についての調査によれば、貸付金利は大部分の組合において12％であった。すなわち、1909年には48組合のうち38組合、1910年には59組合のうち50組合、1911年には87組合のうち76組合において貸付金利は一律的に12％であった[77]。

　貸付金利の引下げ傾向は存在していたか。1912年のモスクワ郡の調査対象である26組合のうち4組合が貸付金利の引下げを取り決めた。ルジャフスコ・サヴェルコヴォ組合では11％まで、ズィジノ組合、マルフィノ組合とロストキノ組合は10％までの引下げをおこなっていた[78]。ブロンニツィ郡では1912年2組合が貸付金利を12％から10％に引き下げた[79]。セル

プホフ郡のストレミロヴォ組合では1915年12％であったが(80)、1918年には10％に引き下げられていた(81)。できるだけ多くの組合員に安い資金を提供することを主たる目的としている農民信用組合だけに、貸付金利が引き下げられるということは、それだけに収益構造やキャッシュ・フローが安定的構造になっているからである。ロストキノ組合は、貸付金利の引下げを可能にしたのが財務構造や貸付事業などにおける組合の全般的かつ急速な成長であると指摘した。

5.5. 貸付の目的と使用先

　貸付の使途を見ると、主に建物の建築と家畜の購入の割合が最も高く、その次が種子と農機械の購入であった。第7表で見られるように、モスクワ郡では建物の建築と家畜の購入のための貸付が半分以上を占めていたが、ヴォロコラムスク郡ではその割合は相対的低く、種子と飼料の購入および私的支出の割合が増大していた。

　建物の建築の内訳を見ると、住居施設の建設のための貸付の割合が最も高かった。これはとくに別荘地域と工場地域に集中していた。しかし、居住施設の建築は大半の場合に生産的ではなく、返済が順調に進むかどうかについては大いに疑問であったため、信用組合はこれに対して慎重な態度を取っていた(82)。

　酪農畜産が農民経営で重要な役割を果たしている地域の組合では家畜の購入のための貸付の比率が高かった。とくに酪農組合が存在した地域では信用組合と酪農組合との連係がゼムストヴォ農業技術援助員の援助の下でおこなわれていた。地区農業技術援助員ヴォンズレインによれば、ドゥルィキノ信用組合はドゥルィキノ酪農組合の組合員の「牝牛の購入」を主な目標として設立された。ホルグヴィノ信用組合と酪農組合、エリヂギノ酪農組合と信用組合などでも同様であった(83)。

　その他に、私的所有権の確定に伴い、農民の間でかなりの土地の移動が

第7表　農民信用組合による貸付事業の内訳　　　　　　　　　　（単位：％）

	モスクワ郡[1]				ヴォロコラムスク郡[2]				
	1910.1	1911.1	1912.1	1913.1	1912	1913	1914	1915	1916
建物の建築や修理	13.8	17.1	22.6	27.8	25	23	17	8	10
家畜の購入	25.7	25.9	23.7	25.8	9	11	7	6	7
私的支出	6.7	7.7	9.0	9.7	10	14	12	21	20
飼料の購入	6.4	10.6	13.6	8.1	7	11	24	24	5
手工業物資の購入	6.3	7.3	7.0	5.5	11	8	6	6	3
種子の購入	17.7	11.3	7.3	5.3	20	11	12	22	24
販売用商品の購入	4.6	3.9	3.6	3.9	5	7	5	4	3
手工業品担保付貸付	0.6	4.6	2.2	2.7	/	/	5	1	19
私的負債の返済	3.2	3.3	2.6	1.9	1	1	2	1	1
その他	15.0	8.3	8.4	9.3	13	13	10	7	7
計	100.0	100.0	100.0	100.0	100	100	100	100	100

出所）1. Обзор деятельности кредитных кооперативов Московского уезда в 1912 году. С. 21; 2. *Степанов И. П.* Обзор деятельности агрономической организации по Волоколамскому уезду. С. 86.

見られたが、その際の土地購入のための貸付についての要求も多く存在していた。1912年にモスクワ郡ゼムストヴォ小規模信用金庫の管理部は、土地購入のための長期貸付をおこなう権利をゼムストヴォ小規模信用金庫に与えること（ゼムストヴォ小規模信用金庫の規定はこのような貸付を許可していなかった）と、不動産担保による貸付を許可すること（分与地を担保にした貸付は法律上禁止されていた）を要請した。この提案は次のゼムストヴォ臨時会議では決定できない困難な問題であるため、未解決のまま残された。また、1909年8月3日に小規模信用問題中央委員会（Центральный комитет по делам мелкого кредита）が、スロジュスク郡ゼムストヴォ小規模信用金庫の規定を改定し、土地購入を目的とした貸付をおこなうことができるようにすることは可能であろうとの結論を出した。それに伴い、モスクワ郡ゼムストヴォ小規模信用金庫も同様の改定をおこなおうとしたが、そのモスクワ郡の要請は実現されなかった[84]。

現実にはモスクワ県のほとんどの信用組合で土地の購入のための貸付がおこなわれていたが、その割合は最も小さいままに止まった。これは全ヨーロッパ・ロシアでは信用組合による貸付のうち土地に関する貸付（土地の購入と借地）が最も高い割合を占めていたこととは対照的であった。1913年度と1914年度における報告書において、ボゴロツク郡のグスリツ地区の農業技術援助員は信用組合が供与した土地の購入のための貸付は私的所有権確定経営向けのものであると報告した[85]。モスクワ県では、いくつかの信用組合が土地の購入のための貸付を共同体におこなうことを拒否したケースが見られた[86]。

　ところで、上述したように、返済とほぼ同時的に再度貸付がおこなわれる場合が少なからず存在していたが、それは実際的には農民には一定額が１年以上の長期にわたって貸付けられることを意味していた。こうして、貸付目的においても長期的な資金が必要である建築や土地および家畜の購入のための貸付の比重が高く保障されることができた。

6. 農業物資調達のための仲介事業

　預金事業、貸付事業と並んで、組合員に必要な農業物資を調達することも信用組合の主要な事業の１つであった。公式の規定では、物資調達事業は、営業収益から積み立てられる特別資金のみによっておこなわれなければならなかった。しかし、1910年から1912年までの段階では、このような特別資金はゼムストヴォ小規模信用金庫にも、組合にも全体的にわずかしか存在していなかった。そのため、ほとんどの組合は規定を無視し、運転資金を物資調達事業のために利用していた[87]。

　仲介事業の内容を見ると、信用組合を通じて調達された商品のうち穀物と飼料、牧草や穀物の種子の割合が最も高かった。モスクワ郡の1911年の状況を見ると、商品販売総額６万3699ルーブリのうち、穀物と飼料が

60.6％、牧草と穀物の種子が21.6％、クスターリ生産物資が17.5％を占めていた。1912年の状況も同様であったが、1911年になかった家畜の販売の割合が大きくなっていた。1913年のブロンニツィ郡の状況もほぼ同様であった[88]。

すなわち、全体的に穀物・飼料と種子への支出額が全物資調達額に占める割合は1910年には81％と高かったものの、1911年に64％、1912年に40％と持続的に低下した。これとちょうど反比例するように、ほかの生産品（家畜、農業機械など）の購入が増加した[89]。家畜の購入の全物資調達額に占める割合は、1910年には全くゼロであったが、1911年に5％、1912年には13％にまで増加した[90]。とくにモスクワ郡ではいくつかの信用組合で牝牛の購入がおこなわれていた。また、牝牛の共同購入を目的とした農民酪農組合との連係の試みが現れ、実際に共同購入がおこなわれた[91]。

ところで、農民信用組合における仲介事業は組合活動の発展につれて、漸進的な拡大を示し、とりわけ戦時中の1915年から1917年にかけて急速に増加した。ヴォロコラムスク郡における仲介事業の状況を見ると、1912年に全くなく、1913年1万1916ルーブリ、1914年4万3400ルーブリであったが、戦時中の1915年に14万6974ルーブリ、1916年に111万2321ルーブリへと急増していった[92]。ほかの郡においても全く同様であった。1917年以降のロシア革命期と革命後の1918年においてもセルプホフ郡の組合の年次報告書で見られるように、持続的に高い水準を維持しつづけていた。

この仲介事業でほとんどの農民信用組合は10％以上の高い手数料を取っていた。たとえば、プシノ組合は1918年10－12％、ノヴゴロド組合は1917年10－12％、1916年10％、1915年9％の手数料を取っていた。ところで、これによって得られた収益は、戦時中の1916年から革命期にわたって組合の全体収益の大半を占めていた。セルプホフ郡バベエヴォ組合の1912年から1917年までの年次報告書によれば、1912年から1915年までの営業収益は各々9504ルーブリ、1万660ルーブリ、1万4864ルーブリ、1万8081ルーブリであったが、貸付収益は各々7160ルーブリ、8895ルーブリ、1万714

ルーブリ、1万716ルーブリとして、その大半を占めていた。ところが、1916年と1917年には3万4775ルーブリと7万4908ルーブリの営業利益のうち仲介手数料は2万1275ルーブリ（61.2％）と5万249ルーブリ（67.1％）として、その大半を占めていた。1916年からの仲介事業の拡大による営業収益の急増という現象は全く同様にハトゥノ組合、プシノ組合、ノヴゴロド組合、ヴィフロヴォ組合においても共通的に確認できた。これらの組合は、国立銀行やゼムストヴォからの資金援助が期待できない革命期に、こうして得られた純利益から基本資本金と余剰資本金を充当し、貸付総額の枠を広めていった。この意味において農民信用組合の仲介事業は組合員への農業物資調達だけでなく、組合事業の持続のための重要財源として位置づけられていた。

むすび

モスクワ県における農民信用組合の活動の急速な発展は、1905年革命やストルィピン農業改革と密接な関連をもっていた。なによりもまずストルィピン農業改革によってもたらされた農民共同体の解体および全農戸のおよそ8割に及ぶ私有農の大量創出と農民による積極的な利用が、ロシア農民を取り巻く法的状況と心性に大きな変化をもたらした。これらの私有農は自ら新たなネットワークとしての農民協同組合の設立を求め、また積極的に組合に参加していった。

農民信用組合は、地域農民の入会に財産制限などの制限をほとんど設けない、ほぼ完全に開放的な性格を有していた。実際に入会が拒否される場合は極めてまれな場合だけであった。貸付金未返済などの理由で強制的に除名される場合も極めて少なかった。死亡や個人的な都合による脱退も全体的に低く収まっていたが、1917年以降のロシア革命期にも全く同じであった。組合員は家畜保有状況から見ると、モスクワ県では馬1頭以下同じ

く牛1頭保有以下の経営（家畜なしの経営をふくむ）がおよそ8割を占めるという特徴を示していたが、他県においても同様に中小規模農民経営が大半を占めていた。しかも、組合の拡大や発展とともに、中小規模の農民経営の割合と参加度がさらに増加するという特徴を見せた。組合員数の持続的な増加は、組合活動に対する地域農民側からの信頼が高まっていることを意味すると同時に、組合員の需要に安定的に応えていることを意味するものであった。

　農民信用組合が最も大きな課題として掲げていたのは、組合員に安定的かつ安い資金を供与することであった。その貸付総額は急速な増加を示し、1910年から1915年半ばまでの5年半の間に10倍以上も増加した。戦時中だけでなく、1917年と10月革命後の1918年中にも継続的な増加が見られた。ところで、全組合において貸付はほとんど無保証・無担保の原則の上でおこなわれ、担保付貸付はほんのわずかにすぎなかった。ところが、1905年革命期以前と全く異なり、実際に組合員による貸付の返済はほとんどが期限内におこなわれ、未回収債権率は一貫して極めてわずかにすぎなかった。極めて低い未回収債権率は1917年2月革命から1919年初頭の戦時共産主義直前までの混乱を極めた時期においても一貫して維持された。

　無担保・無保証貸付にもかかわらず、極めて低い未回収債権率を実現できたことは、農民信用組合の管理部と組合員との間、あるいは組合員間に信頼・信用関係、管理体系が形成されていたこと、またロシア農民の心性の中に協同組合のルールと文化が強固に定着していたことを意味する。とくにロシア革命という混乱極まる状況の中でも揺ぎない体制が維持されたことは、農民が土地収用という暴力的解決だけでなく、日常の経営をどれほど充実させようとしていたかを物語るものである。

　貸付の利用は一定規模以上の経営にだけ有利だったのではなく、すべての組合員がアプローチできた。財産状況と貸付用途の差によって若干の金額の差はあったものの、1人当り平均貸付額は、組合活動の拡大に伴って、持続的に増額し、農業改良に必要な貸付の需要に対応できる力が大きくな

っていった。貸付金利も多くの組合において組合の拡大とともに引き下げられていき、組合本来の目的に合致していた。貸付の使用先は郡や地域によって若干の差は見られたものの、建物の建築や修理、家畜の購入、種子や飼料の購入が最も高い割合を占めていた。ところで、一般的に返済とほぼ同時に再度貸付がおこなわれる場合が少なからず存在していたが、それは、事実上農民には一定額が1年以上の長期にわたって貸付けられることを意味していた。こうして、貸付目的においても長期的な資金が必要である建築や土地および家畜の購入のための貸付の比重を高く維持することができた。

　農民信用組合は利益を挙げることを目的としていなかったものの、営業赤字や経営不振に陥っていた組合は見当たらなかった。ヴォロコラムスク郡の農民信用組合を各年1月1日基準で見ると、1912年に1482ルーブリ、1913年5392ルーブリ、1914年1万3128ルーブリ、1915年2万5844ルーブリ、1916年1万1145ルーブリ、1917年4万6165ルーブリの当期営業利益を記録していた[93]。ほかの郡の農民信用組合においても状況は同様であった。ほぼすべての組合において1916年以降営業利益が急増すると同時に、その財源がそれまでの貸付利子からの収益でなく農業物資調達のための仲介事業からの手数料に変わったという特徴が共通に確認された。こうして、仲介事業を通じて組合は、組合員へ農業物資を調達すると同時に、貸付事業の拡大のための基準となる資本金の増額を図るという戦略を取っていた。

　全体的に、モスクワ県の農民信用組合では、組合員の構成の面においても、貸付事業の面においても、平等主義に近い原則が貫徹するという特徴を有していた。割替共同体における平等原理よりは緩やかな形であっても、共存と共生という原理は農民側だけでなく協同組合管理部や活動家さらにロシア政府内においても共有されていた。

　モスクワ県の全農戸の7－8割までを包括するまでの農民信用組合の発展は、ストルィピン農業改革やロシア革命期と同じ時期に、かつ同じ空間で成し遂げられていったものである。新たな農民信用組合というネットワ

ークの中でルールを守りながら、生存および経営の営みと改善を図ろうとする農民が同じ時間と空間に共存していた。これらの農民はときに1人の中で多様な役割を体現していた。戦時共産主義の本格化に伴って消滅に向かったものの、農民信用組合は、農民の自主性と自立性にもとづいた新たな可能性をロシア農村社会に切り開いていった。

注
（1） 崔在東「ストルィピン農業改革期ロシアにおける『私的所有分与地』：土地所有権に関する一考察」『経済学論集』（東京大学経済学会）第65巻第4号、2000年；崔在東「ストルィピン農業改革期ロシアにおける遺言と相続」『ロシア史研究』第71号、2002年；崔在東「ストルィピン農業改革期ロシアにおける私的所有・共同所有および家族分割」『歴史と経済（旧土地制度史学）』第178号、2003年。
（2） *Корелин. А. П.* Сельскохозяйственный кредит в России в конце 19-начале 20 в. М., 1988.
（3） *Дякин. В. С.* Деньги для сельского хозяйства 1892-1914 гг. Спб., 1997.
（4） *Кабанов. В. В.* Октябрьская революция и кооперация, 1917 г.-март 1919 г. М., 1973; *Он же*. Кооперация, революция, социализм. М., 1996; *Он же*. Крестьянская община и кооперация России 20 века. М., 1997.
（5） *Коновалов И. Н.* Крестьянская кооперация в России (1900-1917). Саратов, 1998.
（6） Кооперация. Страницы истории. Вып. 1-9. М., 1991-2002.
（7） О положении дела мелкого кредита в Московской губернии. М., 1904. С. 10-13. 結局、1911年には34相互信用金庫のうち28が閉鎖され、6相互信用金庫しか残らなかった（Известия Московской губернской земской управы. 1911. Вып. 4. С. 8-9)。
（8） О положении дела мелкого кредита в Московской губернии. М., 1904. С. 24-27.
（9） Российский государственный исторический архив (以下 РГИА). Ф. 582. Оп. 4. Д. 12612. Л. 126.
（10） Там же. Л. 124-125.

(11) РГИА. Ф. 582. Оп. 4. Д. 12611. Л. 3-5.
(12) РГИА. Ф. 582. Оп. 4. Д. 12609. Л. 14-16.
(13) РГИА. Ф. 582. Оп. 4. Д. 12615. Л. 11-13.
(14) РГИА. Ф. 582. Оп. 4. Д. 12610. Л. 18-19.
(15) Доклад № 4-в Московской губернской земской управы по кооперации и мелкому кредиту 1915 года. С. 9 ; Приложение к докладу № 4-в по кооперации и мелкому кредиту. С. 2.
(16) РГИА. Ф. 582. Оп. 4. Д. 12612. Л. 149-150.
(17) РГИА. Ф. 582. Оп. 4. Д. 12615. Л. 29-30.
(18) РГИА. Ф. 582. Оп. 4. Д. 12616. Л. 112-113.
(19) Обзор деятельности агрономической организации за 1914 год. С. 64.
(20) *Корелин. А. П.* Указ. соч. С. 125-126.
(21) Обзор деятельности агрономической организации за 1913 год. С. 127.
(22) Обзор деятельности агрономической организации за 1914 год. С. 64.
(23) Обзор деятельности агрономической организации при Московской губернской землеустроительной комиссии за 1914 год. С. 64 ; То же за 1915 год. С. 64.
(24) Обзор деятельности агрономической организации за 1913 год. С. 127-128.
(25) Обзор деятельности агрономической организации за 1914 год. С. 67.
(26) Землеустроенные хозяйства. XII. Мелиорация и кооперативы. Петроград, 1915.
(27) *Першин П. Н.* Община и хутора Красноуфимского уезда Пермской губернии. Петроград, 1918. С. 262-263.
(28) *Хейсин М. Л.* Ход развития кредитной кооперации в России за 50 лет. М., С. 18-20 ; *Он же.* Кредитная кооперация в России. Петроград, 1919. С. 105.
(29) *Кулыжный А. Е.* Очерки по сельско-хозяйственной кредитной кооперации, 1900-1918 гг. Петроград, 1918. С. 183-184.
(30) 試算の具体的な内訳は、*Чой Джаедонг.* Крестьянское завещание и наследование в период Столыпинской аграрной реформы. В кн.: XX

век и сельская Россия. Токио, 2005. С. 44-46 を参照されたい。
(31) 詳しい状況については、崔在東「ストルィピン農業改革期ロシアにおける遺言と相続」『ロシア史研究』第71号、2002年と崔在東「ストルィピン農業改革期ロシアにおける私的所有・共同所有および家族分割」『歴史と経済（旧土地制度史学）』第178号、2003年を参照されたい。
(32) Тюменев А. От революции к революции. Из общественно-экономических итогов революции 1905 года. Ленинград, 1925. С. 122-124.
(33) Доклад № 4-в Московской губернской земской управы 1914 года. С. 8.
(34) Приложение к докладу № 4-в Московской губернской земской управы 1915 года. С. 6.
(35) Степанов И. П. Обзор деятельности агрономической организации по Волоколамскому уезду Московской губернии 1910-1917 г. Волоколамск, 1918. С. 76.
(36) Экономическо-статистический сборник. Вып. 2. Кредитная кооперация в Московском уезде. М., 1911. С. 21-28.
(37) Приложение к докладу № 4-в Московской губернской земской управы по кооперации и мелкому кредиту губернскому земскому собранию очередной сессии 1910 года. С. 28.
(38) Экономическо-статистический сборник. Вып. 2, Кредитная кооперация в Московском уезде. М., 1911. С. 21-28.
(39) Доклад № 12-а Московской уездной земской управы по кооперации и мелкому кредиту уездному земскому собранию 1910 года. С. 3-5.
(40) Хейсин М. Л. Кредитная кооперация в России. Петрокрад, 1919. С. 156-157; Прокопович С. Н. Кредитная кооперация в России. М., 1923. С. 17-22.
(41) セルプホフ郡農民信用組合の資料の出所は第4表の脚注を参照。
(42) Отчет о деятельности кредитных кооперативов Московского уезда за 1911 год. С. 15.
(43) Обзор деятельности кредитных кооперативов Бронницкого уезда за 1912-13 г. С. 16-18.
(44) Отчет Бабеевского кредитного товарищества за 1912 г. С. 27; Отчет Бабеевского кредитного товарищества за 1913 г. С. 26; Отчет Бабеевского кредитного товарищества за 1914 г. С. 4.

(45) Обзор деятельности кредитных кооперативов Московского уезда в 1912 году. С. 14-15.
(46) Обзор деятельности кредитных кооперативов Бронницкого уезда за 1913 г. С. 11.
(47) Отчет Бабеевского кредитного товарищества за 1912 г. С. 10-11.
(48) Материалы по кооперации в Московской губернии. Вып. 5. С. 5.
(49) Отчет о деятельности кредитных кооперативов Московского уезда за 1911 год, с. 17; Обзор деятельности кредитных кооперативов Московского уезда в 1912 год. С. 6.
(50) Обзор деятельности кредитных кооперативов Бронницкого уезда за 1913 г. С. 11.
(51) Отчет Бабеевского кредитного товарищества за 1914 г. С. 4.
(52) Материалы по кооперации в Московской губернии. Вып. 5. С. 8.
(53) Обзор деятельности кредитных кооперативов Московского уезда в 1912 году. С. 21.
(54) *Степанов И. П.* Указ. соч. С. 86.
(55) *Корелин. А. П.* Сельскохозяйственный кредит в России в конце 19-начале 20 в. М., 1988. С. 134-135.
(56) Доклад №12-а Московской уездной земской управы по кооперации и мелкому кредиту 1911 года. С. 34-35.
(57) Отчет по мелкому кредиту за 1912 год. Общий обзор положения учреждений мелкого кредита в 1912 году. С. 9.
(58) Отчет Бабеевского кредитного товарищества за 1912 г. С. 29.
(59) Отчет Бабеевского кредитного товарищества за 1913 г. С. 28; Отчет Бабеевского кредитного товарищества за 1914 г. С. 24.
(60) Протокол №4 ревизии произведенной в Лобановском ссудо-сберегательном товариществе 4, 5, 6 и 7-го января 1914 г. С. 26-27.
(61) Отчет Бабеевского кредитного товарищества за 1912 г. С. 14-15.
(62) Протокол №4 ревизии произведенной в Лобановском ссудо-сберегательном товариществе 4, 5, 6 и 7-го января 1914 г. С. 18-23.
(63) Отчет Бабеевского кредитного товарищества за 1913 г. С. 10, 22.
(64) Материалы по кооперации в Московской губернии. Вып. 5. С. 7.
(65) Протокол №4 ревизии произведенной в Лобановском ссудо-сберегательном товариществе 4, 5, 6 и 7-го января 1914 г. С. 10-15.

(66) Центральный исторический архив Москвы（以下 ЦИАМ）. Ф. 194. Оп. 1. Д. 701. Л. 2-8.
(67) 1915年1月1日付組合員名簿は ЦИАМ. Ф. 194. Оп. 1. Д. 620. Л. 1-16 об. 1916年は ЦИАМ. Ф. 194. Оп. 1. Д. 725. Л. 1-9. 1917年は ЦИАМ. Ф. 194. Оп. 1. Д. 754. Л. 1-22である。
(68) Материалы по кооперации в Московской губернии. Вып. 5. С. 37-38.
(69) Обзор деятельности кредитных кооперативов Московского уезда в 1912 году. С. 5.
(70) Протокол №4 ревизии произведенной в Лобановском ссудо-сберегательном товариществе 4, 5, 6 и 7-го января 1914 г. С. 10-15.
(71) ЦИАМ. Ф. 194. Оп. 1. Д. 725. Л. 1-9.
(72) ЦИАМ. Ф. 194. Оп. 1. Д. 754. Л. 1-22.
(73) Обзор деятельности кредитных кооперативов Московского уезда в 1912 году. С. 5.
(74) *Степанов И. П.* Указ. соч. С. 83.
(75) Материалы по кооперации в Московской губернии. Вып. 5. С. 8.
(76) Доклад по кассю мелкого кредита Волоколамской земской управы 1912 года. С. 16-17.
(77) Материалы по кооперации в Московской губернии. Вып. 5. С. 11-14.
(78) Обзор деятельности кредитных кооперативов Московского уезда в 1912 году. С. 24.
(79) Обзор деятельности кредитных кооперативов Бронницкого уезда за 1912-1913 г. С. 29.
(80) ЦИАМ. Ф. 194. Оп. 1. Д. 620.
(81) ЦИАМ. Ф. 194. Оп. 1. Д. 822.
(82) Отчет агронома 3-го участка Московского уездного земства 1913 года. С. 24.
(83) Доклад №4 Московской губернской земской управы о содействии сельскому хозяйству 1911 года. С. 21-22. モスクワ県の農民酪農組合の実態については、崔在東「20世紀初頭ロシアにおける農民酪農組合：モスクワ県ゼムストヴォの農業技術援助活動の決算」『社会経済史学』第70巻第1号、2004年を参照されたい。
(84) Доклад №12-а Московской уездной земской управы 1912 года.

С. 4.
(85) Отчет и об. Агронома Гуслицкого участка за 1913-1914 отчетный год. С. 13.
(86) Доклад по кассю мелкого кредита Волоколамской земской управы 1912 года. С. 33.
(87) Обзор деятельности кооперативов Бронницкого уезда за 1912-13 г. С. 26.
(88) Отчет о деятельности кредитных кооперативов Московского уезда за 1911 год. С. 29; Обзор деятельности кредитных кооперативов Московского уезда в 1912 году. С. 27; Обзор деятельности кредитных кооперативов Бронницкого уезда за 1913 г. С. 21.
(89) Вестник сельского хозяйства. 1914. № 12. С. 12.
(90) Там же.
(91) Отчет агронома 3-го участка Московского уездного земства 1913 года. С. 25; Обзор деятельности кредитных кооперативов Московского уезда в 1912 году. С. 27-28.
(92) *Степанов И. П.* Указ. соч. С. 92-93.
(93) Там же. С. 78.

1918－21年のウクライナにおける
マフノー運動の本質について

ヴィクトル・コンドラーシン
（梶川伸一訳）

1. マフノー運動への新たな視座

　内戦史のもっとも鮮明でドラマチックな内戦史のページの1つは
マフノー運動、同時代人と歴史家によってその指導者であるネストール・
イヴァノーヴィチ・マフノーの名前に由来する1918－21年のウクライナで
の農民運動である。本論考もこのテーマに充てられる。この資料的基礎は
プロジェクト『ロシアにおける農民革命』の仕事で、それらの文書は筆者
によって考察が加えられた[1]。

　関心の中心はウクライナ南部での事件であり、ドニエプル左岸、川が急
激に曲がっているところに沿って北から南にエカチェリノスラフ［現ドニ
ェプロペトロフスク］からアレクサンドロフスク［現ザポロージエ］まで、そ
こから右岸へ西にクリヴォイ＝ログにかけて、エカチェリノスラフ、ポル
タヴァ、タヴリーダ県の領内で、強力な反乱運動が展開していた。

　マフノーとマフノー運動について広汎な歴史文献が存在する。ロシア人
と旧ソ連の市民の一般的意識の中に、ソヴェト時代のプロパガンダの影響
や、作家や歴史家や映画関係者の苦心によって、バチコ［ウクライナ語で
の原義は愛情と尊敬を込めた父親への呼びかけ］・マフノーの確固とした伝説
的イメージが形成された。ソヴェト歴史学はマフノーを、平和な市民への
掠奪と狼藉で悪名高く、ウクライナにおける白軍と民族主義的反革命に対
する赤軍の闘争を根本から困難に陥らせた、無政府主義的クラーク的匪賊
の首領として描いてきた。マフノー運動は反革命的、クラーク的、反ソヴ

ェト的という烙印を押され、そのようにして内戦期のソヴェト・ロシア領内での「アントーノフ運動」[訳注1]やその他の反ボリシェヴィキ農民運動と並び称された。この「英雄的時代」[戦時共産主義期の別称、エリ・クリッツマンはこのタイトルでこの時期に関する有名な著書を公刊した]の政治的犯罪的匪賊運動の出現にマフノー自身が結びつけられた[2]。

　これと同時に、ソヴェト歴史家の総じてイデオロギー化された一連の著作にもこのテーマに関して稀な例外があったことも指摘しなければならない。その一つがエム・クバーニンのモノグラフ『マフノー運動』である[3]。ネップ期に出版されたそれは、ウクライナにおけるマフノー運動の原因と規模についての豊富な信憑性のある資料を含んでいた。反乱の基礎にボリシェヴィキの「戦時共産主義政策」への不満があり、マフノー運動自体は広汎な農民大衆を結集させた限りで、純粋にクラーク的なものではなかったと、筆者は確言した。

　反チェニーキン闘争でボリシェヴィキの同盟軍としてマフノー軍を擁護する傾聴すべき声は、元ウクライナ戦線司令官ヴェ・ア・アントーノフ=オフセーエンコの覚書であった。その中で彼はチェニーキン軍との戦闘でマフノー部隊の不抜とマフノーのたぐいまれな個性という事実を指摘する必要があると認めた[4]。

　ソヴェト期には外国の歴史文献にのみ、マフノーとマフノー運動の別の評価を見いだすことができた[5]。まずマフノー自身が自身の名前と営為の擁護に立った。同志と国外アナキスト・グループの支援により亡命先で執筆され出版された回想録と論文で、彼は、反革命性、白衛軍との結びつき、民族主義、反ユダヤ主義というボリシェヴィキの非難を覆そうと試みた。彼は人民の自治の理念を実現するために闘い、農民の利益の擁護に全霊を捧げた革命家であり実践的アナキストであると自認した[6]。

　マフノー運動のもっとも熱心な擁護者は、その積極的参加者でマフノーの理念的指導者であったペ・アルシーノフであった。実質的に彼は内戦期のウクライナにおける農民反乱の最初の本格的な歴史家であった。アルシ

2-3 1918—21年のウクライナにおけるマフノー運動の本質について◆ヴィクトル・コンドラーシン

ーノフの著作の価値は、叙述されている諸事件に直接参加したことで、彼はマフノー軍の軍事政治指導組織の生の文書をそこに利用することができたことにある。アルシーノフの著書でマフノー軍戦士の政治綱領が明らかにされ、マフノーの身近な戦友に関する個人情報が与えられている[7]。だが筆者はバランスの感覚を欠いている。マフノー運動とマフノー自身を明らかに理想化しており、彼に対するアナキズムの影響を誇張し、マフノーとマフノー軍戦士がみすぼらしく見える多数の事実を著書から省いているからである。

マフノー運動史の新たな段階が1990年代に訪れた。ロシアとウクライナでマフノーとマフノー運動に関して多数の出版物が出され、その中で著者たちはソヴェト歴史学によるもっとも忌まわしい烙印に再検討を加えた[8]。その大部分で研究者たちはクラーク的、反革命的、反ソヴェト的としてのマフノー運動の評価を否定した。ウクライナでマフノー運動に関する文書と回想の出版が始まった[9]。

彼の英雄視がマフノーに関する現在の出版物の一般的基調となった[10]。多くの著作で研究者によってマフノー運動の外的側面に主要な力点が置かれている。マフノーの個性、マフノー軍戦士と敵対勢力との軍事的抗争の具体的展開に[11]。その結果、農民の領袖としての彼の次のような単純化された像がつくりだされている。新しい状況下でコサック自由民を蘇らせ、剛毅と焦眉の利益のためにはあらゆるものと戦い、自覚的な目的をもたなかった、新登場のザポロージエ・コサックの独特なアタマン［コサックの隊長］という像がそれである。結局、「無思慮で情け容赦のない」民衆一揆としてのマフノー運動という結論が導かれ、農民自身は革命と内戦の中で国家権力との無益な戦争を押しつけた彼独自のユートピア的反国家的幻想に囚われた者として登場する[12]。

マフノーに関する現在の文献のうち、われわれの見解によれば、多様な資料の山を深く全面的に考察した、ヴェ・エリ・ゴロヴァーノフの『南からの四輪馬車(タチャンカ)』は特筆されなければならない[13]。

研究史を分析すれば、原因、綱領、規模、政党と政治力への依存関係、指導部の構成、結果といったその基本的な諸局面を全体として明らかにする内戦期におけるウクライナ全域での農民運動史の包括的著作が、現在までないことが分かる。このような公刊された著書の大部分は、通常は回顧的か公式的性格を持つすでに周知の資料に依拠し、地方アルヒーフ資料の活用は不十分である。本論文はある程度この空白を埋めることを目指している。

　まず、1918－21年のウクライナ農民の反乱運動を、革命前ロシアと、ボリシェヴィキ権力の「戦時共産主義政策」を触媒として急速に出現したロシアに起因する、全ロシア的農民革命の一環と見なければならない。

　農民革命のほかの震源地と同じように、マフノー軍叛徒戦士の農民的抵抗の源泉は、エカチェリノスラフ、ハリコフ、ポルタヴァ県の［ドニエプル］左岸地区における半農奴休制の温存と土地の狭隘さに起因していた。したがって、監獄から［彼の故郷である］グリャイ・ポーレに帰還したマフノーが、すでにひとかどの革命家であり社会革命の支持者として、1917年春に農民大衆の先頭に立ち、彼らの支持に依拠して、ボリシェヴィキの十月革命の勝利以前にグリャイ・ポーレ地区における地主的土地所有の一掃を実現したのは偶然ではない。彼がまず村と都市の貧困層の擁護者として農民の間で権威と崇拝を獲得したのは、まさにその時であった。マフノーは1917年の十月革命を受け入れ、故郷グリャイ・ポーレと郡におけるソヴェト権力の積極的組織活動家となった[14]。

　悲劇的事件を予告するようなものは何もなかったように見える。だがまさに1年後にグリャイ・ポーレとウクライナ南部全域は、200万の人口を持つ領土を覆い、白軍と赤軍に対して決起し、自由「マフノー占領地」＊を創り上げた、農民革命の大きな震源地となり、それはボリシェヴィキが一目を置いて同盟しなければならなかった、革命と内戦における唯一の勢力となった。あらゆる地域で多数の農民蜂起が燃え上がりそして衰微することになるが、広大な国土のほかのどこでもこのような事態は起こらない

2-3 1918—21年のウクライナにおけるマフノー運動の本質について◆ヴィクトル・コンドラーシン

だろう。それらのうちもっともよく知られている「アントーノフ運動」、「チャパン戦争」、「三つ叉蜂起」、西シベリア蜂起［訳注2］でさえ、マフノー運動のような政治的積極性、農民的自立性、軍事的勇敢さを参加者が発揮することはないであろう。

　＊内戦期にマフノー軍が支配した地域をマフノー占領地（Махновия）と呼んだ。この場合はグリャイ・ポーレ地区のこと。このような合成語はこの時期に普及していた。例えば、「ソヴェト占領地（Совдепия）」。白軍はボリシェヴィキが支配する地域を「ソヴェト占領地」と呼んだ。この表現は「代表ソヴェト（Совет депутатов）」の語句に由来する。「マフノー占領地（Махновия）」は文字通り「マフノーの国（Страна Махно）」を意味する。

　このような現象の原因は何処にあるのか。ドイツ軍によるウクライナの占領と、占領軍に一切を任せて地主的、私的土地所有の復興政策を実施した中央ラーダの政策がその役割を果たしたと考えられる[15]。ドイツ人によって的確に呼称されたウクライナ共和国との「穀物講和」によって、1919年7月1日までウクライナはドイツに穀物7500万プード、生体家畜1100万プード、100万頭のガチョウ、3万頭の羊などの納付を義務づけられた[16]。

　地方権力の支持の下に始まったドイツ軍による徴発、ソヴェト権力の崩壊後に元の地位に戻った旧地主と官吏の横暴が、権利を求める闘争にウクライナ農民を決起させた。占領軍はテロル、絞首台、銃殺で応えた。

　まさにウクライナ農民にとって苦しいこの時機に、マフノーはウクライナに帰還し占領軍と彼らの手先との闘争のために反乱部隊を組織する決定を下す。彼はこれに成功し、最終的に彼の組織活動家的、軍事的才能のおかげで大規模で迅速に行動するパルチザン部隊の長に収まる[17]。しかも当時にあってはそのような部隊はウクライナ南部では少なくなかった。そのため、反乱運動での指導的役割にマフノーが抜擢されたという事実は、彼の実際に非凡な能力と才能を証明している。まさにその時、パルチザンと占領軍、ウクライナ防衛隊［スコロパッキー期の国家警察］との苦しい、

157

多勢に無勢の武力衝突の過程で、マフノーは戦友から「バチコ」の名称を授かった。後年彼がソヴェト権力と不仲になり、彼が法の保護の外にあると宣告されたとき、マフノー軍の兵士と指揮官は赤軍司令部に対して次のことを思い起こさせた。マフノーを「バチコ」の職務に登用したのは人民であり、兵士への命令権を獲得したのは戦闘においてであり、したがって、彼を罷免することができるのは人民だけである、と[18]。このようにして、外国占領軍に対するウクライナ人民の解放闘争が農民革命の領袖へのマフノーの登用を促した。

すでに述べたソヴェトの研究史における唯一のマフノー運動に関する本格的研究者、歴史家クバーニンは、マフノー地方の経済を分析して、1919－21年に頂点に達した強力な農民運動が、なぜまさにウクライナ左岸で1917－18年に発生したかを非常に説得的に説明した。クバーニンの基本的結論は、［第1次ロシア革命の］1905－07年と1917年にもっとも「革命的」であったウクライナの州が、内戦期に最大の政治的積極性を発揮したということにあった[19]。これらの州の経済的発展段階もこれに関わっていた。とくに「マフノー諸県」では農民はウクライナのほかの地域よりも裕福で、大きな農業機械をもち、積極的に穀物を販売していた。農民の経済活動を抑止していた要因は地主的土地所有であった。そのため革命の最初から、彼ら、とりわけ貧農層は、積極的に「総割替」に加わり、成功裏にそれを実現した。農民が豊かなために、この地区がウクライナで順次交替する権力の徴発政策の真っ先の対象に選ばれ、報復措置としての農民の抵抗を必然化させた。

クバーニンが見抜いたもう1つの特徴は、マフノー地区のロシアとロシア人との密接な関係であり、ウクライナにおける内戦の過程で認められるおびただしい反ユダヤ主義がこの地区で認められないことであった。隣接の州でユダヤ人は、農民が憎悪する取立屋ブローカーを体現していたとしても、ここステップ諸県ではユダヤ人は、ウクライナ人と同様に、額に汗して土地を耕作し、彼らとの関係は十分友好的であった[20]。

2-3　1918−21年のウクライナにおけるマフノー運動の本質について◆ヴィクトル・コンドラーシン

　このようにして、左岸ウクライナの農民の豊かさ、地主地の「総割替」への彼らの関与、ロシアと隣接する地区のロシア住民との相互関係、民族的反目の理由がないこと、異教への寛容によって、バチコ・マフノーの旗の下に自分たちの利害を擁護するために農民勢力が結集する客観的基盤が創り出された。

　この意味で状況は、農民革命のその他の震源地、タンボフ県、沿ヴォルガ［ふつう中・下流域地方］、西シベリア、ロシア南部と似ており、そこでボリシェヴィキ権力の強制徴発に対する蜂起の発生源になったのは、豊かで「力のある」商業村であった。それでもそこでは質的にマフノー運動に比肩する運動は発生しなかった。

　ウクライナ南部での反乱運動の「成功の要因」は1918年のドイツ軍による占領であり、それが農民の武装化を促し、それ以後のボリシェヴィキと白色反革命との闘争にとって必要な経験を積ませた。ボリシェヴィキの進軍の時までに彼らは武装し、優秀な指揮官をもち、ある種の権力と見なすべき勢力となっていた。ウクライナ南部におけるボリシェヴィキ権力の確立までにマフノー運動を結束させた要素は、1918年秋にドイツ軍がその領土から撤退した後、そこにたれ込めた白色反革命とペトリューラ軍［訳注3］の脅威であった。この時までにマフノー部隊は県市エカチェリノスラフを支配することができる勢力となっていた。

　このようにして、マフノー運動はウクライナでの革命の成果を浸食しようとする体制への農民の抵抗から成長した。ボリシェヴィキの進軍までに、それはすでに武装力として編成されていたが、例えば、内戦期におけるソヴェト国家の政策に反対する「アントーノフ運動」やそれ以外の有名な農民蜂起の発生状況についてはこのようなことはいえない。

159

2. マフノー運動におけるアナキズム

　マフノー運動はアナキストの積極的参加によって大きく特徴づけられた。そこで農民革命の重要問題の1つ、誰が誰を導いたかという問題が生ずる。農民たちが革命家を、なのか、または革命諸政党が農民を、なのか。ウクライナ南部の農民運動はどれだけ自覚的で組織的であったのか。独自の政治綱領をもっていたのか。あるいは、1917年のロシア国家体制の崩壊後に住民大衆に広く蔓延した、解き放された者のいつもながらの狂喜乱舞、やり放題のヒステリー状態にすべてが帰着したのか。

　最後の考えは現在の文献で広く流布している。1917年の革命的衝撃と内戦を一連の研究者は「赤い動乱期(スムータ)」と呼び、それを第1次大戦でのロシアの軍事的敗北と社会主義者のアジテーションによる民衆の［社会的］「錯乱状態」によって説明している[21]。この概念は、ソヴェト時代の研究史と文献で形成された、犯罪分子や、死と破壊をまき散らす冒険と放埒な人生の探求者の烏合の衆としてのバチコ・マフノーと彼の反乱軍というイメージと非常にうまくマッチする。回顧録と文学作品——ふつうは、マフノー運動の敵対者、「白軍的事業」の参加者、ボリシェヴィキ権力の支持者とイデオローグのそれ——から、われわれの前に登場するのは、次のようなマフノー「軍勢」である。彼らは、密造酒で酩酊し、「アナキーは秩序の母」といった無政府主義的スローガンを掲げた黒旗の下に軽四輪馬車［訳注4］でウクライナの村や都市を猛烈に疾走し、マフノーの「賛歌」「おい、リンゴっこ(ヤーブロチカ)」＊を声高に謳うのである[22]。

　　＊この言葉は革命と内戦期に非常に口ずさまれた民謡、フォークロアの出だし。これには多くの替え歌があるが、出だしはいつも同じ。例えば、「おい、リンゴっこ、ヴェ・チェ・カ広場で乗り回すと、戻れないぞ」、「おい、リンゴっこ、盛りを過ぎたツァーリは要らない、レーニンは要るよ」など。

2-3　1918−21年のウクライナにおけるマフノー運動の本質について◆ヴィクトル・コンドラーシン

　アルヒーフ文書はこのステレオタイプを説得的に覆し、マフノー運動は農民の利害を反映した独自の綱領をもち、マフノーはその領袖として広汎な人民の支持に依拠して、その実現に努めたことを明らかにしている。それら文書はマフノー運動におけるアナキズムの理論とアナキストの役割をいくらか別様に眺めるべきであると示唆している。

　周知のように、ボリシェヴィキと彼らに続くソヴェトの歴史家は、マフノーの名とマフノー運動を一義的にアナキズムと結びつけてきた。そして実際に内戦史においてマフノー運動はおそらく、革命前からの経験をもつプロの革命家としてアナキストが積極的に関与した唯一の大衆的民衆運動であった。アナキストは革命的反乱軍の文化啓蒙委員会を指導し、マフノーの新聞や様々なビラと檄を発行し、その中で叛徒とマフノー支配下にある地区住民に戦況についての情報を提供し、彼らに反乱軍の政策やアナキズムの理念の本質を解説した。そのほか、アナキストはマフノー軍の軍事革命評議会と参謀本部のメンバーとなり、単なる戦士としてその隊列で闘った[23]。

　アナキストはマフノー防諜機関の創設に関与し、ア・エヌ・トルストイの小説『苦悩の中を行く』によって知られているレヴァ・ザードフ（ゼニコフスキー）の指導の下に叛徒と農民の間だけでなく、労働者の間でも積極的に活動した。マフノーは、ウクライナ・ソヴェト政府との同盟の締結に関して同政府と交渉しそれと今後の折衝を保つことを、まさに彼らに委ねたのであった[24]。

　上に引いた事実はマフノー運動におけるアナキストの重要な役割を白日に晒している。だが、別の事実は、この役割の修正、アナキスト運動としてのマフノー運動とそれへのアナキストによる決定的影響という定説を正すための完全な根拠も提示している。

　まず、アナキストを反乱軍とグリャイ・ポーレ地区に積極的に引き入れたのは、自分自身も筋金入りのアナキストであったマフノーの個性のおかげで可能となった。人民の「社会」革命と、つねに搾取者の利益の側にあ

った国家権力の解体という理念が、彼をアナキズムに引き入れた。だが、とくに彼には人民の自治という理念、アナキズムのイデオローグが理論的根拠を与えたその実現の可能性が重要であった。

　農民運動の指導者としてのマフノーの具体的行動を見れば、アナキズムとアナキストから、広汎な農民大衆の願望と合致し農民革命の目的を達成し彼の反乱軍が成功するのに寄与するものだけを取り入れたことが分かる。彼は農民の利益というプリズムを通してアナキズムを見て、彼が見るに、これらの利益に対立してアナキストが行動する場合には、迷うことなく彼らとの衝突も辞さなかった、ということができる。

　だがすべてのアナキストが反乱軍内で実質的権力をもっていたわけでなく、それを指揮し、バチコ・マフノーを導いたのでもなかった。この点で特徴的なのはマフノーの副官であったチュベンコの証言である。彼の言葉によれば、バチコはかって軍参謀部付きのアナキストについて、彼らは「参謀部で邪魔をしているだけ」で「彼らを参謀部から放逐する必要がある」と怒りにまかせて言い放った。この同じ手がかりに、叛徒の軍資金を勝手に処分しようとした著名な女性アナキスト・マルーシャ・ニキーフォロワにまつわるエピソードがある。チュベンコは次のように証言している。彼女の勝手な振る舞いを知ったときマフノーは彼女を射殺せんばかりで、毅然として彼女とその武装アナキスト・グループと袂を分かち、きっぱりと彼らに向けて表明した。「好きな所に行ってくれ、なぜなら、居候然として、何もしない諸君に、わたしはうんざりしているのだ。それでも全員を喰わせる必要があるのに、もっと金をくれとは！　おれたちは君たち『テロリスト』がどんなかを知っている、出来合いのパンを食うだけだ！」[25]。

　別の場合には、マフノーは、アナキストを長に戴く軍事革命評議会指導部との衝突で、迷うことなく防諜機関と軍参謀部の側に立った。評議会は軍隊と住民の中での政治活動に従事したが、軍の資金と防諜機関の活動をその統制下に置こうと試みたのである。1919年11月19日に開かれた会議でマフノーはこのような提案に同意しなかった。というのは、以前評議会の

2-3　1918—21年のウクライナにおけるマフノー運動の本質について◆ヴィクトル・コンドラーシン

何人ものメンバーが共同の金庫から「数万ずつを盗み、逐電した」からである。マフノー防諜機関を軍事革命評議会の特別な統制下に置こうとする構想も支持されず、防諜機関の活動は適正と認められた。軍事革命評議会メンバーからの非難はあったが、バチコ・マフノーを含む参加者の大部分の意見では、マフノー防諜機関は「勤労者のために活動した」からであった。さらにマフノーは軍事革命評議会の活動について批判的に評価し、それは同議長である有名なアナキスト、ヴォーリンの特別な不満を引き起こした。アナキスト的軍事革命評議会の現実の権力がどの程度のものであったかについては、同じ会議において、評議会メンバーが、軍事革命評議会のすべての決議を軍隊が実施するよう命じる特別命令を出してくれと、マフノーに要請したという事実が物語っている[26]。

　このようにして、マフノー運動へのアナキストの影響には限界があった。彼らには政治的活動家の役割があてがわれた。だが農民とマフノーを導いたのは彼らではなかった。マフノー運動は固有の基盤から生じ、その目的を十分に自覚した自立的な農民運動として、その目的を達成する一助となるアナキズム的要素のみを吸収した自立的な農民運動として展開された。

　同時に、文書資料は何百人ものアナキストが自分の理念のためにマフノーの旗の下に献身的に闘ったことを物語っている。彼らの多くは戦死し、ボリシェヴィキによる弾圧の犠牲となった[27]。マフノー自身は死ぬまで固い信念をもったアナキストであり続けた。だが彼に率いられた農民運動でも、農民革命のほかの震源地と同様なものがあった。農民はボリシェヴィキ国家と白色反革命との闘争で革命諸政党とそれらの代表を利用したが、その逆ではなかった。

　ソヴェトの研究史と社会意識の中に定着した匪賊とアナキストというバチコ・マフノーのイメージが、現実と、どれだけかけ離れているかは、エカチェリノスラフ県のマフノー軍支配下の地域における権力の組織化に向けての彼の行動を明記する文書に綴られている。

　それらのうちで、農民に直接由来する文書がもっとも価値がある。それ

らの中に、マフノーの目的についてのマフノー運動参加者の意見がはっきりと述べられ、マフノーと彼の政策に対する農民の実際の対応が示されている。これとならんで、大部分がアナキストから構成されるマフノー軍の軍事革命評議会文化啓蒙委員会の資料がある[28]。アジテーション・プロパガンダ的文献の基本的内容は、マフノー運動の綱領、理念の敵対者であるボリシェヴィキとの論争、反乱軍と現地住民の日常的問題に充てられている。

3. マフノー運動の理論的基盤

マフノーと彼により指導される農民運動の鍵となる理念、綱領的方針は、人民の自治と農民の独立という理念、外部からのあらゆる権力の押しつけの拒否、自力による足場であった。この素朴な理念は様々なヴァリエーションで様々な程度に繰り返された。「バチコは全員が欲するように、そして人生そのものが命ずるままに自分の運命を決することを望んだ」、「農民自身がおのれの欲するように生活するがいい」、「農民と労働者だけが自らを解放し、自由で正しい人生を築くことができる」など[29]。

人民の自治という理念を実際に実現するということは、反乱軍の庇護の下に勤労者の力によって下からソヴェト権力を組織することであり、それが人民の法の創造能力*にもっとも適した形態であると、マフノー軍戦士には思えた。ソヴェトは、人民の社会革命の現実的な遂行、つまり資本と国家の抑圧からの勤労者の解放の、唯一ありうる形態として、マフノーによって無条件に容認されていた。

　*「法の創造能力」（правотворчество）とは、自己の問題を独自に解決し、自分の権力を組織し、自分の法令を定める人民、農民の能力。法（право）とは「法令（закон）」の文言に近い法律用語であるので、さらに「人民の法律創造」、すなわち、自己の利益のために法律、法的規範、国家権力の形態を考え出す人民の能力ということもできる。この場合は人民の利益になる政治体制としてのソヴ

2-3　1918―21年のウクライナにおけるマフノー運動の本質について◆ヴィクトル・コンドラーシン

ェト権力についてのこと。人民自身が「法」、「法律」の新しい形態であるソヴェトを創設した。彼らは法の創造力を、すなわち、国家管理、権力の創設での独立した役割に向けての能力を発揮した。

だがこれは、ボリシェヴィキ・ロシアで創出され、コムニストによってウクライナに移植されたソヴェト権力とは別物であった。そのおもな相違は、形成と機能的特性の原則にあった。全勤労人民のために基本的国民経済的任務を定めそれらを実現する目的で、全勤労住民により選出される「自由ソヴェト」(「権力のない」) がそれであった。そこでの決定的役割は政党ではなく、普通の人民に割りあてられた。まさにそのようなものが、1917年に［二月革命によって］専制が崩壊した直後にグリャイ・ポーレを含めてロシアとウクライナで生まれた最初のソヴェトであった。そして、それらはアナキストの命令によってではなく、革命的大衆の政治的自立性の結果として生まれた。一方、ボリシェヴィキのソヴェトは、マフノーの見解によれば、その本質を歪め、官僚化され、人民から隔絶していた。ソヴェト権力自体がボリシェヴィキ党によって天下りコミッサールと寄食者的官吏の権力に、最終的には独裁に堕落した。そのため、主要な政治的スローガンとしてマフノー運動は、「真のソヴェト体制」、いかなる党の押しつけなしに農民と労働者によって自由に選出される「自由勤労者ソヴェト」を求める闘争スローガンを掲げた。そこでは、政治活動の開始からその後の時期に至るまで、マフノー軍戦士は当面の任務として全ウクライナ・ソヴェト大会の召集を提起した。それは勤労人民の最大の死活問題を決定するはずであり、この要求をマフノーはウクライナ・ソヴェト政府に再三突きつけた[30]。

マフノーによって支配された地域では、叛徒は真のソヴェト権力を組織しようと試みた。このような目的でソヴェト大会が召集され、全体集会、郷・村スホードの民主的やり方であらゆる問題が決定された[31]。

マフノー軍軍事革命評議会文化啓蒙委員会のアナキストは、運動のイデ

オローグとして、「マフノー占領地」内でソヴェト権力を組織する具体的メカニズムを提案した。彼らの計画によれば、マフノー軍戦士によって解放された村と都市の農民と労働者は防衛反乱軍の下に労働組合、工場・農民委員会といった「自由な組織を再興し」、地区ごとに焦眉の問題を審議し解決するためにそれらの全体大会（協議会）を召集しなければならなかった。時の経過とともに協議会は労働者・農民組織の経済ソヴェトに転化し、それは執行権を持つ恒常的組織として行動し、当該地区の労働者と農民の全体集会、スホード、会議、大会の意志や指示を遂行するであろう。さらに、マフノー軍戦士の権力がほかの地域にも拡大するにつれて、そこにも同様のソヴェト機構が創り出されるであろう。「マフノー占領地」のすべての地区の間に現行の「自由ソヴェト」は「商品ネットワーク」*を確立し、そのようにして「権力のない真のソヴェト労農体制」が生まれるであろう[32]。

　*これは商品（必需品、食糧など）の交換の可能性。この語句を「経済的ネットワーク」の語句に置き換えることが出来る。この語句は「商品交換」に近い。

　マフノー運動は、ロシアとウクライナにおける農民革命の主要な問題であった農業問題の独自の案を策定した。その本質についての概念を、1919年2月10-19日にアレクサンドロフスク市で開催されたエカチェリノスラフ県アレクサンドロフスク郡の第2回地区叛徒・農民ソヴェト大会の資料が提示している。大会代議員は満場一致で、土地問題は最終的には全ウクライナ農民大会だけが解決することができる旨の決議を採択した。代議員は、「土地は誰のものでもなく」、そのうえで直接に働き自分の労働でそれを耕作する者だけがそれを利用することができるという原則にもとづき、土地の私的所有に反対を表明した。土地は「均等勤労基準によって無償でウクライナの勤労農民の利用に移されなければならない。すなわち、自己労働の投下にもとづいて消費基準を保証しなければならない」ことが宣言された。

全ウクライナ的規模での土地問題の解決まで、大会は「すべての地主地、帝室領地、その他の土地を直ちに登録し」、それらを土地なしと土地の少ない農民に分配し、彼らに播種用種子を保証するよう、地方土地委員会に勧告した。その際、差し迫った耕作を損なわないように、土地の総割替は禁止された。

　一見すれば、この綱領は［十月蜂起直後に発布された］ソヴェト権力の土地についての布告やその他の文書で掲げられたボリシェヴィキの農業政策と一致している［訳注5］。だが、上記の地区叛徒・農民大会の資料が示しているように、「マフノー占領地」の農民はそのようには考えていなかった。土地に関する大会決議では、ウクライナ・コムニスト政府の土地国有化政策に関連して、同政府への抗議が宣言された。大会参加者は、「土地の集団的耕作の自由な普及」を促し、均等原理で「農民の集団的経営ならびに勤労的個人経営」に種子と農具を供給するのをコムニスト政府が拒絶した事実を苦々しく確認した。

　大会で土地分配のメカニズムが満場一致で採択された。栽培作物地経営（試験的模範農地、苗床、森林）は全人民の資産であると宣言された。土地は郡土地委員会によって収穫ごとに両性の口数ごとの基準で分配された。土地余剰をもつ郷は郡土地委員会が指示した面積だけに支配が及んだ。後者は残りの余剰地を管理した。もし農民が自分の郷または余所の郷で土地を賃借しこれが勤労基準を超えないなら、それ全部が彼の利用となった[33]。

　そのように、土地問題はもっとも民主的やり方で解決され、農民と叛徒の圧倒的多数の利益に応えた。農民革命の震源地となったソヴェト・ロシアのほかの主要な地域の農民もそれをまったく同様の方法で解決した[34]。

　ウクライナ南部における農民革命の領袖としてのマフノーの関心の中心にあったのは農民への配慮であったが、彼と反乱軍管理組織は別の問題の解決にも努めた。

　例えば、1919年5月2日付のウクライナ戦線軍司令官アントーノフ＝オフセーエンコのウクライナ・ソヴェト共和国人民委員会議議長ハ・ラコフ

スキーと軍事人民委員エヌ・ポドヴォイスキー宛の報告覚書は「マフノー占領地」の状態について非常に重要な情報を伝えている。それは、占領した都市や彼らの活動地域を通行する旅客列車で掠奪にふけり、インテリゲンツィヤや文化、都市住人に軽蔑的態度を取るというマフノーとマフノー軍戦士に関するソヴェトのプロパガンダと研究史のステレオタイプと食い違っている。

もちろん、これらの事実は存在した。内戦は事件の展開と人間の行動に傷跡を残し、英雄と悪党を生み出した。そしてわれわれは赤軍にも白軍にも干渉軍の「文明化された軍隊」にも同様なクレームを付けることができる。アントーノフ=オフセーエンコの上記の覚書では別のことが話題となった。そこでは以下の驚くべき事実が確認された。「地区では組織的活動が認められ、子供のコミューン、学校がつくられている。グリャイ・ポーレは小ロシアのもっとも文化的な中心の一つで……マフノーの尽力で負傷者のために10の病院が開設され、武器を修理し、武器の発火装置を製造する作業場が組織された」[35]。

さらにもう1つの文書も特徴的である。それはソヴェト政府に、歴史、労働者・農民問題、アナキズム、社会主義に関する「講義のための学術文献のセット」と、ゴーリキーやその他の革命的戯曲の原著を送るようにとの依頼を1920年11月14日付でマフノー軍参謀部は南部戦線参謀部に要請した。

1919－20年にマフノー軍戦士によって白軍権力から解放されたベルヂャンスク、アレクサンドロフスク、エカチェリノスラフ市での反乱軍警備司令官の活動に関する資料はとくに関心を引く。その命令書や反乱軍のその他の文書によって、マフノー支配下にある地域の実情、彼の都市問題や都市民への態度を判断することができる。

例えば、1919年10月14日付のベルヂャンスク市警備司令官グランデリの命令書1号で、「叛徒同志全員は」「劇場の入場料を支払い」、家主は3日ごとに「家屋とそれに付属する敷地をしかるべき衛生状態に」しなければ

2-3　1918－21年のウクライナにおけるマフノー運動の本質について◆ヴィクトル・コンドラーシン

ならない、と命じられた(36)。アレクサンドロフスク市警備司令官ラシケーヴィチは叛徒内部での酩酊と闘うために、「すべてのレストラン、食堂、そしてすべての家屋でアルコール飲料の販売を停止する」命令を出した。エカチェリノスラフ市警備司令官ア・カラーシニコフは最後に次のようにマフノー軍戦士に警告した。「菜園を馬で通ってはならない、道を通るべし」(37)。

　マフノー軍幹部と合同の軍事革命評議会会議の議事録もとくに関心を引く。まさに軍事革命評議会とその委員会において後方問題の解決に関する基本的作業がマフノーに託された。

　例えば、エカチェリノスラフでの1919年11月23日の会議で軍供給部との「商品取引」の問題について協同組合大会からの代議員の報告がおこなわれ、軍用の食糧生産物と馬の調達に対する公定価格が確定された。負傷した叛徒が治療を受けているすべての医院と病院の状態に責任を負う軍事革命評議会衛生委員会の活動に特別な関心が払われた。医師ライフマンの報告後、治療を受けている市民、医療関係者家族に、「負傷した叛徒と同等に」食糧生産物を交付する決定が下された。同会議で補助医療関係者には8時間労働日、医師には12時間労働日が承認された。このほか、「［動物の］屍体の片づけに」5万ルーブリの額でエカチェリノスラフの労働者に補助金を交付してほしいという彼らの要望も認められた(38)。

　軍事革命評議会の議事録に記載されているように、1919年11月26日に社会委員会の提案によって、「1週間を超えず」「1人当たり」1日20ルーブリの額*で困窮市民に臨時救済をおこなうことが決定された。この委員会に「誰が申請したかを調査し、いかがわしい人物をできるだけ頻繁に調べる、すなわち、確認する」責任を負わせた。同日軍事革命評議会は「貨幣ならびに食糧生産物による補助の交付」についてのエカチェリノスラフ市の水道労働者、孤児院、養老院の要請を社会委員会の検討に委ねた(39)。

　　＊この金額は大きいとはいえないまでも、大麦が1プード50ルーブリであったことを勘案すれば、生活可能な額であった。

169

多くの事実は、マフノー軍のもっとも深刻な問題は酩酊と平和な市民からの掠奪であったことを示している。だが文書資料は、マフノーと彼の軍幹部は、もっとも厳しい手段を含めてこれらの否定的現象と断固として闘ったことを明らかにしている。占領した都市でマフノーによって指名された警備司令官は市民の家宅捜索と軍需向けの彼らの資産の徴発の手続きを整序するよう努めた。この目的で軍参謀部と防諜機関によって特別命令が発せられた。とはいえ実際には、兵士の食糧と装備品の問題を手っ取り早く解決するために、しかるべき命令の手続きで家宅捜索と徴発をおこなったのはしばしば反乱軍部隊長であった[40]。ちなみに、マフノー軍戦士だけでなく、軍事行動地域の赤軍も白軍も同様の行動をとった。同時に叛徒による平和な住民からの掠奪というもっとも忌まわしいケースはきわめて果断にマフノー個人によって阻止された。例えば、マフノーの副官チュベンコの回想によれば、掠奪で摘発された叛徒に対するマフノーの処罰が2件あった。そのうち最初のケースでは訪れた女性の訴えを聴いて、彼は彼女に掠奪を働いたマフノー軍戦士を自ら逮捕し、少し後に彼を銃殺し、2番目のケースでは鉄道従業員から金銭と財布を奪った1人の兵士をためらうことなくその場で射殺した[41]。マフノー軍の行動が比較的平穏だった状況で、マフノーは、しんがりの騎兵が農民を掠奪できないように、自分のもっとも心の許せる戦友に隊列の最後に村から出るよう命ずることがしばしばであった。

　もちろん、このような措置は事態を緩和できただけであった。というのは、反乱軍は自給状態にあり、農民の支援によって存在したからである。それでもマフノーは、この手続きを整え、内戦の農民にとって避けられない支出を最小限に抑えるため、あらゆることをおこなった。

　反乱軍司令部によって軍馬を動員する手順が定められ、それはマフノー運動の全期間中は特別な変更もなしに効力をもった。通常、マフノー軍戦士は攻撃の際に農民のところで何頭かの疲れ切った馬と1頭の新しい馬とを交換し、馬匹の徴発は特別の証明書によって、しかもしばしば金銭で補

償しておこなわれた。

　村落を占拠した後にマフノー反乱部隊が通常おこなった実践行動は、ソヴェト組織の資産（食糧、衣服など）を現地住人に分配したことであった。看護をうけるために残される負傷兵、馬の装蹄、軽四輪馬車やその他の軍装備品の修理に対して、マフノー軍兵士は、農民に気前よく金銭を支払った[42]。

　このように、引用した事実は、犯罪者やあぶく銭を求める烏合の衆というマフノー軍のイメージを覆す。自給の問題に関する平和的住民へのその行動は、それと敵対する赤軍や白軍の行動と大差はなかった。

　マフノー運動の綱領は、人民自治の理念にもとづくソヴェト体制をつくりだすことを予定していた。土地問題でマフノー軍戦士は土地の均等再分配とそこでの自由な経営という農民革命のスローガンを徹底的に実施した。

　マフノー運動のイデオロギーと綱領によって、マフノーをいくらか別様に、まず筋金入りの農民革命家、1917年に勝利した人民の社会革命の支持者として見ることができる。その成果を擁護することにマフノーの政治的経歴のすべての意義があった。この目的のためにマフノーの軽四輪馬車がウクライナのステップを駆け巡り、血の川が流され、3年にわたって同胞が殺し合う内戦が荒れ狂った。

　マフノー運動史において自由マフノー占領地での平穏な生活はわずか2ヵ月間のエピソードである。残りのすべての期間は、様々な敵対勢力との激しい軍事衝突であった。まさにそのために、上記に特徴づけたマフノー軍の政治綱領は実現されることはなかった。ウクライナにおける農民革命は、ロシアとまったく同様に、その成果を護ることを強いられた。

4. マフノー運動の政治的立場

　1918－21年に実際にウクライナ全土が農民蜂起の炎に包まれた。農民運

動は目的、構成、スローガンについて同じではなく、地域的特徴を帯びていた。内戦期のウクライナ反乱軍の著名なアタマンとして、グリゴリエフ、ゼリョーヌィ、アンゲル、ソコロフスキー、ストルークなどが広く知られている(43)。彼らのうち何人かは、独立ウクライナのために立ち上がったペトリューラ軍の積極的支持者であった。また政治的スローガンを隠れ蓑に地方住民から掠奪する単なる犯罪者や犯罪者に近い徒党も少なからずいた。だがマフノー運動だけは何万もの農民をその旗の下に集結させ、白軍と赤軍の正規軍部隊に対抗できる強力な軍事力に成長することができた。

内戦期のウクライナではいくつかの権力が交替し、それぞれがマフノー運動とマフノー個人との関係をもった。ペトリューラ派、デニーキン派、コムニストがこれであった。

マフノーは、ペトリューラ派が、彼の見解では、勤労農民の利害に反する民族主義的ブルジョワジーと地主の利益を表明する限り、彼らの理念を共有しなかった。彼は独立ウクライナという彼らの理念を支持することができなかった。なぜなら、彼は、アナキストであり、反国家主義者であり、いかなる国家権力であれ、その敵対者であったからである。こうして、マフノー軍戦士は再三ペトリューラ派部隊と軍事衝突を起こした(44)。

マフノーは首尾一貫して国際主義者の立場を採り、民族主義と反ユダヤ主義に反対した。この事実は、ソヴェト権力に対して反乱を起こした師団長グリゴリエフとの事件の経過にもっともはっきりと現れた。マフノーはアタマンの反ユダヤ的「ポグロム［民族圧殺］的布令（ウニヴェルサール）」を断固として弾劾し、その根絶に個人的に加わった。もちろん、反ユダヤ主義や民族的反目のケースがマフノー軍にも認められたが、それらをマフノーは支持しなかった。彼は、反ユダヤ主義的な振る舞いをみせた者をその場で、個人的にきわめて厳格に処罰した(45)。

ロシア農民の圧倒的多数とまったく同様、マフノーと彼の反乱部隊は白衛軍に対して妥協なき立場を取った。彼らにとって白色運動の目的は、地主的土地所有、旧官吏、地主、ブルジョワジーの権力の復活という観念と

2-3　1918―21年のウクライナにおけるマフノー運動の本質について◆ヴィクトル・コンドラーシン

強く結びついていた。

　ヂェニーキン［南部ロシアの反革命軍の総司令官］は農民の敵であるというのが、1919年のマフノー軍戦士の主要な政治的スローガンの意味内容であった。彼との闘争にあらゆる勢力が投入された。1919年夏にマフノーとボリシェヴィキの同盟が決裂した後でさえも、ウクライナにおけるヂェニーキン軍の戦略的攻勢というもっとも困難な時期にマフノーは怯まなかった。逆に、赤軍の敗北と退却というきわめて混沌とした状況下で、彼は叛徒の勢力を組織することができ、目覚ましい機動戦を展開し、その結末はヂェニーキン軍精鋭部隊の壊滅と自分の故郷であるグリャイ・ポーレ地区への凱旋であった。

　マフノーは彼に提示された白軍との反赤軍同盟を一度も考えたことがなかった。1919年5月に彼はシクロ将軍のこのような提案を拒絶し、「決して白軍の同盟者になったことはなく、将来もない」と明言した覚書を添付して、彼から受け取った書簡を公表のために新聞に渡した[46]。

　ヴランゲリ男爵［訳注6］との同盟の提案への対応はさらに激しかった。これについては資料集で公表されたマフノー軍参謀長ヴェ・ベラーシの日記からの情報がある。その中で、1920年7月9日にヴランゲリからマフノーに送り出された使者が［同盟の提案への拒否回答として］反乱軍により銃殺されたと、書かれている[47]。

　マフノーの白軍への反応については、アタマン・グリゴリエフを取り除いたエピソードから判断することができる［1919年7月、マフノーは反乱兵士大会においてグリゴリエフを反革命のかどで直接に銃殺した］。マフノーにとってアタマンの運命を決するうえで重要な根拠となったのは、ヂェニーキンの攻勢を撃退することへのグリゴリエフの関与が消極的であったこと、すなわちグリゴリエフが「戦線を保持せず」、白色将軍との同盟を求めたことであった。文書から看取できるように、叛徒と白軍との間で、はなはだしい残虐の実例、多数の人間のドラマの実例に満ち溢れた、互いに殲滅し合う激戦が展開されていたのである[48]。

5. マフノー運動とボリシェヴィキ

　マフノーとボリシェヴィキ権力との相互関係がマフノー運動史の中でもっとも悲劇的な断章となった。勤労人民の利害の体現者としての役割を自認する2つのソヴェト権力、すなわち、党の独裁をともなうボリシェヴィズムと、党派性や権力のない自由ソヴェトの理念を持つアナキズムという2つの革命理念が衝突したことに、状況のパラドックスがあった。彼らの間には原則的な意見の相違だけでなく、何か共通なものがあり、それが彼らを接近と暫定的な同盟に向かわせた。第1に、これは社会革命を目指す闘争であり、第2に、白色反革命の脅威との闘争であった。

　ソヴェトのプロパガンダのせいで、読者はマフノーをその政治的敵対者の眼で見るのに慣れてしまった。彼は自分の同盟者であるボリシェヴィキをつねに裏切り、白軍に対して最前線を解放した、狡猾なアタマンとされる。だがそうではなかった。

　マフノーは3度にわたりボリシェヴィキと赤軍との同盟関係に入った。1918年末、1919年2月、1920年10月がそれである。そこでのイニシアチヴはマフノーの方から発せられた。彼は、権力を勤労人民へ、反革命との容赦のない闘争というソヴェト権力によって宣言された原則において、ソヴェト権力との共闘の支持者であった。そればかりでなく、マフノーにとって、弾薬不足の問題がボリシェヴィキとの同盟を決心するのにおそらくもっとも重要な意味をもった。それを提供できたのが赤軍であった[49]。

　マフノーは同盟者としての自分の義務を一度も怠ることはなかった。決裂へのイニシアチヴを執ったのはつねにソヴェト権力の側であり、それは証拠もなしにマフノーを反革命的陰謀を準備したと弾劾し、戦線での敗北のおもな責任をマフノー軍になすりつけた。

　実際これは、でまかせの非難であった。マフノー軍は赤軍のほかの部隊に劣らず白軍と闘った。1919年2月に正規軍として初めて部隊はウクライ

2-3 1918−21年のウクライナにおけるマフノー運動の本質について◆ヴィクトル・コンドラーシン

ナ赤軍に編入され、ペ・イェ・ディベンコ指揮下の第1ザドニエプル師団第3旅団を構成した*。マフノーはこの旅団長に任命された。そこでは、元ウクライナ戦線司令官アントーノフ=オフセーエンコがのちに書いたように、マフノーは、指揮官の選任制を断念し、政治コミッサールを受け入れ、定められた手続きで供給とあらゆる種類の給与を受け取り、グリャイ・ポーレで彼が創設した軍事革命参謀部を廃止することを義務づけられた(50)。アントーノフ=オフセーエンコが『内戦についての覚書』でマフノー運動に与えた特徴づけをここで引用するのが当を得ている。ウクライナ・ソヴェト司令部は、「マフノー運動を」、「真摯な、ペトリューラ軍に対してもヂェニーキン軍に対してもきわめて尖鋭的な、ドイツ占領軍と白衛軍との絶え間ない戦闘において英雄的な」運動であるとみなしていた、と彼は書いた(51)。

　*アルシーノフはこの時期を3月としているが（Аршинов П. А. История махновского движения. Запорожье, 1995. С. 90.）、それは誤り。1919年2月19日づけのザドニエプル・ウクライナ・ソヴェト師団設置に関する命令書には次のように書かれた。「同志ディベンコ、マフノー、グリゴリエフの指揮下にある部隊から単独の歩兵師団を編成し、ザドニエプル・ウクライナ・ソヴェト師団と命名する。この師団長に同志ディベンコを任命する。……19、20連隊から同志マフノー指揮下の第3旅団を編成する」。

同じところで、アントーノフ=オフセーエンコは、1919年3月初めまでにウクライナ軍事人民委員部がマフノー旅団でおこなった政治点検によって導かれた結論を引いている。それらのなかには、この運動の力と意義を物語るようなものがある。「マフノー部隊にヂェニーキン軍が占領するドンバスから逃げてきた何千もの労働者が加入し、彼らは軍全体にとって見事な中軸となることができた。不足しているのは専従員と兵器だけである。この沸き立つ雰囲気を支配下におき、強力で党とソヴェト権力に従属する正規軍を創設するためには、マフノー地区に軍事人民委員部と党の全勢力を投入しなければならないであろう」(52)。

ウクライナ正規軍の部隊としての初陣の日は、1919年3月19日であった。もっとも、マフノー旅団は、この日以前に、彼の部隊は、ペトリューラ軍に対する戦闘においてウクライナ・ボリシェヴィキと協力して行動していたし、1918年12月のエカチェリノスラフの占領にも、1919年1月のハリコフの攻撃と解放にも、参加した。1919年3月の初陣の日には、ソヴェト軍の一員としてマフノー旅団はマリウポリを占領した。1919年春のウクライナ南部で創り出された非常に錯綜とした戦況の中で、マフノー旅団は数百キロにわたる戦線をもちこたえ、再三作戦報告の中で彼らの勝利が指摘された。敗北も退却もあったが、そのすべての原因がマフノー軍戦士にあったわけでもなかった。例えば、1919年5月にマフノー旅団が［ドネック近くの］モルデ・モスピノ駅方面に攻勢をかけたとき、旅団参謀長は次のように報告した。「……わが部隊はモルデからモスピノ駅方面への攻撃に移った。攻撃は順調に展開し、主要な拠点が占領された。実弾の円滑で速やかな配給がないために、多くの陣地を放棄し攻撃を中断せざるをえなかった。おまけに、部隊は実弾をまったくもっておらず、それでも前進したために、敵軍の恐ろしい反攻に遭う切迫した状況にある。われわれは責務を執行したが、最高組織は軍への実弾の支給を妨げている。これを排除し定期的に十分な量の実弾を送付するよう要請する、そうすればわれわれは任務を完全に遂行するだけでなく、それ以上のことをおこなうであろう」[53]。

　アントーノフ=オフセーエンコは『覚書』の中で、マフノー旅団が編成下に入って闘った第2ウクライナ軍司令官ア・イ・スカーチコの報告書を引いているが、それはマフノー旅団の困難な状況を余すところなく示している。「……5月11日、わが指揮下にあるマフノー第1反乱師団［同じく赤軍に編入されたマフノー軍の名称］は、わずかな数の機関銃の下に歩兵2万人、騎兵2000人、軽砲5門、48ミリ曲射砲2門をもつ。これら部隊は、前線に大砲7門の下に歩兵約9000、騎兵1000人を置いて、グルズフからノヴォニコラエフスカヤまでの河岸を防衛し、ノヴォニコラエフスカヤからグルズスコイ・エランチク川に沿ってポクロフスキー・クレーエフまで、さ

らには北西のモスピノ駅まで陣地を護っている」⁽⁵⁴⁾。5月21日に彼はまた報告している。「マフノー師団は小銃の実弾と砲弾を必要としている」。

　1919年5月17日、これら2件の報告の小さな合間に、報告書の著者が警告していたことがモスピノ地区での戦闘で起こった。弾薬補給や新兵の補充による必要な援助を受け取らなかったマフノーはシクロ軍騎兵の攻撃をもちこたえることができなかった。マフノーの2個連隊は戦闘でほぼすべての兵員を失い、敵の強襲に耐えられず、勝利を重ねる敵軍によってマフノーの残りの部隊は駆逐された。

　マフノー軍の実情を特徴づけるもっとも重要な文書は、1919年5月2日にウクライナ・ソヴェト共和国人民委員会議議長ハ・ラコフスキーと軍事人民委員エヌ・ポドヴォイスキー宛に送ったアントーノフ=オフセーエンコの報告覚書である。その中で前線司令官はソヴェト・ウクライナ指導部に、マフノー旅団へ出張した際の個人的印象について通告し、そこで次のように言及した。マフノー自身と彼の連隊は「反革命的なコサックと将校を粉砕しようという願望に貫かれ」、マフノーと女性アナキスト、マルーシャ・ニキーフォロワは「反革命に対する革命的統一戦線を創り出すためのアジテーションをおこなっている」。アントーノフ=オフセーエンコは、マフノー軍部隊の状態、ヂェニーキン軍に対する軍事作戦行動への彼らの関与を肯定的に評価した。アントーノフ=オフセーエンコの報告の基本的結論は、「マフノーはわれわれに敵対しないだろう」、「マフノーへの中傷を停止しなければならない」であった⁽⁵⁵⁾。その後もアントーノフ=オフセーエンコは自説を変えることなく、遺憾の意を込めて述べている。「われわれに欠けている機関をわれわれがもっていたなら、われわれは……マフノーをうまく利用することができただろう。[赤軍司令官]ディベンコ配下のザドニエプル師団第3旅団長に任命されたマフノーは、自分の部隊を徐々に改造した。部隊の委員会は廃止され、政治委員会が導入されたが、それらは脆弱で、軍幹部はおらず、全般的な理由で適正な供給を構築することができず、マフノー軍部隊は不安定な状態に置かれていた。だが、そ

れらのいくつかはコサック軍と見事に闘った。もし彼らが実弾をもっていたならば、疑う余地なく、もっと長く自分の地区を守り抜いたであろう（実際に彼らは第2軍に移管されたが、彼らの多くが武装していたイタリア式ライフルに実弾は供給されなかった）」。

　だがウクライナ戦線司令官の具申にボリシェヴィキ権力の政治・軍事的指導部は耳を傾けなかった。マフノーは法の保護外を宣告され、同盟は反故にされた。この理由はマフノー部隊の軍事的敗北ではなく、バチコ・マフノーの政治活動にあった。マフノーによるグリャイ・ポーレ地区での自由ソヴェトの組織化政策、共産党の合意なしで人民自身によるソヴェト大会を実施するという人民のイニシアチヴの支持は、ボリシェヴィキの大きな苛立ちと不満を引き起こした。[軍用列車で発行されていた] 機関紙『フ・プチー［途上にて］』で1919年6月2日に公表されたロシア共和国革命軍事会議議長エリ・デ・トロツキーの論文「マフノー運動」では次のように述べられた。「ソヴェト・大ロシアがあり、ソヴェト・ウクライナがある。それらとならんで一つの小さな国家がある。これはグリャイ・ポーレである。そこをマフノー何某の参謀部が治めている。最初に彼はパルチザン部隊、それから旅団をもっていた。次いで師団をもっていたようだが、現在それは、ほとんど特殊な反乱『軍』に変わりつつある。誰に対してマフノー叛徒は決起しているのか。この疑問を提起し、明瞭な回答を与える必要がある。言葉と行為による回答を。マフノーともっとも身近な共謀者はアナキストと自称し、これにもとづき国家権力を『否定している』。であるから、彼らはソヴェト権力の敵である」[56]。

　マフノーは、ボリシェヴィキによって導入された革命委員会とチェ・カの、彼の支配地域における活動に不信感を抱いた。その理由を、彼は、そのような組織は人民によって選出されたのでなく、共産党によって上から任命されたのだという状況から説明した。それらを構成したのは、地方の特性をまったく知らないのに大きな権力を手に入れた天下りであった。農民と叛徒は、一緒に反革命との闘争に参加したこともない天下りがなぜわ

れわれを指揮するのか、というもっともな疑問を提示した。白軍に勝利したあとに、なぜわれわれは、派遣されたコミッサールに従わなければならないのか、ボリシェヴィキは勤労人民の権力を宣言したではないか。したがって、この権力をつくりあげなければならないのは、われわれである、と[57]。

6. 反マフノー・キャンペーンの展開

　状況のパラドックスは、ボリシェヴィキが真の人民の権力という原理にもとづくソヴェト権力を望まなかったことにあった。彼らは言葉で人民の権力を語っただけであった。実際にはソヴェト権力は、彼らにとっては党独裁に好都合な形態となった。

　このことを裏付けているのは、マフノーがボリシェヴィキの同盟者から突然彼らの不倶戴天の敵に変わった1919年5－6月の諸事件であった。彼はソヴェト権力を転覆する目的で反革命的陰謀を準備している、その陰謀はソヴェト大会召集の力を借りて実行するはずであったと、彼は非難された[58]。実際、そのような72郷の［地区農民・叛徒］大会を［6月15日に］開催することが決定されたが、それは、ソヴェト権力と戦争をはじめるためでなく、逆に、チェニーキンの攻勢の脅威からソヴェト権力を防衛するためであった。大会では白軍の脅威を撃退するため「自発的動員」を宣告することが計画されていた。だが、ボリシェヴィキによってこのような下からのイニシアチヴは反革命的行動と評価されたのである［訳注7］。

　マフノーとマフノー軍を中傷する破廉恥なキャンペーンが展開された。ボリシェヴィキの行動で破廉恥なのは、マフノーと彼の軍隊にウクライナと南部戦線でのソヴェト軍のすべての敗北の汚名を着せたことにあった。トロツキーはマフノー旅団を「堕落、瓦解、憤激、腐敗分子」の寄せ集めと呼んだ[59]。ドン・ビュロー書記スィルツォフは同じ調子で、1919年初

夏の南部戦線における敗北の理由に関するレーニンとトロツキーへの書簡の中で、前線部隊がマフノー部隊と接近することにより、それらの「兵役忌避、パルチザン的精神、反ユダヤ主義による汚染」が促されたと、指摘した[60]。マフノーは彼の旅団から師団への改称を不当にも拒否され、それは彼の自尊心への打撃であったし、叛徒の抗議を呼び起こした[61]。このマフノーの歴史の中で、自分の過ちに対する責任を政治的敵対者に転嫁するという、後年スターリン主義者とスターリン個人によって積極的に利用された典型的なボリシェヴィキ流のやり方があらわれたのである。

この錯綜とした状況でマフノーは非常に立派に振るまい、忍耐強く最後の瞬間まで叛徒と赤軍との武力衝突を回避ようとした。このことについては1919年6月8日付の国内最高の軍事・政治指導部、レーニン、トロツキー、エリ・ベ・カーメネフ、ゲ・イェ・ジノーヴィエフへのマフノーの電文で説得的に示されている。その中で彼はソヴェト権力に対する陰謀とアタマン・グリゴリエフとの共謀を絶対的に否定した。彼に対して組織されている宣伝キャンペーンにおいて、彼が「ヘトマン［コサック軍の首領］と地主の圧政に対する農民蜂起の最初の日々」以来闘っている「苦しい白衛軍戦線」についても、彼が指揮する反乱運動が「無数の犠牲をともなったし現在もともなっている」ことについても［トロツキー論文は］一言も触れていないという惨めな事実を、彼は悔しい思いで確認した。マフノーは、「革命によって達成された労働者と農民の権利」とは、「公的ならびに私的な性格を持つ問題を審議するための大会を自分たちが召集する」権利であることを、ボリシェヴィキ上層部に想起させることが必要であると考えた。それでも、彼はボリシェヴィキが彼の名をおのれの利益への脅威と結びつけていることを自覚し、事態がこれ以上尖鋭化するのを避けるために、旅団長の職務を自発的に辞任することを決意した。

この電文でマフノーの次の言葉は真に予言的に響いた。「わたしが指摘する反乱運動に対する敵対的で最近の攻撃的な中央権力の行為は、わたしが深く確信するところでは、勤労人民内部での流血事件を招き、敵対する

2-3 1918―21年のウクライナにおけるマフノー運動の本質について◆ヴィクトル・コンドラーシン

双方に勤労者と革命家しかいないような特別な内部戦線を勤労者のなかに創り出すのはまったく必定である。わたしはこれを勤労人民と彼らの社会革命に対する最大で未曾有の犯罪と見なす。わたしはこの悪を防止するためできる限りのことをおこなうのを自分の義務と見なす。アナキスト革命家としてわたしは13年間社会革命の理念のために闘ってきたし、これらの理念のために現在も闘っている。迫り来る犯罪を防止するためのもっとも確実で信頼できる手段は、わたしが就いている職務から去ることであると見なす」[62]。

マフノーは、みずからの名誉を傷つけることを望まず、自分が旅団の資金を着服したとボリシェヴィキが非難しないよう配慮して、職を辞した[63]。その際、彼は、事態を尖鋭化し、彼を擁護して叛徒がボリシェヴィキに対して直接行動をとるよう挑発するようなことは何もしなかった[64]。何よりも彼は、始まった白軍の攻勢の状況でもちこたえなければならない前線の利益を配慮した。

だがこれらの行動も悲劇を防止できなかった。マフノーの辞職をボリシェヴィキは、双方にとっての妥協的解決としてではなく、屈服と弱さの現れとして捉えた。1919年6月7日にトロツキーは南部戦線第14軍司令官カ・イェ・ヴォロシーロフに電報を送った。そこでは次のように書かれていた。「マフノーから電報を受け取り、その中で彼は師団司令部を譲り渡す用意があることを明言している。いかなる妥協をおこなうことも、すなわち、何らかの仲裁を受け入れることや何らかの譲歩をおこなうことは最大の過ちとなろう。マフノーの屈服を戦果に記録し、今後はマフノー運動との戦闘で全力をもって行動する必要がある」[65]。

この時期マフノーは白軍との交戦を続ける叛徒の中で戦闘態勢にあり、ボリシェヴィキとの闘争は思いもよらなかった。彼が非常裁判所によって捕らえられた参謀部員たちが銃殺されたことを知った6月19日の後に、すべてが急変した。マフノーは［ボリシェヴィキとの戦闘を避けるため］800人の部隊をしたがえてドニエプル右岸に移る。同時に叛徒の圧倒的多数は

［マフノーのアピールに従い反白軍の］前線に残っている。マフノー運動の新たな段階が訪れようとしている。

7. マフノー運動の悲劇

　このようにして、マフノーとボリシェヴィキとの関係における統一原理は、白色反革命の脅威との闘争しかなかった。共産党の権力としてのソヴェト権力という概念と相反するマフノー運動の政治綱領も、ボリシェヴィキには不満であった。その結果、革命陣営内での分裂という悲劇が生まれ、不可避的に内戦の新たな段階がもたらされた。内戦がおわったのは、ようやく1921年、ネップの導入によってである。

　1919年の夏から秋にかけてはウクライナにおけるマフノーと反乱運動の歴史の中の英雄的時期である。彼らは、ヂェニーキン軍精鋭部隊と死に物狂いの抵抗をすることによって、マフノー排斥の口実としてボリシェヴィキが自分たちに投げかけた臆病と裏切りという告発を取り消しにした。多数の事実だけでなく、ヂェニーキン自身がこのことを裏付けている。「かくも広汎なこれらの蜂起はわが後方を攪乱し、もっとも苦しい時機にわが前線を弱体にした」と、彼はウクライナにおけるマフノー反乱を念頭におきながら、回想録に書いた[66]。ヂェニーキンのモスクワへの夏攻勢の頓挫におけるマフノーの役割は研究史では様々に評価されている。だが、その積極的性格を認める点では一致する。マフノーはウクライナ農民を擁護し、ボリシェヴィキがヂェニーキンを粉砕するのを助けたのである。

　白色脅威のために20年秋に反ヴランゲリ男爵でもう一度マフノーとソヴェト権力との同盟が形成された。だがこの時以前にマフノーはウクライナの白軍だけでなく、ウクライナにおけるボリシェヴィキの「戦時共産主義政策」に対しても激戦を展開していた[67]。勤労者と革命家同士が殲滅し合うとの彼の予言は完全に現実となった。マフノーの反乱部隊はウクライ

ナ農民の肩に重い負担をかけた割当徴発や様々な賦課の遂行に関わるソヴェト権力機構におもな打撃を与えた[68]。

1919年末までにマフノー部隊は、多くの点で赤軍の構造と活動原理を踏襲する正規軍の原理で組織的に構成された戦闘能力のある部隊となっていた。このようにしてそれは1919年に編成され、赤軍の懲罰部隊が結局それを粉砕することに成功しなかった限りで、1920年にその効力を証明した。

まさにこの理由によってボリシェヴィキはクリミアから進撃するヴランゲリ男爵に対する軍事同盟というマフノーの提案を受け入れた。1919年にも見られたように、マフノー部隊は積極的に軍事行動に参加した。そこではバチコ・マフノーは［1920年10月に］自軍の優れた部隊と優れた指揮官を戦線に送り出した。1919年と同様にマフノーは同盟者を裏切ることなく再びその陰謀の犠牲となった。ボリシェヴィキはマフノー軍を利用し、［11月半ばで］そこで敵の粉砕が達成されると、マフノーとの同盟を破棄し、以前のやり方を繰り返し、軍上層部と軍幹部に突然襲いかかった[69]。ここでも再度口実となったのは、マフノー軍戦士の政治的行動であった。すなわち、党の認可なしに下から選出される「自由ソヴェト」の助けを借りて真のソヴェト体制を創り出そうとする試みがそれであった[70]。ボリシェヴィキは全権を掌握するという問題については、どんな歩み寄りも望まなかった。そのためなら彼らは同胞が殺し合う内戦の継続を含めてあらゆる覚悟があった。

戦闘で疲弊した自軍をポーランド戦線に送り出すのをマフノーが拒否したことが彼との同盟を決裂させるための口実となった。マフノー軍の部隊の実状を見ればこれは実現不可能な任務であった。それには休息、新たな予備役の補充、負傷兵の回復などが必要であった。

1920年末からマフノー運動史の最終段階、ボリシェヴィキ国家との容赦のない激戦がはじまる。その根本は、すべてのロシア農民とまったく同様にソヴェト権力の食糧政策へのウクライナ農民の不満であった。これはロシアとウクライナにおける農民革命全体としても、マフノーとマフノー運

動の経歴の中でも、もっとも悲劇的なページである。暴力が暴力を生み出した。流れた血が川となった。双方からの暴力という無数の事実が文書に綴られている。ここでもマフノーとマフノー軍の病的残虐性と、それに対する彼の敵対者の犠牲的献身というステレオタイプの既成概念から抜け出さなければならない。叛徒に対する政治的テロルを開始したのは、同盟を決裂させ彼らの指導者への弾圧を展開したボリシェヴィキであった。コムニスト、ソヴェト・食糧活動家に対するマフノー軍の厳しい制裁は広く知られた事実である。だが懲罰組織はそれに劣らず残虐であった。1921年7月2日付ウクライナ共和国人民委員会議秘密情報部通報からの1つのエピソードだけを掲げよう。「すでに5月に……匪賊を隠匿した農民に対する厳格な措置が適用された。カジミルチュークの申し立てによれば、地方で懲罰的政策が実施された。『われわれはスホードを召集し、5人のクラークまたは5人のそれと疑わしい人物を選び、スホードのまっただ中で彼らを軍刀で斬り殺さなければならなかった。そのような措置が農民に作用し匪賊を密告させるようになった』」[71]。

　マフノー運動最後の年にマフノーは司令官、パルチザン指揮官として完全に才能を発揮した。国内防衛軍、チェ・カ、赤軍の多数の部隊は、伝説となったバチコを捕虜にすることも殺害することも結局できなかった。マフノーは戦争遂行のパルチザン戦術のすべての長所を巧みに利用した。彼の部隊が移動する速さには驚かされる。一昼夜で100ヴェルスタ［約100キロ］である[72]。

　1921年夏にはウクライナ・ソヴェト指導部は、モスクワからの一貫した助言と支援を得て、全兵力を動員し、迅速で経験豊かで見事に武装した何倍も優れた部隊を創り上げ、マフノーに深刻な敗北をもたらし、彼を国外［ルーマニア］に逃亡させた[73]。長年に及ぶ殺戮と内戦のために、反乱運動の基本的支柱であるウクライナ農民は衰弱し消耗していた[74]。農民は戦争で疲弊し、ネップが彼らに解き放った新しい生活に期待をかけた。こうしてボリシェヴィキの政策変更という状況下でマフノー運動は衰微し、反

2-3　1918―21年のウクライナにおけるマフノー運動の本質について◆ヴィクトル・コンドラーシン

乱運動は停止し、半ば犯罪者の小さな徒党としてその名残はまだしばらくの間農民と権力を脅かした。だが反乱運動を再生させる地盤はすでに無くなっていた。

　上述のことから、マフノー運動が主力となったウクライナでの反乱運動は、その原因、目的、帰結に関して、自分の土地で自由な主人となる農民の権利を侵害しようとしたボリシェヴィキ国家とその他の体制に反対する内戦期の全ロシア的農民運動と一致すると、結論づけることができる。ウクライナでもタンボフ県でもシベリアでも、農民は農民革命のこの主要な目的を求めて闘い、反乱勢力は瓦解したにもかかわらず、ボリシェヴィキ権力に政策を変更させ、ネップという短い期間に彼らに自由な経営権を与えさせて、その目的を達成した。

　マフノーは、おそらくロシアとウクライナの歴史上もっとも著名な勤労人民の擁護者と比肩できる、もっとも傑出したウクライナの農民革命の領袖の１人であった。彼は人民自身によって統治される社会という何世紀にもわたる人民の夢を実現できなかったことを悔やみながら、最期まで農民であり続けた。パリでのマフノーとの出会いを回顧して、著名な女性アナキスト、イダ・メットは彼の大切な夢について読者に語った。「彼は自分を農民と見ていた。彼は自分を若者だと見ていた。彼は昼に若い妻と連れだって自分たちが育てた作物を一緒になって売りさばいて、バザールで楽しく過ごして、夜わが家のグリャイ・ポーレに戻る自分を想像した。……彼らは街で土産をどっさり買った……彼は立派な馬と見事な馬具をもっている」とメットは回顧した[75]。

　彼の戦友の１人、元ウクライナ・バチコ・マフノー反乱軍軍事革命評議会議長ヴォーリンは「マフノー運動について語られることを一言も信じてはならない」と語った[76]。何十年もの間、マフノーの名前は犯罪的匂いのする政治的匪賊運動の代名詞となったという意味で、彼は正しかった。だがマフノーの人間像と彼の事業ははるかに複雑で矛盾に充ちている。われわれが本論文で述べようとしたのもこのことである。

注
(1) このプロジェクトの基本理念に関しては以下を参照。*Данилов В. П.* Крестьянская революция в России. 1902 - 1922 гг. //Крестьяне и власть: Материалы конференции. Москва; Тамбов, 1996. С. 4 - 23; この企画で以下の資料集が公刊された。«Крестьянское движение в Тамбовской губернии в 1919 - 1921 гг. «Антоновщина». Тамбов, 1994; Филипп Миронов: Тихий Дон в 1918 - 1921 гг. М., 1997; Крестьянское движение в Поволжье в 1919 - 1921 гг. М., 2001; Крестьянское движение в Тамбовской губернии (1917 - 1918). М., 2003; この企画の一環として資料集«Нестор Махно: крестьянское движение на Юге Украины в 1918 - 1921 гг.» が出版予定で、その編集長の1人が本稿の筆者である（もう1人はテオドル・シャーニン）。

(2) См. напр.: *Белый П. Ф., Дышлевый П. С.* Единство действий в защиту завоеваний революции: Боевое содружество трудящихся Украины и России в борьбе против кулацкой вооруженной контрреволюции. Конец 1920 - 1922 гг. Киев, 1988; *Калмакан И. К.* Борьба противвооруженной кулацкой контрреволюции в период гражданской войны и иностранной интервенции в СССР: (на материалах Юга Украины). Дисс. канд. ист. наук. Кишинев, 1981 и др.

(3) См.: *Кубанин М.* Махновщина: крестьянское движение в степной Украине в годы гражданской войны. Запорожье, 1995 [初版はポクロフスキーの序文を付けて1927年にレニングラードで発行].

(4) См.: *Антонов-Овсеенко В. А.* Записки о Гражданской войне. Т. 4. М.; Л., 1933.

(5) См.: *Волин Б. М.* Разъяснение: По поводу ответа Н. Махно. Париж, 1929; *Николаев А. Ф.* Первый среди равных. Дейтройт, 1947; Menzies Malcolm. *Makhno*. Paris, 1972; Molet Michad. *Nestor Makhno in the Russian Civil War*. London, 1982; Skirda Alexandre. *Les Cosaques de la liberté*. Paris, 1985; Skirda Alexandre. *Nestor Makhno, Les Cosaques de la liberté (1888 - 1934)*. Paris, 1999.

(6) См.: *Махно Н. И.* Русская революция на Украине: (от марта 1917 г. по апрель 1918 г.). Кн. 1. Париж, 1929; *он же*. Махновщина и ее вчерашние союзники - большевики: Ответ на книгу М. Кубанина «Махновщина». Париж, 1928; *он же*. Под ударами контрреволюции (Апрель - июнь 1918). Кн. 2. Париж, 1936; *он же*. Украинская револю-

ция:（июль - декабрь 1918). Кн. 3. Париж, 1937.
（7） См.: *Аршинов П. А.* История махновского движения (1918 - 1921). Запорожье, 1995 [初版は1923年にベルリンで発行。ヴォーリンが序文を書いている。邦訳は、奥野路介訳『マフノ叛乱軍史——ロシア革命と農民戦争』、鹿砦社、1973年、郡山堂前訳『マフノ運動史 1918-1921——ウクライナの反乱・革命の死と希望』、社会評論社、2003年].
（8） См.: *Верстюк В. Ф.* Комбриг Нестор Махно. Из истории первого союза Махно с Советской воастью. Харьков, 1990; *Герасименко Н.* Батько Махно: Из воспоминаний белогвардейца. М., 1990; *Комин В. В.* Нестор Махно: мифы и реальность. Калинин, 1990; *Мосияш С. П.* Одиссея батьки Махно. М., 2002; *Савченко В. А.* Политика советского государства по отношению к анархистскому движению на Украине в 1917 - 1921 гг. Дисс. канд. ист. наук. Одесса, 1990; *Семанов С. Н.* Под черным знаменем. Жизнь и смерть Н. Махно. М., 1990; *он же.* Махно: Подлинная история. М., 2001; *Телицын В.* Нестор Махно. М., 1998; *Хмель И. В.* Аграрные преобразования на Украине, 1917 - 1920 гг. Киев, 1990; *Шубин А. В.* Махно и махновское движение. М., 1998; *Яруцкий Л. Д.* Махно и махновцы. Мариуполь, 1995; *Хмель И. В.* Аграрные преобразования на Украине, 1917 - 1920 гг. Киев, 1990.
（9） См.: Нестор Иванович Махно: Воспоминания, мемуары и документы. Киев, 1991; Н. Махно и махновское движение. Из история повстанческого движения в Екатеринославской губернии: Сб. документов и материалов. Днепропетровск, 1993.
（10） См.: *Кузьменко Г. А.* 40 дней в Гуляй-Поле: Воспоминания матушки Галины-жены батьки Махно. Владимир, 1990; *Кессель Жозеф.* Пленница Махно. Б. М., 1991
（11） См.: *Семанов С. Н.* Под черным знаменем. Жизнь и смерть Н. Махно. М., 1990; *он же.* Махно: Подлинная история. М., 2001.
（12） См. напр.: *Телицын В. Л.* «Бессмысленный и беспощадный»? Феномен крестьянского бунтарства 1917 - 1921 годов. М., 2003. С. 317.
（13） См.: *Голованов В. Л.* Тачанки с Юга: Художественное исследование махновского движения. М., 1997 [筆者は1991年8月のモスクワ事件にも参加したジャーナリストで、Художественное исследование Махновского движения の副題がつけられている].
（14） ГАЗО（Государственный архив Запорожской области). Ф. 53. Оп.

1. Д. 7. Л. 281, 286; Ф. Р-1058. Оп. 1. Д. 1. Л. 126 - 127 об., 139 - 139 об.; Ф. Р-3188. Оп. 1. Д. 2. Л. 43, 52, 55, 56 - 57, 63, 92, 93.
(15) ЦДАВО України (Центральный государственный архив высших органов власти и управления Украины). Ф. 1235. Оп. 1. Д. 407. Л. 4; «Свобода». 1919. № 1. С. 31 - 32.
(16) *Голованов В. Л.* Указ. соч. С. 45.
(17) РГАСПИ (Российский государственный архив социально-политической истории). Ф. 71. Оп. 35. Д. 525. Л. 1 - 17.
(18) ЦДАВО України. Ф. 2. Оп. 1. Д. 249. Л. 49 - 51.
(19) *Кубанин М.* Указ. соч. С. 8.
(20) Там же. С. 29.
(21) См. напр.: *Булдаков В. П.* Красная смута природа и последствия революционного насилия. М., 1997. С. 113, 118.
(22) См. напр.: Герасименко Н. В. Батько Махно. Мемуары белогвардейца. М., 1990.
(23) ЦДАВО України. Ф. 1824. Оп. 1. Д. 2. Л. 9 - 9 об.
(24) РГАСПИ. Ф. 76. Оп. 3. Д. 109. Л. 12, 17-18 об.
(25) Там же. Ф. 71. Оп. 35. Д. 525. Л. 1 - 89; ЦДАВО Україны. Ф. 1824. Оп. 1. Д. 2. Л. 9 - 9 об.
(26) ЦДАВО України. Ф. 1824. Оп. 1. Д. 2. Л. 9 об.
(27) РГАСПИ. Ф. 17. Оп. 84. Д. 274. Л. 39 - 39 об.; Ф. 76. Оп. 3. Д. 109. Л. 13.
(28) ЦДАВО України. Ф. 2. Оп. 1. Д. 732. Л. 131; РГАСПИ. Ф. 71. Оп. 35. Д. 786. Л. 1.
(29) ЦДАВО України. Ф. 1824. Оп. 1. Д. 3. Л. 1 - 7; Ф. 2579. Оп. 1. Д. 52. Л. 58 - 58 об.; РГАСПИ. Ф. 71. Оп. 35. Д. 581. Л. 1 - 40.
(30) ЦДАВО України. Ф. 2. Оп. 1. Д. 579. Л. 131; РГАСПИ. Ф. 71. Оп. 33. Д. 1575. Л. 9 - 13.
(31) ЦДАВО України. Ф. 2579. Оп. 1. Д. 52. Л. 58 - 58 об.; ГАЗО. Ф. Р-27. Оп. 2 с. Д. 1. Л. 1, 7; Ф.Р-3188. Оп. 1. Д. 21. Л. 13; РГАСПИ. Ф. 71. Оп. 35. Д. 581. Л. 1 - 40;
(32) ЦА ФСБ РФ (Центральный архив Федеральной службы безопасности Российской Федерации). Ф. 1. Оп. 4. Д. 603. Л. 8 - 12.
(33) РГАСПИ. Ф. 71. Оп. 35. Д. 581. Л. 39 - 40.
(34) Кондрашин В.В. Крестьянское движение в Поволжье в 1918 - 1921 гг. М., 2001. С. 36 - 38.

(35) ЦДАВО Украïни. Ф. 2. Оп. 1. Д. 249. Л. 23 - 23 об.
(36) Там же. Ф. 1824. Оп. 1. Д. 5. Л. 1.
(37) Там же. Д. 23. Л. 6.
(38) Там же. Д. 2. Л. 13 - 13 об.
(39) Там же. Л. 18 - 18 об.
(40) Там же. Л. 4; Д. 18. Л. 4; Д. 29. Л. 10; Д. 57. Л. 19.
(41) РГАСПИ. Ф. 71. Оп. 35. Д. 525. Л. 15.
(42) ЦДАВО Украïни. Ф. 2. Оп. 2. Д. 293. Л. 14 - 15.
(43) Там же. Ф. 1. Оп. 1доп. Д. 3. Л. 1 - 2; РГАСПИ. Ф. 17. Оп. 84. Д. 93. Л. 48 - 49; Ф. 71. Оп. 33. Д. 1581. Л. 37 - 48; Оп. 35. Д. 525. Л. 92 - 96, 115 - 116.
(44) РГАСПИ. Ф. 71. Оп. 35. Д. 525. Л. 1 - 17.
(45) Там же. Л. 1 - 89; ГАРФ (Государственный архив Российской Федерации). Ф. 6147. Оп. 1. Д. 4. Л. 3 - 8.
(46) РГАСПИ. Ф. 71. Оп. 35. Д. 525. Л. 1 - 89.
(47) Там же. Оп. 33. Д. 1589. Л. 72.
(48) ГАРФ. Ф. 470. Оп. 2. Д. 109. Л. 6 - 16.
(49) РГАСПИ. Ф. 71. Оп. 35. Д. 525. Л. 1 - 17.
(50) ЦДАВО Украïни. Ф. 2. Оп. 1. Д. 249. Л. 23 - 23 об.; РГВА. (Российский государственный военный архив). Ф. 33987. Оп. 2. Д. 88. Л. 115; *Антонов-Овсеенко В. А.* Указ. соч. С. 304.
(51) *Антонов-Овсеенко В. А.* Указ. соч. С. 98.
(52) Там же. С. 97.
(53) Там же. С. 302.
(54) Там же. С. 304.
(55) ЦДАВО Украïни. Ф. 2. Оп. 1. Д. 249. Л. 23-23 об.
(56) *Троцкий Л. Д.* Как вооружалась революция. Т. 2. Кн. 1. М.: Высший военный редакционный совет, 1924. С. 189-191.
(57) ЦДАВО Украïни. Ф. 2579. Оп. 1. Д. 52. Л. 58 - 58 об.; РГАСПИ. Ф. 71. Оп. 35. Д. 581. Л. 1- 40.
(58) ЦДАВО Украïни. Ф. 2. Оп. 1. Д. 249. Л. 52-53, 54; ГАЗО. Ф. Р-423. Оп. 1. Д. 3. Л. 25; Ф. Р-115. Оп. 2. Д. 1. Л. 98; РГВА Ф. 33987. Оп. 1. Д. 216. Л. 212; *Аршинов П.* История Махновского движения. Берлин, 1923. С. 119-120; *Троцкий Л. Д.* Указ. соч. С. 199-200.
(59) Там же. С. 193.
(60) РГАСПИ. Ф. 17. Оп. 112. Д. 5. Л. 84 - 85.

(61) *Антонов-Овсеенко В. А.* Указ. соч. С. 307.
(62) РГВА. Ф. 33987. Оп. 1. Д. 93. Л. 91 - 104.
(63) *Антонов-Овсеенко В. А.* Указ. соч. С. 306.
(64) РГВА. Ф. 33987. Оп. 2. Д. 88. Л. 115.
(65) Там же. Оп. 1. Д. 216. Л. 229.
(66) *Деникин А. И.* Очерки русской смуты. Т. V. Берлин, 1926. С. 235.
(67) ЦДАВО Украіни. Ф. 1. Оп. 1 доп. Д. 7. Л. 5 об., 7; Ф. 2. Оп. 1. Д. 689. Л. 3, 4 об.; Д. 691. Л. 15 об., 17-19 об., 41-42; РГАСПИ. Ф. 71. Оп. 33. Д. 1589. Л. 65-101.
(68) ЦДАВО Украіни. Ф. 2. Оп. 1. Д. 709. Л. 15, 35-36, 72, 80, 83, 111; Д. 732. Л. 72; Д. 789. Л. 6, 16, 34; РГАСПИ. Ф. 71. Оп. 33. Д. 1581. Л. 3-35, 37-48.
(69) ЦДАВО Украіни. Ф. 2. Оп. 1. Д. 732. Л. 105-106; РГАСПИ. Ф. 71. Оп. 34. Д. 1038. Л. 9; Ф. 76. Оп. 3. Д. 109. Л. 6-9, 10, 12, 13, 17-18 об.
(70) ЦДАВО Украіни. 1824. Оп. 1. Д. 34. Л. 1; ГАЗО. Ф. Р-1166. Оп. 1. Д. 14. Л. 68; Ф. 1754. Оп. 1. Д. 2. Л.7; РГАСПИ. Ф. 71. Оп. 33. Л. 1575. Л. 18-19; Оп. 34. Д. 1038. Л. 9; Ф. 76. Оп. 3. Д. 109. Л. 6-9.
(71) ЦДАВО Украіни. Ф. 2. Оп. 2. Д. 293. Л. 6-8.
(72) ДА СБУ (Государственный архив Службы безопасности Украины). Ф. 13. Спр. 415. Т. 1. Арк. 658-558 зв.; Спр. 425. Т. 1 (Друкарський примірник). Арк. 5-8.
(73) Там же. Спр. 437. Арк. 12-13, 20-21.
(74) Там же. ДА СБУ. Ф. 13. Спр. 437. Арк. 12-13, 20-21; ЦГАВО Украины. Ф. 2. Оп. 2. Д. 294. Л. 60-61; 162-164, 248-249.
(75) *Голованов В. Л.* Указ. Соч. С. 33.
(76) *Волин Б. М.* Указ. Соч. С. 45.

訳注

　[訳注1。154頁。アントーノフ運動] 農民からの収奪が集中していた農業県タンボフで1920年8月に勃発した、アントーノフを指導者とする農民蜂起。1921年2月に党中央委員会からアントーノフ=オフセーエンコの派遣により中央からの介入が開始され、その後鎮圧軍司令官としてトハチェーフスキーが赴任し、軍事力が強化され、毒ガスが使用されるなど、その鎮圧は凄惨を極めた。ちなみに、本共同研究の参加者であるセルゲイ・エシコフは、「アントーノフシチナ」の専門研究者の1人である。

2-3 1918－21年のウクライナにおけるマフノー運動の本質について◆ヴィクトル・コンドラーシン

　［訳注2。157頁。「チャパン戦争」、「三つ叉蜂起」、西シベリア蜂起］「チャパン戦争」とは1919年3月に革命税や割当徴発の徴収に反対してシンビルスク、サラートフ、サマーラ県などヴォルガ一帯の農民が決起した大規模な蜂起。これらの地域は東部戦線の後方にあり、特に過酷な徴発が実行されていた。農民は都会風なジャケットと区別して農民のジャケットであるチャパンを反乱の象徴とした。「三つ叉蜂起」とは1920年2月にウファー県での食糧部隊の狼藉に対する農民の決起をきっかけに、カザン、サマーラ県にまで拡大したこの時期の大規模な農民蜂起。1921年1月末に西シベリアのチュメニ県イシム郡の村で、シベリアで頻発した過酷な割当徴発とその不履行への厳罰に対して農民が決起し、この運動はたちまち拡大し、参加人数とその規模で当時最大の農民蜂起となった。

　［訳注3。159頁。ペトリューラ軍］1918年3月に締結されたブレスト講和後のウクライナの運命は錯綜を極めた。講和締結後独墺軍が占領し旧地主制が復活した地域で農民が決起し、同軍とスコロパツキー傀儡政権が1918年末に崩壊した後、ウクライナ社会民主労働者党のエス・ヴェ・ペトリューラを中心に民族主義的ブルジョワ体制を目指す、ウクライナ人民共和国政府が樹立した。同政府は労働者ソヴェトの解散を断行して、ボリシェヴィキとの対立が鮮明となり、この局面ではマフノー軍とボリシェヴィキは共同戦線を形成した。

　［訳注4。160頁。軽四輪馬車］タチャンカと呼ばれるこの馬車はウクライナ南部で一般的乗り物。マフノー軍は騎兵と歩兵で構成されたが、歩兵はこの馬車を操り騎兵とともに行動したために、きわめて迅速な移動が可能であった（時には1日100キロに及んで）点に、マフノー軍の特徴があった。まさにこれはマフノー軍の1つの象徴であった。

　［訳注5。167頁。ボリシェヴィキの農業政策］一般には「土地についての布告」によって土地の社会化、全人民所有が宣告されたと解釈されている。しかし、1918年1月の全ロシア食糧大会で、農民が生産する穀物は「国家資産でもあり人民資産でもある」と規定され、5月の人民委員会議の訴えでは、「土地と工場だけでなく穀物も全人民的資産とならなければならない」と宣言されたように、実際には社会化＝全人民所有と国有化の区別は不明瞭であり、戦時共産主義期にはほとんどのボリシェヴィキは土地は国有化されたと理解するようになり、ウクライナではこの傾向が強かった。

　［訳注6。173頁。ヴランゲリ］1920年春のヂェニーキン軍の崩壊後、クリミア半島から南部ウクライナの奪取を図ろうとしたのがヴランゲリ軍で、同年11月半ばには赤軍とマフノー軍との共同戦線によりこの反革命勢力もクリミアで壊滅し、基本的に内戦は終了したとされる。

　［訳注7。179頁。ボリシェヴィキとマフノー］6月に開催予定の第4回グリ

ャイ・ポーレ地区大会はトロツキーの命令によって反ソヴェト的として禁止され、6月8日に赤軍に対してマフノー運動根絶に関する命令が出された。

農村統治とロシア都市――県・市合同の分析（1918－1921）

池田嘉郎

はじめに

　本稿の目的は、内戦期（1918－1921）のロシアにおいて実現された、県と市の統治機構の合同を分析することにある（以下、「県・市合同」と呼ぶ）。県・市合同は、農村統治における都市の役割という、ロシア地方行政史上の重要問題と密接に関係していた。なぜならば、県・市合同が意味するものは、都市部と農村部の統治機構を一元化することであったからである。この県・市合同が、ロシア地方行政史上にもっていた意味を解明することが、本稿の課題である。

　従来、県・市合同について十分な分析がなされてきたとはいえない。ソ連の研究者も欧米の研究者も、もっぱら革命後のロシアにおける統治機構の中央集権化の一コマとしてそれを捉えてきたに過ぎず、農村統治にとってのその意義には注意を向けていない[1]。例外をなすのは渓内謙の1962年の著作である。これは現在に至るまで、内戦期ロシアの地方行政に関する最も体系的かつ充実した研究であり、県・市合同についても農村統治と都市権力の関係という観点が明確に打ち出されている[2]。しかし、渓内の研究によって問題が論じ尽くされたわけではない。本論で詳述するように、渓内の分析においては、県と市それぞれの行政官の見解が、「農村的利害」と「都市的利害」という社会的な利害と過度に結びつけられているように思われるのである[3]。これに対して本稿では、各級行政官の見解の相違を、県と市という異なるレベルにおける行政運営上の利害の相違から説明した

い。くわえて本稿では、上述の諸研究が十分な注意を向けていない、革命前のロシア都市の状況を念頭に置きつつ、内戦期における県・市合同の意味を考えたい。

　ここで本稿の結論を前もって述べるならば、内戦期におこなわれた県・市合同は、帝政期のロシア都市がもつ2つの相貌のうち、固有の都市社会という相貌を犠牲にして、行政的中心地という相貌をより強めることになった。その背後には、農村ロシア改造の拠点として都市を位置づけるボリシェヴィキ政権の志向があった。たしかにこの志向は、農村に対する都市の優位を確保するものであったが、同時にまた、都市社会のもつ自立性を、地方行政の便宜のために犠牲に供するものでもあった。その結果、革命後のロシア都市は、帝政期以上に緊密に農村社会に「緊縛」されることとなったのである。

　本稿の構成を記すと、はじめに県・市合同をめぐる1920年初頭までの全国的な動向を概観する。ついで残りの部分において、モスクワ県・市の状況に焦点を当てる。モスクワ県・市の動向は、県・市合同の全国的な推移に少なからぬ影響を与えた。また、ロシア最大の都市であるモスクワ市を事例とすることにより、県・市合同が農村統治と都市の関係に与えた影響をより明確に理解することが可能となるであろう。

1. 1920年初頭までの全国状況

　帝政ロシアの都市には2つの相貌があった。その1つは行政的中心地としての相貌である。県－郡－郷－村の階梯からなるヨーロッパ・ロシアの地方制度において、都市は何よりもまず行政的中心地としての機能を果たしていた。各県には1つの県市、各郡には1つの郡市が置かれ、それぞれの領域内に広がる農村世界を統治するための拠点となっていたのである[4]。だが、他方において帝政ロシアの都市、とりわけ工業的に発達した都市は、

2-4 農村統治とロシア都市——県・市合同の分析◆池田嘉郎

独自の都市社会としての相貌をも有していた。この相貌は、20世紀初頭までに、とくに大都市において、都市企業の発達と都市部の住民の増大とによって強められた[5]。

この2つの相貌に対応して、都市に置かれた行政機構（地方自治機関を含む）もまた、主に農村部を対象とする機構（県市では県庁および県ゼムストヴォ参事会、郡市では郡大会および郡ゼムストヴォ参事会）と、主に都市部を対象とする機構（市参事会）の二系列に分かれていた[6]。二月革命の後も、旧体制の行政機構（県庁、郡大会）が廃止されたものの、この二系列体制自体には変わりがなかった。農村部を対象としては県・郡ゼムストヴォ参事会、都市部を対象としては市参事会が機能し続けたのである[7]。

十月革命後、県・郡・市の全階梯で旧地方行政機構とソヴェトとの融合が進んだことで、状況は変わった。たしかに、県・郡ソヴェト機構が農村部を管轄し、市ソヴェト機構が都市部を管轄するという役割分担がないわけではなかった。だが、これらの機構は同一の原理で組織されており、相互の権限確定も不明確であったため、地方行政における二系列体制は曖昧にならざるを得なかったのである。制度的にはこれは、県市における県・市・郡ソヴェト執行委員会の並立、郡市における郡・市ソヴェト執行委員会の並立を招いた。1918年7月に採択された憲法も、この並立を追認した。ひとつの市にいくつかの（ソヴェト）執行委が並立しているという状況は、各地で混乱を呼んだ[8]。

1919年初頭、混乱の解消に向けてイヴァノヴォ＝ヴォズネセンスク市執行委は、一連の県・市執行委に対して、市レベルの執行委の存廃についての意見表明を呼びかけた。これを機に各地で市執行委、さらには市ソヴェト全体の存廃について討議が始まり、3月に開かれた第2回県・市執行委議長大会にも引き継がれた。

討議において一番の争点となったのは、県市における市執行委の扱いであった。一方では、市執行委の完全な廃止（つまり県・市執行委の合同）

195

が唱えられた。これは主に県執行委（トヴェリ県、ヴラジーミル県）の見解であった。市執行委の機能を都市経済の管理のみに限定して、政治・行政機能は全て県執行委に移管するという見解も、これに近かった（リャザン県、ペトロザヴォーツク市）。

　他方では、市執行委の保持が唱えられた。これは主に市執行委（リャザン市、オリョール市）の見解であった。市執行委に対する県執行委の監督のみを求める意見も、これに近かった（イヴァノヴォ＝ヴォズネセンスク市、アストラハン市）。県・市執行委議長大会は2つの見解のいずれを取るか、明確な結論を下すことが出来なかった[9]。そのためこの時期には実際の合同もあまりおこなわれなかった[10]。

　県・市執行委の合同をめぐるこの見解の相違は、何によって説明出来るのであろうか。溪内謙は、「市ソヴェトと郡、県ソヴェト、または両者の執行機関の合同は、都市的利害の立場から主張され、反対は、農民的利害を考慮してなされた」と論じている[11]。たしかに県・市執行委（また郡・市執行委）の合同を求める側は、しばしば都市的利害の増進を引き合いに出した。農村部を管理する機構に対して都市プロレタリアートの影響力を強めることが出来る、というのがその論拠である[12]。とはいえ県・市執行委の合同に対する支持を、主に都市的利害の考慮から説明するのは妥当ではないように思われる。たとえばトヴェリ県執行委の場合、「市ソヴェトの存在は資力と人力の浪費であって、その諸部局は郡および県のものと重複している」ことが、県市ソヴェトの全行政・技術的機能を自らに引き渡すよう求めるための動機となっていた[13]。また、後述の通り、モスクワ県執行委にとっても「活動家の節約」が、県・市執行委の合同を求める主要な動機であった。

　他方、県・市執行委の合同への反対も、農村的利害の考慮からだけでは説明が出来ないように思われる。むしろ多くの市執行委が反対の理由として挙げたのは、「都市には農村とは異なる独自の『特殊都市的な』要請がある」ということであった。このような論拠は、イヴァノヴォ＝ヴォズネ

センスク市のような工業都市ばかりでなく、リャザン市やオリョール市のようにそうでない都市においても示された(14)。

したがって、県・市執行委の合同の賛否に関しては、おおむね次のことがいえるように思われる。それへの賛成は、主に県執行委（および一部の市執行委）によって、機構の単純化とリソースの節約を動機として唱えられた。それに対して反対は、自らの固有の役務対象である都市生活の個別性を保持しようとする、市執行委によって唱えられたのであると。両者の対立の原因は、都市と農村の社会的利害の相違によりも、県・市各レベルの行政運営上の利害の相違にあったといえよう。

第8回全ロシア党協議会および第7回全ロシア・ソヴェト大会が近づくにつれて、県・市執行委の合同の是非が再度議論の的となった。1919年11月27日、全ロシア中央執行委の行政委員会には3つの提案が出された(15)。第1はスミドーヴィチ（全ロシア中央執行委幹部会およびモスクワ市執行委幹部会員）の提案で、1つの居住地点に1つの執行委を置く（県・市・郡の全執行委の合同）とするものであった（賛成1で否決）。

第2はサプローノフ（モスクワ県執行委議長）の提案で、工業型の県市における県・市執行委の合同を唱えたものである。ここには県・市執行委の合同を求める県レベルの活動家の意見が集約されていた（賛成3で否決）(16)。

第3はヴラジーミルスキー（内務人民委員代理、モスクワ市執行委幹部会員）とクレスチンスキー（党政治局・組織局員）の提案である。内務人民委員部の公式見解にしたがって彼らは、県・市執行委の合同をおこなわないよう提案した。県・市執行委が合同すれば、合同後の執行委は都市部の活動に力を注ぐことを余儀なくされ、農村部の住民に対する役務がおろそかになる、というのがその論拠であった(17)。ここでは「農民的利害」への配慮が前面に出されているように見えるが、彼らが地方統治上の効率をも考慮していたことは、12月の第7回全ロシア・ソヴェト大会におけるヴラジーミルスキー発言から窺うことが出来る。そこで彼は、県執行委に

は「諸郡執行委の活動を監督する指導者としての課題」があるが、県・市執行委の合同はその遂行を妨げることになる、と論じた[18]。つまり内務人民委員部は、中央－県執行委－郡執行委という地方統治のラインの機能を維持せんがためにも、県・市執行委の合同に反対していたのである。行政委員会はこの提案を、賛成6、反対3で可決した（出席者は12人だから、賛成はさほど確固たるものではなかった）。

　第8回全ロシア党協議会（12月2日－4日）も、内務人民委員部のこの路線を了承した[19]。だが第7回全ロシア・ソヴェト大会（12月5日－9日）の組織問題部会では、ヴェトシキン（ヴォログダ県）、ムゲラッゼ（サラトフ県）、オシンスキー（トゥーラ県）、カガノーヴィチ（ヴォロネジ県）、ガラクチオーノフ（サマーラ県）など、一連の地方活動家が、県・市執行委の合同を求めた。そのため問題の決着は、決議編集委員会に委ねられた[20]。しかし編集委では、県・市執行委の合同に関する行政委員会での3提案のいずれも過半数を取れず、問題は政治局に引き渡された。9日、政治局は、「県・市・郡執行委の合同に関する問題を部会決議から削除することを」編集委に提案すると決めた。政治局はさらに、郡市における郡・市執行委の合同に関しても（編集委で合同の遂行が可決されたにもかかわらず）やはり決議から削除するよう求めた（クレスチンスキーは反対）[21]。同日、ソヴェト大会で編集委の活動を報告したカーメネフは、「大会決議において何かを確定する時期はまだ来ていない」と述べ、県・市・郡執行委の合同は各地の決定に委ねる、個々の合同の最終的な承認は全ロシア中央執行委がおこなう、との決議案を提案し、これが承認された[22]。

　この経緯が示したものは、地方行政官、とくに県レベルの活動家の間では、県・市執行委の合同を求める声が、内務人民委員部の意向を抑えるほどに強かったということにほかならない。彼らにとって、広大な県を統治することは、県・市の機構と人員を単一の執行委に集中させねばならないほどに骨の折れる課題だったのである。

現実にも、このときまでに各地において、県・市執行委の合同が次第に進みつつあった。1920年1月1日現在、内務人民委員部が情報をもつ34県市のうち、4県市（アストラハン、カザン、ペルミ、サマーラ）で県・市執行委の合同がすでになされ、7県市（ノヴゴロド、ヴォロネジ、プスコフ、ヴェリーキー・ウスチューグ、ヤロスラヴリ、ヴラジーミル、チェレポーヴェツ）では、そもそも市ソヴェト自体が存在しなかったという[23]。

　かくして1919年末までにロシア各地では、県・市執行委の合同を求める気運が高まりつつあった。それはまた、ロシア都市のもつ行政的中心地としての相貌が、固有の都市社会としての相貌よりも重視されることを意味した。ではロシア最大の都市モスクワでは、県・市合同をめぐる情勢はどのように推移したのであろうか。以下ではこの問題を検討することで、ロシアの地方統治史における県・市合同の意味をさらに考察してみたい。

2. モスクワ県・市合同の前史

　モスクワ県は中央工業地帯の中心的な県である。二月革命の時点では13郡からなり、面積は3万1000平方キロ、県市モスクワの人口は200万人、それ以外の部分の人口は180万人であった。県の主要産業は繊維生産で、郡部にもいくつか大規模な工場が見られた[24]。典型的な穀物消費県であり、内戦期の食糧不足は都市部でも農村部でも厳しかった。

　十月革命後、県市モスクワには、旧都市自治体を引き継いだ市ソヴェト機構のほかに、県執行委と郡執行委が存在した。市ソヴェト機構の拡張につれて各級機構、とくに県執行委と市執行委の関係調整が問題となった。このとき県執行委のみならず市執行委すらも、諸々の物資、とくに薪材と食糧を首都に確保する必要性に鑑みて、両機構の融合を必要とみなすようになった。1919年に入ると県・市執行委は、いくつかの部局について合同の検討を開始し、7月に労働部の合同が実現した[25]。

市ソヴェトの活動家たちはさらに、個々の部局のみならず執行委全体の合同にも着手した。7月23日、市執行委幹部会において、県・市ソヴェト全体の合同について、可能性と合目的性を検討するための委員会を選出するよう、市執行委に提案することが決められたのである。26日、市執行委もこの提案を了承した[26]。
　県レベルの活動家も、県・市機構の合同に積極的であった。とくに県党委員会は、ソヴェトばかりか党組織についても県・市合同をおこなうよう、モスクワ市党委員会（MK）に働きかけた。だがMKの側は、合同に非常に消極的であった。8月14日、MK執行小委員会は、「現在、このような大規模な作業を実行することは不可能である」と判断した。16日、MK総会はこれに同意するとともに、ソヴェト側がつくった上述の合同問題委員会への代表派遣も拒絶した[27]。
　これに対して県執行委議長サプローノフは、28日のMK総会で自ら県・市機構の合同を支持する報告をおこなった。「活動家の著しい節約」が、その主要な論拠であった。だがMK総会は同意しなかった。MK側の発言者が都市生活、および都市部党組織の独自性を反対の論拠としたのは、特徴的であった。たとえばMK書記ザゴルスキーは、「われわれのところ、モスクワには機動性の高い機構があり、これが大きなプラスなのだ。危機に臨んでわれわれは迅速に総会を招集することが出来る。党協議会を迅速に召集することが出来る。合同すれば柔軟性は失われるであろう」と述べた。ツィフツィヴァゼも、「モスクワは多かれ少なかれ同質の大衆からなる（……）。県では全く別だ。そこでは都市と農村が交互に現れる。均質性は全く存在しない」と述べた。たしかに彼は、「市は（……）県を食い尽くしてしまうかもしれない」とも述べて県の利害に配慮を示したが、彼の主張の眼目は、都市生活の独自性を維持したいという点にあったと見るべきであろう。MK総会は、合同の原則的な承認を求めるサプローノフ提案を16対2で否決した[28]。
　MKのこの姿勢にもかかわらず、県・市両ソヴェトおよび県党委員会の

活動家は、合同の推進をあきらめなかった。9月16日の県・市執行委合同会議は、県・市国民経済会議の合同について討議した際に、はるかに一般的な内容をもつ次のような決議を採択した。「現在、市と県の執行委員会の政治機関と経済機関の両方を合同することが、必要かつ有益であるとみなす」[29]。だがMKは譲らなかった。9月22日、県・市両ソヴェトの関係を討議したMK執行小委員会は、県・市両ソヴェトは、相手に関係のある問題を討議する場合には相互に連絡を取ること、とだけ決定し、合同の動きに事実上の終止符を打った[30]。

こうして1919年の時点では、県・市それぞれの執行委、および県党委が、県・市機構の合同に賛成であり、MKだけがそれに反対であった。賛成の動機としては、第1に県機構の人的・物的資源の不足、第2に行政運営の観点から見ての合理性が挙げられよう。他方、反対の動機としては、人的・物的資源を奪われることへの惧れ、さらに都市社会の独自性が損なわれることへの惧れを挙げることが出来よう。

3. モスクワ県・市合同

1920年初頭までにモスクワ県・市機構の合同を取り巻く状況は、それを支持する側に有利なものへと変わった。第1に、第7回全ロシア・ソヴェト大会において、県・市執行委の合同を支持する声が全国的に強いことが明らかとなった。第2に、第8回全ロシア党協議会が採択した新しい党規約は、県党委員会および党中央委員会の承認なしには、県市において県党委員会と別に市党委員会をつくることは出来ないと定めていた（ただし新旧首都の市党委には県党委と同等の地位が与えられた）[31]。これは、党組織に関する限り、県・市合同が主流となったことを示していたといえよう。第3に、戦線の消滅に伴いボリシェヴィキ政権は、経済復興に本格的に取り掛かることとなった。政権の課題の1つは、農村経済をより緊密に都市

経済と結びつけることであった⁽³²⁾。これを実現するために、県・市機構の合同は有効な手段として捉えられた。

1920年1月23日、MK 執行小委員会は、恐らく県党委の働きかけを受けて、党とソヴェトの県・市合同を討議した。執行小委員会は、合同が否決された前年夏以来「状況は何ら変わっていない。したがって合同は受け入れがたい」と決議した。これに対して MK 総会は2月1日、執行小委員会の活動報告について、「［党］県組織と市組織の合同の問題は MK の次の会議まで延期する」と決定した⁽³³⁾。この慎重な姿勢は、MK の見解が揺れ出したことを意味するのかもしれない。

MK が問題に手をつけずにいるうちに、県党委員会があらたな行動を取った。党政治局に対して、県・市執行委の合同が必要であるとの声明を提出したのである。3月8日、政治局は、モスクワ県・市のソヴェト執行委と党委員会の代表を招聘して人民委員会議で問題を討議すると決めた⁽³⁴⁾。12日、守勢にまわった MK 執行小委員会は、レーニンに問題の検討を延期するように求めた⁽³⁵⁾。

この後、MK においても県・市機構の合同は不可避であるとの認識が強まった。4月21日、MK 執行小委員会を代表して MK 書記ミャスニコフが、「モスクワ市とモスクワ県の合同について」MK 総会で報告をおこなった。その中で彼は、これまでの執行小委員会の見解を翻して合同の必要性を唱えた。いわく、これまでモスクワ市党組織は時宜を得ないとして合同に反対してきたが、「現在、状況は異なるものとなり、合同はモスクワ市と県の両方にとって、経済また管理一般の面でも、党の面でも、有益なものとなろう」。

MK メンバーの全てが、すぐに考えを変えたわけではない。ムィシキンとリヴリンの2人は、県と市のいずれにも合同は利益をもたらさないと述べた。だが会議の大勢は合同に賛成であった。出席者の1人によれば、県と市の活動上のコンタクトのために合同が必要なのであった。MK 総会は「モスクワ市とモスクワ県の合同を実施する」と決定し、その計画策定を

特別委員会に委ねた。委員会の構成はMK、市ソヴェト、県労組評議会（労働組合組織は前年中に県・市合同をおこなっていた）、県党委員会、県執行委の代表各1名で、MKの代表はミャスニコフとなった[36]。24日、彼は党組織局にこの間の経緯を報告し、組織局はこれに留意するとプロトコルに記した。さらに組織局は、郡レベルなどで行政区域の変更要請が出されているため、この合同に積極的に関与するようヴラジーミルスキーに義務づけるとした[37]。下で見るように、行政区域に関するこの決定には、行政運営上の効率という要素が県・市合同にとってもつ意義の重さが、反映されていた。

　5月8日、MK執行小委員会は、合同検討委員会の報告を基本承認した[38]。同日、MK総会も報告を検討した。まずミャスニコフが党組織の合同について報告した。それによれば、合同後の県＝市党委員会はMKの構造をそのまま引継ぎ、農村活動部の新設だけが必要とされた。他方、県部の党組織は大幅に改編されねばならなかった。当時、県部の党組織は18地区を擁し、ソヴェト行政区域（15郡と2「郡をもたぬ地区」）と重なりあっていなかった[39]。両者を合致させるために党地区を減らさねばならない、というのが合同検討委員会の結論であった。党組織ではなくソヴェト行政区域を基準とするこの判断には、県・市合同における行政上の合理性という動機の重さが、よく反映されていたといえる。

　ついでゼレンスキー（市執行委）が、ソヴェト組織の合同について報告した。彼もまた、行政区域の問題を注視した。彼によれば、県部では党とソヴェトの領域が重ならぬばかりか、ソヴェトとその他の行政機構の領域も重なっておらず、あらためて線引きをやり直さなければならなかった。これらの報告を聞き、MK総会は、県・市合同の最終的な承認のために党全市協議会を招集することを決めた[40]。

　この間に党中央でも重要な動きがあった。5月8日、党組織局が、県・市執行委の合同一般に関するヴラジーミルスキー提案を聞いて、次の決定を採択したのである。「同志ヴラジーミルスキー提案を採択する。同志ス

ターリンによる次の修正を加える。『(政治局の合意を得られた場合) 全ロシア中央執行委幹部会に対して、合同が時宜にかなっていることについて指令を与える。毎回の事例は個別に検討する。全ロシア中央執行委付属委員会に、合同の具体的な計画、手順、形式について検討するよう要請する』」[41]。ヴラジーミルスキー提案の内容自体は不明だが、明らかに彼は、県・市執行委の合同支持へと立場を変えたのである。少なくとも部分的には、モスクワ県の動向が彼に影響を与えたと見ることが出来よう。

モスクワ県の状況に戻ると、党全市協議会に先立つ13日、市執行委が県・市執行委の合同を支持した[42]。16日、これを受けて MK・市ソヴェト合同機関紙『共産主義労働』は、「都市と農村」と題する巻頭論説を掲載した。論説は、1906年の党ストックホルム大会が採択したメンシェヴィキ的な農業綱領中に、「都市と農村の管区を結合する大規模地方自治機構」の必要性が説かれていることに肯定的に言及し、県・市機構の合同を農村ロシアの社会主義的改造の文脈に位置づけた[43]。21日には県・市合同党協議会で市の285人、県の70人の代議員が全員一致で合同を支持し、県＝市合同党モスクワ委員会（MK）を選出した[44]。同日中に新 MK 総会が開かれ、書記にミャスニコフを再選し、県・市両方の活動家を含むビューロ（執行小委員会から改称）を選出した[45]。県・市ソヴェト機構の合同については、6月11日に県ソヴェト大会を開くことが県執行委によって決められた[46]。

県・市合同は摩擦なしには進まなかった。6月3日の MK 総会では、合同後の新ソヴェト執行委の人選をめぐって、市活動家と県活動家が正面から対立した。一方では市党委員会出身の活動家が、「執行委には最も有能な人々を個人単位で選ぶ必要がある。まして現在では合同がすでになされ、単一のモスクワ［党］組織が存在するのだからなおさらそうだ」と主張した。他方では県党委員会出身の活動家が、「一定の席数（執行委17、幹部会 3）を県に与えることを支持した。それは、県の利害が余す所なく代表され、県部での活動が被害を受けないようにするためである」。投票

で後者が否決されると、県党委員会出身の活動家グループは「会議から退席して党中央委員会にこの紛争を引き渡す」と声明した[47]。

実際には彼らは会議に残り、紛争はこれ以上発展しなかったように見える。とはいえこの衝突は、県・市機構の合同がそれぞれの活動家に与えた影響を考える上で、示唆的なものであった。表面的には県活動家の方が、合同機関の中で数的な劣勢に置かれるという意味で、より大きな境遇の変化を被ったかのように見える。だが現実には市活動家の置かれた境遇の方が、はるかに大きな変化を被っていた。なぜならいまや市活動家は、県・市単一の党組織が県全体の統治に当たるという立場を取ることによって、都市社会の独自の活動領域を超えて、農村部の統治に踏み込むこととなったからである。

4. 県・市合同後のモスクワ党組織

農村部での活動に MK が深く関与した最初の事例が、「農民週間」である。これは収穫援助、農具修理、道路補修などの農村支援キャンペーンであり、いくつかの県で独自に組織された後、第2回全ロシア農村活動会議（1920年6月10日－15日）において全国規模のキャンペーンとされた[48]。「農民週間」は単なるアジテーション・キャンペーンではなく、農業生産の過程に都市政権が体系的な介入を試みた最初の事例としての意義をもっていた[49]。その具体的な成果についてはコロムナ市の歴史家アンドレーエフが論じている[50]。また、それが都市部の労働者に穀物獲得の機会を提供したとの重要な指摘も、梶川伸一によってなされている[51]。他方、「農民週間」の別の側面については、これまで十分な注意が向けられてこなかったように思われる。それはこのキャンペーンが、農村活動に向けた党・ソヴェトの機構整備の一環だったことである。上述の全ロシア農村活動会議では、各級党組織の農村活動部の強化、および同部とソヴェト諸部

局の連携の推進が唱えられた。「農民週間」もまた、そうした連携を達成するための重要な機会として位置づけられていたのである[52]。

MKは全ロシア農村活動会議の決定に速やかに対応した。6月23日、MK総会は、同会議の決定にしたがって「農村での活動を開始すること」、「中央と地方に機構を設置すること」などを決議した[53]。ついで、MKの下に関係諸機関の代表からなる「農民週間」実施委員会がつくられた。郡および郷レベルでも同じことがおこなわれた[54]。モスクワ県の「農民週間」は8月中旬に始まり、およそ2ヵ月間続いた[55]。

「農民週間」の準備と並行してMKビュローは、県・市合同と関連した『共産主義労働』の改革にも着手した。7月9日、ビュローは同紙編集部に対して、「ソヴェト機構の活動に可能な限り多くのスペースを割くこと」、諸ソヴェト機構で担当者を決めて各自の活動について寄稿させること、「県内に通信員網を組織すること」、「週に2度『農民の頁』を設けること」、同紙を県部に頒布する措置を講ずること、などを要請すると決めた[56]。

ついで7月30日、MKビュローは、西部戦線から戻ってきたミャスニコフをMK農村活動部長に任命した。当初、このポストには臨時部長ノーソフがついていただけであったから、この人事には強力なオルガナイザーであるミャスニコフを任命することで、農村活動部の強化を図る狙いがあったように思われる。ただしミャスニコフはMK書記からの解任を自分への陰謀と受け取ったため、この職務には熱心でなかった[57]。恐らくミャスニコフがすでに解任された後の9月、農村活動部は「農民週間」実施委の機能を引き継いで、郡「週間」実施委代表会議の召集や各郡へのインストラクターの派遣に努めた[58]。

農村活動部以外のMKの部局も、県部での活動を展開し始めた。たとえばスボートニク部は7月中旬、郡スボートニク・オルガナイザー会議の定期的な召集を開始した[59]。もっとも郡部でのスボートニクの組織化は極めて低調であった。7月12日の初会議でパヴロヴォ＝ポサード郡の代表は次のように報告した。「最初のうち党員は、病気や靴・食糧の不足を理

由にして労働を忌避していた。だがスボートニクの毎回の作業に対してパンが支給されるようになると、スボートニクの参加者数は増え始めた」。12月8日の会議でズヴェニゴロド郡の代表も、「農民はスボートニクに行かず、笑ってそれを見ているだけ」と伝えた[60]。女工部も次第に活動範囲を広げ、秋には農業労働者組合と共同でソフホーズのインストラクター講習を準備するまでになった[61]。こうして県・市合同の後、MKは農村部への関与を深めていったのである。

とはいえMKのプロトコルを総合的に検討するならば、県・市合同後もMKの活動においては、モスクワ市の問題への対応が中心的であり続けたということが出来る。県内の全党員数の圧倒的な部分をモスクワ市の党員が占めていた以上、これは当然のことであった。1920年5月時点でモスクワ市党組織には3万5044人の党員がいたが、県内の残りの部分には6819人しかいなかったのである[62]。これと対照的にソヴェト機構では、県全体を対象とする機関への旧市機構の改組が、はるかに急速かつ大規模に進められた。

5. 県・市合同後のモスクワ・ソヴェト機構

ソヴェト機構の県・市合同は、1920年6月11日のモスクワ市ソヴェト総会と県ソヴェト大会の合同会議において開始された。会議は新ソヴェト執行委を選出し、合同後のソヴェト組織図を確定した。県・市ともに若干の部局が統廃合されたが、基本的な組織図は市ソヴェトのものが引き継がれた。モスクワ市ソヴェト総会は県市だけの機関として残り、議長には引き続きカーメネフが選ばれた。新しいソヴェトの名称は、「労働者・農民・赤軍兵士代表モスクワ・ソヴェト」（以下、モスソヴェトと略記）である[63]。

6月14日、新執行委によって幹部会が選出された[64]。それまで県執行

委と郡・郷執行委の連絡は十分なものではなかった[65]。そのため幹部会は、郡との連絡確立に多大な労力を注がねばならなかった。17日、幹部会は「県での活動」について最初の決定をおこなった。それは、1) 24日に郡執行委議長大会を召集して、現地の報告を聞く。2) モスソヴェト執行委の毎回の会議において、郡執行委議長1人の活動報告を聞くことが望ましい。3) モスソヴェトの各部局に対して、県部での部局の活動状況を知るために参与1名を出張させるよう義務づける。4) モスクワ県の地図を参謀本部に注文する、である[66]。

24日、県・市合同後最初の郡執行委議長大会が開かれた。議長カーメネフは、「ソヴェト合同の過程自体が、仕事の全般的な歩みを損なうことがないように、現地の活動を調整すること」が会議の目的であると述べた[67]。7月5日付け内務人民委員部通知によって、郡執行委議長会議の定期的な召集は全国的にも奨励された[68]。だが、モスクワ県でもその他の県でも、県執行委の定例会議への郡執行委議長の出席が制度化されるにつれ、県執行委と郡執行委議長大会の間には重複が生じた[69]。この重複を避けるためにモスクワ県では、郡執行委議長大会とモスソヴェト執行委の合同会議が実践された[70]。

だがモスソヴェト執行委の会議自体、日常的に開催されていたわけではなかったため、県市と郡との恒常的な連絡を維持するのには適していなかった。この点で最も大きな役割を果たしたのは、モスソヴェト幹部会付属総務局（Управление Делами）である。従来も総務局は、市ソヴェトの中心的な事務機構であったが、県・市ソヴェトの合同によって、その管轄範囲は県部全体へと拡大したのである[71]。

県・市ソヴェト合同後の総務局の機能は、6月21日の幹部会で確定された。このとき承認された総務局規約によれば、「モスソヴェトの部局、モスクワ市の地区ソヴェト、モスクワ県の郡・郷・村ソヴェトの活動を統合、調整する」ことが、総務局の課題であった。総務局は3人の総務によって率いられ、県・市部局の合同が完了するまでの間、次のような役割分担が

なされた。1人目はモスソヴェトの各部局およびモスクワ市内の地区ソヴェトと、恒常的かつ直接の連絡を維持した。2人目は県部（郡・郷・村ソヴェト）との間で同様の連絡を維持した。3人目は「総務局の全ての事務活動を指導した」[72]。リシツィン（市ソヴェト出身）、ポリドーロフ（県ソヴェト出身）、ロゴフ（市ソヴェト出身）が、それぞれに対応したようである[73]。

　総務局と郡との連絡を確立する上で大きな意味をもったのが、7月31日付け幹部会決定である（出席者は総務3人）。これによってモスソヴェトの諸部局、および郡ソヴェト総会・執行委・幹部会などの会議プロトコルの送付先が、総務局の情報訓令課に一元化された[74]。9月8日付け『共産主義労働』によれば、従来「モスクワは郡で何がなされているかをよく知らず、郡と郷はモスクワで何が起こっているかをよく知らなかった」。だが情報訓令課の活動改善とともに、「毎日県の四隅から郡・郷執行委の活動に関する情報が送られてくる」ようになった[75]。

　とはいえ郡市よりも下のレベルとの連絡を確立することは、総務局にとって非常に困難な課題であった。10月15日〜17日、村ソヴェト議長1458人を含む2605人を集めて開かれたモスクワ県各級執行委議長会議は、農村部における「ソヴェト活動家」の現状を露わにした[76]。出席者は議長スミドーヴィチの采配になかなか従わなかった。とくに荒れたのは食糧政策報告をめぐる16日の討議である。割当徴発に対する批判があいついだため、議長が決議の採決を回避して、労働義務に関する報告に移ろうとすると、議場は騒然となった。声：「結局われわれの話など聞いてもくれない。ただわれわれと会議をもったという形をつくっているだけだ。何のために集まったのだか分かりはしない」。「みな俺たちのことを馬鹿にして、それでいて平等と友愛について口にしているのだ。村で全部しゃべってやる」。労働部長ズプコフの「同志農民諸君！」の呼びかけにも、「ほらきた！俺たちはあんたと話したくないよ！　何で俺たちがあんたにとって同志なものかね、俺たちの要求にあんたたちは答えてくれないというのに！」。

会議は中断され、ズプコフは報告を翌日に延ばすことを余儀なくされた[77]。

　農村「ソヴェト活動家」のこうした現状は、指揮系統の一層の強化と集中化の必要性を総務局に痛感させた。10月28日、幹部会（出席者は総務3人）は、郡執行委幹部会の下にも総務局を組織化し、「ソヴェト建設に関する全組織活動と、郡執行委・郷執行委・村ソヴェトの諸部局の活動の指導をそこに集中させる」ことを決めた。郷レベルでは従来からある行政部が、郡幹部会総務局に直接に服属することになった[78]。こうして県市－郡市－郷のラインで総務局ヒエラルキーの構築が開始された。このラインを上がってくる情報を処理するために、膨大な人員が必要とされた。11月1日、幹部会はモスソヴェト幹部会総務局の定員を544人と定めた[79]。各部局の県・市合同が進捗した結果、1921年1月に総務3人体制は終わった[80]。

　こうして県・市合同の後に旧モスクワ市ソヴェト機構は、県全体を統治する機構へと急速な変容を遂げた。1921年2月7日付け決定によって、幹部会が村ソヴェト職員定員を規定したことは、この変容を端的に物語っていた[81]。県・市合同によってモスクワ市は、革命前の県市がそうであった以上に、農村部の統治と密接に結びつけられたのである。

むすび

　1922年1月26日、全ロシア中央執行委は「都市ソヴェトに関する規則」を制定した。その第8条には次のように記されていた。「県市および郡市では市ソヴェトは独自の執行機関を設けない。市ソヴェトは、その活動に際して県および郡執行委員会、その各部によって役務される。県および郡執行委幹部会は、同時に市ソヴェト幹部会である」[82]。こうして県・市（および郡・市）合同が制度化された。革命後の数年間にロシア都市は、行政的中心地としての相貌を帝政期よりもはるかに強めたのである。

1925年10月の新規則も、状況を本質的には変えなかった。市ソヴェトには独自の幹部会をもつ権限が与えられたが、それはあくまで県執行委の部局によって役務された[83]。モスクワ市はその後も独自の幹部会をもたず、県執行委に自己の権限を「委任」し続けた[84]。

　その後、1920年代末から30年代初頭にかけての行政領域再編は、ロシア都市にも大きな変化をもたらした。小規模都市が都市としての地位を喪失する一方で、大規模都市には独自の行政的・経済的単位としての地位が与えられた[85]。その結果、1931年2月にはモスクワ州(1929年に県を改編)において、行政機構と党組織の州・市分離が実現した[86]。だがこの経緯が、農村社会に対するロシア都市の緊縛という状況に本質的な変更を加えたと考えることには、慎重であらねばならない。少なくともこれ以後も、ロシア都市の行政的な地位が、政権の社会改造プログラムに従属的であり続けたことだけは間違いがない。いずれにせよ本稿の目的は、内戦期の県・市合同がもつロシア地方行政史上の意味を分析することにあった。農村社会に対する都市の緊縛という認識が得られたことをもって、その目的は果たされたものと考える。

注
（1）　*Гимпельсон Г. Е.* Советы в годы иностранной интервенции и гражданской войны. М.: Наука. 1968. С. 128-133; Sakwa, R., *Soviet Communists in Power: A Study of Moscow during the Civil War, 1918-21*, New York: St. Martin's Press, 1988, pp. 111-112, 180-181; Raleigh, D., *Experiencing Russia's Civil War: Politics, Society, and Revolutionary Culture in Saratov, 1917-1922*, Princeton: Princeton U.P., 2002, Ch.3.
（2）　溪内謙『ソヴェト政治史——権力と農民——』、岩波書店、1989年、第1章（旧版は勁草書房、1962年）。
（3）　同様のことは、*Лепешкин А. И.* Местные органы власти советского государства. М.: Госюриздат. 1957. С. 276-283, にもあてはまる。
（4）　Большая советская энциклопедия. Третье изд. Т. 7. М.: Советская

энциклопедия. 1972. С. 116-117, 参照。
(5) たとえばモスクワ市の発達について、*Писарькова Л. Ф.* Московская городская дума: 1863-1917 гг. М.: Мосгорархив. 1998. С. 168,192-232, 参照。
(6) 和田春樹「近代ロシア社会の法的構造」、『基本的人権の研究 3　歴史Ⅱ』、東京大学社会科学研究所、1968年、260－263頁；松里公孝「帝政ロシアの地方制度1889‐1917」、『スラヴ研究』第40号、1993年。なお県市には、県名を冠した郡（たとえばモスクワ県ならばモスクワ郡）の行政機構も置かれていた。
(7) 本稿では農村革命自体には触れない。ここではただ、島田孝夫の研究が、都市革命と農村革命の方向性の違いを指摘した点で、先駆的であったことだけを確認しておきたい。島田孝夫「カザン県スパスク郡における農民運動の展開——1917年3月－10月——」、『ロシア史研究』第22号、1974年。
(8) *Декреты Советской власти*. Т. 2. М.: Политиздат. 1959. С. 559-561; *Гимпельсон.* Советы в годы иностранной интервенции. С. 129-130.
(9) *Владимирский М.* Городские Советы и их Исполкомы//Власть Советов. № 10. 1919. С. 1. さらに、*Михайлов Г.* К организации Городских Советов//Власть Советов. № 5. 1920. С. 4, 参照。
(10) 対照的に、郡・市執行委の合同は各地で急速に進展した。1つの理由は、そもそも郡市の多くは工業的に発達していなかったため、都市社会の独自性を防衛するという動機が生じなかったのである。また工業が発達した郡市の場合でも、県に比べて郡の規模ははるかに小さかったため、合同によって都市社会が被る影響が相対的に低かったのである。*Владимирский М.* VII-й Съезд Советов и Советское строительство//Власть Советов. № 1. Январь, 1920. С. 2; Он же. Городские Советы и их Исполкомы. С. 1-4.
(11) 溪内『ソヴェト政治史』、89－90頁。
(12) Власть Советов. № 12. 1919. С. 15-16（サラトフ県の例）．
(13) Власть Советов. № 10. 1919. С. 9.
(14) Власть Советов. № 10. 1919. С. 2,5-7,9.
(15) Власть Советов. № 12. 1919. С. 9.
(16) 当時モスクワ県執行委は、中央官庁に対する地方執行委の権限強化を唱える「民主主義的中央集権派」、通称デツィストの拠点であり、サプローノフはそのリーダーであった。以下で見る通り、県・市執行委の合同を始めとする彼の見解の多くは、地方行政官の間で強い支持を得ていた。内戦期の食糧政策を行政史的観点から分析したパヴリュチェンコフが、次のように指摘し

ているのは正当である。「傑出した『デツィスト』は全て、非常に有能で精力的な行政官であった。あるいは、逆にこういう方がより正しいであろうが、有能な県の活動家の間には『デツィズム』への大きな共感が見られたのである」。*Павлюченков С.А.* Крестьянский Брест, или предыстория большевистского НЭПа. М.: Русское книгоиздательское товарищество. 1996. С. 185.

(17) *Владимирский.* Городские Советы и их Исполкомы. С. 1-4.

(18) 7-й Всероссийский съезд Советов рабочих, крестьянских, красноармейских и казачьих депутатов. Стенографический отчет. М.: Государственное издательство. 1920. С. 206.

(19) Восьмая конференция РКП (б). Декабрь 1919 года. Протоколы. М.: Политиздат. 1961. С. 205-206.

(20) 7-й Всероссийский съезд Советов. С. 196-253. 各人の所属は、Гражданская война и военная интервенция в СССР. Энциклопедия. М.: Советская энциклопедия. 1983. С. 91,139; Raleigh. *Experiencing*, p. 95; Совет Народных Комиссаров СССР. Совет Министров СССР. Кабинет Министров СССР. 1923-1991. Энциклопедический словарь. М.: Мосгорархив. 1999. С. 279,385, 参照。

(21) *Владимирский.* VII-й Съезд Советов. С. 2-3; Известия ЦК КПСС. № 7. 1990. С. 160-161.

(22) 7-й Всероссийский съезд Советов. С. 264,271.

(23) Власть Советов. № 8. 1920. С. 9.

(24) Великая Октябрьская социалистическая революция. Энциклопедия. Издание третье, дополненное. М.: Советская энциклопедия. 1987. С. 306,309-310.

(25) Центральный государственный архив Московской области (ЦГАМО). Ф. 66 (Московский Совет). О. 19. Д. 50. Л. 28, 66; Д. 52. Л. 20; Д. 57. Л. 50, 64; Собрание постановлений и распоряжений Московского Совета рабочих и красноармейских депутатов. М.: Отд. юст. Московского Совета. 1919. № .12. С. 32-33.

(26) ЦГАМО. Ф. 66. О. 19. Д. 56. Л. 289; Собрание постановлений. № 12. С. 678.

(27) Центральный архив общественных движений Москвы (ЦАОДМ). Ф. 3 (МК РКП (б)). О. 1. Д. 101. Л. 39 об.: Д. 102. Л. 57 об.

(28) ЦАОДМ. Ф. 3. О. 1. Д. 101. Л. 43-44 об, 48.

(29) Собрание постановлений. № 14. С. 40-41.
(30) ЦАОДМ. Ф. 3. О. 1. Д. 102. Л. 68.
(31) Восьмая конференция РКП (б). С. 196.
(32) *Икэда Ё.* Большевистская политическая культура и деревня (1920 г. в Московской губернии)//Право, насилие, культура в России. Региональный аспект (первая четверть XX века). Москва-Уфа: Издательство Уфимского государственного нефтяного технического университета. 2001. С. 315-316.
(33) ЦАОДМ. Ф. 3. О. 1. Д. 156. Л. 26; Д. 158. Л. 19.
(34) Российский государственный архив социально-политической истории (РГАСПИ). Ф. 17 (ЦК КПСС). О. 3. Д. 65. Л. 3.
(35) ЦАОДМ. Ф. 3. О. 1. Д. 158. Л. 44.
(36) ЦАОДМ. Ф. 3. О. 1. Д. 156. Л. 45; Известия ВЦИК. 28 апреля 1920. С. 2.
(37) РГАСПИ. Ф. 17. О. 112. Д. 18. Л. 3.
(38) ЦАОДМ. Ф. 3. О. 1. Д. 158. Л. 64.
(39) 「郡をもたぬ地区」безуездный район とは、「郡をもたぬ市」безуездный город、すなわち郡市ではないが政治的・経済的な重要性をもつ市を中心に組織された行政区域である。当時のモスクワ県の行政区域とその後の境界変更について、Московский Совет раб. кр. и кр.-арм. деп. 1917-1927. М.: Издание Московского Совета. 1927. С. 121, 参照。
(40) ЦАОДМ. Ф. 3. О. 1. Д. 156. Л. 47 об.
(41) РГАСПИ. Ф. 17. О. 112. Д. 24. Л. 2. 7月初頭にはペトログラード県でも県・市合同が実現した。Очерки истории Ленинградской организации КПСС. Ч. 2. Л.: Лениздат. 1968. С. 141. ただし全ロシア中央執行委幹部会は、1921年2月時点で、県市における現存の市執行委の廃止にまでは踏み込まなかった。Декреты Советской власти. Т. 13. 1989. С. 38-40.
(42) Коммунистический труд. 19 мая 1920. С. 4.
(43) Коммунистический труд. 16 мая 1920. С. 1. 農業綱領は、Четвертый (Объединенный) съезд РСДРП. Протоколы. М.: Политиздат. 1959. С. 522.
(44) Коммунистический труд. 22 мая 1920. С. 3.
(45) ЦАОДМ. Ф. 3. О. 1-а. Д. 6. Л. 1.
(46) Правда. 4 июня 1920. С. 2.
(47) ЦАОДМ. Ф. 3. О. 1-а. Д. 6. Л. 2-2 об.

（48） *Кубяк Н.* К неделе крестьянина //Правда. 7 мая 1920. С. 1; 2-ое Всероссийское Совещание по работе в деревне (Резолюции, тезисы, инструкции). Казань: Государственное издательство. 1920. С. 10-15.
（49） *Икэда.* Большевистская политическая культура. С. 318.
（50） *Андреев В. М.* Российское крестьянство: Навстречу судьбе, 1917-1921. Изд. 2-ое, допол. Коломна: Коломенский педагогический институт. 1999. С. 119-127.
（51） 梶川伸一『ボリシェヴィキ権力と農民──戦時共産主義下の農村──』、ミネルヴァ書房、1998年、414頁。
（52） Всероссийское Совещание по работе в деревне. С. 42-47.
（53） ЦАОДМ. Ф. 3. О. 1-а. Д. 6. Л. 5.
（54） ЦАОДМ. Ф. 3. О. 1-а. Д. 6. Л. 7-8; Отчет о деятельности М.К.Р.К.П. (За июль 1920 г.). М. 1920. С. 8.
（55） Коммунистический труд. 15 августа 1920. С. 1; ЦАОДМ. Ф. 3. О. 1-а. Д. 7. Л. 61.
（56） ЦАОДМ. Ф. 3. О. 1-а. Д. 7. Л. 13 об.
（57） ЦАОДМ. Ф. 3. О. 1-а. Д. 6. Л. 43 об.; Д. 7. Л. 1,22; Ikeda, Y., "The Reintegration of the Russian Empire and the Bolshevik Views of "Russia": The Case of the Moscow Party Organization," *Acta Slavica Iaponica*, Т. 22, 2005, pp. 137-139.
（58） Отчет о деятельности Московского К-тета Р. К. П. за сентябрь. М.: МК РКП (б). 1920. С. 27.
（59） スボートニク（「共産主義土曜労働」）とは、無報酬と自由参加（ただし党員には参加が義務づけられた）を原則とする集団労働である。
（60） ЦАОДМ. Ф. 3. О. 1. Д. 181. Л. 52, 75.
（61） Отчет о деятельности Московского К-тета Р.К.П. за октябрь 1920 г. М.: МК РКП (б). 1920. С. 24.
（62） Sakwa, *Soviet Communists*, p. 135 (table 5.1).
（63） Стенографические отчеты пленума Московского Совета Рабочих, Крестьянских и Красноармейских Депутатов с 6-го марта по 14 декабря 1920 года. М., 1921. С. 124-125; Отчет Исполнительного комитета Московского Совета Р. К. и Кр. депутатов 2-му объединенному губернскому съезду Советов за июль-ноябрь 1920 г. М.: Издание Московского Совета. 1920. С. 18.
（64） Коммунистический труд. 16 июня 1920. С. 4.
（65） この分野での県執行委の活動を特徴づける史料自体、残されていないとい

う。Отчет Исполнительного комитета. С. 121.
(66) Постановления Президиума Московского Совета Р., К. и Кр. Д. 1920. М., 1920. № 4. С. 1-2.
(67) Правда. 25 июня 1920. С. 2.
(68) Власть Советов. № 6-7. 1920. С. 19.
(69) Власть Советов. № 8. 1920. С. 1-2.
(70) Отчет Исполнительного комитета. С. 51.
(71) 県・市合同以前の総務局について、ЦГАМО. Ф. 66. О. 12. Д. 343. Л. 34, 50-51; Собрание постановлений. Дополнительный сборник. б. г. С. 24-26.
(72) Протокол заседаний Президиума Московского Совета Р., К. и Кр. Д. 1920. М., 1920. № 7. С. 1.
(73) Постановления Президиума Московского Совета. № 4. С. 1, 参照。
(74) Постановления Президиума Московского Совета. № 42. С. 1,4.
(75) Коммунистический труд. 8 сентября 1920. С. 4.
(76) 全出席者中、農民は1548人。またコムニストは118人。Отчет Исполнительного комитета. С. 121, 604-606.
(77) Стенографические отчеты Московского Совета. № 13. 1920. С. 256.
(78) Постановления Президиума Московского Совета. № 105. С. 1.
(79) Протокол заседаний Президиума Московского Совета. № 108. С. 2. この頃までにモスソヴェト幹部会は、モスクワ郡執行委と県執行委の合同をも計画していたが、1921年1月にМКビューローによって退けられた。Протокол заседаний Президиума Московского Совета. № 101. С. 1; ЦАОДМ. Ф. 3. О. 2. Д. 28. Л. 11.
(80) 1月3日に1人体制、4月4日に2人体制となった。Коммунистический труд. 5 января 1921. С. 4; ЦГАМО. Ф. 66. О. 12. Д. 835. Л. 143.
(81) Советы в эпоху военного коммунизма. Сборник документов. Ч. 2. М.: Издательство коммунистической академии. 1929. С. 170.
(82) Собрание узаконений и распоряжений рабочего и крестьянского правительства. № 10. 5 марта 1922 г. Отдел первый. С. 122; 溪内『ソヴェト政治史』、88－89頁。
(83) СУ РСФСР. № 91. 28 дек. 1925. Отд. Первый. С. 1119-1120.
(84) 大蔵公望『ソウェート連邦の実相』、大連、南満州鉄道株式会社、1929年、1549頁。
(85) 『ソ連の地方自治制度』、東京市政調査会、1941年、21－22頁（原著者は

B.Maxwell）。
（86） Центральные архивы Москвы. Путеводитель по фондам. Выпуск 1. М.: Мосгорархив. 1999. С. 90, 108, 111.

共産主義「幻想」と1921年危機

―― 現物税の理念と現実 ――

梶川伸一

1. 現物税の理念的基盤

1.1. 問題の所在

　一般には1921年3月に開かれた第10回ロシア共産党大会［以下断りがなければ、党とはロシア共産党を指す］において採択された決議『割当徴発から現物税への交替』によって、従来の戦時共産主義政策から新経済政策（ネップ）への転換がおこなわれたと解釈されている。ソ連崩壊から十月革命やレーニンの評価などに様々な再検討が加えられ新たなロシア革命像が構築されている現在でも、この解釈は基本的な点で連綿と踏襲されている[1]。この解釈はまた過酷な戦時共産主義期から適正な社会主義路線への軌道修正が共産党によって自覚的に実施されたことをも意味する。当時の食糧人民委員部参与ア・スヴィヂェルスキーが小冊子『なぜ食糧税が導入されるのか』で、食糧税導入の原因を列挙して、「ソヴェト権力は共和国の状況の変化に関連して農民との関係を再検討しなければならない」と指摘するように、その本質は「労農同盟」の再編であると説明される[2]。

　したがって、ソ連晩年のペレストロイカ期に、ソ連型社会主義の理念型としてネップが再評価されたのは偶然ではない。その意味で、1960年代に出版されたこのテーマに関する基本文献の1つでポリャコーフによる、「1921年に共産党によって実現された偉大なる転換、戦時共産主義から新経済政策への転換は常に歴史家の関心を引きつけている」との指摘は、今

日でも有効である。また、溪内譲がその遺作の中で、「革命直後の内戦体制は、既成事実化した内乱と外国の反革命への支援とにより崩壊の危機に瀕した革命権力が自己防衛のためにとった窮余の策であった」[3]と述べているように、戦時共産主義政策がいかに過酷であったとしても、それは7年に及ぶ帝国主義戦争から内戦という余儀なくされた外因によって免罪することができたからであり、そのためこれらの外因が除去された時期に発生したネップへの移行問題はボリシェヴィキ権力の政策理念が直接に反映される事例として、われわれは重大な関心を抱くのである。本稿では現物税への移行問題を通して、ボリシェヴィキ権力の政策理念を再検討するのを目的としている。

　現物税を周知させる目的で党大会後間もなく出された小冊子『食糧税について』の中でレーニン自身は次のように述べている。「食糧税は極端な窮乏、崩壊、戦争によって余儀なくされた独特の「戦時共産主義」から**適正な社会主義的生産物交換への移行の形態の1つである**」[強調は引用者]、「戦時共産主義」は戦争と崩壊によって余儀なくされた[4]。

　通常は、ここで述べられている食糧税とはレーニンが1921年2月8日に党中央委員会政治局会議で執筆した以下の内容の『予備的草稿』に基づくと考えられている。1.割当徴発から穀物現物税に交替するという無党派農民の願いを充たす、2.昨年度の割当徴発に比べてこの税を縮小する、3.農耕者の勤勉に応じての税率を引き下げる、「4.速やかで完全に税が納付される条件で税を超える農耕民の余剰を彼が利用する自由を拡大する」[5]。

　研究者は一致してこの文書を、現物税布告の基礎、ネップ原理の最初の表明と評価するが、果たしてそれは適切であろうか。

　この執筆直前の2月2日に開催されたモスクワ金属工拡大協議会で食糧問題が審議された際に、この日からモスクワで実施される配給券の縮小への労働者の不満を背景に、ボリシェヴィキを弾劾する演説が次々とおこなわれた[6]。これを受け、同協議会は、1.割当徴発によって農民から生産物を受け取る現行の形態を合目的的でないとして、2.割当徴発を一定の現物

税に替える旨の決議を採択した。レーニンは代議員に請われて、協議会最終日の2月4日に演説し、労働者がもっとも辛酸を味わい、農民はこの間に土地を受け取り、穀物を手に入れることができたとしても、彼らはこの冬に窮乏し、彼らの不満は理解できるとして、彼はこの窮状からの解決策を次のように提示した。播種キャンペーンを再検討せよとの声があるが、すべてに播種しなければわれわれは滅亡する、と播種キャンペーンの重要性を指摘し、「現在われわれは13県で割当徴発を完全に停止しようとしている」ことを表明した[7]。これが割当徴発の停止に関してボリシェヴィキ指導部から出された最初の公式な声明である。

　一見すれば、2月4日に割当徴発の停止が予告され、2月8日にそれに替わる現物税草稿が執筆され、続いて現物税案が党内で審議され、最終的に同決議が3月中旬の党大会に上程されるとの手続きは、時系列的に妥当に思える。だが、ここでほとんどの研究者はレーニンの関心が当面の播種キャンペーンに向けられていたという事実を看過しており、さらに以下の具体的状況を勘案すれば従来の解釈にはいくつかの疑問が生ずる。

　第1に、割当徴発の停止を公式に表明してからようやくそれに替わる食糧調達方法として現物税を模索するのは、当時のロシア全土で認められる食糧危機と政治危機を視野に入れるなら、きわめて非現実的である。前年8月にタンボフ県で始まったアントーノフ蜂起、同時にウクライナのマフノー蜂起が徐々に勢力を拡大し、1月末にはそれに西シベリアで勃発した農民蜂起が加わり、さらに、両首都の政治情勢も緊迫し、間もなくペトログラードでは、食糧配給の増加と防寒用の衣服と靴を要求して3月1日までのストが宣言され、その後市内はストとデモで明け暮れるというまったく騒然とした状況が生まれつつあった[8]。食糧調達はまさに焦眉の政治問題であった。

　第2に、実際にはレーニンが草稿を執筆する以前にすでに割当徴発は一連の地域で停止していた。2月4および5日づけでバシキリア食糧人民委員部、シンビルスク、ウファー、サマーラ、サラートフ、ポクロフスク県

食糧委員会宛てにその停止命令が発せられた。タンボフ県食糧コミッサールは、レーニンが政治局会議で上記の現物税草稿を執筆していたその日、2月8日に割当徴発停止に関する命令書(プリカース)を受け取った。そして最後に、凶作罹災地方での政治状況に配慮することを食糧人民委員部に委ねる旨の2月2日づけ政治局決議を受け、2月10日に食糧人民委員部は、当時凶作県と認定されていたリャザン、トゥーラ、カルーガ、オリョール、ツァリーツィン県に対して、2月15日から8月1日まであらゆる割当徴発の遂行を免除する命令書を送った(9)。割当徴発の停止はすでにこの時点で完全に既成事実となっていた。

　第3に、割当徴発から現物税への交替の要求はエスエルやメンシェヴィキから提起され、後にカーメネフが上記の金属工協議会を「非プロレタリア的」と評したように、このような要求は党指導部によって無条件に拒否されていた。この種の議論は1920年末の第8回全ロシア・ソヴェト大会で公然と展開された（この大会はボリシェヴィキ独裁下で反対派諸政党が参加した唯一の大会となった）。大会の席上で食糧人民委員代理エヌ・オシンスキーはこのような税の要求に応えて、もし食糧税を実施するなら、税完納後の「自由な残余は生産者の判断にまかされる、すなわち、生産者によって自由に取り引きできる」ようになるが、「われわれには商品フォンドがないので」、余剰は商品交換ではなく私的商人に流れ、「いかなる国家調達も増えないであろう。[……] 自由商業のこの扉を開く者は、わが食糧政策を崩壊へ、わが国民経済を破滅へ導くであろう」と、自由商業を伴う税を断固として退けた(10)。これは当時のほとんどのボリシェヴィキが持つ共通認識であった。

　このような当時の雰囲気の中で、レーニンによって提起される自由市場をともなう現物税案は党内で厳しい批判に晒されるはずである（当時は労働組合を巡りレーニンはトロツキーとの厳しい党内闘争を展開していたことを想起しても）。したがって、レーニンの現物税構想はエスエルやメンシェヴィキと同じ文脈から導き出されることはありえず、それは割当徴発

の停止以前に着想されなければならなかった。この源泉を辿るのが次の課題である。

1.2. 共産主義「幻想」

　内戦期とも戦時共産主義期とも呼ばれるネップに先行する時期は、内外の反革命勢力との内戦によって厳しい戦時政策を強いられ、この状況が除去されたことで、本来の政策としてのネップが実施されたとされる。内戦は基本的には1918年5月下旬に勃発したチェコ軍団の反乱から始まり、1920年11月のヴランゲリ軍の壊滅によって終了した。しかし、この「戦時」体制を解除する客観的状況が生じたとしても（実際にはこの時期に軍事体制への傾斜が強められるが）、「共産主義」体制は放棄されることなく継続され、逆にこれ以後、平和的建設の中で戦時共産主義構想は絶頂を迎えるのである。11月21日にモスクワ県党協議会に登壇したレーニンは国民経済の復興と共産主義について語り、「共産主義とはソヴェト権力プラス全国の電化である」との有名なテーゼが示されたのがこの時である[11]。また、次のように言い換えることもできる。戦争状態からの解放は、「余儀なくされた」戦時共産主義政策を停止するための要因ではなく、この時の政策理念を支えた共産主義政策を実現するための阻碍要因が除去されたと理解されたのである。こうして通常の理解とは逆に、これ以後ボリシェヴィキが抱く「共産主義」幻想の昂揚とともに、民衆の悲劇は深まった。

　1918年夏に左翼エス・エルが中央政権から離脱した後に特に農業・農民政策の分野で、ロシアの実状を何ら反映しない荒唐無稽ともいうべき「共産主義政策」が次々と打ち出された。まず、「農村における階級闘争」を遂行しようと組織された貧農委員会がある。このため多数の都市労働者が農村に派遣されたが、ほとんどすべての地方で共同体農民はこのような強圧的組織を受け入れることなく、農村に混乱と憤怒を持ち込んだこの試みは僅か半年足らずで撤退を余儀なくされた[12]。次いで、大規模農業経営

の創出がある。1919年3月に執筆された『党綱領』草案でレーニンが、「ソフホーズ、すなわち、大規模な社会主義農場」を社会主義的農業経営の根幹と見なしたように、特にソフホーズは重要な役割を果たすはずであった。この構想の基本にあるのは、「穀物工場」としてのソフホーズの位置づけであり、この時出された『社会主義的土地整理法』では、この種の経営に土地利用の最優先順位が付けられ、原則として工場労働者が採用され、そこでの労働時間は8時間を超えないとして、工場企業に倣った管理運営が提唱された[13]。だが、実際にはこれら経営の基本的構成員は農具も資金も持たない貧農や食糧難のため都会から逃れてきた労働者やインテリなどであり、それらほとんどの経済的基盤はきわめて脆弱であった。1919年の第8回党大会でこれまで「社会主義的農業の最高形態」として理解されてきたコムーナから「穀物工場」としてのソフホーズ優先政策への転換が表明されたが、そこではペンザ県代表によって、ソフホーズには中農もクラークもおらず、何の持ち合わせのない貧農だけが加入し、彼らは穀物も農具も馬も持たず、餓死を運命づけられていると報告された[14]。

このような状況下で1920年秋以後農業の再建を巡り、社会主義路線を堅持しようとするエヌ・ボグダーノフと、その見直しを図ろうとするオシンスキーとの間で論戦が展開されたことはよく知られている[15]。トゥーラ県での経験を持つ後者の主張は当時の実状を反映し、この論戦に勝利するのは当然であった。サラートフ県農業部は、ソフホーズとコルホーズを通してわれわれが農業建設の最終目標に到達できないのが明らかとなった、オシンスキーが『プラヴダ』紙上で、ソフホーズを強化して農村を再建しようとするのはユートピアの道を進むことを意味すると述べたのはまったく正しい、と彼の主張を擁護した。こうして、カバーノフが指摘するように、1920年末までユートピア的農業政策は続いた[16]。

後の出来事に関連して、この論争の帰結は以下の結果を招いた。第1に、農民農業経営の強化と発展のために種子割当徴発を含めた強制播種の方針が確定されたことであり、第2に、安定的共同体的土地利用による個人農

経営の強化が目指され、この方針は1921年の勤労農民経営奨励策によって
さらに促進された（1922年12月に発効する『土地法典』は、ネップ体制の
産物というより同ソヴェト大会の方針の延長にある）。そして、この路線
の提唱者であるオシンスキーへのレーニンの信頼は篤く、第８回ソヴェト
大会党フラク会議で集団化路線を批判したオシンスキーを、レーニンは
「まったく正しい」と評価し、「コルホーズの問題は当面の問題ではない。
それらはまだ構築されず、養老院の名に値するような悲惨な状態にある。
［……］ソフホーズの状態は現在大部分で平均以下である。個人農に頼る
ことが必要であり、それは近い将来も変わりようがなく、社会主義と集団
化への移行を夢想してはならない」と述べ、この幻想からの決別を宣告し
た[17]。こうして当時最大の課題である強制播種キャンペーンの指導者と
してオシンスキーは食糧人民委員代理から農業人民委員代理へと転出した。

1.3. 社会主義的交換への移行

すでに引用した小冊子の中でレーニンは、現物税を農産物の調達手段と
してではなく、「適正な社会主義的生産物交換」への移行と位置づけてい
る。これはいったい何を意味するのか。

ボリシェヴィキ指導者は来るべき社会主義または共産主義社会のスキー
ムを明示することはなかったとしても、それでもマルクス理論に基づき革
命直後からその基本的条件として無貨幣交換への移行に拘り続け、当然に
も共産主義「幻想」はそこに集約的に表出された。そこでは大戦下ではじ
まるハイパー・インフレーションを含むあらゆる経済的崩壊と革命後には
法的制度によって通常の経済取引が解体され、自然発生的な物々交換（彼
らの用語に従えば商品交換であるが）が全国的規模で展開され、彼らの眼
には過渡的経済形態が実現されつつあると映ったことがこの幻想を加速さ
せた。そこでは調達＝分配制度を一元的に支配した食糧人民委員部が重要
な役割を果たし、割当徴発制度を通してコムーナ型国家の構築が目指され

た[18]。

　この移行措置で重要なのは商品交換の組織化であった。早くも1918年4月にユ・ラーリンは最高国民経済会議で次のように指摘する。「われわれはできるだけ紙幣なしでやって、貨幣が単なる決済単位でしかないような状況に至るよう、国内で新しい原理により生産物の商品交換を確立しようとする構想に達した」。すでに1918年初頭から食糧人民委員部は全国的規模での商品交換の実施計画を策定し、その構想は3月7日づけ党中央委員会機関紙『プラヴダ』に掲載され、3月26日の布告によって商品交換が全国的に実施されることとなった。だが、7月の第5回全ロシア・ソヴェト大会で食糧人民委員ア・デ・ツュルーパが、この春の商品交換キャンペーンは失敗に終わったと報告したように、当時はこの実施を保証する制度も機関も完全に未組織であった。しかし、この時の失敗は商品交換構想の放棄をまったく意味しなかった。逆にそれは徐々に穀物調達制度に組み込まれ、義務的商品交換制度は1918年8月づけで穀物生産諸県に、1919年8月からは全国的規模で実施されることが決定された。ドミトレンコが指摘するように、戦時共産主義期には1918年春と比べて商品交換の役割は著しく高まった[19]。

　こうして商品交換構想は割当徴発制度の中に組み込まれることになった。割当徴発は戦時共産主義の評価と同様に、過酷で暴力的な農産物徴収として否定的に、まさに暴力的ボリシェヴィキ政策の象徴として解釈されているが、原理的には未来の無貨幣交換への過渡的措置として位置づけられていたのである[20]。1920年8月に出された1920/21年度割当徴発規程では、制度的に割当徴発に商品交換が組み込まれ、農産物割当量の供出に対する村団の連帯責任を定めるとともに、その反対給付として村団への工業製品の集団的商品交換が制度化された。こうしてソヴェト国家は割当徴発を通して工業製品と農産物との、都市と農村との無貨幣交換への移行を目指したのであった[21]。

　もちろん、当時のロシアの破滅的経済条件はこの構想の実現を許さなか

った。レーニンを含めて当時のボリシェヴィキ指導者は異口同音に、ソヴェト権力は農民から穀物を掛けで取り上げ、工業の復興にともない農民は割当徴発を通して工業製品を受け取るであろうとの主張を繰り返した。これは単なる方便ではなく、来るべき未来社会での割当徴発の理念型であり、その実施過程での個々の逸脱行為とその理念的意義とは明確に区別されていた。1920年10月にレーニンは郡・郷・村執行委モスクワ県大会で内戦後の平和的建設について報告した際に、割当徴発が法外に重いとの出席者の非難の嵐に抗して、負担の緩和を提言したものの、この制度を廃止する可能性を完全に否定した。こうして、平和的建設構想の中でも割当徴発は生き残ったのである。11月27日『プラヴダ』論文では、割当徴発の行き過ぎに対する農民の不満を認めながらも、その原則自体は完全に支持された[22]。

　サフォーノフが「食糧割当徴発の構想は共産主義への移行を展望する、唯一ではないとしても非常に重要なレーニン的イメージの構成要素である」と指摘するように、割当徴発には相矛盾する要素、税＝賦課（過去の属性）と商品交換（未来の属性）が含まれていた。スヴィヂェルスキーはこのことについて、「一定の条件下で、食糧割当徴発は共産主義の直接の導入の手段になりえたが、これら条件が欠けていたので、内戦の終了とともにそれは別の方策にその地位を譲らなければならなかった」と、この1年後に回顧した[23]。

　調達危機が顕著になった1920年秋の調達キャンペーンでも、商品交換と割当徴発の結合の方針は堅持され、11月19日にレーニンと食糧人民委員代理エヌ・ペ・ブリュハーノフの連名で出された軍事命令書に、戦時共産主義期末に特徴的な、政治的には軍事体制の強化と経済的には生産物交換への傾斜がもっとも明白に表現された。この文書の中で、県食糧会議と食糧組織に、割当徴発を遂行する際に臨戦態勢と動員を徹底させ、革命裁判所巡回法廷を間断なく機能させて司法懲罰機関を発動させることを命ずると同時に、「計画的に生産物交換を実施して、商品の引渡しを調達の進展と厳密に調和させることを義務づけ」た[24]。要するに、内戦の終了は共産

主義「幻想」を放擲する要因とはならず、この時から共産主義体制への傾斜はいっそう深まった。

1.4. 過渡的措置としての現物税

　この流れは貨幣交換を一気に廃止しようとの構想を脹らませ、カーメネフの発言によれば、「貨幣が終わりを告げ、間もなくわれわれは貨幣を必要としないであろうと思われた」[25]、共産主義「幻想」をその頂点にまで高めた。

　この構想は貨幣税廃止でまず実現されようとしていた。この問題は1920年11月の人民委員会議で審議され、11月3日の会議で、財務人民委員代理エス・イェ・チュツカエフを議長とする特別委が設置され、30日の会議では、地方貨幣税を廃止する可能性についてと、「貨幣税の廃止と食糧割当徴発から現物税への転換を同時に準備し実施する」問題を詳細に検討するよう特別委に付託するレーニンの提案が採択された。レーニンにとって、1919年5月の演説に見られるように、貨幣とは搾取の名残であり、その廃止には多くの障碍が存在し、かなりの長期間存続すると想定されていたが、その好機が眼前に迫っていると判断された。

　貨幣税廃止の検討を委ねたその日に特別委議長チュツカエフへ、レーニンは過渡期における貨幣廃止が持つ意義を次のように書き送った。

　「貨幣から貨幣なし生産物交換への移行は議論の余地はない。

　この移行をうまく完成するために、**生産物交換（商品交換ではない）**を実現しなければならない。

　われわれが商品交換を実現する、すなわち農民に工業生産物を与える力がないうちは、その時は農民は商品（したがって、**貨幣**）流通の痕跡の下に、その代用品の下に留まるのを**余儀なくされる**」［強調は原文］と、貨幣経済から未来の生産物交換へ、つまり資本主義的経済体制から共産主義的体制への移行を定式化した。この移行を実現するための移行措置が貨幣税

の廃止、すなわち現物税の実施であった[26]。
　この方針に基づく貨幣税廃止に関する特別委の以下のような政令草案が、12月18日の人民委員会議で決議された。「現存している様々な貨幣税は、ロシア共和国で大ブルジョワジーを清算するため、今日まで私的個人経営で生活している農民と営業都市住民の中間層によって支払われている。だが住民のこれらグループは、ソヴェト権力により実施されている勤労賦課の実施によりソヴェト経済建設に自分の労働力を部分的に提供し、農業から受け取った生産物の一部を国家的割当徴発に引き渡すことで、ソヴェト国家の維持に寄与している。農民個人経営と国家間での貨幣なし生産物交換の中に、社会主義建設に向けて税制の存在の必要性を排除する直接的移行を認める」として、現時点で存在するあらゆる国家的、地方的直接税（貨幣税）の徴収を廃止し、地方的需要を充たす地方特別税のみを残すことなどを決定した。つまり、小ブル農民により勤労賦課と割当徴発が遂行されている状況が、貨幣の廃止、すなわち、レーニンの定式化によれば商品交換を経て無貨幣交換を実現する可能性を創り出した、と想定されたのである[27]。この法案作成作業は、割当徴発から穀物税への交替に関する法案の最終編纂が承認された1921年3月7日の中央委員会総会会議で貨幣税廃止に関する報告がおこなわれたように、第10回党大会終了日まで、すなわち3月16日にレーニンの政治局への提案によって貨幣税廃止草案が撤回されるまで続いた[28]。レーニンの現物税構想はこの流れで生じ、第10回党大会後の諸般の政治情勢の中で実際に法制化された現物税法令とはまったく異なる原理に基づいていた。
　1920年秋以後ロシア全土で徐々に忍び寄るボリシェヴィキ体制の危機的状況、いうまでもなく、すでにタンボフ県で始まったアントーノフ蜂起は周辺諸県にも拡大し、ウクライナのマフノー運動は衰える気配を見せず、それだけでなく各地で割当徴発への不満が高まり、その遂行率は軍事力を強めても改善の気配を見せず、例えば、タンボフ県では11月半ばで30％以下であり、蜂起が猖獗する郡では20％程度しかなく、ロシア全土で翌年の

凶作を予告するように播種面積は著しく縮小し、いくつかの農業諸県では旱魃の被害がすでに認められていた、にもかかわらず、この時期のボリシェヴィキ指導者には将来への楽観的展望が漲っていた(29)。

その理由を合理的に説明することはきわめて困難であるが、この傾向が明瞭に認められたのが1920年末に開催された第8回全ロシア・ソヴェト大会であった。党中央委員会機関紙『貧農』はその雰囲気を次のように報じている。「最高国民経済会議議長ルィコフはソヴェト大会で、現在はわが工業の昂揚が始まったと説明した。月ごとに週ごとに、徐々に新たな工業企業が開かれ、新たな工場の煙突から煙が出始めている……」(30)。

本大会会議では出席した反対派諸政党から次々にボリシェヴィキの政策、特に割当徴発に非難が浴びせられ、割当徴発から税への交替の要求も提起された。興味深いのは、これら税を求める声にレーニンは一度も反対を表明しなかったことである。だがそれは、すでにこの時期にレーニンが割当徴発から税への方針転換を受け入れていたからではなく、まったく別の文脈からレーニン自身が現物税構想を抱いていたからにほかならない。この論難に応えたのは、自由取引を招くとして税案を完全に退けたオシンスキーであったことはすでに述べた。この時レーニンが抱くのは無貨幣交換への移行措置としての税構想であり、それはエス・エルやメンシェヴィキの要求とはまったくの対極にあった。

レーニンは大会期間中に地方からの農民代議員と会談を重ね、この会談の多くは割当徴発への非難に終始し、このような意見聴取の結果は12月末に執筆された『経済建設の任務に関する覚書』として纏められた。その中で彼は、「農民への対応：税＋プレミア」と書いた後で、「税＝割当徴発」と書き加えている。この文言を敷衍すれば、播種面積を拡大するために農民に税を実施し播種の拡大に応じてプレミアを交付しなければならないとの意味であるが、この税が大会で反対政党によって提起されたものと同一視される誤解を避けるために、ここでの税は割当徴発と本質的には同じであること、換言すれば、12月18日づけの貨幣税廃止草案で含意されている

現物税でなければならないことを明記したのであった。この点で、「レーニンが1920年末に食糧政策の抜本的修正が必要であるとの結論に至ったと考えるいかなる根拠もない［……］この『税』はネップといかなる関係がないだけでなく、第8回ソヴェト大会決議に比べて戦時共産主義の展開でより大きな前進となった」とは、パヴリュチェンコフの正鵠を射た指摘である(31)。

2. 21年危機の現実とそれへの対応

2.1. 21年危機の出現

　これから間もなく、この楽観的雰囲気は急変する。1921年の冬は非常に寒く、民衆はいっそう窮乏化した。特にペトログラードでは燃料不足のために暖房用燃料を求めて木造家屋が壊されたり企業閉鎖が相次いだりし、2月11日に始まった労働者のストは急速に拡大し、市内は4年前の二月革命を彷彿させる異常な緊張状態に包まれ、2月25日に戒厳令が布告された。そしてボリシェヴィキ権力の保塁であったクロンシュタット海軍基地でも反乱が始まろうとしていた。燃料危機は輸送危機を招き（鉄道輸送だけでなく薪調達に駆り出されたために荷橇輸送も）、豪雪のために各地で食糧列車は立ち往生し、こうしてもっとも厳しい食糧危機が訪れた。ペトログラード県委書記から、「守備隊の食糧事情は危機的で、非常に頻繁に赤軍兵士は家々を回って施しを請い、最近は管区の部隊で衰弱による大量の失神が確認されている」との厳しい現実が報告された。食糧配給が最優先の赤軍でさえこの有様であった(32)。3月にタンボフ県ウスマニ郡から、飢餓と全般的崩壊のために住民の間にはソヴェト権力への敵意が広がっている、「郡では過剰な飢餓が感じられ、住民大衆は「パンをよこせ」と歩き回っているが、郡はもちろんそれを提供することができず、そこで彼らは

ソヴェト権力を裏切り者と見なしている」と報じられたように、各地で食糧危機は政治危機に転化していた[33]。

地方では燎原の火のごとく農民蜂起が広まっていた。アントーノフ蜂起は隣接のサラートフ、ペンザ、ヴォロネジ県へと浸透し、サラートフの東に隣接するウラリスク県からも匪賊活動の拡大が伝えられたように、連鎖反応的に農民蜂起を随所で勃発させていた。1920年末にタンボフ県キルサノフ郡の責任ある党活動家が、われわれはタンボフ領内で猛威をふるっている匪賊運動のために一切ならず自分の生命を大きな危険に晒し、「匪賊によって、何頭かの家畜、農具、家庭着、履物、寝具、下着といったすべての資産が徹底的に掠奪され、同志の妻は殺害され」、「匪賊からの絶え間のない脅威のために家族経営を新たに再建することは不可能である」ことを理由に挙げ、ここでの政治活動を解除しシベリアへの移住の認可を求めたように、現地での党活動は完全に崩壊していた[34]。さらに、西シベリアのチュメニ県イシム郡で発生した農民蜂起は2月以降急速な展開を見せ、この時期最大規模の反ボリシェヴィキ運動となりつつあった[35]。ウクライナではマフノー匪賊がその攻勢をますます強め、きわめて危機的な政治状況が表出していたが、これらに対する中央権力の対応はきわめて緩慢であった。動員を含めた赤軍の戦闘能力はこの時期になると物理的にも精神的にも限界に達していた。

ようやく1921年1月12日の党中央委員会で、農民の気分に関する問題が審議され、全ロ・ソヴェト中央執行委議長カリーニンを議長とする凶作罹災諸県で農民の状態を速やかに緩和する措置を審議する特別委と、ヴェ・チェ・カ議長ジェルジンスキーを議長とする匪賊行為の根絶を早急に準備する特別委が設置されたが、現地からは悲鳴にも似た軍事要請が幾度も打電されていたにもかかわらず、それでも中央からの本格的な介入は著しく遅れた[36]。

具体的措置として、2月2日の政治局会議はブハーリンの報告を聴き、凶作を蒙り食糧に困窮する地方での政治状況と農民蜂起に重大な関心を払

うよう食糧人民委員ツュルーパに指示し、これら諸県で農民の食糧状態を緩和するための一連の措置を執るよう食糧人民委員部に委ねた。これにより、すでに述べたように凶作認定諸県に2月10日づけ割当徴発停止命令が出される一方で、農民蜂起との闘争への政治的指導と支援のためタンボフに特別委と活動家を緊急派遣することが決議された[37]。

　だが、党中央が当時もっとも重大な関心を寄せていたのは、大幅に縮小した穀物作物の播種面積への対策であった。このため、第8回ソヴェト大会で強制播種をともなう個人農経営の強化路線が採択されたことはすでに触れた。この時から強制播種キャンペーンは大々的に喧伝され、中央紙の紙面の多くがその関連記事で埋め尽くされた。

　強制播種とは、定められた播種計画に不足する種子を国家が供給するための種子強制調達を含む種子の再配分、この計画を現地で指導するための村農民委員会の組織化、セリコムを通しての強制力による完全播種を骨子としていた。

　ほとんどの地方で穀物割当徴発が完遂されていない中で、農民にとってこのような種子調達は追加割当徴発と同義であった。オリョール県の村では、1つの割当徴発を取り上げて、今や別の割当徴発が課せられるようになった、との農民の不満が聞かれた。この声は、「2つの割当徴発」の見出しを付けて県執行委機関紙に掲載された。このように調達された種子材をほかの村団のために再配分することへの農民の反発と抵抗は強く、2月に同県エレツ郡の村で、群衆が郷執行委に押しかけ、保管庫をこじ開け、集められた種子材を奪い取った。村ソヴェトによって組織されたこの直接行動は、懲罰部隊によってようやく鎮圧された。

　度重なる余剰を超える割当徴発の遂行の結果、農民経営に残された種子材は僅かで、割当徴発のこれ以上の遂行は播種キャンペーンを頓挫させるおそれがあった。こうして、割当徴発は一時的中断を余儀なくされたのである（現物税構想とはまったく関わりなく）。

　それでも播種キャンペーンには様々な障碍が待ち受け、遅々として進捗

しなかった。割当徴発が完遂された地区で、真っ先に種子調達が開始されることへの不満があった。サマーラ県では１月15日から国家割当徴発を100％完遂した地区で、種子調達キャンペーンが開始された。このため、国家賦課を誠実に遂行した勤労農民にまず負担を強いたが、種子割当徴発の遂行の際にも、その後の現物税の徴収の際にもボリシェヴィキ権力によってこのことはまったく斟酌されなかった。オムスクから５月にシベリア・ヴェ・チェ・カ議長は次のように報告した。「農民の気分は、熱狂的な播種キャンペーンにもかかわらず武器の威嚇で逮捕と賦課の遂行を要求する食糧部隊の行動のために尖鋭化している。［……］誠実に割当徴発を遂行した農民は穀物と種子なしに残され、畑は播種されていない」[38]。

　食糧人民委員部参与スヴィヂェルスキーが、播種キャンペーンと結びついている末端組織細胞はセリコムであり、これは任務を遂行するための軍事組織であると説明したように、この実施の際には強制的措置が多数適用された。多くの農民にとってセリコムは、農村に「階級闘争」を持ち込んだ貧農委の再来であり、このような組織に農民は頑強に抵抗し、その選出を拒否した。そのため空前の活動家と都市労働者が農村に動員され、強制力や恫喝はそれらの組織化にとって常套手段であった。キャンペーンの遂行が幹部の力量不足と拙劣なやり方のために農民の不満を招いて、多くの地方でセリコム選出が拒否され、大きな力と発意は発揮されなかったと、農業人民委員部報告書は後にこの間の事情を総括した。ヴェ・チェ・カの播種キャンペーンに関する報告書はいっそう辛辣に、「特に春のキャンペーンで食糧人民委員部による種子調達には多くの失策があった」と結論づけ、種子の配分の際に県食糧委の命令で多くの種子が食糧用に転用され、ヴィテブスク県では春蒔き種子の半分が食糧に転用されたような数々の不備の実例を指摘した[39]。

　このキャンペーンは軍事的色彩が強かったとしても、第８回ソヴェト大会での農業政策の転換を受け新しい要素も含まれていた。それは個人的プレミアである。これは播種計画の実施で優れた成果を挙げた勤労経営に、

恩典として割当徴発の軽減と商品給付の追加を与えることを内容としていた。レーニンは個人的プレミアを強く主張したが、それは割当徴発の際の村団に対する連帯責任制と矛盾するため、この条項への一般コムニストの反対は強く、第8回ソヴェト大会でこの問題が検討された12月25日の党フラク会議は本条項の削除を決定した。だが、翌日開かれた党中央委員会総会はこの決定の差し戻しを党フラクに命じ、集団経営を優先するとの但し書きを付けてこの条項が決議草案に盛り込まれた[40]。これがレーニンの『覚書』に書かれた「農民への対応：税＋プレミア」の内実である。

2.2. 第10回党大会

　党大会を目前にし、レーニンは最大の課題である播種キャンペーンでの成果を確実にする必要があった。1921年危機の中で顕在化する国内工業の破滅的状態はプレミアとしての商品フォンドの獲得を不可能にし、レーニンが拘り続けた個人的プレミアはまったく機能していなかった。このような状況下で執筆されたのが、2月8日づけの『予備的草稿』である。農民に播種面積を拡大させるよう生産意欲を高めさせることを目的とした内容であることはすでに述べた。しかし、これを第10回党大会後に確定される路線と同一視するのは早計である。なぜなら、この段階ではボリシェヴィキ指導者がもっとも恐れていた資本主義の復活、自由取引の容認は極力制限されているからである。未来社会を展望する税構想と、播種拡大のために農民にプレミアとしての生産への刺戟を与えるための限定的自由取引が、レーニンの最大の妥協点であり、このような幻想と現実のアマルガムが『予備的草稿』であった。この時の自由取引はあくまでも播種キャンペーンの枠内でのプレミアとして設定されていた。

　この草稿に基づく党大会草案を作成するため、2月8日の党中央委員会決定により設置された特別委で作業が開始された。党中央委員会での報告やレーニンの加筆修正などがあり、第3改訂案が最終的に党大会の決議案

として上程された。この審議過程で次のことが特徴的である。まず、自由交換は村団内でのみ認められ、村団外では食糧組織による商品交換のみが容認され市場取引は禁止され（党大会決議では「交換は地方的経済取引の範囲内で認められる」と曖昧な表現に改められた）、税規模は村団ごとに算定されるという、戦時共産主義政策が色濃く反映されていた[41]。

　農民蜂起やクロンシュタット反乱で「自由商業」や「取引の自由」がスローガンとして掲げられている状況下で、ここでの自由取引はレーニンをもっとも悩ませた問題であった。党大会の開会当日になっても党指導部にはこれに関する合意は形成されなかった。

　本大会はほぼ1週間前に始まったクロンシュタット反乱の鎮圧に多数の代議員が割かれ、ジノーヴィエフやトロツキーなどの報告者が不在となったため議事日程が変更されるという、まったく異常な環境の中で開かれた。

　大会初日の3月8日にレーニンは中央委員会報告の中で、「農民に地方的取引である程度自由に振る舞う可能性を与え、割当徴発を現物税に替えなければならない」と、この問題に簡単に触れたが、食糧税の審議がおこなわれたのは大会終了前日の3月15日朝会議で、レーニンが主報告に立った。ロシアのような国で社会主義革命が最終的成功を収めるためには、先進国の社会主義革命による支持の下で、国家権力を掌握するプロレタリアートと農村住民の大多数との協調によって可能であり、そのために以前よりずっと中農になった農民を満足させなければならない。中農を満足させるためには、「第1に、取引の一定の自由、私的経営にとっての自由が必要であり、第2に、商品と生産物を供給しなければならない」と述べ、「われわれは商業と工業の国有化の道を、地方取引の禁止の道をあまりにも先に進みすぎた」、これは疑いもなく誤りであった、とレーニンは主報告の中で従来の路線からの変更に触れた。

　主報告に続き、基本的に主報告に同意するが、すでに13県で割当徴発は停止されたとしてもロシア全土での停止はありえないことを、ツルーパは副報告で強調し、討論が始まった。そこでの最初の発言者は経済理論家

イェ・ア・プレオブラジェンスキーであった。その後に登壇する発言者はこぞって穀物専売や自由取引に関する言及に終始したのに対し、彼は現物税導入の際の重要問題として紙幣制度に聴衆の関心を促した。彼の問題提起は通常の解釈ではいかにも違和感がある[42]。しかしながら、割当徴発または現物税を貨幣制度廃止の過渡的措置であるとの構想を共有する彼にとって、これは避けて通ることのできない問題であった。中央委員会案に賛成して彼は次のようにいう。ソヴェト国家の財源は、割当徴発と紙幣発行であった。前者は年々増加し、「食糧割当徴発が不動のままであり続けたなら、われわれは1922年に紙幣の印刷を停止することができ、必要な総額を割当徴発によって取り上げることができたであろう。だが、このようにはならなかった」。割当徴発に替わる現物税の導入により、生産物の一部しか収用できず、貨幣の廃止が当面の任務とならない以上、賃金の目減りを防ぎ、農民による取引のためにも、通貨の安定が必要となる。こうして、現物税の導入により直接貨幣税を廃止しようとする構想は見送られ、この翌日にレーニンは政治局に貨幣税廃止草案の撤回を申し入れたのである[43]。

3. 現物税構想の変容

3.1. 党大会決議から法案作成へ

党大会で現物税決議を採択するまでの手続きは、春の播種作業に間に合わせようと、きわめて性急であった。この時期に展開されていた播種キャンペーンと比較すればそれは如実である。後者については、1920年10月28日に食糧人民委員部参与会会議で決定された全体方針が農業人民委員部に付託され、全ロ・ソヴェト中央執行委幹部会、人民委員会議、食糧人民委員部参与会などでの討議と修正を重ねて、最終的に12月11日の人民委員会

議でレーニンの修正を受け、ソヴェト中央執行委の承認に回されるという、きわめて周到な階梯を経て、ソヴェト大会での審議と採択がなされた。さらに、この法案はソヴェト大会で承認されるまで法的効力はないが、農民への議論と周知のために『プラヴダ』と『イズヴェスチャ』で公示され、本大会でも徹底した討論が繰り広げられ、その後も中央紙でも地方紙でも大々的キャンペーンが展開された(44)。

これとは対照的に、現物税に関する党大会決議は入念な準備に欠けていたとの印象は拭えない。第10回党大会でデ・ベ・リャザーノフの、割当徴発から税への交替は不意打ちであるとの非難に対しレーニンは、『プラヴダ』に税に関する論文が掲載されたが、誰も応えなかったのだと反論した。だが、これはまったくの詭弁であり、これらの論文はベタ記事でしかなく、決して耳目を集めるような扱いではなかった。播種キャンペーンと比べれば、その差は一目瞭然である。大会決議草案の作成の際に、第2改訂案では、春の播種前に税の公表を定めたが、レーニンはこれに反対し、注意書きで党大会後の発表を要求したように、一般コムニストへのこの変更に関する周知徹底は極力避けられていた。このような対応の理由を明示する資料はないが、以下の可能性を推測することは可能である。第1は、この措置は12月18日づけ法案の延長に位置づけられ、第8回ソヴェト大会での農業強化に関する決議の補完にすぎず、本質的に問題の重要性を帯びていなかったとの解釈である。

第2は、ボリシェヴィキ指導部内での税への強い反対が党大会に混乱を持ち込むとの懸念である。例えば、ウクライナ食糧人民委員エム・カ・ヴラヂーミロフは3月2日のトロツキー宛の機密暗号電報で、ウクライナにとって税は受け入れがたいことを伝えたのに対し、レーニンは「ウクライナのコムニストは間違っている。事実に基づく正しい結論は、税に反対するのではなく、マフノーなどを完全に撲滅するための軍事的措置に賛成することだ」との返事を書き送ったが、税の必要性については何も触れなかった(45)。

第3の理由は、レーニンにとって税に付随する取引の問題が依然として未解決のまま残されていたことである。党大会直前に執筆された『割当徴発から税への交替に関する演説プラン』によれば、基本的問題は、「(α) **取引の自由、商業の自由**（=資本主義の自由）、(β) このために商品を手に入れること」であり、これにより「**経済的に中農を満足させることができる**」と考えられた。これが生産拡大への刺戟である。しかし、ここでの「取引の自由」とは一般的な自由取引を意味するのではない。「生産を強化し、取引を押し進め、息継ぎを与え、**小ブルジョアジー**を強くするが、それ以上に**大生産とプロレタリアート**を確固たるものにする。小ブルジョアジーと、その取引を**ある程度**まで活発にすることなしに、大生産、工場、プロレタリアートを確固としたものにすることはできない」［強調は原文］と言及しているように、小ブル農民に「取引の自由」を認めることで、工業の復興が目指されたのである。党大会後に執筆された『食糧税について』で彼が、「農民が商売をやる以上、われわれも商売をやらなければならない」との労働者の小ブル的心理を厳しく非難したように、きわめて限定された取引の自由が想定されていた。3月15日の党大会での議論でも、全国的規模での自由市場の出現はほとんどの登壇者に想定されず、具体性に乏しい発言に終始した。この時期の反ボリシェヴィキ運動の中で公然と自由商業の要求が掲げられ、第8回ソヴェト大会より以上に自由商業への警戒心が党内に漲っていた。したがって、レーニンは資本主義一般とプレミアとしての農民取引とをいっそう慎重に区別しなければならなかった。「プロレタリアートの政治権力の根底を損なうことなしに、商業の自由、資本主義の自由を**小農民のために**ある**程度**復活させることができるだろうか。［……］できる。問題はその程度にある。［……］**地方的取引の自由から飛び出してはならない**」［強調は引用者］。重要なことは、地方的取引に限定して、「小農民が経営を拡大し、播種面積を増やすように、多くの刺戟を与える」ことであった[46]。

　党大会の最終日の3月16日にソヴェト中央執行委幹部会は、農産物を農

民が自由に処分することで農民経営を強化し生産性を向上させるため、割当徴発を税に交替する旨の大会決議を承認し、彼らに播種に取りかかるよう訴えるとともに、専門委員会に執行委会期内で承認するため、法令の基本条項を3月20日までに作成するよう委ねた。何度も繰り返すように、この時点で現物税決議は『農民農業経営の強化と発展』法令の延長上に位置づけられていた。党大会決議は、翌17日の新聞で大々的に公表された。

　党大会決議は「原則的方針を定め、スローガンを提起するだけ」で、その細目規程は各種委員会に作成が委ねられた。こうして、現物税関連法案の策定作業で、特に取引の問題は党大会で原則的方針に関する議論さえも不充分で曖昧さを残していたために、専門特別委での審議は決定的意味を持った。これらの過程で、次の3点が特徴的である。第1に、現物税に関する具体的規程は、すでに始まりつつある春の畑作業に間に合わせるため、非常に切迫した日程で策定が急がれ、原則的問題に多くの時間を割くことができなかった。第2に、これら議論はこの法案の持つ農民経営の強化という原則的枠組みを超えて展開され、その流れの中で、現物税構想に含まれる共産主義「幻想」を堅持しようとする食糧人民委員部と、危機的現実に対応しようとする特別委との乖離は徐々に広まった。レーニンの立場は、両者の間を揺れ動いていた。第3に、次第に深刻化する21年危機への対応策としてこの新たな方針が次第に軌道修正を余儀なくされたことである。

　3月18日の党中央委員会政治局会議は、特別委に現物税に関する政令案作成の際の指示を与えるとともに、食糧人民委員部に農産物の自由取引についての草案を人民委員会議に提出するよう命じた。この特別委によって中央執行委会期の最終日に間に合わせるように、3月20日にソヴェト中央執行委に提出された政令案は、翌21日に同幹部会で修正なしで承認され、3月23日に政令として公表された。そこでは割当徴発より軽減される農産物税が実施されること、それらの個々の税指標と規模は個別の税法令によって別途定めるとの基本方針が述べられた。この政令でも取引の範囲は明示されなかった。取引の問題は政治局決議を受け3月24日の食糧人民委員

部参与会会議で具体的に審議されたが、そこでは当然にもきわめて限定的な取引が規定された。地方市場での現物交換と国家機関と協同組合を通しての商品交換のみが、ここで容認された取引形態であった[47]。

　3月25日の政治局会議は既出の特別委に替わりカーメネフを議長とする新たな特別委を指名し、それに自由取引の問題を委ねた。同特別委は3月27日の会議で、自由商業の範囲が検討され、そこでは税完納後に残る農産物余剰の完全な自由交換が認められ、ここで策定された方針に基づき、翌28日の政治局会議で農産物の自由交換についての布告草案はレーニンの署名を付けて採択された。この中では経済的取引の範囲はまったく言及されず、闇食糧取締部隊は廃止され、党大会決議にあった「地方的経済取引」の制限は完全に撤廃された。この布告は農民の自由取引を認可しただけでなく、その後の政策転換にとって決定的意味を持った。第1は、税完納後ではなく、割当徴発を完了した諸県に自由交換が適用されたこと、すなわち、準備段階なしに直ちに自由取引が合法化され、第2に、さらに重要なことは、これまでは小ブル農民だけが自由取引の対象であったが、この範囲も事実上無制限に、都市住民にも拡大された（仲介業さえ容認された）ことである。こうして、ロシア全土で厳しい食糧危機を背景にして担ぎ屋の波が溢れだした[48]。

　だが、3月28日布告はそれでも、戦時共産主義政策からの断絶と新経済政策の開始を意味しなかった。党大会直後に食糧税政令とともに出された『共和国農民への檄』の中で、「わが工業が建設されるに応じて、わが原料と引換えに外国商品の輸入が拡大するに応じて、農民に課せられる現物税の割合は縮小するであろう。未来の社会主義建設の中で、[……] ソヴェト国家は、農民に必要な等価の商品を穀物に対して提供するようになろう」と明言されたように、商品交換体制と現物税は密接に結びつけられていた。税は最小限にまで縮小され、基本的農産物余剰は、商品交換によって収用されるとの構想は存続した。それだからこそ、4月におこなわれた食糧税に関する報告でレーニンは、「食糧税とは、われわれが過去からの属性と、

未来からの属性を、その中に見るような措置である」と述べた。「過去からの属性」とは賦課であり、「未来からの属性」とは社会主義的生産物交換であり、その過渡的措置がこの時構築されようとしていた「現物税＝商品交換体制」にほかならなかった。小冊子『食糧税について』ではより直截に、「食糧税は『戦時共産主義』から適正な社会主義的生産物交換への移行の形態の１つである」と位置づけられた[49]。

3.2. 政策方針変更の要因

　カーメネフが12月の第11回党協議会の報告で、この新政策は農民への譲歩であることを繰り返し強調したように、これがネップ導入の動機であると一般には解釈されている。確かに、大会決議でも中央執行委政令でも播種拡大への生産的刺戟を農民に付与するために現物税が実施されることが明記されていたが、それ以後の税法令ではこのことにはまったく言及されなかった。強制播種をともなう1921年と1922年春の播種キャンペーンは完全に失敗し、この政策は放棄されたが、元々はその奨励策として制定された現物税が生き残ったのは、現物税の持つ意義が完全に変質したことを物語っている。この変質をもたらした最大の要因は農民と地方的枠を超える自由取引の容認であり、そこでは上述したように３月28日づけ布告が重要な役割を果たし、この法案策定の過程で自由商業を強く推進したのは、カーメネフとヴェ・ペ・ミリューチンであった。彼らは都市労働者の窮乏からの救済を最優先課題とし、国家的配給制度が瓦解した以上、労働者が自力で食糧を獲得できなければ工業の全面的崩壊が間近に迫っているとの認識があり、これを回避し国民経済を復興するため、緊急に都市と農村との自由交換を容認する必要に迫られていた[50]。

　タンボフ県での穀物総収穫は、1913年の5557万4400プードから減少し続け、1917年には4345万6635プード、1920年には1495万4159プードにまで激減した。同県には1919/20年度の割当徴発として、県食糧委の算出による

2600万プードに替わる3110万プードが課せられたが、最終期限までに納付されたのは1225万プードにすぎなかった。食糧部隊によって一切合切取り上げられ、播種する穀物にも不足するとの農民からの訴えがなされた調達の結果がこれであった。1920/21年度の割当徴発は1150万プードが課せられ、それは凶作のために激減した総収穫の76.9％以上を占め、すでにアントーノフ蜂起が全県で展開されていたにもかかわらず、10月の食糧人民委員部参与会で、このような調達の停滞は「われわれはまだいかなる英雄的措置を執っていない」ことが原因とされ、いっそう過酷な徴収が指示された[51]。

　こうした割当徴発の不履行は不断に工場労働者の生活を圧迫し始め、1921年に入ると危機的状態にまでなった。タンボフ県繊維労働者組合と羅紗工場理事会から、ラスカゾヴォ労働者の破滅的状況が次のように国防会議に報告された。「[1920年]11月になると、パンの交付は完全に停止され、12月と1月は計画された配給を受け取らなかった。この間われわれの工場では無断欠勤が大幅に増え、労働者は担ぎ屋行為に専念し、計画的交付で受け取った履物、織物などを穀物との交換に差し出すのを余儀なくされた。だが、地区防衛のために司令部側が執った厳格な措置との関連で、通行証なしでラスカゾヴォから出るのは禁止され、周辺村との交通は断たれ、この自給の最後の手段も不可能になり、労働者は完全にパンを奪われた」[52]。配給制度が機能しない以上、労働者の生存を保証する唯一の手段が都市住民にも自由交換を即座に容認する３月28日づけ布告であった。

　中央権力はこの事態を打開するために、現地の県食糧委に県内の食糧資源を再分配するよう命じたが、凶作に襲われた多くの地域ですでに食糧資源は枯渇し、内部再分配はまったく機能していなかった。３月15日のタンボフ県テムニコフ郡委・執行委幹部会・食糧コミッサールは内部再分配に関する県執行委と県食糧委の電報を聴き、「電報で想定され議論されている余剰から飢餓住民に多少なりとも計画的に供給するのは完全に不可能である。というのは、郡にはそのような残余はもうないので。郡の住民は大

部分が50％以上に団栗を混ぜた代用食の摂取に移り、いくつかの村落ではそれらもすでになくなり、住民は食用のための馬の屠畜と澱粉工場などの廃棄物の摂取に移った。飢餓住民は徐々に増加している」との決議を採択した。地方権力には現地の資源で住民を養う余力はすでになく、いくつかの地方では中央に運搬中の穀物貨物列車を奪い取るしか食糧獲得の手段は残されていなかった。ペルミ県党委議長と県執行委議長は党中央委員会宛ての3月24日づけ至急電報で、「食糧直通列車のうち25輌の連結を外すことを余儀なくされ、そうしなければ工場は停止し軍隊への供給が停止するおそれがあった。県の播種キャンペーンの発展への責任を自覚して、県内での種子材の巨大な不足にもかかわらず、自由販売、すなわち組織的担ぎ屋行為を認可した」との厳しい実情を訴えた[53]。食糧資源を持たず国家的配給制度が完全に崩壊している状況の中で、ボリシェヴィキ権力はコムーナ型分配制度を放棄し、個々人が自由取引によって食糧を獲得する手段を選択する以外、この危機を克服する可能性を持たなかった。厳しい現実の前に未来の幻想は葬られたのであった。

むすびにかえて

　現物税の導入が「労農同盟」の強化をその目的としなかった以上、いくつかの「ネップ神話」の再評価に迫られるが、これについて詳述する余裕はなく、ここではこの措置により民衆の生活条件は改善されたとする通常の理解への批判だけに留めよう。
　ネップへの移行後、国家的配給を断たれ交換財を持たない労働者の状況はさらに悪化した。例えば、4月半ばにヴャトカ県執行委議長はこの危機的現実を党中央委員会に次のように訴えた。「県の北部で食糧資源は最後に至るまで消尽し、北部鉄道の地区に置かれた一連の都市で（グラゾフ、ヴャトカ、スロボツコイ、コテリニチ、ヤランスク）、3月はじめから市

民への（すなわち、軍需企業の労働者を除く全労働者）パンの交付を完全に停止しなければならなかった（1日半［フント］の基準で交付されていた）。住民の大多数からの食糧の剥奪は、食糧人民委員部が約束した4月の10万プードの受取りまでの一時的で短期的措置と見なされた。現在は北部本線に4月に穀物を供給することが食糧人民委員部によって拒否されたことに関連し、危機が一面を覆っている」。ブリャンスク県では4月には突撃企業の労働者さえもパンを受け取れず、一連の工場でストが始まった。1921年夏の現状についてヴェ・エム・モロトフは党中央委員会への公表不要の秘密回状で、「鉄道従業員への食糧、履物、衣服のきわめて乏しい供給は、生産性の急激な低落、所によっては60％に達する出勤拒否、修理工場での作業の低下、疾病の急激な増加を引き起こしている」との現状を指摘し、支援を求めた。ネップへの成功裡の移行を強調するためにほとんどの文献で大都市の経済復興と繁栄が描かれてきたが、その背後には無数の悲劇が隠されている[54]。

　それに、農民の本当の悲劇は序曲が始まったにすぎない。割当徴発は法的にも実質的にもほとんどの地方で2月半ばまでに停止した。だがそれは穀物割当徴発の停止を意味するだけで、それが種子割当徴発に転換されたにすぎず、農民の窮乏化はさらに深まった。また凶作地方では罹災者への食糧フォンドを現地で形成するための内部再分配はほとんど実施できなかった。この窮状は前年まで割当徴発を誠実に履行した地方ほど深刻であったが、権力は容赦しなかった。「穀物割当徴発を完全に遂行した郡の食糧事情は春の訪れとともに一連の村落や郷でも破滅的になり、春蒔き穀物の播種にともない食糧用の穀物はまったく残されていない。同じく種子材の著しい不足も明らかとなり、毎日郷から郡執行委に種子と食糧物資の要請を持った農民代理人が来ている。郡の需要のために国家集荷所の管轄にあるすべての食糧・種子材を残すようにとの郡執行委と郡食糧委の請願にもかかわらず、すべて搬出された」と、4月にヴャトカ県ウルジューム郡執行委はその惨状を訴えた。県執行委は搬出命令を執行したが、中央から食

糧援助をことごとく拒否されたその悲惨な結果を次のように指摘する。「県の食糧事情は恐ろしいことを強調する。県内には農民に食べるものがまったくない一連の地区がある。［……］郡から頻繁に何百もの経営の完全な崩壊、家畜の絶滅、農具や建物さえもの投げ売り、よその土地への県からの脱出などについての情報が入っている。いくつかの地域では自分の馬を執行委に連れて行き、柱に括りつけ、置き去りにしている」[(55)]。農民への強圧的政策はそれでも止むことなく、例年より早い春が厳しい旱魃とともに訪れ、1921年の悲劇がネップへの移行の中で始まろうとしていた。

注
（１） ロシア革命像の新たな解釈への筆者の見解については梶川伸一「ロシア革命の再検討」（社会経済史学会編『社会経済史学の課題と展望』、有斐閣、2002年所収）、「レーニンの農業・農民理論をいかに評価するか」（上島武、村岡到編『レーニン　革命ロシアの光と影』、社会評論社、2005年所収）を参照のこと。
（２） *Свидерский А.* Почему вводится продналог. М., 1921. С. 9.
（３） *Поляков Ю. А.* Переход к нэпу и советское крестьянство. М., 1967. С. 3; 溪内謙『上からの革命』、岩波書店、2004年、49頁。
（４） *Ленин В. И.* Полн. собр. соч. Т. 43. С. 219, 220. 結論からいえば、この時期はまだ割当徴発から現物税（食糧税）への交替にともなう政策は概念化されず、この新しい路線を大会直後の論文でスヴィヂェルスキーは「新食糧政策（новая продовольственная политика）」と呼び（*Свидерский А.* народое хозяйство. 1921. № 3. С. 11.）、同年5月に開催された第11回臨時党協議会でレーニンは新経済政策（новая экономическая политика）という言葉を用いて現物税にともなう新路線を表現したが、同時に新政策（новая политика）という用語も併用している（Протоколы десятой всероссийской конференции РКП (б). М., 1933. С. 59.）。そのほか新経済政策　Новая хозяйственная политикаと呼称した例もあり、この新路線が「新経済政策」として定着するのはさらに後のことである。因みにネップ（нэп）という術語は22年3月23日づけの『モロトフへの書簡』の中でレーニンは最初に用いて、「ネップはボリシェヴィズムの『戦術』ではなく『進化』である」と書いた（*Ленин В. И.* Полн. собр. соч. Т. 45. С. 60.）。

（5） РГАСПИ. Ф. 17. Оп. 3. Д. 131. Л. 1; *Ленин В. И.* Полн. собр. соч. Т. 42. С. 333.
（6） 21年末に開催された第11回党協議会の報告でカーメネフは、モスクワ金属工は農村ともっとも深い関係を持ち、同協議会では農民の気分が支配的であることがはっきりと露呈され、農民の言葉で農業の荒廃、耐え難い窮状、農村の崩壊について語られた。「零落した農村の気分がプロレタリアートの政治的、階級的意識に勝った」とこの協議会を位置づけた（Всероссийская конференция РКП (б). Бюл. № 1. 1921. С. 9.）。
（7） *Генкина Э. Б.* Государственная деятельность В. И. Ленина 1921-1923 гг. М., 1969. С. 69-70; *Ленин В. И.* Полн. собр. соч. Т. 42. С. 308.
（8） РГАСПИ. Ф. 17. Оп. 84. Д. 272. Л. 100.
（9） Там же. Оп. 65. Д. 664. Л. 261-269; ГАРФ. Ф. 130. Оп. 5. Д. 644. Л. 4; РГАЭ. Ф. 1943. Оп. 2. Д. 1300. Л. 25.
（10） Восьмой Всероссийский съезд советов.: Стеногр. отчет. М., 1921. С. 146.
（11） *Ленин В. И.* Полн. собр. соч. Т. 42. С. 30.
（12） この問題については梶川伸一『飢餓の革命』、名古屋大学出版会、1997年を参照のこと。
（13） *Ленин В. И.* Полн. собр. соч. Т. 38. С. 123; Аграрная политика Советской власти (1917-1918 гг.): Документы и материалы. М., 1954. С. 418-422.
（14） Восьмой съезд РКП (б). Протоколы. М., 1959. С. 230-239, 244, 429-432.
（15） この論争について、後者は強制播種のような農業生産への国家規制を目指し、前者はこのような介入を否定するのが争点であったと通常は解釈されている（см; *Генкина Э. Б.* Указ соч. С. 47-48）。
（16） РГАЭ. Ф. 478. Оп. 6. Д. 2010. Л. 62-63; *Кабанов В. В.* Крестьянское хозяйство в условиях «военного коммунизма». М., 1988. С. 112.
（17） РГАСПИ. Ф. 94. Оп. 2. Д. 16. Л. 172; Ленин В. И. Полн. сбор. соч. Т. 42. С. 180-181.
（18） この問題に関しては梶川伸一『ボリシェヴィキ権力とロシア農民』、ミネルヴァ書房、1998年を参照のこと。
（19） Бюл. Высшего Совета Народного Хозяйства. 1918. № 1. С. 30; Пятый Всероссийский съезд Советов: Стеногр. отчет. М., 1918. С. 142; *Дмитренко В. П.* Советская экономическая политика в первые годы пролетарской диктаруры. М., 1986. С. 116.

(20) ドミトレンコは、20年2月にツュルーパが、割当徴発は戦争と崩壊で余儀なくされた一時的措置であり、経済が復興するにつれ、国家はそれを徐々に縮小し、収用の必要最小限な規模にまで限定することができ、農民経営の余剰は商品交換に基づき国家に出されなければならないと言及したことを援用して、戦時共産主義期のシステムを、「割当徴発（税）＋商品交換＋専売」と規定するのはこの意味である（там же. C. 197, 202.）。

(21) Беднота. 1919. 28 нояб.; 17 дек.; 1920. 25 июля; 17 сент. и т.д. この問題の詳細は梶川伸一『ボリシェヴィキ権力とロシア農民』を参照のこと。

(22) Бюл. Наркомпрода. 1919. 29 окт. Беднота. 1920. 10 нояб. *Ленин В. И.* Полн. собр. соч. Т. 39. С. 316; Т. 41. С. 363-364; Правда. 1920. 27 нояб.

(23) *Сафонов Д. А.* Великая крестьянская война 1920-1921 гг. и южный урал. Оренбург, 1999. С. 37; *Свидерский А.* Из истории продовольственного дела. В Кн.: Четыре года продовольственной работы. Статьи и отчетные материалы. М., 1922. С. 19.

(24) ГАРФ. Ф. 130. Оп. 4. Д. 546. Л. 158; Бюл. Наркомпрода. 1920. 25 дек.

(25) Девятый Всероссийский съезд советов.: Стеногр. отчет. М., 1922. С. 60.

(26) *Ленин В. И.* Полн. собр. соч. Т. 38. С. 352-353; Т. 42. С. 51.

(27) 本文で述べたように21年2月8日の『予備的草稿』は、播種キャンペーンを遂行する際の農民の不満への対応として「税＋プレミア」を提案したということができるが、これはすでに20年末にレーニンによって執筆された構想、「農民への対応：税＋プレミア」と同一であることは明白である（ただし、プレミアの内実は異なり、20年末には農民生産への刺戟として工業製品の供給の増加などが見込まれていたが、『予備的草稿』の時期にはそれが不可能となったために、別の刺戟策である取引の自由が盛り込まれた）。そこで、20年末の『覚書』にある「税＝割当徴発」との但し書きを考慮すれば、当時まだ持っていた「割当徴発＝税＋商品交換」という割当徴発の原理的機能から、この構想を「税＋商品交換＋プレミア」と書き直すことができる。これが小冊子『食糧税について』を執筆した際のレーニンの基本構想であり、その先にあるのは社会主義的交換形態としての「生産物交換」である。

(28) *Ленин В. И.* Полн. собр. соч. Т. 38. С. 353; Т. 51. С. 351; ГАРФ. Ф. 130. Оп. 4. Д. 208. Л. 506; РГАСПИ. Ф. 17. Оп. 2. Д. 61. Л. 1. 3月16日にレーニンは、「(現物税の導入と銀ヴァリュータの準備のために)[貨幣税廃止に関する草案を]破棄するよう」党中央委員会政治局に書き送った（*Ле-*

нин В. И. Полн. собр. соч. Т. 54. С. 439.)。

(29) Изв. Тамбов. губ. исполкома. 1920. 21 нояб. 事実上割当徴発が終了した21年2月で穀物割当徴発の遂行は全体として60％を超えず、特に穀物調達の主力であるシベリアと北カフカースは40％程度の遂行率であった（Прод. газета. 1921. 17 марта.)。また、播種面積について、農業人民委員部の報告書は、ヨーロッパ=ロシア全体で20年には16年に比べ67％に減少し、一連のもっとも貴重な作物が、まさにそれら主産地でもっとも大きく縮小した事実を指摘し、その原因として、肥料の低下をもたらす家畜の減少、鉱物肥料の不足、農具の不足と摩耗を挙げた（Отчет Народного Комиссариата Земледелия IX Всероссийскому съезду советов за 1921 год. М., 1922. С. 9, 16.)。20年にもいくつかの地方から旱魃の被害が報告され、そのため割当徴発の縮小の請願が多くの地方から送られていたが、ようやく9月21日の人民委員会議で、リャザン、カルーガ、トゥーラ、ブリャンスク、オリョールの5県が凶作県に認定され、食糧人民委員部に罹災地区の調査が命じられた結果、11月2日の人民委員会議は、もっとも凶作県にツァリーツィン県を追加した（ГАРФ. Ф. 130. Оп. 4. Д. 207. Л. 113, 116, 161.)。だが、実際には認定県以外からも罹災の報告は多数寄せられたが、凶作認定県に対してすら割当徴発の免除や軽減はまったく認められなかった（詳細は梶川伸一『幻想の革命』、京都大学学術出版会、2004年を参照のこと）。

(30) Беднота. 1920. 25 дек. 寒気の訪れとともにすでに各地から燃料の不足が報じられ、20年11月にドンバス炭田を訪れたトロツキーはその悲惨な状況を、「ドンバスの状況はきわめてひどい。労働者は飢え、衣服はない。大衆の革命的気分にもかかわらず、ストがあちこちで勃発している」（The Trotsky Papers:1920-1922. vol. ii. edited and annotated by J. M. Mejer. Mouton, 1971, p. 360.)とモスクワに報告したように、21年危機の根幹をなす燃料不足はすでに現れ始めていた。

(31) Восьмой Всероссийский съезд советов. С. 41-49; Ленин В. И. Полн. собр. соч. Т. 42. С. 387; Павлюченков С. А. Крестьянский Брест или предыстория большевистского НЭПа. М., 1996. С. 240.

(32) Кронштадт 1921. Документы о событиях в Кронштадте весной 1921 г. М., 1997. С. 7-8; РГАСПИ. Ф. 17. Оп. 84. Д. 198. Л. 1. 内戦期は赤軍の輝かしい戦歴が賞賛されていたが、その留守家族の経営は労働力を失った分だけ悲惨であり、20年6月のオロネツ県ヴィテグラ郡執行委は、赤軍兵士家族のほとんどすべては零落し、割当徴発の支払免除の布告が完全に失念されているため、赤軍兵士とその家族の間には権力への憎悪が芽生えている

ことを機密電報で中央に訴えた（там же. Оп. 65. Д. 434. Л. 37.）。このような悲惨な現状は家族から兵士に書簡などで伝えられ、兵士や水兵の不満を形成する一因となった。

(33) ГАРФ. Ф. 393. Оп. 28. Д. 268. Л. 193.

(34) Изв. Тамбов. губ. исполкома. 1921. 5 марта; РГАСПИ. Ф. 17. Оп. 13. Д. 1185. Л. 50 об.; Оп. 84. Д. 230. Л. 8; Оп. 65. Д. 610. Л. 17.

(35) 1921年1月31日に不当な割当徴発を遂行しようとする食糧部隊と農民との衝突を原因としてチュメニ県イシム郡で勃発したこの時期最大の農民蜂起については、*Москвин В. В.* Восстание крестьян в Западной Сибири в 1921 году//Вопр. ист. 1998. №6.を参照。

(36) РГАСПИ. Ф. 17. Оп. 2. Д. 55. Л. 4; ГАРФ. Ф. 130. Оп. 5. Д. 712. Л. 7-10.

(37) РГАСПИ. Ф. 17. Оп. 3. Д. 128. Л. 1; Д. 120. Л. 6. 2月16日に特別委員会議長ヴェ・ア・アントーノフ=オフセーエンコは現地に到着し、タンボフ県執行委議長などから構成される、「匪賊運動の根絶に関する全権代表特別委員会」を承認するよう党中央委員会に要請し、3月3日の党中央委員会組織局会議は、全権代表特別委員会を承認するとともに、革命軍事評議会を設置することを認め、タンボフ県に活動家を派遣するようヴェ・チェ・カに提案することを決定した（Изв. Тамбов. губ. исполкома. 1921. 26 фев.; РГАСПИ. Ф. 17. Оп. 112. Д. 132. Л. 118, 4.）。

(38) Изв. Орлов. губ. и гор. исполкома. 1921. 4, 16 марта; Коммуна (Самара).1921. 27 фев.; РГАЭ. Ф. 478. Оп. 3. Д. 1297. Л. 43-43 об.; Ф. 1943. Оп. 1. Д. 1017. Л. 113.

(39) Прод. газета. 1921. 14 янв.; Беднота. 1921. 22 фев.;3 марта;5 апр.; Отчет Народного Коммисариата Земледелия IX Всероссийскому съезду советов. С. 34; РГАЭ. Ф. 1943. Оп. 7. Д. 916. Л. 4-4 об.

(40) РГАСПИ. Ф. 94. Оп. 2. Д. 16. Л. 380, 381, 385; Ф. 17. Оп. 2. Д. 49. Л. 1, 6; Ленин В. И. Полн. собр. соч. Т. 42. С. 199.

(41) 草案の審議過程については、Ленинский сборник. Т. xx. С. 57-62; Декреты Советской власти. Т. xiii. С. 204-205; 荒田洋「食糧税への移行」（門脇彰・荒田洋編『過渡期経済の研究』日本評論社、1975年）、参照。

(42) 例えば、Поляков と Генкина の前掲書では、彼の発言にはまったく触れていない。

(43) Ленин В. И. Полн. собр. соч. Т. 52. С. 91-92; Десятый съезд РКП (б): стеногр. отчет. М., 1963. С. 89, 113, 404-409, 421.

(44) これについては、梶川伸一『幻想の革命』を参照。

(45) *The Trotsky Papers. vol. ii*, pp. 388-90, 394.
(46) Десятый съезд РКП (б). С. 113, 33-34, 78, 413; *Ленин В. И.* Полн. собр. соч. Т. 43. С. 371-373, 218.
(47) Десятый съезд РКП (б). С. 608-09; Декреты Советской власти. Т. xiii. С. 245-247; ГАРФ. Ф. 130. Оп. 5. Д. 644. Л. 9, 11, 12 об. -15.
(48) РГАСПИ. Ф. 17. Оп. 3. Д. 141. Л. 1; Протоколы десятой всероссийской конференции РКП (б). С. 17; РГАСПИ. Ф. 17. Оп. 163. Д. 125. Л. 9; Декреты Советской власти. Т. xiii. С. 283-284.
(49) Там же. С. 250-253; *Ленин В. И.* Полн. собр. соч. Т. 43. С. 149, 243. 付言すれば、ここで目指されていた将来構想は、ドミトレンコが戦時共産主義の理念型と規定する「割当徴発（税）＋商品交換＋専売」である。
(50) Всероссийская конференция РКП (б). бюл. № 1. С. 8-9; РГАСПИ. Ф. 17. Оп. 3. Д. 141. Л. 1; Протоколы десятой всероссийской конференции РКП (б). С. 17.
(51) РГАЭ. Ф. 478. Оп. 2. Д. 237. Л. 13-14; Ф. 1943. Оп. 4. Д. 299. Л. 3; Д. 201. Л. 193; Оп. 1. Д. 681. Л. 101-102; Беднота. 1920. 14 сент.; Бюл. Наркомпрода. 1920. 13 авг.
(52) РГАЭ. Ф. 1943. Оп. 7. Д. 2334. Л. 37.
(53) ГАРФ. Ф. 393. Оп. 28. Д. 267. Л. 27; РГАСПИ. Ф. 17. Оп. 65. Д. 597. Л. 172. 同じ頃タンボフ県でも食糧列車を切り離して県内の食糧を確保していた（РГАЭ. Ф. 1943. Оп. 7. Д. 2334. Л. 177.）。
(54) РГАСПИ. Ф. 17. Оп. 65. Д. 568. Л. 207; Д. 663. Л. 190; Д. 538. Л. 612.
(55) Там же. Д. 568. Л. 27 об.; ГАРФ. Ф. 393, Оп. 28, Д.75, Л.48. ここで触れることのできない21年飢饉の原因と実状に関しては、梶川伸一『幻想の革命』を参照。

ヴォルガ河に鳴り響く弔鐘

―― 1921－1922年飢饉とヴォルガ・ドイツ人 ――

鈴木健夫

はじめに

1920年代初頭にロシアを襲った大飢饉[1]は、18世紀末以降の入植によりヴォルガ河流域・黒海沿岸地域・西部諸県に少数民族として生活していたドイツ人にとっても、もちろん例外ではなかった。そればかりかドイツ人は、彼らのおかれていた立場から、世界大戦・革命・内戦・社会主義建設と続くロシアにおいて、ロシア民衆の悲惨な状況とはまたちがった、厳しい飢饉・飢餓の状況に遭遇することになる。

本稿は、そうしたロシア・ドイツ人のうちヴォルガ河流域のドイツ人の飢饉・飢餓の状況について、現地から彼らがドイツおよびアメリカに書き送った手紙や報告、またドイツから当地に救済のために赴いたドイツ人医師の報告などの紹介を交えながら、検討しようとするものである。

ヴォルガ地方のドイツ人は、ほかの地域のドイツ人と同じく、1871年以降はロシア帝国の臣民としてロシア化政策の波に呑み込まれ、さまざまに同化を強いられたが、第1次世界大戦のさなかにおこった社会主義革命（1917年10月）後の1918年10月、沿ヴォルガ（パヴォルジエ）・ドイツ人自治州（勤労コミューン）として、ソヴェト共産党支配下においてその「民族的自治」が認められることになる。ヴォルガ河の右岸（山地側）・左岸（草地側）に居住していたドイツ人の入植地は200以上、人口は1920年の人口調査によれば45万2629人を数えたが[2]、沿ヴォルガ・ドイツ人自治州はその後、領域を拡張され、1924年1月には沿ヴォルガ・ドイツ人自

治共和国に昇格している。

　このヴォルガ・ドイツ人が1920年代初頭にどのような飢饉に遭遇したか、議論は第1次世界大戦から始めなければならない。

1. 第1次世界大戦・社会主義革命・内戦

　1914年は、ヴォルガ地方に居住するドイツ人にとっては、エカチェリーナ2世の誘致により自分たちの祖先がこの地に入植してからちょうど150年という記念すべき年であり、祝賀の行事が計画されていた。しかし、同年7月に第1次世界大戦が勃発すると、ロシア在住のドイツ人は敵国人となり、さまざまな厳しい運命に遭遇した。予定されていた150年祭は中止の憂き目に会った。それだけでなく、若者はロシア軍兵士として母国との戦争に狩り出された。彼らは西部戦線でロシアが敗北した後にはカフカーズのトルコ戦線に送られ、ここで多数の戦死者を出した。

　他方、国内のドイツ人学校はロシア化され、また子供をロシア人の学校に行かせることを強制され、ドイツ語の使用が禁じられた。ドイツ語での会話が許されず、ドイツ語の標識が姿を消し、ドイツ語の新聞は停刊を強いられ、教会のミサもロシア語でおこなわざるを得なくなり、それに抵抗する牧師はシベリアに送られた。ヴォルガ地方のドイツ人村はすべて1915年にロシア語の名称に改められた。1915年5月27日にはモスクワで破壊的な反ドイツ人暴動がおこったが、こうした動きの背後には、19世紀末以来ロシア人のあいだに顕著になっていた反ドイツ人意識があった。

　大戦勃発後、ゴレムィキン首相は「われわれはドイツ帝国に対してだけでなくドイツ人に対して戦争を遂行するのだ」と通告した。西部諸県のドイツ人に対する土地所有権剥奪・不動産売却の法律が1915年2月2日にニコライ2世によって発せられた。こうした処置はドイツ人だけでなく、同地域に住むオーストリア人、ハンガリー人、トルコ人などの敵国人に対し

ても講じられたが、ともあれドイツとの国境に近いロシア西部・南部に居住していたドイツ人に対して、強制的な財産没収、知識人（牧師、教師、法律家など）逮捕、シベリア・中央アジア・ウラル地方への追放がおこなわれた。総数10万人を越えるドイツ人の追放が1915年から1916年にかけておこなわれ、その2分の1から3分の1はこの過程で死亡したといわれる。

　ドイツ国境地域のドイツ人に対するこのような措置はヴォルガ地方にもいつ及んでくるか分からない状態にあったが、これは単なる杞憂に終わらなかった。1915年12月13日には「ヴォルガ・ドイツ人を1917年2月以降シベリアに強制移住させる」という勅令の準備が始められ、そして実際に1917年2月6日にはヴォルガ・ドイツ人に対する土地没収令が発せられた。同月26日には200万人のロシア・ドイツ人に対して穀物・財産・家畜・役馬没収令が発せられ、ヴォルガ・ドイツ人の入植地にロシア軍隊を進駐させることが命ぜられ、さらにヴォルガ・ドイツ人の強制移住も決定されたのである。司教ケスラーは、「この日、私は、サラートフの私の神学校で男たち——年老いた男たちしかいなかった——に対して、私たちを絶滅から救うために奇跡のおこることを祈らせた」と述べている。ところが、この直後、ペトログラードに革命がおこったのである。サラートフにはすでに1800人のコサック騎馬兵が無防備の村々を襲撃し、殺人・略奪行為をおこない、住民を四散させようと準備していたが、革命勃発により、先の没収令は完全には実行されずに終わった[3]。

＊

　ところで、1917年の二月革命後にロシアに居住するドイツ人は結集する動きを見せ、同年4月20-23日にモスクワで第1回ロシア・ドイツ人会議が開かれたが、ヴォルガ・ドイツ人自らも民族的運動を開始し、その直後の同月25-27日にはサラートフで沿ヴォルガ・ドイツ人大会が開催された。大会は中央委員会を組織し、機関紙として、追放先のシベリアから3月に帰還したばかりの牧師ヨハネス・シュロイニングを編集主幹とした『サラートフ・ドイツ民族新聞』（Saratower Deutsche Volkszeitung）を発行した。

この組織はその後、ドイツ人入植地で甚大な影響力をもつ存在となる。こうした民族的な運動とならんで、当初は大した影響力をもたなかったものの社会主義者による動きもおこり、6月1－2日にはサラートフで沿ヴォルガ・ドイツ人社会主義者同盟の創立大会が開催され、社会民主労働党のドイツ語新聞『入植者』(Der Kolonist) がその機関紙となった。
　1917年10月、ボリシェヴィキによる革命が勝利し、平和、自由、土地、パンが全人民に約束された。ヴォルガ・ドイツ人のなかでは、富裕な人びとや教会、そして一部の知識人はボリシェヴィキによる権力奪取を非難し、その「反民主的」処置に憤りを露わにしたが、民衆のなかには大きな希望を抱くものも多かった。しかし、そうした希望も、ボリシェヴィキ権力がヴォルガ地方に確立されていくなかで、つかのまのことでしかなかった。
　1918年2月にヴァーレンブルクで開催されたノヴォウゼンスク郡入植地代表者会議でヴォルガ・ドイツ人の自治についての問題がはじめて提起され、審議の結果、ソヴェト政府に対して自治権付与の請願をおこなうことが決議された。しかし、この請願が入植地の代表たちだけでおこなわれることはなかった。先に旗揚げしていた社会主義者同盟は、民族的ブルジョアジー勢力の台頭およびロシア人プロレタリアートとの連帯の妨害という懸念から自治獲得に反対の議論も内部にあったが、最後にはモスクワへの代表団に自分たちのメンバーを送り込み、この問題の主導権を握ることとなった。4月、中央政府の民族問題人民委員部は代表団との交渉の結果、「ソヴェトの原則に基づいたドイツ人勤労大衆の自治」の組織化をスターリンの名において承認し、「共産主義者・国際主義者」の捕虜2人、ドイツ人兵士ロイターとハンガリー人兵士ペティンをサラートフに送り込み、沿ヴォルガ・ドイツ人問題委員部（コミッサリアート）を組織させた。その後この委員部が中心になり、入植地代表者会議が開催され、「住民のほとんどがロシア語を知らない」各入植地にソヴェトが組織され、入植地ソヴェト大会が開催され、自治の問題が議論された。当時「ドイツ人の村では、読み書きのできない唯一のロシア人である牛飼いがソヴェト議長とな

り、夜番が国民教育人民委員に任命された」というような事態もおこっていた。委員部のメンバー全員は9月に社会主義者同盟から組織替えされたドイツ人共産主義者党のメンバーとなるが、委員部は自治問題についてソヴェト政府と交渉を重ね、10月17日、政府は、暗殺未遂の負傷の癒えたレーニン出席の会議で「ソヴェトの原則にしたがった」自治州の創設を決定し、その直後に開催された第2回入植地ソヴェト大会でその報告は嵐のような歓呼のなかで迎えられた。こうして沿ヴォルガ・ドイツ人自治州（勤労コミューン）が成立し、それを構成するマルクスシュタット、ゼールマン（ロヴノエ）、バルツァーの3郡の領域が決められた。この間、内戦が激しくなるなか赤軍部隊が当地に結成され、ソヴェトの秩序が「狡猾に、また力ずくで」導入されていったのである[4]。

＊

　1918年夏、ヴォルガ地方は軍事的・政治的に緊迫していた。5月にウラルで反ボリシェヴィキの蜂起をおこしたチェコスロヴァキア軍団が、そしてこの動きに呼応して立ち上がったエス・エルその他の反対勢力がこの地方に進出し、また白軍が南西部とウラルから進撃してきており、反革命軍と革命軍との前線はドイツ人植民地に接近していた。こうした状況の中で、沿ヴォルガ・ドイツ人問題委員部は、住民のあいだで赤軍支援活動をおこない、食糧・馬・馬車などを住民から調達し、男性を大量に赤軍に動員した。この時期に委員部の何の合意なしに県・郡から派遣された赤軍部隊は、住民に対する穀物・財産の徴発、軍税の賦課、人的動員を強制的におこない、抵抗には銃殺を含む残酷な懲罰で応えた。現地からは多数の苦情の電報が沿ヴォルガ委員部およびソヴェト政府に届けられた。こうした赤軍部隊の行動に対して中央政府はその行き過ぎを厳しく指摘し、すべては軍司令部および沿ヴォルガ委員部の許可を必要とするという通達を出したが、10月の自治州創設後も、ドイツ人住民に対する赤軍の食糧徴発・没収・資金取立て・軍事動員は後を絶たなかった。
　1918年12月にヴォルガ・ドイツ人の一中隊は南部戦線に送られドンバス

解放に参加し、その後マフノー軍との戦いにも関与することになるが、徐々に整備・拡充されていったヴォルガ・ドイツ人の赤軍は、1919年の春には来襲してきたコルチャーク軍と、秋にはバルツァー郡南部を占領していたヂェニーキン軍と戦い、1920年になると南東戦線、ポーランド戦線、ウクライナのヴランゲリ軍との前線に送られた。

　ヴォルガ地方は、以上のような赤軍・白軍の内戦の舞台となっただけではなかった。1921年1月にドン軍管州からこの地に進出して反ボリシェヴィキの破壊的活動を行った何千人にも及ぶ匪賊部隊と現地のソヴェト当局・赤軍との内戦——とくに3月——の舞台ともなった。匪賊の反ソヴェト運動は、タンボフ県のアントーノフ運動と連動するものであったが、匪賊たちは「抑圧者－共産党員と人民委員の軛から勤労大衆を完全に解放するために」という名の下に現地のドイツ人やロシア人の住民を巻き込んだ。住民の側には、匪賊部隊の運動を支持しその行動に参加する者が出てきた。匪賊部隊の行動が起爆剤となり、またそれが扇動して、多くのドイツ人村で蜂起がおこった。住民は、銃、斧、熊手などで武装し、現地のソヴェトを襲い、ときに活動家を殺害し、穀物集積所を破壊し、穀物種子を住民のあいだで分配した。3月末には自治州のかなりの地域が蜂起した匪賊と農民の手中にあった。しかし、ソヴェト側も蜂起を粉砕すべく赤軍部隊を強化し、反撃した。そうこうするうちに農民はソヴェト活動家に対する匪賊のあまりに凶暴な制裁を支持しなくなり、両者のあいだには深刻な対立が生じた。武装力において優位に立つ赤軍部隊の攻撃により、ドイツ人自治州における匪賊と農民の蜂起は4月中旬までに一応は鎮圧され、蜂起参加者は革命裁判所に送られ、多くの者が銃殺や拘留の刑に処せられた[5]。

2. 食糧徴発、暴動・虐殺

　十月革命直後の1917年12月に早くもヴォルガ地方には兵士が現われ、ク

リスマス直後の深夜に18名の富裕市民が逮捕・拘留され、強制労働を強いられ、最後はヴォルガ河の島で夜に裸にされて銃殺されたが、そのなかには何人かのドイツ人商人がいたという。ロシア・ドイツ人の多くは、その勤勉さと相対的豊かさから、また年来の反ドイツ人意識も加わって、容易に「クラーク」の烙印を押され、その食糧、衣類、牽引家畜など、あらゆるものが押収されたが(6)、そうした行為は極貧の農民にまで及んだ。

ドイツとの講和を締結したもののウクライナの穀倉がまだドイツ軍の配下にあったソヴェト・ロシアでは、戦争・革命による疲弊のなかで、1918年の春から両首都や軍隊をはじめ深刻な食糧危機に陥り、政府は5月に食糧独裁令を発し、武装した労働者の食糧徴発隊を全国の農村に送り込んだ。また同年にはロシア各地で穀物の割当徴発が実施されはじめ、翌1919年1月11日付の布告とその政令により穀物の割当徴発が公式に指示された。

沿ヴォルガ・ドイツ人自治州においても、1918年末から1920年にかけて何度も食糧徴発および播種キャンペーンが展開され、政府によって派遣されてきた食糧徴発隊が活動し、また赤軍による徴発がおこなわれた。

1919年春にドイツ人自治州は中央政府より新たな穀物調達の指令を受けたが、5月、これを拒否する手紙を送った。前年のキャンペーンで穀物種子270万プードを計画通りに供出していること、隣接の県ではこの調達はなされておらず不公平であること、ほかに馬・荷馬車、皮革、サルピンカ（ヴォルガ河下流地域特産の薄い縞綿織物）、農機具などを他地域より多く供出していることがその理由とされた。しかし、政府はこの回答として、レーニンとツュルーパ両名による6月11日の電報のなかで、バルツァー地区から軍のための穀物50万プードを供出するよう要求した。これに対して自治州は、それまでの非常食糧委員会のメンバーのほぼ全員の入れ替えを実施し、この要求に応えざるを得なかった。中央政府からは頻繁に電報が送られ、7月末には全ロシア中央執行委員会議長カリーニンが自治州を訪問し、「革命・共和国を全力で守っている」労働者・兵士の飢餓状況を訴えた。この年の夏は雨も多く、8月にはじまった春播きの収穫も大いに期

待されたが、デェニーキン軍によるバルツァー郡南部の占領により悲惨な光景が生み出された。デェニーキン軍による残酷な略奪があったが、同時に、デェニーキン軍を前にして後退する赤軍によっても土地は踏みにじられ、収穫物は略奪され、人口17万9000人のバルツァー郡だけで1万頭以上の馬、1万2000頭の家畜が奪い取られた。刈り取られないままの穀物も多かった。中央政府宛の州執行委員会の手紙（8月11日付）には次のように書かれていた。

　　農民の炉から食べ物を取り出し、それを容器に入れて集め、菜園からはジャガイモや野菜が掘り出され、庭は荒れ、樹木は折られ、垣根は引き抜かれています。農民に対する殴打・暴力は日常的現象です。女性に対する強姦もありました。農民にはテロ行為が加えられています。こうしたことにより、働くことがまったく出来ない空気が生み出されています[7]。

それでも自治州は徴発による穀物供出を続けなければならなかった。中央からの要求はますます激しくなり、新たな食糧徴発隊が早いテンポで編成された。9月30日のレーニン／ツュルーパの電報には「生産者から余剰を没収せよ。隠匿している者は逮捕してモスクワに送り、強制収容所に入れろ。そして彼らを公表せよ」とあった。頻繁な電報による要求だけでなく、ソヴェト食糧委員会の全権が食糧キャンペーンの進行を常に監督し、州からの食糧搬出を組織した。穀物種子850万プードの供出要求に加えて11月にはさらに穀物400万プードという要求がきて、12月30日には、食糧人民委員部参与スミルノフより先の9月30日付電報と同趣旨の電報が届いた。1920年に入って州執行委員会内には中央政府に批判的な意見も顕在化したが、結局、そうした立場のメンバーは逮捕・粛清され、中央政府に忠実な勢力が主導権を握ることになった。彼らは州内に独裁的権限をもつ非常食糧会議を設置し、後にそれを基盤に革命委員会を組織し、農民から

の食糧徴発を何の妨害なしに強行する体制をつくり出した。革命委員会は自分の判断で播種キャンペーンを展開した。

　5月末には中央から新たな「食糧攻勢」が始まった。レーニン／ツュルーパの電報は1919－20年の割当徴発を7月15日までに100％遂行するよう要求してきた。州全体は39の地区に分けられ、各地区に党指導者が指名され、赤軍部隊が彼を支えた。党指導者への「指令書」には、農民の穀物・家畜保有量は必要最小限とし、余剰を発見したらすべてを即座に没収すること、中農・クラーク・フートル経営者・酒密造者からは特に厳しく没収すること、この指令は3週間以内に遂行すること、といったことが記されていた。

　「食糧攻勢」は新たな農民の抵抗を引き起こし、ゼールマン郡では自治州脱退・隣接のサマーラ県ノヴォウゼンスク郡編入というキャンペーンが広範にまきおこった。郡の共産党指導者も「余剰の穀物はなく、郡に課せられた徴発を遂行することは不可能」という異例の決議をし、中央委員会に報告した。州執行委員会はこの動きに驚き、早速ゼールマン郡に戒厳令を発動し、郡執行委員会を解散してその代わりに郡革命委員会を設置することを決議した。ゼールマン郡執行委員会のメンバーは全員逮捕された。この一連の動きの結末は中央委員会の指令による党活動家の国内移動となり、自治州にもドイツ語を知らないロシア人、ウクライナ人、ポーランド人などの活動家が派遣されてきて要職に就き、食糧徴発を続けることになった。

　1920年の夏は早魃で、すでに7月、州土地局は収穫の予測に大きな不安を示した。ライ麦の種子は秋播きにさえ十分でなく、60万プードが追加的に必要とされたが、この時期でも州食糧委員会は徴発の割当に応じてライ麦を州から搬出していた。8月以降に中央からは、いかなる犠牲を払っても食糧徴発を遂行せよという指令が発せられ、加えて10月18日には「10月18日から25日の間にそれぞれ35台の穀物積載貨車の貨物列車を3回モスクワに送るように」という、計画外の穀物を要求する緊急の電報が届けられ

た。当時中央には、ドイツ人自治州からは——国内のほかの農業地域からもそうであるが——十分に「搾り取る」だけの価値がある、という確信があった。

しかし、このような政策が農村にどのような状況をもたらしていたか、ドイツ人自治州の執行委員会の或るメンバーがフランク村から州指導部に宛てて送った次のような手紙から知ることができる。

> 現地の状況は絶望的です。……村の収穫を明らかに超えた規模の割当が賦課されています。村ソヴェトは、逮捕と共和国革命裁判所への送還という脅しの下に即座に徴発をおこない、どんなことがあろうともそれを遂行するよう、命ぜられています。村ソヴェトは力なく狼狽し、何をしてよいか分からず、明らかに集めることができない量の徴発の指令を受けてどう動いてよいのか分からないのです。……農民は自らの栄養摂取と播種のためのきわめてわずかな量をさえ自分に残しておく権利もないという、あり得ないことが起こっています[8]。

1920年の夏と秋に、本来は7月15日までに遂行しなければならなかった1919年収穫分の調達として、407万1300プードの穀物が自治州から搬出された。1920年の収穫を使ってのことである。しかし、そうこうするうちに、自治州の凶作・悪い食糧事情が考慮されることなく、1920年の収穫に対する割当徴発の指令が到着した。

農民の供出能力は限界に達していた。新しい徴発に対する供出は、1920年11月20日の時点で穀物（割当量980万プード）は4.5％、ジャガイモ（30万プード）は53.8％、採油種子（15万プード）は0.5％、キャベツ（20万プード）は5％、ニワトリ（1万7160プード）は2％にすぎず、タマネギ（8万プード）、野菜（20万プード）、食肉（25万9324プード）、獣皮（4500枚）、羊皮（2万枚）といったほかの品目は0％であった。加えて、輸送容器の不足、悪い輸送路などから運搬途中の損失も大きかった。

それでも12月12日に開催された第7回州ソヴェト大会では「赤軍・労働者に食糧を与え子供を餓死から救う必要があり、食糧徴発のためにあらゆる処置をとる」という決議が採択された。
　一層の食糧徴発は農民を極度の貧窮化に導き、1920年末には多くの村で飢餓が始まっていたが、中央からはトゥーラの赤軍兵士と労働者からなる武装した食糧徴発隊（500人以上）が派遣されてきた。トゥーラ隊による食糧徴発は暴力を用いて文字通り農民から「絞り取る」活動となった。農民に対する鞭打ち、妊婦殴打の事例があったほか、銃殺だといって逮捕者を目隠しして壁の前に並ばせその頭上に発射するという、脅しも実際におこなわれた[9]。

*

　厳しい食糧徴発は早くから各地でドイツ人住民との衝突を引き起こし、ときには大規模な暴動になり、軍隊がその鎮圧に出動し、悲惨な虐殺がみられ、多くの犠牲者が出た。
　1919年1月に反ボリシェヴィキの1つの拠点でもあった裕福なヴァーレンブルクで住民の大規模な蜂起が勃発し、バルツァーの赤軍部隊およびチェカー騎兵部隊の支援によって鎮圧されるという事件がおこった。ゲルマンの研究では、32人の指導者は銃殺刑に処せられ、78万ルーブリの罰金が徴収され、逃亡した1人は村から40キロのところでじきに捕えられて「敵に恐怖を与えるために」教会の鐘楼に吊るされたという[10]。
　このヴァーレンブルクの蜂起については、シュロイニングも次のように報告している。

　　50人が抑制のない殺意をもってただちに銃殺された。さらに40人が革命裁判所に送られ、死刑の判決を受け、銃殺された。……この入植地は2時間以内に130万ルーブリの義捐金を支払わなければならなかった。自分に課せられた額を支払わない者は死刑だと脅される。

シュロイニングは、その報告のなかで、1919年にほかの村々でおこった衝突とその際の虐殺について次のように記している。

　ブルーメンタールでは30人が、そのうち女性と子供はきわめてぞっとする仕方で、殺された。
　メンノ派の村ポルテナウでは人びとは、しばしばそのなかに年寄りがいたが、壁の前に立たされ、銃身やピストルを額に押し付けられ、また口のなかにそれを入れられ、そして鞭で血まみれになるまで打たれた。この残忍な行為によって、多くのものが死んだ。

シュロイニングは、その他に、ベルジャンスク近くのノイ・ホフヌングがどのように略奪し尽されたかを、ブルーメンオルトで女性がどのように虐待され暴行を受けたかを、ドゥブロフカで80人の男性と4人の女性がどのように殺害されたかを（16歳以上の全男性のうち生き残ったのは2人の老人だけであった）、ミュンスターベルクで100人以上――そのうち子供32人――が、サグラトフカで200人以上が、グロースリーベンタールで138人以上が、クチュルガンで300人が、グリュックスタールで150人がいかに殺されたかを、報告している[11]。

　食糧徴発に対する農民の抵抗と暴動そして虐殺は、先述のトゥーラ食糧徴発隊が自治州で残虐な方法で活動をおこなった1921年春に頂点に達した。牧師ペーター・ジンナーはトゥーラ部隊の「身の毛もよだつような行為」を1928年に回想しているが[12]、その状況は、当時のドイツの新聞・雑誌や個人的な手紙を通じて国外にも知られた。

　ベルリンで発行されていた新聞『ドイツ東方通信』(Deutsche Post aus den Osten)の1921年8月28日版には『リガ評論』(Rigasche Rundschau)からの転載で「破滅を迫られているヴォルガ・ドイツ人」と題する記事が掲載されているが、その一節には次のように記されている。

前年［1920年］にもヴォルガ地方は凶作で、収穫の大半が全滅したが、それにもかかわらずこの年に異常に高い量の穀物調達が入植地域に課せられた。トイツ・コミューンはこの穀物調達量を供出することができず、今年［1921年］の２月には監督・懲罰部隊として赤軍のトゥーラ部隊がヴォルガ入植地に派遣されてきた。この部隊は、村々を馬で巡察し、すべての穀物を即座に供出するよう要求した。その際、部隊は、まずは貯蔵されている穀物すべてをまとめることが大事だといい、現在の総量を確認したあとに村々には必要な量が残されると言った。
　死の恐怖のなかで力ずくで穀物とジャガイモが取り上げられる際、「貯蔵する穀物はすべて地域の行政中心地カタリーネンシュタットの安全な倉庫に運び、住民に対してはすでに精製されている穀粉を分配することになろう」と言われた。
　穀物をすべて供出せよという要求に住民は激昂し、各地で武装した住民の反抗がおこった。カタリーネンシュタットの近くの大きな村トンコトゥルヴォでは次のように事件がおこった。春播きを始めようとしたときにトゥーラの赤軍兵がもどってきて、共同体倉庫にある穀物の残りを持っていこうとした際に、村の住民は、最後の穀物を守るために抵抗した。女と子供は倉庫の前に立ちはだかり、男たちは干し草用熊手、大鎌、農具を手にした。流血の格闘がおこり、反抗者たちは、年齢や男女の区別なく機関銃で追い散らされ、また撃たれた。その後、トンコトゥルヴォ村は、赤軍兵士から組織的なあらゆる略奪を受けた。入植者から奪った物品はカタリーネンシュタットの共産主義者のあいだで分けられた。
　流血の戦いは、大きくて豊かな村であったマリエンタールでもおこった。ここでは、赤軍兵と村民との戦いのなかで教会の塔が銃弾で破壊された。そして、そこに居合わせた目撃者が報告しているように、住民の半分はその戦いのなかで命を落とした。

2月からは入植地域の全住民にパンがなくなった。というのも徴発されカタリーネンシュタットに運ばれた貯蔵穀物の見返りの穀粉は住民に配分されないままであったのである。こうして、ヴォルガ・ドイツ人から彼らの最後のパンが、また播種用種子が奪い取られた。彼らの不幸の原因は単に凶作にあるだけではなかった[13]。

3. 飢饉

　1920年から1921年にかけての食糧徴発の「攻勢」によりドイツ人農民のところから穀物が奪い取られ、また農民蜂起により州の集積していた穀物種子が奪い取られ、州内の農民には危機的状況が生じはじめていた。1921年の播種地面積は、ライ麦は前年の秋に播種されていたので前年の82％であったが、小麦は前年の9％、カラス麦・大麦は12％、ジャガイモは37％であり、春にすでに秋の収穫の乏しいことが確実に予測された。レーニンはドイツ人自治州の請願に応えてサラートフ県革命委員会に小麦10万プードの州への配給を指令したが、県は「県の食糧事情はドイツ人自治州より悪い」としてこの指令を拒否した。こうした非常事態のなかで4月に中央政府から派遣された特別委員会は、その調査結果の報告書のなかで次のようなことを確認している。

　　州はきわめて困難な経済的・政治的状況にあり、これは、凶作、ひどく不十分な播種、食糧徴発、破壊行為、蜂起の結果である。食糧徴発は計り知れない政治的・経済的弊害を州にもたらしており、それは、とくに、住民の言葉や生活習慣を知らない食料徴発隊の活動について言うことができ、彼らの集団的醜行や個人的犯罪行為が確認されている。

特別委員会はこの時点ですでに飢餓が州内に蔓延しているという事実を認めていた。

 5月初め、州は飢えた子供をなんとか助けようと、彼らの食事のために3000プードのキビを種子フォンドから供出したが、もちろん、こうした処置は飢餓問題を解決するものではなかった。中央政府の執行委員会は、5月21日、「最小限の食糧備蓄を州に供出することが望ましく、この問題の解決は食糧人民委員部にまかせる」としたが、この食糧人民委員部はちょうどこのころ「食糧徴発を厳しくおこなうように」という電報を自治州に送っていた。州は中央の態度を厳しく批判し、執行委員会議長モールをモスクワに派遣するとともに、自ら飢餓者調査委員会をつくった。この調査委員会は、6月初めに無作為に選んだ数地区を調査し、どのような状況になっているかを報告した。それによれば、すでに1921年の新年を迎えるころに「きわめて多くの村で」パンがなくなっており、飢えがひどくなるにつれて家畜を見境なく屠殺しはじめ、農機具や家財道具などを売らざるを得なかった。

> 住民のうちのわずかな富農は、現在、もっぱら自分の農業経営を放置することによって生きている。莫大なパン需要のために、農機具、建物、機械、衣類そして靴類は、ほとんど何の価値もなくなってしまった（刈取機が焼きパン1個と交換されている）。
> 現在、住民は、草本、雑草、タマネギ、ニンニク、動物の死体、犬、猫、クマネズミ、カエル、ハタリス、ハリネズミ、ヴォルガ河沿いの村で集めた魚を食べている。住民のうちのわずかな者は、残っている酪農家畜や役畜を食べてしまっている。

 特別委員会の指摘によれば、飢えに苦しみ、収穫の見通しも期待できず（播いた種子が少なく、5月からは旱魃が始まっている）、また、外部からの援助は何も期待できず、住民は、農業経営を放り出し、シベリア、トル

キスタン、クバンなどへ移住し始めていた。しかも、逃亡はパニック状態になり始め、日々激しさを増していた。たとえば、パーニン地区からだけでも、5月から6月初めにかけて655家族——住民の10％——が出て行った。このパーニン地区では2月から6月までの時期に498人が餓死し、バルツァー郡のアントン村では同じ時期に510人が死亡した。ニデルモンジュ村では6月の或る一日だけで10人が飢えで命を奪われた。委員会の報告書の最後では「州の住民は、きわめて恐ろしい飢えに耐えて生きている。緊急の大量援助が必要である。そうでなければ、州は荒廃し、数十年は回復することはできないであろう」と記されている[14]。

当時、いくつかの村から窮状を訴える手紙がドイツやアメリカに送られはじめた。そのいくつかを紹介してみよう。

　　5月17日付、グリムから
　　私たちはいまでは貧民給食所から与えられるスープだけで生きています。このスープは6人分（したがって家族の半分に）と決められています。ここグリムでは飢餓が生じており、それはほかの村々よりもはるかにひどいものです。……私たちの家には菓子やパンが何もなく、料理する一握りの穀粉がなく、ジャガイモやその他の野菜もありません。……良い収穫の見込みはわずかです。というのも雨が降らないからです。その代わりに毎日乾燥した風が吹いており、加えてひどい暑さです[15]。

　　5月25日付、ヴィーゼンミュラーから
　　私たちのところではまたもや凶作です。雨はまだ降ったことがなく、すべてが乾ききってしまい、すでに3ヵ月ほど東風がいつも吹いています。種播きはわずかで、生育もまだ良くないです。穀類の播種は以前は2000デシャチーナだったのがいまでは1000デシャチーナにもならず、小麦は6000デシャチーナが普通だったのに3000デシャチーナだけです。キビとひまわりは以前より多く、400デシャチーナだと思いま

す[16]。

　5月30日付、ウメトから
　1月以来、私たちにはパンがなにもなく、10人が死にました[17]。
　6月8日付、グリムから
　父の足はかなりひどく膨らんでいます（飢えの結果です）。……奇跡が起こらない限り、ここの人びとのほとんどが餓死することは確かです。人びとはみんなまったく衰弱しています。膨れた身体の人びとが路上を這っているのを見るのはきわめて痛ましい光景です。昨日（6月7日）、私たちのところにはじめての雨が降りましたが、しかしそれはまったく短い雨で、今日はすでにその跡形もなく、土地は乾ききっています。収穫の見込みはきわめて悲しむべきもので、ほとんどの畑は荒涼としています[18]。

　6月10日付、サラートフの神父から
　パン、ジャガイモ、肉のない乏しい、1日に一度だけの食事は餓死直前の食事です。娘が一片のわずかなパンをねだったときには胸の張り裂ける思いがします。彼女に何も与えることができないのです[19]。

　6月22日付、グリムから
　昨日、霰雨が私たちを襲い、庭や畑に大きな被害がでました。……最近はここでは多くの人が餓死しています。そしてさらに恐ろしいお客さんを恐れなければなりません。コレラがすでに都市で蔓延しており、猛威を振るっています。……私たちの貯えはこの何日間でまったく無くなってしまいました[20]。

　6月25日付、ヴィーゼンミュラーから
　親愛なる義兄弟。君の兄弟は飢えのために体が膨らんでしまっており、ほかの家族も同じです。ベッター・コンラッドは飢えで死にました。君の義父も餓死寸前です[21]。

　6月付、ウルバッハから
　全家族でウルバッハ、ポクロフスク、カタリーネンシュタットを通

り過ぎ東へと日々移住していく何万人もの農民は非常に多くの死体を路上に残しておき、死体の悪臭の駆除をカラスやカササギにまかせるよりほかに何もできません。というのも犬や猫はずっと前に私たちが食べ尽くしてしまったからです。……1フントの穀粉がここでは4万5000ルーブリしますが、サラートフではその2倍です。ペルシア人は女の子より男の子に多くを払って買い求め、ブロンドの女の子はアシャハードに送ります。……ドイツ人の村ウルバッハでは半分の家が空になっています――避難し、空腹の兵士の部隊に殺され、あるいはコレラで死んでしまいました。……ここウルバッハでは、人びとはすべて骸骨のようにみえます[22]。

　7月4日付、ラウヴェから
　私たちには播く種子はなく、収穫物もありません。私たちの畑では6デシャチーナから5プードの穀物を収穫しただけです[23]。

　州執行委員会幹部会で報告されただけでも、7月1日現在、ドイツ人自治州において飢えに苦しんでいた人はすでに29万9000人を数え、それは州の人口の4分の3を超えていた。大旱魃により春播き穀物の収穫はないであろうことが7月までに決定的に明らかとなった。
　6月に自治州を代表してモールは中央政府と援助の交渉をしたが、それはきわめて難航し、7月中旬にはじめてわずかな量の援助物資が中央から自治州に到着しはじめた[24]。
　この頃になると、手紙のなかでは餓死する村人についての記述が多く出はじめている。

　7月12日付、ヴィーゼンミュラーから
　すでに別の手紙で書きましたように、私たちの周辺から多くの人が死んでいっていますし、その数はどんどん増えているようにみえます。先週はほぼ毎日、4人、5人から6人と、死んでいきました。それは

子供、独り者、年老いた者と、年齢はさまざまです。この原因は食糧不足であると思われます。多くの人は先週はずっと食べるパンがまったくなく、その他の食糧もきわめてわずかであって、胃は完全に弱っており、何にも慣れていないこの胃に作りたてのパンや穀分から作った重い食物を食べることになるのです。胃はこれに耐えることができず、死んでいくことになります。収穫は本当に乏しく、最近の統計によれば平均して１デシャチーナ当り2.5プードです。しかしこれはライ麦だけの数字で、ほかの穀物は、種子不足でわずかしか播かれず、また雨不足のために、まったく発芽しませんでした。今年の夏は雨は１回降っただけで、しかもそれはすでに収穫の時期にあたっていたときで、あまりに遅かったのです。……要するに収穫は何もないのです。今年はどうなるかと考えたときには大変心配になります。というのも助けはどこからもなく、私たちの村人は飢えで死んでいきます。何年もの貯えももはや１プードも残っていません。周辺のすべての村々や私たちのヴォルガ地方全体がそうであるように、私たちの共同体からも多くの人が南ロシア、カフカーズ……、そしてシベリアへと移住しています。すでに出発した人および出発しようとしている人の数は100家族にもなります。私たちの共同体にまだ残っているのは3000人以下になっているのです[25]。

　７月12日付、バルツァーから

　毎日、私たちの村では８－10人が埋葬されています。彼らはすべて掘った穴に入れられています。３、４ヵ月あとに誰が生きているのか、神様だけが知ることです[26]。

　７月15日付、フランツォーゼンから

　ここでの貧困はすごいものです。……すでに昨年のクリスマスのときからパンがなく、私たちは薄いスープで生きてきましたので、みんな身体がとても膨れてきています。しかし収穫の見込みはなく、ほとんどまったく何も生育しておらず、播種量の半分も収穫されないでし

ょう。どのようにして生き延びていけばよいのか分かりません。私たちがどうなるかですが、兄弟のハインリヒはタシケントにおり、私はひとりまだフランツォーゼンにおります[27]。

　7月15日付、サラートフから
　私たちヴォルガ・ドイツ人が困窮し、飢え死にを恐れているということを君はみるでしょう。日曜日にフック村では8人が敷き藁の上に横たわっており、同じ数の人間が（餓死して）埋葬され、多くの家族がすでに死滅しています。グリムでは、毎日20人から30人の人間が死んでおり、4、5ヵ月のうちにこの村は死滅するであろうと人は予測しています。こうした状態がほとんどすべての入植地でみられるのです。食糧とくにパンがすでに長いあいだ欠乏し、播種用穀物はほとんどまったくないのです。全面的な凶作により私たちは最後の希望も失っています。……フック村で乞食をしているグリムの村人たちは、圧倒的に子供ですが、そのなかから毎日1－2人が死んでいます。だれも助けることができないのです。これ以上ぞっとするように描くことはできないといった様相なのです。山地側でも草地側でも、住民の半分もいないような村が多くあります。移住して行ったか死んでしまったかです。……サラートフは乞食で一杯です。男、女、目の窪んだ子供、彼らは飢え、ぞっと身震いするほどで、痛々しく、ほとんど例外なしにドイツ人です[28]。

　7月17日付、グリムから
　数日後に旅立とうとしていますが、あまりに恐ろしい食糧不足にコレラが加わり無数の犠牲者の恐れがあり、そのときまでにどうなるか分かりません。……教会の鐘が静まることがほとんどありません。現在では毎日12回、14回、さらには17回も死者の埋葬があります。多くの友人や親類がすでに死にました[29]。

　7月18日付、グリムから
　大地は嘆き悲しんでいます。悲惨な状況は言葉では表現できません。

……飢えで人びとの身体は膨らんできており、腫瘍ができて、大抵は死んでいきます。さらにコレラで多くが死んでいます。大抵の人びとはすでに棺なしに埋葬されています[30]。

7月20日付、グリムから

今日は14回、昨日は29回、一昨日は19回、埋葬がありました。家族全員がすでに死んでしまった家もあります。……たった今も弔鐘が鳴り響いています。この鐘はいまや特に心に深く響きます。おもわず「今日は私の哀れな隣人におこっているが、明日はおそらく私がその目に会う」と考えてしまうのです。直近のわずかな数の肉親だけに付き添われて毎日多くの棺が墓地に運ばれるのを見るのは、なんとも痛ましい光景です。板が非常に高価なので、すでに多くの者は荒削りの板で自分たちの死者のために棺をつくっています。何人かはすでに棺なしに埋葬されました。……私は窓から外を眺め、天空に虹が光り輝いているのを見ます。これはまだ神様が慈悲深くあられることの徴です[31]。

7月中旬に中央政府より自治州に送り込まれた収穫高調査委員会は食糧税──3月に徴発から現物税に切り替えられていた──の徴収は無理であると報告したが、7月25日付のレーニン／ブリュハーノフの電報には「現物税額は従来の食糧徴発量より低く定められており、断固として現物税を徴収するように、あらゆる手段を講ずるべきである」と指令されていた。8月19日、中央から来訪した全露中央執行委員会議長カリーニンに対してモールは、旱魃のために州の収穫は75％もだめになっており、残された農地での収穫はデシャチーナ当り1.5プード、家畜飼料がなく、家畜頭数は破滅的に減少し、飢餓が猛威を振るっており、約4万人がパニック状態にある、と伝えた[32]。

8月から9月にかけての現地からの報告には、次のようなものがある。

8月21日付、マリエンタールから

　餓死が迫っており、援助が何もこなければこの冬を迎えることができないでしょう。今年の収穫は非常に貧しく、1906年の収穫でさえ豊作にみえてきます。夏の間中、一度も雨が降りませんでした。小麦を蒔いたのもあまりに遅かったです。果物の皮を1年以上も保存してあり、それを食べています。飢え死にするより道はないのです。……この村では毎日5－6人が死んでいますが、アルト-バロ村では20人も死んでいます[33]。

8月28日付掲載の手紙

　昨年のクリスマスからは一片のパンもみていません。人びとは飢えで手足が膨らんできています。どうか私たちを助けてください。そうでないと私たちはみんな死んでしまいます[34]。

8月28日付掲載の記事（前掲の「破滅を迫られているヴォルガ・ドイツ人」）

　雪解けから7月末まで灼熱の太陽がすべてを枯らし、カタリーネンシュタット周辺には7月17日になって初めて雨が降った。収穫は全滅した。……壊血病、チフス、そしてコレラが発生している。……目撃者の証言によれば、ヴォルガ入植地の現状は次のようである。穀物は枯れ、家畜は屠殺され、住民は草を食べている。短期間に収穫された冬ライ麦はデシャチーナ当り2、3フントしかなく、すぐに食い尽くされ、通常の食事はできず、無数の死者が出た。せいぜいリンゴと草をまぜてつくったものを代用食としたが、それで栄養を摂ることも長くは続かない。ここに留まる人びとの「大量死」が、年齢を問わない苦痛に満ちた餓死がはじまった。人はやせ衰え、いたるところで死がみられ、首都の通りでも、倒れて弱々しく死んでいく人間をみることができる。教会は見捨てられ、共同体は教会の牧師たちを扶養することができず、いまや教会では死者埋葬のみがおこなわれる。……村があいついで沈んでいる。カタリーネンシュタットの近くの入植地カネ

ルは1500人の人口を数えるが、そこでは毎日10－15人が死んで行っている。ドイツ人の習慣でそれぞれの死者に対しては弔鐘を鳴らすが、ひっきりなしにその鐘の音が流れ、かつて栄えた入植地からロシアの大河に鳴り響いている[35]。
　8／9月発行のドイツの雑誌掲載記事に紹介された手紙
　2匹のネズミが6000ルーブリもします[36]。

＊

　8月25日、自治州には飢餓者救助委員会が設置され、9月上旬には各郡に同じ委員会が、村々には相互援助委員会が設置され、援助体制が整備されていったが、肝心の中央からの食糧援助は量が非常に限定されており、また到着が不規則であった。それでも、中央政府は、住民が飢えに苦しむ地域の危機的状況を十分に認識しはじめ、9月の1ヵ月間にサラートフⅡ、ポクロフスク、カムイシン、メドヴェディツァの駅には沿ヴォルガ・ドイツ人州のために貨車が約600台到着し、54万6000プードを超える穀物種子が届けられた。その他に、2万4000プード以上が州の協同組合によって用意された。穀物種子は農民経営に直接49万4000プードが、コルホーズとソフホーズに2万3000プードが引き渡され、遅れて到着した穀物種子の一部（約3万プード）は飢餓に苦しむ住民の食糧となった。
　こうして、平年よりははるかに少なかったが秋の播種が11万9500デシャチーナの畑でおこなわれた。だが、大半の農家の飢えには変わりなく、餓死が大規模に広がっていた[37]。
　穀物を収穫できてもそれを食糧税として納入しなければならなかった。
　飢餓の惨状は、これより以前からアメリカの親類宛の手紙や報告がドイツ語の週刊新聞『世界郵便』（Die Welt-Post）やアメリカ・ヴォルガ救済協会のニューズレターなどに掲載されて広く知られるようになっていたが、1921年秋の手紙のいくつかをここに紹介しておこう。

9月4日付、フックから

ここでは夏に多くの村で（たとえば、モール、グリム、メッサーで）毎日30－40人以上が死んでいきました（しかも死体は路上で、また畑で見出されたのです）。彼らはさまざまな病気・伝染病で死んだのですが、その原因はもちろん、ひどい飢餓です[38]。

10月12日付、ノルカから

いまでは一日に8体から10体もの死体が埋葬されるようになっています……。子供が裸で部屋に座っている家庭が多くあります。大人たちは袋や布から彼らのために着るものを作っています。人びとのところにはさまざまな虫がおり、それを通じてチフス、掻痕などの病気が発生しています。人びとはまさに生き延びるために持っているすべてを、衣類、馬、雌牛、雄牛、機械等々をロシア人のところで食糧と交換しています。しかし、最後には多くの者が餓死しているのです[39]。

12月10日付の手紙

昨年、政府は私たちからほとんどすべての食糧と家畜を奪っていきました。今年の収穫は暮らしていくには十分ではありませんでした。牛肉、羊肉、あるいは豚肉、あるいは何らかのパンを手に入れることは不可能でした。というのも、政府があらゆるものを私たちから奪ったからです。

多くの人びとが飢えで死にました。……いくつかの家族は全員が死んでしまいました。多くの人びとは町へと出て行きましたが、それもそこで餓死するためです。ルイスの住民数は7000人でしたが、生き残っているのは3000人です。1日の死者の数は10人から15人です。……革命家たちがあらゆるものを持ち去っていきました[40]。

12月14日付、バルツァーから

グリムでは今年1000人以上が死にました。11月の人口は6200人でした。メッサーは今年の死者は717人で、11月の人口は3772人でした。モールの人口は3800人ですが、今年の死者は638人でした。モールの

墓地には埋葬されない死体が横たわっています(41)。

　中央政府はドイツ人自治州に対する食糧援助の県として9月13日にはゴメリ県とブリャンスク県を、11月にはヴィテブスク県を指定していたが、これらの3県からはこの年の末までに食糧が到着し始めた。しかし、その量はわずかであった(42)。

＊

　餓死を逃れようとして地域外へと避難・移住する動きは先に紹介した手紙にもみられたが、中央政府は、1921年7月28日付の中央執行委員会幹部会の決定にしたがい、8月から1万人の飢餓者を州から疎開させる準備を開始した。9月末、疎開する人たちはすべてマルクスシュタットの桟橋に集められた。そこに彼らのための汽船が到着するはずになっていた。しかし、中央の諸機関の甚だしい怠慢により2ヵ月間は州には移送の指令書が届けられず、不運な疎開者たちはこの間ずっと野営し、惨めな生活をして過ごした。2ヵ月の間に、彼らのうち何百人かは飢えと病気で死亡した。ようやく11月になって、疎開者たちは州から移送されていった。

　子供の疎開も中央の指令によって実施されたが、移送の計画と組織が悪く、望ましい結果をもたらさなかった。そればかりか、多くの子供にとっては、疎開は悲劇に終わった。最初の移送団（子供500人）は、1921年10月にチラスポーリ（オデッサ県）に向かって出発した。そこでは、彼らは農家に振り分けられた。大きな子供はなんとか受け入れられたが、幼児は誰も引き取ろうとはせず、地方当局は、幼児を強制的に振り分けなければならなかった。第2の移送団——子供の数は第一団と同じ——も、チラスポーリに向かうことが指示されていた。しかし、第2団は非常に長い間移送隊が来るのを待たされ、そして、彼らがサラートフで移送列車に一杯に詰め込まれたとき、オデッサに子供を移送せよという指令が到着した。その後、子供たちは、小さい集団をつくって、ウマニ、マイコプ、キエフ、トゥーラ、オリョール、プスコフ、ヴィテブスク、カシーラに移送された。

秋と冬を通じて、マルクスシュタット郡から1232人、バルツァー郡から150人、ゼールマン郡から515人の子供が、疎開させられた。
　州からは総勢3660人の子供が疎開させられたが、後になってすべてが帰郷できたわけでは決してなく、死亡した子供も多かった。翌年4月、州は、このような子供疎開は受け入れられないとして、この事業を中止している(43)。

＊

　1921年秋には、都市やいくつかの村で、子供用の食堂や給食所が開設され始めた。しかし、そうした施設が飢える子供たちすべてに食事を提供するには、外部から州に到着する食糧が非常に限られており、また労力と資金が十分でなかった。10月に州飢餓者援助委員会が確保できた規則的な子供の給食は、全体で約1万人分にすぎなかった。飢えていた子供はその何倍もの数であった。食糧の援助の必要がさらに迫られた。
　こうした厳しい時期に、ロシアの飢餓を救済するために、外国の慈善組織が動いた。1921年8月21日には外務人民委員代理リトヴィーノフとハーバート・フーヴァーが長官を務めていたアメリカ援助局（ARA）との間でロシアの飢餓者への人道的援助に関する協定がリガで結ばれていた。8月27日には、数多くの国の67の慈善組織からなる国際子供救済同盟（MSPD）の当時の代表ナンセン（有名な北極探険家）は、飢餓者への食糧調達に関するモスクワとの協定に調印した。ドイツ人自治州に対しては、アメリカ援助局はゼールマン郡とバルツァー郡を、ナンセンの組織はマルクスシュタット郡を担当することになり、11月21日からは子供への規則的な給食がアメリカ援助局と国際子供救済同盟との食堂で開始され、すでに11月末にはおよそ20万人の飢餓者のうち15歳未満の子供5万3000人に食事が提供されていた。二つの慈善組織は、1922年4月1日までに子供15万8000人の食糧を確保していた。この4月には、アメリカ人は、トウモロコシの配給パンにより、成人住民の食事を提供しはじめた。結局、アメリカ援助局と国際子供救済同盟は、1922年の春と夏の時期に、成人と子供合わ

せて33万9000人分の食事を確保したのである。ドイツ人自治州の第10回ソヴェト大会において州執行委員会副議長エス・コロチロフが公表した1922年7月の数字によると、2つの組織は飢餓者のうち子供（20万3760人）の88％（18万人）を、大人（27万2634人）の93％（25万5864人）を援助していたことになる。

　この2つの組織のほかに、それらの現場の施設を利用して、さまざまな外国の宗教的およびその他の組織団体（キリスト再臨派、クウェーカー教徒など）の寄付した食糧（8万プード以上）が配られた。また、1922年1月からは、ドイツ赤十字社がドイツ人州の飢餓者援助に加わり、食糧、医薬品の援助がなされ、何人もの医師が派遣され州内の疫病の駆除に参加した。さらに、ドイツやアメリカに在住していた亡命ヴォルガ・ドイツ人の援助もあり、彼らは、1922年夏以降、「ヴォルガ・ドイツ人救援事業」（Hilfswerk der Wolgadeutschen）などの団体を通じて、あるいは個々人で特別小包を送り、救援活動をおこなった。

　ゲルマンは、1922年10月1日現在における諸機関からの食糧援助量を示しているが、それによると、政府や3県など国内の食糧援助が79万7523プードであったのに対して外国の慈善組織による援助は156万2012プードであり、外国は国内より2倍もの援助をしていたことになる[44]。

＊

　以上のような食糧援助が続けられたにもかかわらず、1921年から1922年にかけての冬と春の時期は、飢饉のピークであった。政府の援助物資の量が減少しはじめた。州指導部はモスクワへ行き、食糧援助を交渉した。しかし、1922年の1月28日から2月1日にかけて開催された第8回州ロシア共産党代表者会議は、「州が厳寒の悪夢の何ヵ月間を生き延び、食糧の最後の残余を食い尽くし、現在では、全住民の食糧備蓄が完全に枯渇し、住民のあらゆる相互援助も尽き、きわめて危険で恐ろしい状況の到来に脅かされていること、住民の極度の衰弱と労働力の低下、大量の餓死、住民各層における広範なチフスの流行、住民の絶えることのない州からの脱出、

農業生産・牧畜・家内工業の活力の完全な喪失」を確認せざるを得なかった[45]。

1922年に入ってからアメリカに紹介された手紙には次のようなものがある。

　1月5日付、バルツァーから
　死者がすべて1つの墓に埋葬されるわけではありません。墓を十分に掘ることはできないのです[46]。
　2月12日付、シリングから
　私の村シリングでは3000人以上の人口があり、私はそこで28年間教師をしてきましたが、以前には50人から80人の死亡者であったのが、昨年には約300人が死にました。今年の1月1日から2月10日までに59人の死者を数えています[47]。
　2月13日付掲載
　餓死から自分の生命を救うために、人は、家具、衣類そして寝具のあるものを、ほとんど無くては済まないものを都市や村の暮らしの良いロシア人住民のところでわずかな金銭に換えたり、食糧と交換したりし始めています[48]。
　3月3日付、サラートフから
　飢餓が非常にひどく、ここでは人肉食いの事例も多くあります。親が自分の子供を、夫が妻を殺しているのです[49]。
　3月13日付、ディンケルから
　私たちの村の人口は3000人ほどでしたが、現在では1500人だけが生き延びています。住民の半分は、村のなかでは飢餓あるいはその影響により、また飢餓から逃れて移住する途中で、死んだのです[50]。
　3月20日付、フックから
　ここフックでは、私が留守をしてから1月、2月に200人以上の大人が死にましたが、現在では常にその倍のテンポで死んでいます。死

者の大半は共同の墓に、1つの墓に20-25人が、幾人かは棺なしに埋葬されています。ときにすべての死者を運び去ることができずに、積み重ねられ、それは1日に20体になることもあります[51]。

4月3日付、アルト-メッサーの牧師から

私の教区ではすでに人口の半分は死んでいます。……メッサーでは1月以来すでに380人が餓死していますが、多くの死亡はまったく報告されないままです。モールでも同じだけの数であり、クッターでは125人ほどです。……村全体に死の静寂が支配し、ただ服喪を告げる鐘の音のみがこの墓場の静寂をやぶるのです。……最近、ある母親が自分の子供を殺そうとしているということが私の耳に入りました。私はすぐにその家に駆けつけました。家の周りには馬、猫、豚、犬などさまざまな動物の頭が20ほど転がっていました。飢えに苦しむこの家族が食べ尽したものです。彼女が私に気づいたとき、家族全員が出てきました（豚小屋に似た小さな部屋に10人が住んでいるのです）。何という姿だったことか、ここで記すことはできません。そこには衰弱した、ぼろを着た、汚らしい身体があったのであって、それは人間ではありませんでした。おもわず涙せざるを得ませんでした。……「お前の子供を殺すことだけはやめなさい」と頼むことしかできんでした。……私は飛ぶように家に帰り、ルター派の貯蔵物資からこの家族にいくらかの穀粉、米、砂糖、茶およびアメリカ製の防腐石鹸1個を持っていきました[52]。

4月18日付、バルツァーから

1月1日以後バルツァー村では300人以上が死亡しています。復活祭の後の月曜日、10人がその日にバルツァーで埋葬されました[53]。

＊

1922年5月発行のドイツの雑誌『異教地の福音宗徒』（Die evangelische Diaspora）には現地で住民の飢餓・伝染病と闘っていたドイツ赤十字社の医師2人の、1921-22年の冬の出来事についての報告が掲載されているが、

その一節をここに紹介しておこう。

　冷たい晴れた日に、私たちは橇で飢餓地域に入った。ヴォルガ河を越えるときにすでに痛ましい光景に出会った。小さな橇に自分の残った財産を乗せて引きずっている、際限ない人間の列である。椅子、家庭器具、小さな戸棚、それら家庭生活には不可欠にみえたものを近隣の首都サラートフの市場で売るためである。痩せて青ざめた顔をした人びと。1人の小さな娘を連れた婦人。年老いた男。彼は苦労してヴォルガの河岸の急斜面の高台に自分の荷物を持ち上げていた。そうした人びとのあいだに、長椅子を乗せた橇がラクダに繋がれているのがみえた。ほかの橇には鋤と馬鍬が積まれていた。すべては、たとえ何日間かのことであれ飢えから逃れるために犠牲に供されるものである。……食糧の価格は法外に高くなっており、週ごとにさらに上昇している。400グラムの普通の黒パンはサラートフで1月に1万2000ルーブリしていたが、今日ではそれを手に入れるのに12万ルーブリが必要である。ほかの食料品の値段も相当なものである。都市では買おうと思えば買うことができるが、誰もそれに必要なだけの金銭を持っていないのだ。こうして人びとは、何年も働いて得た収入で買い込んできた家庭器具を捨て売りすることを強いられているようにみえる。かつての村にはわずかながら富があった。それが今日このような様子なのだ。以前には冬であっても良い日々があり、生き生きとした生活があったような入植地は今日では死滅したかのようである。多くの家々は見捨てられ、窓は釘付され、煙突と炉は冷たい。そこに住んでいた人びとはほかの地方に自分の避難所を探しに出て行ったのである。しかしながら、大抵は、ここで逃れようとした死をほかの場所で迎えることになったのである。ほかの場所で生きていく可能性を見出すことができたのは、まったくわずかな人たちだけであった。

　今日ではただ稀にしか村々の通りに住民を見かけない。大半の人た

ちは家のなかにひきこもり、衰弱して力なく、一部は飢えから身体が膨らんでおり、多くの者が病気で、食糧不足から伝染病——とくに発疹チフス——に罹っているようである。多数の人は寝台からもはや離れられない。彼らは起き上がってドアのところまで歩いていく力さえないのだ。ほかの人びとは、凍害を受けたようなジャガイモ、骨、あるいは半分腐った肉片を手に入れようと、家から家へと、大変な難儀をして足を引きずりながら歩いていく。人びとが飢えを抑えるために何を食べているのか、推測することができない。犬や猫は村々で見かけることは稀になっている。畑のヤマネズミは全部捕まえられた。多くの人びとにとっては、ヒマワリの種の外皮を砕いてつくった菓子と乾燥させたカボチャの皮が唯一の栄養源である。そしてここでは、たしかに確認できる事例はドイツ人ではなく移住してきたステップの住民の地域でのことにちがいないが、人肉食いの報告が増加している[54]。

*

春播きは州にとって「飢饉の危険な状況と闘う最も重要な作業」であり、州はすでに1921年12月に中央と交渉し総量80万プードほどの播種用種子の調達という約束を受け取っていたが、1922年2月になって、その約束した多くは調達されないだろうということが明らかになった。中央に請願書を提出し、結局、中央からの種子はようやく3月、4月に到着し始め、約束の量の約76％が調達された[55]。こうして春播き作業は進行した。外国からの食糧援助も豊かになり、また降雨もあり、農民のなかには苦しいながらも一抹の希望が見え始めていった。それを伝える手紙が何通も国外に送られているが[56]、ここではそのうちの一通のみを紹介しておこう。

　　6月付、スタールから
　ここスタールでもこの恐ろしい冬のあいだに多くの人が餓死し、しばしば不気味でした。友人の多くがここで死ななければならなりませんでした。チフスで死ぬのは止んだものの、まだ流行しています。1

月1日から現在まで123人が死亡しました。それに対して出生者は25人です。4月に困窮はもっともひどくなり、1日に8人も死んだこともしばしばです。しかし、いまや困窮は終わっています。神様は、私たちにアメリカの我が同胞による援助をもたらすことによって助けてくれました。1月にはスタールの共同体はアメリカに住むスタール出身者からさまざまな食糧——穀粉、米、脂——を300プード受け取りました。3月には老人、病人、衰弱者のためにアメリカのルター派教会から16プードほどを受け取りました。次に受け取ったのは5月23日になってからで、それは再びアメリカのスタール出身者からのものでした。穀粉1697プード、米279プード、砂糖303プード、脂137プード、カカオ116プード、ミルク2万3928缶。これは1人当りにすると穀粉33フント、米5.25フント、砂糖5.3フント、脂2.5フント、カカオ2.1フント、ミルク11缶になります。最大の家族は30プードも受け取り、それを馬で運ばなければなりませんでした。これはすでに長いこと見たことがなかった豊かさです。教会の長老がこれを配布しました。毎日、人びとはそれぞれ3プードの食糧の入った、サラートフからの荷物を持ってきます。それは彼らの友人から送られてきたもので、多くの人は一度に18プードも受け取ります。これはアメリカの友人が払い込んだことによります。こうして、人間が絶望するときには神様が助けてくれるのです。私たちのところでは、飢えることはなくなりましたが、それでも十分には食べていない状態です……。各人は次の収穫が良いという期待をもって生活しています。昨年はあまりに少ない雨量でしたが、いまは降りすぎるほどであり、それも余計なことではありません[57]。

おわりに

　1922年秋の収穫前に、また収穫後も、そしてその冬から1923年に入っても飢餓・餓死の報告はあったが[58]、それでも2年間の未曾有の惨状から抜け出したことは確かであった。しかしながら、それも一息のことでしかなかった。翌1924年には再び厳しい飢饉がヴォルガ地方を襲ったのである。
　本稿の最後に、現在アメリカ・コロラド州に住む90歳の老人が保存していた、彼の父親やその親族——20世紀初めにヴォルガ地方から当地に移住してきたドイツ人——宛てにグリムの親類から送られてきた数多くの手紙のうちの一通（1924年10月27日付、父親宛）を紹介しておこう。

　　緊急に私の状況、私の家族の状態を君に伝えなければなりません。君の助けが欲しいのです。私は言いがたいほどの飢餓にあり、どうしようもありません。どうか助けてください。もはや生き抜くことはできません。
　　私たちの友だちはみんな援助を受け取っていますが、私だけがまだ何も受け取っていないのです。まったく助けを必要とせず、石造りの家に住み、まだ何千ルーブリもの所得を持つ人たちがいます。私がいちばん貧しく、これだけは必要だというものもなく、まったく仲間はずれになっています。君たちは私が死んでもよいと思うのでしょうか。もしそうだとしたら心が傷つきます。私は君の義理の兄弟なのです。できることでいいから助けてください。あとでお返しします。カブラ、カボチャ、ジャガイモで生きていかなければならないというのはどんなに悲惨なことか、考えてみてください。パンや菓子がどんなものか、今は知りません。
　　そのほかに、私たちの母親の兄弟のヤコブとハインリヒ、兄弟のカールとその息子カールの4人はみんな餓死し、ヤコブの妻も死にまし

た。これは飢饉の年でした。私の仕事はつらく、2頭の乳牛で耕して種を播きましたが、何の収穫もなく、いまはパンがなく、牛乳もなく、カール・ムーテの一部屋に住んでいます。小さな部屋に12人がいるのです[59]。

ヴォルガ・ドイツ人の苦難は、その後も続くのである[60]。

注
（1） 梶川伸一『幻想の革命』、京都大学出版会、2004年、同『飢餓の革命』、名古屋大学出版会、1997年、同『ボリシェヴィキ権力とロシア農民』、ミネルヴァ書房、1998年。1930年代初頭の飢饉を扱った奥田央『ヴォルガの革命』、東京大学出版会、1996年、でも必要箇所で言及。以上の諸著ではもちろんドイツ人地域も検討の視野に入れられている。早くに扱った邦語論文として阪本秀昭「1921年のパヴォルジェにおける飢饉」『天理大学学報』110号、1977年、がある。
（2） *Unsere Wirtschaft,* 1922, № 17, S. 531.
（3） Schleuning, Johannes, "Aus tiefster Not. Zur Hungerkatastrophie in den deutschen Wolgasiedlungen", *Vierteljahrschrift für soziale und internationale Arbeitsgemeinschaft,* 1921, № 4, S.293-296. Sinner, Samuel D., *Der Genozid an Russlanddeutschen 1915-1949,* Fargo, 2000, S.11-16. 同書は同著者の *The Open Wound: The Genocide of German Ethnic Minorities in Russia and the Soviet Union, 1915-1949 -and beyond,* Fargo, 2000 と合冊になって刊行されている。
（4） Герман А. А. Немецкая автономия на Волге 1918-1941. ч. 1. Саратов, 1992. С. 12-35; Schleuning, Johannes, *a. a. O.*, S. 297-299. 邦語文献として乾雅幸「第1回ヴォルガ・ドイツ人大会（1917年4月25～27日）」『関学西洋史論集』XXVII、2004年、同「十月革命期におけるヴォルガ・ドイツ人」『史泉』100号、2004年、同「ヴォルガ・ドイツ人社会主義者同盟の創設」『関西大学西洋史論叢』8、2005年、がある。
（5） Герман А. А. Указ. соч. С. 73-93, 97-108.
（6） Sinner, Samuel D., *a. a. O.*, S. 23.
（7） Герман А. А. Указ. соч. С. 53.
（8） Там же. С. 66.

(9)　Там же. С. 45-67, 93-96.
(10)　Там же. С. 37-38.
(11)　Schleuning, Johannes, *In Kampf und Todesnot*, S. 48, 75-76, 88; Sinner, Samuel D., *a. a. O.*, S. 24-25.
(12)　Sinner, Samuel D., *a. a. O.*, S. 28.
(13)　*Deutsche Post aus dem Osten*, 1921, № 35, S. 3.
(14)　Герман А. А. Указ. соч. С. 114-119.
(15)　"Nachrichten aus der Kolonie Grimm", *Die Welt-Post*, 29. IX. 1921, S. 5.
(16)　Bier, Friedrich/Alexander Schick, *Aus den Leidenstagen der deutschen Wolgakolonien,* hrsg.von Esselborn, Karl, Darmstadt, 1922, S. 8-9.
(17)　*Ebenda*, S. 10.
(18)　"Nachrichten aus der Kolonie Grimm", *Die Welt-Post*, 29. IX. 1921, S. 5.
(19)　*Die evangelische Diaspora*, 1921, № 3, S. 90.
(20)　"Nachrichten aus der Kolonie Grimm", *Die Welt-Post*, 29. IX. 1921, S. 5.
(21)　*Die evangelische Diaspora*, 1921, № 3, S. 91.
(22)　"Aus der Hölle der Wolga-Deutschen", *Die Welt-Post*, 1. IX. 1921, S. 5.
(23)　Bier, Friedrich/Alexander Schick, *a. a. O.*, S. 8.
(24)　Герман А. А. Указ. соч. С. 119-120.
(25)　Bier, Friedrich/Alexander Schick, *a. a. O.*, S. 10.
(26)　*Die evangelische Diaspora*, 1921, № 3, S. 90.
(27)　Bier, Friedrich/Alexander Schick, *a. a. O.*, S. 11.
(28)　*Deutsche Post aus dem Osten,* 1921, № 35, S. 3.
(29)　"Nachrichten aus der Kolonie Grimm", *Die Welt-Post,* 29. IX. 1921, S. 5.
(30)　*Ebenda*.
(31)　*Ebenda*.
(32)　Герман А. А. Указ. соч. С. 122-123.
(33)　*Deutsche Post aus dem Osten*, 1921, № 34.
(34)　*Ebenda*, № 35, S. 3.
(35)　*Ebenda*, № 35, S. 4.
(36)　*Die evangelische Diaspora*, 1921, № 3, S. 91.
(37)　Герман А. А. Указ. соч. С. 124-128.
(38)　Kindsvater, P., "Nachrichten aus Rußland. Brief aus Rußland", *Die Welt-Post*, 10. X. 1921, S. 7.
(39)　Schleucher, Conrad, "Aus Rußland", *Die Welt-Post*, 12. I. 1922, S. 7.
(40)　"Letter of John Peter Quint", dated December 19, 1921, *Ellis County News*, 2. II.

1922, S. p. 4; Sinner, Samuel, *Letters from Hell: An Index to Volga-German Famine Letters Published in Die Welt-Post 1920-1925; 1930-1934*, Lincoln, 2000, p. 3.

(41) Repp, George, "Balzer, 14. Dez. 1921", *Volga Relief Society*, Newsletter, 27. I. 1922.

(42) Герман А. А. Указ. соч. С. 129-130.

(43) Там же. С. 130-131.移住・疎開については次の研究がある。 *Малова Н. А.* Миграционные процессы в немецком Поволжье в период голода 1920-1922 гг.//Немцы России в контексте отечественной истории: общие проблемы и региональные особенности. М., 1999. С. 174-184.

(44) Герман А. А. Указ. соч. С. 132-138.

(45) Там же. С. 140-141.

(46) Repp, George, "Ein Brief aus Balzer" vom 5.I.1922, *Volga Relief Society*, Newsletter, 20. II. 1922.

(47) Knies, P., "Schilling", letter dated 12. II. 1922, in: *Volga Relief Society*, Newsletter, p. 3; Sinner, Samuel D., *Der Genozid an Russlanddeutschen 1915-1949*, S. 32.

(48) Knies, P., "Die letzten Brief aus den Wolga-Kolonien. Schilling", *Volga Relief Society*, Newsletter, 13. II. 1922, p. 3; Sinner, Samuel D., *a. a. O.*, S. 40.

(49) Sinner,P., "Schilderung des großen Hilfswerkes durch das National Lutheran Council in Rußland", *Die Welt-Post*, 13. IV. 1922, S. 2.

(50) Ehlers, H., "Heinrich Ehlers schreibt aus Dinkel", *Volga Relief Society*, Newsletter, 17. IV. 1922, p. 3.

(51) Kindsvater, P., "Ein Brief aus Rußland", *Die Welt-Post*, 25. V. 1922, S. 2.

(52) Eichhorn, E., "Alt=Messer", *Volga Relief Society*, Newsletter, 24. V. 1922, p. 32.

(53) Repp, George, "Letter from Balzer", dated 18. IV. 1922, *Volga Relief Society*, Newsletter, 24. V. 1922.

(54) *Die evangelische Diaspora*, 1922, № 1, S. 4.

(55) Герман А. А. Указ. соч. С. 142.

(56) たとえば1922年5月中葉のケーラーからの手紙。 *Der Wolgadeutsche*, 1922, № 4, S. 2.

(57) *Wolgadeutsche Monatsheft*, 1922, № 2, S. 32.

(58) 1922年7月27日掲載記事（Salzman,Alexander, "Aus Rußland", *Die Welt-Post*, 27. VII. 1922, S. 8)、7月29日掲載記事（Wacker, F., "Norka", *Volga Relief Society*, Newsletter, 29. VII. 1922, p. 3)、7月31日付海底電信（"Ein Kabelgramm aus Walter", *Die Welt-Post*, 10. VIII. 1922, S. 2.)、10月23日付手紙（"P.Sinner an H.P.Wekesser, Brief vom 23. Oktober 1922", AVRS: RG4879. AM: VI. 2. 8. A. 2,

p. 1f., Sinner, Samuel D., *a. a. O.*, S. 33.）、1923年2月1日付掲載記事（Weibert, K., "Aus Messer, Rußland", *Die Welt-Post*, 1. II. 1923, S. 5) など。
(59)　Paul Flitzler 氏所蔵。ズューテーリン文字の原文の解読に早稲田大学教授ギュンター・ツォーベル（Günter Zobel）氏の助力を得ている。
(60)　1930年前後の穀物調達、農業集団化、飢饉・飢餓については奥田央、前掲書、652-659頁を、1941年のシベリア・中央アジアへの強制移住については半谷史郎「ヴォルガ・ドイツ人の強制移住」（『スラヴ研究』47、2000年）を参照。なお、本論文のテーマに直接関連するロシア内外の研究文献としては以上の注の他に *Ерина Е.М.* Голод в Покровске и уезде в 1921-1922 годах//Саратовское Поволжье в панораме веков: история, традиции, проблемы. Саратов. 2000 など何点かあることを付記しておく。

注記　本論文は日本学術振興会科学研究費（基盤研究 A 課題番号152552009、基盤研究 C 課題番号1753024）による研究成果の一部である。

共同体農民のロマンスと家族の形成

――1880年代－1920年代――

広岡直子

　すでに家族社会学が明らかにしているように、「家族生活は愛情の場である」ことは人類普遍の公理でなく、近代イデオロギーの1つとしてわれわれの日常生活に構築されたものである。カナダの社会学者エドワード・ショーターによれば、伝統社会の家族は、投錨地にしっかりと繋がれた船である。あらゆる方向からロープで固定され、どこにも出帆することがない。しかしながら、家族の前に置かれたプライヴァシーという盾は穴だらけで、そこを通って他人がこの船（家庭）に当然のように入り込み、また家族のメンバーも容易に出て行くことができた。そうした幾重にも家族を取り巻いていた共同体の諸集団との付き合いをやめ、家庭愛というシェルターの中で近代核家族が登場する決定的な要因になったのは、「愛情」であった。男女関係の「ロマンチックラヴ」、母子関係における「母性愛」、これらを増幅させる共同体との間に設けられた「プライヴァシー」の固い殻――こうしてもたらされた家族関係における「感情の高まり」は、家族の行為と価値の規範について、旧来の物質的・実利的な考えから、あらたに情愛・一体感の「感情」を優先させるようになる。慣習や伝統にしたがって生きるのをやめ、家族の1人1人が自分の人生に重要なものがあると考えるにいたる。「私とは何者なのか」という問いが自然に発せられるようになる。孤独な航海をはじめるためにロープを引きちぎったのは、乗組員自身、ごく普通の父親、母親、子供たちであった[1]。

　ロシア社会の近代化にとっても、性愛と結婚をめぐる論点が非常に重要であることを明示的に語ったのはローラ・エンジェルシュテインである。

花嫁の処女性の公開を含む結婚儀礼から明らかなことは、ロシアにおける結婚は完全に社会的な事柄であり、欧米的なプライヴァシーや個人の自由という概念はまるで意味をなさない。他人の身体に対する統制を欠くということは、西欧的法感覚における個人的権利の想定が不可能であるということであり、「女性の身体的経験は単なる民俗学的好奇心以上のものである。それは文化の根本的概念を具現化している」と主張するのである[2]。

ロシア農村における早婚・ほぼ全員が結婚するという伝統は根強く、結婚にいたる若者の儀礼は1920年代まで堅固に維持されてきていたが、19世紀末からは若者の風俗に対して、「古代的な野蛮な習慣」と、都市における退廃的な放蕩生活の影響、つまり近代化による影響とが、同時に批判されるようになる[3]。変化はほかのところでも見受けられた。両親の祝福は、結婚に不可欠のものであったが、若い2人の意志、特に息子の意志に対しての結婚の反対は少なくなっていた。1920年代の農民新聞には、多様で個人的な性の悩みや質問が寄せられていた[4]。農村の聖職者や医師たちは早くから農民の性の変化に気付き、家庭生活や社会秩序の乱れをおそれ、また梅毒など性病の流行もあいまって、警鐘を鳴らしていた。こうした変化は、同時代の観察者たちによって出稼ぎの影響とみなされていた。出稼ぎ者は、都市と農村を結ぶ媒介者であった。都市の流行を農村に伝え、「不道徳な病気」も農村にもたらした。しかし、彼らが家族を引き連れて都市に居住することは稀であった。出稼ぎによってもたらされる都市の影響力は限定的・部分的であり、農村内の伝統的価値規範に混乱を生じさせ、複雑な問題を生み出すことになったのである。本稿は、ロシア社会が近代化の波に本格的に洗われた1880年代から激動の革命期を経てスターリンの時代にいたるまでのロシア農民のごくありきたりの家族の時間、特に農民の結婚を中心としたロマンスから家族形成にいたるプロセスとその変化を、主に民俗学資料を用いて跡づけ、ロシア社会の近代化の特質を考察する1つの縁となるべく試みられたものである。

1. 出会いの場

1.1. 農民の性別年齢階梯における呼称

　ダーリの辞書で「年齢（возраст）」を引くと、5段階に分けられている。幼児期（младенческий）、少年期（отроческий）、青年期（юношеский）、壮年期、というより直訳すれば一人前の男としての時期（мужеский）、老年期（старческий）である。興味深いのは、さらにюношескийのすぐ後に一人前の男に到達したと言う意味であるвозмужалыйがきて、мужескийのすぐ後には中年を意味するсередовой、おもに夫婦を単位として賦役を担う「チャグロ」から解放される年代であるнетяглыйが付加されていたことである。ダーリによれば、年代の期間はそれぞれ約7年か、もしくはその半分で[5]、これら各々の年代において農民はほかの年代とは期待される役割や位置付けを異にした、つまり各年代で明確に区切りある人生を送っていたことはそれぞれの呼称からも明らかである。

1.1.1. 幼児期

　7歳以下の子どもは肉体的成長や行動から表現される呼称が使われる。まだ性別には分かれない。一般的には、子供дитя、ребенокから派生するいくつかの言葉детина、ребятняなどの言葉以外にも、声を出すという意味の（к）увя、кувяка、授乳されているподсосок、這い回るпаполза、足で立ち始めたдыба、さらにはこの肉体的な未完成さから、取るに足りないという意味のмелочь、блазнота、虫けらтварнаяなどが使われていた。

1.1.2. 少年期

　8歳からの未成年者 подросток の様々な呼称は、まだ幼い時には、成長 рост という観念が中心になって、недорост、недоросль、ялица、あるいは様々な小動物、未成熟の動物によって表現された。シギの一種である зуек、トカゲ шижлик、若い雌鹿 важенка、が使われていた。しかし年齢が増すにつれて、特に農耕地帯では、彼らが担えるようになった労働をそのまま呼称として表現するようになる。男の子は、ハロー掛けに馬を引けるようになれば（8－10歳）борноволок、助手として土地を耕すようになれば（12－13歳）пахолок、厩肥を耕地に運べるようになれば навощик、という具合である。女の子には、自分の家と他人の家を問わず子守りができるようになれば（8歳）пестунья、雇われて労働するようになれば（12歳ごろから）казачиха であった。農民労働がこのように早くから明確に男女別に認識されていたことは、労働の開始と同時に呼称も性別に分かれることを意味していた。また、年齢に呼応した労働能力の達成度が標準として認識されるように、日常的に使用される呼称で農民の子どもは男女それぞれが成長のノルマを早くから意識させられていた。

1.1.3. 青年期

　男性の青年期には、ребята、малодцы、парни が一般的に使われた。ребята は、子ども ребенок と働く раб という意味の組み合わせからなる робя（集合名詞は робята）から派生した言葉である。まだ成長しきっていないという意味を表わす表現として、ほかにも малый、децина の呼称が使われた。молодцы は、ブィリーナの英雄、勇者 молодец が困難な状況やライバルと競争や争いに打ち勝って花嫁を獲得する筋書き(プロット)と、この英雄が敬意を持って語られるということが想起される。парни も、武力と結婚という同様の意味を持っている。

　結婚適齢期の未婚の娘は、一般的に девка と称されるが、儀礼や祝祭日に際しては、一定の敬意をこめて девица、деваха と表現されること

がある。さらにこの年齢階梯は細かく分類されてそれぞれの呼称が設けられている。たとえば、北ロシア、ヴォルガ上流、シベリアでは、成年に達すれば девка、花嫁候補の盛り時には девица、деваха、盛りを過ぎたら再び девка か дева である。盛りを過ぎた娘には、非難を含めた嘲笑的な表現がほかにも多数存在した。嫁入りの「歳を過ぎ去った」という意味の залетная、若者の集まりでパートナーに選ばれず座り続けているという意味の посиделка、未婚の象徴である「1つのお下げ髪」をあらわす косник、若者の集まりに出かけることもなくなり家に居残っている状況を表現している домовня などである。ヴォルガ上流域では、柱（надолба）と称した娘を荷橇に座らせ、父親が近隣の村やその他の地域に出向い「柱、柱、誰か柱はいらんかね」と大声で叫び歩き、呼び止めた家があると早速嫁入りの条件などについてその場で直談判をするのである[6]。さらに、古い старый という形容詞を含んだ застарелая、перестарка、また подстарка となると、月日の波にさらされて、もはや誰も嫁にもらおうとしなくなった娘たちのことである。

　結婚を迎えるピーク時には、男性は жених、女性は невеста という表現がある。жених は、若者の集団内で自分たちを言い表すのには使われないが、花嫁を迎える時期がきている若者を称して、同村人の口から常に聞こえてくる。妻、女性を表わす жена と活動する人を表わす接尾語 - х がついて、「求婚している最中の人」を意味する。невеста は、実際の花嫁に移行すると同時に使われなくなる。それは、否定の接頭語 не に知るという意味の言葉 вест が組み合わさって、「（男性によって）知られていない」、その結果今のところ結婚が不確かな状況であるという、彼女の地位の不確かさ、不明瞭さを表現している。また、地方によっては、結婚後もしばらくはこの呼称が使われるが、それは、最初の子ども（あるいは息子）の誕生までは、彼女の生家から婚家への族の移行が不確かであるとみなされるからである。また、最初の子供の誕生までは新造 молодуха とも呼ばれ、誕生後はずっとおかみさん баба になる。

1.1.4. 壮年期と老年期

　この年代は主に、時間、年月を表現した言葉が使われる。もっとも力のある働き盛り（25歳ごろから50歳くらいまで）を возрастный、完全に壮年である（40－50歳）середовой、50歳くらいの熟年を表わす матерый、подлеток、подстарок がある。55－60歳頃まで用いられる не-остарок はチャグロの義務からまだ解放されていないという意味である。ただし、トゥーラでは、父が死ぬか両親から独立しなければ年齢の如何にかかわらず壮年とはみなされない。西シベリアでは45歳前後であっても、長男を結婚させて自分たちが離れに居住するようになると、старики とみなされるなど、地方差がある。

　老年期の呼称は、痛むとか、やせ衰えるという意味の модек、仕事と縁が切れるという意味の килье、悪い老人、魔法使いを主にさす аред など様々である。共同体のすべての年輩者や老人に対して、かつて若者たちは本当の父母以外であっても父、母、祖父、祖母と呼んでいた[7]。

　しかし、父の生前に結婚後分家するケースが増えており、特に出稼ぎの多い地域ではその傾向が顕著であった。その際、息子は父母と一緒に生活するよりも生活資金を援助する方が一般的であった。農民はこれについて「比べてみればいい。自分でやっていくこと хозяйствовать と誰かの監督の下に入ることとを。自分の意志以外は、味気ないものだ」と説明する。

　両親の扶養だけでなく、たとえ遠い親戚であっても老人たちに扶養を頼まれたなら断ることはできなかった。したがって彼らの存在は「どことなく虫が好かない」し「心に重くのしかかっている」。特に彼らが貧しい場合と飢饉の年には、子供の面倒ぐらい見てくれるような老人ならまだいいが、病人で何の役にもたたない老人は、たとえ親戚であっても「ただ席をふさいでいるだけ。死にもしないし、時を（むだに）すごしているだけ」とあからさまに言う[8]。

　後述するように、貧しい家と縁組みするのを嫌悪する傾向は、このように扶助のシステムが維持されているからこそなのだが、扶助は人々の積極

的な意志によるものではないことを明示している。

1.1.5. 逸脱者

共同体農民の人生規範から外れてしまったものについての呼称については、健康であるのに、独身のままでいる男女には、若者 парень 娘 девка にそれぞれ古い старый、多年にわたる вековой という形容詞をつけて表現する[9]。キリスト者として、半出家をする女性については独特の呼称が存在する（後述）。また、10年以上寡婦の状態が続いていて息子のいない女性は娘 девка、若い寡夫を青年 парень と呼ぶことがあった。反対に30歳を超えても未婚のままの男性は寡夫とみなされることがあった。

私生児に対しては、イラクサの下で生まれた子（森林で生まれた、あるいはつらい運命を暗示する）подкрапивник、こぼれ種から自然に生えてきた子 самосейка などという露骨な表現で呼んだ[10]。

1.2. 青年の地位と役割

1.2.1. 結婚年齢

1830年宗務院(シノド)によって制定された国家法により、結婚可能な年齢が女性は16歳以上、男性は18歳以上と定められた。しかしながら実際の結婚年齢では地域差が大きかった。一般に南ロシアでは結婚が早く、北に行くほど遅くなった。南ロシアでは16－18歳で嫁に行き、20歳を過ぎた花嫁候補は少ない。たとえば、19世紀末になっても中央黒土のタンボフ県エラーチマ郡では5組に1組の結婚は法律の規程に達しておらず、結婚が認められなかった。こうした早すぎる結婚は、司祭の請願によって特例として認められることがあった。北ロシアでは24歳までがピークであるが、25歳を過ぎてもまだ嫁に行くことができる。男性は、1874年の兵役改革により21歳から3－6年間の兵役につかなければならず、19世紀末までに女性は兵役以前の男性と結婚するのを避ける傾向が強くなったために、以前に比べると

花婿候補の年齢はそれにつれてかなり遅くなった[11]。

　結婚する2人の年齢は、釣り合いが取れていることが遵守された。リャザン県とタンボフ県では、夫婦の年齢差は男が年上でその差が1－3歳であった。しかしながら、黒土地帯には女性が男性より年上である習慣を残しているところがあった。統計は少し古いが、1858－59年の納税人口調査表によると、タンボフ県チフヴィンカ村では妻のほうが年上であるという夫婦が61％、夫のほうが年上は27％、パレウカ村ではそれぞれ42％、37％で、残りは同年齢であった[12]。リャザン県ダンコーフ郡では、夫と妻は同い年が好まれた。少なくとも、花婿が花嫁よりも6－8歳年上であったら、娘は自尊心を深く傷つけられ、泣き、絶望する。反対に、若者は花嫁が2歳、時には4歳年上であっても侮辱とは感じない。嫁を農戸の働き手の即戦力として迎えたいという経済的理由が真っ先に考えられるが、チャン＝シャンスカヤは、このしきたりは夫と妻が同等でなければならないという非常に古い発想から派生したものであると紹介している[13]。

　姉妹がともに未婚であるときは、年齢順に嫁に出すことも遵守された。若者の集いに（後述）は、妹は華美な服装で出席することはなく、姉の結婚が決まる前に妹に嫁入り話があったとしても、両親は決して承諾しなかった[14]。

1.2.2. 服装・髪型

　なぜ服装や髪型・帽子が問題にされるのかというと、何を着ても自由な時代とは異なり、伝統社会の人々は、どの性・年齢階梯にいるかが一目見てはっきりと区別されなければならず、自分の属している年齢グループの規範が適用されることを自他ともに認識する必要があるからである。特に、花嫁候補の年齢では、彼女たちが子どもではなく、また既婚者でもなく、まさに花嫁候補の1人であることをほかの社会成員に顕示する必要がある。なお、服装や髪型は地域差が少なからずあり、ここでは特別に記さない限り、中央、南ロシアを主な対象にしている。

女性が既婚者であるか未婚であるかは、すぐにわかる。既婚者は腰丈のスカート状の衣類パニョーヴァを身につけているからである。彼女たちがパニョーヴァをつけず、チュニック状の白い長い上着であるルバーハだけを着ることは、干草用の草刈と亜麻の収穫以外にはなかった。このとき未婚者の服装をすることは、彼女たちが娘に戻っていることをシンボル化するためである。つまり、よりよい収穫を得るために、夫と同衾していない＝娘の状態でいることで、潜在的な繁殖力を蓄積していることを顕示しているのである。また、年老いた女性がパニョーヴァをつけないでルバーハだけを着ていることがある。これは彼女が嫁に行かず年輩者になったことを表わす[15]。

　貨幣経済の発達につれて、たとえばトゥーラ県やカルーガに近いヴォロネジ県ヴォロネジ郡では、すでに年頃の娘たちはルバーハだけで歩くことを恥ずかしいとみなし、ルバーハの上にジャンパースカート状のサラファンをつけるようになった。しかし、1920年代ではこうした区別も次第になくなり、スカートをはく地域も少なからずあった。しかし、既婚女性は暗いコバルト色の格子縞模様、未婚の娘は赤い縞のスカートというように区別の伝統は残されていた。リャザン県では、サラファンは未婚の娘だけではなく、最初の子どもが生まれるまで身につけていた。子どもが生まれた後はもっぱらパニョーヴァであった。ここではサラファンが婚家への族の移動という意味を付与され、最初の子どもが生まれるまでは、完全に生家からの族の移行が完了していないことを示すと考えられる[16]。

　パニョーヴァは、既婚女性の衣装として認識されていたから、娘の地位の対比においてまさに結婚式当日の出発直前に身につけるしきたりであった。つまりぎりぎりまで、娘は名残惜しそうにルバーハだけ着ているのである。1925年カルーガ県モサーリスク郡ナタロヴォ村では、結婚式の出発直前に装飾をなくした「悲しみの」パニョーヴァを教母が着せ、教会を出た後、物置で儀礼をおこなった後スパンコールやモールのついた晴れやかな祝日用のパニョーヴァに着替えさせた。この衣装で、教母がナイフを使

わずに手で切り裂いた雌鶏を若夫婦に食べさせた[17]。

　20世紀初頭までさらにパニョーヴァの古代的な意味を示す衣習慣が残されていた。パニョーヴァを身につけるのは既婚者に限らなかった。最初に月経になった年の復活祭、あるいは大きな祝祭日にパニョーヴァを着せられて、教会の早朝課に連れて行かれる。若い娘がパニョーヴァをつけているので、大変目立つ。また、パニョーヴァをつけた彼女を小橇に乗せて「いるか、いらないか」と大きな声でふれ回る地域があった。パニョーヴァは年長の兄嫁か、あるいはそれがいないときは嫁いだ姉、いとこ、またいとこ、というように彼女たちに縫ってもらった。結局、パニョーヴァは性的に成熟し結婚が可能である、一人前の女性のグループに彼女が入った印として身につけたものであった[18]。

　ルバーハの前の一部分をペーリキという。一般的には白色だが、別に赤い色のものがある。娘、花嫁候補、若い既婚女性は赤いペーリキ、年寄りと子どもは白いペーリキで、「赤いペーリキをつけなくなる」とは、もう老け込んだという表現であった。1920年代にヴォロネジ県でこのしきたりはまだ残されていた[19]。

　男性については、結婚前までは腰丈の衣類を身につけないしきたりが19世紀半ばまで残されていた。娘と同様に、膝までくる長いルバーハ1枚を身につけていたのである。少年は一定の年齢になるまではズボンは身につけなかった。しかしながら伝統的衣装の変化は男性においては女性よりも早く集中的に開始された。この原因の1つが出稼ぎにあることは明白であろう[20]。

　髪型を含んだ帽子の機能は、衣服のようなある種の実用的意味はほとんどもたず、もっぱら社会的で魔力的なもの、つまり最優先して着用者の社会的状況をシンボライズし、さらに護符の役割を果たしているものである。

　既婚女性が髪を見せることは大きな恥辱であり、髪は帽子や布で常に覆われていた。娘の帽子は、様々な冠やバンドで髪の毛の周りを巻くスタイルであった。いずれにしろ未婚の娘の頭のてっぺんは常に開放された状態

でなければならなかった。既婚女性は編んだ2つのお下げ髪を頭の上に置き、隠さなければならなかったが、未婚女性は1つのお下げ髪を見せていた。太くて長いお下げ髪が娘の美の象徴であった。その1つのお下げ髪に、結婚の用意のできている娘はリボンを飾る。結婚の用意のない娘は、梳毛やビーズで編んだネットをつける[21]。ガゲン=トルンによれば、結婚儀礼の重々しさの中心は、髪型と帽子の変更にあり、それは2つの部分に分かれる。1つは、結婚前のお下げ髪をほどく儀礼、もう1つは結婚式から移動する際に夫の家に着く前に農家のおかみさんの髪型、帽子及び衣服に調える儀礼である。多くの民俗学調査によれば、花嫁が既婚女性の帽子と髪型に変える儀礼は教会儀礼の後でしかおこなわれない。また、この儀礼は結婚儀礼において不可欠の要素であった。1925年ヴォロネジ県ザドンスク郡では、既婚女性の帽子——このケースでは花嫁は孤児であり教母のものを借りるはずであった——が花嫁の手に届くのが遅れて結婚式は結局この帽子の到着を待って午後2時のはずが夜10時におこなわれた[22]。もし、教会の儀礼がなければ、衣服と帽子の取替えは分断されないでそのまま中心的な役割を演じる。ペルミ県チェルドゥイニ郡の旧教徒は教会での結婚式をあげない。彼らの結婚のセレモニーは基本的には花嫁のお下げ髪をほどく儀礼であり、その後に娘は人妻とみなされる。結婚式の宴を前に彼女は歌う。「今私のお下げ髪を梳き、なめらかにした、イワン=ワシーリヴィチ（夫の名前）の2人の仲人（女）たち／白いキーカをかぶせた、白いキーカ、既婚女性の／人妻と私を呼んだ、イワン=ワシーリヴィッチの貞節なしもべと私を呼んだ／ワシーリー=アントーニゥイチ（舅の名前）の……」白いキーカは彼女の新しい境遇、つまり他人の家族の中での隷属的な地位のシンボルとなっている。キーカ、あるいはキーチカは、既婚女性だけがかぶる帽子である。ヘルメットのような丸いものや、箱状の四角い頭巾などいろいろな形があるが、角が2つある形状のものは、特に南の大ロシア人に広範につけられていた（トゥーラ、リャザン、ペンザ、タンボフ、カルーガ、オリョール、ヴォロネジ県など）。一目見てはっきりとわ

かるようにこれは動物、特に牝牛の角をかたどった古代的かつ異教的なもので、新しい家族である赤ん坊の誕生はもちろん、穀物の収穫や家畜の繁殖において動物のような繁殖力・豊穣力を授かるよう願ったものである。19世紀には、教会当局と地主貴族たちは農民が角状のキーカをかぶって教会に出入りすることを禁じたが効果はなかった[23]。リャザン県同郡スパスークレピキ郷では、1920年代においても白いプラトークの上に角のあるキーカをかぶっていたほどである[24]。

歌詞の中には、未婚の娘の髪型と帽子には娘の美しさ девья красота という形容とそのシノニムとして拘束されないのびのびした自由 вольная воля が用いられる。結婚して髪を覆っているのは、髪には魔力が備わっており、その魔力を封じ込めておくのは婚家の家霊ダマヴォイが彼女に害を与えるためであり、髪を見せるということは逆に自分の魔力を解放し、他人の、つまり婚家の族に反旗を翻すこと、結婚を破壊することにも繋がる[25]。"おかみさんの祭り"で見られた既婚女性のほどき髪[26]、既婚女性たちがプラトークを外し耕地で互いに髪の毛を持ってよい収穫を祈るスモレンスク地方や同様にして亜麻が長く伸びるように祈るヴォーログダ県の風習、ロシアで広くおこなわれていた"オパヒヴァーニエ"のときのほどき髪[27]はもちろん、難産のときにあらゆる結び目、扉門、錠を開け、口の中に髪の毛を詰めるというしきたり（この場合は、口の動きも利用した実際に合理的で有益な行為であった）は、封じ込められた魔力の解放と利用であった。女性の魔力・性的な力は何か差し迫った事が生じた時には、すなわち個人生活における出産や共同体における疫病の発生や1年の豊穣のための祈り、そのための羽目を外した宴のためには、それが許されまた不可欠とされたのである。

1.2.3. 出稼ぎと嫁資

中央ロシアでは年々1人当たり分与地の面積が減少する中で、家長は「余計者」である子どもたちを出稼ぎに出していた。出稼ぎに出す出さな

いを決めるのは家長である父親であったが、「1つの犂(ソハー)で家族を養えなくなった」父親の権威は、出稼ぎが隆盛になるにつれて決定的に失墜した。子どもたちは、最初はもっぱら仕送りをしなければならないために出稼ぎに出されていたのだが、次第に農家よりも楽な自由な仕事として、大都市、特に首都"ピーテル(ペテルブルク)"に出て行くことに憧れをもつようになり、自発的に志願するものもいた。彼らは、村の定住者たちとは、外見や会話で区別された。いい帽子(ひさしと硬くて高い丸枠のある)とチョッキ、ひだのあるブーツを身につけ、赤更紗や刺繍入りのシャツを着た格好で耕作することも稀でない。気取ったしゃべり方で、当地では使わない難しい表現を好んで使った。彼らは共同体での生活に不満を感じ、わがままであると批判された[28]。過度の飲酒にふけり、目上の人や両親に対する敬意や服従の念がすっかり落ち、娘たちに対してもこれまでの性規範を超える無礼な行為を平気でする。知識人や聖職者たちは、出稼ぎを共同体のモラルの破壊者として批判的にとらえた。しかし、農村の未婚女性は都市文化と都市の工場製品への憧れを、若者たちの出稼ぎによって強められた。19世紀末には化粧品や香水が重宝されるようになった[29]。

　子どものいない寡婦や兵士の妻は例外として、既婚女性が出稼ぎに出ることはめったにない。家族員のすべての賃金は、完全に家族の懐に入れられる。自分のところに賃金の一部が残るようなことがあれば、家で働くものたちから抗議が生じ、口論と不和の原因になる。もし、農民が賃金から何らかの贈り物を妻に持っていくのなら、ほかの嫁たちにも持っていかなければならない。未婚の娘たちの中には、近くに泥炭採掘のような仕事があるときは集団で出稼ぎに出るものもいる[30]。しかしその場合でも、未婚の娘の賃金はすべて嫁資として自由に使われる。全体的に娘の嫁資を責任を持って準備するのは、母親である。母親は娘のために何か家畜を飼い、森などで採集したものを売り、自分が持ってきた嫁資も利用し準備する。娘たちは、12歳ごろから嫁資をためて早々と結婚の準備に入る。嫁資として花嫁側がどうしても揃えなければならないものは、若夫婦の寝具である。

この他は、花嫁の家の経済状況によって、花嫁の1年の衣類一式、麻布、小物など多種多様なものが準備される(31)。しかしながら嫁資については、地域差・時代差が大きい。

　タンボフ県エラーチマ郡（1880年代）では、花嫁は、寝具のほかには、麻布と若干の衣類を持ってくるだけであった。反対に花婿の側に対しては、年間の花嫁の衣類一式（夏・冬の衣類、長靴、防寒靴、短靴、半ブーツ、長靴下など）と25ルーブリの現金が要求された。さらに結婚の宴はすべて花婿側の負担であった。花嫁の女友達が結婚前にもてなされるのも、花嫁の家に集合してから花婿の家にて飲食をおこなうのである。これについては、次のように説明されている。すなわち、若者は父の家に無料で働く従順な働き手を連れて来るのであるから、（当然である）と(32)。しかしリャザン県ザライスク郡（1900年代）では、事情がまったく異なる。結婚の宴も花嫁が持参してくる嫁資のお金で埋め合わされる。金額は花嫁の財力によるが、貧しい家で30から50ルーブリ、豊かな家では50から150ルーブリ、時には200ルーブリで、結婚の3日前に渡され、花婿の懐に完全に入っていく。それらの大部分は結婚の宴に使われる。ほかの嫁資の価格は、大体100から150ルーブリで、娘を嫁に出すことで農民は、130から300ルーブリくらい必要である。また、中程度で300、裕福な農民では500から800、時に1000ルーブリを超えて嫁資に費やす農民がいるとされた共同体もあった(33)。こうした嫁資は、永久に家の構成から出て行く「報償」のようなものとして捉えられている。諺にいう「嫁にやることになった娘は、切り取られた一切れ（отрезанный ломоть）」である。貧しい両親が娘を嫁に出すときは、大きな、支払いきれない負債を負い、破産へ導かれることになる。多くの両親が、娘を嫁に出すときに最後の家畜、屋敷内の建物までも売り渡し、二束三文の自分の採草地の土地の切れ端までも抵当に入れる。若干の者はこれらの土地ですら富農に売る。1870年から大きな村であるデヂノヴォ共同体では、記載された貧しい花嫁の中からくじ引きで10人に自分たちの共同体会計から70ルーブリずつ支給している(34)。時代が下

って農業集団化の時代には、嫁資のために牛馬豚を売り払って現金を用意したり、婚家での娘の不可侵の財産となる嫁資に牝牛や羊を与えることが強く批判されたが、1920年代になっても嫁資のない結婚はとても難しいとされていた[35]。

　上述した乏しい具体例においても、地域差の大きい嫁資をどう捉えるかは非常に難しい。今の時点では憶測の域を出ないが、この隣接する地域で最も異なるのは、出稼ぎの量と質および、家族分割（разлед, дележ）である。非黒土地帯のザライスクは出稼ぎが盛んであり、しかも工場労働者が多く、結婚すると早くに家族分割を要求する。嫁資は、若い夫婦が新しい経営を作り上げるのに即必要であった。エラーチマやダンコーフでも出稼ぎは少なくなかったが、家族分割はザライスクよりもはるかに遅れていた[36]。花嫁は、まずしばらくは父の家の働き手となることが想定されていた。しかしながら、ザライスクでの生家での経営を逼迫させるほどの嫁資、また嫁資が用意できない農民のために共同体が肩代わりして準備するという、共同体による一見不平等な配慮まで見せられる嫁資については、この地域での結婚における嫁資の重要度が示されており、娘に対する並々ならぬ配慮を示していることを指摘するにとどめる。

　嫁の死後は、子どもがいない場合実家に戻される。子どもが残された場合、後見人が任命されて、すべての嫁資を郷役場の競売で売り、手にした金額のすべてを郷役場に提出する。それは、後見される子どもが公民年齢になるまで利子がついて据え置かれる信用設定の納付金になる。農民は、嫁資のすべて、「糸1本にいたるまで」専ら妻の、彼女の子どもの、彼女の一族の所有物とみなした。農民裁判所は、嫁資を使い込んだかどで、妻への賠償を夫に命令したし、質に入れた嫁資の一部を長い間買い戻さなかったことで、古くからの家族成員に対してそれを買い戻すように判決を下した[37]。

1.3. 出会いの機会

1.3.1. 農民カレンダーによるスケジュール

　ベルンシュタームによれば、結婚前の若者たちが結婚に導かれるプロセスは、1年のカレンダーに沿いながらそれぞれの段階をふんで、農閑期、特に冬の結婚シーズンに到達する。

　春の到来を告げる復活祭の光明週間（復活祭の週）に鐘を鳴らす娘たちを見て、人々は、その娘たちに嫁に行く機が熟したことを知る。春－夏の遊　歩（グリャーニエ）や輪舞で娘たちと若者たちは儀礼を積み重ねていく。耕地や牧草刈りの場、休耕地で彼らは顔を合わせ、ペアになってお互いに追いかけっこをしたり、押し合ったり、格闘したりする。たそがれ時から若者たちの行為は一変し、輪舞は人目に付かない場所で「立ったり」「座ったり」するために出て行くペアに分かれる。全体として共同体は若者のこうした関係を統制しないし、両親は（特に娘の）参加を禁止する権利をもたない。ペトロフ（旧暦6月29日）からスパース生神女就寝祭（一連の収穫祭のこと。旧暦8月1日－8月15日）にかけての農繁期では、ほとんどこうした遊戯は極端に稀になり、たいていは止む。収穫がすむと、閉じた空間でおこなわれる秋、冬のポスィデルキに移っていく。

　ポスィデルキには、輪舞と同様に、共同体のすべての娘が必ず出席しなければならない。

　ポスィデルキに出ない娘は何らかの恥辱があるためとみなされた。ポスィデルキは家庭をシンボル化したものであり、寡婦・兵士の妻・貧農から借りた農民小屋（イズバー）の暖房・掃除・もてなしなどは娘たちがとりしきる。概して、家内手工業が家計に占める役割が大きい北ロシアでは労働のニュアンスが強く、中央・南ロシアではより娯楽的であるといわれている。しかし、降誕祭（旧暦12月25日）から洗礼祭（同、1月6日）までのスヴャートキと復活祭前のマースレニッツアの集いは陽気で祝祭的であった。おおよそ娘たちは、ここで糸紡ぎなどの仕事をしている。訪れる若者はぶらぶらし

て乱暴狼藉をはたらく（糸巻きに火をつけたり、紡ぎ板をこわしたり）。すなわち、若者の行為はひときわ反労働的特徴を帯びている。娘たちは家の秩序に気を配り、若者たちはわざと無秩序にしようとする（家の中に泥を引きずってきたり、窓やランプを割ったり、衣服・道具をだめにするなど）。このようにポスィデルキは、分離されている娘たちだけの集団がただ結婚という目的によって乱されるという古代的なニュアンスを持つものである。ポスィデルキは共同体に複数あって、若者たちはそのすべてを訪れる権利を持つが、娘はいかなる状況でも、ほかのポスィデルキに行くことはできない。ポスィデルキの中では個人的な関係が中心である。輪舞かゲームかで集団的な結婚という形態をとるが、それにおいて優先権をもつのは娘たちである。娘は歌にあわせて歩くことやキスを拒否できるが、若者はそのことで腹をたてる権利を持たない。若者は娘の申し出を断ることができない。が、もし彼が断ったら、娘は大変な侮辱を受けることになる。このように、ポスィデルキでおこなわれることは秘密にしておかなければならない。農民小屋を貸している主人は沈黙のために支払いを受けているのでもある。娘たちは穀粉やパン、菓子、卵などの現物あるいはごくわずかの金銭を支払うのだが、収入の乏しいこれらの家の主人には手助けとなる。ところで、娘は恋人をもたなければならない。「結婚」のゲームに申し込まれなかった娘、借りたイズバーで「外泊する」ために若者に選ばれなかった娘、さらにほかの女性のせいで捨てられた娘は「残り物」という侮辱的なあだ名をつけられ、たいていはその後、嫁に行けなくなってしまうのである[38]。

1.3.2. パートナーの選択

　農民の考えによって、またいとこ（農民の数え方で三親等）までの結婚は許されない。七親等までは"親戚" сродство であり、結婚をはじめとする儀礼には彼らを全員招待しなければならない。四親等からは遠い親戚とみなして結婚できるが、農民家族の伝統を失いつつあるバザール村では、

近い親戚であるはずのまたいとこの結婚も可能になってきた。親族関係の希薄化は傾向として見られてきたが、まだ全般的には堅固であった。

　近親者との結婚は諫められたが、遠い親戚との結婚（五親等以上）はむしろ奨励された。宗教上の親戚（洗礼親）との結婚のタブーは、血縁以上に厳しかった。教父母同士はいうに及ばず、彼らの教子はお互いに結婚できなかった[39]。

　結婚相手はできるだけ同じ村で見つけることが望ましかった。遠隔地間のロマンスが物理的に難しかったという側面もあるであろう。結婚に至らなければ、娘が傷をつけられる。結婚はデリケートな事柄で慎重に運ばれなければならなかったため、結婚相手本人や家の事情がよく分からない場合は危険が伴う。他方、村の娘にほかの村の若者が言い寄ってくる場合、村の若者たちは力ずくで、自分たちの権利、つまり、自分たちの村の娘は自分たちのものであるということを守ろうとした。1920年代のリャザン県のチャストゥーシカ（19世紀後半から独自のジャンルとして形成されたテンポの速い四行の即興詩歌。たわいのないものも多いが、1920年代に農村の習俗や経済、社会、政治などのいろいろな現実を風刺した歌が歌われた[40]）では「おまえたちガガーリン村の若者よ／われわれのところに遊歩(グリャーニエ)にくるがいい／われわれのところには杭が用意してある／小石も集めてあるぞ」が歌われていた。いくつもヴァリアントがある。「遊歩へ行け／袖をまくりあげ／われわれ若者は／斧をも恐れない」「遊歩へ行くとも／俺はなにも気にしないぞ／たとえ頭がぶちぬかれても／俺はプラトーク（娘が男を気に入ればその証に与える贈り物のことをさす）でしばりつける」フェノメーノフは1920年代にノヴゴロド県ガディッシ村で歌われていたチャストゥーシカを引用し、ミャーチョク мячок という、異なる村の男女が結婚する場合の習慣を紹介している。結婚式の朝、花婿はその村の若者にアルコールを差し出さなければならない。その家が貧しければ2本のウォトカ、裕福なら4分の1ヴェドロ（約3リットル）、金持ちなら2分の1ヴェドロ（約6リットル）が相場である。もしこれがなければ、

マースレニッツァのときに橇を乗り回させない（後述）。飢饉のときミャーチョクは停止していたので、1922年に3年前のそれを要求したほどである。1926年リャザン県の『農民新聞』には、「野蛮な風習」と称して次の記事が掲載された。リャザン郡ナシロヴォ村で、最近12から15歳の「気取った娘たち」が自分の村の若者と遊歩を望まず、隣村の若者と遊歩をしている。これに激怒した村の若者たちは隣村の若者が出入りしなくなるよう、そのうちの1人を捕まえて短剣で左わき腹を突き刺した。こうした一連の若者の行動は、フェノメーノフによれば集団婚の名残を示す古代的な習俗である[41]。1929年の『若者の道』紙は、リャザン郡リャザン郷ボルカ村では神学者イワンの日に20組の結婚式がおこなわれ、同郡ムールミンスク郷ドゥブロボ村ではフローラの日に30組、同郡リャザン郷ルィコヴォ＝スロヴォド村ではポクロフの日に40組あまりの結婚式がおこなわれ、「一連の村では結婚が自然発生的に、あたかも"キャンペーン"のようにおこなわれている」と伝えている[42]。

　農民はどんな相手を求めるのか。農村における理想の花嫁像は、都市に住む貴族や知識人などの「紳士の好み」とは明らかに一線を画していた。大きな身長と大きな胸、全体的な肉付きのよさ、色白で血色がよく（「ミルクに血」）、眉毛が黒く、陽気で、輪郭がはっきりしないほどのふくよかな顔立ちが、容姿端麗の条件であった。農村女性の美しさは、先ず労働能力を保証する肉体的壮健さを要求していたので、身体の大きさが重要視された。男性は、手に職の覚えがあるもので、女性と同様大きな身長と肉体的な壮健さが求められた[43]。

　若者と娘は、ポスィデルキで自分のいとしい人を決めている。第三者に知られないよう注意深くお互いにけん制しあっているが、彼らはそれぞれ誰と誰がいい関係であるかを知っており、そうした娘суженаяには言い寄らない。彼を抑制しているのは、仲間の制裁だけでなく、「娘の美しさ（処女性）」の破壊者はつねにほかの娘と結婚する権利を奪われるからである。噂で十分であった。「お互いに愛し合っていた」が娘を捨てた——こ

の若者は娘集団に近づくことが許されない。また、男たちを渡り歩くのが好き——この娘は放蕩者としてすぐに知れわたり、若者たちにとっての魅力は失せる。娘たちにとっても裏切り者となり、連帯保証の掟にしたがってすべての女友達が復讐する。彼女の秘密や欠点を公にし、紡ぎ板を折ったり、衣服をだめにしたり、"覆うこと" покрытка（既婚者のように頭をプラトークで隠すが、その際に未婚のシンボルであるお下げ髪をわざと見せたままにしておく）をしたり、最もよくある制裁では彼女の家の扉に黒いタールを塗る。娘自身にも塗ることもある。若者が乱暴に懲罰する方法もあった。娘を捕らえ、スカートのすそを頭まで持ち上げ、てっぺんで結んで、眼の見えない状態でくるくる回して下半身を公衆の面前にさらす。このような娘は、誰も娶らない。彼女を嫁にすることは、両親に対しても共同体に対しても不名誉であり、恥辱である。寡夫ですら、このような娘を毛嫌いし、再婚の対象にならない。彼女は、主婦としても母親としてもあてにならないからである。しきたりは、娘に対してより厳しいが、親密な関係はポスィデルキによくあることであり、娘に多くの自制力と分別を要求している。かといって花婿を頑なに拒否しつづける娘も評判を落とす。傲慢な娘は、婚家で両親や姉妹たちとうまくやっていけないことを若者は懸念する。若者が親密になった娘と関係を断っても、公には罰せられなかったが、娘たちはこういう男性を結婚の相手から除外した。仮に結婚相手を見つけたとしても、恨みを持つ女性から男性に魔力が使われることが知られていた（後述）。こうして、若者も娘もお互いの性格と身体的特徴をじっくり観察し、ポスィデルキに完全に集中している。自由な時空間を許容される若者期に、濃密な関係をとり結んだ彼らの親交は、その後生涯にわたってかけがえのないものとなり、年輩になっても親しみを込めてかつての娘たちはお互いを"娘さん" девушка と呼び、かつての若者たちは"若者" малый と呼び合うのである[44]。

　ところで、若者と娘がお互いを気に入り親しくなっても、最後の決定権は誰にあるのか。19世紀末では、若者が両親の意思をまったく受け入れず、

自分の思いどおりにすることはまだできなかった。両親の祝福は絶対であった。子どもが彼らに反する場合、極端な場合には呪詛 проклятие でおどすことがあった。特に母親の呪詛は、「湿れる大地の母」からの呪詛とみなされ、母親の祝福の欠落がよりおそれられた。しかし父親から絶縁されることも、家族分割のときに不利になるので決して好ましいことではなかった。呪詛の手段に到る親は稀であるが、これにも屈しない子どもはさらに稀であった。母親は、つねに古い伝統と道徳の守護者であった。これに対して、出稼ぎが盛んになるにつれて父親の権威は失墜し始めていた。「父は家から持ち出し、子どもは家に入れる」からである。かつては、妻は夫を父 отец と呼んでいた。夫を отец と呼ぶことで、妻は彼だけが家の長であり、自分と子どもたちは彼に恭順に従うその他の家族員であるとみなしたのである。しかし、19世紀末にそれはとても稀になり、すでにフェードカ、ワーニカと不完全な子供のような呼び方で、名前で呼ぶようになった。1880年代にはすでに結婚についての両親の権威は落ちていた。かつて子供に対する親の絶対的権威の代表例としてよく引用された、結婚の取り決めが父親同士の意気投合によって居酒屋で決められるなどということは、少なくとも都市に近い村では見られなくなっていた。しかし、花婿と花嫁の家の経済状況が釣り合っている場合には特別に問題が生じなかったが、片方が貧しい相手を選んだ場合、両親たちは貧しい人々と親戚になることを敬遠し、強く反対する。このとき子どもの意思は考慮されない。実質的には結婚の主導権は母親にあった。彼女は家族のすべてに精通しており、息子と父親のかじとりをする。また、村中の家系を知悉しているので、花嫁の家系について親戚も含めてよく知っていたからである[45]。

1.3.3. 結婚しない選択

　結婚は、共同体において、秩序ある人間であるためと経済的な豊かさを保証する基本条件である。農村で結婚しないものは、肉体的・道徳的な不具者のみであり、このような人間を共同体は軽蔑し、娘であろうとおかみ

さんであろうと、彼らに対するあざけりの機会を見逃すことはない。若者は結婚するまで、たとえ20歳をすぎていても誰にも本気で扱ってもらえず、青二才 мальчишка、乳離れしていないやつ молокосос などと呼ばれた。農民は「独身であることは凶暴であり半人前である」と言い、農民にとって最もひどいあだ名"永遠の独身野郎" вековыш をつけ、彼らが推測する肉体的な欠陥を声に出して嘲笑する(46)。女性も遠慮なく同様の言葉をこれらの男性に投げかける。その状況は1920年代末になってもあまり変化していなかった。リャザン県の『若者の道』紙では、農村では21－22歳の娘は"オールドミス" вековуха とみなされ、座りつづける人 засиделка と揶揄され、みんなが避けて通るので、娘たちは12歳ごろから嫁資をため早々と結婚の準備に入り、16歳ごろから嫁に行くことを急ぎはじめると批判している(47)。農民の理屈はこうだ。共同体の頭割りの分与地も、独身者がいると彼らの共同体に対する関係がはっきりしないからやりにくい。農民の目には農耕者の独身生活というのはありえない。おかみさんなしでは経営は崩壊する。老後を看取ってくれる子どももいない、葬ってくれるものもない――共同体のお荷物である。

　中央ロシアでは結婚は早い。娘は20歳、若者は25歳を過ぎて独身者は稀である。娘は15歳ぐらいから、若者は18歳ぐらいから結婚が想定されポスィデルキに出ている。20歳では、娘はすでに花嫁候補としては不良品として除外されはじめる。4年間も娘のまま「座りつづけ」ているには、何らかの欠陥があるためであるとみなされる。歳のいった花嫁を娶るのは恥ずかしいことである。行き遅れた娘には、26－27歳で別の花婿候補が現れる。花婿として不良品とされた男性である。崩壊している家族、病弱者、極端に不道徳で淫蕩者としてきこえている者で、彼らは時折28－30歳くらいまで独身でいる(48)。

　娘には生涯未婚のまま共同体に残る方法が1つあった。黒衣を着ている人という意味のチェルニーチカになることである。マクシーモフによれば「極度に困窮した孤児や極端に貧しいもの、何らかの身体的欠陥をもって

いたり、人嫌いで非社交的な性格の結果、花婿たちが避けてとおった娘たちは、農村生活の中でもっとも出口のない状況に置かれる。もしも彼女が、隣人が憐れんできたときに毅然としている性質ならば、流浪の乞食になることから身を守りたいのであれば、疑いなく、神の意志を頼りキリストに執着し『キリストの花嫁』『神に仕える者』になり評判が立つようにするしかない」。子どものいない寡婦もチェルニーチカになりうるが、チェルニーチカは強い意志をもってたゆみなく労働するエネルギッシュな女性でなければならない。したがって多くの寡婦は、通常は再婚という道を選んだ。チェルニーチカの生きていく主な糧は、死者を洗い死に装束を着せることであったので、農民は結婚する意志をなくした娘たちを「死者を洗うことを決心している」とすら表現していた。時折彼女たちは請われて女の子に読み書きを教えることがあった。その他には編んだ靴下や刺繍を販売したり、薬草治療などをしたが、農業には関わらなかった。お金をためると２、３人が集まって家族と別れて僧坊を作る。好奇心から遠ざかるように、たいていは村の出口か森に近いくぼ地にそれを建てた。共同体から完全に遠ざかり隠遁生活を送るものもあった[49]。

1.3.4. 離婚の選択

ロシア帝国における離婚理由はそれぞれの宗派別に異なっており、ロシア正教徒では正式な宗教裁判によって次のどれかの条件が満たされるときにのみ認められた。姦通・結婚生活における身体的な不能・行方不明・財産権の剥奪・シベリア流刑である。正式な離婚が認められることは非常に困難であり、農民にとって事実上離婚は不可能であった。結婚について農民は運命論者であった。リャザン県ザライスク郡の農民たちは結婚について「婿となる人からはたとえ馬を使っても逃げられない、運命から逃げられないように」「神はベルトのバックルとバックルを結びあわせはしない。バックルとバックル通しを結び合わせてくださるものだ」と表現しているが、「この２つの諺は不幸な結婚は完全に運命によるものだということを

意味している」[50]。

　西欧とは異なり、法律上離婚成立前における別居を認める条項はロシアにはなかったが、この欠落が郷裁判所やミール共同体の審判において別居を認める妨げとはならなかった。とはいえ、別居をすることは農民にとって許しがたい不道徳な考え方であり、別居をしている農民にはいかなる敬意も払われず、事実上別居の許可、つまり妻に個別の身分許可証を発行することは、よほどのことがなければ認められなかった。しかし、出稼ぎに出ている夫が都市に別の家庭を持つことがないわけではなく、その場合共同体には有効な制裁措置がなかったために、出稼ぎ地域を中心に徐々に別居夫婦が表面化しつつあった。農民裁判による以外に、皇帝にたいする嘆願書受付事務局の指令によって、以下の場合に妻に個別の身分証明書を発行することがあった。粗暴・酒びたりの生活・殴打を加えること・ゆすり・財産の浪費・虐待・家族を物質的に困窮させること・不道徳な生活・夫婦の貞節の破壊・放浪生活・知能の破綻・性病・結婚生活の不能などである。妻には3ヵ月から3年、あるいは一定の条件（夫の改心や夫からの一定の賃金の引渡しなど）が満たされるまでの期限付き身分証明書が交付されるのである。しかしこれらの措置の基準は曖昧であり新しい法的な土台が必要とされ、1914年3月12日「既婚夫人の財産権と個人の権利、及び夫婦間と子どもにたいする夫婦関係における現行法令の若干の変更と補足について」という別居する権利を認めた民法改正がおこなわれたが、同時に民法第103条「夫婦は一緒に生活しなければならない」という原則は貫かれた[51]。事実上の離婚である別居数を把握することは困難であり、実態もまたあまり知られていないが、革命後に合法的に離婚が認められるようになると急激な離婚増加が見られること、離婚が法的に簡単にできるようになったことで、農村の男女間、特に若い男女間に極めて高い緊張が表出したことについてはここで述べておく必要があるであろう。リャザン県では、1924年ごろから離婚が増え始めていたが、離婚の中心は初婚のまだ若いカップルであったからである。たとえば同年の離婚件数2298組のうち、

第1位は男女ともに20代で、夫が20代のものは全体の59％、妻が20代のものは55％、男性が初婚である場合は83％、女性が初婚である場合は86％であった[52]。農村では新しい結婚のあり方に注目した多くのチャストゥーシカが歌われた。主題の中心は結婚のもろさであった。「水を飲みなさるな、娘さん／飲みなさるな、冷たいのを／嫁に行きなさんな、娘さん／みんなつかんでくるんさ、離婚証明書を（モスクワ県、1923年）[53]」。「前は下級タバコのマホルカを喫っていた／今は葉タバコだ／俺はお前マーシャを愛していた／今は、どっかへ行っちまえ、だ（リャザン県リャザン郡、1923年）[54]」。中にはソヴェト政権を皮肉ることを忘れないものもあった「以前はなかったことが／今、起こっている／コミッサールには許された／30回結婚することが（オレンブルク管区）[55]」。リャザン県カシーモフ郡ショスチイェ村では、以前は罪であり犯罪のようにみなされていた離婚が、若者の間ではよくあることとして今はあまり注意を向けることもなくなったとする一方で、離婚者は女性より男性のほうが相手をより早く見つける[56]、と報告していた。

1.3.5. 再婚の選択

ロシア正教会では、やもめと初婚者の結婚について差別条項がある。『百章（イワン雷帝臨席の下、教会会議で制定された教会法）』によると、結婚式のとき司祭は男女の別なく先ず初めに初婚者の名前を、次に再婚者の名前を唱える。司祭はすべてが終わった後で、再婚者のための祈とうを唱え、もし2人のうちの一方が3度目の結婚である場合、その際に「結婚のために」とは言わず、「3度の結びつきのために」と言う。また、再婚者には加冠式をおこなわず、祈とうだけがおこなわれる。しかも再婚者には聖体拝領を2年間禁止し、3度結婚したものには5年間聖体拝領が禁止された。4度目の結婚については、同じく『百章』で「4度目の結婚、すなわち野合をなしたる者は卑しめられる」と述べられていた。革命前には事実上離婚は困難だったため、再婚者はほとんどが死別したためであると

思われるが、ロシア正教会において再婚者は肩身が狭く、3度目の結婚ともなると事実上タブー視されていたことがわかる。民衆の表現では、最初の結婚は神によって、2度目は人によって、3度目は罪によって生じる[57]。

庶民は庶民の考えで、初婚者は再婚者と結婚したがらなかった。やもめは、若いうちの片方の死を経験している。それは不自然で、何かよくない不吉な特別の力がはたらいているとみなすのである。ありとあらゆるうわさが立つ。それは、たたり порча であるか、この一族は病気の体質なのである。残された兄弟姉妹には1人の媒酌人も立ち寄らなくなる。もちろん相手も疑われる。もし1－2年で新造が死んだら、夫の家霊ドモヴォイが絞め殺したのである。娘たちはこのような花婿は避ける[58]。

農民たちは、来世では最初の結婚における夫婦が一緒に生活すると考えていた。それゆえ娘たちは、子持たずの寡夫であっても結婚したがらなかった。やもめ同士の結婚にはこんな不都合はない。民衆は寡夫と娘との結婚に制裁すら加えた。コスコヴォースヴィヤシスク郡では寡夫と初婚の娘の結婚式の日に、少年や若者たちはありったけの履きふるしたわらじ(ラーボチ)を集めてくる。教会の出口で待ち受け、新郎が出てきたところで腐ったわらじを投げつける。あるものは3つのわらじを束にして新郎の首にぶら下げようとする。わらじの投げつけは彼が家に入るか畑の入口を越えて退去するまで続けられた。しかし、19世紀末において、いたるところでこうした儀礼に代表される伝統的な価値観が残されていたわけではなく、すでに地域差が見られていた。やもめ同士の結婚の多さについて見てみると、たとえば出稼ぎ者の多いヤロスラーヴリ県ではそのような考えはすたれていたが、中央黒土の伝統的な農業県であるタンボフ県では依然としてやもめ同士の結婚が多かった[59]。1920年代のロシア共和国全体の結婚を分析した統計学の論文によれば、レニングラード市やモスクワ市では結婚に際し相手の家族状況に対する関心が低いのに対して、農村では独身男性と寡婦、独身女性と寡夫の結婚は不埒とみなされていた伝統が残っていることが指摘されていた[60]。

2. 結婚生活

2.1. 婚前交渉

　婚前交渉に対する許容度については、これまで大方の研究者が純潔の堅守を主張してきたのに対して、ベルンシュタームはこの視点は一面的であると確信せざるをえないと主張し、テーニシェフ・フォンドの中から、「ポスィデルキでペアは物置に消えることができる」「明かりを消してから遊び始める」「16歳の娘たちは純潔を失うことがありうる」という回答を紹介している。公刊されたウラジーミル県の回答にも「婚前関係は起きている。が、入念に隠されており、結婚の口実とはみなされない。夜あるいは夕方の時間は、行為のなれなれしさ、罪深さをカムフラージュする。妊娠についてはたいてい『結婚によってごまかす』ことが試みられる」「結婚前に純潔を失うことはよくあることだが、このような場合しばしば若者は娘と結婚する」「婚前関係は稀であるが特別の恥辱はない」とある[61]。
　しかし他方で同じウラジーミル県の回答でも「『罪まで』至ることは稀である。だから娘の純潔は大切にされている。とはいえ、最近その喪失が増えてきている——工場の影響であると言われている」という回答があった[62]。19世紀末から20世紀初頭にかけての聖職者向けの雑誌では、教区民の道徳的退廃を出稼ぎや都市・工場の影響であるとして非常に厳しく断罪していた[63]。裕福な農民は、娘の純潔を重んじ、平日のたそがれ後では娘をゲームに出さなかったり、豪華に着飾らせて（このような娘に言い寄ることは禁止されていた）、輪舞のそばに立たせたり、ポスィデルキの後ろにすわらせた[64]。
　性的自由が認められていた地域でも、それは無制限のものではなかった。結婚相手を選択するというという目的のためには、多少の逸脱は容認されるが、それは結婚の保障が与えられるかぎりにおいてである。性的規範を

逸脱した女性には、先述したように厳しい運命が待っていた。したがって、娘が中傷された場合、両親の訴えによってリャザン県の若干の共同体では公開検査 публичный осмотр と呼ばれるものが設えられていた。共同体によって3人の女性が選ばれ、娘の身体を検査してその結果を村の集会で発表する。この審査に不服があるときは、郷裁判所まで行くことがあった[65]。しかし、19世紀末には性の規範は揺れ動いていた。出稼ぎが盛んな地域では、そもそもこうした儀礼は過去のこととなっていた。金銭的に不名誉を埋め合わせるケースも出てきた[66]。

　1920年代の22歳から27歳の赤軍兵士3055人（うち、90％が農民出身）のアンケートによると、性生活の開始は、16歳以下21％、17歳22％、18歳27％となっている[67]。ヴォロネジ県の医師の報告では、100人の若者のうち、69人がポスィデルキで性の目覚めを経験したと答え、同様に73人が初めての性交渉がポスィデルキで起きたと告白した[68]。

　性の価値規範を判定するのは非常に困難である。しかし、以上から概ね次のようなことが総括されるであろう。すなわち、婚前交渉は公然とは認められてはいなかったが、過度の放埒さは別として、一概に厳格に禁止されていたわけでもない。農民にとってはそうした道徳的厳格さよりも結婚というモチーフが重要なのであり、一線を踏み外すことに比べて、その可能性を秘めている一連の結婚前の儀礼に参加しないことの方が、若者の行動規範として許容度が低かった。規範の逸脱に関しては、一連の具体的な懲罰があった。さらに、それでもカバーできないものについては超自然的な人間の力を超えた懲罰が用意されていた（後述）。すべてそれらのことが、共同体内で1つの環のように体系だてられて日々の生活が成り立っていた。その結果保たれていた共同体の行動規範は、しかしながら徐々に変化・崩壊しつつあったのである。

2.2. 処女性と結婚生活の公開

2.2.1. 魔法使いの役割と初夜の儀式

　結婚式に不可欠の役割を示すものの 1 人に魔法使い колдун, колдунья がいる。各村にはたいてい 2、3 人の魔法使いがいる。彼らは、大概やもめで子どもがいない年輩者である。概して女性より男性の魔法使いのほうが魔力が強いとみなされた。決して農耕者でなく、猟師、森番、見張り、牧夫、粉挽き夫、鍛冶屋、ときには養蜂家など何らかの営業に携わっている者が多い。農民が明らかに魔法使いであるとみなす容姿がある。醜く恐ろしげな外見、普通でない目、長い眉、くしゃくしゃにされた髪、長い顎鬚が特徴である。魔法使いの能力は、生まれつきか、あるいは悪魔と契約を結んだかによる。魔法使いは自ら芝居がかっており、他方では共同体自らが魔法使いを作り上げている。年老いた農民が妻を亡くし、気がふさぎ、水呑百姓になって人嫌いになる。そうすると最初の疑いが彼にかかる。迷信深いおかみさんや、愚かな10代の若者が噂を立てる中心人物である。少しずつ『事実』が積み重ねられる。だんだんエスカレートして、墓地で爪で地面を掘っていた、そこから人骨をとっていた……という噂が広がり、そうなると、彼のところへ民衆、とくにおかみさんが集まってくるようになる。年老いていればいるほど力が強いと一般にみなされる。村の墓地に行くと大体ヤマナラシの杭を打ちつけた墓を 2、3 は見る。魔法使いが夜よみがえって生者の生活を乱すのをおそれてのことである。悪魔と結びついている魔法使いとは積極的につきあう必要はないが、刺激すべきではない。悪いことがおきないように、家族の厳かな祝宴には彼らを呼んでおかなければならない。特に結婚式では、若夫婦が呪いによって、突然の病気になったり、仲たがいや不能・不妊をひきおこさせられるかもしれない。

　司祭が祈とうをおこない帰った後、わざわざ人を送り魔法使いを呼びにやる。彼の到着前に呪いから身を守るための様々な方策が予めとられる。

部屋に十字を切り、入口の鴨居に十字架を画いておく[69]。1920年代においてもリャザン県スパスク郡セルギエフカ村の結婚式では、呪いの予防のために、新郎新婦の右の靴に銅貨と大麻の種子とホップを入れていた[70]。結婚式のとき、とりわけ魔法使いを優先してもてなす。1、2時間で彼らが帰った後、出席者みんなが自由を感じる。飲んで騒ぎ、お互いを"お仲人"と呼び合う。結婚式が終わると、夕方、農村には家路にむかう酔っぱらった農民男女の長い行列ができた[71]。つまり、結婚による新生活の緊張に伴う様々な不具合が想定されるとき、予め若夫婦やその周辺の人々からその責任を取り外してこの結婚に無関係な第三者である魔法使いに転嫁するために、普段は村の厄介者である彼の存在は有効であるということである。他方、魔法使いはこのような役割の対価として、生きる術と存在意義を共同体の中に獲得して生活しつづけることができるのである。

　新郎方の付添い人が「なぜ嫁をもらったか」と聞き、新郎は「妻を養い、飲ませ、彼女といっしょに経営をやっていくためだ」と答えなければならない。同様に新妻は「夫にシャツを縫い、衣類の面倒を見て、彼に息子を産むため」と答えなければならない。その後で、寝床に行くのだが、準備のできた寝床に最初についているのは夫の兄とその妻である。寝床に隠れていて、抱き合って寝床を「暖め」ている。そこへ若夫婦を連れてきた新郎方の付添い人が、鞭でこの「種馬と牝馬」を追い払うが、出て行かない場合はウォトカをご馳走して追い出す。付添い人と仲人の女性が、2人を寝床につかせる。妻を夫の片方の腕に乗せ、もう一方の手で抱擁するようにし、毛布で2人を隠す。面白い忠告・冗談を言って、2人を残して去る。しかし、"インチキ"（鶏の血で偽装工作する場合がある）が起きないように、時折盗聴するものがいる。初夜の儀式にも様々なヴァリアントがあり、3日間（多いところは1週間）実際の初夜をすごすことは罪とみなされている地域もある。これは、新郎に対する不測の事態を乗り切る猶予期間の役割をはたしている。不能の婿に対する花嫁の両親の態度も時折厳しく、改善されない場合、婿の家には没落が生じる。その際には嫁がよそで作っ

た子供を受け入れることがある[72]。しかしいずれにしろ、初夜の新婦のルバーシカを公開する点は共通している[73]。チャン＝シャンスカヤによれば、1時間後、仲人の女性が花嫁のルバーシカを脱がせ花婿の父に渡す。花婿の父はそれを粘土製の皿におく。新郎の付き添い人がその皿を先頭に、宴会をしている部屋に若夫婦を導く。花婿の親族がルバーシカをじっと見る。このとき、旅芸人(スコモローヒ)はつぼを持ってきて床に落として割る。それは、すべておこなわれたという証である。もし、花嫁が処女であれば最初のワイングラスは花嫁の両親に運ばれる。両親と教母には賢明に娘を育てたという賛辞の言葉がかけられる。そうでなければ、ワインは先ず花婿の両親に運ばれ、花嫁の両親にはワインがこぼれるよう底に穴のあいたジョッキを持ってくる。翌朝、全員が何台かの荷馬車に乗って大鎌を打ち鳴らし、歌を歌い、新郎の親族の女性が頭の上に新婦のルバーシカを振りかざす。この一行はもちろん村の好奇心ある人々を引き寄せ、みんながかなり卑猥な冗談を言い合う。別の村の親戚のところまでへも出かけていき、ルバーシカをはためかせ踊りを踊る。しかし、こうした風習も19世紀末には廃れてきた[74]。

2.2.2. 結婚生活の公共性

処女性の公開についての儀礼は廃れてきていたが、夫婦の調和と安定は、共同体の重要な関心事であり続けた。夫婦関係の危機に、郷長が介入してくることがあった[75]。また、結婚したばかりの新婦の中には、婚家での辛さに耐えきれず、実家に逃げ帰ってくるものがいた。20世紀初頭のリャザン県では、逃亡を繰り返す新妻に対して、次のような儀礼が知られていた。村の男女が集められ、彼らは木槌、金盥、壊れた土鍋、桶、シャベル、熊手などを手にもち、花嫁を父のところから追い出すシンボルである枝箒を持った夫を先頭に行進する。岳父のところにくると婿は全員にもてなしを要求し、その場で娘を返すよう迫る。父は慌てて娘を婿に渡し、群集は通りに出て、手にもっているものを打ち鳴らし、婚家に妻を送り届ける。

このようにして妻はもう二度と家出をしなくなるというものである。一種のシャリヴァリが挙行された[76]。

　1年のカレンダーの中にも、夫婦関係の承認と再確認をする儀礼があった。マースレニッツァ（復活祭直前の大斎に先立つ週におこなわれる謝肉祭）には金曜日から馬につけた橇のりがはじまる。独身の若者たちも娘を乗せる。このようなペアは通りで周囲のものに止められ、キスを要求される。新婚夫婦も同じ目的で止められる。3度の伝統的なキスのために橇から立ち上がらないものには公衆から高笑いや嘲りが雨あられと浴びせかけられる。それをしなければ通らせない。謝罪の日（大斎前の最後の日曜日）の夕方には、「赦しの口づけ」のために夫婦をひきあわせる。独身の男たちと年輩の男たちは群になって通りを歩き、二手に分かれて、一方は夫を捜索し、もう一方は妻を探す。夫を人垣で囲んで逃げられなくし、そこへ妻を連れてきて、いかに夫を愛しているか、いかに夫の履物を脱がせているか（結婚の祝宴でも、寝所に連れて行かれる前に公衆の面前で夫の履物を脱がす儀礼がある）といったことを質問する。達者なおかみさんはうまい答えをして、群を楽しませる。全員が心から笑う[77]。1925年になっても「野蛮な風習がまだ生きている」としてマースレニッツァの「無理な馬の追い立て」が農耕の手段としての馬によくないと批判されている[78]。

　このように夫婦関係は慣習や儀礼を通して、時に厳格に時に娯楽的な要素を織り交ぜながらも、共同体によって支えられていたといってよいであろう。

2.2.3. 夫婦間のまなざし

　夫婦は、気に入ったもの同士で結婚したとしても、お互いがあたかも腹を立てているか、緊張しているかのように粗野に向き合う。

　結婚当初から若妻は、かつての女友達の中から、あるいは新しく隣人になった人の中から非常に親しい友人関係を結ぶ。この関係には、義姉妹の契り посестриеという儀礼が残されていた。ろうそくをたて、イコンの

前で静かに立ち、地面までの深いお辞儀を長い間する。その後、お互いが向き合って、永遠の友情について誓いの言葉を述べ、口と肩に3度キスをする。「お前は私の義姉妹たれ、胤違いの兄弟よりいとしい、血を分けた父よりもいとしい」。彼女たちの間には秘密は何一つなく、両親や夫よりも心からの付き合いであるといえる。ありとあらゆるときお互いを助け合い、各自の婚家の経営のことをたずね、家族喧嘩の仲介者となり、夫が何かよからぬことをしないようお互いが目を配っている[79]。

　しかしながら牧歌的な友人関係ばかりではない。新造に対する厳格な集団的行動規範も1920年代にはまだ存在していたようである。リャザン県の若干の村では牧草刈りのときに若妻が水浴する習慣がある。この日は寒い日だったためにリャザン郡エキーモフ郷ベリョーゾフカ村の1人が水に入ろうとしなかったところ、残りの女性たちが力ずくで水に入れたばかりか、この際に彼女を殴りつけた。村ソヴェト書記は彼女たちを諫めたが、村ソヴェト議長は逆に書記を呼びつけ「おまえはこの粥(カーシャ)に口を出すな（干渉するな）。これは、おかみさんたちのことでありおかみさんたち自身が片をつけることだ。それに入水することは必要だ。不浄のまま教会へ行くことは許されない。われわれのところではそうした決まりだ[80]」この水浴はロシアで広くおこなわれている夏至の祭日であるイワン＝クパーラ（クパーラが水浴するという意味のクパーチを連想させる）の儀礼のコンプレクスの1つで、この時期に特に強まる「不浄な力」の追い出しを意味するものだが、こうした古代的な儀礼が根強く残されていた（前述のルバーハの記述を参照）。また、集団的な儀礼が農業共同体に多く残されていたのは、ベルンシュタームによれば、個人的儀礼が非農業的な営業（漁業、狩猟、養蜂、林業、手工業など）に代表されるのに対して、農業共同体においては集団的な儀礼が非常に重要で特別の役割を果たしていたからである[81]。集団儀礼に出ないという個人の選択は許容されなかった。

　夫の側にも、義兄弟の契り побратие、товарищество があった。出稼ぎのせいで、男性の側は未婚者と妻帯者が товарищество を組むこと

もまれではなかった[82]。

小括——むすびにかえて

　家族は夫婦という男女の結びつきから再生産されてきた。19世紀末から20世紀初頭にかけてロシア農村の性の価値規範が揺らいでいたということは、家族のあり方もまた揺らいでいたということである。
　リャザン県のケーススタディのエキスパートであるトゥリツェヴァは、このころの農民の日常生活は複雑で矛盾した過程をたどったと論じる。ロシアの資本主義発展により、経済的には農民層が分化して、農村に都市の嗜好——農民小屋(イズバー)には灯油の照明が点き、農民の読み書き熱が高まる——が入り込む。しかし、従来型農業からの離反がかえって農民を共同体に縛り付けることになる、つまり、「古い生活様式はしだいに崩壊していたが、伝統は固定されている[83]」という状況である。
　ロシアの共同体農民の暮らしは、家長の権威が絶対的であった時代とはすでに異なっていたが、ロマンチックラヴに支えられた近代家族のあり方ともまるで異なっていた。一定の年齢がくれば、定められた一連の儀礼に参加して結婚へのプロセスを決められたとおりに歩む以外の選択肢は非常に限られ、しきたりにそむく行為にはいくつもの制裁が待っていた。そうして形成された夫婦は、周りを取り巻く幾重もの諸集団と時には家族以上の親密な関係をとり結んでいた。それは時に「個人のわがまま」を許さない集団的な規範によって支えられていた。
　出稼ぎに出ている息子は、家父長制家族の中でその立場を有利に展開していきつつあったが、若い男性労働が欠如する農村生活の日常で、出稼ぎに出ることなく農業を守り、集団的な伝統儀礼との結びつきを維持している共同体の女性は、農村で起きていた変化にあって、微妙な立場にいた。彼女たちは好んで都市風の身なりや小物を身につけていたが、共同体にお

ける家族生活の伝統的な価値観を直ちに捨て去るようには見受けられなかった。「おかみさんは人でない」という有名な諺は、一般的には伝統的なロシアの農婦の隷属的地位を表現したものとして理解されている。たしかに伝統社会において家父長に認められていたような権利は「人でない」おかみさんは決して受け取ることはなかった。だが、「人でない」から、農作物の豊作や家畜の繁殖を祈るという、当時の農民にとって、日常的な農作業労働と比較して重要さの点で決して劣らない儀礼の担い手となり、雨乞いや疫病流行などの非常時や緊急時にはなおさら、この「人でない」彼女たちだけが可能である「人」を越えた力——それはおもに魔力的な豊穣の力、性的な力——が集団で発揮されると考えられ、ひどく恐れられた集団となることができたのであった。このことが結果的に伝統社会における1人1人の農村女性の立場と権利を防御することになっていたのである。

　ここでは、共同体外からやってくる人々との関係性を展開できなかったが、基本的には先述した魔法使いと同じ機能がある。彼らに対して抱く共同体メンバーの恐れが、彼らに対する寛容と交流を逆説的に生じさせ、無条件に友好的な態度で接することはなくとも、放浪している彼らに対して、生きる縁を与え保障してきた側面を持つのであった。農民にとっての共同体内外のアウトサイダーの存在を別の言葉で表現すると、アウトサイダーの家族員が彼らを「愛情」という囲いの中で守り支えるのではなく、共同体全体があるいはほかの共同体が、共同体の中の夫婦や家族のシステム、あるいは共同体それ自体のシステム存続のための1つの要素として、彼らの存在を必要とし、その生存を結果的に保障していたのである。共同体メンバーにとって、彼らはなくてはならぬ何がしかの機能を受け持っており、その対価として彼らは生存の意義と手段を受け取っていた。ロシア共同体農民の過酷な歴史の中で展開してきた、結果としての相互扶助は、近代資本主義体制が体制の根源となる自由と平等というイデオロギーを発展させる過程において保障されるべきとした基本的人権の理念にもとづくものでは無論なく、あるいはキリスト教的な友愛精神でもない。将来自らが遭遇

するかもしれない人生の荒波に立ち向わなければならないであろうすべての共同体農民が長年築き上げてきた生活の中から生まれた、知恵の結晶といえるのかもしれない。「共同体の真の厄介者」である魔法使いですら、農民の複雑な結婚儀礼のシステムの支えとなっていた。その前提となっていたのは農民の日常生活のあらゆる場面に張りめぐらされた伏線、つまり一見不条理や荒唐無稽にすら見える様々な物語・説話に満ちた日常の複雑な「神話」の共有であり、それはすなわち農民の世界観の一体化であった。しかし、出稼ぎがこうした複雑な共同体の人間関係のシステムをあちらこちらから綻びさせていた。そして、そこに革命による新たな家族関係の変化の波が押し寄せてきた。革命は、たしかに農民たちにそれまでにはなかったわかりやすい言葉で、農村の「後進性」を指摘・啓蒙した。かつてロシア知識人が唱えた、都市文化イコール退廃であった帝政期とは異なり、新しい社会理念を実現する場所として積極的に都市文化を想定して、農村で展開されている一連の宗教行事や風俗・しきたりは「後進性」「野蛮性」の象徴として批判の対象とされた。しかし、ロシア農村において築きあげられてきた伝統社会のシステムを破壊するのであれば、それに代わりうる新しい社会システムを生活の場に提供しなければならなかったのであろうが、それは現実にはほとんど農民の手には届けられなかった。

1920年代にノヴゴロド県ガディシ村の精緻な調査研究をおこなったフェノメーノフは、「注意深くここの生活を見ていくと、特に結婚前と結婚外の関係において、古いものの中に新しいもの、新しいものの中に古いものを見る」と述べた上で、「ここで見られる風俗の自由さは新しいものでは全くなく、とてもとても古いものなのかもしれない。そして、女性の自意識がこの自由さの絶滅にまで高まれば、罰せられることなくそれを利用しうるのは男性だけということになってしまうかもしれない[84]」という彼の印象を記している。ロシアの共同体農民の生活に迫っていた急激な変化は、さらなる「上からの革命」の時代へと連なっていく。そこでのさらに複雑な変化のあり方は、別の課題である。

注
（１） Shorter, E., *The Making of Modern Family*, N. Y., 1975『近代家族の形成』田中俊宏他訳、昭和堂、1987年）；山田昌弘「愛情装置としての家族——家族だから愛情が湧くのか、愛情が湧くから家族なのか」（講座社会学2『家族』、目黒依子、渡辺秀樹編、東京大学出版会、1999年、119－151頁）。
（２） Engelstein, L., *The Keys to Happiness: Sex and the Serch for Modernity in Fin-de-siècle Russia*, Cornell U.P., 1992, pp. 118-119.
（３） ロシア農民の特異な結婚性向については、広岡直子「リャザン県における出生率の推移とその歴史的諸原因」ソビエト史研究会編『ロシア農村の革命——幻想と現実』木鐸社、1993年、87－125頁（以下、［広岡93］と省略）。
（４） 帝政期には一般農民向けの平易な文章で語りかける新聞がほとんど皆無であったのに対して、1920年代は『貧農』『農民新聞』などの中央紙に加え、地方でも農民啓蒙を目的とした新聞が、各県において大体都から1紙、さらに1920年代半ばまでその他の郡都から2ないし3紙公刊されていた。1920年代のリャザン県の農民新聞に寄せられた読者からの投稿（当時投稿する読者を"農村通信員"と呼んでいた）——この時代の編集部は、切手のない手紙は編集部がすべて買い取り、掲載されなかった手紙にも住所がわかる限り返事を書き農民の啓蒙に努めた——を分析した論文によれば、性生活に関する問題は最も多様でその関心は増加しつづけている。手紙の多くは「完璧な無知」によるものだが、中でも避妊について聞くものが特に多く、ほかにも自慰が身体に与える影響や「性交渉が知的能力にどのような影響を与えるのか」「結婚に最適な年齢はいつか」など農村の若い男性がこのころ自らの身体と性に強い関心を持っていたことが注目される。РИАМЗ（Рязанский Историко-архитектурный музей заповедник. Научный фонд. リャザン歴史建築博物館サンクチュアリ・アルヒーフ、通称マンスーロフ・フォンドと言われるこのアルヒーフはリスト（ページ）がほとんどなく、資料はすべて1から500までの番号で記されている。以降資料の番号のみで記す。なおマンスーロフによる資料の詳しい案内書があり便利である。*Мансуров А. А. Описание рукописей этнографического архива общества исследователей Рязанского края. Вып. 1-5. Рязань, 1928-1933*) № 315. 農村通信員の運動については、浅岡善治「ネップ期ソ連邦における農村通信員運動の形成——『貧農』『農民新聞』の二大農民全国紙を中心に」『西洋史研究』第26号を参照。
（５） *Даль В. Толковый словарь живого великорусского языка*. М., 1978. Т. 1. С. 200.

（6） *Семенова Тян-Шанская О. П.* Жизнь «Ивана». Очеки из быта крестьян одной из черноземных губерний. Спб., 1914. С. 71. これは、リャザン県ダンコーフ郡の例だが、テーニシェフ・フォンドにおいても同様の記述が見られる（同県、ザライスク郡）。この場合娘を桶ないしは樽 кадолба と呼び、早いときには"手打ち"の次の日に結婚式を挙げる。РМЭ（Российский музей этнографии）. Ф. 7. Оп. 2. Д. 1729. Л. 6. 通称テーニシェフ・フォンドというこの貴重で特殊な資料の性質について、坂内徳明「テーニシェフ公爵と彼の『民族学事務局』活動について」『一橋論叢』第94巻、2号、202−222頁を参照。

（7） *Бернштам Т. А.* Молодежь в обрядовой жизни Русской общины XIX−начала XX в. Л., 1988. С. 39. 以下、この項は主にこの著作に負っている。筆者の育った日本の山村でもそれぞれの村人の呼び名は、屋号に家族の中の役割をつけて、たとえば「"こびき"（屋号で、この家は代々きこりや大工を仕事にしていた）のアネマ（若い嫁の呼称）」「"むこかんじゃ"（同じく屋号で「向こう鍛冶屋」、つまり鍛冶屋の分家を意味する）のオジマ（次男以下の呼称）」であり、そのように呼びかけていた。その場合、話し手はその個人だけではなく、彼らの家、家族を思い描きながら話すことになる。

（8） РМЭ. Ф. 7. Оп. 2. Д. 1728. Л. 4; Д. 1751. Л. 8.

（9） *Бернштам Т. А.* Указ. Соч. С. 25-39. С. 25-39.

（10） 非嫡出子については、高橋一彦「近代ロシアの婚外出生」『研究年報（神戸市外国語大学外国学研究所）』第41号97−159頁、および［広岡93］、101-102頁を参照。

（11） *Бернштам Т. А.* Указ. Соч. С. 44-51.

（12） *Крюков С. С.* Брачные традиции крестьян южнорусских губерний во втрой половине XIX в. // Этнографическое обозрение. 1992. № 4. С. 45

（13） *Семенова Тян-Шанская О. П.* Указ. соч. С. 53-54. 72.

（14） РМЭ. Ф. 7. Оп. 2. Д. 1729. Л. 6.

（15） *Гринкова Н. П.* Родовые пережитки, связанные с разделением по полу и возрасту // Советская этнография. 1936. № 2. С. 26.

（16） Там же. С. 45-47.

（17） Там же. С. 26-28.

（18） Там же. С. 38-39.

（19） Там же. С. 41-42.

（20） Там же. С. 44

(21) Там же. С. 28.
(22) *Гаген-Торн Н. И.* Магическое значение волос и головного убора в свадебных обрядах Восточной Европы//Советская этнография. 1933. № 5-6. С. 77; *Гринкова Н. П.* Указ. соч. С. 28.
(23) *Гаген-Торн Н. И.* Указ. соч. С. 77-78.
(24) РИАМЗ. № 36.
(25) *Гаген-Торн Н. И.* Указ. соч. С. 77, 88.
(26) *Гаген-Торн Н. И.* О〈бабьем празднике〉у Ижор (Ленинградского района)//Этнография. 1930. № 3. С. 69-79.; 広岡直子「ロシア農村の伝統世界――農民暦を読む――」、講座スラブの世界第四巻、『スラブの社会』、弘文堂、1994年 (以下、[広岡94] と省略)、284－285頁。
(27) [広岡94]、284頁。
(28) РЭМ. Ф. 7. Оп. 2. Д. 1752. Л. 15; *Звонков А. П.* Современные брак и свадьба среди крестьян Тамбовской губ. Елатомского уезда//Труды этнографического отдела общества любителей естествознания антропологии и этнографии. Т. 61. 1889. № 9. Вып. 1. С. 27.
(29) Миссионерский сборник. 1911. № 10. С. 795; Burds J., *Peasant Dreams &Market Politics: Labor Migration and the Russian Village, 1861-1905*, Univ. Pittsburg Press, 1998, p. 166.
(30) *Огризко З. А., Шманкова В. Т.* Крестьяне-отходники Рязансой губернии в конце XIX и в начале XX века//Труды государственного исторического музея. Вып. 28. Историко-бытовые экспедеции 1951-1953. М., 1955. С. 145.
(31) РЭМ. Ф. 7. Оп. 2. Д. 1711. Л. 1-5.
(32) *Звонков А. П.* Указ. соч. С. 38-39.
(33) РЭМ. Ф. 7. Оп. 2. Д. 1729. Л. 8.
(34) РЭМ. Ф. 7. Оп. 2. Д. 1711. Л. 1-5.
(35) 1896年ザライスク郡ベロオムト村では身持ちが悪いと噂のたった金持ちの娘が、相手方の要求と交渉により6000ルーブリという多額の嫁資をつけ嫁にだされたが、このことは身持ちの噂の重要性と、嫁資が本来の意味から逸脱して裕福な農村住民にとって全くの持参金となっていることにも注目される (РЭМ. Ф. 7. Оп. 2. Д. 1729. Л. 5)。ネップ期においても、リャザン県の地方紙では、農村通信員の「花嫁と結婚するのでない、牝牛と、だ」という手紙を紹介する記事 (Рабочий клич. 16 ноября, 1924)、コムソモールが「嫁資撲滅、女性の同権よ、今日は」という寸劇の後で討論会を組織したが、娘

たちは誰も発言しなかったという記事（Рабочий клич. 4 января, 1925）が紹介され、さらに1929年においてコムソモール員の間ですら「もしもいい嫁資ならば一度嫁に行った娘でももらう」という声が聞かれると批判されている（Путь молодежи. 15 марта, 1929）が、このように嫁資の重要性は1920年代を通して決して小さくなっていない。特に、結婚後すぐに農戸分割をする傾向が強まったこの時代には、その重要性はむしろ大きくなったことが想定される。

(36) ロシアにおいて出稼ぎの多寡は一般的にパスポート（国内旅券）発行数で推測されているが、中央黒土では偶然的な賃仕事に従事している者が多く、パスポートの発行数は必ずしも出稼ぎの実態を忠実には反映していない。また、このころ一般的に生活の場を完全に移しているにもかかわらず、書類上共同体に残っていることになっている農戸が多く存在していた。パスポート制度と共同体の複雑な関係については Тихонов В. В. Переселения в России во второй половине XIX в. М., 1978. С. 105-143. 出稼ぎと家族の関係について、畠山禎「近代ロシアにおける出稼ぎと人口・家族——コストロマー北西部の場合」若尾祐司編著『家族』ミネルヴァ書房、1998年、279－322頁および［広岡93］110－113頁を参照。

(37) РЭМ. Ф. 7. Оп. 2. Д. 1711. Л. 5. および肥前栄一「帝政ロシアの農民世帯の一側面——女性の財産的地位をめぐって」『広島大学経済論叢』第15巻、3/4号、9－22頁。

(38) Бернштам Т. А. Указ. соч. С. 230-248. ポスィデルキには地域差だけではなく、時代差もある。農奴時代では、大人の監督（母と祖母）がいて、またときおり地主やその妻、地方の役人も訪れていた。チャグロという夫婦単位の賦役を課すために、早婚が地主の利益になり、地主がポスィデルキを農奴のために組織し資金まで提供していた地域もあった。結婚のための共同体への農奴の出入りを管理するためにも、ポスィデルキは地主の利益と密接に結びついていたのである。階層差も地域によっては報告されていた。ノヴゴロド県では、19世紀後半には富裕な家の娘は「よい席」を与えられており、こうした娘を славнуха と称していた。多くの地域では、ポスィデルキの娯楽は славнуха の到着前にはじめることができなかった。若者も同様である。1898年モスクワ県では「貧しい若者は決してその夕べの英雄には選ばれない」と報告され、白海沿岸の村では、貧しい家の娘と裕福な家の娘のポスィデルキは別々におこなわれていた。農奴解放後ポスィデルキにおける大人の管理や役割は一般的に限られたものになっていった。本稿の対象である1880年代からは、青年たちが専ら独立的にこのスペースを支配するようになっていた。

同様に、ここでの服装のスタイル・踊り・歌が青年たちの嗜好によって変化していった。ゆったりとした輪舞が、ペアで野性的な踏み鳴らしと素早く進行する「過度のエロティシズム」に導かれたカドリルやワルツなどの踊りになり、叙情的な長歌が、恋愛から両親への不満や社会風刺までをテンポよく歌う四行の即興詩であるチャストゥーシカになった。19世紀末には、聖職者たちを中心として「都市の悪魔的影響」から農民を守るためにポシィデルキを禁止したり統制したりする動きが強まった。しかし批判の対象であった「悪魔的な行為」のかなりの部分は以前からあった農民の風習であったため、農村の大人たちは黙認した。また、ストルィピン改革後のフートル、オートルプ農民は共同体のポシィデルキには出ることができなかった、とされる（Frank Stephen P., ""Simple Folk, Savage Customs?" Youth, Sociability, and the Dynamics of Culture in Rural Russia , 1856-1914" // *Journal of Social History*, Vol. 25, № 4, 1992, pp. 711-736.）。

　革命後の1920年代になっても、ポシィデルキの習慣は根強かった。「村が飢え、若者が戦線に出ていた内戦時にはすたれていた」が、「今はまた復活した」（Рабочий клич 5 января, 1924）。1930年のリャザン県カシーモフ郡ショスチイェ村の様子では「若者たちが女性の胸をさわったり、あるいはマッサージすることは完全に普通の現象とみなされており、地方の事情通の何人かはその意味について、もしも若者が娘に言い寄っている場合、彼女をさわってみないならば、彼女は不満に思うからと言っている。たいていポシィデルキは、5〜10人の娘たちが寡婦—兵士の妻の家を共同出資で借り……彼女たちに言い寄っている若者の数と等しい数が一緒に残る。すでに真夜中となって、全員が寝板（暖炉の上から向いの壁にかけて設けられた木製の板）によじ登り、灯りが消されるのだがそこでおこなわれていることはなぞに包まれている。私の質問に対して、性交渉まではまったく及んでいない、触ってみることに限られているといっているが……最近は不測の出産が頻繁になり、営業（農民の手工業の一種としておこなわれていることを意味している）としての中絶がさらに多くおこなわれている」（РИАМЗ. № 313）。このアルヒーフによる性の描写は決して特殊なものではなかった。リャザン県の『若者の道』紙創刊号には、大切な問題提起として、サソフ郡のポシィデルキの様子が紹介されていた。「農民の若者たちは、冬の余暇のほとんどすべてを夕べの集い［＝ポシィデルキ］に費やしている。……みすぼらしい汚い農民小屋ではひっきりなしに単調なアコーディオンの音、卑猥なチャストゥーシカ、ダンスの足音、罵詈雑言が聞かれ、しばしば取っ組み合いのけんかが起きる。小屋の一隅、物置、暖炉、寝板で若者は娘をさわり、キスしあっ

ている。その後全員が一緒に寝ることはよくあることである。……この結果何が起きるか――明白である」（Путь молодежи. 4 декабря, 1927）。

(39) *Звонков А. П.* Указ. соч. С. 35 ; *Листова Т. А.* Кумовья и кумовство в русской деревне//Советская этнография. 1991. №2. С. 39-42.

(40) 現代ロシアにおいても、チャストゥーシカは歌われている。広岡直子「村で聞いたチャストゥーシカ――ロシア伝統文化の今」『月刊百科』、第348号、17－21頁を参照。

(41) *Феноменов М. Я.* Современная деревня. Ч. 2. М., 1925. С. 11-13 ; Деревенская газета. 10 апреля, 1926.

(42) Путь молодежи. 5 марта, 1929. 1891年の聖職者向け雑誌でも、リャザン市のごく近郊の村ルィコヴォ＝スロヴォドについてポクロフにほとんどの結婚式がおこなわれることが記されている。Рязанские епархиванные ведомости. 1891. №24. С. 1123.農民のポクロフと結婚の結びつきについては、[広岡94]、280頁を参照。

(43) *Семенова Тян-Шанская О. П.* Указ. соч., С. 45 ; *Бернштам.* Указ. соч. С. 244.

(44) *Звонков А. П.* Указ. соч. С. 25-26; *Семенова Тян-Шанская О. П.* Указ. соч. С. 44-48.

(45) *Звонков А. П.* Указ. соч. С. 26-28.「母なる湿れる大地」については、Hubbs Joanna, *Mother Russia: The Feminine Myth in Russian Cultute*, Indiana U. P., 1988（坂内徳明訳『マザーロシア――ロシア文化と女性神話』、2000年、青土社）、[広岡94] 278－285頁を参照。

(46) *Звонков А. П.* Указ. соч. С. 30-31; РЭМ. Ф. 7. Оп. 2. Д. 1729. Л. 4; *Миронов Б. Н.* Традиционное демографическое поведение крестьян в XIX—начале XX в.//Брачность, рождаемость, смерность в России и в СССР. М., 1977. С. 85-86.

(47) Путь молодежи. 5 марта, 1929.

(48) *Звонков А. П.* Указ. соч. С. 26-28.

(49) *Максимов С. В.* Бродячая Русь христа-ради//Собрание сочинений С. В. Максимова. Т. 6. 2-изд. Спб., 1908. С. 52; *Тульцева Л. А.* "Чернички"//Наука и религия 1970. №11. С. 81-82.

(50) РЭМ. Ф. 7. Оп. 2. Д. 1729. Л. 4.

(51) *Бертенсон Л.* Физические поводы к прекращению брачного союза. Пг., 1917. С. 23-25. 高橋一彦「ロシア家族法の原像――一九世紀前半の法的家族」『研究年報（神戸市外国語大学外国学研究所）』第39号、１－77頁、を

参照。

(52) Статистический ежегодник Рязанской губерний за 1924-1925. Рязань, 1926. С. 54.

(53) *Соколов Ю.* Что поет и рассказывает деревня// Жизнь (Москва). 1924. № 1. С. 301.

(54) Рабочий клич. 4 марта, 1925.

(55) *Соколов Ю.* Указ. соч. С. 298.

(56) РИАМЗ. № 98.

(57) 中村喜和「『百章』試訳」(2)『人文科学研究（一橋大学）』第30号、21－24頁。

(58) *Звонков А. П.* Указ. соч. С. 32-33.

(59) *Якушкин Е. И.* Заметки о влиянии религиозных верований и предрассудков――народные юридические обычаи и понятия//Этнографическое обозрение. 1891. № 2. С. 5-7.

(60) *Каплун М.* Брачность населения РСФСР//Статистическое обозрение. 1929. № 7. С. 5-7

(61) *Бернштам Т. А.* Указ. соч. С. 230-248. なお、この論争については *Семенов Ю. И.* Пережитки первобытных форм отношений полов в обычаях русских крестьян XIX－начала XX в. //Этнографическое обозрение. 1996. № 1. С. 32-48を参照。

(62) Быт великорусских крестьян-землепашцев. Спб., 1993. С. 241.

(63) Миссионерский сборник. 1913. № 7-8. С. 724-725.

(64) *Бернштам Т. А.* Указ. соч. С. 243.

(65) *Крюкова С. С.* Указ. соч. С. 44; РЭМ. Ф. 7 Оп. 2 Д. 1711 Л. 21.

(66) РЭМ. Ф. 7. Оп. 2. Д. 1729. Л. 5.

(67) *Гамбург М. И.* Половая жизнь крестьянской молодежи. Саратов. 1929. С. 6, 9, 21- 22.

(68) *Френкль М. Г.* Половая жизнь крестьянской молодежи. М.-Л., 1927. С. 26.

(69) *Звонков А. П.* Указ. соч. С. 45-47; РЭМ. Ф. 7 Оп. 2. Д. 1725. Л. 7, 11-12; Д. 1748. Л. 17-18; *Никитина Н. А.* К вопросу о русских колдунах"//Сборник музея антропологии и э этнографии. Т. 7. 1928. С. 299-324.

(70) РИАМЗ. № 270.

(71) *Звонков А. П.* Указ. соч. С. 47.

(72) РЭМ. Ф. 7. Оп. 2. Д. 1703. Л. 12-13.

(73) *Звонков А. П.* Указ. соч. С. 47; РЭМ Ф. 7. Оп. 2. Д. 1703. Л. 11.
(74) *Семенова Тян-Шанская О. П.* Указ. соч. С. 68-71.
(75) РЭМ. Ф. 7. Оп. 2. Д. 1703. Л. 14-15.
(76) Рязанский вестник. 8 июля, 1910.
(77) *Петров В.* Мещерский край//Вестник Рязанского губернского земства. 1914. № 1. С. 36-37.
(78) Рабочий клич. 4 марта, 1925
(79) *Звонков А. П.* Указ. соч. С. 48-49; *Громыко М.М.* Традиционные нормы поведения и формы общения русских крестьян XIX в. М., 1986. С. 84-90.
(80) Рабочий клич. 4 сентября, 1923
(81) *Бернштам Т. А.* Указ. соч. С. 145-146.
(82) *Звонков А. П.* Указ. соч. С.49.
(83) *Тулицева Л.А.* Община и агралная обрядность Рязанских крестьян на рубеже XIX - XX вв. //Русские: семейный и общественный быт. М., 1989. С. 47-48.
(84) *Феноменов М. Я.* Указ. соч. С. 19.

ネップ期の農村壁新聞活動

―― 地方末端における「出版の自由」の実験 ――

浅岡善治

はじめに

　革命・内戦期の流転を経てネップ下に本格展開される、ボリシェヴィキと農民との関係形成過程においての出版の役割は、ソヴェトや一連の社会組織がそこで果たした役割に比べて、研究史上、多分に過小評価されてきたように思われる。しかし、現実には、新聞をはじめとする出版媒体は、新体制の支柱をなすべき党・ソヴェト組織の農村地域における著しい弱体が長く続く中、「農民の大海」の中で孤立感を深める「都市の党」ボリシェヴィキに、しばしば末端の農村社会への最初のアプローチの機会を与えたのである。ネップ開始後の混乱が一応収拾された段階において、ボリシェヴィキが農村出版物の整備・普及努力にいち早く転じたことは、彼らがその有効性を早々と認知していたことを示している。そして出版物の普及の過程で農村からの反作用としての投書が膨大な数にのぼり、それらを通じての農民との意思疎通の可能性が生じたことは、ボリシェヴィキに自らの見解の正しさを確信させたのであった。彼らは投書の発信主体である農村地域の読者を農村通信員（セリコル）と称し、都市部の労働者通信員（ラブコル）と同様、末端大衆との直接的提携の方途として重視した（農村通信員運動：セリコル運動）。セリコル運動の実態は農村住民の投書行動の雑多な総体にすぎず、手紙の内容も訴願や単純な照会が多数を占めていたが、それでも農民との「話し合い」の可能性は生じたのであり、前進のための地歩は獲得されたのである。ボリシェヴィキは手紙が運んでくる

具体的諸要求への対処に努め、投書行為の実効性を示してかかる慣行の定着を図ると同時に、重要案件の紙上討論を組織するなどして、出版活動を農民との協議と関係形成の機会として活用しようとした。全連邦の長老(スタローロスタ)、ソ連中央執行委員会議長カリーニンは、出版活動と読者の投書とが生み出すこのようなヴァーチャルな空間の果たす役割を「議会（парламент）」になぞらえた[1]。

　出版活動を通じて農民への第一次的接近を図ろうとするボリシェヴィキの努力は、当初、もっぱら中央ないし地方上級の新聞活動の整備へと集中された。そしてここでの一定の成果を背景として、彼らは地方紙の段階的整備とその周囲における投書の組織化へと進み、出版活動と通信員運動の「分権化」を志向しはじめる。県・州、管区・郡とソヴェト出版体系の整備が徐々に進められる中で、やがてその最末端に位置付けられるに至ったのは、労働現場、村落、諸社会組織、あるいは赤軍兵営内の壁新聞（стенгазета）であった。プロの編集者も特殊な資材も存在しない地方末端において、ほぼ完全に手作りで発行されるこれらの壁新聞は、出版の「民主化」の究極の形態であると同時に、いまだ新聞の到達していない地域においては初めてのメディアとして登場して新たな読者を開拓し、彼らの投書を募り、通信員運動の末端形態としての壁新聞通信員（スチェンコル）運動をその周囲に形成するべきであった。こうして出版活動を通じた農民への第一次的接近はさらに細分化され、いまや壁新聞こそが文字通り「最初のステップ」と位置付けられたのである。それは、新たなソヴェト権力と伝統的ロシア農民とが初めて邂逅し、原初的関係形成が模索される場であった[2]。

　19世紀のヨーロッパ革命において、国家による出版統制の弱化とともに街頭を埋め尽くしたビラや壁新聞は、民衆の「下から」の率直な自己主張を媒介し、しばしば彼らが権力に対して独自の共同的空間＝世論を形成する端緒として機能した[3]。20世紀に至っても低い識字率と伝統性を特徴としたロシアの農村はかかる「革命のメディア」を自ら生み出すには至らな

かったが、それらが内包する社会的・公共的要素は、特殊な展望に基づき大胆な社会変革を志向するボリシェヴィキにとっても積極的な意味をもっており、農村地域においては新たに生み出し、育てるべき対象でもあった。すなわちこの意味において、ボリシェヴィキが農村世界に持ち込み、定着させようとした壁新聞活動は、単なる農民への技術的接近手段にとどまらず、大衆の「下から」の要素を涵養し、農村の内的変革を促す「革命のメディア」を地方末端において創出しようとする試みでもあった。権力の座に着いたボリシェヴィキは、従来的な「出版の自由」の観念を明確に否定したけれども、このような革命の推進手段としての農村壁新聞の発展に大きな期待をかけており、後に見るように、明らかにそれらを特別扱いした。そして彼らは、このような出版活動の在り方こそが、ボリシェヴィキ的な意味での「出版の自由」の実現であると主張したのであった。

本稿は、ネップ期の農村壁新聞活動を、ソヴェト出版活動の一領域にとどめず、ボリシェヴィキの特殊な革命展望に立脚した、体制と農民との関係形成の「最前線」と把握し、まず政策構想の側面からそのユニークな射程を明らかにした上で、政策展開の具体相の解明を通じて、当該期の末端農村における現実過程と問題状況とにアプローチしようとする試みである。

1.「わが村の新聞」──農村壁新聞活動の構想と射程

壁新聞というユニークなメディアの革命ロシアにおける登場の経緯については、いくつかの異なる説が存在する。壁に新聞を貼り付けるという方式そのものは、内戦期に通常の印字新聞（печатная газета）が戦況等の速報のために掲示されたことに起源が求められている[4]。しかし狭義の、地方末端における自主的製作物としての壁新聞は、続く危機の時代における物質的欠乏とそれに対処しようとする大衆的熱狂との混合状態の中で生じたものらしい[5]。いずれにせよ壁新聞は、多分に革命の産物として、都

市あるいは軍隊の内部において生まれたのであり、農村社会が外部とのつながりをもつ主要な2つのルート——都市労働と従軍——を通じて農村へと「持ち込まれた」ものであった[6]。この「移植」作業において、一定の組織性をもって最大のイニシアチヴを発揮したのは、農村コムソモールである。若年層自身がしばしば工場労働や従軍の経験を有しており、彼らは、都市や兵営での最新の実践を故郷の村々においていち早く模倣しようと努めたのである[7]。

　公式の党決議として農村壁新聞について初めて言及した1924年5月の第13回党大会決議が、農村図書室や農業指導所、教育機関などとの緊密な連携の必要を指摘しつつも、それを「農村内における党・コムソモール細胞の最重要の活動形態の1つ」と規定したのには、以上のような運動の最初期の担い手に関する状況認識が基礎になっていた[8]。しかし農村地域への印字新聞の普及とセリコル運動の急速な発展とともに、コムニストを推進主体とする壁新聞活動の展開という初期の展望は大きな修正を迫られていく。徐々にそれは、コムニスト主導の扇動・宣伝活動の文脈から、より大きな文化啓蒙活動の文脈へと転轍され、末端の大衆を広範に引き入れ、彼らにより多くを任せ、コムニスト、とりわけ末端の活動家や細胞の直接的影響力を相対化させる方向へと向かう。通信員運動に関するネップ期の最も包括的な党決定である1926年8月の党中央委員会決議は、かような方向性の1つの到達点を示した。同決議は、壁新聞を労働現場や末端農村における「大衆の広範な自発性の機関」と規定し、何らかの生産施設や組織（現地のソヴェト機関、党・コムソモール細胞も当然ながらここに含まれる）の機関紙としてではなく、当該施設の労働者や当該村落の農民の新聞として発行されることが望ましい、とした[9]。

　「村落の新聞」はその住民自身の手によって作成されるがゆえにその名称を担うのであって、「ソヴェト・党・労組の建設活動の利益のために、新聞（雑誌）におけるしかるべき問題の解明を通じて活動性を発揮するあらゆる勤労者」という当時の通信員についての一般的定義[10]に従えば、

末端農村において壁新聞活動に関与しようとする住民は、その活発性の程度にかかわらず、全て農村通信員であった。まず壁新聞は、その存在そのものによって彼らに投書の機会を提供し、新規の執筆者を開拓して農村社会のあらゆる問題を広く解明すると同時に、現地のセリコルをその周囲に結集し、彼らの活動に組織性を与える。活動の組織性はサークル（кру-жок）という形態をとるべきで、もし近隣に印字新聞に投書をおこなうセリコルたちがすでに存在しているならば、彼らも当該サークルに参加し、従来の活動を継続しつつ、壁新聞の作成作業や後進のセリコルたちの育成・指導に努めるべきであった。この、最末端におけるセリコル活動の組織的中心という役割こそが、農村壁新聞構想の1つの核心をなす部分である(11)。

　セリコルの組織化の問題自体は、壁新聞活動の構想とは別個に、早くから活発な議論の対象となっていた。当初、新聞編集部の周囲への連帯という一般原則の下で、末端の農村からペンだけによって個別分散的に活動していたセリコルたちの横の連帯の必要性が生じたのは、運動の展開とほぼ時を同じくして激化したセリコルに対する迫害行為のためであった。しかし問題は、単なる嫌がらせや圧力にとどまらず時としてその命まで狙うようなセリコルの迫害主体が、彼らの告発を被った腐敗した官吏や強欲な富農だけでなく、しばしば末端のコミュニスト活動家であったという事実によって著しく複雑化した(12)。末端での安易な組織化は、たとえ保護目的であっても投書に対する統制手段へと退化し、運動が事実上圧殺される危険性があった。他方でソヴェト体制下において党は体制の骨格であり、諸組織に対する「プロレタリア的指導」を体現する存在でもあった。かくしてセリコルの組織化をめぐる議論は、非党員によるコミュニスト批判の是非というやっかいな問題へと発展し、党内を二分する一大論争へと拡大したのであった。論争に1つの決着を与えた1925年6月1日の党中央委員会組織局決議「労農通信員運動について」は、大衆の投書行為に対する末端のコミュニストの直接的影響力を相対化する意向を明確化して、党組織を中心

としたセリコルの組織化を否定し、その望ましい組織形態として、郷ないし農村図書室下のサークルを挙げた。それらにおいて作成される壁新聞は、党細胞とサークルとの緩衝地帯を形成し、細胞はその編集スタッフと編集作業とを通じて、**間接的に**サークルへの指導権を行使するものとされた。個々の通信員に対する細々とした口出し（опека）や記事の検閲行為（цензура）、実際的・批判的活動の妨害は固く禁じられた。このような細胞による「間接的」指導とともに、もう1つの指導の主体として近隣の印字新聞の編集部が設定され、それらはより上級の党機関の指導を仲介して、党とサークルとを別のルートで結び付けるべきであった[13]。

こうして、「新聞を介した指導」という原則によって、党組織からの相対的自立性を享受する通信員サークルという一般的方針が明確化すると、議論はサークルのより具体的な態様をめぐるものへと移った。その過程において、当時最大の発行部数を誇った全国紙『農民新聞』が、より一般的なセリコル・サークル（кружок селькоров）に対して、「新聞の友」サークル（кружок «Друзей газеты»）なる独自の組織形態の有効性を主張したことにより再度論争が生じた。しかしそれは、新聞相互の勢力争いを多分に反映しており、地方紙をも巻き込んだ激しい応酬と論争の長期化にもかかわらず、実質的争点はサークルの名称といくつかの活動上の力点の相違にとどまった[14]。サークルの内部構成に関しては、論争当事者たちには一般的方針についての大きな齟齬は存在しなかった[15]。双方とも自発的組織としてのサークルの特性を認め、執行機関としてのビュロー制、幹部会制、編集主幹制などの方式（これらは当時一般的であり、コムニストによる活動の「統制」には明らかに適合的であった）を問題視し、サークル成員の全体会合で民主的に選挙された定員3－5名の編集委員会（редколлегия）による集団指導制を支持した。前述のように党細胞は壁新聞の作成作業を通じてサークルを指導するので、編集委員会に対する指導は極めて重要な意味をもつが、それは、種々の禁止的措置やスタッフの任免といったおなじみの手段によってではなく、あくまで選挙原理を前提

とした上で、セリコルの中で「最も活動的で政治的に首尾一貫し、信頼しうる同志」がこの活動に参与できるように「イデオロギー的影響力」を行使することによって実現されなければならなかった[16]。

　以上のように、諸々の組織的配慮によって末端の通信員サークルが現地の党組織からの相対的自立性を認められたこと、また彼らの組織的中心であり、活動上の主要な「武器」となるべき壁新聞が、およそ当時のソ連邦における出版物で唯一検閲を原則解除されたことは、その実際の機能様態については一先ずおくとしても、やはり異例の措置であったというべきであろう[17]。そこにある種の譲歩的要素、すなわち、当時ますます問題視されるに至っていた農村党組織の劣悪な現状への反省から、現地住民の大衆的参加が見込まれる「末端出版物」がそれらの批判から出発するのもやむを得ないという状況判断が存在していたのは明らかである[18]。同時代の農村政策のより広い文脈に照らしてみれば、農村壁新聞活動の構想もまた、「ソヴェト活発化」政策をはじめとする1920年代半ばの大胆な大衆志向の政策転換の産物にほかならなかった。「ソヴェト活発化」が末端の国家機関たるソヴェトを農民の手に委ねることによって状況の改善と農民との結び付きの端緒を創り出そうとしたのだとすれば、農村壁新聞活動は、末端の出版物を現地住民に開放することによってそうしようとしたのである[19]。他方でレーニン以来のボリシェヴィキの出版論からすれば、出版物は「集団組織者」であり、政治組織の基礎をなすものと見られていたから、かかる壁新聞の扱いは、当該期のソ連における「政治的自由」の限界に肉薄する、ギリギリの措置でもあった[20]。

　ある段階から党中央が、壁新聞を含めた「地方紙」の早急な整備を迫られた背景には、初期の集中的努力による全国紙の普及の結果として、予想をはるかにこえる数の投書が各地から殺到し、それらへの対応に苦慮したという事実がある[21]。しかし地方紙の整備による事態の打開、すなわち「地方的問題は地方で」という分業方針は、単なる中央の負担軽減や活動の効率化という技術的意義をこえて、ある種の理念的正当性、ボリシェヴ

ィキ的な意味での「出版の自由」、「出版の民主化」の実現という積極性をも主張し得るものであった[22]。地方末端からの大量の手紙に直面したボリシェヴィキは、「1通の手紙も無駄にしない」ために関係機関への回送や概要作成による政策反映を試みるが、それでも彼らは、やはりこれらの手紙は何らかの形で出版物に掲載されることが本来的だと考えていたようである。手紙が告発的要素を含んでいる場合でも、彼らはそれらを単なる通報や密告とは質的に異なるものとみなし、まず新聞へと掲載し、それらに応ずる形で対処がなされるという、手続きの「社会性」にこだわった。新聞への投書は、新聞が権力機関と結び付いているがゆえに有効なのではなく、本質的にはその公共メディアとしての社会的影響力ゆえなのであった。告発的短信の受理に際して匿名性の確保には十分な配慮がなされるにせよ、地方末端の壁新聞への告発も「わが村の新聞」という公開のメディアに対しておこなわれるのであって、告発を契機として警察や司法当局が動き出すにしても、それらは住民世論を経由し、それを体現する形で、あくまで住民の意思の執行者としてでなくてはならなかった。投書をおこなう者の憤慨や不満が壁新聞の記事として採用されるのは、それが社会的に見ても正当なものだからであり、この意味で彼は「社会的な活動」をおこなっているのである。壁新聞は、密告の受け皿でも、脅迫文や怪文書の類でもなく、世論を喚起する公共メディアとして農村に健全な社会性を育み、それが発展する環境を整備するものでなければならなかった。新聞は国家機関（государственное учреждение）ではなく、社会組織（общественная организация）であり、投書者は、公官吏（должностное лицо）でも諜報員でもなく、社会活動家（общественный работник）であるべきだと言われたのは、まさにこの文脈においてである[23]。

公共メディアとしての農村壁新聞の基本的機能は、住民の積極的参加を基礎として、現地の農村生活を隅々まで照らし、「公開性（グラスノスチ）」をもたらす「サーチライト（прожектор）」としての役割である。しかし同時にそれは、体制と農民の最初の具体的接点として、「体制から農民へ」のヴェク

トルと「農民から体制へ」のヴェクトルが交差し相互作用をおこなうフォーラムでもあり、かかる両義性もまたその内容へと表現される。すなわち壁新聞は、欠陥や問題状況を告発し、その改善や対処を要求するだけでなく、農村変革の観点からして望ましい業績や革新を早々と発見し、それらを称揚し、住民全ての共有物にする役割をも果たす。そして批判や要求を契機として環境が改善されたならば、壁新聞の活動はますます肯定的・積極的なものとなり、主導的・奨励的なものになるはずである。また批判と改善の過程で大いなる実効性を発揮した壁新聞の権威は住民の中でいよいよ高まり、一層大きな影響力を行使しうるようになる。こうして壁新聞が媒介するヴェクトルは、農民から体制への批判や要求から、体制から農民への働きかけへと徐々に逆転する。それはますます多くの住民を壁新聞活動に参加させ、サークルが与える組織性は彼らの活動力を高め、主導性を存分に発揮することを可能にし、同時にそこでの学習活動と相互鍛錬は参加者の文化的資質を高めることになるだろう。このような、奉仕から影響、そして組織へという過程を経て、徐々に農村の社会的・文化的向上が達成され、究極的にそれは、新聞活動の経験を基礎として、より広範な政治的、経済的、あるいは文化的な建設活動へと前進していくセリコルたちに、すなわち新たな農村の諸活動を担う働き手(カードル)たちの輩出という形で具体化されるはずであった[24]。当時通信員運動の中心的指導者の1人であったエフゲーノフは、農村壁新聞に求められる一般的資質を、広範な農民層を活動に引き入れる「大衆性（массовость）」、現地の諸事象を徹底して明らかにする「地方性（местность）」、そして諸成果を拾い上げ奨励し、欠点の批判に際しても具体的解決策を提言するような「主導性（инициативность）」の3つに要言したが、ここには、「地方性」を基礎とした「大衆性」の確保、「大衆性」を基礎とした「主導性」の発揮という政策的展望が示されている[25]。

　かつてカリーニンが新聞活動を「議会(パルラメント)」になぞらえた時、彼はボリシェヴィキらしく、単に利害調整と合意獲得だけを目的とした合議体ではな

く、ソヴェト的なそれ、すなわちそこでの活動を通じて「人々が学び、同時に他人に教える」文化的・社会的教育機能をも果たす人民会合(ミーティング)を思い描いていた[26]。「わが村の新聞」としての壁新聞は、地域に密着したメディアとして、小さいながらも印字新聞と同様のヴァーチャルな共同的空間を生み出し、かかる「議会」を現出させ、新たな文化的勢力と社会性を育む「酵母(дрожжи)」、農村を新しい方向へと進める「原動力(двигатель)」となるべきであった[27]。壁新聞の発行及びそこへの地域住民への参加は小さな一歩ではあったが、前進であることには変わりはなく、農民が「ソヴェト市民」としてより積極的な建設活動へと踏み出す一歩であった。かかる過程の彼方には、ボリシェヴィキの目指すところの独自の未来像が描かれていたのである[28]。

2. 農村壁新聞活動の展開と1926－27年サークル調査

　1927年5月、ソ連邦における壁新聞活動についての紹介記事がコミンテルン紙に現れた。その中で筆者エフゲーノフは、民主的手続きに基づいて作成され、大衆に影響を及ぼし、彼らを公共的活動へと引き入れる端緒を創り出すこの末端出版物を「最も広範なプロレタリア民主主義の最も明瞭な表現」と賞賛する。わずか5年余りの実践ではあるが、都市や農村の壁新聞の成長は目覚しく、1926年半ばにその数は5万を数え、1年後の現在ではおそらく10万をこえている。質的成長も著しい。しかし彼は次のように付け加えるのを忘れなかった：「壁新聞についての完全な統計は、残念ながらいまだ手元にはない」[29]。
　このような留保的表現は、ネップ期の壁新聞活動に関する同時代的叙述につねに付きまとう。広大な国土の最末端において、しかも多くは1部限りの壁新聞を基礎に展開された活動の実態を正確に把握することは、交通・連絡・統計など、諸々の技術がいまだ原初的な段階にとどまっていた

当時においては、とりわけ困難であった。しかし党中央はかかる最末端での「実験」に大きな期待を寄せており、政策的再調整の基礎となる活動の現状把握にたびたび強い意欲を示した。また専門誌を中心とする当時の公刊物は、末端のセリコルたちの報告や諸会合での議論などを基礎として具体的事例を豊富に伝えており、これらの史料は、エフゲーノフの言う「完全性」は望み得ないにしろ、現代のわれわれにとっても状況の再構成をかなりの程度可能ならしめている。

　どこでどれだけの壁新聞が発行されているかという活動の数量的発展度は、最も基本的なデータであると同時に、おそらくその正確な把握が最も困難な対象であった。党中央委員会出版部はしばしば地方党組織に現地で発行されている壁新聞数の集計を指示したが、「概算によれば」という但し書き付きで不完全なデータを送ってくるのはまだましな場合であり、当初多くの地方組織は全く報告を提出しなかったと言われる。断片的な資料から党中央が苦心の末ひねり出した数字は、1925年末段階で全連邦の壁新聞は約 2 万7000というものであった[30]。前掲のエフゲーノフの数字に比べて、これはやや控えめな見積もりであって、後にイングーロフは、ソ連邦全体で1925年には 3 万、1927年には 5 万に達していたと若干の上方修正をおこなった[31]。これらは局地的調査からの推算とみられ、都市の壁新聞等も含まれているが、いずれの地方的数値もはっきりとした増加傾向を示しており、運動の量的発展そのものは疑いない。しかしこれらの「成果」も党中央の壮大な政策展望からすればいまだ全く不十分なものであった[32]。また壁新聞の存在は一般に著しく不安定であり、それはしばしば数号で、時には 1 号限りで断絶した。かかる活動の不安定性は、発行数の集計作業を困難にした根本問題の 1 つでもあった[33]。

　壁新聞の具体的内容については、現物の収集や各地での展示会・コンクール等の実施によって当時からかなり広範な調査がおこなわれている。それらが一致して示すのは、党中央が描いた「批判から奨励へ」、「改善から建設へ」という政策展望にもかかわらず、壁新聞の主な内容がいつまでも

ネガティヴなものであり続けているという事実であった。ある出版活動家が黒海沿岸地域の33の壁新聞の763の記事を詳細に検討したところ、507（80.6％）が否定的な側面を扱ったもので、成果や達成について述べているのはわずか52（0.8％）に過ぎなかった[34]。また壁新聞独自の任務であるところの地方的な問題の扱いも不十分で、一般的内容や当座のキャンペーンへの特化傾向が著しかった[35]。農民にとって最も切実な問題とみなされ、農村壁新聞において中心的な位置を占めるべきとされた「農業欄」については、平均して5分の1程度の壁新聞にしか存在しておらず、その内容も全く不十分であると言われた[36]。壁新聞の内容の一般性・抽象性は、執筆者が印字新聞を「参考」に記事を作成していたゆえであるが、彼らはしばしば特殊な用語をもそのまま借用、あるいは乱用し、内容をますます難解にしていた[37]。抽象的表現に満ち、非常に難解でしばしば全く理解不能であるのにもかかわらずやたらと長大な論文は、そのサイズから「アルシン論文（аршинная статья）」と揶揄されたのである[38]。

　『農民新聞』と政治教育管理部が共催し、2000をこえる壁新聞の応募があった1926年6月の全連邦農村壁新聞展示会は、コンクールも同時実施して、事実上当時最大規模の「公開審査（スモートル）」となったが、その結果明らかになった具体的諸欠陥は、もっぱらその「非大衆性」、すなわち現地の農民との結び付きの弱さに帰された。同展示会についてのある講評は、壁新聞の内容上の問題点を「地方的事実に基づく素材に対する一般的内容の論文の優越性」と要約し、同時に農民の積極的参加の不足、現地住民を広範に引き入れての集団的検討活動の欠如、告発記事への対応に際しての現地の諸組織との連絡の弱体性を一般的諸欠陥として指摘した[39]。かかる指摘の核心をなすのはその作成作業上の問題ないし発行主体の内部構成の問題であるが、これらはかなり複雑な性格を有していた。まず壁新聞はあってもサークルが存在していないという事例が多数確認された。1926年初めのモスクワ地区及びモスクワ郡では2249の壁新聞が確認されたが、そのうちサークルを有していたのは、481（21.4％）だけであった[40]。限られた人員、

時としてたった1人の努力によって作成される壁新聞は、党中央の描いた大衆路線からすれば根本的な誤謬であったが、通信員の連合体としてのサークルが存在していても壁新聞を発行していないという全く逆の事例も存在した(41)。地方末端における出版活動と通信員運動の結合の試みは、それほど順調には進んでいなかったのである。前述の全連邦展示会における集計結果によれば、応募した1117の壁新聞発行主体の内訳は、コムソモール細胞が25％と最多で、農村図書室が20％、「新聞の友」サークルが13.5％と続くが、セリコル・サークルの6％を合わせてもサークルの占有率は5分の1以下であった(42)。多くが「地下」に潜っていた印字新聞のセリコルたちのサークルへの参加も一般に不振であった(43)。壁新聞活動への現地の文化的勢力の結集も多難で、サークルや壁新聞はしばしば各組織の個別利害のために分裂した(44)。

　サークルの人的構成について、当面壁新聞活動の最大の推進主体がコムソモールを中心とする若年層であろう事は初発の状況からも想定されていたことで、党中央が期待したのは、彼らがそれを「村落の新聞」として確立することに成功し、周囲の若者たちだけでなく、やがては成人（взрослый）や女性（крестьянка）をも引き入れた、壁新聞の「真の大衆化」を実現することであった(45)。しかし運動はなかなか若者の運動から脱却できず、成人農民や女性の参加は一般に進まなかった。年長者は壁新聞が掲示される農村図書室を「ガキの遊び場」とみなしてそこには寄り付かず、女性はその「後進性」ゆえ、特に活動に敵対的であると言われた(46)。若者は農村の伝統的秩序から相対的に自由であるがゆえに外部からの働きかけには最も活発に反応したが、それは彼らの農村社会に対する影響力の弱さと表裏の関係にあった。書くのも読むのも同じ若者で、その他の住民はどんな壁新聞が発行されているのかすら知らないという、世代的・性差（ジェンダー）的側面における農村壁新聞の大衆からの遊離状態が解消されない限り、その農村社会全体に対する影響力は著しく限定されたままであった(47)。

　農村社会から遊離状態にある壁新聞がその批判の矛先を農村社会に向け

た場合、しばしば現地住民との摩擦・対立が生ずる。壁新聞上で告発を受けた個人や団体とのトラブルのごときは日常茶飯事であった[48]。しかし当時はるかに多く伝えられ、かつ問題視されたのは、農村社会とは逆の側、すなわちサークルと壁新聞とを中間項として農村社会と向き合っている末端党組織との緊張・対立関係である。当時の報告文や地方調査は、末端のコムニスト活動家や党組織による問題行動についての告発と非難で満ち満ちている。数多くの党決議や指令（もちろんそれらは個々の党員・党組織に対して拘束力をもつ）の存在にもかかわらず、彼らはサークルに対して命令的・高圧的に接し、その内部人事に介入し、壁新聞の検閲や差し止めを続行した[49]。あるセリコルが苦言を呈したように、壁新聞と細胞書記との相互関係においては、「戦時共産主義」期が継続しているのであった[50]。1926年初めのモスクワ県ラブセリコル会議におけるアンケート調査によると、党細胞との関係が「良好」と回答した者は76名中18名（23.7％）のみで、13名（17.1％）ははっきりと「異常（ненормальный）」と回答した[51]。末端党組織は、現地の壁新聞が「下からの」権力批判、とりわけコムニスト批判をおこなうことを警戒し、それらを徹底して自らの統制下におこうとしたのである。ニジェゴロドのある郷では、党員に関するあらゆる記事について事前検分を要求する決議を細胞と郷委員会が共同採択し、カルーガのある村では、「党員について書くこと」自体が原則として禁止されていた[52]。当該期のセリコル運動の中心的指導者の1人であったボゴヴォイは、党指導の現状が、サークルの党組織からの完全なる断絶か、あるいは党組織への完全な配属＝一体化かという両極端にあるとし、とりわけ前者こそがコムニストによる露骨な強制の背景にあると批判したが、後者の事例においても人事介入によってサークルが乗っ取られただけという場合が少なくなく、意義ある協同関係が生じたわけではない[53]。スモレンスクではコムソモール細胞が非党員を完全に排除した壁新聞を発行しており、寄稿先に窮したセリコルが独自の壁新聞を立ち上げようとすると「ゲ・ペ・ウ送りにする」との脅迫を受けた[54]。このよう

に末端農村における「出版の自由」の実験は、多くの場合、現地住民を広範に引き入れつつ党組織との協同の基礎を形成するのではなく、それがある程度正常に機能した場合であっても、両者の間の緊張関係を昂進させる結果を招き得た。ヴォロネジにおいて、全連邦コンクールで3位を獲得した壁新聞に対し、党細胞が編集委員会改選に際して諸組織からの代表制を押し付け、サークルが実質的に解体したという事例は、きわめて象徴的である[55]。現地のコミニストは基本的に壁新聞活動の意義を全く認めていなかった。露骨な強制や圧迫の一方で、一部で見られた完全なる放任も、かかる「軽視」の2つの側面を示すものと言われた[56]。そして前者の場合はもちろん、後者の場合であっても、一切の指導と対応を欠いた壁新聞はその活動上の実効性を確保できなくなり、しばしば活動停止へと追い込まれることが少なくなかった[57]。

　党組織との有機的結び付きを欠いた壁新聞が活動上の困難を経験する中、一部の壁新聞はしばしば独自の発展を遂げ、時に「暴走」した。不当な強制や細々とした干渉に対する抗議ではなく、あらゆる指導を拒絶し、末端党組織全体との対立を先鋭化させる事例が各地から伝えられ、党中央によって問題視されるに至る。リャザン県のあるセリコル・サークルの指導者は、「スパイをさせない」という理由で、全てのコミニストのサークルからの排除を宣言した[58]。ノヴゴロドでは35名からなるセリコル・サークルが現地の党組織と対立し、ソヴェト選挙で独自の候補を擁立した。後者のような壁新聞とサークルを基礎としたセリコルの政治的自立化、いわゆる「セリコル党」の事例は、局限的なものであっても「出版の自由」が「政治活動の自由」に発展し得るという、ボリシェヴィキが少なからず危惧していた事態の現実化であった[59]。このようなセリコルと党との「決　裂（ラズムィチカ）」の危険は、何よりも運動そのものがその克服努力の一部であったところの、農民に対して適切な関係形成を果たせず、ただ「支配」しているだけの末端党組織の問題状況の表れであったが、他方で、壁新聞とサークル活動という新たに生じた局地的「自由」を最大限に活用しようとす

る農村社会の側の活動力を示すものとも理解できる⁽⁶⁰⁾。壁新聞活動を通じての地方末端における問題状況の打開、すなわち地方機構の改善と大衆の「下から」の諸契機の吸収・発現の同時遂行という初発の展望は、地方党組織側の予想以上の機能不全と農村側の活動性の著しい高まりによって再検討を迫られはじめる。結局党中央は、党組織の問題は一先ず棚上げし、バランスの再調整を試みることを余儀なくされた。すなわち、長らく批判されてきた「コムニスト的自惚れ（комчванство）」に代わる「通信員的自惚れ（корчванство）」なる非難の登場であり、壁新聞やサークルによる過度の農民的利害の主張は「異分子の侵入」、編集委員会の「汚損」という政治用語に翻訳され、しかるべき対応が模索されることになるのである[61]。

　憂慮すべき事態が伝えられる一方で、農村住民とも党組織とも良好な関係を築き上げ、そこから活動を理想的な形で発展させ、諸々の注目すべき業績を挙げた事例も多数伝えられている。壁新聞とサークルは現地の諸問題を解決し、住民に発展の望ましい方向性を示し、時には成人農民や女性をも広範に糾合して農村社会を新たな建設活動へと導く原動力となった。それは単なる壁新聞活動をこえて、政治・経済・文化の諸領域で広範なイニシアチヴ（アクチーフ）を発揮し、新たな農村積極分子を生み出す基礎となったのである[62]。これらの多くは現地からの自己申告であり、中には明らかな誇張も存在していたが、少なくとも党中央の期待に沿うような肯定的事例が存在していたのは事実である[63]。

　忌むべき問題状況を伝える報告と目覚しい達成を伝える報告とが錯綜する中で、やがて党中央はより正確な状況把握のために、従来の報告文やアンケートの収集方式から次第に実地調査方式への志向を示していく。中でも1926年後半から1927年前半にかけて党中央委員会出版部が実施した農村サークル調査は、最も本格的なものであった。ここでは、ウクライナ、ベロルシア、ロシアではウラル州、リャザン県、モスクワ県の、主として

『農民新聞』とつながりをもつ46のサークルが対象として選ばれ、実際に中央からセリコル運動の指導者たちが調査のために派遣された。彼らは現地の出版活動家の協力を得て、住民やサークルの代表者たちと対話し、可能な場合にはサークルの会合にも出席して実態把握に努める。同調査が提供するデータは、これまで、主に地方的報告によってわれわれが再構成してきた当該期の一般的状況を確認するものであるように思われる。以下、報告文と付表（次頁の【表】：調査結果を簡潔に一覧表化したもの）とに依拠して、同調査の明らかにしたところについて概観することにしたい[64]。

表を一瞥して明らかなのは、サークル活動の著しい弱体性と不安定性である。参加者の投書経験の短さと比例して、多くのサークルは歴史が浅く、しかもいくつかは調査を待たずして解体していた。それら「死せる魂」のいくつかは、『農民新聞』編集部によって「最良の」サークルとして紹介されていたものですらあった。モスクワ県ヴォスクレセンスキー郡を訪れた調査員は、そこにあるはずの「最良の」2つのサークルをついに発見することができなかった（㊺、㊻）。いずれも活動のイニシアチヴをとっていたコムソモール員が就学やら出稼ぎやらで都市部へと去ってしまい、早々と解体してしまっていたのであった。調査担当者はその「教訓」を次のように記す：「もし編集部がサークルを『最良』と称しても、このことはそれが実在することを意味しない。『農民新聞』と［地理的に］最も近いサークルとの連絡がそうなのであるから、より遠いものとの連絡はどうなっているのだろうか」[65]。

サークルの構成については、それが一般に「貧農的」であることは肯定的に評価されたが、成人農民・女性の引き入れは進んでいなかった。参加年齢層の中心は18－22歳と若く、党派構成からしてもいまだにコムソモール主導のままで、前述の「軽視」を多分に反映して、党員の参加は一般に限定的であった。例外的に党員の参加が進んでいるのはリャザン県であるが、おそらくこれは「完全な配属」の事例であって、逆に非党員の参加が阻害されている傾向が読み取れる（㊴、㊵）。またサークル成員内におけ

【表】 1926-27年に党中央委員会出版部がおこなった

No	村名	サークルの名称		成立時期	参加人数	うちセリコル	貧農	社 バトラーク労働者
		「新聞の友」	セリコル・サークル					
	ウクライナ							
①	ドミトリエフカ（メリトポリスキー管区）	○	—	Ⅹ－1925	50	22	50	
②	キリルロフカ（チェルカッスキー管区）	○	—	Ⅲ－1925	145	15	96	
③	ソロヴィエフカ（キエフ管区）	○	—	Ⅹ－1925	29	—	25	
④	ブルシロフ（キエフ管区）	○	—	Ⅴ－1926	19	—	12	1
⑤	シムコフツィ（シェピェトフスキー管区）	○	—	Ⅸ－1926	35	—	19	
⑥	プリプトニ（シェピェトフスキー管区）	○	—	Ⅺ－1926	19	—	12	
	ベロルシア							
⑦	トロチノ、ベロルシア	—	○	Ⅵ－1926	23	19	—	労働者9
⑧	コノピェリチツィ、ベロルシア	サークル見つからず						
⑨	ポリェチエ、ベロルシア	サークル見つからず						
⑩	スコヴィシキ、ベロルシア	○	—	Ⅺ－1926	15	—	3	
⑪	ドゥロズドヴォ、ベロルシア	○	—	—	7	—	—	
⑫	オズェルツィ、ベロルシア	—	ラブコル	Ⅸ－1926	13	全てラブコル	—	13
⑬	ノヴォスェールキ、ミンスク	—	—	Ⅹ－1926	30	—	—	
⑭	スクリリ、ミンスク	サークル解体						
⑮	ダイノフ、ミンスク	サークル見つからず						
⑯	ヴァシリキ（オルシャンスキー管区）	サークル見つからず						
⑰	コズィエプロジェ（オルシャンスキー管区）	サークル見つからず；壁新聞は1年前に2号で発行停止						
⑱	リヒニチ（オルシャンスキー管区）	○	—	Ⅻ－1924*¹	47	15	33	
⑲	クルグロエ（オルシャンスキー管区）	—	—	Ⅻ－1924	23	13	11	
⑳	ドルツコエ（トロチンスキー管区）	—	—	Ⅳ－1926	21	13	4	
㉑	〃	○	—	Ⅴ－1926	9	9	2	
	ウラル州							
㉒	ミハイロフスキー工場村（サラプリスキー管区）	—	○	Ⅹ－1926	17	17	3	5*⁴
㉓	マラクシ（サラプリスキー管区）	—	○	—	21*⁵	30	7	1
㉔	アリニャシ村（サラプリスキー管区）	かつて「新聞の友」サークルが存在したが、農繁期に解体						
㉕	ベドリャシ村（サラプリスキー管区）	○	—	Ⅹ－1926	10	5	8	
㉖	モキノ村落（サラプリスキー管区）	○	—	Ⅹ－1925	16	16	11	
㉗	スターリィ・ブロード村（サラプリスキー管区）	1925年末に「新聞の友」サークルが組織されたが、1926年春に農作業の開始						
㉘	スリェードニャヤ・クバー（サラプリスキー管区）	セリコル・サークルが存在したが、解体；壁新聞は細胞と農村図書室						
㉙	ピロゴフスコエ村（シャドリンスキー管区）	—	—	Ⅻ－1926	12	12	9	
㉚	H-ポリェフスコエ（シャドリンスキー管区）	—	—	Ⅺ－1926	8	8	3	
㉛	キスロフスコエ（シャドリンスキー管区）	—	—	Ⅲ－1926	9	9	3	
	リャザン県							
㉜	シロヴォ（スパスキー郡）	—	ユンコル	Ⅺ－1926	12	12	8	1
㉝	〃	45名の農民を集めた「新聞の友」サークルが解体						
㉞	チモシキンスコエ（スパスキー郡）	○	—	Ⅺ－1925	37	10	2	
㉟	ベレゾヴォ（スパスキー郡）	○	—	Ⅰ－1926	36	12	—	
㊱	サノヴォ（スパスキー郡）	「新聞の友」サークルが存在したが、主導者の出立により解体						
㊲	サンスコエ（スパスキー郡）	○	—	Ⅲ－1926	29	11	4	
㊳	エルモロヴォ（スコピンスキー郡）	○	—	Ⅳ－1924*⁶	20	27*⁷	4	
㊴	ヴィシゴロト（リャザン郡）	—	○*⁸	Ⅲ－1926	16	16	—	
㊵	ルイブノエ（リャザン郡）	—	○*⁹	1923	21	21	4	8
㊶	ラリノ（リャザン郡）	—	—	Ⅺ－1926	6	6	2	
	モスクワ県							
㊷	バルドゥキ（イゴリエフスキー郡）	○*¹⁰	—	Ⅹ－1925	11	11	—	
㊸	ズヴォルキ（イゴリエフスキー郡）	—	○	Ⅺ－1924	15	15	12	
㊹	クリヴァンジ（イゴリエフスキー郡）	—	—	Ⅲ－1926	15	—	—	3
㊺	ニコロ・ウリュピンスコエ（ヴォスクレセンスキー郡）	「新聞の友」サークルとセリコル・サークルの両方を称するサークル						
㊻	スチェパノフスコエ（ヴォスクレセンスキー郡）	「新聞の友」サークルが存在したが、主導者の出立により解体						

*1　サークル創設者の死後、サークルは解体し、ようやく1925年末に活動を再開
*5　11名が後に脱退；多くのセリコルがサークルに加入せず
*8　かつて「新聞の友」サークルを称し、後にユンコル・サークル、現在はセリコル・サークルを称する
*11　コムソモール細胞全体が加入

各地のセリコル組織の構成についての実地調査結果

会的構成			党派構成			男性	女性	年齢			投書経験年数		
中農	職員・教師文化活動家	富裕農商人	党員	コムソモール員	非党員			22歳未満	30歳未満	30歳以上	3年以上	2年	1年以下
—	—	—	コムソモール細胞全体で加入			45	5	10	6	34	3	4	15
44	5	—	3	—	142	130	15	40	62	43	6	—	—
3	1	—	—	18	11	20	9	17	12	—	—	—	—
—	1	—	—	4	15	16	3	12	7	—	—	—	—
14	2	—	1	—	34	30	5	22	8	5	—	4	31
6	1	—	1	—	18	18	1	9	7	3	—	—	—
	14			12	11			18	5				
12	—	—	—	全細胞6	9	15	—	13	2	—	—	—	15
—	—	—	—	—	—	—	7	—	—	6	1	—	—
—	—	—	—	10	3	11	2	13	—	—	—	—	—
10	3	—	—	全細胞13	34	41	6	14	25	8	3	4	8
2	—	—	—	10+2[*2*3]	1	23	—	12	—	—	1	1	—
9	—	—	—	9+3[*2*3]	1	21	—	13	—	—	1	—	—
4	3	—	候補1	3	5	9	—	2	5	2	1	3	5
3	—	—	—	1	9	7	17	—	9	8	—	—	—
—	2	—	候補1	1	—	6	4	—	—	—	—	—	—
—	2	—	1	5	4	9	1	6	4	—	—	2	3
5	—	—	—	—	16	16	—	6	5	5	1	1	14

と共に解体；壁新聞は農村図書室が発行
が発行

会的構成			党派構成			男性	女性	年齢			投書経験年数		
—	3	—	3	1	8	12	—	4	8	—	—	3	9
4	1	—	—	—	8	5	3	—	2	6	—	—	8
1	4	—	1	2	6	9	—	3	3	3	1	1	7
2	1	—	—	10	2	12	—	2	10	—	—	—	12
30	5	—	—	12	25	33	4	27	8	2	—	2	8
35	1	—	—	6	30	36	—	もっぱら若者			—	1	11
17	8	—	7	5	14	21	8	主に若者			—	1	10
11	5	—	—	15	5	15	5	18	2	—	—	2	18
6	10	—	8	6	2	15	1	9	7	—	—	—	—
8	1	—	5	11	5	—	—	15	—	—	3	2	16
4	—	—	—	1	—	5	4	2	—	—	1	—	5
6	4	1	—	6	4	10	1	8	1	1	—	1	—
2	1	—	1	6[*11]	8	15	—	8	6	1	—	—	—
1	5	1	—	2	8	10	1	10	—	—	—	—	—

が存在したが、主導者の出立により1926年春に解体

*2*3　＋はピオネール員　　　　　　　*4　うちバトラーク1名
*6　夏季にサークルは2度解体　　　　 *7　7名のセリコルがサークル加入せず
*9　ラブセリコル・サークル　　　　　*10　「新聞の友」とセリコルのサークルを自称

出典）Советская деревня и работа селькоров. С.142-145（一部表記を修正、本文の内容を追加）。

るセリコル比の高さ（すなわち投書をおこなわない一般の農民の参加の少なさ）は、その組織力や活動能力の高さではなく、逆にその「閉鎖性」を示すものではないかとの危惧を招いた。これらの結果として、一方における農民大衆からの遊離、他方における党組織の指導からの断絶という「両面的危機」が存在しているとの評価が下された[66]。

　党員の直接的参加の不振とも関係するが、その他の側面からしても、懸案の党指導の改善はほとんど進んでいないように思われた。調査員は現地の党活動家と積極的な対話を試みたが、党中央の諸決議・諸指令の通暁度は、郡レベルはおろか、いくつかの地域では県レベルでも怪しいことが判明した。当然ながら、より下級の郷委員会、農村細胞のレベルでは通信員運動に関する決議を全く知らないというのが「一般的な現象」であった[67]。ゆえに末端での「指導」は、完全なる放任か、露骨な統制・圧迫かに退化させられていた。もう1つのルートである新聞編集部の側からの指導に関しては、若干の改善が見られるとの評価が下された。しかしそれは主に中央紙のレベルにおいてのみであり、郡・管区レベルの地方紙からの指導がほとんど存在しないがゆえに、通信員運動の「地方化」は一向に進展せず、末端のセリコルが地方紙の頭越しに中央紙と結び付くという傾向が相変わらず顕著であった。そして中央の新聞、とりわけ『農民新聞』は、情報収集や購読者募集というもっぱら「実利的目的」にのみサークルを利用しているとの非難を浴びた[68]。地方紙への指導権の委譲、指導の「分権化」が急務と言われた。さまざまな発展水準にある投書者たちに奉仕しつつ、その段階的向上を細かに支援するような、農村壁新聞を末端とし、各レベルの地方紙を経て中央紙へと至るようなソヴェト出版体系構築の試みは、いまだ遠大な目標にとどまっていたと言えよう。

　個々のサークルの具体的活動内容はさまざまであったが、当該村落の社会生活、文化・経済建設活動のあらゆる側面に対してサークルが影響力を行使する「武器」であるところの壁新聞そのものについては、「質的な向上」が見られるとされた。しかし内容的には依然として批判や酷評への偏

りが顕著であった。ベロルシア、オズェルツィ村（⑫）の壁新聞は、根拠なき告発記事のゆえに現地の教師や木材工業組合長とのトラブルを起こしており、ウラル州、サラプリスキー管区のスリェードニャヤ・クバー村（㉘）でサークル解体後も発行され続けた壁新聞は、同村人から「掃き溜め（грязное корыто）」と呼ばれ、忌避されていた[69]。サークル自身のさらなる社会的活動も、一般に少なからぬ困難に直面していたように思われる。ウラルではサークルの積極的活動の困難性は、現地住民間で支配的な保守的宗派、古儀式派の影響力のゆえだとされた[70]。また同シャドリンスキー管区ピロゴフスコエ村（㉙）のように、「閉じたドア」の向こうで、いまだ完全に閉鎖的に活動しているサークルも存在していた[71]。

　例外的に良好な活動をおこなっていると評価されたのは、ウクライナ、メリトポリスキー管区ドミトリエフカ村のサークル（①）である。同サークルは短期で全戸の新聞購読を実現し、図書室を中心とした文化活動を整備し、村落への六圃制輪作の導入を主導し、旱魃に際しては被災者の農業税減免についての支援活動をおこなった。サークルは当地の全ての社会的勢力――コムソモール細胞（同地には党細胞はなかった）、諸ソヴェト機関、諸社会組織、そして農村教師――を結集する「議会（パルラメント）」を具現化することに成功しており、壁新聞を通して諸組織に対する「社会的統制」がおこなわれていると言われた。しかし他方で同サークルは、本来ならばほかの組織が担うべき役割までをもあまりに多く引き受けており、順次それらがしかるべき組織へと移管されることがさらなる良好な活動の条件とされた[72]。他所でも、内容的には決して良好とは言いがたいものの、一部の活動的なサークルが手を広げ、ソヴェト、政治啓蒙機関、しばしば党の機能すらも引き受けるという状況が報告されている。モスクワ県イゴリエフスキー郡ズヴォルキ村（㊸）では、村ソヴェト選挙において候補者のリストがセリコル・サークル名義で提出されるという「セリコル党」の事例が伝えられた[73]。このような一部サークルの過度の活発性は、先に述べた局地的「自由」を利用した「農村からの攻勢」という性格を有するだけでな

く、出版活動を通じて中央と直結しているがゆえの身の軽さと臨機応変さ、そしておそらくは、農村地域においては、中央の諸要求に適う活動能力をもつ働き手の数が著しく限定されていたという状況の反映でもあった。一部セリコルの極度の活動性は、就労などによる主導者の出立とともに壁新聞の刊行が停止し、サークルが解体するという事態と表裏の関係にあったが、同時にそれは、壁新聞活動を通じての新たなカードルの養成がなかなか進まなかったことも示している(74)。

　壁新聞活動が農村に健全な社会性を育み、新たな建設活動を担うカードルを養成することを究極目標として掲げ、その基礎を創出することを目指しているとすれば、おそらくサークル実地調査が明らかにした最も根本な問題の1つは、これら「末端出版物」を通じての農民との結び付きの強化、すなわち新たな投書者の開拓がほとんど進んでいないということであった。同調査の統括責任者であるイングーロフが率直に認めたように、それでもなお中央・地方の各紙に対する農民からの手紙が増え続けているとすれば、新たなセリコルは「これらのサークル活動を通じてではなく、それらと関わりのないところから現れてきている」のであった(75)。既存のセリコルたちは末端での公然活動（そこではコムニストとの協調、少なくとも一定の関係形成が不可欠である）を好まず、しばしば「地下」に潜ったまま、中央ないし地方上級の印字新聞と直結することを望み、公然たる社会活動へと前進することを拒んだのである。出版活動の究極的「民主化」、通信員運動の「分権化」を農村壁新聞活動という形で結合し、そこから農村を動かそうとする試みは、やはり容易ならぬものであった。

　結局1926−27年のサークル実地調査によって党中央が得た一般的結論は、若干の前進や改善が存在しつつも初発段階の諸問題が解決されないままに多く残存しており、それが活動全体の障害ともなっているということであった。政策調整という観点からすれば、もっぱら既知の諸問題が再確認されただけであり、方針の抜本的見直しは要求されなかった。同時に画期的な状況打開策も提起されなかった。既存の方針をいかにして貫徹するかが

問題であった。

おわりに

　1927年7月、党中央委員会出版部は、「セリコル運動指導の領域における当面の諸任務」なる回状を発行した。そこには、先のサークル調査の結果についての最も総括的な表現を見出すことができる：
　「セリコル運動指導の領域における党指令遂行の点検が示したのは：
1) セリコル運動についての党の基本的諸決定は、一般的現象として、農村の末端組織には知られていない。2) 農村のセリコル組織に対する党指導は、相変わらず極めて弱体である。ラブセリコル運動の指導を末端党組織の活動計画に含めることについての1926年8月28日の中央委員会決議は実行されていない。新聞の方面では、若干の指導の強化（農民紙の編集部内でのセリコル担当部門の設置、指導員の出張、地区・郷協議会の招集）が認められるが、それでもなお不十分である。3) 個々の党細胞が指導を命令的方法（командование）、引き回し、検閲にすり替えようとする傾向は除去されていない。4) 正しい日常的指導を与えられないでいるセリコル組織は、地方建設における肯定的活動の遂行と並んで、次のような諸欠陥を示している。すなわち弱い組織性と不安定性（あるサークルは生まれ、ほかのものは解体する）、サークル成員の流動性、女性の弱い参加、特に夏季における活動の大きな中断、成員の若年性、この結果としての、成長しつつはあるが不十分であるサークルの権威、農村の政治生活からのサークルの孤立性・遊離性（壁新聞や一般的出版物に、価格、都市への嫉妬心のような農民の最も切実な問題を解明するための議論がない）、全農民層の積極性の急速な成長に遅れたサークルの弱い活動。5) セリコル組織は、多くの事例において、ソヴェト、政治啓蒙機関、しばしば党の機能すらも引き受け、自らの任務を拡張する傾向を示している。6) 社会

的・政治的構成については、農村に対してプロレタリア的影響力の伝導を可能にする組織でありつつも、セリコル組織は、個々の事例においては、党指導の不在の結果として、セリコル運動へのクラーク的・反ソヴェト的影響力の侵入から守られていない。このため、ラブセリコル運動の領域での基本的で最も間近にある任務は、新しいことの実行ではなく、この問題についてすでに党が採択した諸決定の遂行、まず第一にそれらについての農村党組織の理解である」[76]。

　結局、処方は再び「党指導の改善」ということになった。事実、実地調査とほぼ時を同じくして、地方党組織は、党中央の指示の下、各地における現状の把握に努めるとともに、下部組織がラブセリコル運動や壁新聞活動に関する一般的方針に通暁するよう情報活動に力を入れ始め、指導の改善措置が徐々に具体化されていった[77]。しかし後期ネップの一般的状況は、大衆との提携の方途である出版活動に対して、さらに多くの即効的成果を求める方向で推移していっていた。いまや国家は「ネップの第二段階」へと、経済の「社会主義的再建」へと乗り出しつつあり、農村出版活動とセリコル運動も、「再建」の基礎となるべき農業発展と農村の文化的向上を支援するために自らも活動の「第二段階」に入り、活動の「深化」に努めるべきであった[78]。壁新聞活動を通じての「農村からの攻勢」に際して党中央が余儀なくされた諸々の調整措置も、こうした趨勢に少なからず影響を受けており、これらの目的のためにはセリコルに対する働きかけが強化されなければならず、教育・組織活動が強化されなければならず、つまるところ党による指導が強化されなければならなかった[79]。しかしこのような新たな要求は、末端党組織の問題状況という最大の隘路がそれ以上に早急に克服されなければ達成されるはずもない。これまで末端におけるコムニストと農村社会との緊張状態、中央と末端との直接提携による改善努力という構図をもっていた体制と農民との相互関係は、党中央が「第二段階」を意識し始めたゆえに、前者における緊張状態が中央と末端との直接提携の場にも徐々に拡大する様相を呈した。やがて、体制と農民との

「協議の場(フォーラム)」として機能してきた出版活動全体が、時として双方の利害が露骨にぶつかり合う「対決の場(コロッセウム)」の色彩を帯びはじめる。この意味では、しばしば農民が大胆な権力批判をおこない、現地党組織の側からの反撃によってその存在そのものが脅かされるような地方末端の農村壁新聞は、活動の相対的後発性も相俟って、1920年半ば以降徐々に明確化しつつあったボリシェヴィキと農民との緊張の高まりを、ほかの諸活動領域以上に直接的に表現していたとも言えよう。結局のところ農村壁新聞は、両者を架橋して意義ある協同関係の基礎を生み出すには至らず、また新たに要求された活動性や主導性も一向に発揮できないまま、やがてほかの農村諸組織とともに、ネップ末期の危機と、続いて全連邦を覆う農業集団化の波の中へと飲み込まれていくのである[80]。

　1930年代に入り、再び党中央の視圏へと浮上した農村壁新聞は、ほかの出版物と同様に著しい変貌を遂げていた。担うべき任務も活動上の諸前提も一変していた。「批判」の契機は著しく後退し、「主導性」のみが一面的に強調され、「末端出版物」はもっぱらキャンペーン的に、卑近な達成目標に向けて現地の農民大衆を組織・動員することを求められたのである。そのような活動上の実効性を発揮するためには活動の根本的な「立て直し(ペレストロイカ)」が必要であることが繰り返し強調されたが、奇しくもかかる表現は、1920年代末を境とする活動の著しい性格変化を雄弁に物語っている[81]。おそらく以後の経過については、対象の同一性にもかかわらず、これまでとは「別の物語」として、異なる問題意識と視座からのアプローチが必要となるであろう[82]。

注

（１）　*Калинин М. И.* О корреспондентах и корреспонденциях. М., 1958. С. 37. 農村通信員運動の形成と展開については、浅岡善治「ネップ期ソ連邦における農村通信員運動の形成——『貧農』『農民新聞』の二大農民全国紙を中心に——」、『西洋史研究』新輯第26号、1997年。

（2） ネップ期における出版体系の整備については、浅岡善治「ボリシェヴィズムと『出版の自由』——初期ソヴィエト出版政策の諸相——」、『思想』2003年8月号、44頁。
（3） たとえばウィーンの48年革命について、良知力『青きドナウの乱痴気——ウィーン1848年』平凡社、1985年、及び増谷英樹『ビラの中の革命——ウィーン・1848年』東京大学出版会、1987年。
（4） Малая советская энциклопедия. Т. 8. М., 1930. С. 444-445.
（5） 壁新聞の発祥地についての同時代的論述は、工場現場説（たとえば、*Керженцев П. М.* Газета. Организация и техника газетного дела. Четвертое, дополненное издание. М. -Л., 1925. С. 118-119; *Чарный М.* Газета на стене. Екатеринбург, 1924. С. 7-8）と赤軍兵営説（たとえば、Стенгазета: Сборник статей. Под ред. Ефремина А. и Ингулова С. М., 1925. С. 4）とに二分されるが、前者のほうが優勢だったように思われる。『農民新聞』のウリツキーのごときはその確定を未来の歴史家の手に帰したが（*Урицкий С. Б.* Наши итоги. Тринадцать лет красной печати. М., 1925. С. 79）、後年の党史執筆者たちも両説の併記にとどまっていることが少なくない（たとえば、Партийная и советская печать в борьбе за построение социализма и коммунизма. Ч. 1 (1917-1941 гг.). М., 1961. С. 70）。
（6） 労働者の帰郷による「伝道」のほか、農村に対する支援活動（シェフストヴォ）の過程において壁新聞製作が文化活動の一環として実施されることがあった（Рабоче-крестьянский корреспондент. 1925. № 2. С. 59（ヴォロネジ県の事例）; Селькор. 1926. № 3. С. 10; 1926. № 11. С. 13（サマラ）; 1926. № 13. С. 28（ヤロスラヴリ））。赤軍内部でも教育活動と結び付いて壁新聞製作が活発におこなわれており、しばしば除隊者は、新聞を読み、そこに投書する慣行とともに、壁新聞の製作技術を故地へと持ち帰った（*Кудрин Н.* Красноармейская стенная газета. М.-Л., 1927. С. 15-29; Военный вестник. 1923. № 36. С. 40-41; Рабоче-крестьянский корреспондент. 1925. № 6. С. 54-55（ポドリア）; Селькор. 1926. № 24. С. 7-8; 1927. № 12. С. 20（リャザン））。
（7） 旧ソ連の研究史は最初の農村壁新聞として、1922年9月にヴィテプスク県の農村コムソモールが発行した『新しい農村（Новая деревня）』を挙げている（*Белков А. К.* Партийная и советская печать в годы восстановления народного хозяйства (1921-1925 гг.). М., 1956. С. 15）。1924年半ばの調査によれば、モスクワ郡の農村で発行されている26の壁新聞のほぼ

全てが農村コムソモール細胞の機関紙として発行されていた（Юный коммунист. 1924. № 7. С. 222)。
(8) О партийной и советской печати: Сборник документов. М., 1954. С. 307.
(9) Там же. С. 362.
(10) Красная печать. 1926. № 6. С. 43
(11) かかる構想の最初期の表現として、Рабочий корреспондент. 1924. № 12. С. 10-11; Рабоче-крестьянский корреспондент. 1925. № 3. С. 9-10.
(12) 当該期のセリコル迫害問題とその性格については、浅岡善治「『ソヴィエト活発化』政策期におけるセリコル迫害問題と末端機構改善活動」、『ロシア史研究』第63号、1998年。
(13) О партийной и советской печати. С. 341-342. 通信員組織論争の経緯については、浅岡善治「ブハーリンの通信員運動構想──『プロレタリアート独裁』下における大衆の自発的社会組織──」、『思想』2000年11月号、48－52頁。
(14) 「新聞の友」サークルは『農民新聞』が1923年末の創刊以来独自に地方展開していたもので、農村図書室などの文化施設において、近隣の農民の参加のもと、セリコルが新聞の読み合わせや解説活動をおこない、新聞の効用を知らしめ、購読募集を促進することを主眼としていた。同紙は傘下の通信員運動の指導誌『セリコル』とともに、具体的な活動成果を掲げて同サークルの有効性を強調しつつ、単なるセリコルの連合体であるセリコル・サークルは閉鎖的で近寄りがたく、一般の農民大衆にはアピールできないと主張した。他方、通信員運動を長らくリードしてきた『プラウダ』及び傘下の『労働者・農民通信員』誌は、セリコル・サークルを擁護して、『農民新聞』が「新聞の友」サークルを道具化し、もっぱら購読募集のみに利用しており、通信員運動本来の理念を著しく毀損していると反論した。当初党中央委員会出版部はセリコル・サークルへの一本化を支持したが、後に両者の並存を容認する立場へと移り、論争は明確な決着がつかないままに終わった（以上、Рабоче-крестьянский корреспондент. 1926. № 4. С. 12-13; 1926. № 5. С. 5-7, 43; 1926. № 22. С. 6; 1927. № 13-14. С. 16-17; Селькор. 1925. № 9. С. 27; 1926. № 7. С. 6-7; 1926. № 8. С. 18; 1926. № 9. С. 9-10, 20; 1926. № 11. С. 17; 1927. № 1. С. 1-2; 1927. № 14. С. 1-2; 1927. № 16. С. 3-5; РГАЛИ. Ф. 2503. Оп. 1. Д. 529. Л. 14, 16, 31-32, 34, 73-74, 107-111; Ф. 3114. Оп. 1. Д. 532. Л. 4-6)。『農民新聞』が「新聞の友」サークルを自紙の購読募集や配達に利用し、活動資金の名目で報酬すら支払っていたことは事実である（Сель-

кор. 1925. № 4. С. 4-5; 1926. № 2. С. 6-7; РГАЛИ. Ф. 2503. Оп. 1. Д. 529. Л. 14, 16)。しかし、もう1つの農民向け全国紙『貧農』が、『プラウダ』と密接な関係にありながらも、セリコルの組織形態としての「新聞の友」サークルに理解を示したことは、農村地域におけるその活動上の成果が少なくなかったことを示している（Беднота. 1926. 25 мая.)。なお Muller J. K. *A New Kind of Newspaper: The Origins and Development of a Soviet Institution, 1921-28.* Ph.D. Dissertation. University of California, Berkeley, 1992. Chapter 8 は、管見の限りこの論争を扱った唯一の専門的研究であるが、セリコルへの指導という観点を強調しすぎており、その論旨には疑問が残る。

(15) サークル論争の経過において両当事者は、たびたび修正を加えつつ、独自のサークル「基本規定」を公表した。セリコル・サークルについては、Рабоче-крестьянский корреспондент. 1925. № 11-12. С. 17-19; 1926. № 17-18. С. 100-102; 1926. № 19. С. 4-6、「新聞の友」サークルについては、Селькор. 1925. № 1. С. 31-32; 1927. № 2. С. 18-20 を参照せよ。ただし「規約（устав)」ではなく「規定（положение)」という位置付けは、自主性確保の観点から末端のサークルに大きな活動上の自由を認めるものであり、このことも両サークルの活動上の実質的な相違を曖昧にした（*Глебов А.* Памятка селькора. М.-Л., 1926. С. 68-69; Рабоче-крестьянский корреспондент. 1926. № 19. С. 2)。また後に見るように、末端のセリコルたちは、時と場合によって、しばしば自らのサークルの名称を器用に使い分けてもいた（後掲【表】参照)。

(16) О партийной и советской печати. С. 362; Партия, рабкор и селькор: Сборник статей. М., 1925. С. 58-61; Селькор. 1925. № 8. С. 3-4; 1926. № 5. С. 24; 1926. № 7. С. 12-13; 1926. № 22. С. 8-9.

(17) プスコフのある村では、セリコルが活動の根拠として提示した1926年8月の党中央委員会決議を現地の細胞書記が全く信用しなかった：「わが中央委員会がそんなバカなことをするはずがない。わが連邦では出版は党のものであり、村の住民のものなぞではないんだ」(Селькор. 1927. № 16. С. 18)。

(18) 当時党中央委員会扇動宣伝部が作成した農村組織向けの手引き書は、農村壁新聞の創設の必要性を説いた後に次のように続ける：「農村の新聞において権力批判がおこなわれるであろうことを恐れる必要はない。……壁新聞におけるそのような批判は、もしそれがしっかりした根拠のあるものならば、細胞の権威を傷つけないばかりか、逆に強化するのである」。つまるところ壁新聞をも含めた全出版活動の当面の任務は、「新聞を通じて身の回りの諸欠陥と闘うことを農民に教えること」なのであった。ここで同文の執筆者

はスターリンの1925年1月のモスクワ県党協議会での演説を引用し、「農村に顔を向けよ」という当時のスローガンが何よりも求めているものは「農村コムニストが農民に自分たちを批判させること」であると解説した（Агитация и пропаганда в деревне. Л., 1925. С. 90; Сталин И. Сочинения. Т. 7. М., 1952. С. 31；浅岡「『ソヴィエト活発化』政策期におけるセリコル迫害問題」、48頁）。

(19) 末端出版物の「開放」について、当時党の出版分野における指導的活動家だったイングーロフは次のように述べている：「壁新聞の編集委員会は、（とりわけ農村では）その構成において常に必ずコムニスト的（партийная）でなければならないということは全くないし、それは完全に非党員的ともなりうる」（Красная печать. 1926. № 13. С. 30）。なお「ソヴィエト活発化」政策については、溪内謙『ソヴィエト政治史──権力と農民──』（新版）、岩波書店、1989年、第4・5章。また浅岡「ブハーリンの通信員運動構想」、50－52頁、及び同「『ソヴィエト活発化』政策期におけるセリコル迫害問題」、49－54頁も参照せよ。

(20) 1926年6月の第3回全連邦通信員会議においてブハーリンは、壁新聞が発展してその部数を大幅に増やした場合の「追加的保障措置」の必要性について言及した。彼によれば、そのようにして壁新聞が現地の労働者・農民に奉仕する「真の社会的新聞」に成長するのは大変望ましいことではあるが、同時に「政治的」危険も格段に増大する。しかし検閲の再開や編集委選挙制の廃止、諸組織からの単純代表制の導入は、新しい層の引き入れや積極性・自主性の喚起といった運動の基本的機能を損なう恐れがあり、また紛争があった場合サークルの身動きがとれなくなるので、現地の細胞の代表者に禁止的機能を持たせるのも適当ではない。結局彼が提案したのは、編集委員会の選挙制を維持しつつも、決議権・拒否権を有するコムニストを党委員会レベルから編集委員に追加することであった（Третье всесоюзное совещание рабкоров, селькоров, военкоров и юнкоров при «Правде» и «Рабочем корреспонденте». Стенографический отчет. М., 1926. С. 137-138）。この多分に思弁的な問題は、しばしの議論の後、発行部数の多い壁新聞については、編集委員会の選挙制を基本的に維持しつつも、最寄の党委員会（農村では郡レベル、都市では地区レベルの党委員会）による任命制の責任担当者を追加することに落ち着いた（О партийной и советской печати. С. 362）。引き続き末端の党組織の直接的影響力の相対化に配慮がなされている点が注目されるべきであろう。なお「集団組織者としての出版物」というボリシェヴィキ的観念、及び彼ら独自の「出版の自由」については、浅

岡「ボリシェヴィズムと『出版の自由』」、34−36、44−45頁。
(21) 当時最大の全国紙であった『農民新聞』は創刊1年足らずの1924年の段階で年間10万通近い手紙を各地から受け取っており、その規模は『貧農』の10倍、『プラウダ』の40倍で、紙面への掲載率はわずか4％であったと言われる（Крестьянская газета. 1925. 17 ноября; РГАЛИ. Ф. 2503. Оп. 1. Д. 98. Л. 8-9）。
(22) Беднота. 1926. 28 августа; 1926. 29 августа; Рабоче-крестьянский корреспондент. № 17-18. 1926. С. 4-6.
(23) Селькор. 1925. № 13. С. 18; 1926. № 2. С. 10-11; 1926. № 11. С. 15.
(24) *Урицкий.* Указ. соч. С. 80; Селькор. 1927. № 5. С. 1-2.
(25) Спутник просвещенца-общественника. 1928. № 2. С. 28; Беднота. 1926. 24 января. かかる「地方性」、「大衆性」、「主導性」を確保するために、具体的にどのような紙面作りが目指されたのであろうか。当初『セリコル』誌に連載され、後に単行本化されて数版を重ねたア・アンドレーエフの壁新聞指導書は、次のような模式図を掲げ、理想的な農村壁新聞の体裁について解説している（次ページ【図】参照）。壁新聞は横書きで、サイズは縦1−1 1/4アルシン、横2 1/4−2 1/2アルシンの程度の大きさが適当である（1アルシンは約71センチメートル）。縦線によって整然と区切られた用紙のなかに記事が配置されていくわけだが、何よりも壁新聞は、「村落住民の新聞」として、現地の具体的な問題を第一に扱わなければならない。農民の最大の関心事であるはずの農業欄（6）は最大のスペースを与えられ、そこでは現在の課題や現地での成功例が明らかにされる。また一連の農村組織の活動状況（7、8、10、11、12）が公開に付され、問題があればその解決を、業績があればそれを称揚し、さらなる成果がもたらされるようにしなければならない。巻頭論文（2）こそ発行時における最重要の問題が扱われ、当座のキャンペーン等の解説がしばしばなされるとしても、第二論文（3）は現地の農村社会に密接な、農村生活の現実的諸問題が論じられるべきである。他方で内外の重大ニュースの概報欄（4、5）は農村社会の閉鎖性を打破し、外部社会との関係性の意識を育もうとするものであったし、反宗教欄（13）や若者欄（15）、女性欄（16）は明らかに農村社会を新しい方向へと動かそうとするものであった。さまざまな農村の生活慣習を取り上げて解明・議論させようとする習俗欄（9）も同様の性格を有していたと言える。壁新聞は左から右へ読まれることを前提としていたから、諸欄の配列順序も農民にとってより身近であるものと一般的なものを適度に織り交ぜ、読者の関心を持続させつつ影響力を確保しようとする工夫がうかがえる。詩歌やちょっとした

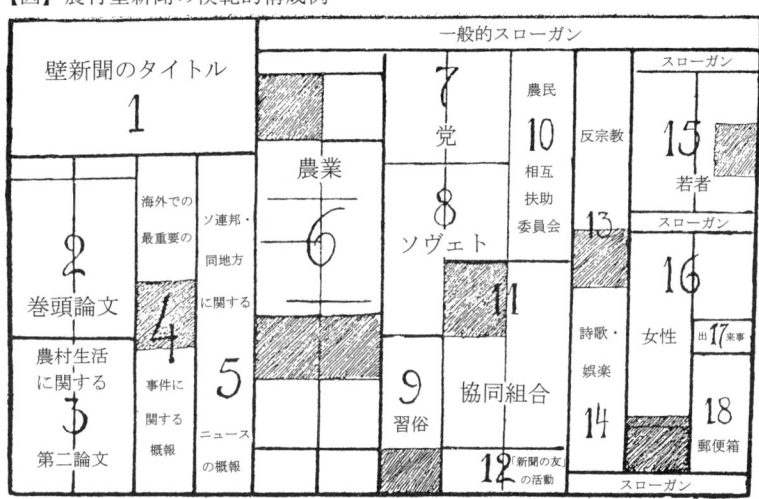

【図】農村壁新聞の模範的構成例

```
┌─────────────┬──────────────────────────────┬─────────┐
│             │      一般的スローガン              │ スローガン│
│ 壁新聞のタイトル │        ┌──┬───┬───┐          ├─────────┤
│      1      │        │7 │農民│反宗教│          │   15    │
│             │        │党 │10 │    │          │  若者    │
├─────┬───────┤  農業    ├──┤相互├───┤          ├─────────┤
│     │海外での│         │8 │扶助│    │          │ スローガン│
│     │最重要な│  6      │ソ │委員│13  │          ├─────────┤
│  2  │ ソ連邦・│         │ヴェ│会  │    │          │   16    │
│ 巻頭論文│同地方│        │ート│    │    │          │  女性    │
│     │に関する│ 4       ├──┴──┬┴───┤          ├────┬────┤
│     │       │         │  11  │詩歌・│         │    │出17来事│
├─────┤事件に │ 5       ├──┬──┤娯楽 │         ├────┴────┤
│農村生活│関する │         │9 │協同│    │         │   18    │
│に関する│ニュース│        │習俗│組合│14  │         │  郵便箱  │
│  3    │の概報 │        │  │  │    │         │         │
│ 第二論文│      │        │  │12│「新聞の友│     スローガン    │
│       │      │        │  │  │活動」│                   │
└─────┴───────┴─────────┴──┴──┴───┴──────────────────┘
```

読み物を掲載する文芸欄（14）、重要なスローガン、挿絵や戯画（【図】の斜線部）などの巧みな配置も同様の配慮の現れである（このような構成が当時の一般的な農民紙のほぼ丸ごとの圧縮であったことに注意しておくべきであろう。農村壁新聞には、出版活動を通じたボリシェヴィキの農民へのアプローチが凝縮されていたのである。）。最後にやってくる「郵便箱（почтовый ящик）」欄（18）は、投書をおこなった者への回答欄であり、掲載されなかった場合にはその理由を、告発や問題提起にはいかなる対応がとられたかを具体的に示し、あらゆる投書への責任をもった対応を確保すべきであった。地域住民への奉仕及びそれを通じての新しいセリコルの獲得という意味では、同欄は地味ながら極めて重要な役割を担っていたと言えるであろう（以上、Андреев А. Деревенская стенная газета. Издание 2-е, дополненное и исправленное. М., 1926. С. 24-44, 50, 52）。当時各地で実施された壁新聞コンクールでの入選作品も、若干の異同はあれ、内容的にはこれら諸欄のバランスが評価されていた（たとえば、Рабоче-крестьянский корреспондент. 1926. № 4. С. 20, 22（イワノヴォ・ヴォズネセンスクでの県コンクール）; Селькор. 1927. № 5. С. 4-7, 24（全連邦コンクール））.

(26) Калинин. Указ. соч. С. 37.
(27) Селькор. 1926. № 13. С. 11; 1926. № 14. С. 12; 1926. № 22. С. 8-9; 1927. № 5. С. 26.
(28) 当時党中央委員会出版部の長を務めていたヴァレイキスは、各地における

壁新聞活動の発展を確認しつつ、それを、究極的には社会への国家の溶解、「国家の死滅」へとつながるところの、壮大な過程への第一歩として描いた：「壁新聞はますます工場や農村の社会生活の舞台（трибуна）となってきている。壁新聞は、勤労大衆がその助けによって諸欠陥を批判し、仮借なく攻撃し、成功と業績を鼓舞し、本格的に国家を運営する、強力かつ鋭利な武器である。国家を運営するとはどういう意味か。人々は次のように考えている：国家を運営すること、これはありがたくもソヴェトに選出されることであり、ソヴェトの中に席を占めることである、と。実際これは意義のあることではあるが、ここにのみ国家運営への参与があるのではない。勤労大衆は、ソヴェトに自らの代表を選出することによってだけではなく、彼らがソヴェトの活動を常に統制し、国家的活動の諸欠陥を批判・矯正することができるということによっても社会主義国家を運営するのである。壁新聞は、工場現場や農村ソヴェト活動の個々の諸欠陥の批判の経験やちょっとした具体的事例において、間違いなく、国家統治への直接的、積極的、大衆的（общественное）参与の模範例を育んできた」（Варейкис И. Задачи партии в области печати. М.-Л., 1926. С. 17.)。

(29) *Internationale Presse-Korrespondenz*, Nr.47 (3. Mai, 1927), S. 977-978.
(30) Печать СССР за 1924 и 1925 гг. М.-Л., 1926. С. 10, 34-35.
(31) Ингулов С. П. Культурная революция и печать. М., 1928. С. 76. 出版活動における彼の責任ある立場から考えて、この数字は少なからず公式的性格を有する。前掲のアンドレーエフの壁新聞指導書は、1926年初めにおいて壁新聞の数が約4万に達しており、ここ2年で「雨後の筍のような」成長が見られた、としている（Андреев. Указ. соч. С. 3-4)。
(32) 『農民新聞』によれば、1924年にはわずか20程度だった同紙の「新聞の友」サークルは、1925年には830に増加し1926年後半には2019に達した（Селькор. 1926. № 16. С. 1)。1927年初めには約3000と見積もられ、約2万人が参加しているとされたが、それでも15－20村落に1つ程度の割合に過ぎなかった。同紙が掲げたスローガンは「この冬中に1万のサークルを！」であり、ゆくゆくは「全ての村落にサークルと壁新聞を！」であった（Селькор. 1927. № 1. С. 1)。ただし後に見るように、サークル数と壁新聞数は必ずしも一致しない。
(33) 壁新聞の刊行停止やサークルの解体について、Селькор. 1926. № 12. С. 7; 1926. № 21. С. 12; 1926. № 22. С. 24.
(34) Рабоче-крестьянский корреспондент. 1927. № 12. С. 16. ただしここには都市の壁新聞が多数含まれていると推察される。

(35) Рабоче-крестьянский корреспондент. 1926. № 15. С. 22（サラートフ）, С. 27（モスクワ）；1927. № 21. С. 30（ウラジミル）；Селькор. 1925. № 13. С. 27（ウラジミル）．

(36) Селькор. 1927. № 11. С. 14-15. 後述する全連邦展示会の応募作品からの検査である。

(37) Рабоче-крестьянский корреспондент. 1926. № 6. С. 18. 1926年半ば、リャザン市で開催された壁新聞展示会についての現地からの報告は、当時の壁新聞の一般的問題状況を総括的に明らかにしているように思われる。同報告によれば、ほぼ全ての新聞が何らかのキャンペーンに合わせて作成されており、その内容は一般的論文ばかりで、地方的素材によるものは皆無、ないし極めて少ない。ソヴェトや協同組合といった現地の諸組織の業績を扱った記事はなく、農民が関心を有する問題に対して回答を与える代わりに、地方組織や外国での出来事について無味乾燥な公式報告（сухие отчеты）が掲載されているのであった（Селькор. 1926. № 18. С. 24. 原文の強調は省略した）。

(38) Беднота, 1927. 2 марта（ヴォロネジ）；1927. 6 мая（リャザン）．

(39) Рабоче-крестьянский корреспондент. 1926. № 9. С. 19-20；Селькор. 1926. № 14. С. 1-2；1927. № 5. С. 1, 3.

(40) Рабоче-крестьянский корреспондент. 1926. № 8. С. 9-10；Селькор. 1926. № 10. С. 21（後者の記事は数値がわずかに異なるが、概数化していると推測される）．ほぼ同時期のスモレンスクでの調査も同様の結果を示しており、860の農村壁新聞に対して、サークル数は172にとどまっていた（Рабоче-крестьянский корреспондент. 1926. № 8. С. 32）．またサークルが「存在」していても、それが「紙の上だけ」のものにとどまっていることを指摘したものとして、Рабоче-крестьянский корреспондент. 1926. № 19. С. 1.

(41) 『農民新聞』のアンケート調査によれば、1926年9月1日現在、捕捉された2002の「新聞の友」サークルのうち、壁新聞を発行していると回答したのは533のみであった（РГАЛИ. Ф. 2503. Оп. 1. Д. 529. Л. 90）．

(42) Рабоче-крестьянский корреспондент. 1926. № 11-12. С. 40；Селькор. 1926. № 11. С. 6（前者では、「新聞の友」サークルが「新聞及び書籍の友」サークルとなっている）．以下、党細胞が7.3％、学校が5％、無神論者組織が4.3％、文化啓蒙関連組織が4％、郷・地区レベルの党委員会が3％、ピオネール組織が3.1％、村ソヴェトが2.5％という内訳であった。やや後にウラルの州紙が実施した展示会では、応募した50の壁新聞のうち、「村の農民

の新聞」は11だけで、ほかは細胞や農村図書室名義であり、それらの多くにはサークルが欠如していた（Рабоче-крестьянский корреспондент. 1927. № 9. С. 36)。

(43)　Селькор. 1926. № 10. С. 21; 1927. № 1. С. 1. 現地のセリコルのサークルへの組織率はトヴェリでは半分以下、シベリアでは10％以下と言われた（Селькор. 1927. № 11. С. 7; 1927. № 23. С. 22)。

(44)　一般に現地の社会組織の活動家はセリコルには非協力的で、単にかれらに仕事を押し付けるだけであるとの不満が聞かれた（Рабоче-крестьянский корреспондент. 1926. № 6. С. 26; Селькор. 1926. № 1. С. 28; 1926. № 6. С. 22-23（スモレンスク))。サークルの分裂は、中央でのサークル論争を背景とする事例のほか（Рабоче-крестьянский корреспондент. 1927. № 3. С. 33（ベロルシア）; Селькор. 1926. № 15. С. 27（サラートフ))、青年通信員（ユンコル）としての独自性を主張するコムソモール員やピオネール員が自立を図った場合も少なくない（Рабоче-крестьянский корреспондент. 1927. № 1. С. 34-35（ベロルシア）; 1927. № 5. С. 6-7; Селькор. 1926. № 10. С. 5)。

(45)　Рабоче-крестьянский корреспондент. 1927. № 12. С. 3-7; Селькор. 1926. № 4. С. 4; 1926. № 11. С. 20.

(46)　Селькор. 1926. № 4. С. 23（カルーガ), 1926. № 8. С. 12（ウクライナ)。

(47)　Селькор. 1927. № 8. С. 3. 他方で、日々無為に過ごし、しばしば非行に走る農村の若者たちに壁新聞やサークルが活動の場を与え、農村生活の健全化を促したという事例は多数報告されている。たとえば、Беднота, 1927. 25 января（リャザン); Селькор. 1927. № 3. С. 23（ウラジミル); 1927. № 9. С. 18（クルスク); 1927. № 10. С. 26（ベロルシア); 1927. № 24. С. 22（ブリャンスク)。

(48)　Селькор. 1926. № 13. С. 11; 1926. № 19. С. 15.

(49)　ウクライナのマイコプスキー管区では、壁新聞発行を準備するセリコル・サークルに細胞書記は検閲を絶対条件として要求し、さらに細胞の会議で選ばれた編集委員会を押し付けた。被任命者たちはセリコル活動については全く何も知らなかったが、全員が党員かコムソモール員であった。かかる措置に抗議した2人の非党員セリコルはサークルから除名された（Рабоче-крестьянский корреспондент. № 7. 1926. С. 33)。スヴェルドロフスクでは、党は壁新聞の検閲と編集委員会の「引き回し（дергание)」に終始していると伝えられ、確認された18の編集委員会のうち、選挙制を採用しているものはわずか2つのみで、ほかは諸組織からの代表制となっていた（Рабоче-крестьянский корреспондент. № 24. 1926. С. 35-36)。このような地方末端における党指導の「歪曲」の事例は枚挙の暇がない。州・県委員会レベルで、こうした状況が「一般的」であることを率直に認めたものとして、Рабоче-крестьянский корреспондент. 1926. № 23. С. 41（タタール共和国）; 1927. № 2. С. 43（スターリングラード県）; 1927. № 9. С. 36（ウラル州）。露骨な強制や編集作業への介入以外にも、末端のコムニストたちは、しばしば確信犯的に、あらゆる方途によって壁新聞やサークルの「統制」を試みたようである。アルハンゲリスクのある郡では、細胞書記が、「県の展示会に出品するためにより良いものにしなければいけない」という理由で全ての短信の事前検分を要求した（Рабоче-крестьянский корреспондент. 1926. № 19. С. 29-30)。ヴォログダでは、村人からの投書を募集するために設置されていたポストから、コムニストに関する短信だけが何者かによって持ち去られた（Рабоче-крестьянский корреспондент. 1926. № 7. С. 33）。トヴェリでは、結成まもないセリコル・サークルが、「壁新聞を発行していない」という理由で郷委書記から解散命令を受けた（Селькор. 1926. № 14. С. 26)。

(50) Селькор. 1927. № 16. С. 4

(51) Рабселькоры и печать. Итоги 2-го московского губернского совещания рабкоров, селькоров, юнкоров и военкоров. М.-Л., 1926. С. 5; Рабоче-крестьянский корреспондент. 1926. № 9. С. 25. ほぼ同時期のヴォロネジでの調査でも、セリコルと党組織との関係が「概ね順調」とする回答は30％にとどまった（Селькор. 1926. № 23. С. 13)。

(52) Селькор. 1927. № 15. С. 20.

(53) Рабоче-крестьянский корреспондент. 1927. № 5. С. 5.

(54) Селькор. 1927. № 16. С. 8.

(55) Беднота, 1927. 14 сентября.

(56) 過度の統制か全くの放任という状況は、通信員運動一般の文脈でもしばしば問題となった（Партия, рабкор и селькор. С. 3-4)。ヴォロネジからの報告によれば、地方権力はセリコルとその活動を「無用」、「有害」で、全ての「まともな」人々の権威と尊厳を傷つける目的を持つものとみなしていた。ある地区の党会議では、「われわれのところにいるのはセリコルではなく、騒がせ屋ども（бузотеры）であり、われわれは彼らを支援しないだろう」との声が聞かれた（Селькор. 1925. № 8. С. 24; 1926. № 19. С. 5)。タタール共和国でも「壁新聞の記事は全て嘘っぱちである」との言が広まっており、スヴェルドロフスクのある細胞書記は「壁新聞はデマの言いふらし（сплет-

ничание）にのみ関わっている」と公言して憚らなかった（Рабоче-крестьянский корреспондент. 1926. № 9. С. 28; 1926. № 24. С. 35-36)。サークルからの指導要請を拒絶するという形での「軽視」の事例については、Селькор. 1926. № 11. С. 20（ベロルシア）; 1927. №22. С. 7（ヤロスラヴリ）.

(57) Беднота. 1927. 25 марта; Селькор. 1927. № 5. С. 6-7. サラートフでは、党・ソヴェト組織がその内容に全く興味を示さず、何ら対応も取らなかったため、当初良く読まれていた壁新聞の人気が次第に低下し、投書も次第に少なくなっていった（Рабоче-крестьянский корреспондент. 1926. № 8. С. 37)。ニジェゴロドでは、ある段階から党組織による指導がおこなわれなくなり、サークルが解体した（Рабоче-крестьянский корреспондент. 1926. № 15. С. 26)。

(58) Селькор. 1926. № 11. С. 21.

(59) Третье всесоюзное совещание рабкоров, селькоров, военкоров и юнкоров. С. 75; Андреев. Указ. соч. С. 15-16.

(60) リャザン県のあるセリコル・サークルは自らの壁新聞に次のように書いた：「今や党組織は信頼を失ったごとくで、党中央委員会はセリコル・サークルに全幅の信頼を寄せており、サークルは農民を租税から解放することができる」（Селькор. 1926. № 24. С. 6)。ここでは中央と直結しつつ、末端党組織との対立を深めるセリコルが、他方で農民的利害を代弁し始めている。前述のコムニスト排除を宣言した同県のセリコル・サークル（注(58)）でも、約半数の成員の退去の結果、残余の者は明らかに「地主利害の擁護者」として振舞ったと批判された（Селькор. 1926. № 11. С. 21)。

(61) Селькор. 1927. № 15. С. 19-20; 1927. № 13. С. 30-32. その識字能力によって聖職者たちが実際にサークル活動に関与した事例も伝えられている（Рабоче-крестьянский корреспондент. 1926. № 13. С. 27（ノヴゴロド))。ペルミでは教会が『鐘の音（Колокольный Звон)』、『キリスト福音通報（Христианский Благовестник)』なる壁新聞を発行し始めた（Рабоче-крестьянский корреспондент. 1926. № 22. С. 40)。しかし壁新聞・サークル活動の性格上、「異分子」の侵入に際しても、粛清や再登録といった安易な措置はとられてはならず、原則として指導の強化やさらなる引き入れによるその「希釈」が求められた（Селькор. 1927. № 6. С. 16-17; 1927. № 13. С. 30-32)。

(62) 党中央の描いた青写真通り、サークル形成による壁新聞活動の定礎（ないしサークル形成による既存の壁新聞活動の改善）と現地の文化勢力の結集、他組織との提携と活動の実効性の確保を通じた住民の信頼の獲得、住民の広

範な引き入れと働きかけ、最終的な組織化の成功という事例が多い（たとえば、Рабоче-крестьянский корреспондент. 1927. № 4. C. 32-33（オレンブルク）; 1926. № 21. C. 34-35（プスコフ）; Селькор. 1926. № 14. C. 22（ヴォロネジ）; 1926. № 16. C. 21（ブリャンスク）; 1926. No. № C. 28（オリョル））。新聞活動をこえての発展的な成果としては、農業発展への貢献についてのものが多数を占め、種子選別や根菜播種といった小さな技術的改良の導入から土地改良事業の主導、多圃制への移行、さらには何らかの集団的耕作形態の率先まで、多種多様なイニシアチヴが報告されている（たとえば、Рабоче-крестьянский корреспондент. 1926. № 4. C. 41（レニングラードでの貧農の土地整理支援）; 1927. № 11. C. 40-41（ベロルシアでの技術導入・集団脱穀の組織化）; Селькор. 1926. № 6. C. 7（サマラでのトラクター組合の組織）; 1926. № 7. C. 27（タンボフでの土地改良と多圃制への移行）; 1926. № 6. C. 22（ウラジミルでのコレクチフ形成）; 1926. № 19. C. 20（リャザンでの根菜・牧草播種））。「土曜奉仕労働（スボボートニク）」形態による橋の修築や避雷針の設置（アルハンゲリスク）、ラジオ受信機購入のための亜麻栽培（ウクライナ）、イギリス炭鉱ストライキへの支援活動（スモレンスク）といったユニークな事例も存在した（Рабоче-крестьянский корреспондент. 1927. № 20. C. 12; Селькор. 1927. № 2. C. 25）。

(63) 極端な誇張に関しては、その内容に関して読者の紙上討論が開始される場合があり、結果として情報の信憑性の向上に少なからず貢献したように思われる。たとえば、『農民新聞』紙上で取り上げられた「新聞の友」サークルによるアルテリ形成とトラクター購入の事例（Крестьянская газета. 1926. 14 декабря）に対する読者からの反響（Селькор. 1927. № 7. C. 30-32）。

(64) Советская деревня и работа селькоров: Сборник статей. М.-Л., 1927. 以下、本文中の○数字は【表】のNo. に対応する。

(65) Там же. C. 55, 140.

(66) Там же. C. 6-8.

(67) Там же. C. 10-11.

(68) Там же. C. 12-14, 29, 34-35, 81, 92-94.

(69) Там же. C. 77, 119.

(70) Там же. C. 125.

(71) Там же. C. 120-122.

(72) Там же. C. 17-18, 35-37.

(73) Там же. C. 138.

(74) サークルによる諸社会組織の「機能代替」については、Селькор. 1927. № 16. С.13. また事態の別の側面である、活動力あるセリコルへの過度の業務集中、いわゆる「過重負担」の問題について、Селькор. 1926. № 13. С. 24（ウラジミル）.
(75) Советская деревня и работа селькоров. С. 8.
(76) Рабоче-крестьянский корреспондент. 1927. № 13-14. С. 16; Селькор. 1927. № 14. С. 1.
(77) Рабоче-крестьянский корреспондент. 1926. № 15. С. 40; 1926. № 17-18. С. 57-58.
(78) Коммунистическая революция. 1927. № 24. С. 76-88; Рабоче-крестьянский корреспондент. 1926. № 17-18. С. 7-10; Селькор. 1927. № 7. С. 19-22; 1927. № 13. С. 1-3; 1927. № 20. С. 9-14.
(79) Коммунистическая революция. 1926. № 23. С. 41-44; Рабоче-крестьянский корреспондент. 1926. № 20. С. 4-7; Селькор. 1926. № 20. С. 1; 1927. № 13. С. 4-5.
(80) 危機の始まりを成す1927年末からの穀物調達危機に際しての末端のセリコルたちの言動について、Селькор. 1928. № 2. С. 9-11; 1928. № 3. С. 15-16; 1928. № 4. С. 12-14.
(81) Евгенов С. Как перестроить работу стенных газет и рабселькоров. Как бороться за действенность заметок. Смоленск, 1930. С. 12-31; Резолюции всесоюзного совещания по вопросам рабселькоровского движения при «Правде». М., 1931. С. 3-17,28-39; О партийной и советской печати. С. 408-411. 1920年代末を転機とした出版活動全体の性格変化については、浅岡「ボリシェヴィズムと『出版の自由』」、49－52頁.
(82) 集団化以降の農村壁新聞活動、とりわけコルホーズ壁新聞の活動については、Стенная газета в колхозе. Л., 1936. 戦後復興期における農村壁新聞活動の実践も1930年代の活動の直接の後継者として現れた。Стенная газета － боевой помощник партийной организации. Издание второе, переработнное. Вологда, 1954; Стенная печать в борьбе за новый подъем сельского хозяйства. М., 1954. 後者はモスクワ州各地におけるコルホーズ・ソフホーズ壁新聞活動の報告集である.

穀物調達危機と中央黒土農村における社会政治情勢 (1927－29年)*

セルゲイ・エシコフ
(梶川伸一訳)

1. ネップと「農民同盟」

　税のほかに交換によって食糧の中央集権的調達を構築する目的で、大衆消費財と農具からなる国家の商品フォンドがつくりだされ、それは食糧人民委員部の管轄に引き渡された。1921年5月に食糧人民委員部と消費組合中央連合（ツェントロ・ソユーズ）との間で一般契約が調印された。この一般契約にしたがって、農産物の中央集権的調達権がツェントロ・ソユーズに与えられ、他方、食糧人民委員部は、これら調達に対する全般的指導と統制をすべての段階で担当することになった。食糧人民委員部は、中央でも地方でも、商品交換用のフォンドを消費協同組合に引き渡した。税によらないで独立に調達したり、あるいは別の組織や私人へ商品フォンドを引渡すことは、地方消費協同組合が脆弱か、それによる商品交換業務が不可能な場合にのみ食糧機関に認められた[1]［訳注1］。
　通常、穀物との交換のために提供される商品の種類と質は農民の需要に合致していなかった。直接的商品交換の業務は滞った。穀物を引き渡しそれと交換に商品を受け取るために、農民は［穀物の種類ごとに受領所が異なったり、受領所と交付所が異なったりしたために］少なくとも4ヵ所の事務所を回らなければならなかった。このような「気晴らし」が丸1日続くことも稀ではなかった。農村住人は、農産物に対しては過小評価され工業商品に対しては過大評価されている交換率にも満足しなかった［工業製品と農産物との交換率は戦前価格比で3：1に定められた］。

国家の主要な任務は穀物市場で買付価格の急激な変動を起こさないようにすることであった。このため農業税［訳注2］と保険の徴収期限を調整し、適時にまんべんなく穀物調達に融資することが必要であった。
　1924年に穀物市場への国家的管理の構造が再編された。［食糧人民委員部の解散にともない］国家的穀物調達の全般的指導は、それ以後ソ連商業人民委員部とその部局に設置された穀物・飼料管理局に課せられた。中央集権的穀物調達を調整する組織として、商業人民委員部付属で穀物委員会が創設された。
　穀物調達の成功は移ろいやすいものであった。調達価格が低いため、農民はすすんで穀物を引き渡すことはなかった。まさにこのため1926年以降に国家の側から穀物市場の中央集権化と独占が強まった。国家調達機関と、最終的に独立性を失った協同組合調達機関は、独占的性格を帯びた単一の組織に実質的に統合され、そこではそれぞれの組織は特化された業務に専従する部局になった。これに加えて、ソヴェト初の中央統計局は1925年12月に解体され、その時から統計は乱暴にも政治に従属し、権力に都合の良い情報を提供するよう強いられた［訳注3］。1926年以後統計機関は、農民のもつ「見えない穀物ストック」［訳注4］――それは農民穀物納屋にある穀物ストックのほぼ2倍の量であった――についての情報を提供し、農民経営にあるいわゆる余剰の現有量を算定することが義務づけられた。タンボフ県では1925/26経済年度で県統計局の資料によれば、余剰は穀物に換算して全作物の総収穫の19.7％をなし（それぞれ1億179万6000と2009万8000プード）、1926/27年度には18.0％（9494万8000と1717万4000プード）、1927/28年度には32.9％（1億4166万8000と4663万8000プード）であった。1927年10月1日現在での穀物バランス資料によれば、タンボフ県の農民には4227万2245プードの現物穀物ストックがあり、県統計局の家計帳簿資料によれば1927年11月1日現在で農村に1223万9716ルーブリの貨幣資金が算出された[(2)]。それに応じて穀物調達の計画も急速に拡大した。1925/26年度に計画は1470万プード（1430万プードを達成）、1926/27年度は当初の

2-9 穀物調達危機と中央黒土農村における社会政治情勢（1927-29年）◆セルゲイ・エシコフ

2150万プードがその後は1790万プードに縮小され（約1400万プードを達成）、1927/28年度には3750万プード（1928年1月初めで約1500万プードを達成）であった[3]。

1920年代中葉と後半の国家の経済的方策は農村の状況に配慮しなかったことを物語っている。工業はその製品価格を高騰させ、農民は最低限の価格で農産物を引き渡していた。価格の「はさみ」［工業製品価格と農産物価格との差］は経済政策に常につきまとい、税負担も間断なく増大した。これらすべての経済的原因が全般的な農民の不満を引き起こしていた。

社会的積極性の高まりと新たな政治意識の形成は、農民の代表権と彼らの利益を擁護する組織として農民同盟を設置するという理念が普及したことに認められた。この理念は以前にも存在していたが、1920年代末に特に普及した。1927年11月にブハーリンは「……われわれは農民同盟についての非常に切迫した問題提起がある」と指摘した[4]。

中央黒土諸県ではこれは以下のような事実に現れた。1927年4月にタンボフ県モルシャンスク郡コレルィ村ソヴェトで農民は発言した。「……われわれには、工業製品と農民の商品の価格、荷馬車輸送などの価格を調整しようと配慮した貧農委員会のような農民同盟を組織する必要がある……」[5]。同様な発言はヴォロネジ県オストロゴジスク郷無党派協議会でも聴かれた[6]。一方、現存の村組織は農民の信頼をよびおこさなかった。オストロゴジスク郡ロジェストヴェンスカヤ村で1927年11月に貧農は次のように語った。「われわれには村委員会は要らない。それらは4年間あるが、何の役にも立たない。それは土地をもって播種するが、穀物も金もない」[7]。ヴォロネジ県ローソシ郷の集会で中農は富裕農の支持の下に、農民相互扶助委員会［農民相互扶助に関する公式の団体］を余計な組織と見なし、それを廃絶するよう要求した。タンボフ県では農民は次のように語った。「わが組織、信用組合、農民委員会は返済期限を過ぎた貸付に対して最後の羊を家から持ち去っている。われわれに同盟をよこせ、工場はおまえたちのもの、土地はおれたちのものだ」[8]。全体としてヴォロネジ県

一帯で1927年11月に農民相互扶助委員会の改選の際に際して選挙人には消極性が認められた。

オ・ゲ・ペ・ウの報告書では1927年の夏から冬にかけ農民同盟の創設を求めるアジテーションと直接行動がすべての黒土諸県で見られた。当然にも、農民同盟創設の要求の中には農民党の創設を求める要求もあり、この農民党とは、必ずしもソ連共産党に憎悪を抱くわけではないが、いかなる場合にもそれに対立するものであった。農民同盟を求めるアジテーションを反ソ的と分類する根拠はなかったが、1927年秋以降、権力はそれを反ソ的、クラーク的とみなした。

公的な党機構から生まれたのではない、いかなる農民の社会的政治的イニシアチヴも、現存の統治システムを倒壊させる企てとみなされた。党中央黒土州委員会総会（1928年10月）の参加者の1人は、農民と協同組合、そのほかいくつかの下級社会組織の独立した社会行動が、階級路線を実施するうえで障碍を創り出していると言明した[9]。

国と地方の指導部は、農民がいわゆる「農民同盟」を組織しようとする試みに特に慎重に対処した。農民の理解では、「農民同盟」（サークル、団体、グループ）は、自分たちの利益を集団的に擁護しようとする伝統から生まれた社会経済的政治的な自己組織の形態と手段であった。自発的に農民同盟に加盟することによって、農民は権力が彼らに与えることができないものを手に入れることを期待した。財産、農具、役畜の保険、そして経済的富の程度に関わりのない、特恵的条件での個人経営への融資、さらに工業生産物と農産物との対等な価格政策の現実的な実施、がそれである。権力が農民の要求を充たすことができない以上、このような農民の相互扶助組織の設置を現実そのものが必要としていたことを強調しなければならない。

中央黒土で実際に存在した「農民同盟」の多くは政治的自己表現を好まず、権力問題に関する要求を出さなかった[10]。それでも国と地域の指導部は独立した農民組織の発生という事実を非常に苦々しく捉え、しかも、

2-9 穀物調達危機と中央黒土農村における社会政治情勢（1927－29年）◆セルゲイ・エシコフ

 ソヴェト一党独裁体制が力をつければつけるほど、自分たちに統御できない組織の行動にいっそう激しく反応した。1928年初頭にヴォロネジ郡チジョフスカヤ郷マルィシェヴォ村とシロヴォ＝トルシキノ村に農民相互扶助と保険の3サークルが存在するとの情報は、ソ連共産党ヴォロネジ県委員会とオ・ゲ・ペ・ウ県支部を大いに狼狽させた。それらは1921－24年の間に当局に無断で創られた。全部でサークルには300人以上の農民が加入していた。これらの相互扶助団体は、農民の経済生活における焦眉の問題を解決するための、読み書きのできる、基本的には中流富裕農民の自己組織化の手段であった。農民相互扶助委員会（カレスオヴェス）からの援助を当てにするのを断念して、マルィシェヴォ村とシロヴォ＝トルシキノ村の住人は会費の徴収によって役畜の斃死や盗みの事態に備えて保険をかけるようになった。長期にわたって農民相互扶助の独自のサークルは保険に関する機能を順調に果たし、農民の大きな信頼を得ていた[11]。これらの農村保険団体こそが「農民同盟」であった。

 チジョフスカヤ郷の2つの村の住人のイニシアチヴはヴォロネジ県の指導層を動揺させた。農民の社会的積極性のあらゆる発露がオ・ゲ・ペ・ウ県支部の実務活動家からの慎重な検討の対象となった。党指導部の指示に応じて、秘密警察員（チェキスト）は保険サークル員の政治的傾向に関する情報を収集し、「農民同盟」自体の活動を調査した[12]。オ・ゲ・ペ・ウ捜査員の尽力の中でマルィシェヴォ村とシロヴォ村での農民へのエス・エル的影響力の探索が特別な意味をもった。党権力は、地方の農民相互扶助団体は、農民自身のイニシアチヴによってではなく、深く地下に潜ったエス・エル・グループの活動の結果生まれた、とみなした[13]。オ・ゲ・ペ・ウ職員は事件を、組合員の頂点に反ソヴェト的傾向を持つ非合法委員会があるかのように描こうとさえ試みたが、このことは後に確認されなかった[14]。ヴォロネジ郡の3件の農民組織に関する事件で、彼らの頂点にいるのは農村の中で尊敬を集めている人たちで、彼らの中には「過去も現在も1人の共産党員もいない」[15]という状況が、県の党権力の関心と驚きを招いた。このように、

党ヴォロネジ県委員会の役人の目では党は絶対に過ちのない機関であって、無断で、その許可なしにはいかなる社会的意義をもつ出来事も起こりえなかった。このような判断のロジックにもとづき、党機関の活動家は農民、チジョフスカヤ郷の「同盟員」の行動を既成の政治的秩序に逆らうものとしか評価しなかった。

2. 穀物調達危機と非常措置

穀物調達にもどろう。その緊張は1927年秋以後増大した。権力は農民自身が穀物を搬出することを期待したが、それは起こらなかった。農民コムニスト、ソヴェト・協同組合機関さえ、真っ先にコムニストが穀物を引き渡すようにとの特別決議にもかかわらず、自分の余剰を販売しなかった。さらに、ソフホーズとコルホーズは必ずしも全部の商品穀物を搬送せず、それを私人に販売するケースも認められた。農業税、保険金、種子貸付、短期貸付返済も完全には徴収されなかった。農民への活動の抑圧的方法の支持者は少なからずいたが、地方当局は中央からの厳しい指示の後にようやく積極的になった。1927年の10月と11月にタンボフ県委員会と県執行委員会は再三、穀物調達を実施する際に非常措置を適用することが必要であることを提言して、モスクワに上申した[16]。1927年12月2日、14日、24日に穀物調達の進展で決定的転換を達成するよう要求する党中央委員会の指令が矢継ぎ早に出された。このために国の指導者がそれぞれ地方へ出発した。

［12月18日、］第15回ソ連共産党大会の活動期間中に人民委員会議議長ルィコフは穀物調達に関する地方の党とソヴェト指導者の会議を開いた。穀物保有者への直接的圧力を含めて、危機的状況からの様々な解決策が提示された。だが審議の総括として以下の案が採択された。広汎な穀物調達キャンペーンを展開し、工業商品の農村への搬送を強化すること[17]。だが

2-9 穀物調達危機と中央黒土農村における社会政治情勢（1927－29年）◆セルゲイ・エシコフ

「非常措置依存（чрезвычайщина）」の支持者の立場は強固であった。彼らの圧力の下に1927年12月20日に農民への行政的圧力の方法を容認するロシア共和国中央執行委員会と人民委員会議の決議『村ソヴェトに捜索と押収の権限を付与することについて』が採択された[18]。

12月27日にタンボフでミコヤンが臨席して穀物調達の進捗を唯一の議題として、党タンボフ県委員会ビューロー会議が催され、なぜ農民は穀物を搬出しないかという問題が検討された。審議の結果ビューローは主要な原因を次のように見るとの結論に達した。戦争の脅威とこれに関連して穀物を隠匿しようとする願望、「計画的な［意図的な］凶作」、予備フォンドの創設、穀物作物への価格政策。すなわち、穀物調達の開始時の1927年8月で穀物は1プード81コペイカであったが、9月前半には価格は73コペイカまで低落し、11月にはプード当たり74.5コペイカにまで回復した。私人は県内で国家・協同組合調達価格よりも50－60％高く買付をおこなっていた。当座の支出のために農民は穀物ではなく小家畜と家禽を販売することを好んだ（めんどり1羽の価格は穀物2プードと等しく、ガチョウ1羽は穀物3プード、豚肉は1プードが穀物10プードと同じであった）[19]。

穀物調達の進捗が遅い原因に、党タンボフ県委員会ビューローは総じて客観的な分析を加えた。ここではクラークの悪質な行動は俎上に上らなかった。この時まで県にとっての3600万プードの調達計画は遂行されなかった。農民の行動は経済的市況と複雑化する政治情勢に対する商品生産者としての通常の反応であった。

1928年1月6日にスターリンの署名になる、納付を達成し穀物調達での転換を達成するよう要求する電報が届いた。その基本的内容は以下であった。どんな犠牲を払っても穀物の納付を達成し、このために最大限に短縮された納税期限を定め、農民債の配分と協同組合費の徴収に関するキャンペーンを展開し、自己課税に関する法令にもとづき早急に追加地方賦課額を定める。未納分の徴収の際には「厳しい処罰」を適用することが想定され、穀物調達に関する任務の遂行に対して指導者の個人的責任が定められ

た[20]。

　穀物調達時における中央黒土の情勢は、中央と近いために地方当局が、より上位の機関の命令を無条件に遂行することを強いられた点で、ほかの穀物生産地域とは異なっていた。

　中央黒土の農民が自発的に穀物を引き渡すのを拒否した以上、地方で権力はしばしば公安警備（правоохранительные）機関の「サービス」に依拠した。村に警察が出動するや、調達の実施は順調に確保された[21]。このような行動は決して地方権力の専横ではなく、それらは上から党中央委員会によって裁可された。例えば、1928年1月13日付け［党ヴォロネジ県委員会］第一書記イ・ゲ・ビルンからの党ヴォロネジ県委員会への中央委員会の秘密電報は次のように求めた。「クラークを督促することはできないという誤った考えを捨て、中農を怯えさせないようにして、価格を高騰させ市場を破壊しソヴェト権力を損なう投機人、買占人、クラークに責任を問い、逮捕すること。というのは、そのような措置は中農をクラークから引き離し、市場でクラークを孤立させるのを容易にするからである」[22]。さらに、調達問題を非常措置によって解決することは個人的にスターリンによって推奨された。ビルンに宛てた1928年1月8日の秘密電報で彼は特に次のように要求した。「未納金の徴収の際……まずクラークに対して即座に厳しい処罰を適用すること。クラークと投機人に対して特別の抑圧的措置が必要である……」[23]。したがって、最高機関からのこのような指示を受け取って、中央黒土の党委員会が、地方のその下部組織に同じことを求めたのは驚くことではない。「クラークへの圧力の問題は決定的意義をもつ……」とは、ビルンの1928年2月12日付け［ヴォロネジ県］ヴァルイキ郡党委員会への秘密電報の文言である[24]。

　1928年1月9日に党タンボフ県委員会は穀物調達の強化に関する指令を郷と郡に送った。郷委員会書記と全権代表に「積極的圧力によって農民からあらゆる支払を徴収することに断固として取りかかること」が命じられ、さらに、「1月15日までに本指令を履行しなければ、それは貴殿の統率力

のなさと見なされ、貴殿は党の責任を問われるであろう」と指示された[25]。

　1月14日に農村での「農民経営強化公債」の配分に関しての指令が入った。その基本となるスローガンは、各農民は公債を購入しなければならない、であった。指令では、次のように強調された。1月の県の穀物調達月間計画は530万プードであったが、最初の5日間にたった20万3000プードしか穀物は調達されず、保険金支払キャンペーンは1928年1月1日までに完了しなければならなかったのに、支払は全部で47％しか納付されなかった、と。農民への制裁として弾圧を広汎に行使することが提案された[26]。

　1928年1月26日にタンボフにロシア共和国司法人民委員ヤンソンの暗号電報が入り、それはいっそうの「キャンペーン実施での迅速で断固とした措置」を求めた[27]。司法人民委員からの文書を受け取って、党県委員会は県検事局と裁判所と合同で1月28日に検事、裁判官、予備判事へ指令『順調なキャンペーンの実施を損なう人物に対するもっとも断固とした圧力について』を送った。審理の期間はその開始から判決が下されるまで3日以内に短縮された。ロシア共和国刑法第107条[28]に問われた人物に対して、通常は追加の処罰として財産の完全なまたは部分的な没収を適用することが命じられた[29]。

　地方機関は非常措置の適用を目指した。ますます頻繁にクラークの抵抗の増大についてのテーゼが繰り返された。いわく、穀物の主要な部分がクラークに集中している、彼は農村の本物の穀物の支配者だ。タンボフ県執行委員会議長ゲ・プリャドチェンコは「クラークに圧力をかけること。わが条件の下で豊かになったにもかかわらず、ソヴェト権力にとって困難な時機に背を向けるような人物を、ソヴェト権力がいかに成敗するかを3世代にわたり思い起こすように圧力をかけること」を訴えた[30]。

　農家の巡回、家宅捜索、全員の登録、すべての資産目録の作成が穀物調達遂行の主要な方法となった。おまけに、一連の経営がすでに穀物供出の課題を果たしたことはそこではまったく配慮されなかった。闇食糧取締部隊が配置された。穀物が没収され、経営には1口数当たり2、3プードず

つが残された[31]。穀物調達キャンペーンの迅速さと苛烈さは大混乱を引き起こした。党中央委員会への書簡でタンボフ農民テ・ア・ベラーヴィンは、地区全権代表が晩に自己課税を翌朝6時までに徴収すると宣告したと、書き綴った。村は一晩中震え上がった。警察が穀物を徴収し、公債を配り（購入を強いた）、税と罰金を取り上げた。村は怯えパニック寸前の状況で、クラーク清算がはじまる。農民はすでに農業税、保険、種子貸付、長期貸付、信用組合への負債、自己課税を完済した。その結果、多くの農民には文字通り何も残されなかった。特に貧農が打撃を受けた。信用組合ではすべての業務が混乱した。金を払ったものが［クラークとして］裁判所に引き渡された。不満は高まる[32]。

　厳しい措置の適用にもかかわらず、タンボフ県での1月計画は遂行されなかった。最初の15日間に計画の15％が徴収されたにすぎなかった。農民は明らかに春を待ち、収穫見込みを待ち受け、穀物価格の引き上げを期待していた。はじまった弾圧は農民に当惑と狼狽を引き起こした。戦争、徴発、食糧割当徴発、チェルヴォネツ紙幣の下落についての風説が届いた。農民は戦時共産主義の再来を恐れて、穀物を隠匿しはじめた。タンボフ県向けの2月計画はそれまでの未徴収を含めて800万プードとなったが、それを達成するのは実質的に不可能であった。2月15日までに全県でわずか300万プードの調達に成功したにすぎなかった。同じ頃2月13日に党中央委員会政治局は「穀物調達の実施を促進する目的で」ロシア共和国刑法第107条の広汎な適用に関する決議を採択した。2000プードないし3000プードの穀物をもち、それを売らない人物が糾弾されなければならない。この政治局決定は、そのような量の穀物を持つ農民が実際にはいなかったから、多くの地方では遂行されなかった。だがそれでも決議を遂行しなければならなかった。条文の適用の「天井」は引き下げられ、タンボフ県ではそれは500プードに引き下げられたが、実際には200プードないし300プードを持つ者が裁かれた[33]。

　農村に全権代表が派遣された。1928年1月にタンボフ県で全権代表1262

2-9 穀物調達危機と中央黒土農村における社会政治情勢（1927―29年）◆セルゲイ・エシコフ

人が、2月には1569人が、3月には1409人が活動していた[34]。1月には、職務権限のある人物を穀物調達の規定違反のかどで起訴する事案を解決する権限が、地区・郡裁判所にあたえられた[35]。実際には、これは穀物調達の速いテンポを確保しなかった人物に司法的責任を負わせる結果となった。様々な刑罰を1837人の活動家が受け、その中には穀物調達であまり活動しなかったかどで裁判にかけられた320人が含まれる[36]。郡執行委員会全権代表に穀物調達の進捗に関する報告書を期限内に提出しなかったかどで農業信用組合理事長が裁判にかけられたり、あるいは領内で農業税の7.9％を期限内に徴収しなかったかどで村ソヴェト議長が裁判にかけられたケースがあった[37]。不公平な裁判をすることを拒否したボリソグレブスク郡の県裁判所全権代表グラドゥイシェフは「一般方針の無理解……中央の指令を実現する無能力」のかどで解任された[38]。

　刑法第107条に関する事件の大多数は、党・ソヴェト機関からの直接の指示によって法的規範がもっとも深刻に侵犯されたでっち上げであった。例えば、ボリソグレブスク郡委員会は1928年2月13日にすべての郷委員会、郷執行委員会、郡執行委員会全権代表への電報で、「まず大きな穀物のある村で多くの穀物余剰を持つクラークを選別し、彼らを逮捕し、一昼夜の期限で第107条による司法的責任を問い、貧農から人民裁判委員を選び、裁判を通して穀物余剰とその他の財産の没収の実施を確保する」ことを要求した[39]。第107条は頻繁に貧農にも中農にも及んだ。問題は、20年代後半に富裕農に対する社会経済的基準が放棄され、進取の気性といかがわしい行為とが同一視されたことにある。経営の社会経済的境界についての公式の指標が曖昧であったために、何らかの形で市場関係に引き込まれている農家なら事実上どんな農家でもクラークと関連づけることが可能になった。そのため、多くの全権代表は余りにも広く「クラーク」の概念そのものを解釈した[40]。例えば、ある全権代表は、貧農でも土地をもっている以上、穀物を同等に搬出すべきであると確言した[41]。裁判官には強力な圧力がかけられた。「検事補は書類をもって裁判官を呼びつけ、誰をどの

ように裁くかを指示しながら、彼らに報告を要求し、財産目録の没収すべきものに印を付けた」。「決めたのは私ではない。判決を下したのは郷委員会だ」。「書類には『c』と『6』の印が付けられた。『c』は刈る[穀物を奪う]、『6』は剃る、つまり資産の没収も適用することを意味した[「刈る」場合は何か髪は残るが、「剃る」場合には何も残らない]」。「全権代表フェドゥークはこういった。ほらこれがクラークだ、あれこれいわずに裁け、と」(42)。これは、裁判官のほんのわずかな証言にすぎない。第107条に関する書類は通常一昼夜かけて検討された。

タンボフ県では1928年2-3月中に第107条によって全部で1045人が裁判にかけられ、そのうち928人が有罪の判決を受けた。彼らから約13万プードの穀物が没収され、総額12万7000ルーブリの罰金が科せられた。一般的現象として強調しなければならないのは、[穀物ではなく]財産と家畜が広汎に没収されたということである。いくつかの事件では、穀物は、なかったがゆえに全く没収されることがなかった。したがって、1927年秋に穀物を購入して販売した[投機をした]というような、検証なしの資料にもとづいて財産没収と罰金をともなう有罪判決を受けた(43)。

これらの事件の大部分は県委員会と県裁判所の特別委員会によって再審された。4月初めまでに384件が再審され、そのうち判決が変更されなかったのは16件だけで、残り全部は拘留期間が完全に破棄されたり(55％)、あるいは著しく短縮されたりしたが、財産の没収は効力をもった(44)。点検において、多くの事件で、穀物保有の証拠がない場合にも事件をひねり出すようにとの全権代表の覚書が露見した。また、郷機関が予め判決を決めていたことも露呈した(45)。

穀物調達と同時に、農民から貨幣を吸収する方策も広汎に展開された。自己課税に関するキャンペーン、貸付と税の未納金の徴収、協同組合への加入金の徴収、県執行委員会議長の言葉によれば、自家醸造との闘争に関する「猛烈な活動」、聖職者をさえ巻き込んだ農民公債の販売がそれである。これらすべてが大きな行政的圧力をともなって短期間で実施された。

それに加え、1928年1月5日に県執行委員会幹部会は県内のすべての消費組合に対して、「その下級組織を通して穀物酒の商業を直ちに展開するように」との秘密指令を出した[46]。タンボフ県に不足する工業商品が発送されたが、僅かな量であった。その上、商業組織の調整が不備であったため、住民から資金の回収の方策がすでに採用された地区で商品を受け入れたり、そこへ発送するケースが頻出した。

1928年夏までに圧倒的多数の農民経営から、いわゆる「遊休貨幣の余剰」が没収された。

党中央委員会(1928年)4月総会は穀物調達の状態を審議して、「党路線のこのような歪曲(すなわち「非常措置依存」)は党路線一般とも、中央委員会が本穀物キャンペーン時に現れた特別な困難に関連して実施した臨時の措置とも、共通するものは何もない」と、「もっとも絶対的に」宣言した[47]。だが地方は非常措置を拒否しようとはしなかった。非常措置は依然として5月にも、6月にも発動された。党中央委員会(1928年)7月総会は、このことについて、ある地域では穀物の凶作があったために、別の地域では穀物供給への支出が過剰になったために、調達関係組織は穀物地帯での調達を強化し、農民の備荒用ストックに手を触れることを余儀なくされたと説明した。農民の不満は「一連の地方での行政的横暴に対する抗議行動のなかに」あらわれた。中央委員会総会は、いかなる非常措置の適用をも排除する方策を実施することを決議した。農家を巡回したり、不法な家宅捜索をおこなうことを即座に廃止すること、いかなるものであれ食糧割当徴発を再現させることを即座に廃止すること、地区ごとに偏差をつけながら穀物価格を一定程度引き上げることがそれであった[48]。

3. 危機の慢性化

「非常措置依存」とともに農村の政治情勢は急激に尖鋭化した。政策が

変更されつつある、再び食糧割当徴発が実施されている、穀物の次は家畜と農具が没収されるだろう、との風説が広汎に広まった。「間もなく戦争だ、間もなく飢饉だ、だから穀物を無理に取り立てるのだ」、「19年が戻ってきた」、「政府は穀物を払って戦争から逃れたいと思っている」[49]。目前に迫った家畜の没収という流言蜚語のために多くの地方で特に小家畜が屠畜されはじめた[50]。

　農民大衆の中でソヴェト権力の権威を高めることに関する党中央委員会・中央統制委員会（1928年）4月合同総会の結論[51]は現実に相応していなかった。郡からの情報を分析すれば、農民の、特に中農のソヴェト権力への信頼が揺らいでいることが見て取れた。「あんたたちはしたいようにしている」、「あんたたちにはそれで万事良好というわけだ」。ある農民は裁判で「ソヴェト権力は穀物を全部だって取り上げるのを躊躇しないだろう、ソヴェト権力が農民を没落させるのは今にはじまったことではないのだから」と述べた。次のような雰囲気もあった。「1919年と1920年に倣って軍馬にまたがるのも仕方がない」、「農民の優れた部分が消えたし、ソ連も消えるぞ」、「もし政策が変更されないなら、一揆が起こるとおれは責任をもって断言する」、「雨後の竹の子のようにソヴェト法令が生まれているが、朝令暮改だ、今はおれたちが取り上げられたが、明日はあんたたちが取り上げられる」[52]。「非常措置依存」は農村での社会的緊張状態を強めた。農村では、特に貧農の間で、平等主義への志向が著しく広がっていたが、ゆっくりと、だが確実に経営的に経済的に強力な農民の権威が高まっていた。「経済的に強力な百姓なしでやって行くことはできない。百姓が強くなれば、国家も強くなり、もし百姓が困窮するなら、国家も困窮するだろう」と農民は論じた[53]。穀物調達時に、是が非でも計画を達成しようとして、富裕農の備荒用ストックのみならず貧農の備荒用ストックにまで相当程度手を触れたとき、それは困惑とともに激しい抗議を引き起こした（経営発展のスローガンはまだ維持されていたからである）。「ソヴェト権力は農業を向上させる替わりにそれを零落させ、最後のフントまで穀物

2-9　穀物調達危機と中央黒土農村における社会政治情勢（1927-29年）◆セルゲイ・エシコフ

を取り上げている」(54)。

　公文書を分析すれば、非常措置は農民経営に反目を持ち込み、未来への不確実さを植え付けたことが分かる。コズロフ管区の農民は次のように語った。「不満は市場で穀物を販売するのが妨げられていることにあるのではなく、農民家計にアナキズムが持ち込まれていることにある。われわれは、まだ穀物を収穫もしていないうちから家計を計算することを、もう覚えた……」(55)。以下の発言も非常に特徴的である。「貧農は国家に何も提供せず、彼らは免除されているが、われわれは税を納めて、さらに剥ぎ取られている」、「なぜわれわれが特別扱いされるのか、われわれは誰よりも働いているのだ」(56)。

　次の発言が富裕経営、中農の気分を特徴づけていた。「それなら土地を賃借すればよい」、「こんな政策は農民に農耕を放棄させる、夏には、耕されていない土地が多くなるだろう」、「おれは穀物を播種せず、家畜を売って、貧農になる、政府はおれを助けるがいい」(57)。

　「非常措置依存」の直接の帰結は市場と私的商業の一掃であった。1928年1-2月の間に市場で1200万プードの穀物が没収された(58)。穀物没収のキャンペーンの後で農民は穀物を市場に搬出するのを完全に止めた。その結果、すでに1月末から穀粉とパンの都市への供給が中断しはじめた。市場での穀物自由商業はなくなり、1928年春には穀物市場は完全に崩壊した(59)。私的商業は深刻な打撃を蒙った。2月だけで263人から私的商業の営業許可証が取り上げられた。将来の活動の展望が見られないとして、2000の営業許可証を商人自身が拒否した。私人から根拠もなく商品を没収して、それを協同組合や国営商業へ引き渡すケースが頻出した(60)。商業で私人は地下に潜るか、あるいは総じてこの種の活動を拒否した。私人から税金を徴収する任務は遂行できないことが判明した。税を実際に支払う人は完全に零落していたからである。

　1928年夏に農村地域の管理方法に重大な変更が生じた。これは、中央黒土州を形成した帰結であり、党構造の厳格な中央集権化の実施であった。

中央黒土州にとって原則的に新しい管理構造となったのは党管区委員会であった。まさにそれらに農村地域の直接的管理が課せられた。中央は、中央黒土州の管区の赤字をなくし、そのために管区に一定の経済的独立性をあたえることを指示した。そのうえ、「点検済みの幹部によって管区委員会を強化する」ことが予定されていた[61]。さらにそれにくわえて、党州委員会の指導部は、1928年秋に、農村細胞と貧農グループの著しい増加によって農村での社会的支柱を抜本的に拡大することを企図した。支持と支柱の新たな拠点を創出する方策に当局は夥しい資金を割いた。総額何百万ルーブリの話である[62]。1928年11－12月の貧農グループの点検の後にグループの数は（中央黒土州の10の管区で）1054から2626に、すなわち、ほぼ2.5倍に増えた[63]。これらグループは村での全般的政治情勢、社会勢力の配置を本質的に変えるのを可能にするであろう、というのが当局の見解であった。だが、これらグループの特別な積極性は1929年の全期間にわたって認められなかった。

さらに2つの重要な状況が農村への共産党の影響の強化を促した。ソ連共産党メンバーの粛正と右翼反対派の瓦解である。党員の「自己浄化」と平党員の指導的ポストへの「抜擢」はコインの裏表であり、ここで様々な理由で党から追放された者のポストを埋めたのは、プロレタリアートの代表、はるかにまれには極貧農層の代表という社会的出自のおかげで共産党に加入することができた人々であった。満足に読み書きができず政策に疎い党の新参者を操作するのははるかに容易であったために、スターリンは党組織の恒常的な刷新を積極的に支持した。

いわゆる党内の右翼的偏向の瓦解と農村でのスターリン指導部の支持は逆説的に見えた。まさに右派が、近い将来展望において性急で拙速な農業改革などに反対して、ネップ原理にもとづく権力と個人経営の対等な関係を保持するために闘ってきたからである。だが問題は、ロシアの共同体では伝統に従いあらゆる問題が満場一致の承認または不同意によって決議されたことにあった。公然とスホードの集団的な意見に反対する人々を共同

2-9 穀物調達危機と中央黒土農村における社会政治情勢（1927-29年）◆セルゲイ・エシコフ

体は引き離して、自分の仲間をさらに多く結集させた(64)。したがって、ロシアの農民は反対派的活動、政治的過程での「少数派」と「多数派」の文明国的な相対関係の原理を体得することができず、そのため支配政党内部でのいかなる意見の不一致に対しても疑わしげに対応した。中央黒土の農村住民は1928年10月から1929年11月までの期間に、集会とデモといった大衆的行動の形で実施された、権力によって鼓舞された右翼反対派弾劾キャンペーンに非常に積極的に参加した。その際、農民は意見の対立の本質を理解することなく、喜んで右翼反対派を非難した(65)。したがって、農村の住民と大多数の上級党官僚においては、異論や政治的反抗を受け入れないという点で、両者の心性が逆説的にも結合しており、この逆説的な結合が、客観的にはスターリンの独裁権力体制のその後の成立を促したのである。

　党の粛正と党内での反対派的潮流との闘争は、社会的政治的情勢が変化したことを示した。1920年代末の共産党内部でその指導部と機関の腐心によってつくりだされたのは次のような状況であった。そこでは、弾圧的行為が広汎におこなわれたことが脅しとなって、多くの党員は良心に反する行動をとり、信念を隠し、社会的出自の「不正確さ」[たとえば富者の出身であることなど]を隠したのである。党の一体性は強制的なやり方でコムニストに押しつけられた。

　上記のすべて以外にも、党委員会の権能は拡大し、指導部は新しくなった。1928-29年間の党中央黒土州委員会と1926-28年間の中央黒土県委員会の事務の公文書を比較分析すれば、それらの間に本質的差異を読み取ることができる。州委員会の公文書の圧倒的部分は簡潔明瞭でエネルギッシュに書かれている。それらの際だった特徴は、記述が一貫していて論理的であり、上級機関によって設定された任務をはっきりと自覚していたことである。それに対して県委員会の書類業務の方は、中央の党機関が出した号令の引き写しという著しく際立った特徴があり、それは1927年後半になると純粋の職務執行へと変化した。明らかに中央黒土州委員会の機関活動

家は、それ以前の県委員会の活動家と異なり、党の総路線の決議を無条件に執行するという方向性をはっきりと帯びてきた。

　党機関の活動を効果的に向上させる上で重要な役割を演じたのは、中央黒土州委員会第1書記ヴァレイキスの個人的資質であった。彼は短期間に中央黒土の党官僚の活動と伝統を矯正し彼らをより柔軟で才気煥発に活動させることに成功した。上級と下級の党機関（管区委員会と地区委員会）とのヴァレイキスの往復書簡は情報に満ち溢れ、党州委員会指導者の命令への絶対的服従と無条件の執行という伝統において終始一貫していた[66]。

　州委員会指導者の署名になる公文書は命令法の動詞に溢れていた。（……の活動を）強化せよ、（努力を）積極的にせよ、（主要な問題に）集中せよ、（全力を）投入せよ、（積極分子を）動員せよ、など。ヴァレイキスの筆になる1928年8月から1929年12月までのテキストを分析すれば、命令法での動詞が、州委員会第2書記イ・ゲ・ビルンの筆になる同様の文書に比べて4.8倍も頻出することが明らかとなった。中央黒土州委員会第一書記の個人的資質が地方党委員会の活動の組織化で重要な原動力となったということができる。中央黒土の指導者の地位にあるヴァレイキスの実践的活動において、彼の政治的行政的経験も大きな役割を果たした。

　1920年代末までに都市のコムニストは農村地域での現地党下部組織のネットワーク、すなわち地区委員会と村細胞に依存した。中央黒土州の党組織の人数は増加し、1930年6月1日現在で6万900人になった（党員と同候補）[67]。中央黒土州の農村地区への共産党の統制の強化を促した重要な状況は、コミュニケーション問題が1928－29年に部分的に解決されたことにあった。当局は1年半の間に州のすべての管区センターと大部分の地区センターと安定した電話、電信網を打ち立てた。こうして中央黒土では当局が地方からの社会的政治的情報を独占的に収集し利用する可能性をえたために、この状況は、多くの点で共産党の政治的影響力が増加する原因となった。

　党・ソヴェト機関の援助を受けて合法的手段で情報を収集しシステム化

2-9 穀物調達危機と中央黒土農村における社会政治情勢（1927-29年）◆セルゲイ・エシコフ

する（書簡、請願などの分析）ほかに、当局は公安警備機関から重要な社会的政治的情報を受け取った。中央黒土州の指導者は農民大衆の気分、農村地域における党組織活動への彼らの対応について十二分に知悉していた。そのような資料をオ・ゲ・ペ・ウ中央黒土州代表部情報局、内務下部組織、犯罪捜査局と警察がもっとも積極的に蒐集した[68]。

　1928年に単一指導部の下へ中央黒土州党組織を統合したことは、党の農村組織へ貧農とバトラーク［雇農］のグループをいっそう結集させようとする活動を、著しく強化する方向に促した。黒土農村の社会的アウトサイダーを束ねる活動は、これまでの公式の方策の大部分がそうであったように系統的ではなく、「キャンペーン的」性格を帯び、当局の見解ではより重要な社会的政治的行動、すなわち、国家統制の下での定例の春の播種の組織化、強制的農産物調達、ありとあらゆる月間（国防大衆活動月間、貧農、バトラーチカ［女性バトラーク］月間など）によって中断された。それでも、1929年末までに農村アウトサイダーを結集させる作業での進展は明白になっていた。その上、農村下部層は、当局が宣伝した多くのイデオロギー的な基本目標を会得し、みずからのものとして受け入れた。コムニストは、常に多数の教育宣伝のスローガンを発することで、農村の無産住民に対して、ソヴェト国家は倦むことなく彼らを配慮し庇護しているのだという観念を、執拗に吹き込んだ。そのため次の2人の発言は典型的である。貧農スィソエフスキー（アニンスク地区）はこういった。「国のためにおれたちを働かせろ、そうすればおれたちは基準量のパンをもらえる、養ってもらえる」。そして、不詳の零落した農民は村スホードでこう語った。「おれのものは国家のもの、おれは国家の人間」[69]。この発言は、20年代末の貧農の一定部分の気分をうまく描いている。彼らは、国家の義務を果たし、それに対して保障される配給食糧、基準量を受け取ることを望んでいた。このように、無産農民の一部は、家父長的温情主義の（патерналистские）伝統のために、農業部門を国家化しようとする権力の志向を支持していた。共産主義的イデオロギーのもっとも一般的な目標を農民の一

定部分が簡単に会得したということは、ロシア農民の心性の基底とそれらが一致することで説明することができる。コムニストと農民は、程度の差はあれ都市化を蒙った多くの都市住人とはいくらか別様に考え、感じ、振る舞った。土地の私的所有への一般的な否定的態度も農民と党員を接近させた。まさにそのために、1920年代末に貧農のみならず農村社会のそれ以外の社会的グループの代表者もフートル、オートルプや、農業部門で農業経営の個人的方法全般を根絶しようとする権力の努力を支持した。

1929年春に中央黒土州指導部は穀物資源の強制的徴収で大きく前進することに成功した。穀物調達計画を達成するために、約6000人の州の党・ソヴェト機関の活動家と1070人の管区活動家という事実上州のすべての党・経済アクチーフが動員された。このほか、1929年7月29日づけ党中央委員会決定によりすべての「若い党幹部」が穀物調達のため農村に送り出された[70]。

1929年7月1日から1930年1月31日までに中央黒土州における穀物調達計画173万8203トンのうち、実際に174万8376トンが調達された。すなわち、1929年の年間穀物調達計画は100.7％が、穀物の徴収では107％が達成された［穀物調達は穀物の調達と油用種子の調達から成った］[71]。黒土中央諸県で前1927/28年度の穀物調達計画は達成されなかった。最初の第3四半期で任務の74－75％を遂行することに成功したが、残りの穀物を最後の四半期で徴収することができなかった[72]。あらゆる権力構造を動員した、信じがたいほどの努力を払うことによって、1929年の穀物調達は1928年の冬から春に比べて上首尾であった。

速やかな穀物徴収を確保するのに重要な役割を果たしたのは、州委員会指導部によっておこなわれた従来の調達キャンペーンの失敗の分析であった。穀物調達に向けられた党州委員会の指令は、厳しく、積極的に、断固として行動するように、との指示と要求に満ち溢れていた。例えば、オストロゴジスク管区ウラゾヴォ地区ボルチャノフスカヤ党細胞書記の書簡への回答で、ヴァレイキスは次のように調達問題に関する党の政策を評した。

「クラークのみならず、穀物商品余剰をもつ中農からも調達をおこなう。……クラークには国家的強制の措置に至るまでの圧力が必要である」[73]。1929年5-6月中に州委員会は、「……農村での貧農と中農大衆との団結にもとづくクラークへの攻勢」を規定した第16回党協議会決議（1929年5月）に関する情報を、管区、地区、村党組織に大量に配布した[74]。農村からの穀物の汲み出しはますます乱暴で容赦のない性格を帯びた。リゴフ管区ドミトリエフ地区フォキノ村で1929年10月に穀物調達計画は次のように採択された。地区執行委員会全権代表は報告の後に尋ねた。「誰が計画に賛成か」。だが誰も手を挙げなかった。これを見て全権代表は言明した。「諸君が穀物調達に反対なら、諸君はソヴェト権力に反対であるということだ。採決をやりなおす。誰がソヴェト権力に反対だ、手を挙げろ」。誰も手を挙げなかった。そこで全権代表は宣言した。「計画は満場一致で採択された」。議事録にはこのように記されている[75]。

4. 暴力の全面化　集団化へ

　国家的命令を完全な規模で遂行させるための、権力による農民への暴力の適用は、1929年初頭から大量の性格を帯びた。上級機関から与えられた命令は、十分に鍛錬された大多数の党活動家によって無条件に実行された。1928年初めから増えはじめた農民への暴力は1929年には全面的となり、オ・ゲ・ペ・ウを先頭とする懲罰機関が国家政策の直接的執行者となった。これをはっきりと裏付けるのは、1929年の中央黒土州の農村地域での社会政治情勢に関する内務機関とチェキストの情報報告である。そこには、モラルと当時施行されていた法体系の規範への許し難い蹂躙の実例が大量に含まれている[76]。考えうるあらゆる規範の許し難い侵犯の実例は、1929年4-5月の中央黒土州ノヴゴロドフカ村での（文書には管区と地区は記載なし）穀物調達全権代表ヤコヴレフの行動であり、彼は穀物を引き渡さ

ない農民を常習的に殴りつけ、彼らを武器で脅した、等々[77]。

1929年の穀物調達キャンペーンでは、すでに周知となった「抑圧的」方法に新たなものが加わった。穀物調達の課題を遂行しなかった人物の名前が掲載された黒板［後述510頁を参照］、村スホードに宣告されるボイコット［同所を参照］がそれである。ボイコットを宣告された農民経営は小売店でいかなる商品を購入することもできなかった。前回のキャンペーンでロシア共和国刑法第107条が基本的に適用されたのに対して、1929年には第58条（反革命的アジテーション）も発動され、それは全権代表と調達機関による暴力や狼藉に大胆にも抵抗する人物に対して適用された[78]。「非常措置的」穀物調達への農民の抵抗はますます反ソヴェト的性格を帯びはじめた。中央黒土州全体で1929年10月24日付の資料によればオ・ゲ・ペ・ウ機関によって穀物調達に関連して838人が逮捕された[79]。このような行為は農村住人からの大衆的抵抗を引き起こした。不満は放火、活動分子への殴打、殺人未遂、殺人に表出された。チェキストによって、1929年10月だけで穀物調達に起因する21件の大衆的直接行動（ソ連全体で63件のうち）が中央黒土州で記録された。チェキストの報告書が強調しているように、直接行動での指導的役割を演じたのは、権力への抵抗や殴打と殺害を群衆に煽ったクラーク、聖職者、反ソ分子であった[80]。食糧資源の国家の手への集中という主要な目的を達成するため、党・ソヴェト活動家はいかなる手段とやり方をも行使する用意があった。

権力への抵抗は、権力による乱暴な専横に対して資産状況に関わらず地方住民の多数が抵抗するという統一戦線の形で一連の居住地で出現した。穀物調達機関と農村でのその他の権力の代表機関への大衆的直接行動、肉体的暴力にまで事態は進んだ。警察や懲罰部隊との軍事衝突のケースも散見された。スローガンから判断して、農村の多くの「統一戦線」の傾向は反ソヴェト的であった。「穀物調達粉砕！」、「穀物を住民に分けろ！」、「工業化公債粉砕！」、（穀物調達への抵抗のかどで）「逮捕された農民を釈放せよ！」、「おれたちが大統領を持つように」、「党とソヴェト権力粉

2-9 穀物調達危機と中央黒土農村における社会政治情勢（1927－29年）◆セルゲイ・エシコフ

砕！」⁽⁸¹⁾。

　自分の利害を守り抜くために農村住人が団結した鮮やかな表出となったのは、1929年10月30日から11月4日にかけての中央黒土州ベルゴロド管区イヴニャ地区の蜂起であった。この蜂起に穀物調達のやり方に絶望した2万5000人以上の農民が参加した⁽⁸²⁾。イヴニャ地区の住人に国家への穀物供出に関する5万5000プードの追加的課題が課せられたが、彼らはそれを遂行することができなかった。当局の行為に対する農民の回答は9村の蜂起であった。穀物徴収に関する全権代表は殴打され、ペスコヴァトカ、ノヴェニコエ、フェドチェフカ村でソヴェト権力は一掃され、スィルツォヴォ、ヴェルホペニエ、チェレノヴォなどの村で大衆的騒動が発生した⁽⁸³⁾。決起した農民は州の指導部に、共産党の政治路線を修正し、市場関係の縮小を停止し、農民の不平等な政治的権利を破棄し（フェドチェフカ村での蜂起者集会でこの直接行動の指導者の1人は、「われわれの不幸と窮乏は地方活動家の堕落だけでなく、どうやら、上層部で中央で政府が農民の利害を配慮していないことからも来ているようだ」と語った）、真の選挙任命制と官吏の報告制の原則にもとづいて現行の統治システムを変更するよう求めた（「おれたちは大統領をもちたい」とペスチャノフカ村の叛徒は要求した）⁽⁸⁴⁾。

　当局は、現地住人との3日間にわたる衝突の後、武装部隊の力を借りてしか（82人、機関銃と偵察機）イヴニャ地区への統制を復活させることができなかった⁽⁸⁵⁾。イヴニャ事件の原因と結果を分析して、ア・ゲ・ロメイコの指導の下に中央黒土州委員会特別委員会は3点の重要な結論を導いた。第1に、ヴォロネジとベルゴロドからの特使は、強圧的穀物調達の過程で農民の間での反党的ブロックの形成を止むなしと認めるのを余儀なくされた。「われわれは……農村で統一戦線を持っている。……すなわち、クラークがすべての中農と貧農さえもまとめ上げ唯々諾々と従わせることができるような状況にある」⁽⁸⁶⁾。党官吏はクラークに、蜂起を指導するイニシアチヴに富む農民ではあるが、必ずしも経済的に成功を収めていない

農村住人との意味を込めた。第2に、州委員会特別委員会は「……イヴニャ地区で起こった事件がその形態で内戦期の事件と似ているとしても、本質的にそれらは現在の条件にとって新しいものとなろう」と確認した[87]。このように、1927/28年度と1928/29年度の穀物調達キャンペーンを、党官吏は、暴力の助けによる農業改造への積極的行動の開始と見なした。第3に、ロメイコは、イヴニャ蜂起の過程で、ソ連共産党の現地の地区委員会を筆頭に「わが組織の不適応さと硬直さ」が顕わになったと、党管理機関にとって芳しくない結論を導いた[88]。

　1920年代末までに権力は古くから存続していた農民農戸［農家］の経済的自立性を最終的に一掃した。穀物調達機関は個人経営とそれらの資源に対する完全な統制を実現する可能性を手に入れた。農民家族の道徳的倫理的基盤とその内部の社会関係も権力の乱暴な介入の対象になった。耕作文化の伝統的価値は時代遅れで有害であり、社会主義建設の任務にふさわしくないと宣告された。権力の専横は農村住人の広汎な大衆の中に無気力とやり場のなさを生み出した。1920年代末に黒土農民の間で再び末世や反キリストの到来などに関する言説が広汎に流布し、1928年後半に中央黒土州でオ・ゲ・ペ・ウ機関は宗教的理由による2件の大衆的直接行動を確認した[89]。黒土の多くの農民は指導的世界強国であるイギリス・フランスとソ連との開戦を待望した。おそらく1927年の国際情勢の緊張（イギリスとソ連との外交関係の悪化と決裂、ワルシャワでのソヴェト代表ヴォイコフの殺害）が、戦争ヒステリーの増幅と、戦争の脅威に関するイデオロギー・キャンペーンの組織化にとっての誘因となり、ここから農村での敗北主義的気分が生じた。農民は、軍事行動、そこでのソ連の敗北、それに続く共産党体制の清算のみが窮状から自分たちを救い出すと見なした。これに関する中央黒土州農民の典型的な発言を引こう。「間もなく戦争が起こる、外国はソ連に対して準備している」、「ほら同志諸君、イギリスは必死に戦争の準備をしている、われわれは一致団結して戦闘に向かうのを拒否しなければならない。この権力は何も良いことをもたらさず、われわれは

2-9　穀物調達危機と中央黒土農村における社会政治情勢（1927−29年）◆セルゲイ・エシコフ

襤褸を纏い飢えている。農民から穀物を取り上げたが、穀物はなく、全部が外国に持ち出され、労働者の賃金は僅か」、「イギリスがわれわれとの戦争に向かう場合、われわれ農民は出征しない、党の奴らに戦争に行かせろ」、「われわれは誰を守るのか［ソ連を守れというのか］」など[90]。ギリシャ正教徒の農民が、ローマ教皇を長に頂く、ソ連へのありうべき十字軍遠征と、権力の専横からの自分の解放とを結びつけるという、以前ならありえなかった状況は注目に値する[91]。

　とくに関心をかき立てるのは、1920年代末までに農民の一部に形成された、戦争でソ連が敗北するという願望である。戦争は彼らの意見では差し迫っていた。このような現象は相互に敵対する集団へと社会が深刻に分裂したことの指標であった。分裂は彼らの価値観と政治的社会的見解の体系における相違に応じて人々を分離させた。1920年代末まで現存の政府と国家への敗北願望が農民から生まれたことは一度もなかった。このようなことは、第1次大戦時にも、戦時共産主義期の大量の穀物徴発の最中でさえ、なかった。したがって、1920年代末にロシア農村全体で、とくに中央黒土で、いっそう錯綜した社会政治状況が形成され、そこで農民のある部分――疑いもなく大部分であるが――は国家の農業政策への信頼を完全に失ったことを誇示し、残りの部分はその政策を支持した。後者こそが全面的集団化実施の支柱となった。

　「非常措置依存」は穀物調達危機を一掃しなかったが、農民経営に深刻な打撃をもたらし、農民と権力との関係は根本から損なわれた。農民は、富裕農のみならず中農も、生産拡大への刺戟を失い、生産を縮小するようになった。日常生活の常態であるとますます執拗にみずから宣言した非常措置は、抑圧措置のシステムへと転化し、その後、みずからの論理的な展開過程をたどった。ここではまさに措置のシステムが問題となっている。というのは、食糧割当徴発の方法の復活、人権の完全な侵害も穀物調達の過程に反映していたからであり、農民層の間に分裂がもちこまれたからである。非常措置はネップの基本的メカニズムを打ち壊し、宣言された新経

済政策の原則からの逸脱となり、暴力的集団化の道への一歩となった。

注

＊ 「中央黒土」なる用語は以前のヴォロネジ、クルスク、オリョール、タンボフ県を含む中央ロシアの広汎に地域を意味する。現在はベルゴロド、ヴォロネジ、クルスク、リペツク、オリョール、タンボフ州の領域である。

(1) См.: *Ильиных В. А.* Коммерция на хлебном фронте. Государственное регулирование хлебозаготовок в условиях нэпа. 1921-1927 гг. Новосибирск. 1992. С. 17.
(2) См.: Краткий статистический справочник по Тамбовской губернии. Тамбов. 1927. С. 85; Коммунист. 1928. № 1-2. С. 19.
(3) См.: Коммунист. 1927. № 1. С. 28; Коммунист. 1927. № 13. С. 13; Отчет о работе Тамбовского губиспоркома XII созыва XIII губернскому съезду советов. Тамбов. 1927. С. 59; Коммунист. 1928. № 1-2. С. 17.
(4) *Бухарин Н. И.* Избранные произведения: Путь к социализму. Новосибирск. 1990. С. 211.
(5) Советская деревня глазами ВЧК-ОГПУ-НКВД. Документы и материалы. Т. 2. М., 2000. С. 565.
(6) Там же. С. 563.
(7) Там же. С. 606.
(8) Там же; Центр документации новейшей истории Тамбовской области (ЦДНИТО). Ф. 840. Оп. 1. Д. 4805. Л. 24.
(9) Центр документации новейшей истории Воронежской области (ЦДНИВО). Ф. 2. Оп. 1. Д. 33. Л. 150.
(10) Там же. Ф. 1. Оп. 1. Д. 2083. Л. 51-53.
(11) Там же. Л. 50-53, 66-67.
(12) Там же. Л. 50-53, 66-67. 70.
(13) Там же. Л. 54-55, 66.
(14) Там же. Л. 51.
(15) Там же. Л. 66.
(16) См.: ЦДНИТО. Ф. 840. Оп. 1. Д. 4654. Л. 39.
(17) Там же. Л. 7-8.
(18) ГАРФ. Ф. 393. Оп. 74. Д. 93. Л. 1.

(19) Там же. Д. 3933. Л. 2-3.
(20) Там же. Д. 3915. Л. 6-10.
(21) ЦДНИВО. Ф. 2. Оп. 1. Д. 126. Л. 97.
(22) Там же. Ф. 1. Оп. 1. Д. 2081. Л. 12-13.
(23) Там же. Л. 2.
(24) Там же. Л. 18.
(25) Там же. Д. 4676. Л. 195.
(26) Там же. Д. 3915. Л. 17-19.
(27) Там же. Д. 4812. Л. 161.
(28) 穀物を引き渡さない者はロシア共和国刑法第107条によって投機人として責任を問われたが、同条項は財産没収をともなう、またはそれなしの5年以下の自由剥奪を規定した。
(29) ЦДНИТО. Ф. 840. Оп. 1. Д. 4812. Л. 161 об.
(30) Там же. Д. 4654. Л. 43.
(31) ГАТО. Ф. 524. Оп. 1. Д. 847. Л. 9, 10.
(32) ЦДНИТО. Ф. 840. Оп. 1. Д. 3915. Л. 58.
(33) Там же. Д. 3933. Л. 41.
(34) Там же. Д. 4654. Л. 44.
(35) ГАТО. Ф. 524. Оп. 1. Д. 818. Л. 29.
(36) ЦДНИТО. Ф. 840. Оп. 1. Д. 4654. Л. 45
(37) ГАТО. Ф. 524. Оп. 1. Д. 847. Л. 1 об.
(38) Там же. Д. 818. Л. 53.
(39) ЦДНИТО. Ф. 840. Оп. 1. Д. 4676. Л. 196.
(40) ГАТО. Ф. 524. Оп. 1. Д. 847. Л. 9, 10.
(41) Закрытое письмо Тамбовского окружкома и окрКК ВКП (б). Тамбов. 1929. С. 13.
(42) ГАТО. Ф. 524. Оп. 1. Д. 847. Л. 9-11.
(43) Там же. Л. 15, 16.
(44) Там же. Д. 854. Л. 5-21.
(45) ЦДНИТО. Ф. 840. Оп. 1. Д. 4654. Л. 90; ГАТО. Ф. 524. Оп. 1. Д. 804. Л. 19.
(46) ГАТО. Ф. Р-1. Оп. 1. Д. 1844. Л. 8, 11; ЦДНИТО. Ф. 840. Оп. 1. Д. 4654. Л. 43, 118.
(47) КПСС в резолюциях......М. 1970. Т. 4. С. 319.
(48) Там же. С. 351-353.

(49) ЦДНИТО. Ф. 840. Оп. 1. Д. 4812. Л. 39; Д. 4805. Л. 14, 24.
(50) Там же. Д. 4810. Л. 113-114.
(51) См.: КПСС в резолюциях...... Т. 4. С. 319.
(52) ГАТО. Ф. Р-1. Оп. 1. Д. 1837. Л. 144; ЦДНИТО. Ф. 840. Оп. 1. Д. 4654. Л. 88; Д. 4805. Л. 21, 24.
(53) ЦДНИТО. Ф. 835. Оп. 1. Д. 209. Л. 27 об.
(54) Там же. Д. 163. Л. 36.
(55) Там же. Л. 16.
(56) Там же. Ф. 840. Оп. 1. Д. 4805. Л. 21.
(57) Там же. Л. 14, 21; Ф. 835. Оп. 1. Д. 163. Л. 46.
(58) Там же. Ф. 840. Оп. 1. Д. 4654. Л. 44.
(59) Там же. Д. 4812. Л. 15, 17; ГАТО. Ф. Р-1. Оп. 1. Д. 1837. Л. 135.
(60) ЦДНИТО. Ф. 840. Оп. 1. Д. 4654. Л. 51, 136, 137.
(61) ЦДНИВО. Ф. 2. Оп. 1. Д. 18. Л. 10.
(62) Там же. Д. 33. Л. 140-141, 155.
(63) См.: *Шарова П. Н.* Коллективизация сельского хозяйства в Центрально-Черноземной области. 1928-1932 гг. М., 1963. С. 82.
(64) *Клопыжникова Н.* Настроения крестьянства и аграрное реформирование//Свободная мысль. 1995. № 5. С. 17-18, 20, 22.
(65) См.: ЦДНИВО. Ф. 1. Оп. 1. Д. 1726. Л. 14-15; Ф. 2. Оп. 1. Д. 510. Л. 112-113, 115, 116 об.
(66) См.: там же. Ф. 2. Оп. 1. Д. 18; Д. 33; Д. 38; Д. 597; Д. 748; Д. 918; Д. 927; Д. 937; Д. 945; Д. 951 и др.; см. там же статьи И. М. Варейкиса в периодических изданиях «Коммуна», «Хозяйство ЦЧО», «Ленинский путь» и др.
(67) См.: Третья областная конференция ВКП (б) ЦЧО. Стенографический отчет. 23-27 января 1932. Воронеж, 1932. С. 82.
(68) ЦДНИВО. Ф. 2. Оп. 1. Д. 124. Л. 492; Д. 508; Д. 510; Д. 514 и др.
(69) ГАВО. Ф. Р.-1013. Оп. 1. Д. 38. Л. 158; ЦДНИВО. Ф. 1. Оп. 1. Д. 1726. Л. 13 об.
(70) Там же. Ф. 2. Оп. 1. Д. 492. Л. 5; ГАВО. Ф. Р-1013. Оп. 1. Д. 157. Л. 33.
(71) Там же. Л. 6-7.
(72) ЦДНИВО. Ф. 1. Оп. 1. Д. 2083. Л. 20, 24, 69-70, 111.
(73) Там же. Ф. 2. Оп. 1. Д. 651. Л. 60.
(74) Там же. Д. 492. Л. 5.

(75) Советская деревня глазами ВЧК-ОГПУ-НКВД. 1918-1939. Документы и материалы в 4 томах. Под ред. А. Береловича, В. Данилова. Т. 2. М., 2000. С. 993.
(76) См.: ЦДНИВО. Ф. 2. Оп. 1. Д. 157; Д. 324; Д. 492; Д. 493; Д. 508; Д. 510.
(77) Там же. Д. 651. Л. 32-34.
(78) См.: ЦДНИТО. Ф. 835. Оп. 1. Д. 163. Л. 14; Ф. 855. Оп. 1. Д. 384. Л. 42.
(79) Советская деревня...... С. 1038.
(80) Там же. С. 992-993.
(81) 上記のスローガンは次の直接行動の時に掲げられた。ベルゴロド管区イヴニャ地区イヴニャ蜂起（29年10月30日から11月4日）（ЦДНИВО. Ф. 2. Оп. 1. Д. 515. Л. 3, 5, 6.）、クルスク管区ファテジ地区の農民騒擾（28年7月）（там же. Д. 124. Л. 17.）、コズロフ管区スタロエ＝セスラヴォノ村での騒擾（28年夏）（там же. Д. 126. Л. 18.）、その他多数。
(82) Там же. Д. 515. Л. 2.
(83) Там же. Л. 1, 8-10.
(84) Там же. Л. 5.
(85) Там же. Л. 11-13, 16-17.
(86) Там же. Л. 6.
(87) Там же. Л. 12.
(88) Там же. Л. 12, 21.
(89) Там же. Ф. 9353. Оп. 2. Д. II-18596. Л. 35-36; Советская деревня........ С. 819.
(90) ЦДНИВО. Ф. 2. Оп. 1. Д. 126. Л. 76; Ф. 1. Оп. 1. Д. 1726. Л. 13-13 об.
(91) Там же. Ф. 9353. Оп. 2. Д. II-3854. Л. 67.

訳注

　［訳注1。373頁。商品交換］これは1921年3月の第10回ロシア共産党大会で決議された現物税の導入にともなう一連の改革の一環として、現物税とともに実施された商品交換による穀物調達手続きについての記述。だがここで記されているような様々な欠陥のために、この制度は1921年秋以降には機能しなくなった。
　［訳注2。374頁。農業税］8月1日からはじまる1921/22農業＝調達年度から実施された様々な農産物に対して課税される現物食糧税は、1922/23年度からはライ麦単位で一律に課税され、それぞれの交換率に応じて農産物を納付する単一現物税が施行された。しかし、最大の問題は1921年秋以後農村市場で急速に展開される貨幣取引の復活という事実であり、このため現物徴収に依然として拘泥す

る食糧人民委員部と、農業貨幣税への移行を主張する財務人民委員部との間で激しい確執が見られた。ようやく1923年5月に単一農業税の布告が発布されたが、これは現物と貨幣での徴収が並立するまったくの妥協の産物であった。単一農業税の納付期限は1924年3月1日と定められていたが、この徴収キャンペーンの半ばで食糧人民委員部政令により同年末で現物徴収は打ち切られ、これにともない食糧人民委員部が持つ徴税の全機能が財務人民委員部に移管された。

　［訳注3。374頁。1925年12月中央統計局］このとき中央統計局の指導部は、ゼムストヴォ統計の流れをくむペ・イ・ポポーフ、ア・イ・フリャーシチェワから、ボリシェヴィキ系の若いヴェ・エス・ネムチーノフとア・イ・ガイステルへ替わった。統計局の一種の「ボリシェヴィキ化」である。

　［訳注4。374頁。「見えない穀物ストック」］統計的には、農業年度末（7月1日。農業年度は7月1日から翌年6月30日まで）に、前年度はじめの国全体の穀物ストックに前年度の収穫量をくわえた穀物総量から前年度中の穀物消費量（農民、家畜、都市、輸出等）を除いた穀物量（全穀物ストック）を算出し、後者から、国家の商業組織などの公的セクターにおけるストック（「見える穀物ストック」）を除外すると、農民セクターの「見えない穀物ストック」が算出される。

農村におけるネップの終焉

奥田 央

はじめに

　本書に掲載されている多くの論文が認めているように、ソヴェトの農業集団化は、ソヴェト史における巨大な社会的・政治的・経済的な分水嶺であった。それは、政治的には、緊張を孕んだ党内闘争のあとでのスターリン体制の確立、経済的には、穀物調達の法外な強化とコルホーズ制度の出現、社会的には、長期にわたる農民共同体の歴史にくわえられた強い衝撃、自治組織としてのその清算、クラークの階級としての絶滅を典型とする膨大な数の農民への弾圧など、疑う余地なく20世紀ソ連史の一大事件であった。当時は、社会に対する権力の暴力が突出しはじめた時期であったために、その事実を隠匿するために、情報の統制、攪乱がはじまり、それが定着していく時期でもあった。

　1929年末から頂点を迎えた集団化における変革の規模の大きさ、コルホーズ加入への強制、選択の余地のなさは、その渦に巻き込まれた農民が、伝統を守ってくれる力を最終的には見知らぬ「外国」に求め、こうして本来なら怖れるはずの戦争を渇望し、西側諸国がソヴェト権力を倒壊させることを願ったという、疑うことのできない事実のなかにもっとも顕著にあらわれている[1]。しかもこの戦争への期待は、本稿が分析を集中する1928年初頭という早い時期にすでに萌芽的に、しかしきわめて明瞭にあらわれていたのである[2]。

　農業集団化が、1927年秋の穀物調達危機の開始を直接的な前史としたこ

とを否定するものは、もはや一人もいない。また穀物危機をきっかけとしてネップの終わりがはじまったことを疑うものもいない。本稿は、農村においてネップの終わりがどのような過程をたどって、いかなる形をとったか、「反ネップ」に呼応した勢力は農村においてはどのようなものであったか、を限られた紙幅のなかで考察しようとするものである。

1928年6月、モスクワ委員会での或る会議において穀物危機を回顧したヒンチューク——彼は、中央に集まってくる一次情報にもっとも近いところにいて、それを分析していた——は、困難のはじまりは1926/27年度の後半であったと述べた[3]。われわれはこの指摘に導かれながら考察をはじめよう。

1. 転換はいかに起こったか

穀物調達危機の当時の経済政策の課題は、大衆消費市場への工業製品の供給と、1926/27経済年度の後半から著しく高まった住民の有効需要とのあいだにマクロ的な均衡を達成しようとすることであった。

住民の有効需要の高まりは、1927年2月の党中央委員会と労働国防会議の決定によって実施されたいわゆる工業製品価格の10%引き下げのなかに、大きな原因をもっていた[4]。この政策は同年春から実施に移され、1月から10月までに国営商店と協同組合商店での工業製品価格は8.7%減少した[5]。ソ連商業人民委員ミコヤンは、工業製品価格の引き下げによって、消費者は、1月1日から6月1日までに1億1000万ないし1億2000万ルーブリという巨大な額を受けとった、そしてさらに10月1日までには全体として3億4000万ないし3億5000万ルーブリを受けとるだろう、と指摘した[6]。1927年前半における工業製品の価格引き下げは、一方では消費者の購買力を高め、他方では、価値タームでの工業製品の生産高を低める働きをした。

さらに、はじまった基本建設は、大衆消費市場向けの工業製品の生産を

増大させなかった。市場均衡によって保証されていない価格で工業製品を販売することは、事実上、特恵的な販売を意味し、この特恵を享受したのは、製品に近く位置し、それをはるかに容易に購買できる人々、すなわち都市の人々であった。ゴスプラン国民経済中央計算局によれば、1926/27経済年度には、社会化セクターの流通量の都市・農村間配分は都市64.7％に対して農村35.3％であったが、一人あたりを比較すると、都市住民一人あたりの小売り流通量（223.4ルーブリ）は農村住民のそれ（25ルーブリ）の9倍に達していた[7]。

農村ではそれまでも工業製品はつねに不足しており、何かが販売されていたとしてもその多くは農民的なアソートメントではなかった。そればかりか、不足にくわえて高価であったことは、都市権力や労働者への激烈な非難をともなう1920年代中頃のいわゆる「農民同盟」（крестьянский союз; крестсоюз）の組織への農民の広汎な要求の一原因であった[8]。

しかし1927年夏以降、状況はいっそう悪化し、農村は商品を剥奪されるという事態にいたった。大衆消費財に対する農村の需要は、1926/27経済年度末までには都市の需要を追い越しはじめた[9]。のち、1928年4月、全ロシア商業大会においてロシア共和国商業人民委員エイスモントは、工業製品の需要と供給の相互関係を分析して、「第4四半期と第1四半期［1927年7月-9月、10月-12月］商品の不足は主として農村でおこったのであり、都市へはわれわれはよりよく供給した。これが穀物調達の困難の一原因であった」と結論した[10]。「協同組合店舗にあるのはマッチとタバコだけで、それ以上には何もないという場合があった」（クルスク県、1927年11月-12月）、「農村に必要な工業商品はふつう手に入らなかったか、あるいは完全になかった」（トゥーラ県、同時期）、「［1928年］1月まで大半の協同組合店舗の棚は空っぽだった」（シベリア）[11]。

1927年の工業製品価格の10％引き下げにもかかわらず、そのインデックスは農業製品のそれに対してなおも高く、おまけに穀物調達価格に比べて工業製品価格はいっそう高かった[12]。ところがそれにもかかわらず、

405

1927年9月、国家の指導諸機関は、その年の新しい収穫が良質であったにもかかわらず、穀物調達価格を下げると決定した[13]（7月、8月の調達価格は、穀物が昨年のもので、しかも調達が良好であったにもかかわらず、高く設定されていた）[14]。その根拠は、増大した農民の有効需要が大衆消費財の供給を上まわっており、そのことがいわゆる「商品飢饉」を引きおこしているということであった。工業製品の価格引き下げの政策についていえば、1928年初頭、ロシア共和国政府は、直近の年には、工業製品価格を以前の水準に留めおくこと、すなわち、「商品飢饉」をこれ以上深刻にしないために、価格を基本的には1926/27経済年度の達成された価格引き下げの結果に固定すると決定した[15]。こうして当面、農業製品と工業製品の「鋏」を狭めるという試みは後景に退き、かわって住民、とりわけ農民の有効需要を下げることに力点が置かれることになった。

　明らかに、9月に穀物調達価格を引き下げたことが、穀物危機をひきおこした直接的な原因の一つであった。中央委員会4月（1928年）総会までには、多くの党・国家の指導者がこの観点を共有していた[16]。しかし調達価格は絶対に引き上げられることはなかった[17]。当時、農民に余った有効需要が存在することは穀物の非供出の原因となるため、外から課税圧力を強めることが必要だという、ほとんど「理論的な」確信が指導者のなかにあった。スターリンもまた、のち1928年2月、農村は「進歩し、富みつつある」、工業製品の供給が有効需要から立ち遅れていうという状況では、「農村から余剰貨幣を引き出し、その目的のために自己課税や農民公債、密造酒との闘争についての法律を……利用しなければならなかった」と述べた[18]。それはまさに「穀物をただちに売らせるために、農民からできるだけ多くの金を取れ」というキャンペーンにほかならなかった。それについては当然ながら多くの記録が残されている。次から次へと金を要求される状況のなかで農民は語った。「税金、税金、果てしがない」、「以前は支払いに期限があった。ところがいまは、出せ、すぐに、全部だ」[19]。

　しかし公然とスターリンらの党指導部が穀物調達の問題に深刻に努力を

傾注しはじめたのは12月中頃である。このとき会期中であった第15回党大会（12月2－19日）は左派を除名した大会であるが、12月中頃までに党指導部が大会からの支持を確信したことがこの転換のきっかけとなったという穿った推測がある[20]。この推測は、左派の追放によるスターリンの左旋回という、西側でいいふるされた命題にも通じるものである。のち1928年1月10日に、ミコヤンも、党は、左翼反対派の政治的清算のために主要な力を集中していたため、危機に対する対応が敏感ではなく、この遅れが危機を深化させる一因となった、と記者団をまえに認めた[21]。またスターリンの1928年1月6日の電報があたえた衝撃を強調する議論も多い。しかし、これらのやや常識的な命題にはいくつかの重要な補足をくわえる必要がある[22]。

　第1に、たしかに地方権力が急進的な政策に向かって単独で跳ね上がることはなかったとはいえ、たとえば、タンボフ県委員会とタンボフ県執行委員会は、1927年10月から11月にかけて、何度もモスクワに対して、穀物調達に際して非常措置の適用が必要であると訴えた[23]。おそらく同様の要求はほかの地方組織からも出されたものと思われる。事実、第15回党大会が終わりに近づいた12月18日、ルィコフは地方の活動家を集めて非公式の集会を召集し、穀物調達価格は絶対に引き下げられないこと、したがって残された道は、穀物を外国から輸入するか、「実際に穀物なしになってしまわないように穀物を調達しなければならないか」のどちらかであると主張した。のちにブハーリンが指摘した「輸入か非常措置か」という二者択一[24]は、問題が現実に焦眉の課題となっているときにまさにルィコフによって提起され、しかもこのときには、非常措置の不可避性に力点が置かれていた[25]。2日後の12月20日、全ロシア中央執行委員会とロシア共和国人民委員会議は「村ソヴェトに家宅捜索と押収をおこなう権利をあたえることについて」という決定を採択した[26]。

　第2に、中央の介入もまた早くからおこなわれていた。1927年11月6日、サマーラ県委員会に商業人民委員ミコヤンの電報が着いた。「搬入計画に

よって予定されている新しい工業製品の到着を待たずに、ほかの地区を裸にしてでも、現存する工業製品をまず第一に穀物調達の地区の地点に再分配することに取りかかることが必要であると確認する。この点で、完全に厳しく揺るぎない路線をとりたまえ。もっとも近いうちに穀物調達市場において決定的な転換を獲得し、もっとも近いうちに効果をえるためにもっとも厳しく決定的な措置を適用する必要性を考慮したまえ」。時はまだ1927年11月の初頭であり、党大会もはじまっていないのに、この電報の口調はまさにはやくも1928年初頭以降のスターリンのものである。

この史料を見いだした研究者（エス・ヴィノグラードフ）は、サマーラ県委員会に送りつけられたこの電報こそが、1ヵ月後の党大会におけるミコヤンの演説の本質を理解する鍵に違いない、と主張した[27]。ヴィノグラードフは、ミコヤン演説のなかから次のような例をあげた。「われわれは、すべてを客観的な困難のせいにするわけにはいかない。客観的な困難のもとでさえ、トラブルからもっとも円滑に抜け出すために、適時に**方向転換する**ことができるくらい、わが党は非常に強力である」（以下、特記なきかぎりゴシック体は引用者）[28]。とくに戦時共産主義への移行という次の不吉な予言は重要であろう。「戦時共産主義の時期にわれわれが直面したいくつかの経済政策の課題は実行することができなかった……。しかしこの課題の多くは、ネップの発展の新しい、より高度な段階で、**新しい方法**を適用することによって、**実行可能となっている**」（原文ではゴシック体は隔字体）[29]。もとよりこれらすべては穀物調達に関して語られた言葉である。

ヴィノグラードフはさらにつづけた。「彼は、スターリンのもっとも近い盟友として、どのような事件がすぐあとに起こるに違いないか、知っている。そして書記長の委任をうけて、自分の演説で、代議員が穀物調達の引き締めに関する提案措置をどう理解するか、『観測気球』を揚げるのだ。そうすれば、サマーラもこのような『観測気球』の一つとなり、未来のキャンペーンが実施される実験場の一つとなったことになる」[30]。実際、激しい口調の電報はサマーラ県に届けられただけで、隣接するヴォルガのほ

かの諸県では情勢はまだ平穏であった。

　ミコヤンの電報をうけたサマーラ県党委員会では、同じヴォルガ流域のいかなる地方よりも、情勢は急激に進みはじめ、中央委員会の具体的施策が彼らの要求に追いつかないほどの現実が出現した。さらに翌1928年1月3日の県ビュロー会議（モスクワから党中央委員会・労働国防会議の全権代表、商業人民委員部幹部会議長も出席していた）は、クラークを裁判にかけ、それを新聞に公表するという、まだ全国的に確立していない「新しいアイディア」も登場した。「農民は市へ穀粒ではなく穀粉をもちこんでいる」という認識にもとづいて、すべての私的製粉所を閉鎖するという提案も出た。会議の結論は、最短期間にあらゆる経済的、行政的措置を講じるというものであった。強い口調で党員に調達の強化を指示したスターリンの電報が1月7日に届くやいなや、サマーラ県だけではなく、ヴォルガ流域のすべての県の党組織はエスカレートの度を強め、県の指令に違反するすべての郡の指令を廃棄する権限をもつ「特別全権代表」の派遣を決定する等々、その後のスターリン時代初頭を特徴づける「戦闘状態」がすでにほとんど完全な形で出現した[31]。

2. 村への調達計画の割当

　危機を克服するために、1927年末から、ソヴェト権力は一連の政策を採択した。当初、それは、穀物地帯への工業製品の緊急搬出、農業税や保険金、各種の負債等の未納金の強制的徴収であったが、その後まもなく、自己課税と農民経営強化公債なる割増金付き公債の販売という2つのキャンペーンがくわわった。穀物調達そのものを強化するために、バザールの閉鎖や穀物非供出者に対する刑法の適用、製粉所の閉鎖などのいわゆる非常措置が広汎に適用されたことは広く知られている。

　個々の史料は、穀物地帯への工業製品の大量投入が「商品交換」（穀物

と工業製品との現物交換）の広汎な出現と結びついていたことを物語っている。「商品交換」はすでに過去のものとして政策的に清算されたはずであったが[32]、穀物供出の原則の圧倒的な優位のもとでいたるところで復活した。農民に必要な（すなわち不足している）商品は穀物供出を条件として農民に譲渡された。具体的には、穀物を供出したことを証明する受領証(クヴィタンツィヤ)や商品配給券(タロン)の提示が求められた。したがって穀物をもたない貧農やバトラークは、階級路線の恩恵を受けるどころか、逆に政策の枠組みからはじきだされた。「穀物のないものは裸足で歩いている」[33]。

12月、1月と「商品交換」をめぐって政策的なジグザグがつづいていた。「商品交換」の事実ははやく、オリョール県では「12月末」に「現物での商品交換」がおこなわれ、12月27日にはそれを非難する県委員会の指令が商業機関に対して出されている[34]。12月31日にミコヤンがタンボフから送った電報には、農民が供出した穀物の価額の100％になってでもよいから、不足商品を無制限にあたえるよう指示した一節があった。それは、それ以前からはじまっていた「商品交換」を放任し、さらに促進するものであった。たしかに、直ちにその1週間後の1月6日にはミコヤン自身が、2週間後の1月14日には中央委員会がその動きを非難したが、それは、市場経済の原則という教義を想起させたにすぎない[35]。明らかに、1月をとおして地方では「商品交換」がつづいていた[36]。

しかし地方によっては、非常に早い時期に「商品交換」を放棄しようとする動きがあらわれた。それは、形式的には「商品交換」を教義的な観点から拒否したものであったが、明らかに、工業製品の投入が必ずしも穀物調達にとって効果的ではなく、より有効な、より直接的な方法へと移行したことを物語っていた。「**割当徴発**」の出現である。ただしここで問題とする割当徴発とは、厳密な意味でのそれ、すなわち上部組織から下部組織へ順次、義務を割り当て、末端で徴発するシステムである。

オリョール県で県委員会が「商品交換」を非難したのは1927年12月27日のことであったが、その直後に今度は食糧割当徴発が導入された。「1月

のはじめに、［商品交換の次に］もう一つの危険が明るみに出た。それは食糧割当徴発であり、調達計画を郷や個々の村まで割当て、ところによっては、余剰を決定するために農民農戸を個々の活動家が巡回して余剰を搬出するように命じるということである」。はやくも１月９日に、穀物地区の代表の参加をえた県委員会総会が開催され、この企てが確認された(37)。このようにして、第１に、割当徴発とは調達計画の村割当として理解されていること、第２に、この方法は非常に早い時期に（１月９日より相当前に）あらわれていたことが重要である。とくに第１点については、のちに見るように、村への計画の割当が不可避的に各農家への割当となることにあらかじめ注意を喚起しておかなければならない。

　割当徴発導入の原因を明確に商品交換の失敗に求めた例も見ることができる。生まれ故郷であるヴォルガ中流の或る商業村を訪れた人物による記録（亡命メンシェヴィキの雑誌に発表された）によれば、それまで、すべての協同組合店舗は現物の穀物や穀粉とでだけ商品を交換するのであって、貨幣では売らないと指示されていた。交換比率は、農民のためにではなく、協同組合に有利に設定されていた。それが農民に必要な商品であれば、それでもキャンペーンは何かの役には立ったであろうが、そのような商品はなかった。農民は以前と同様に隣町に穀物を売りにいったり、私的な店舗にそれを譲渡して、必要な商品をなんとか手に入れなければならなかった。洗礼祭（旧暦１月６日、新暦19日）のあと、新たな変化がおこった。割当徴発のシステムに移行したのである。各郷、各村には供出するべき特定量が決定された。農民にはこれが大変に気に入らなかった。「また1919年だ」という声がスホードで聞こえた(38)。

　1928年１月、割当徴発は事実上、中央の指導者によっても支持された。クルスク県委員会メンバーでベルゴロド郡の或る地区の全権代表であったゴルドンなる人物は、村スホードを召集して各農家に供出義務を割り当てようとした。商業人民委員部のチュフリッタは各農家への割当という部分を廃棄したが、ミコヤンとチュフリッタは「コムニストが召集する農民ス

ホード」が自発的に採択する調達計画の採択という方針を支持した。すなわち、1月14日にベルゴドへ送られたチュフリッタの電報には、次のようにあった。「[農民スホードによる供出計画採択というゴルドンの方式は]ミコヤンによって承認された。ほかの地区でも試しに適用するつもりだ」。しかし、村へ調達計画が下ろされれば、それは(どのような配分基準であるかは別として)必ず各農家に配分されざるをえないのであり、各農家の個別的な義務に転化せざるをえないのである。こうして村への計画の割当は供出を拒む各農家に対する強制となった。しばしば村内部で供出義務は、口数ごと、あるいは農戸ごとに平等に割り当てられた。あるいは、村の農家はいくつかのグループにわけられ、グループごとに義務の量は異なるが、グループ内部では平等に課せられた[39]。

しかし当時、これを語ることはタブーであった。各農戸へ計画を下ろすことと、村へ計画を下ろすことは公式の想定では全く異なったものであった。各農戸への義務の設定を戦時共産主義の割当徴発と見る観点が確立していたため、それを拒否するために、スホードでの計画の承認であれば「自発的な」ものであるという虚構がつくられた。用語でさえ、戦時共産主義を連想させるものであってはならなかった。さきのチュフリッタの電報は、まさに次のようにつづいていた。「ベルゴドでの割当(развер-стывание)という用語は、計画—課題(планы-задания)にかえるべきである。チュフリッタ」[40]。このことは、これ以降のソ連農業における「計画」や「課題」が「義務」や「割当」と同義でありえたことを逆に意味するものである。

村への割当が、スホードによる「自発的な」承認という形式を付与されたために、穀物供出における村の下からの一体性という様々な演出が必要となった。実際、1928年初頭、農民の行動に顕著な特徴があらわれはじめた。それは、村を単位とする農民の一体的な供出運動であった。

中央の日刊紙は、1月から3月にかけて、ときおり「集団的供出」などというタイトルのもとに、オリョール、クルスク、ハリコフ、ペンザ、ウ

ラル、シベリアなどの諸県、諸地方でそれが組織されていると報じた[41]。名をあげられた県のうちの一つであるクルスク県の県党委員会、県執行委員会機関紙『クルスカヤ・プラウダ』が1月の後半から毎号のように報じた「集団的供出」は、次のような特徴をもっている。第1に、「郷執行委員会全権代表が、穀物の集団的供出の問題についてすべての土地団体で市民の一般スホードを開催した」[42] という簡潔な断定に示されているように、「村スホード」「全市民集会」で、共同体メンバー以外の人物による「解説活動」がおこなわれた。報道にあらわれたこの人物は郷執行委員会全権代表というのがもっとも典型的であり、その他を列挙すると郡執行委員会メンバー（全権代表でもあろう）、協同組合代表者、農村党細胞書記などであった。実際、このような地域での農村での大衆活動は頻繁なスホード、村ソヴェトの会議、貧農集会をともなった。同県スタールィ・オスコル郡チェルニャンカ郷では、1月－2月に、郷党組織は郷委員会を5度もったのに対して、スホードは120回、貧農集会は94回、村ソヴェト会議は77回であった[43]。第2に、その側圧のもとで、しかし「すべての村の団体が」（все сельские общества）、「全村で」（целыми селами）集団的供出を組織した、等々と、この行為が共同体単位のもので、共同体のイニシアチヴにもとづくものであることが強調された。集団的供出の先頭にたったのは、多くの場合、コムソモール員、若者であった（詳細については後述する）[44]。

　村の道にあらわれた穀物供出の集団性、自発性の公的な演出が「赤い馬車」（красный обоз）である[45]。長い列をなして穀物を運んでいく先頭の荷馬車は祭日用の赤い旗で飾られ、馬のたてがみにはリボンが編み込まれ、頸木には赤いベルトが巻きつけられている、と新聞は報じた。しかし、穀物を供出する当日、荷馬車が掲げていたプラカードに大書されたスローガンは農民のものではなかった。集団的供出を礼賛した或る記事は、荷馬車が掲げる大半のプラカードには「労農同盟のスローガン」が書かれている、と指摘した[46]。「ソヴェト権力の敵」もあらわれた。「われわれ、エ

ヌ［略］村市民は、わがソヴェト連邦の強化のために穀物余剰を自発的に供出する。余剰を供出しないものはソヴェト権力の敵である」。「すべての穀物余剰をわが国民経済の強化のために！　余剰を抱えているものに恥辱を！」[47]。「ソヴェト権力の敵」を農民の特定部分に見いだすのは権力者のロジックにおいてであり、それは本来、農民のなかから出てくるものではない。

　「赤い馬車」については全く異なった像がある。1928年まで最高国民経済会議の機関紙の編集部にいたヴァレンチーノフ（同年末にパリへ移った）は、かつてメンシェヴィキ活動家だったレフ・ヂェイチから聞いた次のような話を記録している。ヂェイチは、1918年に死去したプレハーノフの生前の希望で彼の郷里であるリペック（タンボフ県）近郊のグダロフカ村をプレハーノフの妻とともに1928年に訪れた。このとき2人は赤い馬車に遭遇した。彼らが見たそれはソ連の公式報道とは全く違うものであった。たしかにこの長大な荷馬車の列の先頭のそれには、巨大な赤旗と「赤い馬車はわが親愛なる社会主義政府に穀物を運んでいる」と書かれたプラカードが掲げられていた。しかし「私とロザリヤ・マルコヴナは、何キロにも伸びた何百もの荷馬車が、没収された穀物を供出地点に運んでいくのを見た。荷馬車の周りには、陰鬱な顔をした農民が歩いている。この行列の後ろにはゲ・ペ・ウの部隊がついていた」。彼らは、ネップは廃止されていないはずであるのに穀物を没収して「強制的な馬車」を組織する指令がどこから来たのか、リペックで教えられた。「内緒で説明があった。指令は『ソヴェトのライン』ではなく、スターリンの署名入りで『党のライン』で来ている、と」[48]。

　たしかに短期的に急激な調達量の増加があった場合ばかりでなく、月間、年間の調達計画の超過達成があった場合にも、実際にその原因はこの「集団的供出」の沸騰にあった[49]。1月－2月の穀物調達の実績に占める集団的供出の割合は、クルスク郡で50％、ウクライナに接するルィリスク郡では80％に達した[50]。それが穀物調達においてきわめて大きな役割を果

たしたことに注目するべきである。すなわち、非常措置とはいうものの、その著しく大きな部分は、たとえ個別の強制措置の総体であっても、共同体に対する「社会的な圧力」による集団的な自発性として演出されていたことに注意するべきである。

　この行為が農民の集団的かつ自発的なものであるならば、村内部で集団的供出に反対する農民（いうまでもなくそれはクラークとみなされた）に対しても農民自身によって集団的に制裁がくわえられているという事実がくりかえして強調された。いいかえれば、供出がスホードによって決定されるとすれば、富農に対する制裁もスホードがおこなうのである。公式報道は何度も叫んだ。「『全員が穀物余剰を運ばなければならない！』、ここに村スホードの決定の本質がある。富裕農の反対に対してはスホード全体からの反撃がなされた。ただちに誰がどれだけ穀物余剰を運ぶかという情報が集められた」[51]。

　集団的供出、そして非供出者（クラーク）の共同体からの追放にまでいたる集団的な制裁という共同体的な一体性は、はやくも1928年初頭の報道にあらわれた一つの特徴である[52]。穀物供出が自己課税（後述419頁を参照）の原則でおこなわれたという注目するべき実例も、はやくもこの頃あらわれた。1月22日付のカザンからの報道は、メンゼリンスク郡で或る農民スホードが穀物で自己課税をただちに徴収し、これを国家に供出すると決定した（решение о немедленном сборе самообложения хлебом, передав его государству）（ゴシック体は原文）と伝えた[53]。

　社会的な圧力、制裁、みせしめも、まだ萌芽的にではあれ、はじまっていた。3月にシベリアを広く視察したゴスバンク・シベリア支店長ペヴズネルがエイへに送った書簡によれば、彼は或る地区委員会と共同で「社会的働きかけ」（общественное воздействие）のシステムを案出し、実施に移した。それは、どうしても穀物を供出しない農民を消費組合から除名し、社会的に孤立させ、黒板（後述510頁訳注（5）を参照）に掲載するというものであった[54]。「社会的ボイコット」も1928年にあらわれた。6月6

日のオリョール県委員会ビュローにはモスクワの中央委員会からクビャークが出席しており、彼の提案によって、ボイコット、すなわち、国営・協同組合商店で穀物非供出者に対して工業製品の販売を拒否し、信用供与を拒否するという方法が導入された。クビャークの提案という事実は、この措置がそれ以前に中央で着目されていたことを意味するであろう。穀物調達をめぐる1930年代のあらゆる構成要素が、はやくも1928年前半に出現していたことに注目するべきである[55]。

　中央委員会4月（1928年）総会において、クルスク県委員会書記レーパは、総会決議案に「地方で党、ソヴェト組織が犯した歪曲といきすぎ」云々という一節がふくまれていることに抗議した。彼は、この一節が正しくないいくつかの理由の一つとして穀物調達の方式を取りあげ、商業人民委員部が村ソヴェトまで穀物調達計画を割当てたこと、ミコヤンがベルゴロド郡全権代表ゴルドンの提案を事実上うけいれたことをもって、モスクワ中央も誤りの責任を負っていると主張した。レーパは、「われわれは、たとえ試しにでもこの［ミコヤンの］提案を実行に移さなかった」と誇って語った。それに対して彼自身が支持したのは、郷まで計画を下ろすことであり、そのあとは経済機関にその実行を担当させるというものであった。すなわち「われわれは、計画は郷に対してあたえるべきであり、それからさきは経済的組織に応じて、つまり協同組合や調達機関に応じて、割り当てるべきであるとみなした」[56]。

　ミコヤンは4月総会でみずからの誤りを認めた。しかし総会直後に穀物調達はふたたび不調となり、調達年度の末である6月に向けて、年間計画を遂行しなければならない責任機関（とくに党組織）は再度厳しい緊張のもとにおかれた。5月4日、ロシア共和国商業人民委員部穀物飼料局は、穀物消費地帯を対象として特別な文書を送付した。それは、4月の調達実績が昨年の同月に比べて極端に少ないことを詳細に明らかにし、5月、6月においては管区、郡、地区へと計画を割り当てて遂行することが各県、州（レニングラード州）の商業部の任務であると、厳しい口調で指示し

た⁽⁵⁷⁾。この文書は、消費地帯宛のものであり、明らかに穀物生産地帯はその独自の道に立つことが放任されていた。4月総会後の情勢においては、調達の低下は「非常措置の停止」「弾圧の停止」が原因であるという認識が支配的であり⁽⁵⁸⁾、このなかで、生産地帯の個々の地方では全権代表の派遣をともなう村への供出義務の割当のシステムが復活した。集団的供出の重視も地方の党委員会決定において完全に維持された。

　5月30日、クルスク県委員会は、「穀物調達の冬のキャンペーンの活動方法へ移行すること、すなわちすべての穀物調達の活動に突撃的活動の特徴を付与すること」を指示し、全権代表の派遣や集団的供出など、1月の総力体制を復活させた。6月1日、オリョール県委員会ビューローは、中央委員会州ビューロー議長との合同会議において、5月の穀物調達の実績がきわめて悪いことを確認し、県委員会ビューロー・メンバーと県委員会メンバーを全権代表として郡に派遣し、課題が遂行されるまで地元に残すことを決定した。彼ら県の全権代表は、今度は、郡、郷の党組織から村へ全権代表を派遣するとともに、調達の数字を「まさに村まで（вплоть до села）割り当てる」任務を負った。会議において、2名の中央委員会州ビューロー議長は、村ソヴェトまで調達計画を下ろし、「行政的圧力をできるだけ早く強める」必要があるとして「農戸別調達」（その内実は家宅捜索である⁽⁵⁹⁾）を維持するよう、オリョール県委員会ビューローに圧力をかけた⁽⁶⁰⁾。

　このようにして明らかに村まで調達計画を下ろすという割当徴発の方法には、中央委員会の支持、あるいは少なくとも黙認があった。新しい調達年度に入ってもなおこの方法はしばらく維持されていた。7月2日、ヴォルガ下流地方委員会は、集団的供出の強化を要求するとともに、「スホードにおいて穀物供出の特定の数字と期限を設定すること」を指示した⁽⁶¹⁾。

　収穫を前にして多くの地方で農民の穀物ストックはもはや尽きていた。それでも若い農村の党活動家による穀物収奪はやまなかった。6月の北カフカーズのようにストックどころか、新しい収穫まで1口数15フント（1ヵ月約6キロ）という飢餓的水準をさらに下まわる穀物を農民に残して、

残りのすべてを収奪したところもあった[62]。動物の死体を食し代用品を大量に食するケース、浮腫や餓死のケースでさえウラル、シベリア、ウクライナで見られた。飢饉の予感は農民を行動へと促す。1921－1922年の飢饉の前に農民反乱があったように、はやくも1928年4月15日から5月1日までのわずかな期間に、ウクライナ、北カフカーズ、シベリア、ウラル、ヴォルガ流域、中央部で140の大衆的示威行為があり、3万2500人の参加者（貧農と弱体な中農）があった[63]。飢餓は、穀物の生産地帯ばかりでなく消費地帯にも広がった。都市でさえパン屋には長い行列が前日の夜からはじまった。

3. キャンペーンの同時性

ここで著しく重要なことは、穀物調達のキャンペーンが自己課税や農民公債のキャンペーンと並行して進行したことである。キャンペーンの同時性と総合性からさらにキャンペーンの相互浸透が発生した。

穀物供出に関するスホードの決定はそれを明瞭にあらわしている。クルスク県シチグルィ郷執行委員会から来た全権代表プローホロフの演説のあと、ニキーツコエ村のスホードは次のように決定した。「われわれニキーツコエ団体の市民は、支払いを免れる貧農を除いて、全種類の税、保険の支払い、種子前貸しの未納金、土地整理の未納金を支払い、村の文化的・生活的必要のために農業税額の35％を自己課税したが、調達キャンペーンの重要性を考慮し、すべての穀物余剰を供出すると決定する。われわれは次のようにみなす、穀物余剰を手許に抑えている市民は公共的恥辱に値する」[64]（貧農が支払いを免れるというのはフィクションであり、それは後述する）。支払いの現場も同様である。「人々が村ソヴェトへ追い立てられる。権力の代表者がすわっている。順に選り分けられる——これは自己課税、農民公債はこっち、預金はこっち、穀物はこっち。［農民はいう］こん

な全量をどこからもってくるのか。[権力の代表者はいう]話をやめろ。つべこべいうなら、いま没収する」(65)。キャンペーンの同時性と総合性はそのキャンペーンの遂行主体の任務の同時性と総合性にも現出しており、彼らは、複数のすべてのキャンペーンを同時に実行する任務を負っていた(66)。

　まず自己課税についていえば、それは、伝統的には、道路や橋などの建設、共同の牧夫の雇用、防火設備の保全等々、地方自治組織としての共同体に必要な要件のための物質的基礎を構成するための各農家の義務であったが（労働、現物の形態もあった）、穀物調達危機のなかで、農民の購買力を削減するための国家的キャンペーンとなった(67)。このキャンペーンにおいてもまた、まず郡執行機関や管区執行委員会がキャンペーンの遂行計画をたて、それを各郷（地区）に「統制数字」として割り当てて、後者がまた村ソヴェトに割り当てられた。この過程で「統制数字」はいたるところで「確定課題」と理解された。村ソヴェトへの割り当ては郷（地区）執行委員会によって派遣された全権代表の任務であった。いうまでもなく自己課税は共同体（村）の事業であったから、最終的にはスホードによって採択された。

　1927年８月24日付の全連邦法によって、スホードは、共同体の有権者の半分以上が出席すれば成立し、出席者の過半数で採択されれば、その決定は、反対する少数者に対しても義務的となった。しかし、スホードの成立、決定採択の困難を考慮して、調達キャンペーンのさなかの1928年１月７日、ロシア共和国政府は、スホードが成立しなければ、２度目のスホードを召集するものとし、**任意の数**でそれが成立するものとした。これは、農民の自発性なるものが虚構であってよいとする公然の規定であり、１度目のスホードのあと、２、30分も経たないうちにそれが２度目のスホードであると宣言され、とるに足りない数の出席者によって決定が採択された。たしかにのち10月４日、ロシア共和国政府は、２度目のスホードは、１日以上経ってから、３分の１以上の有権者の出席によって成立すると規定を改めた。しかし、スホードの現実に変化がなく、規定は非現実的であるという

多くの非難があった。それでも1930年以降、全連邦法のなかにこの規定はとりこまれた[68]。

カリーニンは1928年4月のソ連中央執行委員会において、自己課税を論じながら「社会的強制」（общественное принуждение）という概念に論及した。彼は語った。「自発的な自己課税のことをわれわれが語るとき、ここに強制の契機がないということを意味しない」。「わが国では自己課税はもっとも重要な政治的キャンペーンのひとつである」。まず村の多数者が自己課税に賛成し、次いで多数者が少数者を従属させることが必要である。これはいっそう大きな精力を要求するものであるが、外から強制するよりもはるかに強い力となる。労働者が集会で工業化公債を購入することを各人に義務づける決定を採択した場合、それは法的な効力を有するわけではないが、この決定に反して公債を買わないものはまず1000人に1人であろう。彼は、すべての労働者から「この反革命分子め！」と罵られるだろう。「自発的な予約は、それは巨大な社会的強制である。それは行政的な強制ではなく、政府の強制でもなく、まさに社会的な強制である」。一言にすれば、「社会的強制」とは、上からの、外からの強制ではなく、下での、内からの強制である[69]。

内からの「社会的強制」とは、この頃あらわれた団体の「世論」（общественность）や、のちの「自己義務」（самообязанность; самообязательство）などという概念に本質的に通じるものである。それは団体内部での相互規制、あるいは相互の倫理的強制が有効に作用して全員が「自発的に」「一人残らず」参加することを意味している。過去に遡っていえば、1920年代の農村政策、たとえば共同体規模での農民相互扶助委員会の設置を、スホードの決定という根拠にもとづいて、「自発的＝集団的」「自発的＝義務的」と規定したこと[70]などを歴史的な淵源としたものである。あるいはひいては、共同体メンバーの多数者による少数者に対する強制の機能[71]をそれにふくめてもよい。

モスクワの歴史家が、このカリーニンの報告要旨を『イズヴェスチア』

で読んで日記に記した感想は非常に興味深い。彼は、「社会的強制」の論理とは、集団的決定を或る個人が実行しなければ「**仲間が非難しはじめる**」（товарищи заклюют.＊）という論理であると説明している(72)。これは明らかに連帯責任の論理である。義務量はあくまでも上から割り当てられるのであるが、いったんそれが団体の決定となれば、自発性という名の、村内部での強制、いいかえれば連帯責任が設定されるのである。カリーニンは、さきの報告のなかで「自発的な社会的強制」はいかなるブルジョア国家も実行できない偉大なキャンペーンであると語ったが、このとき彼は連帯責任制を礼賛したのである。これは、穀物供出を「自己課税」とのアナロジーでとらえた**スターリンに継承されていく**重要な論点である（後述427頁を参照）。

　＊この語（заклевать）は古くから日常的に使われる言葉で、ロシア人は、「非難」だけではなく、「脅迫」、「何らかの行動による脅迫」というニュアンスまで感じるという。

　自己課税に関しては、1928年10月4日付のロシア政府の非公表決定が、1928/29年度におけるその自発性を強調したが、翌年7月の財務人民委員部の機関誌は、それに関するスホードの決定にはやくも重要な情報（目的、対象、規模、支払期限など）がないことに警鐘を鳴らした(73)。それは住民の下からの自発性の欠如を証明していた。それにもかかわらず、大半の場合、地区執行委員会は、2回目のスホードさえ定足数を集めることが不可能であることを知っていたために、この決定を承認していた。地区執行委員会の要求で、スホードが3回、4回、5回と召集される場合もあった(74)。

　農民公債も同様であった。否、むしろ、カリーニンが4月の会議で告白したように、自己課税のような歴史的伝統をもたない農民公債——農民はそれをときに「反キリストの印章」（«антихристова печать»）と呼んだ——の場合の方が、活動家の「歪曲」と農民のなかでの不満ははるかに深

421

刻であった⁽⁷⁵⁾。党中央委員会情報部の資料によれば、1928年1月に強制的な公債販売がおこったが、2月末から3月はじめにかけてそれは全面化した⁽⁷⁶⁾。明らかにここには2月27日付の財務人民委員部の電報による通達が巨大な影響をあたえた。それは、公債販売を「統制数字（課題）」を基礎に実施するよう指示した。それによれば、農民公債の現金化は「統制数字（課題）」の形態で実施しなければならず、管区や郡の財務部から郷（地区）執行委員会がこの数字をうけとって村ソヴェトに「配分し」、村ソヴェトは、各農民の富裕度に応じて各農家がおよそどれだけの額を引き受けられるかを決定するものとした⁽⁷⁷⁾。ここでも自己課税と同じく「統制数字」「計画課題」という上からの義務の割当という方法が適用されたことを確認しておこう。

現実には、農村の末端では各農家への割当においてスホードが役割を演じた。「典型的なキャンペーン」として紹介された方法は、次のとおりであった。郷執行委員会あるいは村ソヴェトがスホードを召集する。このスホードにさきだって貧農と村のアクチーフの集会が開かれ、各人が公債を購入することが決定される。このあとのスホードでは、彼らの公債購買を梃杆にしてスホードの参加者への働きかけがおこなわれる。その結果、村の農民は全員が例外なく公債の購入に同意する。通常、スホードが決定する購入額は「統制数字」「計画課題」に達しないため、スホードのあと「農戸の巡回」が実施され、「統制数字」の超過達成が実現される⁽⁷⁸⁾。

以上の方法は、本質的には、上部組織から途中のいくつかの環を経て最終的には各農戸へと義務を割り当てるシステムである。したがって、短期間にキャンペーンとして実施される割当の方法は、「公債配分のなかば租税的な特質」を帯びたと報告された⁽⁷⁹⁾。こうしてこの方法は、公債の募集に「自己課税の特質」を付与するものであると明確に断定された。「若干のものは、公債の募集に自己課税の特質を巧みに付与した。それは、一般集会の決定によっておこなわれ、『階級的原則を遵守し』、ときには『経営と口数に対する収益性に依存する』特定の『比率で』、『若干の人間に割

り当てる権利を村ソヴェトや農民相互扶助委員会にあたえ』るものであった」[80]。農民公債の割当が自己課税としての性格をもつからには、そこには連帯責任の論理も働いていた。「自発的＝義務的農民公債」が実際には中農に対する抑圧であったというヴァレイキスの主張[81]もまさにこれに関連している。

　しかし、キャンペーン全体が上からの義務の割当という基本的な特質をもっていたために、これらの自発性をつくりだそうとする措置そのものが、現実には、「むき出しの強制に取って代わられた」[82]。公債を買わない農民は、穀物を碾いてもらえない、協同組合で商品を買えない、郵便物が配達されない、医療のサービスをうけられない、村ソヴェトで結婚の登録を拒否される、文書を交付されない、等々がそれである[83]。村ソヴェトに呼び出されて公債を買うよう厳しく指示されることは決して珍しくなく、「公開裁判」（見せしめの裁判）で「地区からの追放」という判決がだされるというケースさえ存在した[84]。

　4月総会への資料でブリュハーノフが反論したように、たしかに2月27日付の財務人民委員部通達は、村ソヴェトが作成する各農家への農民公債募集の見積もり数字は、農民を説得するときの「秘密の資料」であるべきであって、公表したり「義務的な割当」となってはならず、農民の合意がえられないときに「行政的な制裁措置」を採用してはならないと注意していた[85]。しかし、この時期以降のあらゆる指示がそうであるように、課題の遂行を絶対的なものとして（期限付きで）設定し、それと同時に農民に強制してはならないというのは、たとえ後者（強制の禁止）の指示が真剣なものであったとしても、現実には指令の書類上の飾り以上の役割を果たさなかった。実際、いたるところで党組織は「いきすぎ」の責任を問うことがキャンペーンの失敗をひきおこしうるとみなしており、誤りを「みてみぬふりをする」という表現が頻繁に用いられた。一例をあげるならば、タタール州委員会書記は中央委員会宛の3月13日の書簡で次のように書いた。「われわれは強制的な公債の募集が許し難いという指示をつねにあた

えたが、それでもわれわれそれをみてみぬふりをしている。さもないと公債販売の仕事は著しく妨げられたであろう。100％公債を遂行するように郡と郷の活動家に対して激しく猛烈に圧力をかけながら、同時に、いきすぎには罵り、引き締めるというのは非常に困難で、不可能な事柄である」[86]。

4月1日の『プラウダ』『経済生活』などの中央紙には、ルィコフの書簡（3月31日付）が公表された。農民公債の募集は、説得、宣伝、扇動という方法によっておこなわなければならない。それには先進的な農民がリードするスホードにおいてこの問題を審議され、決定を採択するという手続きが有効である。この決定は「公債募集のための独特のモラル的な働きかけの措置（меры морального воздействия）」である。しかしそれは強制的であってはならない。警察の機関を使ったり、公債を購入した農民に対して消費協同組合や農業協同組合が特典をあたえ、公債をもっていないものを不利な立場におくことがあってはならない。若干の地方では、公債募集の課題を県、管区、ときには郷、村ソヴェトに割当てるという方法が採用されており、宣伝活動の成否とは無関係に、その実行を義務的なものとみなしている、と。

ルィコフのこの4月1日の書簡は、7月総会においてヴァレイキスによってその不誠実さを指摘された。公債販売のキャンペーンは4月1日に終了したのであり、その成功をルィコフが確信した段階で、キャンペーンの強制的性格を非難した、とヴァレイキスは暴露した。ヴァレイキスは述べた。「思うに、あなたは正しく振る舞った。政治的に正しく振る舞ったのだ」[87]。逆にいえば、キャンペーン期間中は、強制はなすがままに放置されていたのである。

前述のとおり、余剰貨幣の吸収という措置は、マクロ的な現状分析から直接に各分野に適用されたものであり、それ自体として、農民の階級的な区分という労農同盟の政策的基礎とは無縁であった。税や諸種の負債を滞納していたのは、当然にして、主として貧しい人々であった。農業税法は、貧農に対して免税をふくむいくつかの特恵を講じていたが、様々な理由で

それをうけとることのできない多くの貧農がいた。1924/25年度の農業税において、たとえばクバンでは、滞納金総額の80％、トムスク県では50％以上が貧農のものであった[88]。彼らは、調達危機に際して、わずか10コペイカ、20コペイカという税や負債の滞納に対して、最後の資産、家畜、最後の穀物までが差し押さえられ、また没収されることがまれではなかった。資産といっても、貧農の家にはテーブルと食器以外に何もないのがふつうであった。

没収された資産は競売にかけられた。警官や税の役人、全権代表などがそれを実行した。税や諸種の負債の滞納金を支払わせるのに、未払い者の公開裁判が催された。統一農業税の規定にはないこの裁判の制度は、ミコヤンの「社会的な圧力」の一つに入るものであろう。しかし、他の農民に対して支払いを促すために組織された、このような公開裁判は、多くの村人の同情を誘い、しばしば逆の効果をもった。競売も同様であった。隣人の不幸に村人は協力しなかった。「住民の誰も、中農も貧農も誰も競売にはあらわれなかった」。権力の横暴を知らせるために、差し押さえられた資産を人目に晒して運ぶという「デモ」もあった。ベッドや机、長持ち（衣服などの最後の持ち物が入っている）など、農業生産と何の関係もないものがその対象となるという末期的な状況がはやくも生まれていた[89]。これはまさに「クラーク清算」の前夜の様相であった。ハタエーヴィチは、このようなケースが「戦時共産主義期におこなわれたクラーク清算とあまりかわらない」と指摘し、これがまれなケースではなく多くの地方でおこなわれており、「つねにそれらは、地方の党、ソヴェトの活動家の正しくないアプローチの結果である」と断定した[90]。ブハーリンは４月総会の総括において、活動家のいきすぎがあまりに度が過ぎたために、「若干の場所では何人かを銃殺さえしなければならなかった」と述べた[91]。

これまでの分析から明らかなように、穀物調達においても、あるいは自己課税や農民公債のような余剰貨幣吸収のキャンペーンにおいても、割当という方法が広汎に浸透しつつあった。これは、上部の行政単位から村や

村ソヴェトに計画（課題、義務）を下し、最終的には村内部で各農家にこの義務が分配される（割り当てられる）というものであった。1927/28調達年度後半に発生したこの方法は、途中、党中央によって非難されるという不断のジグザグをたどりながら、この段階ですでにすべての構成要素を備えて事実上完璧に出現していた。

　新しい調達年度を迎えた中央委員会7月総会は、ついに穀物調達価格の引き上げを要求した[92]。7月総会後、8月に開かれた穀物特別会議は、1928/29年度穀物調達キャンペーン遂行に関する基本規定を18日に採択した。まもなくソ連商業人民委員ミコヤンによって承認されたそれは、穀物市場の正常化を目的として、新年度においては村ソヴェトや村へ計画を下ろさないこと、すなわち村は計画をもたないことを想定していた。それによれば、ソ連商業人民委員部によって承認される穀物調達計画は、商業人民委員部の州、地方、県機関をとおして管区まで分配され下ろされるが、それより下は、調達機関や協同組合という経済組織に対して分配される。しかし、主要な穀物生産地帯ではこの原則は守られず、計画は地区（郷）まで下ろされる。すなわち管区執行委員会は、著しい量の穀物を調達することになっている地点の地区執行委員会に対して調達計画をあたえる権利を有する。調達の計画的課題をあたえられる地区執行委員会の一覧表は、州、あるいは地方執行委員会によって決定された。しかし、これらの地区でも村へは調達計画はあたえられなかった[93]。新調達年度に対しては、前年度末にあらわれた村への調達計画の割当という方式はとりさげられたのである。1928/29調達年度の方法は、地区まで計画（すなわち課題、義務）を下ろす）という「レーパの方法」に近いといえよう。

　しかし農村の末端でおこなわれていたのは、スホードを利用した義務の割当であった。それは惰性のようにつづけられていた。1928年7月、8月のシベリアの農村の描写は、村に供出の「課題」があたえられてスホードが召集され、各農民が穀物供出に同意する署名を要求されている状況（「お前は1プード、お前は1.5プード出すと署名しろ[94]」）を記録している。

末端でつづけられていたこのような割当の方法は、明らかに、新調達年度に「ミコヤンの方法」（村まで下ろす）が認められ、したがって「ゴルドンの方法」（農戸まで下ろす）が必然的に導入される基礎、背景となることとなる。知られるように、新1928/29年度の過程で、とくに11月以降に調達にふたたび困難が発生するとともに、翌1929年春には「ミコヤンの方法」が復活したのである。

4. 村計画のシステム化

1929年春以降、村への調達計画の設定（「村まで計画課題を下ろすこと」доведение планового задания до села）、「村計画の設定」（установление поселенного плана）という新しい調達方法が導入された。3月20日政治局決定は、カガノーヴィチの提案にもとづいて、ひとまずカザフスタン、シベリア、ウラルへの導入を決定し、ついで播種の終了とともに（若干の例外をのぞいて）すべての穀物生産地帯に導入するものとされた[95]。4月総会においてこの「新しい方法」（これまで考察したようにそれは新しくない）なるものをスターリンは自己課税とのアナロジーでとらえた[96]。実際、3月20日の政治局決定は、「村計画」を共同体の集会によって「自己義務」の方法でメンバー間に分配することを指示していた。これが、前年の自己課税のキャンペーンとの見事な相互浸透であることを物語る資料がある。

3月20日の政治局決定の翌日、それをうけて3月21日付でシベリア地方委員会は決定を地方委員会書記スィルツォフ名で管区委員会に電報で送った。それによれば、穀物調達の村計画を審議するスホードが定足数不足で成立しない場合には、第2回目には、「同じ日に、しかも任意の数の参加者で」採択できる。これは、1928年初頭に導入され、のちに法的は廃棄された自己課税の規定がそのまま復活、適用されている（本書419頁を見よ）。

見られるように、スホードは本質的に何の役割も果たしていない。さらに、課せられた供出義務を果たさない場合には、罰金が追加的な自己課税の形態で課せられる。その大きさは、供出しなかった穀物の価額の5倍までとできる（2倍を下回ってはいけない）[97]。後者は、のちの6月27日のロシア共和国立法のさきがけである。

　1928年の一連の事態との大きな相違は、1929年には、調達年度の終わりに近づくとともに煮つめられていった穀物供出義務の村への設定という方法が、もはや非難されることなく、翌1929/30年度の公式の方針として定着したということであった。いまや村は「計画」（義務）をもつようになった。「自発的な」（добровольное）「自己義務」（самообязательство）ということがくりかえしいわれたが、それは上からの割当という原則への移行であり、すでに考察したように、本質的には各農戸への割当であった。

　このことは、翌年度、村計画の設定という方法が普遍化したときに完璧に認識されることになる。1929年10月、ヴォルガ中流地方委員会書記ハタエーヴィチは、「村に計画を下ろすことは、それをさらに農戸に下ろすことを不可避的に前提としている。村の集会でみずからに課した義務の遂行に対して、この村の団体を構成する各メンバーは責任を負っている」。いいかえればスホードの決定にもとづく団体としての「自己義務」の設定というのは、一般的には形骸化した手続き、たんなる建て前にすぎなかったのである。モスクワでもこの関係を公然と認める指導的人物がいた。エム・ベーレニキーがそれである。1930年8月、州連合議長会議において、彼は、一般の農民の穀物供出義務は予約買付と「自己義務」によって、すなわちスホードでの問題の審議によって自発的にひきうけることであり、クラークの場合のように、行政的に課せられるものではない、と述べた直後に、次のように発言した。「しかし、それにもとづいて計画を各農戸に下すことがここで語られていることは完全に明らかである」[98]。こうして翌年以降の穀物調達においても、村計画の理念的想定（あるいはむしろ美辞麗句）とは異なって、それが農村の深部においては各農戸への義務の賦課

であったことを強調しておかなければならない。

　村計画の設定は、不供出者に対する個別的懲罰へと容易に、したがって急速に発展した。立法的な画期は、調達年度末の1929年6月27日付全ロシア中央執行委員会・ロシア共和国人民委員会議決定（同様のウクライナ共和国決定は7月3日）であり[99]、それは、村スホードが各農家への穀物供出義務の大きさを確定するものとし、それを拠出しない場合には5倍までの規模で罰金を課すことができた。1929/30農業年度向けの公式の方針となったこの制度の核心は、スホードによって各農戸に課せられた供出量を「全国家的義務」（общегосударственная повинность）とみなし、その不履行は刑法（いまや第61条）によって裁かれるとみなすことであった。同じ日に刑法第61条がこの立法に対応する形で改正された。

　こうして第1に、そのゆえにその不供出ゆえの個別経営に対する罰金や懲罰の措置は、その年の後半にそのような各個別経営の、「クラーク清算」へと展開し[100]、第2に、この新しい制度は1933年以降の義務納入制への歴史的前提としての役割を果たした[101]。

　この2点について若干の簡単な、しかし重要な補足をしておこう。第1の点についていえば、1928年初頭の非常措置の適用以来、供出するべき穀物をもたない（あるいはそれを隠匿したかもしれない）農民から穀物以外の資産を徴発するというケースは頻発していたが（前述425頁を参照）、1929年6月のこの立法によってこの行為は事実上合法化された。供出するべき穀物がないために過大な罰金を賦課され、当然それを払えない農民から、家畜ばかりでなく家、納屋、タンス、鏡、机など、零細な資産の直接的な収奪がはじまった。これは事実上村からの追放であった[102]。こうして、穀物調達キャンペーンにおける9月、10月の圧倒的に重要な役割とも関連して、まさにクラーク清算そのものが1929年秋からはじまった。逆にクラーク清算そのものを狙った罰金の賦課、財産の収奪、クラーク清算の自己目的化もはじまった。銃殺がはじまった、とさえ公刊紙が公言した[103]。重要なことは、1929年末、すなわちこのクラーク清算の一定の、量的には

部分的な進展のあとに、「クラークの階級としての絶滅」を槓杆とした全面的集団化がやってきたことである。全面的集団化において、「コルホーズ加入かソロフキか」という農民スホードに対して発せられた活動家の脅迫は、これによって、はるかに現実的な、脅迫以上の意味をもちえたのである。

第2に、この「新しい方法」は、1928年7月に穀物生産の分野に導入されたばかりの（国家と共同体との）双務的な原則に立つ予約買付契約のシステム——国家は農業生産上の様々な支援・供給の義務を負い、他方、共同体は村全体として播種の段階で穀物供出の義務を負う——と原理的に対立していた。当時この事実を、トップの政策担当者でさえ明らかに理解していなかった。両者を和解させようとして、1929－30年の穀物調達に関する細部の公式規定は著しく複雑かつ煩雑となった。1929年の村計画の方法は、のち1933年の義務納入制の先行形態であった。契約原則は急速に後退し、かわって義務と強制の原理が表面に躍り出た。スターリンの全時代を通して存続した義務納入制においては、穀物供出は農民にとっては「税としての」効力をもつ国家的な義務であった。義務納入制への移行は、村計画が当初たとえ形式的であれ前提としていた農民の下からの自発性が、形式的にも無用なものとなったことを意味した。当初から建前は形骸化されていたが、形骸化された建前そのものがこれによって放棄された。したがって、1933年の制度的変化をコルホーズ農民が新しいものとして受け入れることはほとんどなかったと思われる。このときあらたに登場してきたのは「不可侵の立法」とか「第一の戒律」などという仰々しい言葉であった。

いうまでもなく、広大なロシアの農村は何か紋切り型の作物だけを生産していたわけではない。本稿で考察した複数のキャンペーンからいわば純化された割当徴発の方法は、まもなく、ロシアの多様な地域の多様な生産部門、労働部門を包括する国民経済全体のシステムへと発展していった。

1930年7月20日、ロシア共和国政府は、調達計画を村まで下ろすという方法を、家畜、じゃがいも、牛乳、亜麻、大麻の調達にも拡大し、これを

1930/31新調達年度の新しい制度として採用した[104]。家畜調達については、家畜を生業とするカザフスタンの遊牧民を襲った1931年以降の恐ろしい飢饉は、この決定を抜きには語ることができない（本書509頁、訳注1を参照）。また、住民の貨幣資金を動員するというキャンペーン（自己課税の方法もふくむ）においても、1930年9月5日付の中央委員会政治局の決定は、党とソヴェト機関に対して「全種類の義務的支払いに関する統制課題を村まで下ろす」ことを義務づけた[105]。

　ヨーロッパ北部では、伝統的に非農業的な営業が普及しており、とくに木材調達や木材浮送からの収入は農業からのそれをしばしばはるかに上まわっていた。その規模が戦時期の水準をこえた、はやくも1926－28年頃から、国家は、全く機械化のない条件の下で農民を「自発的に」その労働に引きつけることは不可能であると考えており、何らかの強制をくわえている、という意見が農民のなかに生まれはじめていた。

　木材調達への参加も、泥炭採掘の労働も1920年代末から義務的となった。労役義務のシステムはまもなく次のような形をとった。計画は、州をとおして地区執行委員会に下ろされ、地区執行委員会は今度はその計画を村ソヴェトごと、コルホーズごとに配分したのである[106]。後者の木材調達、浮送についてのコルホーズ非加入の個人農については、それへの徴募も1928/29年度から「自発的自己義務」（«добровольное самообязательство»）を彼らが採択するという手続きをとおすこととなった。いうまでもなくそれは厳罰化への準備措置であり、「自己義務」がたんなる国家の義務に転化するのに時間はかからなかった。1930年2月13日付ロシア政府決定「木材調達と木材浮送での労働強化に関する措置について」は、「自己義務」の方法で全村がスホードでその労働義務（自分の馬を使うこともふくめて）を決定し、その義務を各農家に割り当てたならば、その不履行は、その義務の価額の5倍の罰金をともない、この罰金の不払いは、競売による資産没収をともなう、と定めた。この2月には、そのあと司法機関や懲罰機関が矢継ぎ早に赤裸々な懲罰措置を具体化し、そのすべてがロシア共

和国刑法第61条の適用、すなわち、1929年6月27日決定（前述429頁）の国民経済全体への拡大であることを明確にした。こうして、一般の農民経営（貧中農）を恣意的にクラークにして清算するという大量現象（«массовое окулачивание (!) хозяйств»）がこれにつづいた[107]。それもまた穀物調達のキャンペーンと同様であり、すべてが同時的であり、全体としてシステムを有していた。

5. 暴力の源泉

1928年初頭から穀物危機克服の措置が採択されて以来、集団化の終了にいたるまで、農村では活動家による農民への弾圧が圧倒的に支配した。「弾圧」に逮捕、流刑、銃殺、収奪、罰金等々ばかりでなく家宅捜索や脅迫をくわえれば、それに巻きこまれた人々は全農民の4割、5割を下らないといわれる[108]。これは1932年までの4年間の推定であり、その後の凄惨な悲劇（たとえば本書ではコンドラーシン論文を見よ）をくわえると、それはどのような数に達するのであろうか。この過程を貫く暴力の源泉はなにか[109]。

全権代表など農村に派遣された上部組織の活動家が農村の活動家にかけた強い圧力のもとで後者が前者の「翼」となって活動したという説明（溪内謙の著作にしばしばあらわれる）は十分に理解でき、実証という点でも説得的であるが、都市から派遣された活動家の暴力を受け入れる前提、あるいは素地をも問題にしなければ、「上からの革命」の研究が、著者の意図に反して、権力内部の問題に多くの関心を集中させる恐れがあろう。

農村の活動家が農民にくわえた直接的な暴力は、筆者が『ヴォルガの革命』で詳細に記したように、常識をはるかに超えたものであった。明らかにそれは「クラーク狩り」であった。集団化に際して、「反革命的な」クラーク清算の事実のあと、地区委員会など、農村にもっとも近い部分が、

該当する農民を一人残らずクラーク清算するよう許可を求める申請を上部組織に向けて大量に出したことは疑う余地のない事実である。すでに1920年代において「反ネップ」(«контрнэп»)を潜在的に担う勢力を前提にしなければ、集団化前夜と集団化における農民への集中的な暴力は説明できないと思われる(したがってこの問題は、ネップがなぜ短命であったかを問うことにも関連するであろう)。

スターリンはすでに1925年12月にそれを戒める文脈のなかで次のように指摘していた。「党はどちらをより多くやろうとしているか――クラークを裸にすることか、それとも、そうしないで中農との同盟に進むことか、という質問をコムニストに出してみたら、私は100人のコムニストのうちの99人までが、クラークを叩け、というスローガンに対して、党はもっとも多く用意ができているとこたえるだろうと思う。ちょっとやらせてみたまえ――そうすれば一瞬にしてクラークを丸裸にするだろう」[110]。スターリンのこの発言は注目に値する。この問題は深く考察する必要がある。

なによりもまず、集団化前夜の農村が一般的に若かったことを見逃してはならない。1926年人口センサスの研究からダニーロフが導き出した一つの結論は新鮮な魅力をもっている。当時のロシアの農村では農民は多く生まれて早く死に、50歳になればすでに老人であった。それにくわえて、当時は2度の戦争(第1次大戦と国内戦)の影響を強く受けていた。こうして1926年の農村人口のうち実に6割弱(59.3％)が25歳未満であり、3年後に全面的集団化へ移行する頃にはこのグループの割合はすでに3分の2にも達していた。「農村人口の若さは、その社会的行為一般、とりわけ農業の全面的集団化の時期における若干の本質的特徴を説明するものである」[111]。ここはやや「イソップの言葉」で語られているが(著作が刊行されたのは1977年である)、その本意は、この世代は、その年齢からして精神世界をほとんど排他的に1917年以降の情勢のなかで形成し、粗野な階級闘争の理念をもっとも容易に受けいれ、その若さゆえに集団化の時期には農村における暴力の最大の担い手となったということである。

次に農村のコムニスト（党員および党員候補）について考察しよう。1920年代中頃に、全国平均で、農村の20以上の居住地に10人以上のコムニスト（党員および党員候補）からなる１つの党細胞があった。これは算術平均的な像であり、一般的にいえば、多くは郷の中心地に集中していて、残りは他の農村地域にばらばらに分散していた。農村においては、戦時共産主義期以来の党歴をもつ比較的少数の党員を中核として、その周辺に、とくに1924年以降に入党した若者の層が数多く形成されており、その状況を反映して党員候補が党員より多いという細胞の構成にそれがあらわれていた。党員候補といっても、郡委員会に候補として承認されていないものも非常に多数いた[112]。

　農村コムニストの著しい特徴はその非農民的な特質、志向であった。1925年に党中央委員会と中央統制委員会が調査したすべての地域で、農業を主要な職業としているコムニストは20－30％を超えなかった[113]。非常に多くのコムニストは有給の職についていた。農業に直接に従事している農村党細胞のメンバーが「極端にわずかな割合しか占めず」、圧倒的大多数が有給の（служилые）職員であったことは1920年代中頃に無数に指摘されている[114]。1925年４月の第14回党協議会において党の組織問題について報告したモロトフは、農村の15万4000人のコムニストのうち、約10万人が農業から分離した各種の職員である、と指摘し、そのために農民大衆とのつながりが「極端に不十分である」と警告した[115]。この職をコムニストが独占しようとしたことも同様に多数指摘されており、非党員の農民をソヴェトの活動や経済活動に引きいれるという政策はつねに末端において党員から妨害を受けた[116]。それは集団化前夜においてもかわらなかった。スモレンスク・アルヒーフ文書の系統的な研究結果によれば、或る地区では69名のコムニストのうち、１人が30過ぎであることを除けば、残りの全員が20歳前後であった。彼らの職業は、商店員、営林署員、守衛、建築作業長、倉庫係、巡回警備員、協同組合議長、地区執行委員会議長、村ソヴェト議長、郵便局長、教師、警察官、警察署長、金融関係者、政治教

育施設員、イズバッチ(農村図書室の管理者)であった^((117))。この「非」農民的な性格が、後述する「反」農民的な性格の基礎にあった。

党員の非農民的な性格は、地元の共同体に対する**外的**な傾向にもあらわれている。ヤコヴレフが調査したことで有名なタンボフ県ズナメンカ郷の1細胞では、その17名の党員のうち、農業に従事しているのは1名だけであり、残りは様々な「行政職」についていた。全員の出身はたしかに農民であったが、地元の出身は5名だけで、それ以外は「共和国の様々な地方にあれこれの、大半は貧農的な経営をもつ」、本質的に脱農民的な、明らかにその志向をもつ人々であった。さらに、北カフカーズ・テーレク管区からの報告によれば、多くの農村党細胞において、地元のコムニストよりも「余所者の」(приезжие)コムニストの方が多かった。この事実が、農村コムニストの「官僚的な平穏の役人根性」と命令的方法への傾きの原因の一つであった^((118))。

党細胞の会議は大半が秘密会議であり、公開の会議があっても農民がそれに出席することはまれであった。1925年春夏の党中央統制委員会による農村党細胞の全国調査は、その明瞭な欠陥を明るみにだした。15の村細胞、郷細胞の集会(公開・秘密)における審議事項を集計すると、入党や除名、党の組織問題、中央委員会の指令の審議、何らかのキャンペーン等々、党自体に関わる問題の審議が全体の84.1%を占め、農民に直接関わる問題の審議は15.9%を占めるにすぎなかった。そればかりでなく後者からソヴェトの問題、協同組合の問題を除外して、土地整理、農業援助、土地改良など農業的な問題だけに限定すると、実に、わずか2.2%を占めるにすぎず、農村の党細胞は事実上、農民の焦眉の課題とは無縁のところに位置していた^((119))。1925年の党　監　督　部(パルトインスペクツィヤ)の資料もまた、農村党細胞の活動のほとんどすべては扇動活動によって占められていて、農村の経済発展のために細胞は何をするべきかという問題が提出されると、それに関する細胞の「完全な無理解」が現出し、「結局のところ細胞は現実的な課題をみずからに提起できない」と断定した^((120))。

農村の下部の活動家は「非」農民的であるだけではなく、しばしば「反」農民的であった。ハタエーヴィチの農村の党組織の分析は、農村の党組織が農業に対して軽蔑的であったことを示している。20－30％を超えなかった農業を営んでいる農民コムニストが、文化的な経営方法を適用しようとしているケースは稀であった。トヴェーリ県からの報告では、コムニストがたとえ農業をもっていても、それは「もっともレベルの低い農業」であった[121]。彼らの経営は、同じ資力をもつ非党員の農民の経営よりつねに水準が低かった。郷委員会だけではなく郡委員会も、コムニストが自分の経営にまじめな関心を向けることをつねに「不埒なこと」と見なしつづけていた。したがってハタエーヴィチの調査のあいだでも、調査をうけるコムニストは、しばしば自分の経営規模を小さく見せ、ことさらにそれを劣悪な状態に見せようとした。一言にすれば、「党にいることは、しかるべく経営に専念することを事実上妨げている」。したがって離党するのは主としてこのような農民コムニストであった[122]。彼らには、農村から離れようとする潜在的な志向があり、都市を求めることは農民であることを厭うことであった。農業嫌い、「移住ムード」[123]は当時の若者の全般的な傾向であり、若者が次第に大きな比重を占めつつあった農村コムニストはその全般的な傾向のなかにあった。

　「一言にすれば、誰でもよい、どんな補助の仕事でもよい、種播きさえしなければ、耕作さえしなければ、額に汗してパンを手に入れるのでなく、国のポケットからそれを手に入れさえすればよいのである。女性もこの点で男性から遅れていない」[124]。1925年1月－2月のヴォローネジ県における調査では、農村コムニストのなかでは、「すべての勤勉な農民はソヴェト権力の敵である」という確信が深く根づいていることを示した[125]。農民のなかに「私的所有者」や「小ブルジョア」の要因を見てそれを敵視するイデオロギーは、このような情勢のなかで容易に活動家をとらえ、それは、そのまま1920年代末以降の「左翼的いきすぎ」の素地を形づくっていた。逆に、「勤勉な農民をクラークとみなしてはならない」というカリー

436

ニン、ア・スミルノーフ（ロシア共和国農業人民委員）、ルィコフら、モスクワ中央の思想は、まさにこのような状況のなかで喧伝されていたのである[126]。

農村コムニストの反農民的特質がとくに明瞭にあらわれたのは、1924年の中央委員会6月総会が打ち出した「農村に面を向けよ」のスローガンと10月総会が決定した「ソヴェト活発化」のキャンペーンに代表されるいわゆる「新コース」においてであった。農村コムニストのなかでは全国で不満が噴出した。彼らは農民に対する命令的な方法にあまりにも慣れていた（「非党員に対してはまだ懐に棍棒をもつ必要がある」[127]）。11月から12月にかけて多くの県委員会は「わが党が農民化しなければよいが」、「中央委員会は農民に対して極端に走っている」という意見が広汎にあらわれていることを認めた。下部の党員のあいだでは、「おしまいだ」（Наша песенка спета）とか「なぜ陣地を明け渡さなければならないのか。それは活動のボリシェヴィキ的なアプローチではない。非党員に明け渡すために闘い取ったのではない」等々の声が聞こえた[128]。「新コース」を実施するために、1924年10月末から1年間、シェフとしてスモレンスク県に派遣された人物は、現地でいかに郷書記やその他の党員からその活動において妨害を受けたか、詳細に記録している[129]。1925年4月のタンボフ県委員会総会は、その決議において、農村コムニストはまだ戦時共産主義期のなかにおり、「新コース」を理解しているものは一人もいない、それは「頭脳労働」に慣れていないからだ、と断定した。スターリングラード県では、平の党員ばかりでなく、アクチーフやさらに郡委員会の書記まで「新コース」に「仰天」し「農村での活動を捨てて都市へ逃げろ」というムードが広がった[130]。

のち1927年12月の第15回党大会において、中央委員会オルグ・ビューローのエス・ヴェ・コシオールが、「われわれがソヴェト活発化のスローガンを提起したあとの1924/25年度に看取された［農村党細胞の］茫然自失と分散」という指摘した事実がこれである。明らかにそれは、農村党組織の危

機として認識され、「農村に面を向けよ」のスローガンははやくも翌1926年には沙汰止みとなった[131]。こうしてコシオールは、「茫然自失と分散」の危機は第15回党大会までに完全になくなった、と評価したが、党組織と村社会との乖離の事実はなおも続いていることを認めた。すなわち、党組織は「地元の問題」にあまり従事せず、この問題で農民を組織できず、キャンペーン方式で活動する癖から抜け出せないでいる、とつけくわえた[132]。

この事実の裏側には農村の問題があった。1924/25年度は、農村の側から都市にきっぱりと背を向ける特徴的な事例が頻発した年であった。なによりもまず、1924年秋の村ソヴェト、郷ソヴェトの選挙は、農民の未曾有の棄権、全国的な規模での「独特のボイコット」に直面した。選ばれたコミュニストの割合の高まりが、強制や、少数の参加者から成る集会での選挙の結果であることが率直に告白され、いたるところで再選挙が余儀なくされた[133]。1925年1月には、中央委員会情報部は、政治局と組織局に「農民と労働者階級との対立の出現について」という摘要報告を送り、都市住民の物質的待遇のよさ（賃金、8時間労働制、社会的、文化的条件の有利さなど）に対する農民の不満が労働者とボリシェヴィキに対する敵意となっており、農民は、これを「党の官僚的変質」、「農民のすねをかじる身分的・特権的上層」への党員の転化であると弾劾している、と指摘した[134]。

1925年に入って、農村の経済的復興や発展に党、ソヴェト組織が果たすべき役割がますます強調されるにいたって、中央と現地との懸隔はますます開いた。ブハーリンは、のちに1925年春の状況を回顧し、「第14回党協議会のまえに（われわれはこのことを頭に入れておかなければならない）内政の根本問題においてごたごた(ニェラドイ)があり、労働者階級と農民層の基本的大衆とのあいだに一定の仲たがい(ラズムィチカ)（あるいは仲たがいのはじまり）があった」、それは「農村における政治闘争の一連の尖鋭な事実に反映した」と述べた。彼は例として、農村通信員やソヴェト・党の代表者の殺害という事実をあげ、さらに「農民同盟に関するきわめて尖鋭な問題提起をうけとった」と語った[135]。

最後に、農村の活動家は文化的、政治的に著しく質が低かった。中央委員会10月（1924年）総会決議にしたがってソ連の様々な10の郡、管区の全農村党細胞を調査した結果である党中央委員会の総括資料は引用に値する。引用文のあとにつづくのは、その具体例にすぎないであろう。

　　自分の経営で働く農村コムニストと村規模で活動するコムニストばかりでなく、郷規模、地区規模で活動するコムニストでさえ、その政治的文盲、その他の文盲の水準は極端に低い。
　　農村の党員のなかには、その平均的水準が農民大衆の一般的な平均的発展から遅れている同志の部分がある。非党員の農民のなかには、その発展水準と社会的志向がわが農村党アクチーフの平均的水準を超えている先進農のグループがいる[136]。

　モスクワ県のような先進的な農村でさえ、政治に明るいコムニストは3－5％で、「多少なりとも政治問題に知識がある」コムニストは15－20％であり、残りのものは政治的に文盲であった[137]。大部分の農村コムニストは新聞を読んでいなかった。シベリア地方の調査によれば、その個々の地区では農村コムニストの90％が新聞を読んでいなかった[138]。非党員の農民の「アクチーフ」が『農民新聞』や『貧農』（『プラウダ』でさえ）を隅々まで読んでいることがまれではないのに、農村党細胞書記でさえそれを定期的に読んでいなかった[139]。全く同じことをトゥーラ県の1925年の調査が明らかにした。「党員、ときにはその指導者でさえ、彼らの文化的水準は極端に低い。たとえばスパスク細胞のメンバーは、その書記もふくめて完全に新聞を購読していない」。したがって、1929年のシベリアにおける党細胞の点検は、「文字どおりすべての細胞において」大多数の農村コムニストは党の最重要の決定を知らない、という事実を明らかにした[140]。
　農村のコムソモール員についても全く同様の事実が指摘されたばかりで

なく⁽¹⁴¹⁾、スターリンでさえ、農民が彼らを「農業から乖離したもの、無教養なもの、怠け者」とみなして、彼らに対して「いい加減に、嘲笑的に」かかわっている、と認めた⁽¹⁴²⁾。「父の経営を捨てた」ことは、コムソモールを嫌う農民の重大な理由であった⁽¹⁴³⁾。中央黒土のコムソモールに関する最近の研究は、彼らの宗教、教会に対する暴力性(村の小礼拝堂を破壊した、衆人環視のなかでイコンを燃やした、等々等々)が、早くも集団化に先立つ1920年代において顕著であったことを明らかにしている⁽¹⁴⁴⁾。これらは、コムニストの、あるいは当時の若者一般の底流にある一つの時代の傾向(都市化、脱農民化)をあらわしているのである。

1925年1月−2月のヴォローネジ県における調査は、農村党細胞の半分を占める極端に水準の低い「ろくでなし」が、あれこれの分野で指導的ポストについている、と断定した⁽¹⁴⁵⁾。シベリア地方委員会書記エス・コシオールもまた、当時の詳細な農村調査の結果を総括して、農村で指導的な役割を演じているのは、農民から尊敬を受けている誠実なコムニストではなく、まさに堕落分子、腐敗分子である、と断定した⁽¹⁴⁶⁾。

深刻な問題は、ネップの条件の下で実際に経済的関係が進歩しはじめていた村においておこった。非党員の農民のなかで経営的な企図が考案され進歩的な農法が発生しても、コムニストはそれを「クラーク的な」ものと見なして敵愾心を抱き、農業を発展させずに、みずから「貧農的である」ことをまるで「党の綱領」とさせ意義づけている例が著しい部分に見られると指摘された⁽¹⁴⁷⁾。コムニストにおけるこのような農民の勤労的な価値に対する一種の軽蔑の念は、しかし他面で、農村の動向から置き去りにされるという劣等感とも重なっていた。こうして農村コムニストのなかには「農民恐怖症」(крестьяно-боязнь)が潜むようになった。彼らは、集会(「彼ら自身よりもはるかに教養のある非党員の農民が出席している」)で演説をすることを怖がった。「何か愚かなことでもいってみろ、あとで村中であざけられる」⁽¹⁴⁸⁾。数年後にくる「クラーク清算」に対する複雑な心理はこうして醸成されつつあった。

ハタエーヴィチによる1924－25年の調査でも、同様の結論が導かれており、農業経営に従事していて自分の村しか知らない党員ばかりでなく、地区、郷というレベルで働いている党員ですら、その外についての認識はきわめて希薄で、党細胞ではモスクワでの党協議会や党大会についての報告を非党員がおこなった複数の例すらあった。カリーニンさえ知らず、スターリンとは誰かという問いに「イルクーツクでソヴェトの活動をしている」と大真面目で答えた実例が記録されている。農村コムニストの知的水準が平均的な農民のそれより低いことがまれではなく、非党員の農民のなかには、党員の水準よりはるかに高い水準の先進農のグループがいる、というのがハタエーヴィチの結論であった[149]。当時の多くの党員は一般の市民にくらべて「著しく」文化的水準が低かったというアンバルツーモフの指摘が想起されるであろう[150]。

　これらすべての要因の複合的な結果が、若いコムニストたちの反農民的な過激で粗野で極端な行動であった。とくに、彼らの「低い」文化水準は、公式的なステレオタイプ（「農民はプチブルで資本主義の源泉である」等々）が彼らによって受けいれられる土壌であり、その若さと相まって極端な過激主義（экстремизм）の原因となった。注意しなければならないことは、ここにおいて、はなはだしい文盲はこのような状況をつくりだしえないということである。「低い」文化水準とは当時にいう「識字率」を最低限身につけていることを意味する。1920年代において「識字率」は若年にいたればいたるほど高まった[151]。しかし「識字率」とは、（1音節ずつ区切って）たどたどしく読め、自分の名前が書けることを意味し、当時はそれだけで「読み書きができる」（грамотный）といった。この最低限の文化水準を若者の広汎な層が共有していたことが、ボリシェヴィズムの単純なスローガンを単純に身につけ、極端に走ることを可能にしたのである[152]。

　総じていえば、1920年代の反農民的な農村コムニストは、1920年代末から本格化する「脱農民化」（раскрестьянивание）の先行者であり、彼ら

が末端で遂行した集団化とクラーク清算そのものもこの「脱農民化」の本質的傾向の真っただなかにあった。1925年6月の中央委員会の機関誌『農村コムニスト』は、「農村コムニストの脱農民化を終わらせなければならない」というタイトルの記事を出したが、このタイトルは、はじまった歴史的底流の水源を物語っていた[153]。農村コムニストは、その重要な傾向においては、農村を重視するネップの体制のなかでは本来自己否定的な存在であり、それ自体がネップの短期性を体現していたといっても過言ではないであろう。

注
（1） 奥田央『ヴォルガの革命——スターリン統治下の農村』、東京大学出版会、1996年、208-209頁。さらに、第2次大戦期における「戦争—外国——反コルホーズ」の意味連関について、本書コルニーロフ論文、559-560頁のコルホーズ農婦「ミローノワ」の発言を見よ。
（2） ЦА ФСБ РФ. Ф. 2. Оп. 6. Д. 168. Л. 1-21; Советская деревня глазами ВЧК-ОГПУ-НКВД. Т. 2. М., 2000. С. 696, 715. 詳細は、奥田央「穀物調達危機（2）—ソ連1927/28農業年度—」『経済学論集』第67巻第4号、2002年、27頁を参照。さらに、本書所収のエシコフ論文、396-397頁を見よ。
（3） Экономическая жизнь. 30 июня 1928 г.
（4） 戦争のうわさなどによる需給関係の逼迫などの重要な問題もあるが、ここでは以下の点に絞る。
（5） Малафеев А. Н. История ценообразования в СССР (1917-1963 гг.). М., 1964. С. 107.
（6） Микоян А. И. Результаты кампании по снижению цен. М., 1927. С. 6.
（7） ЦУНХУ Госплана СССР. Товарообороты за годы реконструктивного периода: сборник стат. материалов. М., 1932. С. 22.
（8） РГАСПИ. Ф. 17. Оп. 84. Д. 916. Л. 16.
（9） Госплан СССР. Контрольные цифры народного хозяйства СССР на 1927/28 год. М., 1928. С. 242.
（10） НКТорг РСФСР. Всероссийский торговый съезд. 25-28 апреля 1928 г. Основные вопросы торговли. М., 1928. С. 20-21.
（11） 順に、Курская правда. 25 января 1928 г.; Экономическая жизнь. 6

января 1928 г.; На ленинскому пути. Новосибирск, 1928. № 1-2. С. 8.
(12) Экономическая жизнь. 20 августа 1927 г.
(13) ГАРФ. Ф. А-410. Оп. 1. Д. 45. Л. 87; Как ломали НЭП. Т. 2. М., 2000. С. 442. 前者の典拠は、1927年9月9日付ヴェイツェル（ソ連商業委員部幹部会メンバー）の電報、後者の典拠は、翌1928年中央委員会7月総会におけるミコヤンの報告（1927年9月のソ連人民委員会議・労働国防会議の合同会議における、ソ連ゴスプラン（とくにエム・イ・クヴィーリング）の役割に関するミコヤンの評価）。
(14) См.: Как ломали НЭП. Т. 2. М., 2000, с. 442; Хлебный рынок. 1927. № 18. С. 1-5; Экономическое обозрение. 1927. № 11. С. 49-50; там же. 1928. № 7. С. 138. いっそう詳細には、次を参照。*Окуда Х.* Самообложение сельского населения в 1928-1933 гг.: к вопросу о последнем этапе русской крестьянской общины//XX век и сельская Россия. Токио, 2005. С. 186（прим. 26, 28）.
(15) НКТорг РСФСР. Торговля РСФСР (1925-1928). Л., 1929. С. 236.
(16) Трагедия советской деревни. Т. 1. М., 1999. С. 34, 162; Как ломали НЭП. Т. 1. М., 2000. С. 61-62, 70-71, 80, 91. См. также статьи В. П. Шеханова и С. А. Первушина: Экономическое обозрение. 1927. № 11. С. 49-50; 1928. № 2. С. 43; 1928. № 7. С. 138.
(17) 穀物調達価格を引き上げたのは中央委員会7月（1928年）総会の決定であるが、実は、4月総会の直前に、穀物調達に関する決議を作成していた委員会が、まったく極秘に（この事柄に関する会話も禁じられた）、7月総会でのこの決定を予定していた（РГАСПИ. Ф. 84. Оп. 2. Д. 6. Л. 52.）。
(18) *Сталин И. В.* Соч. Т. 11. С. 12, 14. 農村が富裕であることを強調したスターリンの主張は、もともと、クラークが、冬に（春播き以前に）播種用のストック、食糧、家畜向け飼料をすべて除外して、すなわち正確な意味での穀物余剰として、1農家あたり5万プードとか6万プード（100万キロ！）の穀物ストックをもっていて、あまりにも大量なので置き場に困って「軒下に」まで積んでいるという、まるで彼の『プラウダ』に掲載されるカリカチュアのような、嗤うべき想定にもとづいていた。これは、スターリンがあまりにも農村、農民に無理解であったことを物語っている。スターリンがシベリアから戻ったあとの2月9日に設置されたルイコフの委員会は、2000プード（約3万キロ）以下の商品化穀物をもつ農民を刑法第107条の対象としてはならないと定めた（Как ломали НЭП. Т. 1. С. 18.）。ところが、クルスク県ルィリスク郡で同条によって没収された1農家あたりの余剰穀物の平均量は、

驚くべきことにわずか60プード（約1000キロ）、スターリンの「クラーク」の実に1000分の1の大きさであった（РГАСПИ. Ф. 17. Оп. 21. Д. 2604. Л. 10. 本書エシコフ論文（382頁）では、タンボフ県で200ないし300プード）。さらにシベリアのビーイスク管区委員会は、刑法第107条の適用に際して「商品化余剰の基準を設定しない」と決定した（РГАСПИ. Ф. 17. Оп. 69. Д. 603. Л. 49-48. 一層の詳細は奥田「穀物調達危機（2）」、30-31頁を参照）。

(19) Виноградов С. В. Мелкотоварное крестьянское хозяйство Поволжья в 20-е годы. М., 1998. С. 161-162.

(20) Трагедия советской деревни. Т. 1. С. 28.（ダニーロフ）

(21) Газета: Советская Сибирь. Новосибирск, 11 января 1928 г. 1927年12月の第15回党大会にもすでに彼の同様の指摘がある（См.: XV съезд ВКП（б）. Стен. отчет. М.-Л., 1928. С. 976.）。

(22) 1928年初頭の転換といわれるものの歴史的前提として以下に論じること以外にもう一つ挙げるべきことは、すでにこの年以前からオ・ゲ・ペ・ウが経済活動へ積極的に干渉していたことであるが、紙幅の関係で論じられない（拙稿「穀物調達危機（1）—ソ連1927/28農業年度—」『経済学論集』第67巻第1号、2001年、27−29、45−49頁）。これも、ネップの廃止の時期を曖昧にする事実である。

(23) 本書、エシコフ論文、378頁。

(24) Как ломали НЭП. Т. 4. М., 2000. С. 178.

(25) Как ломали НЭП. Т. 2. М., 2000. С. 337.

(26) 本書、エシコフ論文、379頁。

(27) Виноградов С. В. Экономическое развитие Поволжья в период НЭПа 1921-1927 гг. Астрахань, 2001. С. 114.

(28) XV съезд ВКП（б）. Стен. отчет. М.-Л., 1928. С. 976.

(29) Там же. С. 979.

(30) Виноградов С. В. Указ. соч. С. 114.

(31) Подробнее см.: там же. С. 114-119.

(32) 「商品交換」については、荒田洋、石井規衛ら（私もふくめて）の研究があるが、戦時共産主義期からネップ初期にかけての梶川伸一のそれは、渾身の力をこめた徹底的なものである（本書、梶川論文、注（12）(18)(29)にある彼の3著をみよ）。

(33) РГАСПИ. Ф. 17. Оп. 21. Д. 2600. Л. 23, 37; Д. 2604. Л. 21; Красная армия и коллективизация деревни（1928-1933 гг.）. Неаполь, 1996. С. 102, 108; и др.

(34) РГАСПИ. Ф. 17. Оп. 21. Д. 3551. Л. 51 об.-52.
(35) Как ломали НЭП. Т. 1. С. 135, 148.
(36) 詳細は、奥田前掲「穀物調達危機 (1)」、53－54頁を参照。
(37) РГАСПИ. Ф. 17. Оп. 21. Д. 3551. Л. 51 об.-52.
(38) Социалистический вестник. Берлин, 1928. № 13 (8 июля). С. 13-14.
(39) Советская деревня глазами ВЧК-ОГПУ-НКВД. М., 2000. Т. 2. С. 712-713.「クルスク県では、全農家が家宅捜索をうけたり、個々の村で穀物供出を全経営に割り当てること（раскладка）が特徴であった」(Трагедия советской деревни. Т. 1. С. 226.)。
(40) Как ломали НЭП. Т. 1. С. 135.
(41) Экономическая жизнь. 22 января, 17, 19 февраля, 18 марта 1928 г.; Правда. 11 февраля, 1, 2, 6 марта 1928 г. また旧ソ連の標準的な研究（*Конюхов Г.* КПСС в борьбе с хлебными затруднениями в стране (1928-1929). М., 1960. С. 134-156.）を参照。
(42) Газета: Курская правда. Курск. 17 февраля 1928 г.
(43) РГАСПИ. Ф. 17. Оп. 21. Д. 2604. Л. 7.
(44) Курская правда. 7 февраля, 20 марта 1928 г.
(45) 渓内謙の著作は、後出注（152）の遺著もふくめて、「赤い馬車」を1929年春の「新しい調達方法」にもっぱら関連づけているが、それは、すでに1928年初頭にあらわれていたものである。くりかえすならば、それは、スホードへの圧力にもとづく集団的穀物供出が穀物調達危機の克服の最初から濃厚にあらわれていたことと関連している。
(46) Курская правда. 4 марта 1928 г.
(47) Курская правда. 10 февраля 1928 г. См. также: Правда. 11 февраля 1928 г.
(48) *Валентинов Н.* Новая экономическая политика и кризис партии после смерти Ленина. Hoover Institution Press, 1971. С. 250-251.
(49) 短期的な調達量の急激な増加、月間計画の超過達成（1月のスタールィ・オスコル郡）と集団的供出との関連の詳細について См.: Курская правда. 28, 29 января, 17 февраля 1928 г. クルスク県が（ヴォローネジ県とともに）年間調達計画を超過達成したことに対して、計画はさらに上増しされた（ГАРФ. Ф. А-410. Оп. 1. Д. 53. Л. 40; Правда. 21 марта 1928 г.）。ソ連の「計画経済」の出現である。
(50) РГАСПИ. Ф. 17. Оп. 21. Д. 2604. Л. 7.
(51) Курская правда. 7 февраля 1928 г.

(52) См.: *Конюхов Г.* Указ. соч. С. 134-156.
(53) Газета: Советская Сибирь. Новосибирск. 24 января 1928 г.
(54) Известия ЦК КПСС. 1991. № 7. С. 185.
(55) РГАСПИ. Ф. 17. Оп. 21. Д. 3552. Л. 327, 332.
(56) Как ломали НЭП. Т. 1. С. 135
(57) ГАРФ. Ф. А-410. Оп. 1. Д. 61. Л. 40-41.
(58) 詳細は、奥田前掲「穀物調達危機（2）」、68－72頁を参照。
(59) ハタエーヴィチは、5月、6月と「農戸別調達」がおこなわれたことを認め、「それは家宅捜索し、屋根裏を這い回り、圧力をかけることを意味する」と明言した（Как ломали НЭП. Т. 2. М., 2000. С. 251.)。
(60) РГАСПИ. Ф. 17. Оп. 21. Д. 3552. Л. 321-325.
(61) РГАСПИ. Ф. 17. Оп. 21. Д. 3758. Л. 60.
(62) 人の生死を分けるのが1人年間200キロであるとすれば（奥田前掲『ヴォルガの革命』、608頁）；R. E. F. スミス、D. クリスチャン『パンと塩』、鈴木健夫・豊川浩一・斉藤君子・田辺三千広訳、平凡社、1999年、450－453頁）、この「1ヵ月6キロ」というのはその3分の1である！
(63) *Ивницкий Н. А.* Репрессивная политика Советской власти в деревне (1928-1933 гг.). М., 2000. С. 47-48.
(64) Курская правда. 29 января 1928 г.
(65) *Кудюкина М. М.* Общее и особенное в настроении крестьянства накануне коллективизации//Бахтинские чтения. Философские и методологические проблемы гуманитарного познания. Вып. 1. Орел, 1994. С. 272. その他の実例は、奥田前掲「穀物調達危機（2）」、56－57頁を参照。
(66) 集団化期のその疑う余地のない明示は、См.: *Тепцов Н. В.* В дни великого перелома. М., 2002. С. 285.
(67) 以下、自己課税に関する部分は、次の露文の拙稿のごく一部である。典拠についてもここでは多くを省略した（*Окуда Х.* Самообложение сельского населения в 1928-1933 гг.: к вопросу о последнем этапе русской крестьянской общины//XX век и сельская Россия. Под ред. Хироси Окуда. Токио, 2005）。伝統的な自己課税においては、特定の支出目的に対して、それと結びついてそのたび毎に共同体メンバーへの賦課がなされたのに対して、1920年代末以降は両者が引き離され、したがって自己課税が事実上の税（地方税）に転化したこと、この転化の過程は、穀物供出が国家義務へ転化したことに類比しうること、以上の論点が本論文のとくに強調したところである。
(68) Подробнее см.: там же. С. 154-157, 164-165.

(69) *Калинин М. И.* О едином сельско-хозяйственном налоге на 1928-29 г. М.-Л., с. 27-31. 報告要旨は Правда. 20 апреля 1928 г.
(70) 奥田央『コルホーズの成立過程』、409、424頁。
(71) 同、第2章第3節を参照。
(72) *Шитц И. И.* Дневник «великого перелома» (март 1928-август 1931). Париж, 1991. С. 20.
(73) ГАРФ. Ф. А-406. Оп. 10. Д. 1011. Л. 11; Вестник финансов. 1929. № 7. С. 88.
(74) ГАРФ. Ф. А-406. Оп. 10. Д. 1191. Л. 10
(75) *Калинин М. И.* Указ. соч. С. 31; Экономическая жизнь. 18 мая 1928 г.
(76) РГАСПИ. Ф. 17. Оп. 69. Д. 603. Л. 47.
(77) Как ломали НЭП. Т. 1. С. 341.
(78) Финансы и народное хозяйство. 1928. № 16. С. 14. 村の農民が農民公債に関する報告を聴いたあと、「各農戸あたり1週間以内に2ルーブリ50コペイカ以上買う」ようスホードが決定したという、クルスク県ベルゴロド郡の1郷の例（Курская правда. 15 марта 1928 г.）などを参照。
(79) Финансы и народное хозяйство. 1928. № 51. С. 8.
(80) Финансы и народное хозяйство. 1928. № 16. С. 19.
(81) Как ломали НЭП. Т. 2. С. 338.
(82) Финансы и народное хозяйство. 1928. № 16. С. 19.
(83) *Кудюкина М. М.* Хлебозаготовки в 1927-1929 годах// Власть и общество в СССР: политика репрессии (20-40е гг.). М., 1999. С. 226.
(84) Финансы и народное хозяйство. 1928. № 16. С. 19.
(85) Как ломали НЭП. Т. 1. С. 135-136, 341-342.
(86) РГАСПИ. Ф. 17. Оп. 69. Д. 603. Л. 47.
(87) Как ломали НЭП. Т. 1. С. 338. 4月総会におけるポストィシェフの発言をも参照（Как ломали НЭП. Т. 1. С. 135.）。
(88) НК РКИ СССР. Единый сельхозналог в 1924-1925 гг. М., 1925, с. 8.
(89) Советская деревня глазами ВЧК-ОГПУ-НКВД. Т. 2. С. 684, 692-693, 700-701.
(90) Газета: Коммуна. Самара, 26 июня 1928 г.
(91) *Бухарин Н. И.* Избранные произведения. Путь к социализму. Новосибирск, 1990. С. 276.
(92) これははやくも4月総会直前に1927/28調達年度に関する決議案を作成していた委員会において極秘に予定されていたものであった。文書はミコヤン

のフォンドにある（РГАСПИ. Ф. 84. Оп. 2. Д. 6. Л. 52.)。

(93) Советская торговля. 1928. № 37. С. 28.

(94) Известия ЦК КПСС. 1991. № 7. С. 188.

(95) 詳細は、See: Taniuchi Y. Decision-making on the Ural-Siberian Method// *Soviet History. 1917-1953: Essays in Honour of R. W. Davies*, 1995, p. 85; Трагедия советской деревни. Т. 1. С. 805（прим. 186)、612-616（док. 184-189)。

(96) 奥田前掲『ヴォルガの革命』、19頁。邦訳『スターリン全集』第12巻、107頁では「自己課税の原則で」が誤って「自主的供出の原則で」と訳されている。

(97) Государственный архив Новосибирской области. Ф. П-19. Оп. 1. Д. 310. Л. 44. このアルヒーフ史料は、イリヌィフ（ロシア・科学アカデミー・シベリア支部・歴史研究所）から個人的に提供して頂いたものである。

(98) 詳細は、奥田前掲『ヴォルガの革命』、44−49頁を参照。

(99) СУ РСФСР. 1929. № 60. Ст. 589; Сельско-хозяйственная газета. 5 июля 1929 г.

(100) 詳細は、『ヴォルガの革命』、第1章を参照。

(101) 同、58、577-578、685頁。

(102) Центр документации новейшей истории Оренбургской области（ЦДНИОО). Ф. 18. Оп. 1. Д. 114. С. 103-103 об.; Д. 88. Л. 61; Средне-Волжская коммуна. 1 декабря 1929 г.

(103) Государственный архив Самарской области. Ф. 655. Оп. 1. Д. 16. Л. 142 об.-143; Средне-Волжская коммуна. 23 ноября 1929 г. 前注もふくめて詳細は、奥田前掲『ヴォルガの革命』、49−53頁を参照。

(104) Трагедия советской деревни. Т. 2. М., 2000. С. 842. См.: там же. С. 639-641. 家畜調達に「村計画」の原則が1930年7月にあらわれたことを指摘したのは、奥田前掲書『ヴォルガの革命』、307頁がおそらく最初である。

(105) Трагедия советской деревни. Т. 2. С. 600-601. 特別に自己課税について、統制数字を「まず」村に下ろせと要求した指示は、Финансы и народное хозяйство. 1930. № 29. С. 13.

(106) Безнин М. А., Димони Т. М., Изюмова Л. В. Повинности российского крестьянства в 1930-1960-х годах. Вологда, 2001. С. 8-9.

(107) Подробнее см.: *Доброноженко Г. Ф.* Коллективизация на Севере. 1929-1932. Сыктывкар, 1994. С. 101-105.

(108) Реабилитация: политические процессы 30-50-х годов. М., 1991. С. 376.（リューチン綱領）

(109) 本節は、奥田前掲『ヴォルガの革命』、473－475, 680－683頁等々に簡単に展開した議論をやや詳細に論じたものである。

(110) *Сталин И. В.* Соч. Т. 7. С. 337.

(111) *Данилов В. П.* Советская доколхозная деревня: население, землепользование, хозяйство. М., 1977. С. 25. いわゆるスモレンスク・アルヒーフ資料を分析したマクスードフは、ロシア最北西部のウスムィニ地区の農村 (1929年) が「驚くほど若く」、人口の半分以上が20歳未満であったと記している (*Максудов С.* Накануне колхозной революции//Неуслышанные голоса. Документы Смоленского архива. Кн. 1-ая. Кулаки и партейцы. Michigan, 1987, p. 20.)。

(112) Деревенский коммунист. 1926. № 18-19. С.26; *Стопани А. М.* Очерки новой деревни и партработы в ней. По материалам о Волоколамском уезде. М.-Л., 1926. С.49-50; Авангард. Тула, 1925. № 1 (октябрь). С. 59.

(113) *Хатаевич М. М.* Партийные ячейки в деревне. По материалам обследования комиссии ЦК РКП (б) и ЦКК. М., 1925. С. 16. しかし「農村のコムニストの大半はソヴェトや協同組合、労働組合の職についており、**直接に農業生産をしている同志の割合は非常に少ない**」というのが、当時の地方党機関誌のありふれた主張である (Коммунист. Ростов н/Д., 1925. № 2-3. С. 68.)。

(114) Коммунист. Ростов н/Д., 1925, № 2-3. С. 55, 68. なお地域的にいえば、農業を主要な職業とするコムニストの割合は、ウクライナの大半の地域でゼロに近く、シベリアとウラルの一部では例外的に50％を超えることがあった (Ленинец. Самара, 1925. № 24-25. С. 31.)。

(115) XIV конференция РКП (б). Стен. отчет. М.-Л., 1925. С. 21-22.

(116) *Митрофанов А. Х.* Выдвижение рабочих и крестьян по материалам местных контрольных комиссий РКП (б). М., 1926. С. 22-25.

(117) *Максудов С.* Указ. соч. С. 26-27. 奥田央『ヴォルガの革命』、681頁をも参照。

(118) *Яковлев Я.* Наша деревня. Изд. 4-ое. М.-Л., 1925. С.143; Коммунист. Ростов н/Д., 1925. № 2-3. С. 55.

(119) *Митрофанов А. Х.* Деревенские организации РКП (б) и осуществление ими новых задач и методов работы в деревне по материалам местных КК РКП (б). М., 1925. Приложение.

(120) Авангард. Тула, 1925. № 1 (октябрь). С. 59.

(121) Спутник коммуниста. Тверь, 1925. № 12-13 (август). С. 27.

(122) *Хатаевич М. М.* Указ. соч. С. 16-17.

(123) *Кузнецов И. С.* На пути к «великому перелому». Люди и и нравы сибирской деревни 1920-х гг. Новосибирск, 2001. С. 123.

(124) *Максудов С.* Указ. соч. С. 27.

(125) *Никулин В. В.* «Новый курс» в деревне: замысел и реальность//Крестьяне и власть. Материалы конференции. М.- Тамбов, 1996. С. 161.

(126) 当時の「勤勉な農民」の思想について、奥田央『ソヴェト経済政策史―市場と営業』、東京大学出版会、1979年、113－114頁を参照。スターリンが、ブハーリンの1925年4月の「金持ちになれ」のスローガンについて、その直後に「われわれのスローガンではない」といったこと（*Сталин И. В. Соч.* Т. 7. С. 382）は有名であるが、実際、当時スターリンやモロトフは「ネップの拡大」に公に反対の立場をとっていた。詳細は省略する（См.: *Сталин И. В.* Соч. Т. 7. С. 357, 376-378; *Чуев Феликс.* Молотов: Полудержавный властелин. М., 1999. С. 242-243, 265-266.）。このように、1924－25年の、いわば著しく右よりの政策理念が、それを地方に発信した党の中央自体に、どの程度根付いていたかは（それが農村の末端で根付いていないとしたスターリンの非難（本稿433頁）にもかかわらず）、やはり検討に値する問題である。

(127) *Хатаевич М. М.* Указ. соч. С. 24-25.

(128) На аграрном фронте. 1925. № 5-6. С. 198.

(129) *Буров Я.* Деревня на переломе (год работы в деревне). М.-Л., 1926.「スモレンスク県」は、原典では「エス―県」とされ、固有名詞が伏せられている。本書の興味深い詳細については、本稿では紙幅の関係で割愛する。

(130) *Никулин В. В.* Указ. соч. С. 160; Партийный спутник. Сталинград, 1925. № 6-7. С. 18.

(131) この点で1926年からネップの著しい後退（「経済の行政的管理」、計画経済への熱中、農業の分野では、「中農、『勤勉な農民』から貧農への政策的力点の転換」）がはじまったとするギンペリソンの考え方は検討に値する（*Гимпельсон Е. Г.* Нэп и советская политическая система. 1920-е годы. М., 2000. С. 217-220）。1926/27経済年度に「商品貨幣経済の市場的不調和を経済外的な方法によって克服しようとする試み」が発生したとし、その延長に戦時共産主義の全特徴を備えた体制の出現を予言したのは、もとは、若きヴァインシテインである（Экономический бюллетень конъюнктурного института. 1927. № 11-12. С. 15）。なお、筆者の古いクスターリ政策論も、1926年における一つの転換という観点をとった（奥田央『ソヴェト経済政策史―市場と営業』、東京大学出版会、1979年、第2章第2節「規制の動き」）。

(132) XV съезд ВКП (б). Стен. отчет. М.-Л., 1928. С. 95.
(133) 余すところないその分析は、Сельсоветы и волиспокомы. Сб. статей и материалов. М.-Л., 1925.「中農が……クラークの側に立った」というソヴェト選挙に対するスターリン一流の評価は、Сталин И. В. Соч. Т. 7. С. 123.
(134) Телицын В. Л. НЭП, 1924-1926 годы: «лицом к деревне» или спиной к крестьянству?//НЭП в контексте исторического развития России XX века. М., 2001. С. 281-282.
(135) Бухарин Н. И. Путь к социализму. Избр. произведения. Новосибирск, 1990. С. 211.
(136) Ленинец. Самара, 1925. № 24-25. С. 30-31.
(137) Спутник коммуниста. Орган МК РКП (б). 1925. № 2. С. 50.
(138) Кузнецов И. С. Указ. соч. С. 219.
(139) Хатаевич М. М. Указ. соч. С. 14.
(140) На ленинскому пути. Новосибирск. 1929. № 18. С. 30.
(141) 1924年のタンボフ県ズナメンカ郷の調査は、新聞を読んでいるのはコムソモール細胞と関係のない農民であると断定した（Яковлев Я. Наша деревня. Изд. 4-ое. М.-Л., 1925. С. 127.）。
(142) Сталин И. В. Соч. Т. 7. С. 80.
(143) Воронежская деревня. Вып. 1. Воронеж, 1926. С. 106.
(144) Слезин А. А. Массовая работа комсомола в Центрально-черноземной деревне в годы НЭПа//Крестьяне и власть. Материалы конференции. М.-Тамбов, 1996. С. 177-179. 集団化期の宗教、教会に対する若者の暴力について、奥田『ヴォルガの革命』、168－173頁を参照。
(145) Никулин В. В. Указ. соч. С. 161.
(146) Известия Сибирского краевого комитета ВКП (б). 1926. № 2. С. 34.
(147) Там же. 1925. № 3. С. 10.
(148) Деревня и наши недостатки. Гомель, 1925. С. 167.
(149) Хатаевич М. М. Указ. соч. С. 13-14.「党員の水準は農民アクチーフの水準よりも著しく低い」という命題は当時の地方の党機関誌に頻出する（一例として Авангард. Тула, 1925. № 1（октябрь）. С. 59.）。なおトゥーラ県党委員会の同『前衛』誌によれば、非党員の「農民アクチーフ」が生粋の地元の農民であることは比較的まれで、多くは農村に帰還した元労働者や、農民化した旧教師などであった（Там же. С. 58.）。
(150) См.: Вопросы истории. 1988. № 9. С. 36.

(151) 統計的な詳細は、См.: *Данилов В. П.* Указ. соч. С. 26.
(152) 溪内謙『上からの革命—スターリン主義の源流』岩波書店、2004年、86頁は、本稿とは逆に、「ネップ的価値体系は、現地組織の活動家の意識に深く根づいていた」と主張している。しかし1925年現在での党中央委員会の資料では、農村党細胞の主要な部分は、内戦期（1918－20年）に入党したもので、戦時共産主義期の価値観によって濃厚に支配されていた（Ленинец. Самара, 1925. № 24-25. С. 31.）。本稿で考察できなかった注（129）の文献などの基調もそれである。
(153) Деревенский коммунист. 1925. № 12. С. 39-41.

第3部◎コルホーズ農民

▲…農業集団化のポスター（1931年）「すべての耕地に種をまけ！」
　スローガンを呼びかけている男は農民ではない。都市の活動家である。

1928－1931年の赤軍における「農民的気分」

ノンナ・タルホワ
（浅岡善治訳）

はじめに

　ソヴェト史において、20世紀の20年代から30年代への境目は、農民に対する格段に強化された強制を伴う、ソ連内の農村集団化の遂行期として特徴づけられる。
　このような強制が、今度は農民の側からの返答としての抵抗的反応を引き起こしたことは疑いない。家宅捜索と逮捕とを伴う強圧的な穀物調達への移行に際して、農民は大衆的直接行動（массовые выступления）をもって応え、それは1928年には711件が記録された。そして権力側のさらなる行動――「全面的集団化」と「クラーク清算」は、権力と農民との相互関係を一層尖鋭化させたのである。記録された大衆的直接行動の数は1929年には1307件に達し、1930年には１万3754件にまで及んだ。1930年の最初の３ヵ月だけでも、農民の直接行動は8018件に達したのであり、うち160件は、蜂起的（повстанческий）（武装を伴う）性格を有していた[1]。
　この時期の「農村との闘争」に軍隊が関与し、それに巻き込まれていったことについては、多くの論文に個別的事例は散見されるものの、これまでは独立した歴史研究の対象にはならなかった[2]。しかしながら最も重要なのは、ここ10年において、赤軍がこの過程にどの程度引き込まれていたかの解明を可能ならしめる相当数の代表的文書館史料(アルヒーフ)[3]が学問的に利用可能となったことである。確定的なのは、軍隊が社会的事件の局外に立つことができなかったということである。このこととの関連で、集団化と「ク

ラーク清算」の時期のソ連社会における軍隊の位置と役割の検討についての基本的方針の決定が、われわれにとっては重要に思われる。

社会の内部における軍隊の位置は、国家的安全の防衛という、それが割り当てられた任務によって決定される。周知の通り、安全の脅威は国外的要因からも、そして国内的要因からも生じうる。もし外的脅威の反映が戦争史の最も中心的な諸ページを構成しているとすれば、国内において軍隊を動かすことは、民衆の直接行動の鎮圧を含めて、社会的注目の影の部分に存在しているということになろう。ロシア史においては、権力が軍隊を、国内に生じた「無秩序的状況」の克服のための組織的強制力として活用した事例が少なくない。とりわけこうした事例は20世紀において顕著である。かくて、当該問題検討の最重要の方針となるのは、農村における懲罰的措置の遂行、とりわけ直接行動の鎮圧、穀物および財産の没収、「クラーク清算」の遂行などにおける軍隊の役割の考究である。農村でおこなわれた強圧の数量的・事件的状況の再構成は、これまでそのような研究が存在しないだけに、極めて重要である。そしてそれに劣らず重要なのは、平和的な住民に対する軍事的強制力の導入に際して、オ・ゲ・ペ・ウ機関と赤軍との間に画された一線の特徴を明らかにすることである。

社会における軍隊の位置は、その社会的ステイタスによっても決定される。軍隊とは、社会や権力によって付与された安全維持のための全権行使について責任をもつ、社会の武装した部分である。ゆえに、軍隊の倫理的(モラル)状態は、社会の安定性を担保するものである。1920年代から1930年代に農村で起こった出来事が、その構成において「農民的」である軍隊を無関心なままにしておくことが出来なかったのは明白である。農村は軍の基本的な人員補給源であった。兵卒以外でも支配的であった軍隊の農民的構成は、逆説的状況を創り出した。権力の防衛が使命であるはずの軍隊が社会的な発火点となりえたのである。政府に農村内での政策の変更とネップについての諸決議の採択を促したクロンシュタット反乱の教訓は、権力側だけでなく、軍隊側の記憶においても鮮明であった。このことから軍の社会的構

3-1　1928－1931年の赤軍における「農民的気分」◆ノンナ・タルホワ

成、その倫理的状況と国内、とりわけ農村地域における新たな政治状況への反応といった対象の研究の重要性が浮かび上がるのである。

　赤軍の農民的構成は、社会的有機体としての軍自身が現実過程に引き込まれた程度という当該問題を検討する上でのもう1つの方針を決定する。軍隊と農村との結び付きは不変であった。それは応召者（призывник）が軍務についてからも、彼が復員して自宅に戻っても、弱まることはなかった。このような状況は、権力によって農村での影響力確立のために考慮されていた。この目的のために、政治的諸課題に応じて軍隊内の政治機関による扇動・宣伝活動、組織活動が遂行されたのである。活動の形態は、赤軍兵士によるコルホーズの創設や「農村カードル」養成のための教程の組織といったものから、播種キャンペーンや扇動文の送付まで、多種多様でありえた。この時期における軍隊の実労働や扇動への活用は、ソヴェト期の著作でもよく描かれている。

　赤軍は、農村的な社会組織（социум）の一部であり、権力にとって一定の危険性を示しうるものであった。権力が自らの扇動・宣伝活動の遂行に活用した極めて「農村的」な結び付きは、それとは逆の過程の原因ともなりえたのであり、その潜在的可能性は現実のものともなった。穀物調達が強化されてからというもの、手紙と農民代表人（ходоки）の奔流が、軍隊内において「農民的気分」を著しく高める原因となった。そして今度はこのことが、「社会的異分子」の排除を目的とした、赤軍構成員の「粛清（чистка）」の実施を引き起こしたのである。軍のイデオロギー的強化を目的とした権力による作戦的行動としてのこれらの措置は、後に恒常的な性格を獲得し、「クラーク清算」の政治全般的なキャンペーンの一部分となるが、軍隊内においては真っ先にそうなっていたといえよう。このキャンペーンについては、最近までその遂行と結果についての史料への研究者のアクセスが許されなかったこともあって、軍事史的にも農業史的にも、広範な研究者層には今日にいたるまで知られないままである。

　かくて、以上に述べたようなソヴェト農村の集団化遂行期における軍隊

の位置と役割についてのいくつかの研究方針は、当該問題の多層性と複雑性を明らかにするものである。一方において赤軍は、権力によって、農村に対する政治的暴力行使の手段とみなされていた。他方において赤軍は、農村的な社会組織の一部であるがゆえに、政治的暴力の対象でもあった。

1. 赤軍の「農民性」の社会的特徴づけ

前掲の諸方針の実際の中身に移る前に、赤軍の社会的性格について簡単に見ておくことにしよう。農村政策の転換がはじまるまでは軍は労農赤軍（Рабоче-Крестьянская Красная Армия）を称し、公的立場を農民的なものとしていたが、より重要なのは、それが社会的構成においてもそのようなものであったということである。1927年に農民は、軍全体の65.4%を構成していた（対して労働者は21.8%、職員は8.6%、その他は4.2%である）。このパーセンテージは、士官クラスよりも一般兵士層の中において飛び抜けて高く、74.3%である（対して労働者は19.9%、職員は4.2%、その他は1.6%）[4]。「全面的集団化」と「クラーク清算」の路線が採用された1929年には、これらの数値はわずかに低下するが、引き続きかなり大きいままである。農民は軍全体の63.6%[5]を構成している（労働者は24.3%、職員は9.2%、その他は2.9%）[6]。一般兵士層の中においても、相変わらず非常に高く、71.8%[7]である（労働者は22.5%、職員は4.2%、その他は1.5%）[8]。赤軍の一般兵士の総数が1929年時点で41万7127名[9]であると知っていれば、1929年に軍の兵卒の中で農民層は29万9497名であったということを示す計算をおこなうことは難しくない。

軍隊内における農民の最高比率——71%に該当したのは陸軍であった。なぜなら、海軍や空軍には農民よりも高い技能を有する労働者たちが勤務していたからである。1929年に陸軍兵力が56万802を数えた[10]とすると、農民は39万8000名である。この中には一般兵士も士官も含まれる。

検討されている時期において、3年兵役制が確立されたことが知られている。このことを考慮すると、毎年軍隊と農村とを行き来したのは、約10万人である。ここでこの数が、現在の農村において活動的な部分であり、将来においてもそうであろうところの、22－25歳の若年男子層によって構成されていたことを特筆しよう。兵役を終えて帰村すると、彼らは権力の基幹的な「歯車」となったのである。彼らには政治的諸課題の導入と遂行のあらゆる負担がふりかかり、結局は農村の従順さも、「新路線」導入の実効性も彼ら次第であった。

　赤軍のカードル部分のほかに在郷軍システムが存在しており、例年徴集されるより年齢層の高い者も含めた男性住民層がそれを介して毎年行き来していた。1929年に在郷軍の交代部分で農民層は、72万116名であり、正規軍の一般兵士層の約2倍であった。かくして、毎年軍隊（正規軍と在郷軍）を通じて、80万人以上の人々が行き来していたのである[11]。

　さらに統計的な話を続け、あれこれの部隊の農民層についての詳細な数値によってさらなる裏付けをおこないたいのは山々だが、権力にとって軍隊がいかなる潜在的社会勢力を代表していたかを理解するのには、これら全般的な数値だけで十分である。その中に権力は、強靭な同盟者か、由々しき敵対者かを得ることができたのである。このこととの関連で、公文書では「政治的・倫理的状態」と称されるところの軍隊の「気分（настроение）」が、権力にとってはつねに並々ならぬ注目の対象となったのである。

2. 1928－1931年の赤軍における「農民的気分」

2.1. 軍政治機関のシステムと情報提供の諸原理

　軍の「政治的・倫理的状態」の調査は、軍の政治諸機関にとっては新し

いことではなかった。こうした任務は、それらの果たすべき役割の中につねに入っていたのである。政治機関が存在するようになって以来、機関そのものやしかるべき情報提供文書による、極めて適応力のあるシステムが形成された。政治機関のシステムは、連隊―師団―軍管区―赤軍政治担当部というように、軍隊内で垂直的に組織されていた。連隊の政治機構は最末端の組織単位であったが、1）連隊の政治コミッサール、2）共産党連隊ビュロー（同書記が責任者）、3）コムソモールの組織活動家、4）諸々の政治指導者たち（連隊内の中隊・大隊の数に応ずる）、5）学校（全教員で構成）、6）クラブ（長が責任者）、7）図書館（主任が責任者）、によって構成されていた。政治機構の上級（師団・軍管区レベル）の組織単位は、**師団政治担当部**と**軍管区政治担当部**を含んでおり、その中で諸々の部局（組織担当、扇動・宣伝担当、総務担当）が活動していた。**労農赤軍政治担当部**（ПУ РККА）は、軍当局の指導的中央機関であり、軍の政治的指導・教育の問題を担当していた。それは、党中央委員会の部局（отдел）の資格で活動しており、党関連では中央委員会に従属していた。このような赤軍政治担当部の「二重の従属」は、党決議の大衆レベルでの遂行の領域だけでなく、一般兵士の気分と動揺についての最上位の中央権力機関の情報活動の領域においても、党と軍隊との密接な結び付きの確立を促進した。

軍の日常生活についての情報収集システムは、政治機関の構造と同じような形で整えられた。連隊の軍事委員会は定期報告文（периодические донесения）を作成し、それを上に送る。師団の政治担当部は連隊からの報告を受け取り、情報を政治的総括報告（политические сводки）の形にまとめ、さらに上へと送る。師団レベルの総括報告を受け取り、しかるべき活動をおこなうのは、軍管区の政治担当部である。師団レベルについても軍管区レベルについても、総括報告作成の周期はきちんと文書によって定められていた。総括報告作成の合間に生じた事件や非常事態については、政治機関は臨時の報告文によって伝えなければならなかった。政治的総括報告と臨時報告文が、報告と情報提供の日常の定時的形態であった。

3-1 1928－1931年の赤軍における「農民的気分」　◆ノンナ・タルホワ

　赤軍政治担当部へ下から届く情報は、そのさらなる用途に応じて処理され、きちんとした様式の公文書に仕上げられるか、あるいは作業用資料として機構の内部にとどめ置かれた。公式の情報は一定の送付リストによって動き、「上へ」——すなわち党・国家機関（党中央委員会、人民委員会議、オ・ゲ・ペ・ウ）の方面へと、「下へ」——すなわち軍の政治機関（軍管区、ときとして軍団の政治担当部）の方面への2つの方向性をもっていた。情報の形態は様々であった。これは、事実的資料を内容とする軍の政治的・倫理的状態に関する**定期的総括報告**（периодические полит-сводки）、趨勢や動向を分析した**概観**（обзоры）、様々な情勢を具体的に述べた**報告書**（доклады）といった形がありえた。赤軍政治担当部の全情報活動の最終的成果が、「軍の政治的・倫理的状態」についての年次報告書（ежегодные доклады）である。軍政治機関の相関関係のメカニズムと、軍の状況についての情報の収集・分析・送達の原則は、以上のようなものであった。

　赤軍政治担当部のほかにも、赤軍とその「政治的・倫理的状態」についての情報は、オ・ゲ・ペ・ウの諸機関、とりわけ、軍の一部として活動し、権力側の情報源によって政治機関からの独立性を有しているオ・ゲ・ペ・ウ特務部（Особый отдел ОГПУ）に従属する特別の部局によって収集されていた。オ・ゲ・ペ・ウ特務部およびその地方機関の立場は、農村における党の「新路線」の開始とともに強まっていったのであるが、1927年からオ・ゲ・ペ・ウ特務部の部長ポストがオ・ゲ・ペ・ウ議長代理と兼任になったという事実がこのことを立証している。このときからヤゴーダは、同時にオ・ゲ・ペ・ウ特務部の指導者となったのである。

　情報収集のメカニズムと諸原則の叙述は、われわれによって気まぐれに取り上げられたのではない。その知識は次の3つのことを可能にする。まず第1に、研究者の武器庫内にある諸史料の信憑性と代表性の程度を評価すること、第2に、軍隊内に生じた諸現象を記録する際の実務能力を見極めること、第3に、農村に関係するあれこれの決議の採択の原因を判定す

ること、である。

2.2. 農村における「新路線」に対する軍の反応

「農民的気分（крестьянские настроения）」は、赤軍にとって新しい現象ではなかった。この、より早い時期にすでに軍の政治用語の中に入っていた言い回しをもって、農村内の出来事に対する軍隊内の農民層の関心の高まり、可能な限り早期の帰村願望、そして農村に対する権力の所業についての不満を指すものと了解されていた。いうまでもなく、1927年11月に採択された穀物調達強化についての諸々の党決議は、軍の反応を引き起こさずにはすまないものであった。

1928年1月、軍管区政治担当部長会議にて秘密決議が採択されたが、その第1項は次のように述べている。「穀物調達キャンペーンはすでに軍隊内に反響を引き起こしているが、その程度は諸々の管区において一様ではない（最も激しいのは北カフカーズ軍管区（СКВО）、続いてウクライナ軍管区（УВО）、より軽度なのは沿ヴォルガ軍管区（ПриВО）。『農民的気分』は今のところ海軍には全く及んできていない）」。「農民的気分」の拡大と並行して、決議には、次のような一連の由々しき傾向が特筆されることになった。末端政治機関の活動の「弱体性」とその「敏捷性のなさ」（第2項）、「若干の部分が」という留保つきの真実ではあるが、軍隊内の党組織による、農村での党の路線についての「無理解」（第2項）、「極めてわずかながら」とこれまた留保付きではあるが、「兵営内における階級的異分子」の存在（第3項）、「訴願や手紙、農民代表人によって、農村の側から軍隊を通じてソヴェト権力に影響力を行使しようとする試み」（第3項）[12]。決議は会議の名で出されたとはいえ、実際その作成と編集に積極的に関与していたのは赤軍政治担当部長のブブノフであり、彼は決議への私的な添付文書に次のように記している。「当方の指令の扱いで指導方針にすることを提案する」。さらに政治機関の当面の全活動の意義を強調

3-1 1928−1931年の赤軍における「農民的気分」◆ノンナ・タルホワ

した最終（第9）項には、同じく彼によって次のような書き込みがなされた。「赤軍内の政治的・倫理的状態をゆるぎないものにするための全活動は、赤軍が農村における党の政策遂行とバトラーク・貧農・中農大衆内へのその影響力確立のための活動における最重要のファクターであることを考慮して、政治担当部スタッフと政治機関とによって遂行されなければならない」[13]。

同じ決議の中に、赤軍兵士の気分の体系的検討と当座の定期報告文でのその解明について述べた、原則的に重要な決定が記録されている（第7項）[14]。この決定のさらなる展開により、大量の情報を含んだ史料があらわれるのであるが、中でも最も重要なのは、軍隊内の「農民的気分」についての赤軍作成の総括報告であった。1928年1年だけで8編の同様な総括報告が編まれたが、そのことは記録された現象の規模の大きさを証明したのである。

総括報告の基礎を成していたのは、赤軍兵士が受領した農村からの手紙の抜粋であった。それらの引用に際しては、執筆者（誰が、どこの村から書き送ったか）と手紙の受取人が、両者の縁戚関係とともに明示された。軍への手紙の執筆者は、農村での非常事態がほかの農村住民にペンをとることを強いた場合もあるとはいえ、ほとんどの場合、直接の血縁者（父親、兄弟）であった。総括報告では、「農村の情報」源のほか、「政治的情報」源（どの末端機関の政治報告文から具体的な抜粋をおこなったか）も示されている。総括報告の基礎には、情報を体系化する上でのテーマ別整理の原則が置かれており、そのことが、焦眉の問題に関心を集中したり、展開する傾向を示したりすることを可能にしたのである。その上、個々のテーマはそれぞれ簡単な結論を含んでおり、それが総括報告の最後で結論部分へと総合されるのであった。事実的情報のこのような一般化の方式は、後に赤軍政治担当部によって、「農民的気分」の特徴づけも含めた、さらなる情報活動の展開に活用された。

最初の総括報告（1928年2月14日−3月10日）の結論と諸事例は、軍隊

内の複雑な情勢の詳細な描写を内容としており、1）農村の反応と気分、2）農村での諸事件に対する赤軍兵士の反応と気分、3）軍隊内の社会的・政治的情勢に対する「農村的出来事」の反映、4）新たな条件下での活動に対する軍政治機関と党組織全体の（平の党員とコムソモール員の）準備不足を明らかにした[15]。

　一般に、穀物調達に際しての権力の所業によって農村はショックを受け、軍にいる自らの息子たちに助言や支援を求めてすがりつき、「地方権力の行動に対する保護」や「『圧制』に対する闘争」での助力を求めた[16]。そしてそれはすぐに軍隊内に波及し、「農民的気分」の大きなうねりを引き起こしたのである。軍隊の基本的な情報源は手紙であった。そのほかにも情報は帰休兵士たち（отпускники）を通じて、そして当然ながら、農村からの「農民代表人たち」を通じても軍隊内に浸透した。農村からの手紙の流入は、農村へと向かう返信の流出を引き起こした。「農民的気分」の基本的要因とされているのは、**穀物をめぐる諸問題**、とりわけ穀物調達や自己課税、滞納金徴収キャンペーンの実施、穀物の自由な取引の制限、穀物の低い価格（地区(ライオン)をこえての穀物搬出の禁止、穀物との引き換えのみを条件とした商品の販売）であった。これと並行して、赤軍兵士たちを動揺させたその他の要因として、とりわけ農村における貨幣貯蓄の価値下落（貨幣が「余計なものになること」、「役立たずになること」）があった。それゆえ、兵士たちは自らの肉親に貯蓄金庫（сберкасса）から資金を引き上げるよう勧告した。赤軍兵士にとっての「金銭問題」の緊急性は、軍隊での給与が、しばしば彼らによって身内への具体的な援助として送られていたということによって説明された。特筆された農村と軍隊の気分の共通性と並んで、総括報告では、**赤軍兵士たちの気分の特殊性**、とりわけ、「政治的諸帰結の尖鋭性」、たとえば、「都市と農村、労働者階級と農民、指揮官と一般兵士とが対立している」ことが指摘されていた[17]。

　かくして農村での諸事件は、軍隊内の社会的・政治的情勢へと影響し、農民兵士層の分化と、その諸社会集団——貧農、中農、富裕なクラーク層

3-1　1928－1931年の赤軍における「農民的気分」◆ノンナ・タルホワ

への分裂を促した。かかる傾向は士官層（комначсостав）、とりわけ下士官についても認められ、その気分は「（農村の諸社会集団——貧農、中農、富裕層への分裂に至るまで）一般兵士と何ら異なるところがない」のであった。これに際して、より文化的水準が高い者については、その「発言は、より明瞭かつ決定的に政治的に表現されている」。中堅士官の反応は、「多様である」と見られた。非党員士官は、農村で起こっている出来事について、完全なる「無関心」を示した[18]。他方、このような新たな条件下での活動に対して軍政治機関及び党組織はほとんど準備が出来ておらず、キャンペーンの本質についての無知・無理解を露にした。赤軍兵士内での活動はダラダラと展開され、大衆のわずかな部分を捉えたのみであった。ここで、党員・コムソモール員は多くの場合、非党員に「自ら追随し」、キャンペーンへの不満を表明したことが指摘された。

　赤軍政治担当部と並行して、軍の「政治的・倫理的状態」は、オ・ゲ・ペ・ウのラインによっても追跡されていた。どうやらこの国家機関(ヴェドムストヴォ)が、軍隊内における「農民的気分」の高まりの傾向を最初に記録にとどめたらしい。すでに1928年1月、オ・ゲ・ペ・ウ特務部は、ヴォロシーロフとブブノフに、軍隊内の好ましくない状態について次のように伝えている。「1927年秋から、軍隊内では農民的気分の一定の成長が認められるが、その程度は、オ・ゲ・ペ・ウ特務部の資料によれば、最近著しく強まっている。この気分をとりわけ強く刺激しているのは、穀物調達の強化に伴っての最近の措置である」[19]。さらにオ・ゲ・ペ・ウ特務部は、「農民的気分」強化の責任を、「農村からやってきた尾ひれのついたこれらの情報」に対する自らの「不十分な活動によって」、「農民的気分の強化に好適な土壌」を作り上げた軍の政治機関と党組織の責任に帰している[20]。まさにオ・ゲ・ペ・ウこそが、軍事人民委員部（НКВМ）を（赤軍政治担当部という機関において）軍隊内の否定的現象についての真剣な調査・記録へと向かわせたと考えるのが理にかなっているであろう。この後もオ・ゲ・ペ・ウ特務部は、軍事人民委員部の指導部に、軍の状況を特徴づけた、自らの

観察したところとその結論についての情報提供を続けたのである[21]。

2.3. 1928年夏以降の「農民的気分」

　1928年夏にかけて、軍隊内の情勢は緊迫し続けていた。6月には、部隊内の「農民的気分」の「新たな高まり」と軍への農村の「圧力」が現実のものとなった。これに関連して、赤軍の「政治的・倫理的状況」についての問題が、軍の政治指導部だけでなく、より高いレベルにおいても、細心の注意を払うべき対象となった——1928年6月22日、この問題はソ連革命軍事評議会（РВС СССР）拡大会合で議論され、結局同会合はしかるべき決議を採択したのである[22]。

　1928年7月から赤軍政治担当部は、再び、「農民的気分」についての総括報告・概観の作成へと向かい、春に開始されたその調査活動を継続した。登場した新たな総括報告は、従来のものと共通の表題——「**労農赤軍内における農民的気分**」だけでなく、通し番号をも伴っていた。1928年7月から12月にかけて、赤軍政治担当部によってそのような総括報告が7編（第2号－第8号）準備されたが、うち3つが7月に編まれ（2日、14日、28日付）、1つが9月に（3日付）、2つが10月に（3日、22日付）、1つが12月に（19日付）編まれた。概要報告の送付先一覧には26の受取人が記されており、その中には国家の指導的人物——スターリン、オルジョニキッゼ、ヤゴーダなどが含まれていたことを指摘しておくべきであろう。総括報告編纂の方式と原則は変更されないままであった。それは、内容と情報のテーマ別グループ分けによって細分されていた。たとえば、「穀物はどこに消えたか」、「貧農は富裕者の要求に反発しているが、飢えへの恐れが動揺を引き起こしている」、「貧農や労働者階級への嫉妬」など、内部の中区分や小区分の見出しが、しばしばそれらの内容を生き生きと表している。政治機関の関心の中心には、「農民的気分」の内容、その発展傾向（「高まり」と「鋭さの減退」）、軍隊に対する農村のアピール、軍隊内にお

3-1　1928－1931年の赤軍における「農民的気分」　◆ノンナ・タルホワ

けるさまざまな社会集団の反応、軍隊内の反ソ的扇動、農業税、「特恵措置に期待する気分」、穀物調達に対する反応、経済政策に対する態度、コルホーズ運動に対する態度、関連する政治活動、政治機構の反応などを含めた、軍隊内における「農民的気分」と結び付いたあれこれの問題がとどまり続けていた。

　このように、従来どおり農村は不平をもらし、軍隊を、それを通じて権力に影響を及ぼしうる手段とみなし続けていたのであった。しかも手紙は穀物地区だけでなく、すでにソ連の全ての地区からやって来ていた。赤軍政治担当部によって作成された7つの総括報告のうち、3つが7月付であることが注目を引く。この1ヵ月に対してかくも注目が高まったのは偶然ではない。政治機関は、スターリン、ブハーリン及びそれぞれの支持者たちが「農村をめぐって」闘争を展開する場となった、7月に開催された党中央委員会総会に対して軍隊が反応を示すことを期待したのであった。穀物調達キャンペーン遂行に際しての非常措置の行使を公的に非難した同総会決議に対する軍隊の反応は、秋の赤軍政治担当部の総括報告に掲載されている。軍の指導部にとって最も重要な結論となったのは、「農村からの訴願を伴う手紙の流入が減少した。農民的気分の鋭さは減退した」ということであった。

　「農民的気分」の尖鋭性の全般的減退傾向と並行して、総括報告には、赤軍兵士の、農業税の徴収に関する諸問題への「関心の集中」が（とりわけベロルシア軍管区（БВО）、北カフカーズ軍管区（СКВО）、モスクワ軍管区（МВО）において）指摘された。この問題の現実性は、1928年9月3日に赤軍政治担当部によって、赤軍兵士内における単一農業税と「ソヴェト政府の租税政策全体」についての「正しい説明」の実施を命じた「租税的気分について（О налоговых настроениях）」という秘密指令が採択された事実によっても物語られている。同指令は、政治機関、党組織、そして全ての士官層に、気分のぶり返し、穀物をめぐる困難に関連したのと同様の気分のぶり返しに備えるように訴えたのであった[23]。

家族成員の中に赤軍兵士が含まれる、いわゆる「赤軍兵士経営」は、農業税減免に関するさまざまな特恵措置を享受する権利を有していたので、農村での農業税キャンペーンの実施が兵士のそれらに対する関心を高める効果をもったことは至極当然であった。12月の総括報告（第8号）では、とりわけ若い補充人員の部隊への到着と関連して、「特恵措置に期待する気分」の「活発化」が次のように指摘されている。「若者たちは、親族のために特恵措置受領の証明を受け取ろうと先を争っている」[24]。

　ここで赤軍政治担当部の総括報告に新しい問題があらわれる——集団化に対する赤軍兵士の態度である。1928年末に近づくと農村の集団化過程はそのテンポを増し始め、「新路線」の鍵を握る問題となっていた。ゆえに、この過程について軍隊が、より正確には、これらのコルホーズでの労働が見込まれる若い兵士たちがどのように接しているかを知ることは、権力にとって非常に重要であった。結論は権力に対して慰めを与えるものではなかった。コルホーズへの態度は、「不健全である」と特徴づけられたのである。最も辛辣な態度は富裕層と中農の堅固な経営部分の中に認められた——「コルホーズ・ソフホーズの展開に対する疑わしげな、多くの場合は敵対的なそれ」である。反対に貧農は、「その中に自らの状況改善のための唯一の出口を見て」、この政策に賛成したのである[25]。

　1928年末までに貧農と中農の基本的大衆の全般的な政治的気分は、「ソヴェト権力に有利に形成されていた」。「農村における経済政策を理解せず、国の工業化の高いテンポや、個人経営の発展に対する政府の冷淡な態度、そして穀物の低価格に対して不満を述べていた」新規徴集の若者たちの部隊への来着すら、全体としては、軍隊内の肯定的な気分を変えるには至らなかった[26]。

　一息つくことを許させるような傾向と並んで、不安な諸要素も記録された。もし春季の最初のいくつかの総括報告で農村の側からの直接行動の脅威のみが指摘されたとすれば、夏までにはこの脅威に代わって、農民の中での、コムニストに対する「充満する大いなる敵意」についてや、女性の

反乱、蜂起行動についての情報がやってきていた。軍隊には、「反革命的」スローガンに満ちた呼びかけ・訴えを伴う手紙がますます多く到着した。それらの中には次のようなものがあった。「同志赤軍兵士諸君、農民同盟を勝ち取ってくれ、今のところ忌々しいプロレタリアートだけが生きることができる状態なのだ」[27]。総括報告は相変わらず、都市と農村との対立の強まりを記録した。「地方権力は全てに対していいかげんな対応をしており、都市は注意を払わず、ほくそえんでいる」[28]。新しい現象として次のようなことが指摘された――「明らかにこれらの手紙の執筆者に対する弾圧を危惧して」、赤軍兵士が農村からの手紙を上官や政治指導者から隠している、と[29]。

2.4. 1929年の「農民的気分」

　1929年初、軍の政治機関の中の安堵と、それを背景とした「農民的気分」の分析に関する活動における弛緩が生じたようである。このことによってのみ、同年上半期にしかるべき総括報告が存在していないことが説明可能となる。この状況はいぶかしく思われる。なぜなら沿ヴォルガ、バシキリアの諸地区とウラル、シベリア、カザフスタンにおける穀物調達課題の「正当」かつ「適切」な引き上げを承認した、人民委員会議と党中央委員会政治局の合同決議「穀物調達について」が、1929年1月に採択されていたからである[30]。

　オ・ゲ・ペ・ウは、赤軍政治担当部とは異なり、軍隊内の気分についての調査と権力側への情報提供を継続していた。たとえば、1929年5月1日現在の状況に関する「赤軍の否定的気分の基本的諸契機」という総括報告では、それらのうちの最重要のものとして、次のようなものが挙げられている。1)「農民的気分」のさらなる成長と尖鋭化、2) 軍隊内に侵入した反ソヴェト分子の「高い活動性」、3)「……国内情勢の諸問題についての上官の説明に対する、赤軍兵士の懐疑的態度」の高まり[31]。とりわけ在

郷師団における、「中農層」内部での「農民的気分」の高まりも指摘された。この機関特有の几帳面さで、発言そのものだけでなく、その数も記録された。オ・ゲ・ペ・ウ特務部の資料によれば、不満の表明の件数は次のように登録されている。レニングラード軍管区（ЛВО）で、当年2月に401件、3月に1187件、ベロルシア軍管区（БВО）で1月に528件、3月に561件、ウクライナ軍管区（УВО）で1月に1142件、3月に1444件、北カフカーズ軍管区（СКВО）で3月に954件、4月に1229件、シベリア軍管区（СибВО）で2月に1667件、3月に2014件[32]。ほかにもオ・ゲ・ペ・ウ特務部は、農民による赤軍へのアピール、「農民の側に」立つように求める呼びかけが手紙において以前よりも大衆的な性格を帯びていると指摘し、これを「農村上層の体系的な反革命活動」に関係づけた[33]。

軍隊内における「農民的気分」との闘争についての総括報告の最終的結論は、偏りのないものだった――政治機関の活動が「相も変わらず」十分に集中的でないとみなされた。さらには、政治機構や士官が「なだめすかすような説明」を見出したり、「時には、地方機構に責任転嫁したりして」、赤軍兵士への回答を「単純に忌避している」傾向の広がりが指摘された[34]。

権力のさらなる行動は農村の情勢を緩和しなかった。反対に、穀物調達強化のために採択された諸決議、とりわけ、労働国防会議（СТО）による1929年5月7日の決議「穀物調達について」と1929年5月31日の決議「1929年7－8月の穀物調達の強化措置について」、及び人民委員会議による1929年6月21日の決議「1929－30年度における穀物調達の組織について」は、ただでさえ緊張していた農村情勢をさらに尖鋭化させ、農村に最も活動的な抵抗形態を採用することを余儀なくさせた[35]。そして、これらすべては軍隊内の気分に反映されたのである。

オ・ゲ・ペ・ウ特務部資料（1929年8月1日現在の状況についての概観）によれば、「農民的諸問題に関する」個別的な不満の表明（発言）の増大が指摘されており、5月－6月－7月についての次のような数的指標によって特徴づけられている。レニングラード軍管区（ЛВО）については、

1274―973―706、ウクライナ軍管区（УВО）については、1542―2742―1974、北カフカーズ軍管区（СКВО）については、766―1802―1125、シベリア軍管区（СибВО）については、2863―（6月の数字欠）―2012。さらにオ・ゲ・ペ・ウ特務部は、極めて不安な兆候を記録した――軍隊内において、権力の経済政策に不満を持つ兵士たちがグループを形成しはじめたのである。このグループは、「大部分がクラークに指導され」、個々の赤軍兵士の教練において組織的に登場することによって、政治機構の説明活動を失敗させるという目的を追求していた。2月－4月期の資料によれば、総勢297名を抱える56の反ソ的赤軍兵士のグループが、5月－7月には総勢362名の70の反ソ的集団が確認されていた[36]。その際、これらのグループの活動への士官層の、とりわけ下士官層の積極的参与が指摘されている。このことについて警告を発したのは政治機関であった。

　1929年末までに、不穏な現象にもかかわらず、軍隊内の「農民的気分」は、全体としては前年に比べて減退した。1929年10月26日付の赤軍政治担当部総括報告には、「貧中農層の基本的部分は、クラークの扇動に絶えず抵抗し、基本的に政治的には健全である」と指摘された。同所では、「農民的気分」なるものは、「国内における階級闘争の尖鋭化の条件下では明確にクラーク的表現をとっているが、本質的には、曖昧な「全農民的」気分なるものを、基本的には農村に対する資本主義的分子の階級的利益を反映するところの、純粋にクラーク的な気分へとすでに変化させている」と指摘された[37]。かかる結論はオ・ゲ・ペ・ウ特務部によって確認されたのである。

2.5. 1930年の「農民的気分」

　1930年は、「全面的集団化」と「クラーク清算」の年となり、新たな政治的諸課題をもたらした。政治機関は、これらの過程にかなり積極的に参与している以上、軍隊内の気分の調査と監視とを続けていた。1930年初め

赤軍政治担当部は、昨年の失敗を考慮し、「党の政策転換に対する兵営の反応」の調査のために、自らの職員を各地へと、在郷軍が配備されている各地区へと派遣した。調査を受けた管区の中には、北カフカーズ、ウクライナ、沿ヴォルガといった地区が含まれていた。これらの派遣の総括に関連して、ヤ・ベ・ガマルニクが議長となって、1930年2月26日に会議が招集された[38]。ウクライナ配属の第7地方軍を訪問したという発言者の1人は、赤軍兵士の大部分は「集団化がいかにして遂行されるのか、クラークは階級としていかに絶滅されるのか」に関心を抱いていると指摘した。彼らとは異なり、民間の若者は、「断固としてコレクチフに加入しない者がどういう扱いを受けるのか」により関心を抱いている。問題の中には次のようなものがある。「なぜもっと前でなく、今クラークを階級として絶滅するのか」、「何が原因で食糧上の困難が引き起こされたのか」、「裁判によって選挙権を剥奪された者が、コルホーズに受け入れられるのか」、「宗教的な気分の者はいかに扱われているか」[39]。会議では、「新路線」と関連した士官の気分に対しても注意が払われた。ここで、政治機関はかかる活動面では「極めて弱体」であること、士官層と農村の具体的な社会集団との親族関係についての正確な資料が政治機関にこれまで存在していないことが指摘された[40]。

　1930年上半期において、軍隊内の「農民的気分」の基本的主因は、コルホーズ運動の諸問題であった。「健全」とか、「是認している」、「支援している」とか特徴づけられた、これらの気分の積極的な全体像と並んで、否定的な諸契機が存在していた。ここで、中農出身の兵士たちの態度が、慎重で待機的であることが指摘された。彼らは、大部分が、「党の政策転換(「全面的集団化」路線)に対する自らの見解を明言するのを避けた」のである。その上、彼らが交わす会話の最もありふれたテーマは、「クラーク絶滅策は中農にまで及ばないのか」、「中農の絶滅は始まらないのか」といった党の中農への態度に関するものであった[41]。

　1930年の秋にかけて、軍機関及び特務機関は、コルホーズ建設に反対す

る「クラーク的宣伝」や下級、中級、上級の士官までもの反ソヴェト組織への参加を伴った、「とりわけ春季の集団化のゆきすぎの時期における」「クラーク的気分」の、昨年に比しての異常な高まりを記録した[42]。ここで、軍隊に向けて「ソヴェト権力への武装蜂起」を促す訴えの増加傾向が指摘された[43]。

2.6. 1931年の「農民的気分」

1931年は赤軍兵士の気分に本質的転換をもたらさなかった。従来通り、総括報告には、コルホーズ建設、現下の経済的・政治的諸キャンペーンや党・権力の諸施策、五ヵ年計画の進展や商品・食糧供給の困難などに関するものを含めた、「不健全な」現象と「不満」のあらわれが記録された。農村は軍隊を自らの擁護者とみなし続け、自らの息子たちに日々の生活の苦しさについて書き送った[44]。そのような手紙や電報、来訪した親族や同村人との会話は、赤軍兵士たちに否定的な影響を与え、そのことは、「農民的」、「動員解除的気分」の強化、兵役と活動とに対する倦怠感を助長した。1931年5月7日付の赤軍政治担当部総括報告では、次のような指摘がなされた。「最近一層重要な位置を占めているのは、穀物、食肉、木材調達の問題であり、それらが『農民を零落させている』と言われている。クラーク的気分の分子からとりわけ猛烈な批判を被っているのは木材調達であり、『強制労働』に関する『国外からの中傷』とひとくくりにされている」[45]。かくて1931年は、農村において「体験されている諸困難」によって「農民的気分」が強まっていることを今一度明らかにしたのである[46]。

1931年上半期における軍政治機関の活動は、春季の播種キャンペーンと個人経営の赤軍兵士のコルホーズ加入に関する政治教育活動の組織に向けられた。この活動の結果、最終的には「農村に対する兵営の影響力の著しい成果」がもたらされた[47]。政治的扇動の諸形態の中で最も広まったのは、播種計画の遂行やコルホーズへの加入を呼びかけ、春季播種計画課題の説明

を伴った、親族、村ソヴェト、コルホーズに宛てての、赤軍兵士の個人的・集団的手紙であった。手紙の大量送付と並んで、農村への働きかけの形態として普及したものとして、新規コルホーズ員徴募に関連した赤軍兵士作業隊〔ブリガーダ〕（красноармейские бригады）の地方派遣、親族のコルホーズ加入準備に関連した同郷人グループの組織、播種キャンペーン計画の最良の遂行をめぐっての他村との社会主義的競争の契約などがあった。

むすびにかえて

最後に、これまで見てきた「農民的気分」の諸段階についての総括をおこないつつ、いくつかの結論を出させていただこう[48]。

第1の結論としていえるのは、農村における「新路線」への反応として生じた軍隊内の「農民的気分」は、検討されている全期間を通じて、さまざまな機関の保証にもかかわらず決して沈静化することはなかったということである。これらの気分の大元には農村に関する権力の諸施策を支持したり、支持しなかったりする農民出身の赤軍兵士たちの立場があった。「農民的気分」の本質を成すのは、農村の現実生活にとって基本的な意味をもつところの、穀物調達の遂行と規模、市場、とりわけ穀物販売市場における商業関係の変更、穀物価格の引き上げ、農村への工業製品の供給についての困難、農業税・自己課税の手続きと規模、などの諸問題であった。コルホーズ建設の展開と大規模なクラーク絶滅の実施により、これらに、諸施策の遂行の際の「ゆきすぎ」の問題が付け加わった。これら列挙された全ての問題は、「農民的気分」にとっても、それに代わって到来した「クラーク的気分」に対しても、焦眉〔アクトゥアーリヌイ〕であった。この名称変更が生ずるのが大規模な「クラーク清算」、すなわちクラークとの闘争が本格的に開始された時期であることに注意しておこう。「気分」についての名称変更は、単に、しかるべき機関によって国内の政治情勢に都合の良いように

3-1　1928－1931年の赤軍における「農民的気分」◆ノンナ・タルホワ

採用されたさしあたりの偽装とみなすことができるのである。

　第2の結論は、「農民的気分」の担い手が、まず第1に、農民出身の兵士全体だったことである。この一般的カテゴリーに入りうるのは、軍役に就いている農民の3つの社会集団（貧農、中農、クラーク）全てであった。時期によって、それぞれの社会集団の役割は強まったり、弱まったりし得た。「気分」の**不断の構成者**だったのは、裕福な農民（クラーク）であり、その中には後方の予備役の方面で制約を克服し、つねに権力に対する頑強な反対者であった者もいた。「気分」の**可変的な構成員**だったのは、残りの2つのグループ——中農出身の赤軍兵士たちと貧農出身の赤軍兵士たちだった。後者は、大部分が農村においては権力の「新路線」をつねに支持していた。彼らの立場は「非常措置」が農村の情勢を極限まで尖鋭化させた「新路線」の初期段階を除いては、軍隊内の「農民的気分」に本質的影響を及ぼすことはできなかった。このこととの関連で、軍隊内の「気分」の変動は、大部分が中農出身の赤軍兵士の態度によって決定されていたと推測することが正当であろう。20年代末の複雑な情勢は、権力の運命が中農の態度にかかっていた内戦期と比較しうるのである。

　最後に**第3の結論**。1929年末以降の総括報告に認められる軍隊内の気分の全体的な安定化は、基本的にいくつかの原因の総体を有していた。そのうちで最も重要なものが、赤軍兵士大衆、とりわけ動揺している者についての政治的扇動活動であったことは間違いない。とはいえ、軍隊内で実施された、「社会的異分子」の隊列からの排除を目的とした「懲罰キャンペーン」についても忘れてはならない。軍隊の浄化（чистка）と並行して、農村共同体内の浄化もおこなわれた。かくして、軍隊への召集・徴集を通じて「社会的異分子」が「侵入」するのはますます困難となり、やがて不可能となった。さらには後方予備役制度の存在が軍隊の利害を守っていたのであるから、なおさらのことである。

　軍隊内の気分の安定化に影響を与えたもう1つの重要な要素として、「農村用」カードル養成講習システムと赤軍兵士コルホーズの組織を通じ

ての、農村における社会主義建設過程に対する軍の積極的参与があった。動員解除で赤軍から帰還する兵士たちは軍隊式の政治的訓練を受けており、基本的には大部分が農村内における権力の支柱となった。さらに、軍隊内の教練で習得された組織的・経済的能力は、新たなコルホーズ・ソフホーズにおいて、彼らを中心的人物にしたのであった。

注

（1） *Данилов В.П.* Введение. //Красная Армия и коллективизация деревни в СССР（1928-1933 гг.）. Сборник документов из фондов Российского государственного военного архива. Составители А. Романо и Н. Тархова. Неаполь. 1996. С. 22. 比較のために直前期の数値を挙げれば、1926年10月1日から1927年10月31日までにソ連全体で確認された「大衆的直接行動」はわずか63件であった（Там же. С. 20）。

（2） *Тархова Н.С.* Участие Красной Армии в заселении станицы Полтавской зимой 1932-1933 гг.（по материалам РГВА）//Голос минувшего. Кубанский исторический журнал. 1997. № 1. С. 38-42; *Михалева В.М., Тархова Н.С.* «Медынское дело» в Красной Армии или рассказ о том, как проводилось раскулачивание в провинциальном городке Медынь в январе 1930 г. //The Stalin-Era Research and archives Project. Centre for Russian and East European Studies. University of Toronto. Working Paper № 6. 2000.

（3） Красная Армия и коллективизация деревни в СССР (1928-1933 гг.). Сборник документов из фондов РГВА. Составители А. Романо и Н. Тархова. Неаполь. 1996（ロシア国立軍事アルヒーフ（РГВА）の史料を序文とともにロシア語とイタリア語で併載）; Трагедия советской деревни. Коллективизация и раскулачивание. Сборники документов и материалов. Т. 1-4. М., 1999-2003（同じくロシア国立軍事アルヒーフの史料を収録したシリーズ）; Советская деревня глазами ВЧК-ОГПУ-НКВД. 1918-1939 гг. Сборники документов и материалов. Т. 1-3. М., 2000-2003.

（4） РГВА. Ф. 9. Оп. 29. Д. 12. Л. 247-251 об.（Красная Армия и коллективизация деревни в СССР. С. 72）

（5） うち60.6％を農民が、3.0％をバトラークが構成していた（Там же）。

（6） РГВА. Ф. 9. Оп. 29. Д. 12. Л. 247-251 об.（Красная Армия и коллективизация деревни в СССР. С. 72）
（7） うち68.2％を農民が、3.6％をバトラークが構成していた（Там же）。
（8） РГВА. Ф. 9. Оп. 29. Д. 12. Л. 247-251 об.（Красная Армия и коллективизация деревни в СССР. С. 72）
（9） РГВА. Ф. 9. Оп. 32. Д. 1（Красная Армия и коллективизация деревни в СССР. С. 72）．
（10） Там же．
（11） Там же．
（12） РГВА. Ф. 9. Оп. 28. Д. 263. Л. 19-20（Красная Армия и коллективизация деревни в СССР. С. 76-80）．
（13） РГВА. Ф. 9. Оп. 28. Д. 263. Л. 25．
（14） Красная Армия и коллективизация деревни в СССР. С. 80．
（15） 1928年2月14日から3月10日についての赤軍政治担当部総括報告（Красная Армия и коллективизация деревни в СССР. С. 82-100, 102-110に部分収録）。
（16） Красная Армия и коллективизация деревни в СССР. С. 90, 102．
（17） Там же. С. 92, 94, 102, 104, 108．
（18） 1928年3月10日付の赤軍政治担当部総括報告（Там же. С. 106）。
（19） オ・ゲ・ペ・ウ特務部長代理署名入りの報告書（Трагедия советской деревни. Коллективизация и раскулачивание. Сборник документов и материалов. Т. 1. М., 1999. С. 170-171）。ヤゴーダの指示で1928年1月24日、ヤ・カ・オリスキーがヴォロシーロフとブブノフの元に派遣された。
（20） Трагедия советской деревни. С. 171．
（21） たとえば、1928年4月2日、ヴォロシーロフとウンシュリフト、赤軍（スラービン）に宛てて、「穀物調達、自己課税、農民債割当との関連における赤軍内の気分」なるオ・ゲ・ペ・ウ特務部の新しい総括報告が発送された（Трагедия советской деревни. С. 232）。
（22） 1928年6月27日付のソ連邦革命軍事評議会決議「赤軍内の政治的・倫理的気分について」（РГВА Ф. 4. Оп. 1. Д. 759. Л. 52（Красная Армия и коллективизация деревни в СССР. С. 120-127に部分収録））。
（23） РГВА. Ф. 9. Оп. 28. Д. 262. Л. 58 и об.（Красная Армия и коллективизация деревни в СССР. С. 140）
（24） Трагедия советской деревни. С. 472-473．
（25） 総括報告第8号（Красная Армия и коллективизация деревни в СССР.

C. 144. および Трагедия советской деревни. C. 467-473 に部分収録)。
(26) 総括報告第8号（Трагедия советской деревни. C. 468)。
(27) 総括報告第2号（Красная Армия и коллективизация деревни в СССР. C. 134. に部分収録)。
(28) 総括報告第3号（Там же. C. 138)。
(29) 総括報告第2号（Там же. C. 134)。
(30) Трагедия советской деревни. C. 511-514.
(31) 1929年5月1日付のオ・ゲ・ペ・ウ特務部総括報告（Красная Армия и коллективизация деревни в СССР. C. 158 に部分収録)。
(32) Там же. C. 158.
(33) Там же. C. 160.
(34) Там же. C. 160, 162.
(35) Трагедия советской деревни. C. 618-620, 622-624, 635-636, 644-648, 661-663.
(36) РГВА. Ф. 9. Оп. 28. Д. 115. Л. 26-27.（Красная Армия и коллективизация деревни в СССР. C. 164-166 に部分収録)。
(37) 1929年10月26日の赤軍政治担当部総括報告（Красная Армия и коллективизация деревни в СССР. C. 190-192 に部分収録)。
(38) 同会議速記録（Красная Армия и коллективизация деревни в СССР. C. 306-318 に部分収録)。
(39) Там же. C. 312.
(40) Там же. C. 314.
(41) Там же. C. 350.
(42) 1930年9月8日付の赤軍政治担当部総括報告「軍隊内におけるクラーク的気分について」（Красная Армия и коллективизация деревни в СССР. C. 354-358 に部分収録）; 1930年10月14日付オ・ゲ・ペ・ウ特務部総括報告「赤軍内の政治状況の基本的な否定的諸契機」（Красная Армия и коллективизация деревни в СССР. C. 360-362 に部分収録)。
(43) Там же. C. 362.
(44) 1931年5月7日付の赤軍政治担当部総括報告「春播きとコルホーズ建設に対する赤軍兵士の関与について」（Красная Армия и коллективизация деревни в СССР. C. 372, 374 に部分収録)。
(45) Там же. C. 374.
(46) Там же. C. 376.
(47) Там же. C. 372.

(48) 当該期の軍隊内における「農民的気分」についてのより詳細な論述については、XX век и сельская Россия（Российские и японские исследователи в проекте «История российского крестьянства в XX веке»). Под ред. Х. Окуда — Токио. 2005. С. 192-233.

ロシアとウクライナにおける1932－1933年飢饉：ソヴェト農村の悲劇

ヴィクトル・コンドラーシン
（奥田央訳）

1. 問題の所在と研究の視角

　本稿の関心の中心にあるのは、飢饉という恐ろしい惨禍の震源地にあったロシアとウクライナの農業的地方における1931－1933年の状況である。
　本稿の史料の基礎をなしているのは、従来どおりのアルヒーフ史料の他に、第1に、沿ヴォルガ［ふつう中・下流域地方］と南ウラルの戸籍登録課(ザークス)の65の地区アルヒーフと4つの州アルヒーフの文書である。それらは、ロシア農村における1932－1933年飢饉の規模と人口論的な結果を特徴づけている。第2に、著者が沿ヴォルガと南ウラルの102の村でおこなった社会学的調査の資料である。この調査の過程で、著者は、飢饉を体験した617人の目撃者による1932－1933年飢饉の証言を記録した[1]。
　本稿では、ロシアとウクライナにおける1932－1933年の悲劇的な状況の比較分析に特別な力点をおいている。
　問題の主要な局面は、1930年代初頭におけるウクライナとソ連の他の地方での状況の特殊性という問題である。スターリンの集団化政策と穀物調達政策、あるいは政策全体は、具体的な措置、帰結という観点からみてどの程度の地域的特殊性をもっていたのか。
　研究史のなかでこれまでに確認された事実は、1932－1933年飢饉の惨禍が、ウクライナの境界を越えて、ドン、沿ヴォルガ、中央黒土州、南ウラル、西シベリアに広がっていたということである。劇的な性格と帰結において全く特殊であったのは、カザフスタンにおける出来事であった[2]［訳注

1〕。

　ウクライナをふくむソヴェト農村における1932－1933年の悲劇の根底にあったのがスターリン体制の暴力的な集団化と強制的な穀物調達であったということは、1990年代のロシアの研究史が説得的に明らかにしたところである[3]。

　この結論は、R・デイヴィス、S・ウィートクロフト、M・レヴィン、S・メルル、L・ヴァイオラ、D・ペナー、奥田央、S・フィッツパトリックら、ロシア国外の多くの研究者によっても支持されている[4]。

　われわれの見解では、長年にわたる研究の過程で明らかにされた事実と総括にもとづいて、ウクライナをふくむソ連の基本的な農業的地方での1932－1933年飢饉の原因、規模、帰結について次のような断定をすることができる。

　飢饉の原因とはいかなるものであったか。

　伝統的にロシアの飢饉は、旱魃や穀物の凶作と関連していた。したがってわれわれにとって原則的な重要性をもっているのは、ソ連の穀物地帯における悲劇直前の天候条件と収穫という問題である。目撃者や農業専門家の証言と、気象学的文献やその他の史料から、ソ連の穀物地帯における1931年と1932年の気候は農業にとってあまり良好ではなかったと結論することができる。しかし当時現存していた農耕技術の水準が維持されていれば、その天候は、穀物の大規模な凶作をひきおこせるものではなかった。1932年の穀物地帯では、全面的な播種地の死滅にいたった19世紀から20世紀前半までの旱魃に、強さ、地域的範囲において匹敵するような旱魃はなかった[5]。

　1932－1933年飢饉は、自然発生的な災厄の結果ではなく、スターリン体制の農業政策と、それに対する農民の対応の、起こるべくして起こった帰結であった。その直接的な原因となったのは、わが国の急激な工業化とみずからの権力の強化という課題を解決するためにスターリン指導部がおこなった集団化と穀物調達の反農民的な政策であった。

3-2 ロシアとウクライナにおける1932－1933年飢饉：ソヴェト農村の悲劇◆ヴィクトル・コンドラーシン

　1932－1933年飢饉は、ウクライナだけではなく、ソ連のすべての基本的な穀物地帯、全面的集団化のゾーンを襲った。史料を注意深く研究すれば、わが国の穀物地帯に飢饉の状況がつくりだされる基本的に単一のメカニズムが存在していることが理解できる。いたるところでそれは、暴力的な集団化、強制的な穀物調達やその他の農産物の国家調達、クラーク清算、農民の抵抗の弾圧、飢饉の条件下で農民が生き残る伝統的なシステムの破壊（クラークの絶滅、乞食や盲目的な移住との闘争等々）であった。しかも、ソ連の集団化された地方が同時に飢饉に入り込んでいくという過程が進行した。

　飢饉をひきおこす出来事の論理的な連鎖は、次のように指摘することができる。集団化、穀物調達、1932年の農業危機、農民の抵抗、コルホーズ制度の確立と体制の強化のための「飢饉に手を借りた農民への処罰」がそれである。

2. 背景　1930－1931年

　集団化と飢饉が分かちがたく結びついていることは、飢餓的な1924～1925年のあとに訪れたソヴェト農村の安定的な発展の時期が［集団化とともに］おわったという明白な事実によって断定することができる。はやくも1930年――それは全面的集団化の年である――は、飢饉の幻影の再来を標示していた。ウクライナ、北カフカーズ、シベリア、ヴォルガ下流、中流の多くの地方では、コルホーズ運動の触媒として利用された1929年穀物調達キャンペーンの結果、食糧難が発生していた[6]。

　1931年は、農夫にとって満ち足りた年のはずだと思われた。前年の1930年には、例外的に良好な気候条件の結果、わが国の穀物地帯では記録的な収穫を収めたからである（公式のデータでは8354万トン、実際には、7720万トン以下）[7]。しかしそうはならなかった。1931年の冬、春は、将来の

悲劇の悲しい予告であった。中央の新聞の編集部には、沿ヴォルガ、北カフカーズやその他の地方のコルホーズ員から厳しい食糧状況を伝える数多くの手紙が届いた。これらの手紙は、発生した困難の基本的な原因は穀物調達と集団化の政策であるとしていた[8]。

集団化の最初の数年間の経験は、スターリンのコルホーズが、その本質において農民の利益と何ら共通点をもたないということを一目瞭然に示した。彼らは、権力によって、何よりもまず商品化穀物や他の農産物をうけとるための源泉とみなされていた。その際に農夫の利益は考慮に入れられていなかった。そのことを非常に雄弁に物語っていたのが、穀物調達の計画のシステムと、その実行の方法であった。

集団化の最初の年が、それが遂行される目的をすでにはっきりと示した。1930年の穀物の国家調達量は1928年に比べて2倍に増加した。農村からは、ソヴェト権力の過去の全年度中で記録的に大きい穀物量（2214万トン）が搬出された。基本的な穀物地帯では調達量は平均して収穫の35〜40％であった[9]。1928年には、それは20％と25％の間にあった。

そのうえ、たとえば北カフカーズは、当初の穀物調達計画を遂行したばかりでなく、播種用の穀物や、飼料、食糧用の穀物の一部まで国家に供出することによって追加的な計画も遂行した。その結果、1931年春、北カフカーズ地方の若干の地区は、深刻な食糧難を経験し、そこへは、コルホーズの耕地に播種するために種子を搬入しなければならなかった[10]。

1931年は、気候条件ではあまり良好ではない年であった[11]。その結果、穀物の収穫は低く、公式のデータでは、6948万トンであった（1930年は前述のとおり7720万トン）[12]。しかし国家の穀物調達量は、高収穫だった1930年に比べて引き下げられなかったばかりでなく、引き上げられさえした。たとえば、旱魃に襲われたヴォルガ下流とヴォルガ中流では穀物調達計画はそれぞれ1億4500万プードと1億2500万プードであった（1930年にはそれは1億0080万プードと8860万プードであった）[13]。

穀物調達計画の遂行方法は、食糧割当徴発の特質をもっていた。地方権

力は、中央の圧力をうけて、コルホーズと個人農から現存するすべての穀物を掻き出した。収穫取り入れの「コンヴェーヤー方式」［訳注2］、呼応計画［訳注3］やその他の措置の助けを借りて、生育した収穫には厳しい統制が設定された。不満をもつ農民やアクチヴィストは仮借なく弾圧された。すなわちクラーク清算され、追放され、裁判にかけられた[14]。しかも「穀物調達の無法状態」におけるイニシアチヴは、スターリン指導部とスターリン個人がとっていた[15]。この一目瞭然たる証拠は、1931年10月の党中央委員会総会におけるスターリンの発言である。総会では、凶作なので穀物調達を減らしてほしいというヴォルガ中流地方とヴォルガ下流地方の書記の要請があったのに対し（この際、収量の具体的なデータも引用された）、スターリンは、激しい調子でそれを斥け、書記というのは「最近、何と正確に」なったものだ……、と皮肉を投げつけた。人々への食料品の供給に直接の責任を負う供給人民委員部の人民委員ミコヤンが総会に出席しており、彼はこう述べた。「問題は基準［消費に必要な穀物量の基準］とか、食用などにどれだけ残されるか、ということではない。重要なことは、『まず第1に、国家の計画を遂行しろ、そのあとで自分の計画を満たせ』とコルホーズにいうことである」[16]。このようにして、コルホーズ農村に対する圧力はトップから来た。スターリンと彼のもっとも近い側近は、地方権力の決定の実現に関する彼らのすべての行動とその悲劇的な帰結に対して個人的な責任を負っていた。

3. 1932年の経済危機

このような政策、そしてまた集団化全体の結果が、1932年の深刻な農業生産の危機であった。それとわかる危機のあらわれとなったのが、役畜と生産的家畜［労役用でない家畜］の急激な減少、農村人口の盲目的な移住、基本的な農作業の質の低下であった。

1932年の春播きまでに、畜産が集団化の結果こうむった償い難い損失は明らかとなった。穀物調達の帰結として発生した飼料不足のために、1931－32年の冬に、役畜と生産的家畜の頭数が集団化の開始以来もっとも急激に減少した。まだ残っていた牽引用の家畜の4分の1に当たる660万頭の馬が斃死し、残りの家畜も極端に疲弊していた。馬と雄牛の総数は、ソ連全体で、1928年の2740万頭から1932年の1790万頭へと減少した[17]。したがって、ソ連農業人民委員部データによれば、1932年の春播きキャンペーンにおいて、たとえばヴォルガ下流地方では、馬1頭あたりの労働負荷は平均して23ヘクタールとなった（集団化の開始までは10ヘクタールであった）[18] [一方では牽引力が減少したため、他方では播種面積が拡大したため]。1932年のコルホーズにおける基本的な耕作の質が低下したことは、こうして全く論理的な帰結であった。
　その結果において農村にとって悲劇的となったのは、牝牛とコルホーズ員の個人的な家畜の強制的集団化であった。それは、1931年7月30日付の党中央委員会・ソ連人民委員会議決定「社会主義的畜産の展開について」によって実施された[19]。実際には、あらゆることが、農民の住宅付属地から家畜を没収するという陳腐な形をとった。このような行動に対する回答となったのが、家畜、農具、一部の播種地を返せという要求をともなう農民のコルホーズからの大規模な脱退であった。農民は家畜を殺し、まさにこのことによって、畜産の基礎ばかりでなく、食糧の安全の基礎までも掘り崩した[20]。
　もっとも健康で若い農民は、最初はクラーク清算を怖れて、次いで、コルホーズを離れることによってよりよい運命を探し求めて、都市へと大規模に移住した。このことも、1932年に農村の生産の能力を本質的に弱めた。深刻な食糧状態のために1931－32年の冬に、農村から都市へ、賃仕事をもとめて逃亡しはじめたのは、もっとも活発なコルホーズ員と個人農の部分であり、なによりもまず労働能力をもつ年齢の男性であった。また、コルホーズ員の著しい部分はコルホーズから脱出して個人経営へ戻ろうとした。

大規模な脱退のピークは1932年の前半におこり、このとき、集団化された経営の数は、ロシア共和国で137万0800経営、ウクライナで4万1200経営減少した[21]。農村から都市、工業的地方への無許可の出稼ぎは、ソ連全体で、1931年10月から1932年4月1日までに69万8342人に達した[22]。

　1932年の春播きがはじまる頃までに、ソヴェト農村では、畜産は崩壊し、住民の食糧状況は深刻になっていた。したがって播種キャンペーンは、客観的な理由からして、質的に、かつ期限どおりに遂行することは不可能であった。1932年の農業キャンペーンの過程において牽引力が不足し、農耕技術の原則が侵犯された。それは、農業生産に対して破滅的であったスターリン指導部の農業政策の帰結が運命づけていたことであった。すなわち牽引力の減少は、すべての基本的な耕作を深刻に長引かせ、その質を低下させた。1932年に、全ロシア中央執行委員会の1委員会の報告によれば、北カフカーズの春播きキャンペーンは、通常は1週間か、それを少し超える程度なのに、30日ないし45日に長引いた。ウクライナでは1932年5月15日までにわずか800万ヘクタール播種したにすぎなかった（比較のために引用すれば、1930年には1590万ヘクタール、1931年には1230万ヘクタールであった）[23]。権力は、進歩的な輪作を導入することなく、また十分な量の厩肥や肥料も入れることなく、穀物の商品化を増大させるためにその播種面積を拡大しようとひたすら努力したため、そのことは、土地の疲弊、収量の低下、植物の罹病率の増大を不可避的にひきおこした。牽引力が猛烈に減少し、それにもかかわらず同時に播種面積が拡大したために、その結果として、耕起、播種、収穫の質が悪化し、したがって収量が減少し、損失が増大した。1932年にウクライナ、北カフカーズやその他の地方で穀物を播種した耕地で雑草が重圧となったこと、除草労働の質が悪化したことは、広く知られた事実である[24]。

　このような状況の当然の結果となったのが、収穫の取り入れに際する穀物の巨大な損失であり、その規模は過去に前例を見ないものであった。労農監督人民委員部のデータでは、1931年の取り入れに際する損失は1500万

トン以上（穀物総生産のおよそ20％）であったのに対して、1932年の収穫の損失はもっと大きいと判明した(25)。たとえばウクライナでは、1億プードないし2億プードであり、ヴォルガの下流と中流では7200万プード（穀物総生産の35.6％）に達した。わが国全体として1932年には栽培された収穫の半分以上が耕地に取り残された。この損失をたとえ半分なりとも減らせていれば、ソヴェト農村におけるいかなる大規模な餓死もなかったであろう(26)。

それにもかかわらず、史料の評価と目撃者の証言によれば、1932年の収穫では、以前の諸年に比べて生育は平均的であり、大規模な飢饉をくいとめるには完全に十分なものであった。しかしそれを適時に、また損失なしに取り入れることには成功しなかった。したがって結局のところ収穫は1931年より悪くなった（もっとも、公式の数字は逆のことを証言している）1932年の取り入れ終了後の穀物調達キャンペーンが終わったあと、わが国に穀物の巨大な不足が生まれたことには、複合的な原因がある。

客観的な原因に加えることができるのは、上述した集団化の2年間の帰結であり、それが1932年の農業技術の水準に影響をおよぼした。主体的な原因となったのは、第1に、穀物調達と集団化に対する農民の抵抗であり、第2に、穀物調達と農村での弾圧というスターリンの政策である。

農民がコルホーズをうけいれなかったこと、集団化と穀物調達の政策に彼らが活発に抵抗したことが、1932年の農業危機の最も重要なファクターである。前年の1931年には穀物調達を遂行したあと穀物がなくなり、飢餓的な冬を生き延びなければならなかったというきわめて苦い経験をもつコルホーズ員と個人農の大半は、コルホーズや自分の経営で良心的に働く意欲をもたず、また客観的な理由（何よりもまず牽引力の不足）からそうすることもできなかった。コルホーズ員は、コルホーズの労働よりも、任意の他の稼ぎ、すなわち個人経営やソフホーズ、都市で働くことを選んだ。

はやくも1931年秋から、とくに1932年の春には、いわゆる「ヴォルィンカ［わざと仕事を遅らせること、サボタージュ］」、すなわちコルホーズにおけ

る労働の集団的拒否が国中に巻きおこり、その他、農民の大量の反コルホーズ的な直接行動が活発となった(27)。このような条件の下で、収穫の取り入れを適時におこなう動機付けを農民にあたえるために、1932年5月には、ソ連人民委員会議、中央執行委員会、党中央委員会の諸決定が出されている。それは、穀物と食肉の国家調達計画を削減し、（穀物調達を完遂した場合には翌1933年1月15日から）自由な穀物商業を、そして（中央集権化フォンドへ規則的に納入を果たした場合には）自由な食肉商業を、許可した。1932年の春、夏にはいくつかの決定がつづき、コルホーズ員の個人的副業の廃絶を許してはならないとか、共同畜産部へ以前没収された家畜をコルホーズ員に返却するとか、農村において法的秩序を遵守し無法状態をなくすといった決定が採択された(28)。

しかしながら、このようないわゆる「ネオ・ネップ」のすべての措置は結果を生むことができなかった。採択があまりにも遅かったからである。とくに、ソヴェト政府が期待をかけていた「自由な商業」に関する決定は機能しなかった。1932年5月のはじめ現在では、コルホーズ員には市場向けに販売する穀物がまさに残されていなかったからである。穀物は自分の消費にも事欠いていた。飢えた農民の頭を支配していたのは、冬と春をどうやって生き延びるかという思いであった。長年の暴政によって抑圧されてきたコサックと農民はもはや権力を信じてはいなかった(29)。

したがって1932年の夏のコルホーズでは、収穫キャンペーンの最初から、コルホーズの穀物を耕地から盗む未曾有の窃盗と、稼ぎをもとめて労働能力のある人々が農村から出ていく大規模な離村がいたるところでひろがった。コルホーズの自己解散がつづいていた。それは、オ・ゲ・ペ・ウの摘要報告にいうところの、「家畜、資産、農具の持ち去り」、「土地と播種地の勝手な占有と個人的利用への分割」をともなっていた。コルホーズ員と個人農は、共同給食が保証されなければ耕地で働くことを拒否した(30)。多くの地方で、大規模な騒擾が火を噴き、権力は武力でそれを弾圧した。オ・ゲ・ペ・ウのデータによれば、ソ連の農村では1932年の1月から3月

までに576件の大規模な蜂起が記録され、他方、同年の4月から6月にはそれは949件であった⁽³¹⁾。

そればかりでなく、収穫の農繁期の最初から、農民によるコルホーズの穀物の窃盗が大量現象となった。現象の規模はあまりに大きかったために、ソヴェト国家は、1932年8月7日、スターリンの個人的なイニシアチヴによって共同の（社会主義的な）所有物の保護に関する「有名な」決定を採択した。それは、捕らえた泥棒に対して10年の投獄刑と銃殺刑を予定していた⁽³²⁾。

地方権力は、他のものに対する見せしめとして、この立法によって銃殺された農民の一覧表を公表した。この立法は人々のなかで適切にも「5本の穂の法律」と呼ばれるようになった⁽³³⁾。

このような状況は当然であった。状況の尖鋭さは、はじまった穀物調達キャンペーンによって規定されていたからである。キャンペーンの特質から、農民は自分の行動が正しいことを確信していた。上から下ろされてきた計画は、コルホーズと個人農の組織的・経営的状態からして彼らには力の及ばないものであった。

このようにして、1932年の低い収穫を決定したのは客観的、主体的原因の総体であった。その根底にあったのは、意識的に、決定的に遂行されたスターリンの集団化政策であった。したがって、1932年の農業危機に対する主要な責任はわが国の政治指導部にあった。この指導部こそが危機を生み出したのであり、その後につづく出来事に対して基本的な責任を負うものである。

農村から穀物を奪い去った1932年の穀物調達キャンペーンは、研究史のなかで十分に解明されている⁽³⁴⁾。その地域的な特殊性は、地域の大きさと執行者の具体的な個性に関連しているだけである。他の点では、そのキャンペーンは、ウクライナでも、沿ヴォルガでも、他の全面的集団化のゾーンでも本質的に同じであった。

ウクライナ、沿ヴォルガ、中央黒土州、ドン、クバンではほぼ同じ過程

が進行した。1931年10月の党中央委員会総会が穀物調達を問題にしたのはすべての穀物地帯についてであって、ウクライナだけではない［訳注4］。

1932年の中央委員会政治部の穀物調達非常委員会は、ウクライナだけではなく、クバンと沿ヴォルガでもほとんど同時に設置された。穀物調達計画を遂行しなかった地区に対する「黒板」［訳注5］は、ウクライナばかりでなく、北カフカーズ地方や沿ヴォルガでも導入された[35]。1932年と1933年にウクライナばかりでなくロシアの地方でも穀物調達計画の不履行のかどで農民からすべての食糧が没収された。そのことは、たとえば、ノヴォチェレヴェンスカヤ村に関する北カフカーズ地方スタロミンスキー地区党委員会の決定が証言している[36]。そこでの、穀物調達期における農村勤労者に対する地方権力の暴政はウクライナより小さいものではなかった。そのことは、たとえば［北カフカーズ地方］ヴェションスキー地区の状況に関するスターリン宛のショーロホフの書簡からでも判断できることである[37]。そして最後に、1933年1月22日付の、飢餓的な地区における農民の強制的な移動禁止というスターリン、モロトフの痛ましくも有名な指令［後述500頁を参照］は、ウクライナだけを対象としたものではない[38]。

ウクライナになかったこともロシアの地方にあったことを忘れてはならない。それは、1931年の農業キャンペーンの時期にヴォルガ下流地方のコルホーズ［複数］で農民の鞭打ちがおこったことであり、また［1932年末に］クバンのコサック村［複数］が「穀物調達サボタージュ」のかどで、まるごと追放されたことである[39]。

同時に、1932-1933年の出来事においてウクライナの特殊性も存在したが、それは、すべての地方についてその特殊性があったのと同様なのであり、悲劇の帰結についていうのであれば、とくにカザフスタンにおいてそうであったのと同様である[40]。たとえば、多民族的な沿ヴォルガでは、そこでの飢饉の特殊性は「民族的特殊性」がなかったということである。それが意味することは、全面的集団化のゾーンでは、ロシア人も、タタール人も、モルドヴァ人も、他の民族の代表も等しく飢えたということであ

る$^{(41)}$。

　もし1932－1933年の出来事におけるウクライナ的な要素ということをいうのであれば、1932年の夏、ウクライナの飢饉は、隣接する地方、なによりもまず北カフカース地方と中央黒土州に対して不安定化要因の役割を演じたということである。そこへ殺到した飢えたウクライナ人農民はコサックと農民のなかで「パニック的な雰囲気」を刺激し、まさにそれによって収穫キャンペーンと穀物調達を挫折に追い込んだ。ウクライナにおける飢饉という事実そのものがロシア農民にとってショックであった$^{(42)}$。

　しかしながら、きわめて重要な状態を指摘しなければならない。すなわち、飢饉は隣接するロシアの穀物地帯でもウクライナの穀物地帯と同時に発生したのであり、後者は、出来事の触媒として登場しただけであって、その主要な原因ではなかったということである。

　われわれの見解では、1932年春、夏にウクライナの農民がコルホーズから大規模に逃亡したことこそが、ウクライナをふくむすべての地域の農村全体においてスターリン指導部の政策が厳格化した原因であった。

　公刊されたスターリンとカガノーヴィチとのあいだの交信が明らかにしているように、スターリンは1932年のはじめには、ウクライナで発生した困難の主な責任は地方指導部にあり、彼らが、「工業ギガント[超巨大企業]」に熱中し、穀物調達計画を地区とコルホーズに均等に割り当てたからだ、と考えていた。まさにそのために、1932年の春には、種子と食糧の前渡しという形で、援助が中央からあたえられた$^{(43)}$。

　しかし、ウクライナの指導者（ゲ・イ・ペトロフスキーら）が、発生した困難を党中央委員会の責任にし、一方、ウクライナのコルホーズ員はあたえられた援助に感謝をしないでコルホーズを捨て、ソ連のヨーロッパ部をさまよって移動し、「その泣き言と愚痴で」他のコルホーズを崩壊させている、と［1932年6月に］スターリンに情報が伝えられたあと、スターリンの態度が変わりはじめた$^{(44)}$。食糧の前渡しをあたえるという政策から、農民に厳しい統制を敷くという政策へとスターリンは移っていく。し

かもこの傾向は、穀物調達に対する農民の抵抗が、例外なくソ連のすべての穀物地帯における大規模な収穫の窃盗という形態で強まるにつれて、強くなっていった。

このようにしてスターリンの不屈さの根底にあったのは、コルホーズ制度を強化し、ウクライナでも他の地域でも穀物調達に対する農民の抵抗を砕こうとする志向であった。

このような政策は、一定程度、国際情勢によっても規定されていた。われわれの観点では、ウクライナとソヴェト農村全体での1932－1933年の出来事において国際的なファクターがそれなりの役割を演じた。

1931年12月のソ連中央執行委員会の会期においてモロトフは、強い表現で、「ソ連に対する武力干渉という増大しつつある危険」について語った[45]。それは空虚な言葉ではなかった。中国におけるコミンテルンの政策の大失敗とこの地方での日本の活発な政策の結果、ソ連の極東国境では、戦争の脅威の現実的な震央が発生していた。1931年9月、日本は満州に侵入し、1年後に占領した。1932年12月13日、日本はソ連が提案した不可侵条約の受け入れを拒否した。1933年初頭には、日本軍は、ソ連の極東国境へと直接に進出した[46]。スターリン指導部は不安をもって日本のその後の動きを見守っていた。一方、ドイツではヒトラーが権力を掌握したが、彼は、その選挙キャンペーンにおいて、ソ連で飢えているドイツ人の援助のためのチャリティー募金をはじめていた[47]。

中国北部における日本の活動と、ヨーロッパにおいて発生したナチスの脅威という条件の下で、スターリン指導部にとっては、不動の断固たる態度が重要であった[48]。したがって、ウクライナでもその他の地方でも1932年の穀物調達キャンペーンの時期においてスターリニストと農民との対抗が妥協のない性格のものであったことの前提には、国際的な脅威というファクター、ソ連の国際的な威信を保とうという志向があった。

それと同時に、1932－1933年のウクライナでのスターリンの政策のなかに、随伴的な動機、すなわち、状況を利用してウクライナのインテリゲン

ツィヤと党・ソヴェトの官僚機構のなかの或る層を中立化しようとする志向がスターリンの体制のなかにあったことを、われわれは否定しない。その層とは、当時はじまっていた民族文化の同化という条件の下で、ウクライナの文化と教育の独自性を保存しようとしていた人々である。1921－1922年の飢饉の時期にあったのとおよそ同じようなことが進行していた。このときには、ボリシェヴィキ指導部は、飢えた人々を助けるという口実で、教会財産の乱暴な没収に抵抗していた反体制的な聖職者を迫害したのである（1922年3月19日付のモロトフ宛のレーニンの有名な書簡［訳注6］を思い出しておこう）[49]。

　スターリンにとっては、自分の体制に対する潜在的な反対派だと彼が考えている人々、すなわち文化的な反対派から政治的な反対派へと成長して、しかも農民に依拠できると彼が考えている人々を一掃するのに、1932－1933年飢饉が役立った。とくに、ウクライナのオ・ゲ・ペ・ウ機関は、いわゆる「民族主義的反革命」に対する決定的な闘争をおこなった。1932年1月から8月までの時期だけで、179名の参加者をもつ8つの「ウクライナのショーヴィニスト的インテリゲンツィヤの民族主義的グループ」が摘発され、無害化された。1932年8月末までに562名の参加者をもつ同様の35のグループがすでに一掃された。1932年12月14日付の党中央委員会・ソ連人民委員会議決定「ウクライナ、北カフカーズ、西部州における穀物調達について」は、「党・ソヴェト組織からペトリューラ主義的［本書193頁訳注3を参照］、およびその他のブルジョア民族主義的分子を」一掃すると規定し、あるいはまた北カフカーズでは「ウクライナ地区［ウクライナ化された地区］の」すべてのソヴェト・協同組合機関の文書事務と、そこで刊行されているすべての新聞・雑誌をウクライナ語からロシア語に移し、これらの地区での学校での授業をウクライナ語からロシア語に移すと規定していたが、この決定も同じ政策方向のなかで考察することができる[50]。

　しかしそれでも、ウクライナでの悲劇の基礎にあったのは、スターリン主義者の反農民的政策であり、その農民がいかなる民族であろうが、それ

に関係なくスターリンが抱いていた、階級としての農民に対する不信感である。

この点で特徴的なのは、1932年6月18日付ソチ発カガノーヴィチ、モロトフ宛の書簡にこめられたスターリンの指令であり、それは、農民の注意をそらさないために、穀物調達計画を低めて村に下ろすことを禁じたものであった(51)。

「農民の狡猾さの予防を図る」というこのようなスターリンの戦略が状況をいっそう深刻にしたことは、1932年12月27日付の書簡でハタエーヴィチがスターリン宛に臆することなく指摘した。彼は、もしウクライナが低められた計画をすぐに受けとっていれば、人々は計画の現実性を確信できたであろうから、計画は遂行できたであろう、と指摘した(52)[訳注7]。

4. 飢饉　1932－1933年

ロシアとウクライナの農民は、スターリンのコルホーズで誠実に働く意欲をもたないことを1933年の大量餓死によって罰せられた。わが国の農業が崩壊したすべての責任は、スターリンとその側近によって、地方権力と「クラーク」、「怠け者のコルホーズ員」に帰せられた。

このことは、1933年1月の党中央委員会・中央統制委員会合同総会と第1回全連邦突撃コルホーズ員大会（1933年2月）においてスターリンとその同僚の報告において全世界に告示された(53)。

1932－1933年飢饉の規模は1921－1922年の「大飢饉」の時期の状況と対比することができる。飢饉はわが国の基本的な穀倉地帯を襲い、そのすべての惨禍をともなった。多数の文書が、何百万もの農村住民の苦しみのおそるべき像を描き出している。飢饉の震源地は穀物地帯、すなわち全面的集団化のゾーンに集中しており、そこでは飢えている人々の状況はほぼ同じであった。そのことは、オ・ゲ・ペ・ウの報告書のデータ、エム・テ・

エス政治部の報告、地方権力機関と中央との秘密書簡、目撃者の証言によって判断することができる[54]。

　1932－1933年における農村住民の餓死については戸籍登録課によって公式に記録された数字が存在している。研究史のなかには、計測機関（戸籍登録課）の活動が非効率なため、ソ連の飢餓地域における死者の数については信頼できる情報が存在しないという意見が流布しているが、この意見にわれわれは与しない。われわれは、1933年にヴォルガ下流地方とヴォルガ中流地方に入っていた65の地区と4つの州の戸籍登録課にあるアルヒーフ（ザクス）の一次史料を分析したが、その結果は、考察期間のこの地域における飢餓とそれに関連した病気による高い死亡率という事実を説得的に証明した。1927年から1940年までの895の村ソヴェトにおける死者に関する戸籍登録課のアルヒーフに保存されている戸籍簿を分析した結果、記録されている1933年の死亡率の水準は、ヴォルガ下流地方で、1931年の水準の3.4倍、1932年の3.3倍であり、ヴォルガ中流地方で、1931年の1.5倍、1932年の1.8倍であった[55]。1933年における農村住民の死亡率の急増と出生率の低下が飢饉の到来によって引きおこされたことは、死亡証書にある死因の記録が示しており、それは直接あるいは間接に飢饉を証明しているのである。なによりもまず死亡証書記録簿には1933年における農民の餓死についての直接的な指摘がある。とくに死亡証書の「死因」の項目には、「飢餓によって」死んだ、「衰弱」で死んだ、「飢餓状態」から死んだ、等々といった記録がふくまれている[56]。研究した戸籍登録課のアルヒーフで、われわれは3296のこのような内容の記録を見いだした。飢饉の到来と、農村に襲いかかった苦しみの程度を物語っているのは、1933年の死亡証書にある消化器官の病気による農民の死亡の記録である。とくに、死亡証書の「死因」の項目には、「胃弱」、「腸炎」、「赤痢」、「代用食中毒」[草、飼料などを食すること]等々といった記録が広汎に残っている[57]。それは、飢餓の惨禍の特徴、すなわち飢えた者が様々な代用物を食したために死んだことを、如実に示している。戸籍登録課のアルヒーフの文書は、1933年における、飢

饉の変わることのない随伴者である「チフス」、「赤痢」、「浮腫」、「マラリア」といった病気による農民の死亡という多数の事実を書き留めている(58)。このようにして、戸籍登録課の人口統計は飢餓の惨禍の巨大な規模を明確に示しており、その規模はソ連のその他の基本的な穀物地帯と対比が可能である。

1932－1933年飢饉は、農村と国全体にとって真の人口的破局となった。われわれの見解では、1930年代におけるソ連の人口損失の問題は現在精査されており、それによって、1932－1933年飢饉の犠牲者の数を少なくとも500万人、最大限700万人（直接的損失と間接的損失）と断言することが可能である(59)。

このテーマのもっとも重要な問題は、大量餓死の時期に、ソ連の他の地域に比べてウクライナでなぜ大量の犠牲者が出たかという問題である。われわれの見解では、1932－1933年のウクライナにおける人口損失の大きさの決定において誰よりも正確であるのはウィートクロフトである。彼は、この問題で史料を徹底的に研究したスペシャリストであり、1930年代ソ連の人口損失の研究分野においてもっとも権威のある外国人研究者である(60)。

ウクライナにおける飢饉による巨大な人口損失は、一面では、共和国の面積の大きさ、全面的集団化のゾーンの農村に住む人口の数によって決定されている。他面では、それは、飢えた農民の盲目的な移住に対して統制を設定した権力のいっそう厳格な措置——その目的はコルホーズ生産の維持であった——の結果であった。この措置の厳格さは、やはり、ソ連の他の穀物地帯と比較した場合のウクライナの巨大な面積によって、その国境的な、戦略的な状況によって、規定されていた。同時に、もし、1926年センサスと1937年センサスのあいだでウクライナとロシアの穀物地帯とでどれほど農村人口が減少したかを百分比で比較するならば、ソ連のこの両地方でその像はおよそ同じであることがわかるであろう。このことは、ソ連のこれらの地方において1932－1933年飢饉がおよそ同程度に強烈であったという事実を証明しているのである(61)。

飢饉の規模がむごいほどであったのは、それが穀物調達の破滅的な結果であったとともに、ソ連では強制的な集団化の時期に、農村では飢えの時期を生き延びる伝統的なシステムが破壊された直接的な結果であったからであり、同時に、飢えた人々に対する反人道的なソヴェト国家の政策でもあったからである。

　知られるように、飢餓の危機という条件の下で農民が生き延びる歴史的に形成された方法、あるいは同様に、国家が飢饉の時期に採用する歴史的に形成された政策の形態は、食糧ストックをつくったり、飢えた住民が移住したり、悲劇の震央で国家が援助活動をおこなう等々であった。

　1933年までにコルホーズ農村では、飢饉に備える穀物の予備フォンド――革命前には伝統的なものであった――は、いかなるものもなかった。集団化の過程ではそれは全く問題にもならなかった。穀物は、国家の必要のために資金をえる源泉としかみなされなかったからである。このことをとくに雄弁に物語っているのが、1932－1933年にコルホーズに交付された穀物の前渡しである。コルホーズ以前の時期とは異なって、それは、コルホーズ員を強制して国家の義務を誠実に果たさせるというただ一つの目的だけを追求していた。

　知られるように、1933年2月から7月までの飢饉のピーク時に、食糧用に総量32万トン以上の穀物を交付するという政治局の決定と人民委員会議の布告が35以上採択された。種子用には、秘密の引き渡しをふくめて、［2月から5月までに］127万4000トンの穀物が分配された[62]。

　しかしながら、目撃者の回想やその他の史料によれば、圧倒的大多数のコルホーズ員は、それを、飢える農民への国家からの援助の事実とみなさなかった。なぜならば、援助は遅れてやってきたし、その大きさはわずかなものであったし、選択的な性格をもっていたからである。なによりもまず食糧援助は、コルホーズへ労働に出るコルホーズ員に対してだけ予定されていた。中央権力も地方権力も、穀物を、農作業を遂行させるための道具として利用した。1933年の春播きと取り入れの農繁期には、コルホーズ

員が農作業を遂行しない場合にはコルホーズでは前渡し食糧の交付が停止された。計画された生産ノルマをコルホーズ員が遂行しなかった場合には耕地に出るものに対する前渡し食糧が著しく減らされることがまれではなかった[63]。

　集団化は、飢饉のときに農民が生き残る伝統的なシステムの一つを破壊した。その一つのシステムは、農村におけるクラークの存在、より正確にいえば、富裕な、経営能力のある農民の存在とむすびついていた。彼は、飢饉のときには貧農にとってかわることのない保証人であった。1933年初頭までのソヴェト権力の農村政策の主要な帰結は、クラーク清算の結果、自分の村のなかで私的な援助を受けとる可能性を農民が奪われたということであった。これは、コルホーズ以前の農村において飢饉の条件の下で生き延びる伝統的な形態であった。

　すべての時代において、飢饉の条件の下で農村が生き延びるもう一つの方法は乞食をすることであった。しかし1932－1933年に、権力は、飢えた農民に物乞いをさせないために、みずからに可能なありとあらゆる方法を使った[64]。乞食は地方(クライ)の境界の外へ追放された。それだけではなく、都市の労働者、現役軍人、および隣接する地方の住民は、自分の配給食糧を飢えたコルホーズ員と分かち合うことを禁じられた[65]。

　飢饉の条件の下で農民が生き延びる伝統的な方法は、個人的な資産を売ること、なによりもまず家畜と農具を売ることであった。以前の年なら、旱魃のために収穫が少なく村々に飢饉が迫ると、農民はふつう夏のはやい時期に役畜を売った。このことによって、家畜の飼料に穀物をまわす必要がなくなるので、農民は家族の食糧需要向けに穀物を保存した。集団化の時期における役畜と生産的な家畜の破局的縮小とその共同化は、農民の状態にもっとも否定的に作用した。1932－1933年には農民は以前の飢餓的な時期よりもひどい条件におかれていた。なぜならば、一方では、彼らの役畜は共同化されたために穀物を入手するために売ることができず、他方では、手中に残された家畜、なによりもまず牝牛は、飼料がないために斃死した

からである。

　飢饉のときに農夫の家族が生き延びるもっとも重要な手段は、食糧の予備をえることを可能にする住宅付属地の菜園と庭畑であった。しかし1932－1933年には、農民家族の生存のこの源泉にも国家の統制がかけられた。国家の義務を履行しなかった罰としてコルホーズ員と個人農の住宅付属地で栽培された農産物が没収されたという莫大な数の証言がソ連の全域にある(66)。

　農民が惨禍のゾーンを離れ、稼ぎに出かけ、あるいはただより安全な場所を見つけ、しばらく時間を待つ可能性をもつことは、何世紀も価値を失わない、飢饉のときに助かる伝統的な方法である。たとえ国家による援助がなくても、飢えた者が惨禍の震央からより打撃の少ない地方へ逃亡することは、個別に助かるチャンスを著しく増やした。しかし以前の時期とは異なって、大量餓死の時期には、農村からの盲目的な移動を根絶するためにソヴェト国家が採択した措置のために、飢餓に苦しむ地方から住民が脱出することは困難となった。このもっとも明瞭な証言となったのが、1933年1月22日付のスターリンとモロトフの「有名な指令」である。それは、コルホーズからのコルホーズ員の逃亡を停止する措置を採択する必要性をウクライナ共産党中央委員会と全連邦共産党（ボ）北カフカーズ地方委員会に指示したものであった。

　飢えた人々の逃亡そのものが、春播きキャンペーンを失敗させることを目的とした「クラークのサボタージュ」の新しい形態とみなされた(67)。研究史に知られているように、1933年3月のはじめまでに21万9460人がオ・ゲ・ペ・ウと警察によって逮捕された。そのうち、18万6588人が送り返され、残りのものは裁判にかけられ、有罪判決をうけた(68)。

　出稼ぎの規則の変更とパスポート制度の導入についての措置も同じ目的をもつものであった。とくに1933年3月17日付のソ連中央執行委員会・人民委員会議の決定によれば、コルホーズ員が出稼ぎに出るためには、彼の労働を必要としている経済機関との契約をコルホーズ管理部に登録してお

かなければならなかった。企業、ソフホーズ等々との事前の協定を前提としているこの手続きは実際にはほとんど実行できなかった[69]。コルホーズ員がコルホーズから賃仕事に勝手に出た場合には、彼と彼の家族は、コルホーズから除名され、こうして食糧の前渡しを受けとる権利を奪われ、コルホーズで彼が働いた金や不分割フォンド［役畜、生産的家畜、農具等々］へ譲渡した資産を受けとる権利を奪われた。

1933年にはじまった都市住民のパスポート化は、コルホーズから勝手に立ち去ったコルホーズ員が新しい職に就くことを本質的に困難にした。いまや警察は、工業企業との雇用の契約をもたない農民を都市から追放する権利をもち、また、農村から勝手に脱出することを妨げる権利をえた[70]。

このようにして、ソヴェト国家によって採択された措置は、事実上、農民をコルホーズに緊縛し、彼らを飢餓と餓死の運命へと陥れた。その措置はソ連全域および、農民の死亡率の著しい増大の原因となった。

ソヴェト農村における1932－1933年の高い餓死率についていうと、スターリン指導部が国際的な援助を拒否したという事実と飢饉のピークにおいて穀物の飢餓輸出をおこなったという政策に特別な関心を向けなければならない。この状況は、1932－1933年飢饉を、1921－1922年の最初の「ソヴェトの飢饉」と革命前ロシアの大規模な飢饉から原則的に区別するものである。そればかりでなく、歴史家によって確認されているように、1933年にスターリン政府は国家の穀物予備フォンド（199万9700トン）から1グラムたりとも農村の必要にまわさなかった。もし、飢饉の最高のピークである1933年前半にこれだけの穀物が飢える人々に、1人あたりの半年の消費基準である100キログラムずつあたえられていれば、少なくとも2000万人が餓死しなくてすんだ、と簡単に計算することができる[71]。しかし事態はこれにとどまらなかった。

同じことは、穀物の飢餓輸出についてもいうことができる。飢饉のときに、スターリンとその側近は、「食わずに輸出しよう」というツァーリ政府の有名な定式にもとづいて輸出政策を実行した。こうして1932年には

160万トンが輸出された。1933年1月－6月には、飢えに苦しむわが国から35万4000トンの穀物が輸出された[72]。2人のロシアの権威ある研究者であるエヌ・ア・イヴニツキーとイェ・エヌ・オスコールコフは、正当にもこうみなした。1933年に海外に輸出された180万トンの穀物があれば、大規模な飢饉を未然に防ぐのに完全に十分であっただろう、と。イヴニツキーの意見では、ソヴェト国家は、穀物を輸出しながらでも、他の食糧用の生産物を海外で買い付けるために金準備の一部をまわせたはずであった[73]。しかしこのことはおこらなかった。そして飢饉の規模は途方もない大きさとなった。

　研究史が証明したように、1932－1933年にスターリン指導部は飢饉について沈黙し、海外に穀物を輸出しつづけ、ソ連の飢えた人々を援助しようという国際世論の試みを、彼らの政治的方針にもとづいて、無視しつづけた。飢饉の事実を認めることは、スターリンとその側近が選び取った国の近代化のモデルが破産したことを認めるに等しかった。それは、反対派を壊滅させ体制を強化しなければならないという条件の下ではありえなかった[74]。

　著者がこのテーマを長年研究してきた結果到達した主要な結論は次のとおりである。ソ連（ロシアとウクライナ）の1932－1933年における飢饉の到来は、気候条件や、集団化に先行する農業の発展水準そのものと関連するものではない。飢饉は、集団化と強制的な穀物調達を遂行し、スターリン体制への農民の抵抗を制圧した結果である。1931－1933年におけるソ連経済の農業セクターの発展に関連する決議はすべてスターリン指導部によって意図的に採択されたものである。状況は、スターリン指導部が、飢饉のときに農民が生き延びる伝統的な方法を制限し一掃する政策をとり、ソ連が国際的な援助を拒否したことでいっそう深刻化した。したがってわれわれは、ロシアとウクライナの1932－1933年飢饉を、**組織された人為的な飢饉**と名づけることができる。

　1932－1933年に、スターリン体制は、農民がコルホーズで良心的に働き

たがらないから、集団化に抵抗するからという理由で農民を飢饉によって罰した。われわれは、1932－1933年飢饉をスターリン体制の犯罪の一つと評価することについてダニーロフと意見を同じくしている。実効性をもっていた諸政策によって不幸に突き落とされた何百万もの農村勤労者の非業の死を他の方法で評価することはできない。しかし他面でわれわれは、スターリンとその側近が飢饉を農民に対する作戦としてあらかじめ計画したのではないとみなしている。飢饉は、反農民的な考え方にもとづいた、近視眼的な誤った農業政策の結果であった。もしスターリン主義者が、強制的な集団化に反対した敵対者を打ち負かすことができなかったならば、飢饉はなかったであろう。われわれの見解では、ソ連の1932－1933年の出来事に注目する場合、ウクライナの大量餓死を語るのではなく、ロシア農民をふくむソヴェト農民の全悲劇の一部としてウクライナの状況を考察しつつ、ソヴェト農村における大量餓死を語ることが、学問的により正確で、より具体的であると結論する根拠を、悲劇の状況についての現代の知識はあたえているのである。

注

（1） См.: *Кондрашин В. В.* Голод 1932-1933 годов в деревнях Поволжья (по воспоминаниям очевидцев)//Новые страницы истории Отечества: Межвуз. сб. н. трудов. Пенза, 1992. С. 164-170; он же. Документы архивов бюро ЗАГС как источник по истории поволжской деревни//Актуальные проблемы археографии, источниковедения и историографии: Материалы всероссийской научной конференции, посвященной 50-летию Победы в Великой Отечественной войне. Вологда, 1995. С. 68-72. このテーマに関して著者が作成した研究史の一覧については、См.: *Кондрашин В. В.* Голод 1932-1933 годов в российской деревне. Учебное пособие. Пенза, 2003. С. 352-354.

（2） См. об этом подробнее: *Виктор Кондрашин, Диана Пеннер.* Голод: 1932-1933 годы в советской деревне (на материалах Поволжья, Дона и Кубани). Самара-Пенза, 2002. С. 216-225; *Абылхожин Ж. Б., Козыбаев*

М. К., *Татимов М. Б*. Казахстанская трагедия// Вопросы истории. 1989. № 7. С. 55-71.

(3) См.: *Данилов В. П*. Дискуссия в западной прессе о голоде 1932-1933 гг. о "демографической катастрофе" 30-40-х гг. в СССР//Вопросы истории. 1988. № 3. С. 116-121; *он же*. Коллективизация сельского хозяйства в СССР//История СССР. 1990. № 5. С. 7-30; *Зеленин И. Е*. О некоторых "белых пятнах" завершающего этапа сплошной коллективизации//История СССР. 1989. № 2. С. 3-19; *Ивницкий Н. А*. Голод 1932-1933 годов: кто виноват?//Судьбы российского крестьянства. М., 1996. С. 249-297; *он же*. Репрессивная политика советской власти в деревне (1928-1933 гг.). М., 2000; *Осколков Е. Н*. Голод 1932/1933. Хлебозаготовки и голод 1932/1933 г. в Северо-Кавказском крае. Ростов-на-Дону, 1991.-91 с.; Трагедия советской деревни. Коллективизация и раскулачивание. 1927-1939. Документы и материалы. В 5-ти тт./Т. 1-3. М., 1999-2001; Т. 3. Конец 1930-1933/Под ред. В. Данилова, Р. Маннинг, Л. Виолы.- М.: РОССПЭН, 2001.-1008 с.; *Баранов Е. Ю*. Аграрное производство и продовольственное обеспечение населения Уральской области в 1928-1933 гг. Автореф. дисс...канд. ист. наук. Екатеринбург, 2002; *Загоровский П. В*. Социально-экономические последствия голода в Центральном Черноземье в первой половине 1930-х гг. Воронеж, 1998; *Надькин Т. Д*. Деревня Мордовии в годы коллективизации. Саранск, 2002 и др.

(4) См.: Viola L. Peasant Rebels under Stalin. *Collectivization and the Culture of Peasant Resistance*. Oxford University Press, N.Y., Oxford, 1996; Lewin M. *Russian Peasants and Soviet Power: A Study of Collectivization*. N.Y., 1975 ［レヴィン（荒田洋訳）『ロシア農民とソヴェト権力：集団化の研究　1928-1930』、未来社、1972年］; *Мерль Ш*. Голод 1932-1933 годов: геноцид украинцев для осуществления политики руссификации?//Отечественная история. 1995. № 1. С. 49-61; Hiroshi Okuda. *Revolution on the Volga: the Soviet Countryside under Stalinist Rule 1929-1934*, Tokyo University Press, 1996 (на японском языке) ［奥田央『ヴォルガの革命──スターリン統治下の農村』、東京大学出版会、1996年］; *The Economic Transformation of the Soviet Union. 1913-1945*. Ed. by Davies R. W., Harrison M. and Wheatcroft S. G. Cambridge University Press, 1994, pp. 74-76; Stephen G. Wheatcroft. The Scale and Nature of German and Soviet Repression and Mass Killings, 1930-45//*Europe-Asia Studies*. Vol. 48. № 8, 1996, pp. 1319-1353; *Уиткрофт С. Г., Дэвис Р. У*. Кризис в советском

сельском хозяйстве (1931-1933 гг.); Доклад и его обсуждение на теоретическом семинаре "Современные концепции аграрного развития"// Отечественная история. 1998. № 6. С. 95-109; D'Ann R. Penner. Stalin and the Ital' ianka of 1932-1933 in The Don region//*Cahiers du Monde russe*, 39 (1-2), janvier-juin 1998, pp. 27-68; *Шейла Фицпатрик*. Сталинские крестьяне. Социальная истории Советской России в 30-е годы: деревня./Пер. с англ. М., 2001 и др.

(5) См.: РГАСПИ. Ф. 74. Оп. 2. Д. 37. Л. 54; *Виктор Кондрашин, Диана Пеннер*. Указ. соч. С. 131-133; Ужасы голода в Самарской губернии. Самара, 1922. С. 3; *Кабанов П. Г., Кастров В. Г.* Засухи в Поволжье//Научные труды НИИ сельского хозяйства Юго-Востока, 1972. Вып. 31. С. 134-139; *Бучинский И. Е.* Засухи и суховеи. Л., 1976. С. 47; *Козельцева В. Ф., Педь Д. А.* Данные См. об атмосферной засушливости по станциям западной части территории СССР (май-август 1900-1979 гг.). М., 1985. С. 3-9, 36-37, 49.

(6) РГАЭ. Ф. 7486. Оп. 37. Д. 130. Л. 64; Д. 131. Л. 73; Д. 132. Л. 15, 33-36, 83, 109, 110.

(7) См.: Вопросы истории. 1994. № 10. С. 41.

(8) ГАРФ. Ф. 5446. Оп. 12. Д. 1040. Л. 1; РГАСПИ. Ф. 631. Оп. 5. Д. 53. Л. 76-76 об.

(9) РГАЭ. Ф. 8040. Оп. 3. Д. 111а. Л. 6-7, 11-12.

(10) См.: *Осколков Е. Н.* Голод 1932/1933. Хлебозаготовки и голод 1932/1933 г. в Северо-Кавказском крае. Ростов-на-Дону, 1991. С. 13-16.

(11) См.: История советского крестьянства. Т. 2. М., 1986. С. 255.

(12) Там же. С. 260.

(13) РГАЭ. Ф. 8040. Оп. 3. Д. 111а. Л. 6, 7, 11, 12.

(14) РГАСПИ. Ф. 17. Оп. 21. Д. 2549. Л. 48; Центр документации новейшей истории Саратовской области (ЦДНИСарО). Ф. 470. Оп. 5. Д. 23. Л. 38.

(15) РГАСПИ. Ф. 17. Оп. 2. Д. 484. Л. 103-107, 117-119.

(16) См.: Трагедия советской деревни. Т. 3. С. 203, 205.

(17) Отечественная история. 1995. № 1. С. 50.

(18) РГАЭ. Ф. 7486. Оп. 3. Д. 5060 б. Л. 97; *Кондрашин В. В.* Голод 1932-1933 гг. в Поволжье//Вопросы крестьяноведения. Выпуск 3. Саратов, 1996. С. 96.

(19) См.: Коллективизация сельского хозяйства. Важнейшие постановле-

ния Коммунистической партии и Советского правительства, 1927-1935. М., 1957. С. 381, 391-393.

(20) РГАСПИ. Ф. 631. Оп. 5. Д. 52. Л. 53; Трагедия советской деревни. Т. 3. С. 318-332, 340, 343-349, 394-397, 420-427, 438-440.

(21) См.: *Кондрашин В. В.* Голод 1932-1933 годов в российской деревне. С. 100.

(22) Трагедия советской деревни. Т. 3. С. 349.

(23) См.: Ежегодник. Сельское хозяйство СССР. С. 351; *Виктор Кондрашин, Диана Пеннер.* Указ. соч. С. 141.

(24) См.: *Виктор Кондрашин, Диана Пеннер.* Указ. соч. С. 142-143.

(25) *Куйбышев В.* Уборка, хлебозаготовки и укрепление колхозов. М., 1932. С. 14.

(26) РГАСПИ. Ф. 17. Оп. 21. Д. 3757. Л. 14; *Данилов В. П.* Коллективизация: как это было//Страницы истории КПСС: Факты, проблемы, уроки. М., 1988. С. 341; *Каревский Ф. А.* Социалистическое преобразование сельского хозяйства Среднего Поволжья. Куйбышев, 1975. С. 141.

(27) Трагедия советской деревни. Т. 3. С. 350.

(28) Трагедия советской деревни. Т. 3. С. 298, 356; История советского крестьянства. Т. 2. С. 262-263.

(29) *Хлевнюк О. В.* Политбюро. Механизмы политической власти в 30-е годы. М., 1996. С. 58-60; Трагедия советской деревни. Т. 3. С. 381-385.

(30) Трагедия советской деревни. Т. 3. С. 397-404, 410-412, 420-427, 438-439.

(31) Там же. С. 440.

(32) Там же. С. 453-454.

(33) См. напр.: Поволжская правда. 1932. 16 октября.

(34) См. об этом подробнее: *Виктор Кондрашин, Диана Пеннер.* Указ. соч. С. 18-52.

(35) Там же. С. 191-202.

(36) Там же. С. 258-259.

(37) См.: Шолохов и Сталин: Переписка начала 30-х годов/Вступ. ст. Мурина Ю. Г.//Вопросы истории. 1994. № 3. С. 3-24.

(38) Трагедия советской деревни. Т. 3. М., 2001. С. 634-635.

(39) РГАСПИ. Ф. 17. Оп. 21. Д. 3776. Л. 60; Ф. 631. Оп. 5. Д. 53. Л. 92 об., 117, 119, 125; Кондрашин В. В., Пеннер Д. Указ. соч. С. 190.

(40) См.: *Абылхожин Ж. Б., Козыбаев М. К., Татимов М. Б.* Казахстанская

трагедия.

(41) *Кондрашин В. В., Пеннер Д.* Указ. соч. С. 226-227.
(42) См.: Голод 1932-1933 годов на Украине: Свидетельствуют архивные документы//Под знаменем Ленинизма. 1990. 8 апреля.
(43) См.: Сталин и Каганович. Переписка. 1931-1936 гг./Сост. О. В. Хлевнюк, Р. У. Дэвис и др. М., 2001. С. 145, 164, 169, 179.
(44) Там же; *Кондрашин В. В., Пеннер Д.* Указ. соч. С. 159-161.
(45) См.: *Кондрашин В. В., Пеннер Д.* Указ. соч. С. 212.
(46) 満州での日本の作戦について、См.: Yoshihisa Tak Matsusaka. *The Making of Japanese Manchuria, 1904-1932.*（Cambridge, Mass., 2001）; Louise Young. *Japan's Total Empire: Manchuria and the Culture of Wartime Imperialism.*（Berkeley, 1998）и др.
(47) РГАЭ. Ф. 8040. Оп. 8. Д. 5. Л. 478, 486.
(48) См.: Письма И. В. Сталина В. М. Молотову 1925-1936 гг. Сборник документов. М., 1995. С. 245.
(49) См.: *Ленин В. И.* Неизвестные документы. 1891-1922 гг. М., 1999. С. 516-523.
(50) См.: Трагедия советской деревни. Т. 3. С. 421, 443, 445, 577.
(51) Сталин и Каганович. Переписка. 1931-1936 гг. С. 179.
(52) См.: *Ивницкий Н. А.* Голод 1932-1933 годов: кто виноват?//Голод 1932-1933 годов. М., 1995. С. 56-57.
(53) *Сталин И. В.* Соч. Т. 13. С. 241, 243; Правда. 1933. 10 января.
(54) См. об этом подробнее: *Виктор Кондрашин, Диана Пеннер.* Указ. соч. С. 216-225; Трагедия советской деревни. Т. 3. С. 634-678; *Кульчицкий С. В.* 1933: трагедія голоду. - Т-во «Знання» УРСР, 1989. -48 с.; 33-й голод: Народна Книга-Меморіал/Упоряд.: Л. Б. Коваленко, В. А. Манк.- К.: Рад. письменник, 1991. -584 с. и др.
(55) *Виктор Кондрашин, Диана Пеннер.* Указ. соч. С. 220-221.
(56) Архив ЗАГСа Кондольской администрации Пензенской области. Книга записей актов гражданского состояния о смерти за 1933 год. 63 акта о смерти от голода по Васильевскому сельсовету.
(57) Архив ЗАГСа Котовской администрации Волгоградской области. Акты о смерти за 1933 год по Котовскому сельсовету.
(58) Архив ЗАГСа Петровской администрации Саратовской области. Книга записей актов гражданского состояния о смерти за 1933 год

по селу Кожевино.

(59) РГАЭ. Ф. 1562. Оп. 329. Д. 1025. Л. 29; *Уиткрофт С.* О демографических свидетельствах трагедии советской деревни в 1931-1933 гг.//Трагедия советской деревни. Т. 3. С. 866-887; *Кондрашин В. В.* Голод 1932-1933 гг. в Поволжье//Вопросы крестьяноведения. Выпуск 3. Саратов, 1996. С. 99; *Виктор Кондрашин, Диана Пеннер.* Указ. соч. С. 229; *Осколков Е. Н.* Голод 1932/1933. Хлебозаготовки и голод 1932/1933 года в Северо-Кавказском крае. Ростов-на-Дону, 1991. С. 51, 55-56, 59, 62; *Абылхожин Ж. Б., Козыбаев М. К., Татимов М. Б.* Казахстанская трагедия//Вопросы истории. 1989. № 7. С. 67; *Алексеенко А. Н.* Голод начала 30-х гг. в Казахстане (Методика определения числа пострадавших//Историческая демография: новые подходы, методы, источники. Тезисы VIII Всероссийской конференции по исторической демографии. Екатеринбург, 13-14 мая 1992 г. М., 1992. С. 76-78; Отечественная история. 1994. № 6. С. 259.

(60) ウィートクロフトの意見では、飢饉の犠牲者数は600万人ないし700万人であり、そのうちウクライナでは350万人ないし400万人である。См.: *Уиткрофт С.* О демографических свидетельствах трагедии советской деревни в 1931-1933 гг.//Трагедия советской деревни. Т. 3. С. 866-887.

(61) См.: Всесоюзная перепись населения 1937 г.: Крат. итоги. М., 1991.

(62) Трагедия советской деревни. Т. 3. С. 862.

(63) Там же. С. 704-705; ЦДНИСарО. Ф. 55. Оп. 1. Д. 334. Л. 21; Государственный архив Пензенской области (ГАПО). Ф. Р. 206. Оп. 1. Д. 72. Л. 85.

(64) Трагедия советской деревни. Т. 3. С. 670-672.

(65) *Виктор Кондрашин, Диана Пеннер.* Указ. соч. С. 252-254.

(66) Там же. С. 256-261.

(67) Трагедия советской деревни. Т. 3. С. 634-635.

(68) История СССР. 1989. № 3. С. 46; Отечественная история. 1994. № 6. С. 259.

(69) См.: Важнейшие решения по сельскому хозяйству. М., 1935. С. 443-444.

(70) Собрание законов и распоряжений Рабоче-Крестьянского правительства СССР. 1932. № 84. Ст.; 1933. № 3. Ст. 22.

(71) *Виктор Кондрашин, Диана Пеннер.* Указ. соч. С. 285.

(72) Там же. С. 315.
(73) Там же. С. 320; *Ивницкий Н. А.* Голод 1932-1933 годов: кто виноват?// Голод 1932-1933 годов: Сб. статей. М., 1995. С. 61; *Осколков Е. Н.* Указ. соч. С. 79.
(74) См.: *Таугер М. Б.* Урожай 1932 года и голод 1933 года//Голод 1932-1933 годов: Сб. статей. С. 42.

訳注

　[訳注1。481頁。カザフスタンの集団化]カザフスタンでは集団化前夜に4分の3の経営が遊牧・半遊牧的な畜産経営をおこなっていた。これらの経営に対しては、定住化と集団化の政策が強要され、くわえて1930年以降、家畜調達が、1929年春以降のソ連の穀物調達と同じ割当徴発の原則（本書430−431頁を参照）でおこなわれた。それに抵抗するカザフ人の家畜の屠殺ともあいまって、家畜頭数はロシア共和国をはるかに上回る規模で急減し、1928年から1932年までに4分の1となった。農業を全く、あるいはわずかしかもたないカザフ人（1932年2月にその87％が家畜をもたなかった）は、これによって破局的な状況におかれた。「カザフスタンの悲劇」といわれる。強いられた状況にあったとはいえ、遊牧民による家畜の屠殺は自殺行為であった。死者は100万人とも200万人ともいわれ、その他の経営の大部分も、中国国境をこえて逃亡したか、ソ連国内をさまよった。カザフスタンの党指導者、ゴロシチョーキンがもし1933年1月に地方委員会書記の地位を解任されていなければ、そのあとの1年でカザフ人そのものがカザフスタンから消え去っていたであろうと語られるほどの惨禍がここを襲った。

　[訳注2。485頁。コンヴェーヤー方式]刈り取った穀物が掠め取られないように、山に積まずに直ちに脱穀し、穀物をコルホーズの倉庫に保管せずに直接、調達地点に運ぶこと。実際には「コンヴェーヤー」は十全に作動せず、後述の「損失」が大量に発生した。

　[訳注3。485頁。呼応計画]課せられる計画を超える追加義務を生産者（ここではコルホーズ）が自発的にみずから引き受けた（とみなされた）計画。コルホーズの供出能力を超える呼応計画を強行したことがしばしば原因となって、そのコルホーズの破局がおこった。

　[訳注4。491頁。ウクライナの飢饉]著者は、見られるように、以下、本稿ではウクライナを特別に意識している。20、21世紀交に、ウクライナでは、1932−1933年飢饉の責任を「ロシアの」スターリン指導部に求めることによって、ソ連の権利義務継承者たるロシアから賠償金を求める要求が出た。国連決議をと

おすことには失敗したものの、飢饉の問題は学問の領域だけにとどまらずに「政治化」した。2003年10月15日－18日にはヴィチェンツァ（北イタリア）で、2004年3月29日にはモスクワで、それぞれ大規模な学術会議が開かれた。後者ではロシア外務省の協力もあった。ロシア側の代表は、ロシアによるウクライナでの「ジェノサイド」というウクライナの主張が誤りであるとし、飢饉がウクライナをふくむソ連の穀物地帯全体を覆うものであったと主張した。前者イタリアの会議には著者コンドラーシン自身も出席し、報告した。

　［訳注5。491頁。黒板］「黒板」は成績不良なものを公表する掲示板、「赤板」は成績優秀なものを公表する掲示板。集団化の時期には、新聞等の刊行物には、キャンペーンの成績が優秀な地区、不良な地区がそれぞれ「赤板」と「黒板」に記載された。作戦が遂行される場合には、実際にも村には黒板が掲げられた。とくに穀物供出の計画（義務）を果たせないコルホーズに対しては、工業製品の購買を禁止する（「ボイコット」）などの措置が適用された。これらの措置は時とともに自己展開し、「黒板」には個々の経営や村ばかりでなく、特定の地区全体がそれに指定され、商店や製粉所の閉鎖、住宅付属地の没収など、過酷な措置が適用された。

　［訳注6。494頁。1922年3月19日付レーニン書簡］イヴァノヴォ州シューヤ市で教会資産の没収の企てを原因として、3月15日に住民の大規模な反対運動が発生した。その鎮圧には軍隊が投入された。双方から発砲があり、4名が死亡した。それに関してレーニンは極秘でモロトフはじめ政治局員に書簡を回覧した。そのなかでレーニンは、これは宗教勢力の計画的な攻勢の一部であるとし、われわれ権力側は外見上譲歩したようにみせかけて、相手を油断させ、断乎として教会資産の没収を徹底するよう指示した。このときレーニンは、現在は飢饉であるから、その救済にこの資産を使うことは国民の賛成がえられるか、あるいは国民を「中立化」できるという判断を示し、「飢餓的な地方で人が食されており何百人と道に人が倒れているいままさに、そしていまだけ」、いかなる抵抗にも弾圧をくわえて教会資産を没収することができるし、しなければならない、と強調した。

　［訳注7。495頁。ハタエーヴィチ書簡］この書簡へスターリンは皮肉をこめて「面白い」と書き込み、モロトフは「同志ハタエーヴィチは誤った目標設定を強めている」と書き込んだ。

　（本文の訂正については著者の許可をえたが、引用注については、著者の不注意による少なくない誤記は訳者の判断で訂正した――訳者）

1920年代－1930年代のヨーロッパ・ロシア北部におけるコルホーズ・農民・権力

マリーナ・グルムナーヤ
（奥田央訳）

はじめに

　20世紀の半分以上の期間、ロシア農民の存在はコルホーズとむすびついていた。コルホーズの発生を促したのはソヴェト権力であり、それはソヴェト権力が存在しはじめた最初の日々に開始された。コルホーズとソフホーズの建設は、1917年11月8日に創設された農業人民委員部の課題の一つであると宣言された。

　最初のコルホーズは1917年に発生した。個人農にくらべてコルホーズには、土地分配に際する特典があたえられ、国家から、物質的、文化的、組織的等々の援助があたえられた。このすべてがコルホーズ数の急速な増加を促した。1918年末にはその数ははやくも1500以上に達し、1920年末にはソヴェト共和国の領域においてすでに1万0600のコルホーズが数えられた[1]。

　ヨーロッパ・ロシア北部では、最初のコルホーズは1918年春に発生した。たとえば1918年9月のヴォログダ県には26の集団的団体があり、うちコムーナが6でアルテリが20であった[2]。1921年のヴォログダ県では、コルホーズは158を数え、うち農業アルテリが85、土地共同耕作組合［トーズ］が55、コムーナが18であった[3]。

　ネップへの移行にともなって集団的団体の数は急速に減少した。こうして1922年のヴォログダ県にはわずか64のコルホーズしかなかった[4]。全国では、コルホーズ運動のあらたな高揚は1920年代の中頃にはじまった。し

かしヨーロッパ北部ではこの過程は非常にゆっくりとしか進まなかった。状況が変化したのはやっと1928年のことであり、このとき1922年の水準に達したばかりでなく、ほとんど5倍凌駕した。1928年にヴォログダ県ではすでに310のコレクチーフ［集団、コルホーズ］が存在していた。内訳は、アルテリが56、コムーナが18、トーズが236であった[5]。

国全体では、ネップへの移行にともなうコルホーズ数の減少は、それほど顕著なものではなかった。コルホーズは1921年に1万6000、1922年に1万4000であった[6]。はやくも1923年には1921年の水準が回復し、1927年には、コルホーズ建設の新しい段階のはじまりとともに、その数は1万8800に達した[7]。

集団化の結果、コルホーズは、ソ連の農業生産の基本的な組織形態となった。1937年度の実施報告書によれば、ソ連の領域ではコルホーズは24万1000を数えた。ヨーロッパ・ロシア北部には、このとき9700のコルホーズがあった。しかもその大きな部分——5954——はヴォログダ州のなかに集中していた[8]。

1. コルホーズ管理史

コルホーズは、農業の新しい、「社会主義的な」組織形態として、つねに権力の特別な関心の対象であった。コルホーズの管理の歴史においては、いくつかの段階を析出することができる。1920年代と1930年代初頭のコルホーズの管理システムについては研究史があり[9]、したがって基本的な段階を簡単に特徴づけるにとどまるであろう。

第1段階は、内戦の時期と、ロシア共和国の国家装置の成立期と一致している。当時、国家機関、すなわち農業人民委員部および地方土地機関付属コムーナ部（Отделение о коммунах）、のちのコムーナ・ビュロー（Бюро коммун）が、コルホーズ指導を引き受けようとしていたが、それ

とならんで、形成過程にあったコルホーズ機関のシステム、とくに、勤労的、生産的農業コレクチーフ（コムーナとアルテリ）全ロシア連合（Всероссийский союз трудовых производительных сельскохозяйственных коллективов（коммун и артелей））と、その地方機関もコルホーズを指導しようとしていた。コレクチーフ全ロシア連合とは、1919年12月の第1回土地コムーナ・農業アルテリ大会の決議によって創設されたものである。この際に指摘しておかなければならないことは、国家機関がコルホーズを指導するということが、コルホーズ・システムの存在の不動の原則となったということである。のちにはこれらの機関の名称がかわったにすぎない。一方では国家の指導、他方では、コルホーズ員大衆を代表する使命を帯びている、コルホーズ固有の選出的な構造の存在——この両者を組み合わせること、それが、第1段階におけるコルホーズ統治の第2の原則の本質であった。

　第2段階は非常に短く、1920年末から1921年末までである。当時のコルホーズの管理機関は、全ロシア・コルホーズ連合（Всероссийский союз колхозов）であったが、それは、協同組合機関とともに、単一の労働組合（フセラボトゼムレース［全ロシア土地・森林作業員労働組合］）の枠のなかで並存していた。フセラボトゼムレースとの合併を決定したことは誤りだった、という認識は非常に速く生まれた[10]。1921年12月26日、第9回全ロシア・ソヴェト大会は、コムーナとアルテリを農業協同組合のシステムに譲渡する決定を採択した。後者の農業協同組合のシステムを指導するために1921年8月には全ロシア農業協同組合連合（Всероссийский союз сельскохозяйственной кооперации）が創設されていた。第9回全ロシア・ソヴェト大会の決定は、コルホーズ管理の歴史のなかで比較的長期的な、**第3段階**（1921－1926年）のはじまりとなった。これは、「協同組合の」段階と規定することができる。

　1920年代の中頃までコルホーズ固有の管理機関の活動は最小限度のものであった。ネップの条件のもとでのコルホーズ運動の衰退がこの原因であ

った。やっと1925年2月になって、全連邦コルホーズ会議（Всесоюзное совещание колхозов）が招集されたが、これは事実上、大会としての意義をもっていた。大会の総括となったのが、全ロシア農業協同組合連合の諮問機関としての全連邦農業コレクチーフ（コルホーズ）会議（Всесоюзный Совет сельскохозяйственных коллективов（колхозов））――ヴェ・エス・カ――を創設するとした決議であった。地方では、共和国農業協同組合連合付属で諮問的機能をもつコルホーズ会議（Совет колхозов）がつくられた。こうして、特別にコルホーズ建設の問題に従事する全連邦機関がはじめてつくられた[11]。全連邦コルホーズ会議の存在とならんで、地方の農業協同組合連合には1925年から集団農業部（отделы коллективного земледелия）が発生しはじめ、これが1926年に独立のコルホーズ・セクツィヤ（секции колхозов）に改組された。

　農業集団化の方針に関連して、コルホーズ管理の既存のシステムを再編する機が熟した。そのために、1926年12月30日付全連邦共産党（ボリシェヴィキ）中央委員会政治局の決議にもとづいて特別な共和国コルホーズ・ツェントルがつくりだされた。相対的に集団化の水準が高い地方では、コルホーズ・セクツィヤあるいはコルホーズ・ビュロー、さらにグループ的コルホーズ連合体（групповые и кустовые объединения колхозов）を組織することが目的にかなっている、と認められた[12]。

　1927年春、コルホーズの存在における新しい**第4段階**――「コルホーズ・ツェントルの」段階（1927～1932年）がはじまった。コルホーズのシステムは、はじめて農業協同組合の独立したシステムとして組織上の公式の承認をうけた。1927年4月10日に開かれた、ロシア共和国コルホーズ合同代表者会議――彼らは全連邦コルホーズ会議の第5回拡大会期の代議員であった――は、全ロシア農業コレクチーフ連合（Всероссийский союз сельскохозяйственных коллективов）（ロシア共和国コルホーズ・ツェントル）を組織することを決議した[13]。

　コルホーズ・ツェントルとその地方機関は、独立したシステムとして、

3-3　1920年代－1930年代のヨーロッパ・ロシア北部におけるコルホーズ・農民・権力◆マリーナ・グルムナーヤ

　農業協同組合の全般的なシステムにふくめられた。すべての農業協同組合の場合と同様に、コルホーズ・ツェントルを全般的に指導したのは、ロシア共和国農業人民委員部であった。1929年10月に全連邦コルホーズ会議とコルホーズ・ツェントルは、単一の機関であるソ連邦・ロシア共和国コルホーズ・ツェントル（Колхозцентр СССР и РСФСР）に合併された。

　コルホーズの管理システムは、当時、コルホーズ——地区コルホーズ連合——地方（州）コルホーズ連合——コルホーズ・ツェントル、という構造で配置されていた。

　コルホーズ・ツェントルとその地方機関（コルホーズ連合）は、第1次五カ年計画の末まで存続し、農業集団化とクラーク清算の遂行において大きな役割を果たした。

　指摘しておかなければならないことは、この段階においては、コルホーズ固有の機関（コルホーズ・ツェントル、コルホーズ連合）の存在を様々な種類のコルホーズ・フォーラム——全連邦レベルでも、地方レベルでも開かれたコルホーズ大会（会議）[14]、コルホーズ員大会（会議）、農業突撃作業員大会（会議）——が補足していたということである。大会は、一面では、純粋に装飾的な現象であった。集団化が農民大衆によって支持されているという見せかけをつくりだすことが要求されていたからである。他方、そこでは、コルホーズにおける経営、管理、関係の原則をつくりあげることを促す重要な文書が作成され、採択された。こうした会議には、一部の本当のコルホーズ員が参加しており、彼らは土地の集団的経営の長所を心から信じていて、会議に経営への自分の心配と心痛を持ち込み、コルホーズの現実的な問題と困難を審議しはじめたということを考慮するならば、この文書は、権力と大衆の共同の創作の成果であるとみなすことができる。

　党の全建造物の上部構造の存在について語らなければ、コルホーズ管理の像は完全にはならないであろう。システムのなかにあらゆる変化をひきおこしたいという最初の衝動は、疑う余地なく、党中央委員会政治局から

出て、その後、地方党機関の鎖をとおって「下へ」降りていった。農民と農業の問題に従事する党機関の構造そのものは、この期間、本質的な変化をこうむった(15)が、この指導の事実そのものは疑う余地のないものであった。

　全面的集団化の完成のあと、コルホーズ・ツェントルとそのシステムが存在する必要はなくなった。1932年12月、コルホーズ・ツェントルとその地方機関は廃絶された。恒常的に活動するコルホーズ機関のシステムを拒否した理由としては、そのほかに、コルホーズの組織的・経営的強化の段階における具体的なコルホーズ指導の結果に不満があったこと——そのことは様々な点検がつねに確認していた——や、コルホーズ・ツェントルの装置を維持する費用を削減したいという願望があったことを、おそらく挙げることができるであろう。

　コルホーズ建設の指導は、土地機関とエム・テ・エス［機械・トラクター・ステーション］の手に譲渡された。

　1933－34年は、コルホーズ管理の歴史において**第5段階**、「**政治部の**」段階として際立たせることができる。この当時、エム・テ・エス政治部はコルホーズの強化に関する大きな活動をおこなった。その活動は主として、コルホーズ指導部に「こっそりと」忍び込む敵からコルホーズの指導的カードルを浄化(チストカ)することにあった。この浄化の過程と結果は、イ・イェ・ゼレーニン(16)によって記述されている。この段階でのコルホーズ指導における土地局の役割は、政治部という非常機関とその非常措置によって覆われていた。

　政治部が廃止されたあと、コルホーズ指導におけるエム・テ・エスの役割は、党機関によって絶えず強調されたとはいえ、それでも相対的に小さかった。一部のコルホーズがなおもエム・テ・エスのサービス圏の外にあったから余計であった(17)。この際に指摘しなければならないことは、コルホーズとエム・テ・エスの関係は非常に複雑なので、このテーマは個別の研究を要求しているということである。

エム・テ・エス政治部の廃止のあと、コルホーズ管理におけるあらたな**第6段階**が到来したということができる。それは、われわれの考察期間の最後まで、さらにおそらく戦後の10年間までつづいた。

コルホーズ管理において前景に出てきたのは地区土地部とその上位の機関（地方および州の土地管理部、自治共和国の農業人民委員部）であった。この際、このシステムの下部の環——地区執行委員会土地部——は、上位のソヴェト・党機関の指令を村ソヴェトとコルホーズに渡し、後者が全経済的・政治的キャンペーンを遂行するよう統制した。一方、村ソヴェトとコルホーズは、上から来る指令を、穀物、食肉、牛乳、羊毛などといった実際のモノにかえなければならなかったのである。

コルホーズは、地区党機関、州党機関の凝視的な注目と研究、統制の対象であった。地方党委員会に存在していた特別な 局（セクトル）と 部（オトヂェール）——それが農業とコルホーズを監督していた——は、**指導員スタッフ**（штат инструкторов）*をとおして農村の全経済的・政治的キャンペーンの進行を指導し、統制した。「耕地」で多くの時間を過ごした指導員が自分の情報覚書と報告覚書のなかで描写した状況は、全く適切なものであり、公的な刊行物が描いた豪華絢爛な像とは全く異なったものである。コルホーズに対する指導と統制のもう一つの道具が、ソヴェト・党機関の**全権代表システム**（система уполномоченных）であった。彼らは、特定の経済的・政治的キャンペーンの期間、村ソヴェトやコルホーズに派遣された。したがって、コルホーズには、州委員会、地区委員会の指導員と、地区と州（地方（クライ））レベルの党・ソヴェト機関、社会組織（コムソモール、労働組合等々）の全権代表が恒常的にいた。当然ながら、それでも指導員と全権代表はコルホーズより少数であった。したがって、各コルホーズを彼らが訪れうるというのでは全くなかった。すべては、点検者自身と地区指導部の熱意と個人的な資質に排他的にかかっていた。しかしいずれにしても、彼らの「指導」と「援助」は「巡業」旅行の性格をもっていたにすぎず、それはコルホーズの状況に抜本的な影響をあたえられなかった。したがって、

当番の「点検者」がコルホーズを離れるやいなや、コルホーズ員はその多くの指示をただちに忘れてしまった。この際、地区や州の役人のこのような「立ち寄り」は若干の場合には独特のポグロムに転化しえた[18]。公平のために指摘しておかなければならないが、コルホーズ員は、自分たちのことを終わりまで聞いてくれた、そして理解してくれたと感謝して、若干の指導員と全権代表を送っていったこともあったのである。

 ＊地区、州（地方〈クライ〉）党委員会の様々な部にあった恒常的な役職。党の委員会と現場（地区、コルホーズ、村ソヴェト、エム・テ・エスなど）との結びつきを実現するために導入された。その基本的な任務は、党・国家の措置について解説して指示をあたえ、何らかの経済的・政治的キャンペーンの遂行に援助をあたえ監督し、現場の状況について党委員会に情報をあたえることであった。彼らは、ほとんどの時間を旅行に費やし、出張からもどると詳細な報告書を作成した。彼らは、ある意味で、「体制の目と耳」であったが、全権代表ほどの権力をもたなかった（後者はいわば体制の「手」でもあった）。出張経費以外に何も支払われず党やソヴェトの委託によって臨時的に任務につく全権代表とは異なって、有給の職であり、党委員会の各部には2人ないし4人いた。いつ導入されたかまだ研究されていないが、1930年にはすでに確実に存在した。

2. 突撃作業員

コルホーズ固有の、常時活動している管理機関が廃絶されたことは、コルホーズ員が決議の採択から最終的に遠ざけられたことを、この段階においてもまだ意味しなかった。当時コルホーズ大会の伝統が維持されていた[19]。たしかに、この段階でフォーラムへの参加に「自発的に申し出た」のは明らかに「最良のコルホーズ員」、すなわち突撃作業員、スタハーノフ運動者、農業先進者、いいかえれば、コルホーズ制度を受け入れ、その力と能力に応じてその強化を助けていた農民であった。1930年代の後半においては、それだけではなく、トラクター手、コンバイン運転手、畜産家、亜麻栽培者など、何らかの農業部門の代表者か専門家がこのような集会に

招待されていたことは特徴的である。

「突撃運動」（«ударничество»）という概念そのものは、コルホーズにおける労働の高い生産性と解されるだけではなく、「コルホーズ生産における前衛的役割」とも解されていた[20]。後者の場合には、労働の質を高め、労働生産性を高めるあたらしい方法を追求し、それを自分の経験のなかでテストしてみることと理解されていた。したがって、突撃作業員とスタハーノフ運動者は、ふつう、コルホーズ生産の状態に心から配慮し、集会では、社会的経営の改善に関する様々な意見や提案をおこなった[21]。結果として、コルホーズの経営・管理メカニズムの改善に向けられた様々な決定、命令、アピールが採択された[22]。

これらのコルホーズ・フォーラムにおいて、突撃作業員とスタハーノフ運動者は、地区、地方（州）レベルの指導者はいうまでもなく、最高水準の権力代表者、たとえばスターリン、カリーニンやその他の党・国家の指導者に対しても個人的に訴えるチャンスをもっていた。今度は権力は、あたらしい農村の（「コルホーズの」）エリートに照準を合わせながら、みずからの農業政策を修正することができた。

注目しなければならないことであるが、このような集会や会議で発生した農業の突撃作業員（のちにはスタハーノフ運動者）と権力との関係は十分に堅固なものであり、とくに重要なことは、関係が逆の性格をもっていたことである。すなわち、北部地方では、1930年代中頃までに、党地方委員会第一書記の署名入りで、いわゆる「スターリン突撃作業員」に手紙を送る慣行が生まれていた。たとえば、知られるように、1935年の1年間に、北部地方のスターリン突撃作業員に3通のそのような書簡が送られ、そのなかで党地方委員会は、もっとも重要な農業労働の段階（播種、収穫、干草つくりの各キャンペーン）にあたる特定の時期のコルホーズの事情を教えてほしいと頼んだ。3通の書簡のそれぞれは、突撃労働を呼びかけたりコルホーズにおける正しい労働組織の重要性を注意しているほかにも、一続きになった問題をふくんでいて、それに返答をもらえれば、農業労働の

進行についてまとまった観念がもてるようになっていた。不完全なデータでは、167通の返答があった[23]。こうして、平均すると1通の書簡に50－60人が回答していた。北部地方には当時、790人のスターリン突撃作業員がいた。一見すると、突撃作業員の活発さは非常に低い。しかしここで考慮しなければならないことは、第1に、彼らの仕事の過重さである。彼らは全員、農繁期に肉体労働に従事していた。第2に、彼らの低い識字率である。北部地方委員会の3通の書簡のうちの最後のものに回答した50通の手紙のうち、19通の手紙は突撃作業員自身の手によって書かれておらず、口述で書かれたものであった[24]。ふつう突撃作業員は、自分のコルホーズの状況ばかりでなく、その村ソヴェトのほかのコルホーズの状況をも書いており、個人農の状況も書いていた。党地方委員会とともに、地方土地管理部の労働組織局も、スターリン突撃作業員と、きわめて詳細な、特定個人を対象とした文通をやっていた。

　党とソヴェトの機関は、スターリン突撃作業員と文通をしながら、いくつかの課題を同時に遂行していた。コルホーズ員の回答を分析すれば理解できるように、彼ら全員が、地方(クライ)のトップの人々が自分に個人的に語りかけてくることに深く感動していた。それは、彼らの目に映る権力の民主的なイメージを強め、党地方委員会第一書記のヴラヂーミル・イヴァノーフとその他の地域の指導者の権威を個人的に高めた。いうまでもなく、権力はこれらの手紙から貴重な情報を、しかも直接本人からえた。とくに、第2回北部地方畜産スターリン突撃作業員集会（1935年10月）の代議員たちは、党地方委員会書記がいかによく畜産の事情に通じているかを知って、うれしい衝撃を受けた[25]。そればかりでなく、コルホーズ指導部を通さないで直接スターリン突撃作業員に向けられた手紙は、コルホーズ員のあいだでの彼らの権威を高めるのに役立った。ふつう突撃作業員は提起された問題に対してだけこたえたにとどまったのではなく、自分たちの問題も権力に対して提起し[26]、それに対して権力もふつう反応したから、この文通は相互にとって有利なものとなった。最後に、農村における一種の

3-3　1920年代－1930年代のヨーロッパ・ロシア北部におけるコルホーズ・農民・権力◆マリーナ・グルムナーヤ

　権力の「影響力の手先」であったスターリン突撃作業員との文通は、あれこれの課題の遂行へとコルホーズ員を組織することを可能にし、同時に、全コルホーズ員大衆をもコルホーズ上層部をも統制することを可能にした。
　しかしながら強調しなければならないことは、このような「手先」は地方(クライ)の規模のなかでは多くはなかったということである。たとえば、1935年9月までに北部地方では6250のコルホーズがあったのに、地方でのあらゆる努力にもかかわらず、そのときまでにスターリン突撃作業員は公的には887人しか登録されていなかった[27]。たしかに1930年代末までに状況はやや改善された。たとえば、1939年にアルハンゲリスク州とヴォログダ州では全連邦農業博覧会の参加者が2069人を数え、彼らはスターリン突撃作業員の「後継者(ナスレードニキ)」とみなすことができる（コルホーズ数は8168）。こうして、1930年代中頃に7コルホーズあたりスターリン突撃作業員が1名であったのに対して、1930年代末には4コルホーズあたりに1名となった[28]。そのうえ次の点も考慮しなければならない。大半の突撃作業員は読み書きのよくできない人々であったが、自分のコルホーズにおいてだけではなく、村ソヴェトの規模でも、ときには地区の規模においてさえ非常に積極的に扇動活動をおこなったのである。彼らは、高度な結果を獲得できた自分の活動方法について話したばかりではなく、国の生活におこった変化、とくに、集会や会議に参加したときに見た都市や工業の変化から受けた印象を伝えた。おそらく彼らのコルホーズ員に対する影響力、とくにエモーショナルな影響力は、彼らが農民大衆の総数に占める［数的な］割合よりも著しく高かったのである[29]。
　このようにして、コルホーズの管理システムは多水準的な特徴をもっており、様々な構造——党の、国家の、コルホーズ固有の構造——によって実現されていた。コルホーズの活動におけるそれらの役割の相関関係は様々な段階において変化した。しかしながら最初の2つの構造が優位な地位を占めていたことは疑う余地がない。コルホーズ固有の管理機関の役割がとくに高かったのは、全面的集団化の段階だけであった。コルホーズ・

ツェントルの官僚主義的な構造を拒否した権力は、定期的に召集されるフォーラムのシステムを通して農民大衆と相互に作用しあうことを選んだ。このフォーラムのメンバーを、権力は容易に規制することができ、その参加者を、様々な種類の特権のシステムを通して権力は容易に操作することができたのである。

3. 国家とコルホーズ

すでに指摘したように、コルホーズ制度の存在の様々な段階におけるコルホーズの機能と活動に対する国家の働きかけは、様々であった。最初のコルホーズがつくられた瞬間から1920年代末までは、国家の働きかけは、コルホーズに様々な種類の援助——種子、肥料、農業機械、技術の貸付や供給、専門家の育成等々——をあたえることだけにあらわれていた。その際、国家は、ふつうコルホーズの生産活動や内部の生活に干渉しなかった。いうまでもなく、権力は、まさしく自分にとってもっとも関心のある経済部門の発展にコルホーズの関心を向けさせようとした。たとえば、権力は、地域の生産的特化に対応して、あれこれのコレクチーフの生産的特化をうちたてようとした。しかしながら、この働きかけは、ふつう、経済的方法あるいは扇動・宣伝的な方法で実現された。当時、このような働きかけのための国家の物質的可能性は大きくなかった。したがって1920年代末までのコルホーズは、言葉の真の意味で**集団経営**[「コルホーズ」はこの語の短縮形]であった。コルホーズは自分自身でみずからの内部の生活と生産活動を決定していた。1927～1928年に実施されたコルホーズの調査は、国家にとって不快な像を暴き出した。たとえば、ヴォログダ県では、多くのコルホーズが経済的に無力であり、ただ国家の融資を「食い潰して」いた。こうして1927/28年度にコルホーズは17万ルーブリの融資を受けとったが、これは1経営あたりにすると平均1546ルーブリであった。他方、融資をう

けたことによる国家に対するコルホーズの負債は3万6200ルーブリであった[30]。コルホーズへの過剰融資はありふれた現象であった。

多くのコルホーズにおける経営は、露骨に消費的な性格をもっていた。それだけではなく、1920年代末の穀物調達危機の条件のなかで、畜産に特化していた北部のコルホーズに対して、国家は穀物を保証せざるをえなかった。彼ら固有の穀物資源は最小限だったからである[31]。北部の大半のコルホーズでは穀物にカラス麦［主として馬の飼料］を混ぜて食していた[32]。1927年のヴォログダ県のコルホーズでは、穀物総生産は1352トンで、このうちコルホーズ内部の消費向けに1205トンが消えていた。このようにして商品化生産は11％を超えなかった。同様にして、100のコルホーズのうちわずか10のコルホーズが市場に穀物余剰を出していた[33]。しかし畜産物の商品化率もやはり高くはなかった[34]。大半のコルホーズは、国家から特恵的な条件で手に入れた純血種の家畜の子を売ることで、そして近隣の農民に干草を売ることで生計を立てていた。

技術、農具、肥料、改良種の種子、純血種の家畜は、非合理的に利用されていた。コルホーズに支配していたのは、各人からは能力に応じて、各人には必要に応じて、という均等主義的な「共産主義的」傾向であり、それは、労働の生産力の向上や労働の合理的な組織形態を促進しなかった。採算のとれない、「自家消費的な」コルホーズは、周辺の農民の目にはあまり魅力的なものには写らなかったし、土地の「社会主義的な」経営方法の手本ではなかった。

コルホーズのこのような状態の原因を追及して、権力は、「敵」と「転轍手」［訳注1］を探すという伝統的な方法に出た。コルホーズのかくも嘆かわしい状態の主要な犯人は、「クラーク」や、コルホーズにこっそり忍び込んだその他のソヴェト権力の敵であると宣告された。1929年12月、北部地方では、第1回地方コルホーズ大会が開かれ、それは、「農村の社会主義的変革の作業における党の政策が正しいと喜びをもって指摘した」[35]。同時に大会は、クラーク的、その他の分子からコルホーズを粛正する決議

を採択し、それを1930年1月1日までに完了することを予定していた[36]。

1920年代には、コルホーズ内部の関係への国家機関の干渉は、ふつうコルホーズ員自身のイニシアチヴでおこなわれ、この干渉は、ふつうコレクチーフに何らかの紛争やいざこざが発生したことを原因としていた。紛争当事者の一方が国家機関や党機関、あるいは協同組合機関に訴えを（しばしば何度も）持ち込んだあとはじめて、コレクチーフの紛争は研究と分析の対象となり、そこへ委員会が派遣されて、経営は全面的に研究され、紛争状態の解決の道が提案された。

全面的集団化の開始とともに、国家とコルホーズとのあいだの関係は根本的に変化した。コルホーズの**国家化**（огосударствление）がはじまり、コルホーズは計画経済と命令的・行政的管理のシステムに組み込まれはじめた。国家機関は、いまやコルホーズに対して、どれだけ、何を、いつ播くか、どれだけ、どんな家畜を飼育するか等々、といった経済活動の基本的なパラメーターを押しつけたばかりでなく、どのようにして働くか、コルホーズの指導者に誰を選ぶか、どんな祭日を祝って、どんな祭日を忘れるべきか、等々もコルホーズに押しつけた。

4. 共同体とコルホーズ

争点となっているのは、コルホーズの国家化がいつ完成したかという問題である。形式的な特徴からすれば、この過程は、すでに第2次五カ年計画のはじめまでに完成したとみなすことができる。それは、全面的集団化の完了の時期と一致しており、ソ連邦コルホーズ・ツェントルとその地方機関というコルホーズ管理機関の廃絶と一致している。しかし、コルホーズ体制のその後を研究すると、この過程が、少なくとも1930年代の末までのびた、あるいは1940年代末から1950年代初頭までのびたかもしれない、と結論づけることができる。国家化は、コルホーズの生活領域を次から次

へと把握していくという「這い広がっていく特徴」をもっていた。国家化は、国家の側からの、コルホーズに対する全面的な管理と統制とみなしうるが、それへの過程を阻む主な障碍であったのが、生き残りを求めるコルホーズ員の戦いであった。村社会の生き残りを保証する機能の一部は、コルホーズが引き受けた。この意味では、コルホーズは共同体の後継者であるとみなすことができる。

　ノヴォシビルスクの研究者、ヴェ・ア・イリヌィフは、2005年3月4－5日にモスクワで開かれたダニーロフ追悼セミナーにおいて、西シベリアの史料にもとづいて同様の過程に注目し、この現象の描写に「共同体的ルネサンス」という術語を用いることを提案した。しかしこの術語はあまり成功していない。1930年7月に採択された、全面的集団化地区における土地団体の廃絶に関する全ロシア中央執行委員会の決定［訳注２］は、社会制度を「廃止する」ことはできなかった。社会制度とは、知られるように、しかるべき社会的需要の具象化である。村社会の生き残りを保証してくれるような制度の必要性は、1930年代には高かった。しかしここで、「復活した」のは共同体ではなく、コルホーズへ移行した共同体の機能の一部だけであったことを考慮に入れなければならない。

　全面的集団化の開始とともに、国家は、コルホーズが生産した生産物に対する権利を表明した。しかし「まず国家に穀物を供出せよ、そのあと作業日でそれを分配せよ」という原則は、北部農村では定着することが遅く、苦しみをともなった。ここでは穀物の収穫が1930年代末にも低く、1ヘクタールあたり800－900キログラムであり、コルホーズとコルホーズ員の必要を満たすのにほとんど何も残されていなかったから余計そうであった。したがってコルホーズ員は、しばしば議長と管理部を長として、コルホーズで生産された生産物を自分に残すために、様々な奸計を謀った。このような「サボタージュ」の形態は、初歩的な供出忌避とか穀物供出の引き延ばし[37]から、いわゆる「過剰前渡し」［供出前にコルホーズ員に前渡しの形であたえる穀物を余分にすること］による穀物（あるいはその他の生産物）の

「浪費」にいたるまで、かなり多様であった。そのうえ、党権力の意見によれば、司法機関は、多くのコルホーズや地区が見せる調達活動での「反国家的傾向」のあらわれに対して反応が非常に遅かった。1940年のヴォログダ州では、国家への納入を果たさないうちにコルホーズ員に前渡しをあたえたとか、ほかのコルホーズの必要に穀物を支出した、あるいは、許容されている前渡しの大きさを超過した、とかの理由で告訴され裁判にかけられたのは、わずか203件であった。ところがそのような行為はいたるところでおこなわれていた。1940年12月はじめまでに44件が裁判所で審理され、52件が差し戻され、107件が裁判所で審理を受けないままであった。刑罰の重さについては、刑事責任を問われた（44人中）9人のコルホーズ議長についての情報が判断材料となりうるだけである。2人は禁固3年、7人は同2年の判決を受けた[38]。

　1930年代をとおして、コルホーズ員が、播種や収穫の期日、耕地での播種の構造を押しつけられることを嫌い、生産活動へのその他のルートからの干渉を嫌おうとしたことは、明瞭に観察される。なぜ、コルホーズ員は、地区から押しつけられた播種の期日を守らなかったのか。それは、播種キャンペーンに準備ができていなかったからとか、種子、人、技術等々がなかったとかの理由だけではない。一つの理由は、種子を凍った土地に播く（あるいは水に浸ける）ことを望まなかったことである。それは無意味な労力と資金の支出を意味し、結局は、凶作と飢饉を意味したからである。

　コルホーズに共同体的な伝統が維持されているもっとも明瞭な実例の一つは、労働の分配と組織の分野である。コルホーズでは、とくに耕種農業において、労働による支払いの原則が定着するのが非常に遅々としていた。

　ソ連のヨーロッパ北部は、いわゆる穀物の消費地帯に属した。20世紀の最初の3分の1世紀には、この地帯の南部地方での穀物の自給率は75－85％、北部地方で50％、北東地方（コミ州）では25％であった[39]。したがって、最初多くの農民はコルホーズのことを集団的な生き残りの手段と理解した。ここでは集団化の強力な方法は、クラーク清算の脅迫（「ソロ

フキ［白海ソロヴェツキー島の強制収容所］へ送るぞ」）であるよりもむしろ、農耕に適した良好な土地を奪う（「土地は沼地にやろう」）とか穀物供給を絶つという確言であった。この地域自体がクラークの流刑地だったからである。

1930年代前半のコルホーズでは、作業日の数によってではなく、口数によって穀物を分配するという慣行が部分的に残されていた。この際に、本質的な役割を演じていたのは、「貧農」や「バトラーク［農業労働者］」というかつてのステータス、あるいは「口数の多い」（大家族的な）経営という状態であり、そのおかげで、彼らは共同の経営に投下した労働の量に関わりなく、コルホーズのフォンドから生産物を受けとることができた。

しかしながら、危険のともなう農業ゾーンであるヨーロッパ北部では、1作業日が穀物1、2キロにしかならないときには、100やそこらの［年間の］作業日では農民家族の生き残りを保障するものではなかった。飢餓的な1932/33年度には、若干のコルホーズは特別な決議を採択して、「良心的に働いたけれども穀物を確保できなかった」コルホーズ員には追加的に穀物を分配していた[40]。

1930年代中頃、1935年2月の第2回コルホーズ突撃作業員大会で採択された新アルテリ模範定款へコルホーズを移行させるキャンペーンの過程では、住宅付属地を農戸でではなく口数で分与することが、大家族のコルホーズ員と小家族のコルホーズ員の可能性を均等化するので、そうする必要があるという声がコルホーズ員総会で執拗にあがった[41]。同時に、たとえば、出稼ぎ者への供給フォンドや身体障害者への供給フォンドをつくることによって、定款で推奨されるコルホーズの共同フォンドの一覧表を拡大し、共同フォンドへの控除の規模を拡大しようとする試みが見られた[42]。

多くのコルホーズでは1930年代の末においても、いわゆる「共同の」労働（работа «скопом»）、すなわち、遂行された労働量へのブリガーダ（作業隊）、ズヴェノー（班）の各メンバーの個人的な寄与を考慮に入れない労働が維持されていた。したがって、作業日数は、ブリガーダにいた作

業員の数でたんに割られただけであった。所得分配における「均等的傾向」は国家の頭痛の種であった。突撃運動、のちにはスタハーノフ運動の発展を妨げ、したがって、コルホーズにおける労働の集約化を妨げたからである。他方、コルホーズ員にとっては、これは生き残りの独特の形態であった。耕種農業における作業員の主要な部分を構成していたのは、女性、老人、未成年者であり、その肉体的な可能性は必ずしも1日のノルマを達成することを許さなかった。このため、1日の作業量の不足部分は、突撃作業員やスタハーノフ運動者という肉体的により強壮なブリガーダのメンバーによって埋め合わされた。アルハンゲリスク州の或る女性住民は、のちにこう回想している。「われわれは仲良く働いた。よくあったこと——取り入れる、取り入れる、穀物の束を数える、その一部はほかの人のものにしてあげる、生活が困難な人だったから（彼らは気の毒だった）」[43]。

　1930年代後半に、国家によっても承認されていた労働組織のズヴェノー形態は、本質的には、家族的な組織形態であった。なぜならば、ズヴェノーのメンバーとしてふつう入っていたのは、血縁や何らかの友人関係によってむすびつけられたコルホーズ員だったからである。ズヴェノーにおけるこの非公式的な、個人的なつながりが、形成された生き残りのメカニズムを強固にしていたのである。

　平のコルホーズ員と突撃作業員（スタハーノフ運動者、農業先駆者）との関係は、特別なテーマである。この論文の枠のなかでは、コルホーズ指導者による突撃作業員に対するいわゆる「迫害」（травля）の原因の一つに着目したい。知られるように、突撃作業員は、党権力による特別な心配りと庇護の対象であった。しかしながら地元では彼らはそのような配慮を受けず、それどころか、彼らが「抑圧」（притеснение）されるという場合がしばしばあった。たとえば、（支払いのよい）ある種類の労働から（支払いの少ない）別の種類の労働へと移されるというのがそれである。理由は、あるコルホーズ議長の言葉によれば、「ほかの人にも稼がせてあげなければならないから」であった[44]。

共同体的慣行の影響は、コルホーズの土地利用のシステムにも維持されていた。コルホーズ自身、みずからのコルホーズを農村共同体の後継者と理解していることが稀ではなかった。それがとくにはっきりとあらわれたのが、コルホーズ間での土地の争いの時であった。たとえば、1939年に、アルハンゲリスク州のレーニン名称コルホーズとコルホーズ「正しい道」との紛争において、レーニン名称コルホーズのメンバーたちは、採草地に対する権利を主張する際に、採草地が過去に農村共同体に属していたことを引き合いに出した。「われわれは100年間この採草地をもっている。(それは——著者) 永久にわれわれのものだ。それを交換するつもりはない」[45]。1930年代の末に党機関の関心がコルホーズ員の住宅付属地に向けられたとき、若干のコルホーズで毎年の付属地割替がおこなわれていることが明らかとなった[46]。コルホーズの土地フォンドは、生き残るための共同の基礎とみなされていた。

すべてのコルホーズの資産が農民によって共有財産とみなされていたことに注意しなければならない。このことがとくにはっきりとあらわれたのは、1930年代中頃に、農業アルテリの新定款が審議され、採択された過程においてであった。総会においてコルホーズ員は、コルホーズの馬を、客に呼ばれたり、バザールへ、医者のところへいくことから、住宅付属地の耕作でそれ向けの牽引力用に使うことにいたるまで、無料で利用できるという条項を定款にふくめるよう執拗に要求した。コルホーズ員は、なぜ「自分の馬にまた支払う」必要があるのか、どうしても理解することができなかった[47]。総会に出席していた党・ソヴェトの地区権力の代表者や突撃作業員からの圧力で、このような「敵対的な」非難には即座に反撃がくわえられ、コルホーズ員の個人的必要のためにコルホーズの馬を利用することが有料である旨の条項が定款にふくめられた。しかし1930年代末の党機関の文書が証言しているように、定款のこの規定はいたるところで侵犯され、コルホーズ員は無料で馬を利用した。

北部のコルホーズには、そればかりか、コルホーズ員が、コルホーズの

畜産専門部の生産物を使って牛乳と食肉の義務納入を果たすという慣行があった[48]。このことによってコルホーズ員は、自分の個人的経営でえた生産物を家庭内の消費に利用したり、市場向けに販売することができた。まさに食肉と乳製品がヨーロッパ北部のバザール商業の取引において著しい部分を構成していたことは偶然ではない。このようにして、共同化された家畜のおかげでコルホーズ員は国家義務の一部を免れることができた。しかしながらこれは国家の方針とは反するものであった。国家の方針は、コルホーズの家畜が国家の必要を保障し、一方、個人の家畜がコルホーズ員の需要を保障するというものであった。

　この現象に党とソヴェトの機関が関心をもったのは、やっと1930年代後半になってからであった。このとき、各コルホーズにはいわゆる「畜産発展国家計画」が押しつけられ、それにしたがって、コルホーズ畜産専門部の家畜頭数と生産性は不断に成長しなければならなくなった。この計画の不履行——家畜頭数の減少——の理由を探すことによって、コルホーズのなかでのこのような「反国家的」行為が暴かれた。残念ながら、この現象がどの程度広がっていたかを評価できる何らかの統計データは存在しない。しかしながら、おそらく、かかる行為が広がっていたのは北部だけではなかったのであろう。1940年3月の党中央委員会総会において、農産物調達政策の変更に関する決議が採択されたからである。とくに、この決定の1つの条項によって、1941年以降の牛乳の供出の原則が変更された。それによると、設定されたミニマムよりも多く牝牛の頭数をもっているコルホーズは、牛乳供出に関する国家の義務を果たしたあとは、コルホーズ員にかわって牛乳を供出することができ、その量は、コルホーズ員による国家への義務納入の遂行に算入することができるのであり、こうしてコルホーズ員を国家義務から一部または完全に解放することができた[49]。このようにして、国家は、共同の資産をコルホーズ員の個人的必要の充用に利用する——ただし国家への義務を果たしたあとでだけ——可能性を認めたのである。

大祖国戦争とそれにつづく荒廃と復興の条件の下でも、コルホーズ社会の生き残りのメカニズムが維持されたと推定できる。前線からの兵士の手紙には、付属地経営についての問題とならんで、コルホーズについての考えがつねに響いている。コルホーズは、このようにして、主要な働き手や大黒柱を失った農民家族の生き残りを促す制度と理解されていた。おそらく、農村の状況が若干改善されたいわゆる1953年「9月の」農業政策［訳注3］の開始とともに、生き残りの機能をコルホーズが失ったということを語ることができるであろう。コルホーズの老いた世代が死去するとともに（あるいはコルホーズを離れるとともに）共同体の自己維持の伝統も消えた。コルホーズの最終的な国家化には、いまやいかなる障碍も残されてはいなかった。

このようにして、農民、コルホーズ、権力は一つの固い結び目でむすばれていた。権力は、自己保存とみずからの理念の実現のために農民をコルホーズに追い込んだ。農民は、この共同生活の形態を受け入れる以外になかった、それは、ほかに出口がなかったばかりでなく、この共同生活の形態が生き残りの何らかの可能性をあたえたからである。しかし権力は、このあたらしい形態をみずからの統制のもとにおくために、ありとあらゆることをした。興味深いことに、今日、全面的な「自由」の時代にあって、ロシアの農村はそれでもなおコルホーズにしがみついている。コルホーズは、すでに株式会社（あるいは何か別のもの）に名をかえているが、たとえ何らかの方法でも農村住民が市場の盲目性のなかで生き延びることをなおも可能にしているのである。あたらしいロシアの「フェルメル」の運命は、ふつう羨むには足りないものであるから。

注

(1) Ивницкий Н. А. От Бюро коммун до Колхозцентра (Организация руководства колхозами)//Октябрь и советское крестьянство. 1917-1927 гг. М., 1977. С. 239, 244.

(2) Государственный архив Вологодской области (ГАВО). Ф. 585. Оп. 1. Д. 70. Л. 140.

(3) ГАВО. Ф. 201. Оп. 1. Д. 1222. Л. 20 об.

(4) Там же.

(5) ГАВО. Ф. 585. Оп. 2. Д. 489. Л. 385 об.; Оп. 3. Д. 494. Л. 208, 234; Ф. 201. Оп. 1. Д. 1222. Л. 20 об.; Д. 1228. Л. 9.

(6) *Чмыга А. Ф.* Колхозное движение в первое десятилетие Советской власти//Октябрь и советское крестьянство. 1917-1927 гг. М., 1977. С. 230; ГАВО. Ф. 585. Оп. 2. Д. 489. Л. 385 об. Оп. 3. Д. 494. Л. 208, 234; Ф. 201. Оп. 1. Д. 1222. Л. 20 об.; Д. 1228. Л. 9.

(7) *Чмыга А. Ф.* Указ. соч. С. 230.

(8) Колхозы в 1937 году (по годовым отчетам). Ч. I. Растениеводство. М., 1939. С. 4-5.

(9) См., напр.: *Ивницкий Н. А.* Колхозцентр СССР и РСФСР-1927-1932 гг. (организация, функции, структура). Дис...канд. ист. наук. М., 1952; *Он же.* От Бюро коммун до Колхозцентра (Организация руководства колхозами)//Октябрь и советское крестьянство. 1917-1927 гг. М., 1977. С.239-260; *Носова Н. П.* Управлять или командовать? Государство и крестьянство Советской России (1917-1929 гг.) М., 1993 и др.

(10) *Ивницкий Н. А.* От Бюро коммун...С. 245.

(11) Там же. С. 247-248.

(12) Там же. С. 253.

(13) Там же. С. 254.

(14) こうして1928年6月1－6日に第1回全連邦コルホーズ大会が開かれた。

(15) これは、1927－1929年には農村活動部（отделы по работе в деревне）、1930－1932年には集団化課（секторы коллективизации）、1932年には農業地区・キャンペーン課（секторы сельскохозяйственных районов и кампаний）、1933年から農業課と農業カードル課（сельскохозяйственные секторы и секторы сельскохозяйственных кадров）、1934年から農業部（сельскохозяйственные отделы）。

(16) *Зеленин И. Е.* Политотделы МТС——продолжение политики «чрезвычайщины» (1933-1934)//Отечественная история. 1992. № 6. С. 42-61.

(17) 1937年までにソ連に存在していた24万1000のコルホーズのうち、エム・テ・エスのサービスを受けていたコルホーズは75.7％であった。しかし、たとえば、ヨーロッパ・ロシア北部では、エム・テ・エスの活動ゾーンにある

コルホーズの割合は51.2％であり、アルハンゲリスク州ではもっと少なく40.3％であった（Колхозы в 1937 году（по годовым отчетам）. Ч. I. Растениеводство. М., 1939. С. 4-5)。

(18) たとえば、北部地方委員会・地方執行委員会全権代表の報告によれば、グリャゾヴェーツ地区の農民は、地区の代表がやってくると、「自分の経営を放棄して森のなかに走り去った」。このような行動は、地区の活動家の班がおこなった本物の「ポグロム」によって説明できた。班の構成は「党地区委員会の２人の部長、地区土地部部長、地区コルホーズ連合議長、地区計画委員会議長、ゲ・ペ・ウ長官補佐、警察長官、エム・テ・エス部長、その他の地区指導者と警察騎兵部隊」。警察騎兵部隊がおこなった作戦の本質は、部隊が全村を包囲し、耕地から家畜を追い払って、畜舎に閉じこめたことにある。警察は、「離れろ、集まるな」と叫びながら、村中に馬を乗り回し、村人のなかにパニックをひきおこした。「鐙にしがみついた女性が、騎兵警官――彼女の何かの財産を奪い去った――に地面を引きずられた」。このような場合がいくつかあった。「作戦」の原因は、強制的な「最後の１頭の牝牛の共同化」が1932年４月の党中央委員会決定によって非難されたあと、農民がコルホーズの畜群から家畜を連れ戻したことにあった（Отдел документов социально-политической истории Государственного архива Архангельской области（ОДСПИ ГААО). Ф. 290. Оп. 1. Д. 1342. Л. 49)。

(19) 1933年２月には、第１回全連邦コルホーズ員・突撃作業員大会が開かれ、1935年２月には、新アルテリ模範定款を採択した第２回全連邦コルホーズ員・突撃作業員大会が開かれた。

(20) *Попов Н.* Ударничество в колхозах（К призыву сталинских ударников)//Большевистская мысль. 1933. № 10. С. 19.

(21) *Попов Н.* Ударничество в колхозах（К призыву сталинских ударников)//Большевистская мысль. 1933. № 10. С. 20.

(22) たとえば、1933年11月に開かれた第１回北部地方スターリン突撃作業員集会は、搾乳婦、仔牛飼育係、養豚係、羊飼い、馬丁、牧夫への「指令」を作成した。指令は、コルホーズの家畜を維持し、大きく増加させるためにはどのように労働を組織するべきか、具体的な情報をふくんでいた。1934年４月の第３回北部地方コルホーズ・ソフホーズ建設突撃作業員集会では、農作物栽培指導員、馬飼育ブリガヂール、トラクター手、鍛冶工、プラウ農夫、播種作業員向けの「指令」が採択された。これらの指令は、春播きや収穫の取り入れの時期における上に列挙した作業員の義務を決定したばかりでなく、何らかの方策の実施方法を詳細に解説していた。「指令」は義務的な性格を

もち、とくに重要なことであるが、「特定人に向けられる」という性格をもっていた。なぜならそれらは、農業の具体的な専門家を予定したものであったからである。それらは、明確な分業を条件としており、すなわち、労働の特定領域におけるコルホーズ員の責任を設定していた。Красный Север. 1933. 6 ноября; 1934. 22 апреля.

(23) ОДСПИ ГААО. Ф. 290. Оп. 2. Д. 710. Л. 8. この数字は、第2回北部地方畜産突撃作業員集会における党北部地方委員会書記ヴェ・イヴァノーフの報告への下書き資料からとったものである。実際には、党北部地方委員会のフォンドには、スターリン突撃作業員のもっと多くの返事の手紙があり、それも1935年についてだけでなく1933～1934年についてもそうである。そればかりでなく、こうした手紙の一部は、アルハンゲリスク州国立アルヒーフの北部地方土地管理部のフォンドでも保存されている。

(24) ОДСПИ ГААО. Ф. 290. Оп. 2. Д. 710. Л. 8.

(25) ОДСПИ ГААО. Ф. 290. Оп. 2. Д. 711. Л. 32, 35.

(26) たとえば、1933年に、ほかのコルホーズ員とともに飢えていた突撃作業員は、もっとも頻繁に食糧援助を頼んだ。文通の資料が証言しているように、地方権力はこの願いに反応をして、地区権力に前貸しの食糧をあたえるよう指示している。国全体と同様、地方や地区の穀物資源も、その年非常に限られたものであったことは別問題である。

(27) ОДСПИ ГААО. Ф. 290. Оп. 2. Д. 708. Л. 155; Д. 712. Л. 52.

(28) Вологодский областной архив новейшей политической истории (ВОАНПИ). Ф. 2522. Оп. 2. Д. 450. Л. 19. Д. 454. Л. 70; Большевистская мысль. 1940. № 3. С. 10; № 5-6. С. 33.

(29) たとえば、第2回全連邦コルホーズ員・突撃作業員大会［1935年2月、モスクワ］の代議員であるシャルィギンが、北部州の1地区で、同大会について語った話は、500人の聴衆が1晩中彼の話を聞くことに同意したというほどの印象を彼らにあたえた。彼には文字通り大量の質問が浴びせられた。質問は、同志スターリンはどんな服を着ていたか、彼のポートレートは本物っぽいか、彼の声はどんなものか、等々にまで及んだ。ОДСПИ ГААО. Ф. 290. Оп. 2. Д. 715. Л. 33.

(30) ГАВО. Ф. 201. Оп. 1. Д. 1228. Л. 73.

(31) ГАВО. Ф. 352. Оп. 1. Д. 1018. Л. 610, 678 об., 753, 779; Ф. 352. Оп. 1. Д. 1018. Л. 678 об.; Ф. 479. Оп. 1. Д. 20. Л. 54.

(32) ГАВО. Ф. 479. Оп. 1. Д. 20. Л. 54.

(33) ГАВО. Ф. 352. Оп. 1. Д. 1018. Л. 793.

(34) チギンスキー・コルホーズ連合では、牝牛の平均搾乳量は1927/28年度に1頭あたり560リットルであった（ГАВО. Ф. 201. Оп. 1. Д. 1222. Л. 23.）。「古い」コルホーズでは牝牛の生産性はやや高く、牝牛1頭あたり1780リットルであった。乳牛の生産性はかくも低く、畜産においても高い商品化率について語ることはできない。この際に考慮しておかなければならないことは、たとえば著しい部分の乳製品が農民経営の内部で消費されたということである。若干のコルホーズでは、経営内部消費は、えられた牛乳総量の40～50%にも達した（ГАВО. Ф. 201. Оп. 1. Д. 1228. Л. 14 об., 15 об.）。

(35) Государственный архив Архангельской области（ГААО）. Ф. 619. Оп. 1. Д. 25. Л. 1-2.

(36) ГААО. Ф. 619. Оп. 1. Д. 25. Л. 3.

(37) 国家調達からの公然たる忌避の事実は、1930年代末の時期にはあまり見いだせない。ヴォログダ党州委員会のデータでは、州のコルホーズによる国家への穀物義務納入は1939年1月1日現在で、97.8%であった。「いかなることがあっても」という原則で実施された義務納入がかくも「成功裏」に達成されたことは、春までには、種子フォンドを「食い尽くし」国家へ援助を要請することへとかわった。まさにこうして種子の前貸しの返却を回避する方が［義務納入を忌避するよりも］はるかに容易であった。1939年1月1日現在、種子の前貸しの返却率は58.8%であった（Вологодский областной архив новейшей политической истории（ВОАНПИ）. Ф. 2522. Оп. 2. Д. 175. Л. 3-4）。

(38) ВОАНПИ. Ф. 2522. Оп. 2. Д. 449. Л. 116-117.

(39) *Доброноженко Г. Ф.* Коллективизация на Севере. 1929-1932. Сыктывкар, 1994. С. 91.

(40) ОДСПИ ГААО. Ф. 290. Оп. 1. Д. 1624. Л. 97.

(41) ОДСПИ ГААО. Ф. 290. Оп. 2. Д. 715. Л. 39, 67, 112, 162. Д. 716. Л. 20.

(42) ОДСПИ ГААО. Ф. 290. Оп. 2. Д. 715. Л. 39. Д. 716. Л. 161. 1930年代前半のコルホーズには、定款によって決められている共同フォンド以外にも、現物的、貨幣的な様々な共同フォンドが存在していた。たとえば、出稼ぎ者、良心的に働いているが食糧を確保できない大家族的なコルホーズ員、コルホーズに固定されている教師、保育園への供給向けフォンド、共同給食、コルホーズ商業向けフォンド、カードル養成用の様々な講習に派遣されるコルホーズ員向けの特別フォンド、文化的・生活的フォンド、報奨金フォンド、相互扶助組合（カッサ）、等々。ОДСПИ ГААО. Ф. 290. Оп. 1. Д. 1624. Л. 3-4.

(43) *Кононов А. Е.* На хлебном колосе. Старина и новь устьянских дереве-

нь. Очерки. Октябрьский, 1992. С. 17.
(44) ОДСПИ ГААО. Ф. 290. Оп. 2. Д. 719. Л. 8.
(45) ГААО. Ф. 4331. Оп. 1. Д. 3. Л. 24.
(46) ВОАНПИ. Ф. 2522. Оп. 2. Д. 173. Л. 82, 84, 108 и др.
(47) ОДСПИ ГААО. Ф. 290. Оп. 2. Д. 715. Л. 2, 66, 67, 72 об., 76, 108 и т. д.
(48) さらに、コルホーズ員の貨幣的義務（自己課税、文化用賦課金、強制損害保険）の支払い、「自発的」国債への支払い、様々な社会組織、たとえば国防および航空・化学建設協賛会（オソアヴィアヒム）などの会費の支払いをコルホーズの負担でおこなう慣行も存在していた。См., напр.: ВОАНПИ. Ф. 2522. Оп. 3. Д. 195. Л. 7.
(49) Большевистская мысль. 1940. № 7-8. С. 18-22.

訳注

　［訳注1。523頁。「転轍手」］ソ連では、起こった事柄の責任者を上部の指導部に探さないで、平の遂行者に探す傾向が顕著であったため、列車の転覆で罪を負うのはつねに「転轍手」であった。事件に対する責任を負わされやすい平の実行者、という意味の皮肉。

　［訳注2。525頁。土地団体廃止の法令］1930年7月30日付のロシア共和国の決定によって、75％以上のメンバーが集団化された土地団体は廃止され、その農業的な意義をもつ土地、資産はコルホーズへ、非農業的な意義をもつ土地（森林、池、不適地など）、資産（公共の建物、企業など）は村ソヴェトへ譲渡された。1931年10月20日には、土地団体廃絶に必要な集団化の割合は68－70％にまで下げられた。

　［訳注3。531頁。1953年9月の農業政策］スターリン死後、1953年党中央委員会9月総会においてフルシチョフが第1書記に選出された。フルシチョフは、工業部門に対して農業部門（畜産をふくむ）が著しく立ち後れていることに強い警告を発し、とくに野菜と畜産の急速な発展を要求した。この総会をきっかけとして、以降、フルシチョフ農政として知られる、様々な改革（過度の中央集権化の排除、コルホーズの決定権の拡大、調達価格の引き上げ、個人副業経営からの義務納入制の廃止、さらにひいてはエム・テ・エスの廃止その他等々）が次々と実行に移されることになる。

20世紀前半のウラル地方における農業の変容

ゲンナジー・コルニーロフ
(鈴木健夫訳)

はじめに

　ロシアとその諸地域は、20世紀に近代化の道を歩んだ。近代化の過程は、農村生活を経済的、社会的、文化的およびその他さまざまな局面において規定した。近代化のなかでの農業部門および農村の社会意識の変容は「農業転換(アグロペレホード)」の言葉で表現されるが、その農業の転換が進むなかで、個人的土地所有の確立、進歩的農業技術および改良機械の導入、市場と協同組合の発達、農業労働の意義・課題に対する農民の保守的経済観念の克服がみられた。

　ウラル地方の農村における近代化の過程は、ロシア全体の変容のなかで進行したが、そこには地域的特質があった。ウラル地方の農業の発展段階は、農業集約化の段階に対応している。18世紀以前にはこの地方に原始的農業システムが支配的であったが(第1段階)、18－19世紀には粗放的農業システムが優位を占め(第2段階)、それが世代から世代へと農民によって引き継がれた。この地域における農業生産の発展の第3段階は20世紀に生じた。この段階に特徴的なのは、粗放的農業システムから集約的農業システムへの移行である。これこそが、近代化過程における農業転換の主要な内容を示している。

　農業システムとは、土地の肥沃度を回復・上昇させるために農業技術・土地改良・農業組織についておこなう、相関連した措置の全体をいう。20世紀半ばまでは、ロシアの農民には広大な土地が広がっており、土地の肥

沃度を引き上げるという課題はなく、それを回復させることこそが問題であった。このことから、農業転換の第1局面は、時期的には20世紀前半とすることができる。

1. 1920年代－1930年代

　農業転換の初めのころは、大部分の農民経営は、どうにか自分自身の必要を確保できるような水準にあった。ゼムストヴォの農業技師のみたところでは、食糧市場の生産的基盤としての農民経営は暗澹とした様相を呈していた。「現在の農民経営は、全体としてあまり好ましくない様相を示している。土地耕作は原始的な方法で、生産性の低い農具を使って、おこなわれている。その農具は、土地を耕しているのではなく、カムィシロフ郡の農業技師が描写したように、より正確にいえば『土地をほじくっている』」[1]。芳しくない気候条件にあっては、国民に対する食糧供給制度が導入されていたにもかかわらず、しばしば飢饉（1901、1905、1906、1911年）が発生していた[2]。

　1921－1922年の不良な天候は、内戦による混乱およびボリシェヴィキの食糧政策の影響と重なって深刻となり、恐ろしい飢饉をひきおこした。1921－1922年の飢饉は、その規模からしてウラル地方の歴史にあってもっとも恐ろしいものであった。長年にわたる貧困と零落によって弱体化していた農民経済は旱魃と凶作に対抗することができず、穀物貯蔵システムは農民自身によって停止させられた。ウラル地方における農業生産の衰退は、種々の指標からみて、国全体におけるよりもひどかった。たとえば、1922年春に、ロシア連邦共和国における播種面積の前年比の減少は23％であったが、ウラル地方ではそれは66.5％であり、穀物総収穫高の減少はそれぞれ28％と37.5％であった[3]。農業生産の衰退は、播種面積の減少をひきおこしただけでなく、畑作の構造を根本的に変えた。ウラル地方で伝統的に

3-4　20世紀前半のウラル地方における農業の変容◆ゲンナジー・コルニーロフ

　支配的であった小麦とカラス麦の栽培は、1921－1922年にはライ麦とひき割り作物の栽培に取って代えられ、このことは、当時の経済が非生産的性格を強めていたことを示している。1923年になってようやく畑作の構造の質的改善がはじまり、主要な商品作物である小麦および基本的な飼料作物であるカラス麦の播種が増大した。それとともに、飢饉の時期に播種が増大していた二義的な食用作物（キビ、ソバ、エンドウ）の栽培が1924年以降に激減しはじめ、とくにキビの栽培の減少は顕著であった[4]。飢饉の年である1922年には全く播種をしない農家の数が全体の12％まで上昇したが、1923年にはそれは6％にまで低下した[5]。ウラル地方の全域を覆った飢饉は、100万人以上の人口の減少をもたらし、とくに南ウラル――オレンブルク、チェリャビンスク、ウファーの諸県およびバシキリア共和国――でそれは顕著であった。

　スターリンによる「上からの革命」である農業集団化の実施は、1932－1933年の飢饉をひきおこした。

　第１次五カ年計画の時期の農業発展の主要な内容となったのが集団化であった。1932年にはウラル州の農民経営の59.3％がコルホーズの形態をとっており、1933年夏には、その比率は63.4％になっていた[6]。ソフホーズの建設が速いテンポで進み、1932年にはその数は277にまで増加した。ソヴェト指導部は、発展性があると考えられた農業生産組織の発展に相当の資金供給をおこなった。州の農業に供給された資金の半分以上は社会主義的部門の発展に向けられた。国家はコルホーズ・ソフホーズ部門を優位においたが、それは、基本投資の増大だけでなく、技術提供にもあらわれた。エム・テ・エスのサービスを受けるコルホーズの数は年々増加した。同時に、役畜の牽引力は1929年以後年々減少していった。1933年に役馬の数は1929年の２分の１以下に、雄牛の数はほぼ３分の１に減少した。それでもそれらは農村における主要な牽引力であることに変わりはなかった。1930年から1932年のあいだに、ウラル州における役馬１頭当りの平均稼働率はほぼ２倍に上昇した。ザウラーリエ［ウラル山脈以東地域］の中央部および

南部では1931年と1932年の役馬稼働率はさらに高かったが、それは、農作業とりわけ耕作の遂行には否定的に影響した。

ウラル地方の農村における社会経済構造の変化は、農業生産の基本的な指標の変化にあらわれている。播種面積は1928年から1933年にかけて32.6％増加した。1932－1933年にコルホーズはウラル州の全播種地の4分の3以上を占めていた。穀物およびマメ科作物の播種面積は、1928年の477万5600ヘクタールから1933年の594万7500ヘクタールへと、24.5％増加した。凶作であった1931年と1932年にも穀物生産の増加を求め、穀物およびマメ科作物の播種面積はそれぞれ626万9700ヘクタールと608万8200ヘクタールに達していた[7]。

ウラル州における畑作には粗放的性格がみられ、畑作の発展がそのまま単位収量の上昇をもたらすということはなかった。単位収量は地域の自然・気候条件および農業技術的措置（土地の中耕、播種キャンペーンの期間）の質に依存した。ウラル州における全面的集団化の時期に、休閑を伴う秋耕は質的に不十分にしかおこなわれなかった。休閑地の削減によって土地の消耗が生じた。秋耕の減少および鉱物肥料・厩肥の不足によって植物の発芽力は低下し、その生育を雑草と害虫が妨げ、病気が広まった。播種の大半は春におこなわれ、したがって春播きの期間が長くなった。1931－1933年にウラル州では春播きが遅れ、播種はその多くが5月末から6月にかけておこなわれ、6月末まで長引いた。1932年にはとくに播種が遅れ、この年には6月1日の段階で全播種地の57％しか播種されていなかった。総じて収穫には農業技術の水準の低さが反映した。

ウラル州における穀物の平均収量は、1928～1933年に27.4％（ヘクタール当り9.8ツェントネルから7.3ツェントネルに）低下した。1931年には単位収量の大きな低下がみられたが、凶作の原因となったのは、ほぼウラル全域を襲った旱魃である。春播き穀物が熟する時期の降水量は、通常の植物生育に必要な量の4分の1であった。1931年夏にはザウラーリエにおいてかなりの播種作物が旱魃による熱風によって枯死した。ウラル州全体の

3-4 20世紀前半のウラル地方における農業の変容◆ゲンナジー・コルニーロフ

穀物の単位収量はヘクタール当り2.7ツェントネルであり、ザウラーリエの中央部と南部とでは1.4ツェントネルと0.6ツェントネルであった。翌年の1932年にも気候条件は悪く、2年続けて穀物は凶作であった。ウラル州のコルホーズの穀物収量はヘクタール当り5ツェントネルとなり、それはウラル地方全体の数字（4.6ツェントネル）より高かったが、ロシア連邦共和国のコルホーズ部門の数字（6.5ツェントネル）やソ連全体の数字（6.8ツェントネル）よりは低かった[8]。

農産物生産の減少によって飼料資源が減少し、このことは、州内における家畜頭数を減少させた。1927年から1933年にかけて、全範疇の経営を合わせた家畜総数が減少した。牝牛・山羊は50.7％、豚は66.9％、馬は61％、牛は50.3％——そのうち牝牛は35.9％——減少した。州内の家畜総数の減少は1930－1932年に顕著である[9]。その主要な理由は、農民が個人保有の家畜をコルホーズに引き渡すことを望まないために、また飢饉の年に食料とするために屠殺したこと、および飼料不足と過度の耕地労働によって病死したことにある。家畜総数の減少は、1933年になってようやくそれを止めることができた。

ウラル地方の農村における集団化によって、1931年の州の農業において社会主義部門が支配的となった。しかし、農業生産の安定は当初は外見的なものであり、1931－1933年には農業生産は低下した。その大きな理由は直前の3年間にあった。ソヴェト指導部は、農村に形成されていた危機的状況に対して適切に対応しなかった。ソヴェト権力の調達政策は、強制的工業化の必要を確保する目的で農村から農業生産物を没収することに向けられた。これにはなによりも、ソ連の主要な輸出用の農産物であった穀物が対象となった。

1928－1933年のウラル州における穀物の総生産量は、播種面積の拡大にもかかわらず、増大するどころか9.5％減少した。1931年の穀物生産は1928年と比較して2.6分の1に減少した。1932年のウラル州の総穀物収穫量は1928年と比べて32.9％の減少であった[10]。ソヴェト指導部は農村から

できるだけ多くの農産物を運び出そうと努力した結果、過大な調達計画がたてられた。1931年と1932年の収穫からの穀物調達の計画は、1920年代末の計画のほぼ2倍の量であった。穀物調達キャンペーンが進むなかで、種子フォンドと飼料フォンドの穀物が、そしてまた個人消費に予定されていた穀物が、没収された。この時期にウラル地方の農村から穀物調達のために運び出されたのは、収穫穀物の約43－45％であった。これより以前の時期の穀物調達は、総穀物収穫量の30％を超えることはなかった。ヴォルガ中流地方の村々から穀物調達のために没収された穀物は、1931年に収穫の37.6％、1932年には34.4％に達していたが、その穀物調達は、歴史家コンドラーシンが考えるように、1932－1933年のヴォルガ中流地方における飢饉の主要な原因となったのである[11]。

　穀物調達キャンペーンによる過度の農産物没収は食糧不足を生じさせたが、それは、1932～1933年には農村住民の飢餓をひきおこすこととなった。そのなかで発疹チフス・腸チフス、天然痘、壊血病が流行し、ウラル地方の農村において、人食い、死体食い、猫・犬の食用化、飢餓による自殺という事実が知られている。飢饉とそれに伴う流行病は1933年にソ連全体の人口学的破局をひきおこし、それはウラル地方にも及んだ。1933年のウラル州の人口損失は、ロシア連邦共和国の人口損失の7.2％を占めていた。1932年12月から1933年8月までのあいだに、ウラル州の死者の数は2.5倍以上に増加した[12]。

　加速化していった集団化は、1930年代初頭の農業危機の主要な原因となった。ソ連国家の調達政策は食糧不足をひきおこす原因となった。農業危機および地域の工業発展にともなう都市人口の増大のなかで、基準による配分、配給切符制は食糧事情を安定させることはできなかった。ウラル州は、穀物を自給する地域から穀物を輸入する地域になってしまった。住民に対する食糧確保のシステムの主要な特質は、中央集権化および農村住民に対する差別的姿勢であった。国内に食糧フォンドが形成されていたにもかかわらず、ソヴェト指導部は、飢饉を克服することはできなかった。

第2次世界大戦による荒廃から1946年にも飢饉がひきおこされた。農業転換の第1局面においては、定期的に農村住民の飢饉が発生するという、伝統的社会の特質が残されていたのである。

20世紀におけるロシアの絶えざる農業変革は、改革あるいは革命という性格をもち、平均して20年ごとに何度も繰り返されたが、それは、ダニーロフの見解によれば、農業の進展を規定しただけでなく、ロシア史全体の動向をも左右した[13]。

1930年代にウラル地方では、コルホーズ・ソフホーズ体制が確立して大規模な農業生産形態が支配するなかで、ヴィリヤムスの考案した牧草圃輪作方式が定着しはじめた。それは、粗放的農業システムの複雑な修正版（休閑を伴う、穀物の多圃牧草農法）であった。地壌の肥沃度を回復・向上させるために生物学的方法が試みられ、多年生植物が播種され、あるいは輪作システムが導入された。1913年から1939年までの期間に、ウラル地方における多年生植物の播種は（それ以前の播種地での刈入れ面積からみれば）6.4倍に、一年生植物の播種は15倍に増大している[14]。

同時に、ウラル地方では、穀作の三圃制に代わって集約的な農法が登場している。穀物栽培だけの経営は退き、畜産を同時に発展させて、工業原料用作物と穀物とを栽培する農業生産が前面に出てきた。ウラル地方に大規模な工業中心地が形成されるなかで、野菜とジャガイモの栽培が発展した。1938年のウラル地方で（全範疇の経営を合わせた）播種面積は1913年に比べて47％、穀物の播種面積は33％増大したが、工業原料用作物の播種面積の増加率は248％、野菜は471％、ジャガイモは461％、飼料作物は929％であった[15]。農産物の最適な品種を地域別に割当てる試験栽培や家畜の等級付けがいたるところでおこなわれた。

経済力の弱いコルホーズには、家畜購入、畜舎建設のための信用貸付がさらに進んでおこなわれた。生産的な家畜による広範な異種交配によって品種改良がさかんにおこなわれた。スヴェルドロフスク州の15のコルホーズでは当地方のタギール種の牝牛を量産しようとする種畜場がつくられ、

33の地区では細毛羊の繁殖が推し進められ、24の地区に67の豚種畜場が存在していた。第1次世界大戦前に種畜場への給水、器具による牝牛の搾乳という作業が普及し始めたが、しかし、1941年初頭の全範疇の経営全体における一人当たり家畜頭数は、1913年および1928年の水準には達していなかった(16)。

　コルホーズの組織的・経済的形成過程においては、行き過ぎた行政管理、コルホーズ民主主義の侵害、指導的幹部の根拠ない交替がみられた。農村に対する弾圧は、1930年代－1950年代における農業の国家管理システムの構成要素であり、1953年にスターリンが死去してようやく弾圧のレベルが下がった。1937年にスヴェルドロフスク州では、地区の土地局の指導者全員が、およびエム・テ・エスとソフホーズの管理責任者の70％が交替させられた。指導者の一部は、根拠なしに弾圧を受けた。1940年にはコルホーズ代表の44％が、農業技師の58％が、ブリガーダ［作業隊］長・飼育場長の47％が交替させられた。明確にあらわれた第2の弾圧の波は1948年後半からはじまった。ソ連最高会議幹部会の1948年6月2日付指令「農業における労働活動を不正に忌避する者および反社会的で寄生的な生活様式をおこなう者を遠隔の地区に移住させることについて」を根拠にして、最低限の作業日を遂行しなかったり、無断でコルホーズから姿を消したり、国有の貯水池での漁や国有林での猟をしたり、何らかの手工業（衣服の縫製、長靴の製造）に従事したりしたコルホーズ員は弾圧の対象となった(17)。

　第2次大戦前に、フートルの一掃、個人的な農民経営・労働者経営の社会化の完成をめざすキャンペーンが展開された。第2回全連邦コルホーズ突撃作業員大会（1935年2月）は農業アルテリ模範定款を採択し、コルホーズ員の個人的な副業経営の存在をはじめて保証した。定款は、住宅付属地の面積を0.25ヘクタールから0.5ヘクタールまでと規定した。各コルホーズ員は、1頭の牝牛、2頭以下の雄牛、10頭の雌羊・山羊、2つ以下の蜂蜜巣箱、家禽そしてウサギを保有する権利をもった。こうして、社会化されたコルホーズ経営と個人的な副業経営とからなる、二重の農業生産体制

3-4 20世紀前半のウラル地方における農業の変容◆ゲンナジー・コルニーロフ

ができあがった。住宅付属地と個人経営の規模は、コルホーズ員の家族の生活が最低限保証され得るように定められた。コルホーズ員は播種地を奪われ、穀物はただ一つの源泉から、すなわちコルホーズから作業日当りで受け取ることができた。コルホーズ員は、このごく小さな土地から生活の資を得ていたが、貨幣税と（家畜・家禽を農民が保有しているかどうかに関係なく）食肉の引渡しを賦課されていた。

1930年代の初頭には社会政治的状況と経済事情が緊迫していたが、後半に入ると比較的安定し、ウラル地方のコルホーズ員の物質的状態は若干改善された。1931年、1932年および1936年の凶作の後に、1937年と1938年には豊作となった（穀物の単位収量は2倍に増大した）。農民との妥協の政策が安定化の本質的要因となった。この政策は、1934年末にエム・テ・エス政治部を解散する決定をおこなったことに始まる。自由化政策の核心をなしたのは農業アルテリ模範定款の規定の実施であった。それにもとづいて、コルホーズに土地永久利用の証書を授与する授与式が催された。

コルホーズ員の勤労的活動をさらに「刺激する」ために、1939年には、作業日の義務的ミニマムの制度が導入された。それは、事実上、コルホーズ員の副業経営の権利が、コルホーズに加入していることだけではなく、コルホーズの共同生産に参加していることにも関連づけられたことを意味していた。このシステムにおいては、副業を営む権利を拡大するか、あるいは逆に制限するかという措置が、コルホーズ員に対する権力の主要な管理の手段となった。「私的所有者的志向、がりがり亡者、かっぱらい」との闘争というスローガンのもとで、1939～1940年にはコルホーズ員と個人農から土地が切り取られた。同時にフートルの集村化が遂行された。逆に、後に見るように、1941～1945年の戦時期には、コルホーズでの生産の破局的な低下を償うために、個人経営の可能性が広げられることになる。さらに戦後には、住宅付属地の大きさをめぐって、農業アルテリ定款の侵犯との闘争という新しいキャンペーンが実行された。

第2次世界大戦前のウラル地方の農村を特徴づけたのは、集団化の完遂

と農村生活の形態の根本的変化であった。新しい関係は、農民の血と汗による、極端な方法によって確立された。ウラル地方の農村の生活は強制的工業化の必要を満たすべきものとされた。このことは、もちろん、権力の勝利であり、農民の悲劇であった。

2. 第2次世界大戦期

2.1. コルホーズ経営と副業経営

1941-1945年の大祖国戦争の時期には、ソ連の農業およびその他の経済部門において、国家による積極的な管理と統制がおこなわれた。農民は社会的所有に依存していたのであり、それを農民が勝手に処理することは許されなかった。国家に対するコルホーズの経済的従属はきわめて強かった。コルホーズは、主要な生産手段である土地の所有権を完全に奪われていた。国家は、農業生産物の独占的な買い手であったばかりでなく、農業から生み出される収入の大半を自分のものとし、取得した資金のすべてを戦争勝利の達成のために使用した。

土地は、農業の基本的で不変の生産手段である。戦時中に後方地帯のウラル地方では、土地フォンドの総量とその土地利用者への配分は変わらなかった。変わったのは土地フォンドの構造である。統計機関が作成した土地収支の資料から、スヴェルドロフスク州の土地がどのような土地として、またどのような利用単位に配分されていたかの動向を分析することができる[18]。戦時中に土地利用面積は1.2％増加し、可耕地についてはほぼ4％増加しているが、これは、（チェリャビンスク州からカメンカ地区とポクロフカ地区とが譲渡されたことによる）スヴェルドロフスク州の行政的境界の変化による。菜園地と庭の面積は大きく増加（173％と440％）した。同時期に、採草地と放牧地は6.9％減少した。農業用地の比率は17.5％から

17.1％へとわずかに減少し、全土地利用者において耕地（播種地と休閑地）の比率は7.1％から6.4％に（11万8000ヘクタールだけ）減少し、逆に、休耕地の比率は0.4％から1.3％に（ほぼ3倍）増加した。

基本的な土地利用者はコルホーズであった。コルホーズ部門は、共同利用地およびコルホーズ員が各自利用していた土地を含んでいた。スヴェルドロフスク州のコルホーズの土地フォンド総量は2.3％増加し、農業用地の比率も40.7％から42.5％に増加した。耕地面積は13万5400ヘクタールだけ（29.5％から25.6％に）減少し、それに応じて休耕地は17万6600ヘクタールだけ（総土地面積の比率で1.2％から5.4％に）増加し、採草地と放牧地の面積は7万7900ヘクタールだけ減少した。このような変化は、ウラル地方の他の地区でも生じていた。

戦時中における技術設備の悪化および労働力の減少によって、現存の土地を効率よく利用する可能性がなく、何千ヘクタールもの土地は耕作から除外され、したがって無価値になった。多くの土地をもつコルホーズは、とくに南ウラルでそうであったが、播種した土地でさえ刈り取ることができず、収穫は雪の下に埋もれた。穀物・マメ科作物の播種面積と収穫面積との差は、この地方のコルホーズ全体で1942年に112万9100ヘクタール、1943年に72万1600ヘクタール、1944年に37万5500ヘクタール、1945年に20万3500ヘクタールになっていた[19]。

戦争初期には、後方地域において播種地拡大の政策がとられた。この政策の遂行は不適切であったということを最初に指摘したのはアルチュニャンである。国内の東部地域における原料・労働資源は最大限に逼迫しており、播種の増大はその状況をさらに悪化させ、農業技術の低下と収穫の激減をもたらした、というのがその理由である[20]。他方、アニスコフ、シュシキンおよびその他の研究者は、播種地の拡大は、それが国内の備蓄を使っておこなわれたのであるから、コルホーズ体制の巨大な活用可能性を証明していたのであり、農業生産の一層の後退を食い止め補充する唯一可能な道であった、と主張している[21]。われわれの見解では、研究者のあ

547

いだのこの見解の相違は、「沿ヴォルガ、ウラル、西シベリア、カザフスタンおよび中央アジアの諸地域における1941年第4四半期・1942年の戦時経済計画について」という党中央委員会・ソ連人民委員会議の決定が矛盾した実施結果を示していたことを反映している[22]。当局の期待によれば、1941年の秋播き地の拡大は［翌年の］春播きキャンペーンの緊張を緩和――播種期間を短縮し、播種地を拡大――するはずであった。ウラル地方における秋播き地は43万8300ヘクタール拡大し、そのうちチェリャビンスク州での拡大面積は21万9500ヘクタールであった[23]。しかし、不良な気候条件と不十分な労働力と技術の故に、いくつかの地区において秋播きは長引き、播種した一部は冬の間に凍死した[24]。

　1942年の春播きでは耕作労働のテンポは1941年よりよかったが、それは、党と政府の決定において見込まれていたことでもあった。ウラル地方のコルホーズでは播種地は26万100ヘクタール（2.1％）拡大した[25]。敵国による占領により主要な穀物生産地域が失われるという条件のなかで、播種地拡大の指令はもちろん論理的ではあった。しかし、大きな犠牲によって達成されたその結果は矛盾を含んでいた。ウラル地方のコルホーズとソフホーズにおけるジャガイモの栽培面積が拡大されたことによって、1942年にその収穫量は1940年に比べて64.9％も増加し、それは、さらに、増大する都市住民に「第2のパン」を供給することによって逼迫した状況を緩和することを可能とした。野菜の総収穫量は31.8％増加したが。これも、工業の発達した州においてその栽培面積を拡大した結果であった。しかし、労働力不足、農業労働の機械化の水準の低下、刈入れ時の大きな損失により、1942年の穀物・マメ科作物の総収穫量は増大するどころか、2分の1以上減少した。その際、ペルミ州、スヴェルドロフスク州およびウドムルト自治共和国においてそれは42.8％減少したのに対して、オレンブルク州、チェリャビンスク州、バシキリア自治共和国においては60.7％減少した[26]。播種した土地を刈取ることができず、ウラル地方のコルホーズ・ソフホーズにおける播種面積は1943年以降不断に減少していった。

この時期にウラル地方全体の播種面積においてコルホーズが占める比率も減少し、1941年にはこの地方の全播種面積の87.0％を占めていたのに対して、1945年には82.2％になっていた。同時に、播種面積において国家経営と個人的経営とが占める比率は拡大傾向にあった（前者の比率は11.5％から13.5％に上昇し、後者については、コルホーズ員の住宅付属地の比率は1.4％から2.5％に、労働者・職員のそれは0.1％から1.8％に、個人農のそれは0.02％から0.04％に上昇した）[27]。

戦時期の前半においては、ウラル地方の播種面積は4.5％拡大したが、1943年からは減少しはじめた。1941年と比較した播種面積の減少率は、1943年には経営の全範疇において16.8％（コルホーズでは17.5％）、1944年には29.4％（コルホーズでは31.7％）、1945年には30.6％（コルホーズでは33.2％）であった。ウラル地方におけるこの播種面積の減少率は、国全体の減少率（29.0％）より大きかった[28]。

戦争末期にウラル地方の播種面積は1928年の水準にまで減少し、穀物・マメ科作物の播種は1913年より10％少なく、工業原料用作物は1928年と比べて19％少なかった。他方、野菜とジャガイモの栽培は1928年の水準の3倍に増加していた[29]。

戦時期にウラル地方で広く普及したのは、工業企業の国家的な副業経営であった。その創設の背後には1941年から1942年にかけての冬に発生した大きな食糧困難があり、その目的は、労働者・職員への農産物補給を確保することにあった。ソ連人民委員会議による1942年2月18日の決定の後、大規模な工場には労働者購買部が組織され、店舗、食堂、倉庫、作業場、さらには副業経営がその管轄下におかれた[30]。1942年4月、ソ連人民委員会議と共産党中央委員会は、「副業経営および労働者・職員の菜園のための土地割当について」という決議をおこなった[31]。都市郊外において、コルホーズ・企業・施設の未使用地で副業経営をおこなうことが許可された。ウラル地方の大規模工場には、同地方の100以上のソフホーズが一定面積の土地、建物、役畜、機械および食用家畜とともに譲渡された[32]。

副業経営がもっとも発達したのは、ペルミ、スヴェルドロフスク、チェリャビンスクの、工業の発展していた州においてであった。1942年にスヴェルドロフスク州では4000の企業・団体が播種地をもっており、1943年にはその数はすでに5288となっていた。1944年初頭には新たに組織された副業経営が州内に2508あり、そのうちもっとも規模の大きいのは工業企業、工事場、鉄道輸送機関に付属していた1125であった。現地産業の企業および大半の孤児院、学校、大学、病院、陸軍病院は、自らの小規模な経営を組織していた。1945年にウラル地方には播種地をもつ副業経営は（ソ連農産物調達人民委員部の統計資料によると）2万6693を数えた[33]。

　副業経営は、大規模企業のそれでさえ大きくはなく、資力も多くはなかった。生産の経営方法が古く、農産物の単位収量と畜産の生産性は極端に低かった。それにもかかわらず、戦時という条件下でそれは食糧問題の解決のために積極的役割を果たした。まさにそのことによって、コルホーズ生産の危機が、国家の農業企業体を組織し、土地利用をソフホーズ化するきっかけを与えた、ということを戦時期は示したのである。

　戦時期に、労働者・職員およびコルホーズ員の「副業」経営は「本業」経営に転化した。1945年のウラル地方において、労働者・職員の農村部51万5500の経営および都市部215万1500の経営の播種面積は20万7000ヘクタールの播種地であった（都市部の労働者・職員はそのほとんどがつい最近まで農村の住民であったが、土地経営の習熟した技術を忘れていなかった）。農村における経営の平均播種面積は0.11ヘクタールであり、都市住民にあっては0.06ヘクタール、個人農にあっては0.18ヘクタールであった。農村地域の労働者・職員の経営における播種の内容は、ジャガイモと野菜の栽培が93.3％、穀物が5.9％、工業原料用作物が0.7％であった。都市住民にあっては、ジャガイモと野菜が96.9％、穀物が31.3％であった。すべて自己の経営で生存していた個人農の播種の内容は、穀物が27.0％、工業原料用作物が2.7％、そしてジャガイモと野菜が70.3％であった[34]。

　ジャガイモと野菜を住民が自給することになる上で積極的な役割を果し

たのは、労働者・職員の菜園利用地収入に対する農業税を免除するという、政府の決定（1943年6月）である。ペルミ、スヴェルドロフスク、チェリャビンスクのウラル地方3州における菜園経営者の数は、戦時期に3倍に増加している[35]。

　生活水準の低下によって、住民は個人的経営を拡げざるをえなかった。実際、戦時中、とくに1942－1944年には、地方当局は副業経営の規模の拡大に対して「目をつむった」。コルホーズ員の住宅付属地の播種面積は、中部ウラルで10％、南部ウラルで30％増大し、ウラル地方全体の平均は0.2ヘクタールとなっていた（おそらくこれには、共同の土地の「無駄使い」との闘争過程で戦争前夜に没収された土地［前述545頁を参照］が使われた）。戦争が終結に向かうころになってようやく、コルホーズ員の余計な住宅付属地の測量と「削減」のキャンペーンが新たにはじまった。

　コルホーズ員の家計調査によれば、住宅付属地経営は（地域によって数字は異なるが）農家が消費するジャガイモの94－98％、肉類・獣脂の88－95％、牛乳の98－99％を生産していた。中部ウラルにおいては、穀物・マメ科作物を個人的副業からえる割合は、以前と変わらず低い水準（1－2.6％）にあったが、南部ウラルでは戦時期に0.2％から13％に上昇した。この背後には、オレンブルグ州における穀物収穫の大きな減少が、したがって作業日の現物支払いの削減があった。戦時期のスヴェルドロフスク州においては、コルホーズおよびエム・テ・エスからえる穀物の割合は1941年の51.2％から1944年の69.5％に上昇したが、オレンブルク州では不断に減少し、1941年の52.4％から1945年の35.8％になっている[36]。

　コルホーズ員各個人の住宅付属地は、彼らの生活においては年々ますます決定的な意義をもつようになっていき、貨幣収入と食品の主要な源泉となった。まさにこのことによって、住宅付属地の土地利用は農民経営と農民家族を維持させ、農民の生き残りを支えた。それは、きわめて高い安定性と生命力を示したのである。

　こうして、大祖国戦争の時期にウラル地方ではコルホーズの土地利用が

支配的であるなかで、そしてコルホーズの生産が危機に見舞われるなかで、土地利用のソフホーズ化の傾向がみられ、コルホーズ員の個人的副業経営、農村・都市地域の労働者・職員の経営といった、小規模な土地利用形態が広く普及した。戦時中に生じた農用地の構造の変化は、全体としてみれば戦後の農業に否定的に影響し、農業発展の粗放的性格をもたらすことになった。

2.2. 農業各部門

　当時の条件の下で、農業生産の発展において最も重要な役割を果たしたのは、農業への物質的・技術的調達の問題であり、農業に機械、肥料および種子を確保することであった。主要な農業機械（トラクター、コンバイン、トラック）はエム・テ・エス（総量の81％）とソフホーズ（18％）に集中しており、コルホーズではそれは1％未満であった。コルホーズの生産はエム・テ・エスの労働に著しく依存しており、この地方の農業アルテリの80％以上はエム・テ・エスから機械の提供を受けていた。

　この地方では、一つのエム・テ・エスがサービスを提供していたコルホーズの数は平均して28−29であった。南部ウラルにおける農作業の機械化は比較的進んでおり、そこでは一つのエム・テ・エスは13−18のコルホーズにサービスを提供していた[37]。他の地域では、とくにウドムルト共和国では、農作業の機械化の水準は依然低かった。畜産、ジャガイモ栽培、野菜栽培、亜麻栽培は、実際にはすべてが手作業でおこなわれていた。したがって、1930年代の後半に国内の農業生産において馬力・手動の農具からトラクターの牽引力による機械システムへの移行が生じたというソヴェトの研究史の結論は、おそらく正しくはないであろう。

　戦時期の農業における技術の利用の主要な傾向は、機械の顕著な老朽化と故障のはやさであった。熟練技術者や機械保守要員が前線に動員され、修理基地が縮小したために、農業技術の急速な減損が生じた。ウラル地方

の農業において、トラクターは16％減少し（1エム・テ・エス当たり53台のトラクター）、コンバインは2％減少し（1エム・テ・エス当たり30台）、トラックは67％減少した（1エム・テ・エス当たり1.7台）。しかも、農村に存在していた機械でさえも燃料不足から十分には利用できなかった。

技術的なサービスが悪化し、部品は極端に不足し、オーバーホールはなされなかった。このすべての理由から、農業技術の急速な損耗が生じた。機械と農具の減少によって、戦争末期のウラル地方の農業アルテリには、平均して馬牽引の犁が14、草刈機が2、刈取り機が3、複合脱穀機が0.2、単純脱穀機が1.1、大鎌が4.7保有されていた。村の主要な牽引力であった馬は、その大半が前線に送られていた。こうした条件においてはいたるところで、家畜やきわめて単純な農具が農作業に用いられた。以前に不良品としてしまいこまれていた収穫機、大鎌、鎌、馬鍬、熊手、馬具を再び取り出して使用しなければならなかった。

農業生産を集約化する重要な要因は施肥である。この地方の自然の地壌肥沃度は比較的低かった。土地耕作の状況の悪化、土壌侵食およびその他の戦時の事情によって、施肥の必要が大きくなった。しかし、鉱物肥料の生産は事実上停止しており、また、家畜頭数の減少は有機肥料の減少をもたらしていた。

戦時期には、播種用種子の問題も緊迫していた。コルホーズは自ら種子を貯蔵しておかなければならなかったが、凶作が続いて種子フォンドは国家調達に出され、コルホーズは当面の播種作業のための種子もなかったのである。コルホーズは播種フォンドを確保することができず、1943年には穀物の播種面積は3分の1に縮小して標準播種量を削減せざるをえなかった。その結果、総収穫量はさらに減少することとなった。農業アルテリは、つねに種子の貸し付け（10％の利子）を国家に求め、基準の発芽率に達していない種子は交換せざるをえなかった。優良品種の播種はまったく姿を消すか、激減した。

戦時下という条件にあって、農業生産に最小限必要な機械、農具、肥料、

播種用種子さえ確保することはできなかった。その結果が、農業技術の悪化と地壌肥沃度の低下であった。輪作が破壊され、多くの場所で三圃制に移行した。休閑地の耕起や［春播きのための］秋耕地の耕起、畝合耕作、除草といった農業技術的処置の規模は縮小した。寒く厳しい冬のために、秋播きの作物は死滅した。1942年の気候は、冷たい春、雨の多い夏、早い降雪と、きわめて芳しくなかった。1943年に播種した作物は、この地方の南部ではほとんどいたるところで旱魃により枯死し、北部では夏の間の朝晩の冷え込みと雹まじりの豪雨によって痛めつけられた[38]。

それでも穀物生産には大きな注意が向けられた。というのも、政府は国内の主要な穀物生産地域が占領されたことによる損失の一部を補充しょうとしたのである。秋播きのライ麦によって穀作の比率が高められ、春播き小麦の播種面積は削減された。穀物の耕地の構造は著しく悪化し、むしろ伝統的な社会の経済に相当するものであった。戦時期のウラル地方では、穀物・マメ科作物の播種地の60％以上が「灰色の穀物」（ライ麦、大麦、カラス麦）によって占められていた。地域的伝統である工業原料用作物——ペルミ州とウドムルトの亜麻、バシキリヤの麻、バシキリヤとオレンブルグ地方のひまわり——の栽培は縮小した。食糧難からこの地方の住民は、ジャガイモと野菜の播種地を大きく拡大せざるをえなかった。スヴェルドロフスク、ペルミ、チェリャビンスクの諸州の工業地区では特にそうであった。飼料用作物、特に一年草のクローバーの播種は大きく縮小され、このことは畜産の飼料資源に否定的影響をもたらした。

農業生産の状態を特徴づける指標は単位収量であり、そこに耕種農業の主要なファクター（土地、エネルギー、農耕技術、労働組織）が集約されていた。戦時期を通じて収量はすべての農作物について1944年まで不断に低下しつづけ、主要な農業地域であるウラル南部では穀物の収量は1941年の3分の1ないし4分の1となった。

穀物生産の減退は飼料資源の減少をひきおこし、ジャガイモは食糧として用いられ、水気のある飼料や干し草をつくっても、それは社会化セクタ

ーの畜産の需要を満足させることはできなかった。それらが不十分で、また配合飼料がなかったために、畜産の生産性は低下した。子を産む家畜数は減り、若い家畜は減少した。同時に、家畜飼育のサービスは悪化し、場合によってはまったく姿を消した。こうしたことから、ウラル地方の全範疇の経営において家畜頭数は減少し、そのうち豚は56％、馬は45％、めんよう・山羊は34％、牛は4％減少した。家畜頭数の減少は、コルホーズとソフホーズが栄養の良くない大量の家畜を国家に供出しはじめたこととも関連していた。調達量の増加は畜産部門の状態の改善を反映していたのではなく、逆にその悪化を意味していた。飼料不足から家畜を屠殺しなければならなかったが、それは、家畜を斃死させないためであった。戦時期に（ジャガイモの生産を除いて）畑作作物の生産で支配的位置を占めていたのはコルホーズとソフホーズであったが、コルホーズの畜産の割合はウラル地方ではかなり減少し、それは国全体における減少よりも顕著であった。全範疇の経営の家畜頭数に占めるコルホーズの家畜の比率は低下し、逆に、コルホーズ員・労働者・職員がもっている家畜頭数の比率が高まった。戦争によってこの地方の畜産は大きく後退した。戦前にみられた集約化の動きは姿を消した。育種の仕事は、特にコルホーズにおいて放置され、家畜の等級付けは稀にしかおこなわれなかった。畜産におけるこうした作業状況はその生産性の減退をもたらした。

　生産的活動は厳しく制限され、人的損失は大きかったにもかかわらず、経済で重要な役割を演じたのが個人的な農民経営であった。それは、戦争の破壊的な影響に対してより安定的であった。この事実は、それが、多部門的な構造、家族的な労働能力の利用、半現物的な性格、もっとも単純な農具の利用といった伝統的な特徴を維持していたことと関連している。農戸の破壊の過程は進行したとはいえ、家族的な農民経営によって、コルホーズ員は戦争の苦しい時期を生き延びることができた。

2.3. 農業政策——穀物調達・食糧問題

　農業生産の減退の背後には、戦争の影響による社会経済的・人口学的事情の変化という客観的要因とならんで、戦時強制的な農業政策があった。国内で大規模に集団化が推し進められるとともに、農民に対する全面的な機構管理システムが生まれて機能し、それは戦時期にかなり拡大していた。農業労働とその成果の実現に直接かかわる指令が上級官吏から発せられた。生産活動におけるイニシアチヴと独自性は許されなかった。大規模で複雑な多段階の行政システムがもっとも努めたのは、農業生産の諸条件の改善ではなく、なによりも自らのシステムの保持であった。それは、合理的な農業経営に必要な条件を用意しなかったばかりか、数多くの困難を生み出し、その結果、遠く離れた後方地帯における農業生産に大きな減退が生じたのである。

　ウラル地方の農業生産は、住民の食糧を十分には確保することができなかった。戦争初期における行政指導の規律的措置は望ましい結果をもたらさなかったが、その原因としては、農民における個人的関心の欠如、質の悪い技術的設備、不十分な道路、不適正な土地利用、よく整備された農産物貯蔵・加工施設の欠如（ソ連調達人民委員部の資料によれば調達された国内の穀物の20％以上は貯蔵段階だけで消失していた）があった。

　戦時経済的な一元的な農業動員機構にあって顕著な役割を果したのは、穀物調達機関である。農村には広い組織網をもった調達機関が活動しており、この事実は、直接生産者に対する監督が徹底していたことを示している。このシステムは、警察機関に支えられ、戦時期に農村から生産物の大半を供出させることを可能にした。国家はその生産物の唯一の所有者であり、管理者であった。調達事業には軍事防衛的な直接的意義が与えられ（「パン、それが勝利である！」）、その実施のために農産物没収を可能とするあらゆる処置（播種用種子や子を生む家畜の供出、作業日毎の食料配給の削減・中止）が講じられた。農産物の調達価格は戦前と同じに据え置か

れ、わずかばかりのものであった。

　穀物調達は収穫の激減によりきわめて困難になり、コルホーズにとっては、穀物の刈入れ、脱穀、調達拠点への運搬を統合的におこなうことは非常に難しかった。人間と役畜が十分でなく、輸送の自動車がなかった。穀物を脱穀できなかったばかりか、刈入れることさえできなかった。

　コルホーズとソフホーズは、計画で定められた納入を遂行することができなかった。同時に、当局の側には、客観的に形成されていた状況に対する認識がなかった。そればかりか、当局は、農村への全権代表の派遣、絶えざる指導者の交替、「穀物調達のサボタージュ者」に対する懲罰といった公認済みの方法を用いて、農村から穀物その他の産物を強制的に取り立てる運動を組織した。スヴェルドロフスク州の新聞は、「祖国に対するコルホーズ員の神聖な義務」と題された論説のなかで、次のように書いている。「……穀物調達が長引くこと、それは赤軍と国民に対する重罪である。……穀物の脱穀と搬出を妨害したり怠けたりする者は裏切り者、反逆者であり、ドイツのファシストの共謀者である」[39]。義務的調達量をヘクタール毎に加算するという原則や収穫を現場で概算して評価するという方法が賦課量の引き上げを促した。穀物の収穫を増加させる目的で播種面積拡大の試みがなされ（1941年秋と1942年春）、国家への期限前の農産物納入という社会主義的競争がコルホーズ・ソフホーズ、地区、州および共和国間で組織された。その結果、ウラル地方の穀物生産者からの穀物の没収は、1941年に総収穫量の41％であったのが1944年には49％にまで上昇した。畜産物の納入の比率も絶えず上昇し、コルホーズは、生産した牛乳の58％、油脂の74％、羊毛の75％、卵の82％を供出した[40]。生産者が生み出した食料品の大半が彼から没収されたのである。国家のための農産物の没収を拡大するという政策によって、作業日の支払は大幅に削減され、家畜・播種用種子・飼料・食料品の保有量は減少した。年次報告が示しているように、ウラル地方のコルホーズ・ソフホーズは規定の納入計画を全種類の農産物において達成しなかった。そればかりか、1944年には、農業生産者の

ところには彼らが長いことかかっても返済できないほどの未納量が残った。1941－1943年の強硬な軍事行政的方策とコルホーズ・ソフホーズ体制の動員力は目立った結果をもたらさなかったのである。

　研究史においては、1943年は戦時期の国内の農業にとって最も困難な年であったと指摘されている。しかし、この年に限定して議論することは完全に正しいわけではない。1943年と、そしてそれに先立つ1942年の極端に低い指標の農業生産が破局的な食糧問題をひきおこしたのである。ウラル地方の農村住民は1943年の冬および1944年の春と夏には半ば飢餓状態にあったが、国家からは何の援助もなかった。

　このような状況のなかで、ウラル州共産党委員会は1943年末に中央委員会に向かい、工業中心地の周辺に独自の食糧基地を創設するよう申し出ることとなった。この申し出の背後には、コルホーズとソフホーズをジャガイモや野菜栽培、食肉、牛乳、卵の生産へと方向転換させようという考えがあった。その際、集団的・個人的野菜栽培と畜産の一定の拡大、企業の副業経営の一層の発展と強化についても要求された。こうした方策を実施するために援助資金の増加、物質的・技術的援助の拡大、税・穀物調達の負担軽減が考えられていた。

　1944年3月24日、国防委員会は戦争がはじまってから初めて、「スヴェルドロフスク州の工業中心地の食糧基地強化の措置について」という決定を採択した[41]。そして少し遅れて、州党委員会の報告にもとづいて、ソ連共産党中央委員会・ソ連人民委員会議の決定が採択され、各々の州および自治共和国の農業を危機的状況から脱出させるプログラムが定められた。播種の内容を変更することがはじめて地方機関に許され、収穫の納入を義務付けられた面積が削減され、過去の未納分の一部が帳消しにされ、農村への機械、農具、種子の配給が若干増加され、都市近郊の経営に対しては義務的な穀物納入の基準量を引き下げることが許され、工業の発達した州では労働力をコルホーズから工業に動員することが禁止された。1944～1945年にはコルホーズの義務的納入の未納分が大量に帳消しとされた。チ

ェリャビンスク州のコルホーズからは食肉の未納量の91％、牛乳の88％、羊毛の95％、卵の88％が帳消しにされた。同時に、義務納入の基準量が引き下げられる場合があった。1945年に、スヴェルドロフスク州とチェリャビンスク州のコルホーズに対して穀物納入基準量が引き下げられ、後者に対しては食肉と干し草についてもその措置がとられた[42]。

　こうした一連の方策が実施されたことは、この地方における農業政策に一定の転換があったことを示している。このことは、1930年代初頭以来農村で展開されてきていた政策に欠陥があったということを認め、農民に一定の譲歩をしたことを意味する。党と国家の農業政策の軌道修正は、ちょうど戦争終結間近におこったことであり、占領されていた地域のかなりが解放された時期にあたっていた。この時期に、解放された地域におけるコルホーズとソフホーズの生産活動の再開、後方地域からの住民や機械、家畜の復帰についての決議が採択されている。しかし、コルホーズの労働組織を廃止するようなことは、コルホーズ員の一部がこれに賛成したものの、展望されていなかった。たとえば、内務人民委員部クルガン州管理局の特別報告において、州委員会の書記に対して次のような指摘がなされた。「われわれの州のいくつかの地区において、反ソ的分子は、コルホーズ員のなかで党の大衆活動が弱体であることを利用して、近い将来にコルホーズの解散がありうるかのような扇動的風聞を広め、あまり安定していないコルホーズ員に対してコルホーズを脱退するように唆している。……ジュコヴォ村（クルガン州クルタムィシ地区）のコルホーズ『合図（シグナル）』においては、伝播する扇動的風聞に促されて、コルホーズ脱退の申請が38件出され、その後に申請の数は増加した。……マリヤ・イグナチエヴナ・ミローノワはカメンスコエ村（シュミハ地区）に居住しているが、次のように述べている。『われわれの政府にイギリスとアメリカは次の五つの条件を突きつけている。軍隊には肩章を付けること、教会を開くこと、コルホーズを解体すること、囚人を監獄から解放すること、そしてユダヤ人を全員前線に送ること、である。軍隊にはすでに肩章が付けられ、都市の教会は開かれ

ているが、即座にコルホーズを解体することは具合が悪い。だから、春までには各コルホーズに多くのブリガーダをつくろうと決めたのであり、このブリガーダが独立して働き、収穫は自分たちのあいだで分けることになるだろう。そして秋にはコルホーズは解散とされ、全員が個人農として暮らすことになるだろう』」[43]。

　1944－1945年のウラル地方における農業の危機的状況は、農業政策の変更によって克服されはじめた。しかし、戦争の終結時にはこの地方のコルホーズとソフホーズは、生産力は低落し、土地は放置され、畜産は何十年も前の水準に戻され、きわめて弱体化し、無力化していた。コルホーズとソフホーズは立派に試練に耐え戦争によって強固になったというスターリンの主張は、お決まりの宣伝の策略であり、露骨な虚言であった。これは起こりえないことだった。というのも、コルホーズとソフホーズは、生産した農産物の大半が農村から取り上げられ、拡大再生産どころか単純再生産さえおこなうことができなかったのである。国家は、収穫を現場で一瞥して評価することによって、コルホーズからの穀物没収量を基準のほぼ1.5－2倍に増加させることができ、また、ヘクタール単位での賦課という原則は農産物の納入量を引き上げ、農民は自らだけが生きていけるような条件にとどまった。農村は損耗するまで働き、これがウラル地方の農民が戦争の勝利と引き換えに支払った代償であった。戦前に積極的に導入された農業集約化の動きは戦時期に姿を消した。

　農村は、工業発展の補給源であり資源の源であった。農村住民は、戦時期には実動部隊補充の、また工業・輸送・建設の人的要員補充の源であり、その結果、農村からの人的資源のかなりの流出がおこった。戦争がはじまって最初の年には、農村住民の減少は、疎開してきた人々によって埋め合わされたが、その後、減少は速いテンポで進んだ。地方全体の農村人口は1945年には1941年の1.3分の1になり、220万人の減少がみられた[44]。

　一方では不都合な外的環境の条件が集中的にあらわれ、それが人間の身体に強い影響を与え、他方ではそれに対する社会の抵抗力が弱まり、地方

3-4　20世紀前半のウラル地方における農業の変容◆ゲンナジー・コルニーロフ

の緊迫した人口学的状況が生じていた。自然・気候的観点からみれば、ウラル地方は住民の健康維持にとってはきわめて条件の悪い地域であり、あらゆる社会的分野の最大限の動員と高い水準が求められ、自己保存の行動と健康で良質な食事のしかるべき普及が必要とされた。したがって、かつてここで居住していた住民の高揚した生活エネルギーが回復しなかったのは明らかである。戦争は生命維持のための資源を奪い、大半の住民の消費を厳しく制限し、あらゆる精神的・肉体的活力には大きな不足が生じた。ここに列挙した諸要因によって、人々は消耗するまで生活し働くことを強いられ、その結果、出生率の急激な低下（ウラル地方でそれは3.7分の1に低下）が生じ、1944年の死者の数は出生者の数のほぼ2倍であった。後方地域であるウラル地方では、戦争という条件下で、労働能力年齢における死者の比重の増大が観察された。農村人口の性別・年齢構成にひどいアンバランスが生じた。ウラル地方の農村における男性居住者の比率は1945年には36.8％まで低下し、女性居住者のそれは63.2％に上昇した。もっとも減少が激しかったのは労働能力年齢の、とくに男性の人口である。16－54歳の女性の比率は戦時期に53.8％から81.3％に上昇したのに対して、16－59歳の男性の比率は46.2％から18.7％に減少した[45]。この地方においては農村人口の減少にかなり遅れて農戸の減少が生じた。農村は急速に住民を失い、高齢者によって営まれる経営の数が年々増加した。

　軍隊の増強と都市人口の成長は農業経済には重い負担となってのしかかった。この地方の多圃（6－8圃）輪作制は侵害され、その回復は1940年代末－1950年代を待たなければならなかった。戦後の何年間かは農業技術における改良の進展は見られなかった。復興したトラクター工場やその他の農業機械工場は戦前のモデルの生産をめざした。集約的な農業技術の定着に重大な攻撃を加えていたのは、新しい品種改良・育種法に対する戦いを宣言した「ルィセンコ学説」であった。客観的・主観的要因のために農業転換のこの局面にあって支配的であったのは粗放的な農業発展であり、それは、住民の食糧問題の激化を伴っていた。

おわりに

　第2次大戦後における農業発展の進歩的傾向は、耕地保護植林の実践、有機肥料と鉱物肥料の利用の拡大にみられた。1940年代の後半には小規模な水力発電所の建設による農村の電化が進展し、1953年からはこの地方のコルホーズは国家の電力網に加わった。戦後の何年間かにおいてウラル地方の農業の専門化が明確化した。スヴェルドロフスク州においては畜産、野菜栽培、ジャガイモ栽培が急速に発展し、チェリャビンスク州、クルガン州、オレンブルク州においては穀物生産が優位を占めた。工業中心地の周辺には、野菜・ジャガイモ栽培や牛乳生産・畜産に特化した経営が生まれた。しかし、粗放的な農業システムは限界まで達しており、この地方の農業部門が増大する都市人口の食糧確保をおこなうことはもはや不可能であることは明らかとなっていた。農業転換の第一局面では実現しなかった集約的な農業生産技術の普及が必要であった。コルホーズ員は、ソ連の国民のなかではもっとも貧しく物質的に恵まれていないグループであった。彼らの収入は、他のどの範疇の人々の収入よりかなり低かった。コルホーズ員の物質状態の改善を妨げる要因となっていたのは、厳しい課税政策、コルホーズ生産における低い労働報酬、個人的経営の制限であった。コルホーズ員は社会的生産の拡大には関心をもたなかった。彼らは、近代化への変革の担い手にはならなかったのである。

　ウラル地方の農村は20世紀前半に非常に変化した。農業転換のこの局面において、伝統的な農村生活の崩壊が急速なテンポで進行し、何世紀にもわたって一体であった労働と生活の二つの領域が分離することとなった。以前の農村生活の規則正しいリズムは、多くの点で自然のリズムおよび教会によって神聖視された農業労働の季節性によって規定されていたが、それは過去のものとなり、いまや多くを当局の処置に依存するようになった。交流の可能性を制限していた「農村世界」の地方的閉鎖性は徐々に姿を消

して行った。ウラル地方が工業重視の発展へと移行したことは、都市と農村の調和ある相互関係を、そして工業的な農業生産をもたらすことはなかった。この過程にみられる一面性により、いっそうの脱農民化が進行した。農業分野における近代化は、農村住民の質的な生活改善を実現しなかったために、「歪んだ」ものとなった。

注
（1） *Воробьев П. О.* О распространении усовершенствованного сельскохозяйственного инвентаря у крестьян Пермской губернии//Пермская земская неделя. 1907. № 2. С. 26.
（2） Okuda, H., *History of the Russian Peasantry in the 20th Century*（volume 1）, Tokyo, 2002, CIRJE-F-189, Faculty of Economics, University of Tokyo, 2003, pp. 33-54 参照。
（3） История народного хозяйства Урала. Часть 1. Свердловск, 1988. С. 56.
（4） Там же. С. 60.
（5） Вопросы истории Урала. Выпуск 6. Свердловск, 1965. С. 137.
（6） ГАСО. Ф. 239. Оп. 2. Д. 614. Л. 24, 40.
（7） *Баранов Е. Ю.* Аграрное производство и продовольственное обеспечение населения Уральской области в 1928-1933 гг. Автореферат...к. и. н. Екатеринбург, 2002. С. 17.
（8） Там же.
（9） *Алексеева Л. В.* Сельскохозяйственное производство Уральской области в годы первой пятилетки（1928-1932 гг.）. Автореферат...к. и. н. Курган, 1998. С. 17.
（10） ГАСО. Ф. 1812. Оп. 1. Д. 20. Л. 76; Ф. 255. Оп. 4. Д. 865. Л. 12.
（11） *Кондрашин В. В.* Голод 1932-1933 годов в российской деревне. Пенза, 2003 参照。
（12） *Баранов Е. Ю.* Указ. соч. С. 24.
（13） *Данилов В. П.* Аграрные реформы и крестьянство России//Формы сельскохозяйственного производства и государственное регулирование. М., 1995. С. 34.

(14) РГАЭ. Ф. 1562. Оп. 326. Д. 492. Л. 40, 52, 64, 65, 110, 111.

(15) Посевные площади СССР. М., Л., 1939. С. 276, 278-280, 300, 302-304 より計算。

(16) Народное хозяйство Свердловской области. Статистический сборник. Свердловск, 1962. С. 89, 90.

(17) Центр документации общественных организаций Свердловской области. Ф. 4. Оп. 33. Д. 223. Л. 25; Оп. 35. Д. 286. Л. 18.

(18) РГАЭ. Ф. 1562. Оп. 323. Д. 28. Л. 16-18, 34-36; ГАСО. Ф. 1824. Оп. 1. Д. 1355. Л. 1.

(19) ГАРФ. Ф. А-310. Оп. 1. Д. 3457. Л. 7-9; Д. 3468. Л. 17-19.

(20) *Арутюнян Ю. В.* Советское крестьянство в годы Великой Отечественной войны. 2-е изд. М., 1970. С. 19.

(21) *Анисков В. Т.* Колхозное крестьянство Сибири и Дальнего Востока-фронту. 1941-1945 гг. Барнаул, 1966. С. 28-30; История советского крестьянства. Т. 3. Крестьянство накануне и в годы Великой Отечественной войны. 1938-1945. М., 1987. С. 209-210.

(22) КПСС в резолюциях...Изд. 8. М., 1971. Т. 6. С. 30.

(23) РГАЭ. Ф. 7486. Оп. 4. Д. 659. Л. 23.

(24) Ведомости Верховного Совета СССР. 1942. 28 мая.

(25) РГАЭ. Ф. 7486. Оп. 4. Д. 659. Л. 4-17.

(26) *Корнилов Г. Е.* Уральская деревня в период Великой Отечественной войны (1941-1945 гг.). Свердловск, 1990. С. 58.

(27) ГАРФ. Ф. А-310. Оп. 1. Д. 3457.Л. 7-9; Д. 3468. Л. 17-19; РГАЭ. Ф. 1562. Оп. 326. Д. 13. Л. 1; Д. 221. Л. 35; Д. 388. Л. 16-31; Д. 726. Л. 6, 9, 80, 92, 155 より計算。

(28) Сельское хозяйство. Стат. сб. М., 1971. С. 112.

(29) *Корнилов Г. Е.* Указ. соч. С. 71; Посевные площади СССР. Стат. справочник. М.-Л., 1939. С. 6-10, 15-19, 131-135, 140-144, 215-219.

(30) *Митрофанова А. В.* Рабочий класс СССР в годы Великой Отечественной войны. М., 1971. С. 229.

(31) Решения партии и правительства по хозяйственным вопросам. Т. 3. С. 65.

(32) *Корнилов Г. Е.* Совхозное производство на Урале в период Великой Отечественной войны//Совхозы Урала в период социализма (1938-1985 гг.). Свердловск, 1986. С. 25.

(33) РГАЭ. Ф. 1562. Оп. 324. Д. 38. Л. 64, 93, 110, 128.
(34) РГАЭ. Ф. 1562. Оп. 326. Д. 723. Л. 6, 9, 92, 155 より計算。
(35) *Трифонов А. Н.* Деятельность партии по организации снабжения населения Урала в период Великой Отечественной войны. Автореф. ...к. и. н. Свердловск, 1979. С. 17.
(36) *Корнилов Г. Е.* Уральская деревня... С. 166-167.
(37) РГАЭ. Ф. 1562. Оп. 324. Д. 911. Л. 31; Ф. 7486. Оп. 4. Д. 762. Л. 64, 116; Д. 839. Л. 6; Государственный архив Курганской области. Ф. 1591. Оп. 2. Д. 32. Л. 36; Д. 56. Л. 31; Д. 95. Л. 4, 50, 51; Ф. 1607. Оп. 1. Д. 73. Л. 34 より計算。
(38) *Корнилов Г. Е.* Уральская деревня... С. 74.
(39) Уральский рабочий. 1942. 27 ноября.
(40) *Корнилов Г. Е.* Уральская деревня... С. 113.
(41) Уральский рабочий. 1944. 25 марта.
(42) ГАСО. Ф. 88. Оп. 1. Д. 5375. Л. 201; Д. 1616. Л. 135; Д. 1695. Л. 189; Ф. 1358. Оп. 2. Д. 17. Л. 8.
(43) Государственный архив общественно-политических движений Курганской области. Ф. 166. Оп. 1. Д. 162. Л. 44-46.
(44) *Корнилов Г. Е.* Уральское село и война. Екатеринбург, 1993. С. 154.
(45) Там же. С. 155-156.

［著者の原稿を訳者が若干短縮、編集した］

コルホーズ制度の変化の過程　1952－1956年[1]

松井憲明

はじめに

「ソ連とは何だったか」が問われて久しいが[2]、この大きな問いの不可欠の一部をなすのが、ソ連的集団農業の代表的形態、つまりコルホーズ制度とは何だったかという問いであろう。近年のロシアではこの点に関しても「脱社会主義」の興味深い議論が出されている。そのひとつがヴォログダ教育大のディモーニ女史の報告「1930年代－80年代ロシアの農業構造」であるが[3]、これは、「コルホーズ時代のロシア農業発展の新しい見方」を提示するとして、まず農業の「資本（主義）化」という古い概念の復興を提唱している。「古い」というのは、この概念がすでにロシア革命前から1920年代にかけてロシア農業史研究の一視角として打ち出されていたからであり、ディモーニ女史はこれをソ連農業史に応用しようとするわけである。さらに女史は、かつてソ連史学によって革命前のロシア史研究にしばしば適用されたウクラード（社会経済形態）論の復興をも唱えており、この理論をソ連時代のコルホーズ、ソフホーズ、コルホーズ農戸の三者に当てはめ、それらを（ソ連史学が唱えたように）同質の社会主義的諸セクターとしてではなく、それぞれ起源と進化の展望とが異なる諸ウクラードとして捉え直そうとする。

女史の描くソ連農業史の大まかな輪郭は次の通りである。

「1930年代から1980年代にかけて、十分に典型的なロシアの農業社会から特殊ロシア的な農業資本主義への転形がおこなわれる。この転形の特殊

性は復古メカニズムの原寸大の利用にある。伝統的社会が消滅の瀬戸際に至ったのは1960年代であり、当時、農業社会特有の経済的、社会的、日常生活的、精神的ウクラードは基本的に破壊され、大部分の農民が工業に移り、その他はプロレタリア化されて農民的経営類型に不可欠の土地空間を失い、資本が次第に農村をわがものとしつつある。1970年代－80年代にわれわれが見るのはロシアの農業制度の質的に新しい状態であり、これが1990年代の私有化を決定づけた。以前の歴史学において社会主義的コルホーズ体制と特徴づけられていたものは、この農業制度分析の座標系では、農村の資本主義化と脱農民化の特殊ロシア的メカニズムとして現れる」。

　当然のことながら、こうした議論に対しては様々な疑問や意見が予想される。たとえば、「特殊ロシア的農業資本主義」とは何かという疑問や、ソ連時代の集団農業について資本家なき資本主義化を語ることの意味如何といった意見である。しかし、その前に注目したいことが2点ほどある。ひとつは1930－50年代における「復古メカニズム」の全面的利用という点、今ひとつは1960年代以後のソ連農村における伝統的社会の消滅（つまりは近代社会の形成）という点である。そして、ディモーニ女史にあっては、この2つの現象の間に密接な因果関係が認められており、ソ連史において「農業社会から工業社会への移行の課題を解決した」のはまさに「封建的」復古だったとされる。いわく、「国家的に組織された資本の農村への浸透により、農民の労働とその生産物は1930年代－50年代にはすでに部分的に非現物化され」、「『封建的』復古の状況下で農民の労働者への転形の基盤が用意された」、と。

　こうして、1950年代－60年代にソ連の農業と農民がどう変わったのか、当時の支配的な農業形態であるコルホーズの制度がその間にどう変化したのか、という問題が再び登場する[(4)]。

　本稿はこの最後の問題を取り上げる。とはいえ、それに全面的な解答を与えるものではない。本稿の課題は、モスクワのロシア国立現代史アルヒーフ（РГАНИ）に保管されている1952年以後の旧ソ連共産党中央委員会

農業部の文書資料にもとづいて、スターリンの死の前後におけるコルホーズ制度の変化の過程を検討することにある。なお、筆者がこのアルヒーフを利用したのは主に2003年の5－8月であり、その時点で関連文書の秘密指定解除はいまだ部分的なものに止まっていたことを付言しておきたい。

収集された文書のテーマは4つに大別される。それは、（1）逃亡農民の送還、（2）コルホーズ員からの住宅付属地（農家付属地。以下、「付属地」と略）返上の嘆願、（3）農業アルテリ（コルホーズ）模範定款の改正、そして、（4）コルホーズ員への給与支給である。

1. 逃亡農民の送還問題　1952－53年

この問題については、（1）1952年末にロシア北部キーロフ州の農民がロシア南部ロストフ州に逃亡した事件と、（2）同年、ヴォルガ河下流アストラハン州から北カフカース地方スターヴロポリ辺区（край）に農民が逃亡した事件とに関する文書が残されている。

1.1. キーロフ州からロストフ州への農民逃亡事件

第1の事件は直線距離で1400キロ近くある遠隔地への逃亡事件であるが、これについては文書が2点しかない。①党キーロフ州委員会農業部から党中央委員会農業部への書簡（1953年2月28日）と②党中央委員会農業部から同委書記フルシチョフへの報告（同年3月18日）である[5]。

農民が逃げ出したのはキーロフ州クィルチャーヌィ地区の「赤い北部」コルホーズであるが、このコルホーズでは作業の拙さと悪天候のために1952年の収穫が大損害を被り、国への供出も播種用種子の確保もできず、農民への穀物の供給もごくわずかであった。その結果、同年12月に19人の農民が家族とともに無断でコルホーズを離れ、うち13人がロストフ州ドゥ

ボーフスコエ地区のモロトフ・コルホーズに落ち着いた（3人はトラクター手、2人は鍛冶工、1人は畜産場主任）。「赤い北部」コルホーズは1953年2月1日現在で農家93戸、働き手107人であり、労働力不足のために春の農作業の準備や家畜への給餌が滞り、肥料の運搬も農機具の整備も進まなかった。

1953年初め、党クィルチャーヌィ地区委員会は党中央委員会に訴えを起こし、党ロストフ州委員会に指示を出して逃亡農民を「赤い北部」コルホーズに送還させるように求めた。

しかし、党中央委員会は農民の送還を認めなかった。文書②は次のように書いている。「赤い北部」コルホーズを立ち去った農民は農家経営を完全に廃止し、財産を処分しており、家族を挙げてロストフ州の新入植地に移住している。このことから、彼らを現在キーロフ州に送還することは妥当でない。キーロフ州委員会の書記もこれに同意している、と。

この間、キーロフ州委員会は「赤い北部」コルホーズに緊急の援助をおこない、その結果、同コルホーズでは2月末の時点で給餌も食糧の提供もおこなわれるようになった。

1.2. アストラハン州からスターヴロポリ辺区への農民逃亡事件

第2の事件については比較的文書が多い。①党スターヴロポリ辺区ブラゴダールノエ地区委員会からアストラハン州リマン地区ミハイロフカ村ジュダーノフ・コルホーズへの回答（1953年2月27日）、②ブラゴダールノエ地区ソヴェト執行委員会議長へのリマン地区農業部長ヤコヴェンコの異議申立て（同年4月9日）、③リマン地区ソヴェト執行委員会議長へのヤコヴェンコの復命書（日付なし）、④党リマン地区委員会から党中央委員会書記フルシチョフへの苦情申立て（1953年4月21日）、⑤党スターヴロポリ辺区委員会から党中央委員会農業部への書簡（同年6月24日）、⑥党中央委員会農業部からフルシチョフへの報告（同年7月7日）の6点であ

る。このうち、②と③は、16人の農民に逃げられた地区とコルホーズの各代表者が農民の逃亡先の地区とコルホーズにまで出かけ、連れ戻しを図った経過の生々しい記録である[6]。

しかし、文書が比較的多いとはいえ、この件では農民の逃亡原因が分からない。文書は追捕側のリマン地区代表者の果敢な行動ぶりを書き残しているが、逃亡の原因に関しては、彼ら自身も上級機関もいかなる見解も記していない。わずかに、農民の送還を要求されたブラゴダールノエ地区カガノーヴィチ・コルホーズの議長が、問題はリマン地区が「きちんと」していないからだと述べ、その代表者を「なまくら」と非難したことが(追捕側により)記録されているだけであり、それ以上のことは不明である。

事件の発端にも不明瞭な点がある。農民が逃げ出したリマン地区のジュダーノフ・コルホーズが逃亡先のブラゴダールノエ地区の党委員会に農民の送還を求めたのは1953年1月下旬であり、ここから、(少なくとも一部の)農民の逃亡が1952年の秋か末に起こったことが推測される。しかし、のちに党スターヴロポリ辺区委員会の調査が明らかにしたように、ジュダーノフ・コルホーズの農民16名中10名はすでに1952年春に自発的にカガノーヴィチ・コルホーズに移っている(文書⑥)。さらに、リマン地区関係者が農民を連れ戻すためにブラゴダールノエ村に滞在していた最中にも、カガノーヴィチ・コルホーズの車がリマン地区まで麦粉を運び、その帰途、ある村から7人の農民を連れ出したと非難されており(文書③)、両地区は約400キロ離れているとはいえ、それらの間には以前から経済的関係があり、非公然の逃亡ルートのようなものができ上がっていたのかもしれない。

興味深いのは、農民を連れ戻すために逃亡先に押しかけた追捕側の地方官吏とコルホーズ代表の態度が実に堂々としているのに対して、追及される側の有力者——カガノーヴィチ・コルホーズの議長ペレヴェルゼフはソ連最高会議代議員であった——が逃げ回ったり弱腰だったりしたことである。リマン地区とそのコルホーズの代表者2名は1953年4月初めにブラゴ

ダールノエ地区に到着するとまず地区執行委員会議長と会い、ペレヴェルゼフに農民を解放するように指示した文書を書かせている。次に、彼らはそれを持参して直ちにカガノーヴィチ・コルホーズを訪ね、ペレヴェルゼフに地区執行委員会議長の指示に従うように要求した。ペレヴェルゼフはそれを拒否し、相手側に対して上述のように「なまくら」などの暴言を吐いたうえ、高級車でどこかに出かけてしまう。彼が戻ったのは2日後であるが、その時には態度を軟化させており、逃亡農民を「できるだけ5月1日までには作業から解放し、ジュダーノフ・コルホーズに送還したい」と答えている。

　しかし、問題はそれでも解決せず、同月末、党リマン地区委員会は中央委員会のフルシチョフに対して農民送還に協力してくれるように要請している（文書④）。

　印象的なのは、逃亡農民16人の意志が固く、元のジュダーノフ・コルホーズへの帰還を拒否し続け、リマン地区の代表者の説得にもまったく耳を貸さなかったことである。

　党スターヴロポリ辺区委員会は、カガノーヴィチ・コルホーズの議長ペレヴェルゼフが逃亡農民の受入れに際してとった行動を誤りと認め、彼は譴責処分になった。しかし、同委員会は、農民の受入れを決めたカガノーヴィチ・コルホーズの総会決定を取り消す必要性までは認めなかった。なぜならば、農民たちは自分の農家経営（家畜と農具）をすべてカガノーヴィチ・コルホーズに運んできており、また帰還を断固拒絶していたからである（文書⑤）。

　1953年7月、党中央委員会農業部はこのスターヴロポリ辺区委員会の結論をもって問題の審議を終らせることを決定し、そのことをリマン地区委員会にも連絡した（文書⑥）。

2. コルホーズ員からの付属地返上嘆願の問題　1952－53年

　この問題については重要な文書だけで12点ある[7]。これは本稿が取り上げる4つの問題の中では最も資料が豊富であり、問題の裾野の広がりと深刻さとを暗示している。

　その12点とは次の通りである。①ウクライナ・ヘルソン州カホーフカ地区のヴォロシーロフ・コルホーズ理事会からコルホーズ問題会議[8]への質問状（1952年10月21日）、②ヘルソン州ソヴェト執行委員会議長（知事）バルィリニクからコルホーズ問題会議議長アンドレーエフへの提案（同年12月20日）、③同会議副議長クラーギンから党中央委員会書記マレンコフへの書簡（1953年1月12日）、④『社会主義農業』紙編集長シロチンから党中央委員会農業部長コズロフへの投書情報報告（同年1月21日以前）、⑤付属地返上に関する投書情報（党中央委員会農業部、同年1月22日）、⑥コルホーズ農戸が利用する付属地の面積に関する情報（同、日付なし）、⑦コズロフからマレンコフへの書簡（1953年1月29日）、⑧コルホーズ問題会議ザポロージエ州代表グイワからクラーギンへの報告書（同年2月9日）、⑨ヘルソン州に関する党中央委員会農業部指導員カルムィクのフルシチョフ宛て現地調査報告書（同年3月30日）、⑩ザポロージエ州に関する党中央委員会農業部指導員イワノワのフルシチョフ宛て現地調査報告書（同年3月30日）、⑪バシキール（バシキリア）共和国に関する党中央委員会農業部指導員スミルノーワのフルシチョフ宛て現地調査報告書（日付なし）、⑫党中央委員会農業部副部長クレスチヤーニノフからフルシチョフへの上申書（1953年11月）。

　この問題は、多数のコルホーズ農民が各自の農家経営のために使ってきた付属地（の一部または全部）を放棄・返上したいと自ら申し出てきたというものである。

　スターリン時代、農家の経営は農民の収入の基本的な源泉であったから[9]、その基盤である付属地を農民が進んで放棄しようとするには、それ

相応の重大な事情がなければならない。そのひとつが農家の付属地と家畜に課せられた農業税の重圧であり、その税率は戦後何度も引上げられていた[10]。もちろん、「農民に対するしつこい程の敵意」[11]にとりつかれ、また、農民の基本的な収入源が農家の経営でなくコルホーズの共同農場からの労働報酬であるというドグマの虜となっていた当時のソ連支配層にとって、農家の土地や家畜にかかわる税負担がそれ自体として解決を要する重要な問題だったかどうかははなはだ疑問である。しかし、農民の動きはきわめて広範であり、しかも、付属地の縮小（正確には、当局によるその認証）は、当時農家に課せられていた農業税の支払いと農産物供出の双方の減少に直結するため、やがて党と政府の中央機関が関与するところとなった。

ウクライナのヘルソン州の場合、農民からの付属地縮小の要望はすでに1950年から出ていたという（文書⑨）。その件数は数年のうちに爆発的に増えた模様であり、調査により明らかにされた通り、1952年になると同州では2399件、隣接するザポロージエ州では約4500件、ウラル地方南部のバシキール自治共和国では1886件に達していた（文書⑫）。

問題の直接の発端となったのは、ヘルソン州カホーフカ地区のヴォロシーロフ・コルホーズからコルホーズ問題会議に送られた質問状である（文書①）。

それによれば、同コルホーズでは1952年春に付属地返上の要望が計51件出された（完全収用の希望36件、一部縮小の希望15件）。主な理由は、(1) 付属地からの収入が農業税の支払い額より少ない、(2) コルホーズからは野菜なども供給されるようになったので、付属地が要らないか広すぎる、(3) 付属地に蒔くジャガイモの種がない、というものである。

これに対して同コルホーズの理事会は、(2) の理由はコルホーズのこの間の経営努力からして当然の結果であり、他方、農民は自らの要望を最後まで諦めなかったという理由から（この質問書には農業税や供出量の多さについて明確な評価がない）、農民の要望を認めることにした。ところが、

地区の農業部は州農業局の解説を根拠に、そうした措置は時期尚早であり、また、供出と農業税の減少により国家の収入を減らしかねない、としてコルホーズの決定を認めなかった。そこで、同コルホーズは、(1) 農民の付属地返上をどう考えるべきか、(2) 地区農業部の対応は正当か、(3) 今後、この問題にどう対処すべきか、の3点についてコルホーズ問題会議が解説を出すよう求めたわけである。

コルホーズ問題会議から意見を求められたヘルソン州ソヴェト執行委員会（州政庁）は1952年末にこう回答した。——コルホーズ員の申し出の主な理由は、ここ数年続いた旱魃によって付属地の作物が凶作だったために、付属地に課せられる農業税とジャガイモの国家供出量が収穫を上回ったことにあり、したがって、彼らが納税額と供出量を減らそうとすることにある。そもそも州のコルホーズの大部分ではウクライナの党・政府の決定により付属地の面積が各戸0.5－1ヘクタールと決まっているが、共同農場の成長の結果、この基準は古くなった。したがって、ヘルソン州としては、州のコルホーズに0.25ヘクタール（1935年の農業アルテリ模範定款で定められた付属地面積の最小限）から0.5ヘクタールの範囲内で付属地の面積を決めさせ、その基準内で各コルホーズ員に希望する面積を選択させる（0.25ヘクタール以下への縮小は禁止する）ことが望ましいと考える、と（文書②）。

旱魃のせいにしているが、それでも農業税と供出課題の重さを指摘しており、条件づきではあるが農民の行動に比較的同情的である。とはいえ、問題を最初に提起したヴォロシーロフ・コルホーズについていえば、そこでは大部分の農家が0.25ヘクタールの付属地しかもっていないため、州執行委員会の立場からしても救済の余地はなかった。

翌1953年1月のコルホーズ問題会議の結論は形式的で素っ気ない。付属地の縮小を認めるには1935年の模範定款の改訂が必要であり[12]、これは政府で検討中であるから、それ以前はたとえコルホーズ員自身が嘆願してきても認めてはならない、というのである（文書③）。

その頃、党の農村向け機関紙や各地の行政・農業機関には付属地の返上に関する多数の投書が届いていた（文書④⑤）。そこでは、大きな付属地を維持することの困難の一要因として、小家族であることや高齢化、身体障害といった、総じて戦争の影響を無視できないように思われる事情も指摘されている。
　ところで、党中央委員会農業部はきわめて特徴的な現象を捉えていた。付属地返上の申し出は、主として付属地が1ヘクタールまで認められている南部（ウクライナ東部、南ロシア）とヴォルガ河沿いの州、つまりザポロージエ、ドニェプロペトロフスク、キーロヴォグラード、クィビシェフ、サラートフ、ウリヤノフスク等の州で出されており、モスクワ、ヴラジーミル、タンボフ、クルスク等の中央部の州ではそうした申し出がなかったのである。そこで農業部はヘルソン州、ザポロージエ州、バシキール自治共和国の3ヵ所に指導員を派遣し、現地調査をおこなうことにした（文書⑦）。本格的な検討の開始である。
　現地調査がいつ実施されたか、スターリンの死（3月5日）の前か後かは明らかでない。報告書の日付は（それが記されている限りで）3月30日となっている。いずれにせよ、この調査の結果、次のことが確認された。まず、コルホーズ員からの付属地縮小の申請は、主としてその面積が0.5－1.0ヘクタールの農家から出ている（文書⑥によれば、そうした農家はソ連全体では270万戸、総数の17.3％にすぎないが、地方によってはかなり多く、たとえばウクライナ東部12州では43％に達する）。次に、申請の理由であるが、申請者の大部分は、コルホーズの共同農場から十分な食糧が供給されるので広い付属地をもつ必要がないこと、その維持が難しいこと、さらに高額の農業税が課せられることを理由に挙げている。また、多くの場合、縮小を求められている部分の付属地は何年も使われておらず、そうした土地はなおも増えつつある。以上である（文書⑫）。
　ザポロージエ州に関する報告はより具体的にこう述べている（同州についてはすでに文書⑧において、課税対象となる庭・果樹園（これは付属地

3-5　コルホーズ制度の変化の過程　1952－1956年◆松井憲明

の一部をなす）の面積が1949－52年の間に4割も減少していることが報告されていた）。同州の農家の付属地は総面積8万7900ヘクタール、1戸平均0.58ヘクタールであり、0.51ヘクタール以上の農戸が51.4%を占める。作付面積は約半分が穀類、とくにトウモロコシであり、その他、ジャガイモが16－17%、牧草約15%となっている。そうした中で付属地の返上の申し出は、主に付属地が0.5ヘクタール以上あり、かつ共同農場で誠実に働く者、とくに作業隊長、トラクター手、搾乳婦などの定職者から出ている。なぜなら、彼らには共同農場から十分な現物・貨幣報酬があり、また、農場と広い付属地の両方で働くことは難しいからである。さらに、付属地が0.5ヘクタールを超えると、農業税が急増するという事情もある、と（文書⑩）。

　3つの現地調査は農民の要求の実質的な容認という点で同じ結論であり、この問題の審議権または審議・決定権を地方の行政機関に与えるべきことを等しく提言している。焦点のひとつはもちろん農業税と農産物の国家供出をどうするかであるが、この点について、たとえばザポロージエ州の報告書は、各農家の付属地のうち0.5ヘクタールを超える部分の放棄を認めた場合、州全体で付属地は1万8700ヘクタール（総面積の21.3%）減少し、これによる農業税の減収は1500万ルーブリになるものと計算したうえで、農家により放棄された土地をコルホーズが利用し、そこで増産した食肉、穀物、ヒマワリ等を国家に供出すれば、農業税の損失は償われるだろうという見通しを示している。

　しかし、スターリン死後の、マレンコフ、フルシチョフらの党指導部は、おそらく中央委員会農業部の予想を超えて問題の本質に切り込んだ。すなわち、1953年8月のソ連最高会議は、コルホーズ農家に課せられる農業税の引下げを決定し、しかもその規模は、同年中に1952年比で43%、翌年は同60%の減額というきわめて大幅なものであった[13]。これを受けて農業部は付属地返上問題に区切りをつけようとした（文書⑫）。いわく、ソ連最高会議が新農業税法を採択した後、高額の農業税を理由とした付属地の

返上申請は提出されていないと地方の党機関は伝えているが、ザポロージエ、ヘルソンその他の若干の地域では依然として付属地縮小の要望が出されている。このことを考慮して、農業部は、農業アルテリ模範定款の改訂案を準備する際にこの問題を審議することが妥当と考える、と（文書の片隅には「53年11月19日、報告済み。同志フルシチョフは"同意"」という書き込みがある）。

これは問題の先送りとも見られるが、ともかくも、農業アルテリ（コルホーズ）模範定款の改正が（コルホーズ問題会議の廃止後も）引き続き党・政府の課題であると確認され、その中で付属地の問題も解決するという基本的な道筋だけははっきりしたといえる。

3. 農業アルテリ(コルホーズ)模範定款改正問題　1955－56年

それでは、模範定款の改正作業がどのように進められたかというと、少なくとも、後述する1956年3月6日付け党・政府決定が出るまでの2年数ヵ月については、そもそも模範定款に関する資料をロシア国立現代史アルヒーフ（1952年以後の党中央委員会農業部の資料はすべてここに保管されている）で見ること自体がほとんどできない。発見できる有意の資料はわずか4点に止まる。それは、①党アストラハン州委員会書記ガネンコの覚書（1955年8月6日）、②ガネンコのフルシチョフへの提案（1956年1月6日）、③ガネンコ提案に関する中央委員会農業部の意見書（同年1月17日）および④同報告（同年3月6日）である[14]。

このようにロシア国立現代史アルヒーフに当該期間の関係資料がきわめて少ないことはいささか奇異な印象を与える。もっとも、それらの資料の多くはロシア国立経済アルヒーフ所蔵のソ連農業省の文書フォンドに残されているのかもしれない。というのは、1953年3月に廃止された前述のコルホーズ問題会議の機能を引き継いだのはソ連農業省であったからであ

る⁽¹⁵⁾。実際、後者の１部局である組織・コルホーズ問題総局は1953年11月に模範定款の改正案を大臣宛てに提出するなどの活動をおこなっている⁽¹⁶⁾。とはいえ、ロシア国立現代史アルヒーフで利用できる中央委員会農業部の資料はあまりにも少なすぎる。なぜならば、農業部は定款改正の作業を少なくとも統括する立場にはあっただろうからである。同アルヒーフでは関連資料の大部分について、いまだに秘密指定を解除していないのではないか。

　ところで、ガネンコが提案した事項はいくつかある。その中で最も強調したかったのは、(1)「コルホーズ農戸」概念の排除と (2) 付属地の割当て方式の変更とであったろう。

　彼は1955年８月の覚書（文書①）でこう主張する。(1) 現行農業アルテリ模範定款にはアルテリ（コルホーズ）の成員を表す用語が２つある。「アルテリ員」と「コルホーズ農戸」であるが、後者は土地の一区域を意味するにすぎず、何の利用主体にもなりえないはずだ。これは空疎な語法の問題ではない。「コルホーズ農戸」ということで、80歳の独り暮らしの老婆も10人家族も同じように扱われ、しかも、それは法人と見なされるからだ。コルホーズの成員権は個人的であるべきであり、「コルホーズ農戸」の語は削除する必要がある。さらに、(2) コルホーズ員の個別経営（農家経営）は死滅する運命にあり、模範定款には、共同農場が基本的なものであって個別経営は副次的なものと書かれている。しかし、現実には逆のことが起こっている（つまり、コルホーズ員は主として農家経営からの収入で暮らしている）。この異常さを取り除くには、付属地の面積と個人の家畜の頭数とを農戸単位でなく、実働コルホーズ員単位で決める必要がある。年寄りや身障者には付属地を割当てるべきでなく、また、貧しいコルホーズではこんな家族も珍しくないからだ。つまり、家長がどこかの企業に就職し、そのことによって家族を農民でなく労働者・職員のカテゴリーに移しながら、年寄りだけはコルホーズに残すような家族である。こうして年寄りを隠れ蓑にして息子は金儲けし、その陰でコルホーズは労働力不足に

苦しむのだ、と。

　その後、何かの機会にフルシチョフが模範定款について発言したようである。それを受けて、ガネンコは翌1956年1月、彼に次のように提案した（文書②）。――自分は、農業アルテリ定款は古くなったというフルシチョフの意見に賛成するので、付属地の割当て方式の変更にも同意していただきたい。というのは、現在、付属地は模範定款にもとづいて農戸に均等に割当てられているが、その結果、意識の低いコルホーズ員が共同農場では家族1人（時に親）だけを働かせ、自分は残りの家族員とともに個別経営で働き、バザールで商売をしている。したがって、こうした状態を改めるためにコルホーズの集会で審議させ、付属地を各農戸に0.5ヘクタールずつ割当てるのでなく、たとえば実働コルホーズ員に1人0.1ヘクタールずつ割当てるべきである。同時に、共同農場での作業日ミニマムを見直し、それを引上げなければならない。そして、もしフルシチョフがこの提案に賛成するなら、コルホーズの集会を農作業の開始、つまり3月までに開かせるのが望ましい、と。

　これに対して中央委員会農業部は直ちに否定的に反応した（文書③）。いわく、（ガネンコが期待するような）共同農場の発展に対するコルホーズ員の物質的関心の向上は、家族員数に応じた付属地の割当てなどでなく、コルホーズとコルホーズ員の所得の増加によって果たされなければならない。そもそも、0.5ヘクタールといった付属地の面積は縮小を検討する必要があるほど大きいものでなく、また、ガネンコのいうように付属地を実働コルホーズ員の数に応じて割当てるとすれば、しばしばその面積を変更しなければならなくなる。したがって、ガネンコの提案を受け入れることは妥当でない、と。

　しかし、ここでも事態の進展は農業部の予想を超えていたように思われる。2月に開かれた第20回ソ連共産党大会の壇上からはウクライナ・チェルカッスィ州タリノーエ地区のコルホーズ議長ドゥプコヴェツキーがこう発言した（20日）。――現行農業アルテリ定款は古くなり、コルホーズの

これ以上の発展を阻害している。コルホーズ員は共同農場で所定の作業日ミニマムを働くだけでなく、休日以外は通年勤務にし、休暇を1月とるようにしなければならない。また、付属地は農家単位でなく、労働能力ある者1人0.1ヘクタールといった形で分配することにし、この問題を決定する権限をコルホーズの総会に与えなくてはならない、と[17]。ガネンコは必ずしも孤立していたわけではなかったのである。

　3月に入ると、10日の党中央委員会機関紙に長いタイトルの党・政府決定「農業アルテリ定款について、ならびにコルホーズ生産の組織およびアルテリ業務管理におけるコルホーズ員のイニシアチヴのいっそうの発展について」（6日付け第312号）が発表された[18]。この決定は、ガネンコの提案に即していえば、彼の主張をそのまま認めるものではないが、それを許容しうるものとなっている。つまり、決定によれば、1935年の農業アルテリ模範定款はすでに現状に合わなくなっており、コルホーズのイニシアチヴを抑えている。そこで、各コルホーズは自ら現行定款の若干の規定を補足・修正する必要があるが、その際、次のことを考慮するよう勧告する、とされた。付属地の規模は、家族の働き手がコルホーズ労働に参加する程度を考慮して決めること、共同農場における作業日のミニマムは、コルホーズの必要や、良心的なコルホーズ員が達成したレベルを考慮して決めること、どんな仕事にも就かない怠慢なコルホーズ員（とくに都市近郊の）とコルホーズ居住者に対して付属地や放牧地、採草地を利用させるかどうかはコルホーズ自身で決めてよい、等々である。

　こうして、1935年のいわゆるスターリン定款は風穴を開けられ、その付属地固定化政策は最終的に葬られ、同時に共同農場での労働強化がいっそう進行することになった。興味深いのは党中央委員会農業部の対応である。それはまさに3月6日、次のような報告をおこなっている。すなわち、ガネンコの提起した諸問題は党・政府決定（4日後に発表される上述の決定）の草案に反映されており、その草案は今や党中央委員会の審議に付されたので、その旨を本人にも知らせた、と（文書④）。しかし、1月の意見書

に表れた農業部本来の考え方からすれば、ガネンコの主張を反映させるような決定の採択は「妥当でない」はずである。この点で農業部の立場はきわめて微妙だったに違いない。

4. コルホーズ員給与支給問題　1955－56年

　最後になるが、ロシア国立現代史アルヒーフには、農民のいわゆる物質的関心の向上策——とくに1953年9月の党中央委員会総会以降、新たに打ち出されてきたスターリン後の農業政策の一基軸——に関する1955－56年のいくつかの文書が残されている。それらは明らかに、1956年3月6日付けのもうひとつの党・政府決定「コルホーズ員への月々の前金払いとコルホーズでの追加報酬について」（第311号）[19]を準備する過程で作成されたものである。

　この決定の最重要項目である第1項はこう述べている。コルホーズでは従来、所得の大部分の分配が営業年度終了後におこなわれてきたが、これはコルホーズ員の物質的関心と労働生産性の向上に寄与していない。したがって、今後はコルホーズ員に月々の前金を支給するようコルホーズに勧告する。その総額は、共同農場全部門の実質貨幣所得の25パーセント以上、買付け・予約買付け・義務納入による内金の50パーセント以上とする、と。

　これは要するにコルホーズ農民に対する月給払いの勧告であり、確かに当時の多くのコルホーズにはその実現可能性が乏しかったため、後には時期尚早の決定としてしばしば無視されることになった。しかし、それが、共同農場の収入の「残余」でしかないスターリン時代の労働報酬の性格を根本から否定する画期的な歩みであったことは間違いない。

　ロシア国立現代史アルヒーフに残されている関連文書は以下の通りである[20]。①「コルホーズにおける追加報酬について」（ソ連ゴスプランによる党・政府決定案、1955年5月20日）、②「コルホーズの飼料生産の増加

に対するコルホーズ員および機械・トラクター・ステーション従業員の関心の強化について」（党中央委員会に対するソ連ゴスプラン副議長サヴェリエフの提案、同年5月24日）、③ソ連農業次官マツケーヴィチからフルシチョフへの書簡（同日）、④「共同農場の発展に対するコルホーズ員の物質的関心の向上策について」（党中央委員会に対するソ連農業省の提案、同年5月）、⑤「コルホーズの共同農場の発展に対するコルホーズ員の物質的関心の向上策について」（ソ連農業省による党・政府決定案、同）、⑥党中央委員会農業部の報告書（同年10月5日）、⑦同報告書（同年12月29日）。

　ソ連ゴスプラン（国家計画委員会）の説明（文書②）によれば、時期は不明であるが、ソ連農業省は「コルホーズの飼料生産の増加に対するコルホーズ員および機械・トラクター・ステーション従業員の関心の強化について」の決定案を政府に提出している。これは飼料の増産のためにコルホーズに新しい追加報酬制度を導入しようとするものであり、これに対してソ連ゴスプランは、農業省の案はトウモロコシの増産に関する党・政府決定と重複しているなどの理由から採択すべきでないとし、コルホーズ自身に追加報酬の基準と額を決定させる自らの党・政府決定案（文書①）を5月下旬に提出した。この決定案の中では、コルホーズ員の物質的関心を高める主要な手段は四半期毎あるいは月々の作業日報酬支払いであることが指摘されている。

　ソ連農業省はゴスプランよりも一歩先んじていたように見える。というのは、ソ連農業省はこの1955年5月下旬の時点で、ゴスプランもその重要性を認めたコルホーズでの月々の報酬支払いに関してすでに検討をおこなっており、その結果、独自の党・政府決定案（文書⑤）を取りまとめていたからである。その骨子は、コルホーズ員にコルホーズの総貨幣所得の40パーセント以上を作業日報酬として分配し、農場全部門の実質所得の25－30パーセント以内を前金として月々あるいは四半期毎に支給するというものである（文書③④）。

作業はその後もソ連農業省のイニシアチヴのもとで進められている。その提案は10月初めまでにソ連副首相ロバーノフを中心に関係省庁が加わって審議された。この過程では農業省の準備不足のために反対論があり、また、地方の提案が考慮されていないなどの批判も出たようである（文書⑥）。しかし、農業省の党・政府決定案は年末までにソ連閣僚会議で審議され、その修正が提案されたため、農業省は新しい案の作成に取りかかったという（文書⑦）。翌1956年3月6日付け決定はこうした経緯を経て成立を見たわけである。

5. 若干のコメント

　これまで紹介してきたロシア国立現代史アルヒーフ所蔵の1952−56年の資料は、当時のコルホーズ制度の変化について何を語っているのか。いくつかのコメントを試みたい。

5.1. 逃亡農民の送還問題について

　この問題について明らかにすべきことのひとつは、上述のような関連文書が、1952−53年という時期、すなわちスターリンの死をはさむ時期の党中央委員会農業部の文書フォンドに残っていることの意味であろう。先に紹介した資料から明らかなように、フルシチョフは逃亡農民の連れ戻しに手を貸していない。これは、スターリン時代には逃亡農民の追跡と送還が正当なものとして許容・実践されており、それがスターリンの死とともに中止されたことを意味するのだろうか。この点を解明するには、旧ソ連共産党とその文書保管所（ロシア国立現代史アルヒーフはその継承機関のひとつである）における文書処理手続きの知識が不可欠であるが、残念ながら、本稿の筆者はそれを持ち合わせていない。そこで、問題を農民送還に

関係する史実の面に絞って若干の検討をおこないたい。

その点でいえば、スターリン時代に逃亡農民の追捕がおこなわれていたことはほとんど確実である（これまた筆者には、それがどれほど一般的におこなわれていたか、また時期別に見てどの程度頻繁だったかは明らかにできないが）。第2次大戦直後のソ連を襲った飢饉の研究者であるズィマーによれば、アルヒーフには、政府が農民の逃亡を禁止すべく断固たる措置をとり、逃亡者の捜索と連れ戻しを実行するように要求した地方指導者の手紙が多数残されているという[21]。そうであれば、実際に連れ戻しがなされたとしても不思議ではないが、その例としては、戦前の1933年春に22万人の逃亡農民が捕えられ、元の村々に送還されたといった事件が知られている[22]。これは有名な大飢饉の時の出来事であるが、そのような特別の事態でなくとも、たとえば、木材調達の夫役（賦役）に駆り出されたコルホーズの農民が森林伐採の現場から集団で逃げたような場合は、通例は警察力が行使されており、そうした事件が1948年の冬にヴォログダ州ベロゼールスク地区で起った際は、地区内務部の職員によって計620人の農民が伐採現場に連れ戻されたといわれる[23]。

この点で参照しなければならないのは、30年代の「スターリンの農民」を研究したアメリカのソ連史家フィッツパトリックの見方であろう。なぜなら、彼女は農業集団化の初期については逃亡農民の連れ戻しの事実を認めるが[24]、以後の時期についてはそうした事実を否定する傾向にあるからである。その理由は概略こう説明されている[25]。コルホーズ農民の逃亡と昔の奴隷や農奴の逃亡とは同じものでない。コルホーズが農民の離村をしばしば妨害したのは確かであるが、彼らの究極の主人であったソ連国家は、1千万人を超える農村過剰人口がいずれ都市の労働力になるものと見ており、組織的な労働者募集もあって、離村と都市・工業地帯への定着は困難なことではなかった、と。こうして、彼女によれば、「ソヴェトの当局は逃げたコルホーズ員を捕まえて彼らの村に送還したりしなかった」ので、逃亡農民でもいったん農業以外の仕事に就いてしまえば、とくにコ

ルホーズ員の身分を隠したり、それから抜け出たりする必要はなかったのであり、他方、農村の社会環境にあっては、(コルホーズからの除名等によって) コルホーズの身分を失うことはしばしば最大級の災難であったという[26]。

　しかし、少なくとも戦後に関しては事実はそうでない。第2次大戦後から60年代までの農民の社会的抵抗を追跡したベズニンとディモーニの研究によれば、無許可の離村は国家機関によってきびしく追及され、「脱走者」の捜索は検察庁を通じておこなわれた。こうして、ロシア北部のアルハンゲリスク州では1950年の1年間だけで検察庁の決定により計168人の農民が工業企業から農村に送還された[27]。しかも、フィッツパトリックにあっては、逃亡農民はいつも農村から都市や工鉱業地帯に直行したかのように説かれるが、これも事実に合致しない。ズィマーによれば、多くの農民は農村の環境から直ちに離れることができず、まずもって、よりましなコルホーズやソフホーズのある村を探しており、同じ地区や州の別の農場に落ち着くこともあった[28]。上述のロシア国立現代史アルヒーフ所蔵の文書に出てくる逃亡事件は2件とも農民たちがあるコルホーズから別のコルホーズに逃げた事件であるが、これは偶然ではないかもしれない。なんといっても、いまだに農村人口が都市人口を上回っていた時代である。農民の逃亡について研究する際も、それが農村内部あるいは農村地域間でおこなわれるケースを十分に考慮に入れる必要があるのではないか。

　こうして、スターリン時代のコルホーズ制度については、少なくともフィッツパトリック以上に農奴制との類似性に注意しなければならない状況にある。農民の間ではすでに1929年にその「復活」が語られ、その後の長い間、コルホーズは「新農奴制」として受け取られた[29]。農民自身のこの直接の当事者としての現場認識は一概に否定できるものではない。しかも、農奴制期ロシアの農民逃亡問題に関する研究はスターリン時代のそれの研究にとってきわめて示唆的なものがある。たとえば、ピョートル時代についてのそのモノグラフでは、(1) 当時の政府がこの問題での対策の重

点を逃亡農民の受入れと隠匿の取締りに置いており、これは、逃亡の主な原因が封建的抑圧や農奴主の横暴にではなく、逃亡者を喜んで受け入れることによって逃亡を促した側にあるという支配層の考えから来ていること、また、(2) 逃亡農民の摘発と連れ戻しに当るべき地方の長官がしばしば地元の貴族であって熱心に活動せず、捜索側は農民の隠匿者が有力者である場合は様々なトリックを弄するようなことになり、したがって、効率的な「全国家的捜索」体制が必要とされて、それが実現したことなどが指摘されている[30]。このうち、(1) の事情などは、コルホーズ員に逃げられた上述のアストラハン州リマン地区関係者の思考と行動をも説明してくれるかもしれない。彼らは農民逃亡の原因についてどんな分析も試みた形跡がなく、それについてまったく何も語らないままに農民の逃亡先の地区に赴き、そこで実に堂々と農民の返還を要求している。これは、彼らの思考方法が基本的に18世紀初めの支配階級と同じであり、農民逃亡の責任が農民を勧誘・隠匿した側にあることをひたすら確信し、それを自明視していたとすれば、何の不思議もない。(2) の事情との関係では、逆にリマン地区の代表がトリックを一切弄していないことが注目される。これは、ピョートル時代と同様の（というよりも、はるかに効率的な）「全国家的捜索」システムがスターリン体制下でつくられたからではないのか。しかし、そのような機構（内務省、検察局その他）、法制度の問題になると、これまた本稿の筆者には解明する力がなく、いずれにせよ、農奴制期とスターリン時代についてのさらに立ち入った比較検討は今後の課題である。

5.2. コルホーズ員からの付属地返上嘆願の問題について

　スターリン時代の末期、農家が農業税と供出の重圧ゆえに耕作と家畜を減少させたことは以前から知られており、農民による果樹の伐採についてフルシチョフがスターリンに苦言を呈したという話はとくに有名である[31]。しかし、農民が庭・果樹園だけでなく付属地一般をかくも強く放棄したい

と訴えたこと、また、そうした農民の動きがウクライナとロシアの南部からヴォルガ河中下流域、そしてウラル南部に至る実に広範な地域で見られたこと、――こうしたロシア国立現代史アルヒーフ所蔵の資料が明らかにする事実はあまり知られていないのではないだろうか。スターリン晩年の農民敵視政策に対する農民自身の抵抗は決して侮れないものだったわけであり、スターリン死後の政策転換が意外に速く、かつ大胆だったのも、こうした背景があったとすれば容易に理解することができる。

と同時に、この付属地返上の動きがフルシチョフ期における付属地削減政策のひとつの契機となった可能性も考えなければならない。フルシチョフのこの新政策はスターリンの付属地固定化政策を覆し、農家経営の新たな制限につながっていくが、その起点は通例1954年3月のソ連政府決定「コルホーズ員および農村地域のコルホーズ居住労働者職員の付属地面積縮小に関する申請の審議手続きについて」[32]であったといわれる[33]。ところが、この決定が定めた農村住民の自己申告による付属地の削減手続きは、上述のような農民の動きを念頭に置いた場合、それ自体としては彼ら農民の希望に現実に応えるという面をもっており、この限りで決定は「イデオロギー農業」の要請から来たものとはいえない。

しかし、一連の現地調査等によって確認されたように、農民の付属地縮小の申請が起ったのは、①農業税等の過大さ、②共同農場の成長による野菜等の供給、そして、③小家族化その他の要因によるものとすれば、そして、1953年8月のソ連最高会議が①の要因を基本的に取り除いたとすれば、その時点で、以後の付属地削減申請の減少と、したがってコルホーズ農家の経営の拡大・発展が見込まれたことは確実であり、これに危惧の念を抱いた幹部も少なくなかったであろう。翌9月の党中央委員会総会が付属地の拡張に警告を発したのも[34]一部はそのためではなかったか。その根底にあるのは共同農場の絶対視であり、そこにこそ「イデオロギー農業」の作用を見ることができる。しかも、すでに見たように、付属地の縮小の希望はロシアの中央部などの農民からは出されていない。にもかかわらず、

1954年3月のソ連政府決定は地域を問わず全国的に実施され、自己申告の強制によって、その後何年間も「自発的」な付属地削減が続けられた[35]。そこにはまた官僚主義の弊害も現れている。こうして現実との接点に乏しい付属地政策が再び進行しはじめることになった。

5.3. 農業アルテリ定款改正問題とコルホーズ員給与支給問題について

　上述のように、これらの問題を扱った2つの党・政府決定は日付（1956年3月6日）も新聞発表の日（3月10日）もまったく同じである。にもかかわらず、決定が一本化されていないことにはもちろん意味がある。まずそこにはソ連の縦割り行政の性質が表れている可能性がある。先に見たように、一方の給与問題の決定案は、前年来、ソ連農業省のイニシアチヴのもとに作成されている。他方の定款問題の決定は、おそらくは党中央委員会農業部が準備に携わったものと推測される。とはいえ、ロシア国立現代史アルヒーフの資料からはこの点を明らかにすることはできない。しかしながら、党・政府決定が2つの問題で別々に出たことのより根本的な理由はコルホーズ自体の複雑な性格であったように思われる。というのは、コルホーズはたんなる農業企業ではなかったからである。といっても、ここで問題なのは、それが旧ソ連で宣伝されていたような協同組合の一種（農業生産協同組合）だったというようなことではない。西村可明氏の周到な研究によれば、実際には少なくとも1970年代頃までは、コルホーズが「経営上のオートノミーと加入・脱退の自由とをともに保証される協同組合企業であったことは、一度もなかった」からである[36]。そうではなく、ここで考慮すべきことは、コルホーズには経営組織という側面のほかに当該地域全体の社会組織という一面があることである。したがって、1956年3月6日付けの定款決定でも、上述の通り、付属地や採草地に関するコルホーズの決定はコルホーズ員だけでなくほかのコルホーズ居住者（労働者・職員）をも拘束することが明確に述べられている。そして、そうした地域

社会での重要な役割を果たす地縁的組織としてのコルホーズの側面は、確かに、給与という純経済的問題に関する決定には馴染まないであろう。したがって、この場合、党・政府決定は原理的に2つ必要であったと考えられるわけである[37]。

ところで、この2つの決定は、以後のコルホーズのあり方、ひいてはソ連の農業・農民の将来にとって象徴的な意味をもっていたように思われる。一方の給与支給に関する決定はいわゆる「脱農民化」の一局面、すなわち、コルホーズ農民の給与生活者（正確には、一部付属地を利用する労働者）化という長期的傾向に関係している。もちろん、この給与生活者化の傾向を多少とも実感できるようになるのはまだ先のことであり、1986年に出版された西村氏の著書では、「近年ようやく」コルホーズの共同農場での労働が曲りなりにも経済的刺激によって確保できるようになったと書かれている[38]。その背景には、コルホーズ員が共同農場から受け取る収入が増え、それが全国的には1960年代の後半に入って農家経営からの収入を上回っていくという農民家計の推移があり、その過程では1966年以降の保証賃金制の普及が大きな役割を果たしたといわれている[39]。こうして、コルホーズは基本的にサラリーマン化した農民の企業組織へと次第に変質していくことになる。

しかし、これはあくまでも事態の一面でしかなく、しかもコルホーズは純然たる経済組織に変化していったわけでもない。というのは、もう一方のコルホーズ定款に関する決定が上記の地域的社会組織としてのコルホーズの役割を決定的に強化する方向に作用したからである。これには党・政府指導部の意図した面と意図に反した面の双方がある。今やスターリン時代の極端に「国家化」されたコルホーズ運営のあり方の改革が求められていた。そのため、直前の第20回党大会では、たとえばベロルシア党中央委員会第一書記のパトーリチェフが、従来は国家がおこなってきた個人住宅の建設資金の貸し付けなどを現在ではコルホーズが始めていると発言しており、また、同じベロルシア・モギリョーフ州のあるコルホーズ議長から

は、コルホーズの貨幣所得が増えた結果、今年はコルホーズの資金を生産施設や食堂、製パン所、住宅、浴場、上水道等の建設、道路の舗装その他、要するに「村の整備」に投ずることに決めたという報告がなされている[40]。こうした流れの中で1956年3月の党・政府決定が「コルホーズ員のイニシアチヴのいっそうの発展」を謳いながら出てきたのであり、その結果、コルホーズによっては、その「社会的自治」（социальная автономия）を唱道したり、あるいは自らのイニシアチヴの「無制限」の発揮を試みるなどして当局から非難されるところまで現れた[41]。付属地の分与方式にしても、決定が「勧告」（すなわち、指令）した方式に加えて、あるいはそれを無視して、一連の地方の多くのコルホーズが、農家の働き手の数や単純に口数だけに応じて土地を割当てるようになった。これはもちろん集団化以前の農民共同体の慣行を復活させるものである[42]。

　こうして、後にコルホーズの社会的機能とか公共的・社会的機能と呼ばれることになるものが次第に拡大、強化されていくことになった。それは農村生活のきわめて広い範囲に及んでおり、次に例示するように、正確には行政的機能と称すべきものを多数含んでいる。①食堂（従業員だけでなく学童なども使用）・文化会館・幼稚園の建設・運営、②学校の建物・診療所施設の維持管理、③教員住宅の提供、④給水塔の維持・管理、⑤道路の修理・舗装、⑥バスの運行（生徒の通学にも利用）、パンの配送、その他[43]。コルホーズ農村ではこれ以外にはなりようがなかったのである。すなわち、ロストフ国立経済大学のナウハツキー教授が指摘しているように、集団化以降の農村の状況——農民共同体以来の古い伝統、農場の地域的配置、農村において権威と財源とをもつほかの機関の欠如、行為能力のある地方自治機関の不在、真の協同組合や市場関係の欠落といった状況——にあっては、今挙げたような機能を担いうる組織はコルホーズ以外には存在しないのである[44]。そうしたコルホーズを同教授は「コルホーズ共同体」（колхоз-община）とも呼んでいるが、いずれにせよ、コルホーズは、かつての農民共同体が集団化以前の農村の伝統であったのと同様に、

ソ連農村の一個の伝統となったわけである[45]。
　以上述べてきたことをまとめると、スターリン以後のコルホーズは、サラリーマン化しつつあるコルホーズ農民を中心とした経済的・地域的組織（ナウハツキー教授のいう「コルホーズ共同体」）に進化していったのであり、1956年3月の2つの党・政府決定はそうした変化の重要な契機のひとつだったということになる。

　最後になるが、それでは、スターリンの死をはさむ時期のコルホーズ制度の変化という本稿のテーマについては何を語ることができるのか。冒頭のディモーニ女史の見方を参考にしながら考えてみたい。
　まず、スターリン時代のコルホーズであるが、そこでの「復古メカニズムの利用」という女史の指摘については、これを基本的に受け入れることができるように思われる[46]。本稿で紹介した逃亡農民の送還についての資料もこうした見方を補強するものであろう。ただし、同女史は、復古メカニズムの「原寸大」の利用という表現を使っており、この点は、「原寸大」の語が質的な（本来の封建制あるいは農奴制の復活という）意味をもたず、あくまで量的な（大がかりなという）意味に止まるものと理解するのが適切であろう[47]。問題は、ここから（1956年3月決定等を経て）コルホーズ制度が何に向かって変化していったか、そして、その到達点をどのように評価するかである。既述のように、もしソ連末期のコルホーズを「コルホーズ共同体」と捉え、その特徴を、経済組織としてのコルホーズが地域の社会的機能を、さらには一部の行政的機能までも果たす点に求めるとすれば、そうした社会のあり方を近代的と見なすことは難しいのではないか。むしろ、それは前近代的共同体として存在しうるほとんど最後の形態と見るべきであろう。したがって、この点で、1960年代以後のソ連農村における伝統的社会の消滅を展望するディモーニ女史に賛成することはできないし、「封建的」復古による近代化の事実上の達成という見解についても同様である。

しかし、ソ連末期のコルホーズ農村についてはなお評価の難しい点が残されている。経済組織としてのコルホーズのみを取り上げた場合でも、たとえば、スターリン時代を特徴づけていた経済外的強制がソ連末期にどのような状態にあったかは必ずしも明らかでない。西村氏はソ連崩壊の5年前に、スターリン時代の「非経済的強制」が1970年代（おそらくはその後半）になってようやく解消されたと書かれている[48]。しかし、（これはソ連崩壊後の後知恵であるが）もし「非経済的強制」が消滅してまもなくソ連が、したがって旧来のコルホーズ制度が崩壊したという見方ができるとすれば、そもそもコルホーズ制度は「非経済的強制」なしには長期的に存立不可能だったと解釈することもまた可能ではないだろうか。移行期特有の諸現象の評価の難しさも勘案しながら、いっそうの考究が求められているように思われる。

　結局、本稿が取り扱った時期のコルホーズ制度の変化について現在語りうることは、それまでの極端に「国家化」され、経済外的強制に支えられていたコルホーズが、スターリンの死を契機に一定の自主性を与えられ、経済外的強制の解消と「コルホーズ共同体」とに向かって進化を始めたということである。（2005.10.16）

注
（1）本稿は政治経済学・経済史学会北海道部会研究会（2004年12月18日、於北海学園大学）での報告「コルホーズ政策の転換過程」を加筆修正したものである。
（2）たとえば、塩川伸明氏の一連の業績を参照。『ソ連とは何だったか』（勁草書房、1994年）、『現存した社会主義』（同、1999年）、『《20世紀史》を考える』（同、2004年）、その他。
（3）Димони Т. М. Аграрный строй России в 1930-1980-е гг. これは2004年11月20日、東京大学経済学部日本経済国際共同研究センター（CIRJE）でおこなわれた報告である。
（4）いうまでもなく、この問題は1950－60年代当時からよく論じられてきた。

たとえば、ノーヴは1960年代の初め、スターリン以後におけるソ連経済の変化の中に、「経済外的強制」をひとつの特徴とする体制から「相対的に正常な時期」、「質的に新しい状況」への移行を見ている。A. ノーヴ（公文俊平訳）『ソ連経済』、日本評論社、1967年、188－197頁を参照。

（5） РГАНИ. Ф. 5. Оп. 24. Д. 581. Л. 16-18.

（6） РГАНИ. Ф. 5. Оп. 24. Д. 581. Л. 112-120.

（7） РГАНИ. Ф. 5. Оп. 24. Д. 582. Л. 6-65.

（8） コルホーズ問題会議とは、1946年9月の党・政府決定「コルホーズにおける農業アルテリ定款違反の解消策について」にもとづき設立され、アルテリ定款の厳守やコルホーズ建設の諸問題の解決を企図したソ連政府付属機関のこと（КПСС в резолюциях и решениях съездов, конференций и пленумов ЦК. Изд. 9-е. Т. 8. М., 1985. С. 75）。同会議の規程では、その課題の冒頭に「コルホーズ建設の活動家の提案にもとづく農業アルテリ定款の改善」が挙げられている（Правда. 23 окт. 1946. С. 1）。

（9） 後述のように、コルホーズの共同農場からの収入が農家経営からの収入を上回るのは1960年代後半からである（Островский В. Б. Колхозное крестьянство СССР. М., 1967. С. 85）。

（10） A. ノーヴ（石井規衛他訳）『ソ連経済史』、岩波書店、1982年、363－364頁。

（11） 同上、366頁。

（12） ここにはスターリン時代の付属地固定化政策が表れている。松井憲明「旧ソ連のコルホーズと農家付属地」、（北海道大学）『経済学研究』第48巻第3号、1999年、31、35頁を参照。

（13） Глотов И. Принцип материальной заинтересованности—рычаг мощного подъема сельского хозяйства//Коммунист. 1954. № 1. С. 81; 前掲ノーヴ『ソ連経済史』、393、398頁。もちろん、新指導部は農民に対して一方的に譲歩したわけでない。新農業税法には、共同農場での農民の労働強化のために、そのメンバーが然るべき理由なく共同農場での作業日ミニマムを達成しなかった農家は課税額を5割増にするといった規定が導入された（Известия. 11 авг. 1953. С. 1）。

（14） РГАНИ. Ф. 5. Оп. 45. Д. 111. Л. 151-161; Ф. 5. Оп. 46. Д. 126. Л. 1-4.

（15） См.: Большая советская энциклопедия. Изд. 2-е. Т. 39. С. 476.

（16） Денисов Ю. П. Развитие колхозной демократии (1946-1970 годы). Ростов-на-Дону, 1975. С. 23.

（17） Правда. 22 февр. 1956. С. 8-9.

(18) Правда. 10 марта 1956. С. 1.
(19) Там же. С. 2.
(20) РГАНИ. Ф. 5. Оп. 45. Д. 111. Л. 72-106.
(21) *Зима В. Ф.* Голод в СССР 1946-1947 годов. М., 1996. С. 213.
(22) Fitzpatrick, S., *Stalin's Peasant*, NY., 1994, p. 95.
(23) *Безнин М. А., Димони Т. М., Изюмова Л. В.* Повинности российского крестьянства в 1930-1960-х годах. Вологда, 2001. С. 93-94.
(24) 注22を参照。
(25) Fitzpatrick, op. cit., pp. 5-6.
(26) ibid. pp. 111.
(27) *Безнин М. А., Димони Т. М.* Социальный протест колхозного крестьянства（вторая половина 1940-х-1960-е гг.）//Отечественная история. 1999. № 3. С. 89.
(28) *Зима.* Указ. соч. С. 207.
(29) R. W. デイヴィス（荒田洋・奥田央訳）『社会主義的攻勢』（上）、御茶の水書房、1981年、173頁；*Ивницкий Н. А.* Сталинская «революция сверху» и крестьянство//Менталитет и аграрное развитие России (XIX-XX вв.). М., 1996. С. 248; *Кознова И. Е.* XX век в социальной памяти российского крестьянства. М., 2000. С. 87. もちろん、このことは初期のコルホーズ体制が農奴制そのものであったことを意味しない。これは、かつて再版農奴制といわれた近世東欧の農業制度が市場向け生産という点で本来の農奴制と「本質的に異なっている」のと基本的には同じである。ウォーラーステイン（川北稔訳）『近代世界システムI』、岩波書店、1981年、128－129頁を参照。
(30) *Козлова Н. В.* Побеги крестьян в России в первой трети XVIII века. М., 1983. С. 67-70. ここでいう「全国家的捜索」体制はピョートルによる人口調査の実施に伴って実現されたが、その詳細については、土肥恒之『ロシア近世農村社会史』、創文社、1987年、262－265頁を参照。
(31) 前掲ノーヴ『ソ連経済史』、364頁；*Хрущев Н. С.* Воспоминания. М., 1997. С.412-413.
(32) Сборник законодательства по сельскому хозяйству. Т. 1. М., 1955; Сельское хозяйство. 15 мая 1954. С. 4.
(33) Wadekin, K.-E., *The Private Sector in Soviet Agriculture*, Berkeley, CA., 1973, pp. 257-258; *Безнин М. А.* Крестьянский двор в Российском Нечерноземье 1950-1965 гг. М.-Вологда, 1991. С. 95-96.

(34) 松井前掲論文、34頁を参照。

(35) 筆者が見た南シベリア・アルタイ地方のコルホーズの文書（総会と理事会の議事録）には、1956年1－2月になっても1954年3月決定による付属地の削減が多数記録されている。

(36) 西村可明『現代社会主義における所有と意思決定』、岩波書店、1986年、179頁。

(37) その結果、2つの決定を単純に結びつけ、定款決定が打ち出した付属地分与の新方式を「経済的な部類」の措置と見誤るような言説が現れたりした。この点、*Мацуи Н*. Феодальное и общинное: к истории приусадебного землепользования в колхозах СССР//Новый мир истории России. М., 2001. С. 378 を参照。

(38) 西村前掲書、176、181頁。

(39) *Симуш П. И*. Социальный портрет советского крестьянства. М., 1976. С. 248; 中山弘正『現代ソヴエト農業』、東京大学出版会、1976年、237－240頁。

(40) Правда. 1956. 16 февр. С. 5; 25 февр. С. 5.

(41) 前掲 *Мацуи Н*. Феодальное и общинное. С. 381.

(42) Там же. С. 377, 388-392. なお、ウラル国立大のマーズル女史によれば、付属地割当ての共同体的方式は非公認ながら1930－40年代にも広まっていたという (*Мазур Л. Н*. Приусадебное землепользование колхозников, работников совхозов и горожан в 1930-1980-е годы（по материалам Урала)//Землевладение и землепользование в России. Калуга, 2003. С. 375)。

(43) 山村理人『ロシアの土地改革：1989－1996年』、多賀出版、1997年、160－161頁。

(44) *Наухацкий В. В*. Модернизация сельского хозяйства и российская деревня 1965-2000 гг. Ростов-на-Дону, 2003. С. 24.

(45) *Кознова*. Указ. соч. С. 90, 164.

(46) 西村氏も、スターリン時代のコルホーズ制度の内容は、「国家による意思決定の横奪、所得面での無責任放置および非経済的諸強制を特徴とする、コルホーズ員の国家への隷属関係」であったと述べている（前掲書、131頁）。

(47) 注29を参照。

(48) 注38を参照。

1960年代－1980年代のロストフ州農村における労働力の可能性：行政的調整の試み

ヴィターリー・ナウハツキー
（池田嘉郎訳）

はじめに

　20世紀後半にロシア農業は近代化の過程を経験した。この過程は、全世界的な法則の軌道に沿うとともに、国ごとの特性によっても大きく特徴づけられていた。農村経済の近代化はまた、国ごとの独自の色調を帯びるほかに、地域的な特性にも大きく特徴づけられていた。この近代化過程の1つに、農村住民の移住がある。移住の過程は、近代化の一般的な諸要因、国家による農村・社会政策の特殊性、地域エリートの具体的な実践、の影響下に進展した。

　これらの諸点について、ロシアの重要な農業地帯であるロストフ州の事例に即して見てみたい。ロストフ州は北カフカース経済地帯の構造中で、最も都市化の進んだ領域的・経済的ゾーンである。同州には北カフカースの住民のほぼ3分の1（2002年のセンサスで440万4000人）、その全都市の5分の1が集中している。その面積は10万1000平方キロメートルである。1965年には523のコルホーズとソフホーズ、1985年には736のコルホーズとソフホーズが州の農業生産を担い、1965年には550万ヘクタール、1985年には505万ヘクタールを割り当てられていた。1985年の時点で同州の43万ヘクタールを越える土地が灌漑されていた。経営の全カテゴリーがもつ生産家畜の頭数は、大型有角家畜［主に牛］233万8900頭、豚241万500頭、羊と山羊428万5500頭、家禽3692万4000匹である。1980年代後半には、年平均の穀物生産量は750万トンを上回った（表2）[1]。ロストフ州は、ロシア

とソ連の農産物生産においてつねに重要な役割を果たしてきたのである。

1. 農村人口の変化と労働リソースの利用状況

　1960年代のロストフ州の住民移住の様態には、いかなる特徴があったのか。この問題に答えるために、1970年8月に州統計局が準備した解説文書「ロストフ州農村住民の移動について」を利用しよう。1959年のサンセスの後、州の農村人口は9万2000人、あるいは7％増加した。都市人口は42万8000人、あるいは21％増加した。農村人口の若干の増加にもかかわらず、州の全人口に占めるその比重は、3％にまで低下してしまった（表1）。

　農村人口の変化には、自然増、居住地域の都市化、工業発展の結果起こった農村居住地域の都市、また労働者居住地域への編入、および移住が影響を与えた。そのうち農村人口の減少に圧倒的な影響を与えたのは、住民の都市への流出とそこでの定住化である。1960年から1969年の間に、このファクターのせいで農村人口は64万9000人減少した。居住地域の都市化を理由とする農村人口の減少は、6万9000人である。農村人口の自然増の比率は不断に減り続け、1969年には住民1000人に対して3.5人となった。1960年には15.7人であったから、78％も減ったのである[2]。

　近年でも州の農村住民の移住は続いている。1959年－2002年の時期におけるロストフ州の農村人口の変化の動態と、ロシア連邦全体との比較は図1にある。ロストフ州、スターヴロポリ地方、クラスノダール地方、ロシア連邦の、全住民に占める農村住民の比率の動態は、図2に示されてい

表1　ロストフ州の都市と農村の人口動態

調査時期	都市（1000人）	農村（1000人）	農村住民の比率
1959年1月15日	1992.8	1318.9	39.8
1970年1月15日	2420.9	1411.4	36.8

3-6　1960年代－1980年代のロストフ州農村における労働力の可能性：行政的調整の試み◆ヴィターリー・ナウハツキー

図1　農村住民数の変化テンポの動態

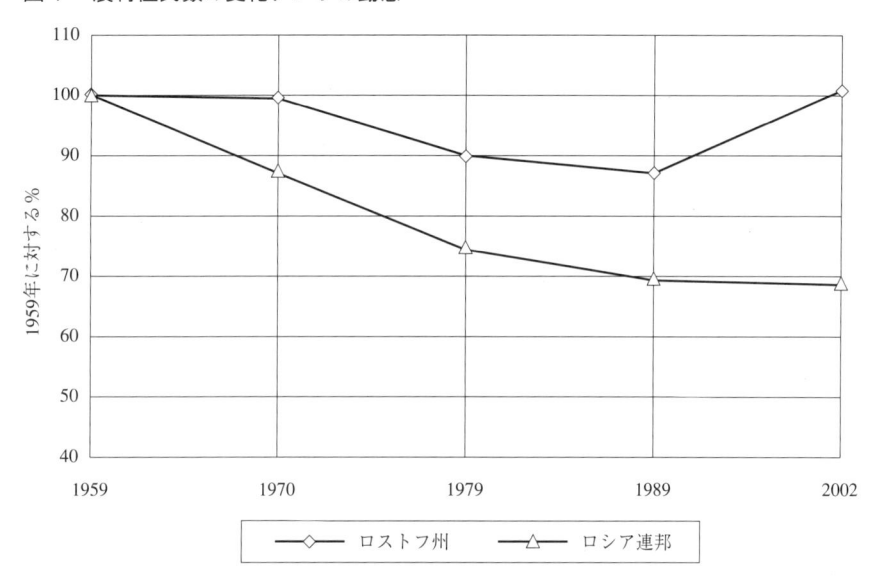

図2　全住民に占める農村住民の比重の動態

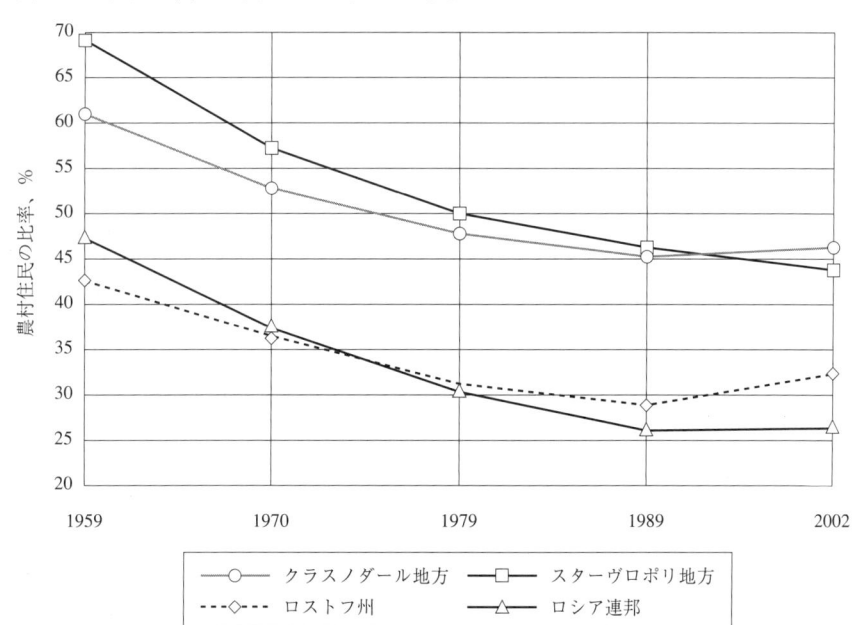

る。

　すぐ分かるとおり、ロストフ州はロシア南部の中で、高度に産業が発展した地域に属している。全住民中に占める農村住民の比率は、隣接するクラスノダール地方やスターヴロポリ地方よりも顕著に低いが、ロシア全体の平均指標と比べれば大した違いはない。1959年－2002年の期間中、ロストフ州の農村住民の比重は42.7％から32.4％にまで落ちた。だが、州の農村人口の絶対数は、1970年代－1980年代にいくらか低下した後、90年代には上昇している。

　その結果、21世紀初頭のロストフ州の農村人口は、20世紀50年代末の農村人口を上回っている。1959年－2002年の期間、都市人口は57.3％から67.6％に、絶対数では189万8800人から297万8000人に、つまり100万人以上の増加を見た。

　このようにロストフ州における近代化と都市化のプロセスは、はっきりした特殊性をもっている。農村住民の移住は極端な性格を帯びてはおらず、ロシアの非黒土地帯におけるような劇的性格によっては際立っていないのである。それでも同州における住民の移住は、党・国家指導部の懸念を引き起こした。これに関して以下の状況に注意しておきたい。都市住民が増加したということは、農村に残っているものが農産物の生産を増加しなければならないことを意味した。1960年代－1980年代にロストフ州では、農業生産の増加が見られた（表2）[3]。

　農産物生産を一層増加させねばならないということは、農業に対するカ

表2　ロストフ州における農業総生産高（年平均、1973年の価格と比較して）
　　　および穀類と肉類の生産の現物指標の年平均の規模

指標	1961-1965	1966-1970	1971-1975	1976-1980	1981-1985	1986-1990
農業総生産高、100万ルーブリ	1649.6	1974.8	2276.1	2398.2	2400.2	2758.0*
穀物総収穫量、1000トン	4976.6	5567.3	6166.0	6627.5	5346.3	7519.1
肉類、精肉重量、1000トン	207	262	335	313	341	386

＊著者の計算

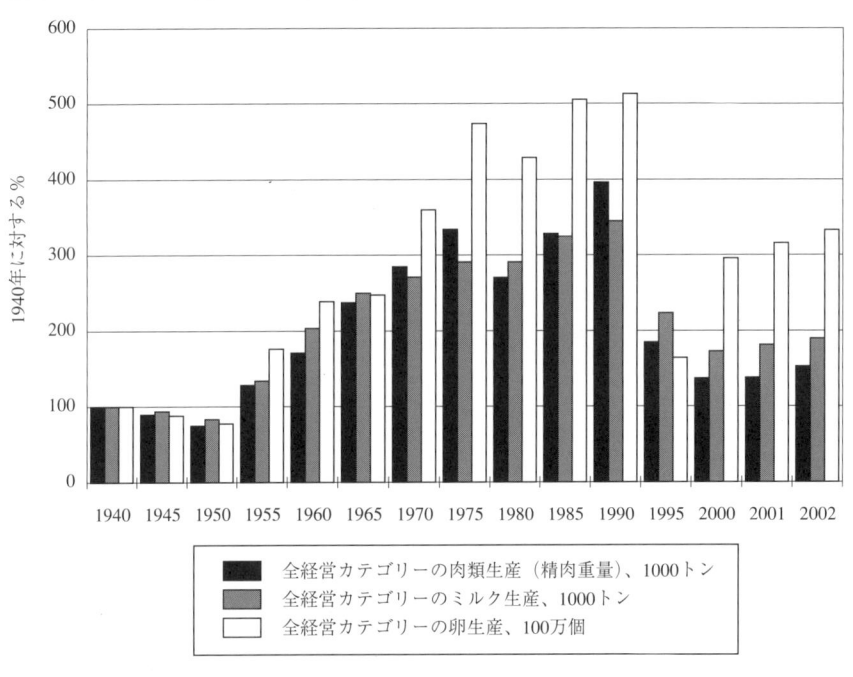

図3　1940〜2000年のロストフ州の食品生産の動態

縦軸：1940年に対する％

凡例：
- 全経営カテゴリーの肉類生産（精肉重量）、1000トン
- 全経営カテゴリーのミルク生産、1000トン
- 全経営カテゴリーの卵生産、100万個

ードルの確保という問題を不可避的に尖鋭化させた。まさにそのため、現実政治においては農村人口の移住問題が、機械化推進要員、畜産家、農学者、技術者の農村への確保というプリズムを通して把握されることになった。こうして社会政策はプラグマチックで功利主義的な性格を帯び、人員リソースを農村に緊縛するための条件として理解されるようになったのである。

これに関して、農産物生産をめぐって州指導部が、ときに非現実的な計画を唱導したことを指摘しないわけにはいかない。たとえば、1970年代中旬には年間800万トン以上、1970年代末には800万－900万トン以上の穀物を生産することが、さらに1981－1985年には穀物生産を1000万トンにまで増大することが、課題とされた[4]。無論このようなご都合主義的な計画は実現されず（州の穀物の最大収量は1990年に966万6800トンであった）、そ

表3　ソフホーズの基本的な生産活動に従事する労働者、およびコルホーズ労働に従事するコルホーズ員の年平均の人数（単位1000人）

年	ソフホーズ労働者	コルホーズ員	総計
1965	157.0	252.8	409.8
1970	160.0	246.6	406.6
1975	159.2	221.0	380.2
1980	174.1	202.9	377
1985	171.3	193.7	365

のかわり耕地構造を歪め、ほかのタイプの生産からリソースを奪い、水増しと行政的圧力をもたらし、労働力のさらなる投入を求めたのであった。

　それと同時に、まさに1960－1980年代にロストフ州では史上最大の農産物の生産規模が達成されたことも、指摘しないわけにはいかない（図3）。

　1960年代後半、農業に対するカードル確保の問題はどのように受け取られていたのであろうか。この問題に答えるために、州の労働リソースの状態および利用に関する資料を用いよう。これは、ロストフ州執行委員会労働リソース利用部と党組織によって、1960年代の終わりから1970年代の初めにかけておこなわれた調査から得られるものである。

　農業に従事する労働リソースは、国民経済に従事する労働リソース全体の24.6％であり、物的生産の諸部門に従事する労働リソース全体の30.7％であった。農業従事者中、コルホーズ員の比率は59.4％であった。労働従事者数でいえば農業は工業に次ぐ第2位の座を州で占めていた。農業従事者の増加テンポは年々低下した。1966年と比べて1967年に農業従事者数は0.1％減少した。ここには農業生産からほかの部門、主に工業への労働リソースの再配分の法則的な過程が反映されている[5]。

　農業生産に従事する働き手の数がどのように変化したのかは、表3から見て取ることができる[6]。

　こうして20年間の年平均値でコルホーズ員の人数は5万9100人減少し、ソフホーズ労働者は1万4300人増加した。したがって全体では4万4800人の減少を見た。その際、コルホーズの数は305から361に増え、コルホーズ

農戸の数は17万8600から17万2000に減少した。ソフホーズの数は218から375に増加した[7]。

この同じ時期、農村部で労働リソースは、およそ完全には利用されていなかった。1968年に州執行委員会労働リソース利用部がおこなった調査の結果によれば、労働可能年齢にある労働可能住民のうち4万3000人以上が社会的生産に従事していなかった。その中には農学者と畜産学者300人以上、農業機械化推進要員400人以上が含まれていた。このようなことが生じたのは、州執行委員会の同部の考えによれば、コルホーズ管理部と現地ソヴェト機構の多くが、労働していないコルホーズ員とその他の市民を労働に引き込むために、あらゆる可能性と権限とを利用してはいないからであった。多くの経営では最低出勤日数が定められていなかった。そのため農業アルテリの相当数のメンバーが、1年に必要とされる1人当たりの作業日数をこなしていなかった。たとえば州のコルホーズの平均作業量は234作業日であるというのに、エゴルルィクスキー地区のキーロフ名称コルホーズでは、労働可能なコルホーズ員の56％以上が、年に100作業日さえも働いていなかった。37農業地区のうち18では、コルホーズ員1人当たりの労働積極性の指標は州平均を下回った[8]。1968年にコルホーズでは、1作業日も働いていない労働可能なコルホーズ員が2600人以上存在した[9]。多くのコルホーズとソフホーズでは、行政当局の許可を得た欠勤および休暇による労働時間の喪失が膨大であった。その一方で農繁期には、2万6000人以上の勤労者が州の諸都市から支援労働に引き込まれていた[10]。

多くの場合、農閑期の労働力の利用も不十分であった。農閑期に州のコルホーズでは3万8000人が労働していなかった。個々の地区では、農閑期に社会的生産に従事していない労働可能コルホーズ員の数は、8％から33.5％までの幅があった。州平均で見るとその数字は労働可能コルホーズ員総数の16.2％となった。ブドウ栽培・野菜栽培・穀物栽培ソフホーズの働き手をここに加えるならば、その数字は著しく増える。これらの労働リソースの利用がきわめて不十分であったのは、多くの場合、副業の発展が

弱体だからであった。1966年に州のコルホーズにおいて見られた副業・副次的生産の特徴は、次のデータから窺える。

 あらゆるタイプの製粉所　278.
 脱穀場　141.
 ワイン醸造　41.
 油性石鹸工場　21.
 搾油工場　65.
 野菜・果物加工場　24.
 製材所　256.
 煉瓦工場　36.
 採石場　11.
 指物・大工工房　268.
 総計　1121.

　これらの半クスターリ的生産に、およそ2500人のコルホーズ員が従事していた。こうして現有の副業・副次的生産は、農閑期におけるコルホーズ員の就業問題を解決しなかったのである[11]。
　諸統計機関のデータによれば、1970年に州農村部において、16－19歳の青年5378人が就学も就労もしていなかった。そのうち男性は2162人である。14－15歳では394人である[12]。
　全般的な状況は、以上のようなものである。コルホーズとソフホーズでリソースがどのように利用されていたのかを、エゴルルィクスキー地区を例にとって見てみよう。1972年1月1日現在で地区の住民数は3万3100人、労働リソースは1万8600人、あるいは住民数の56％である。13のコルホーズとソフホーズに1万200人、つまり社会的生産従事者の3分の2が働いていた。この5年間に地区の住民数は800人ないし2.4％減少した。コルホーズとソフホーズから毎年著しい数の労働可能な住民が流出している。

1971年には地区から1358人が流出した。そのうち青年層は40.6％である。社会学が示すとおり、住民流出の基本的な理由は、職業および労働の性格に対する不満、教育を受けて熟練度を向上させるという展望の欠如、賃金と居住環境および文化・生活環境に対する不満である。その結果、1971年に地区の諸経営では409人の労働力不足が生じた。

　コルホーズ員とソフホーズ労働者の労働の活発性も低水準に留まってきた。1971年の平均で見ると、労働可能なコルホーズ員1人につき247作業日の労働がおこなわれている。これは推奨ノルマを8.6％下回る。ソフホーズ労働者は285作業日であり、これは1970年と比べて25作業日少ない。

　北カフカース計画委員会の算定により、州では労働可能なコルホーズ員1人に対して270日の最低作業日数が定められた。男性が280日、女性が260日である。だがコルホーズ「イスクラ」やキーロフ名称コルホーズでは、男性の最低作業日数は250日、女性は200日と定められた。地区全体では1971年に245人、ないし労働可能なコルホーズ員の3.6％が1日も労働せず、772人が100日以下しか働かなかった。状況がとくにひどかったのはキーロフ名称コルホーズで、そこでは231人が1日も働かず、男性158人を含む308人が100日以下しか働かなかった。100日以下しか働かなかった労働可能住民の60％は家事ないし個人副業に、19％は子育てに従事していた。1971年にコルホーズとソフホーズにおいて、不完全就労を理由とする年間労働時間フォンドの喪失は30万1800延べ作業日に及んだ。キーロフ名称コルホーズとコルホーズ「曙光」では、労働時間の利用程度はそれぞれ76と85％であった。農作業のピークの時期でさえも、1972年8月の7日間で地区の8経営において、農作物栽培指導員の間での不適切な理由による労働時間の喪失は、696延べ作業日ないし平均7％以上に上った。

　労働流動性の高さは生産に大きな損失を与える。1971年に地区内ソフホーズの流動率は13.3％であった。1967－1971年の平均では毎年コルホーズとソフホーズから機械化推進員208人、ないし全体の17％が流出した。1971年だけで搾乳婦76人（11.2％）、家畜係・子牛飼育婦・養豚婦92人

(8.1％)、建設作業員84人（15.2％）が経営から解雇された。党組織と村ソヴェトの多くは、農閑期の就労問題に十分に取り組んではこなかった。1971年7月には、地区の諸経営で労働可能なコルホーズ員465人が働いていなかったが、12月にはその数は1240人、ないし総数の18.3％となった[13]。

農業における労働力の合理的な利用の問題は、その後も解決されなかった。1986年に州党協議会で指摘されたように、州の東部および北東部だけでも労働可能年齢にある者1万4000人以上（これは良質のソフホーズ20に十分な数である）が、社会的生産に参加していなかったのである[14]。

上記の資料から分かるように、コルホーズ員とソフホーズ労働者の著しい部分が、社会的生産に従事していなかった。彼らの多くは、コルホーズやソフホーズでの作業ばかりを抱え込むのではなく、かなりの時間を個人経営につぎ込むか、半合法的なビジネス（毛皮製品生産、早生の野菜や花卉の栽培など）に勤しむことを選んだのである。くわえて、もっぱら、あるいはほとんど全く、コルホーズかソフホーズのみで働いていた者たちにしても、どのみち国家が彼らに支払ってくれることが分かっていたので、さほど良心的にではなしに働くことができた。したがって州の農業発展における諸問題は、移住それ自体から生じたのではない。主要な諸問題は、労働リソースがまずく利用されていた時と所において起こったのである。

多くの場合、労働リソースの利用のまずさが原因となって、遅れた、赤字の、採算の取れない経営という現象が全期間にわたって存在した。そこの働き手は実際には稼いでいないものを国家から受け取っていたのである。全期間にわたって広範に見られた状況として、コルホーズとソフホーズの賃金上昇が労働生産性の上昇を上回り、所得に占める賃金の比率が不当に高くなるということがあった。たとえばオクチャーブリ地区の第20回党大会名称コルホーズでは、1969年に搾乳婦に約2000ルーブリのプレミアが支払われたが、飼料の特配を受ける乳牛の搾乳量は地区でも最も低く（1643キログラム）、その原価は17ルーブリ82コペイカ（地区で最も高い）だったのである。フルンゼ名称コルホーズでは1969年、農業植物栽培の生産計

画が達成されなかったのに、1万5900ルーブリの報奨金が支払われた。所得に占める賃金の比率は、一連の経営において60％から94％を占めた[15]。カメンスキー地区のコルホーズ「祖国」では1971年、労働した延べ作業日に換算しての総生産高は前年に比して14％減少したが、賃金支払いは12％増加した[16]。

特徴的な事例をもう1つ挙げる。これはすでに1970年代後半のものである。1976－1980年に州の経済的に弱体な35のコルホーズに、トラクター842台、トラック296台、穀物コンバイン736台が割り当てられた。つねに赤字を出す7のソフホーズには、建設用に1610万ルーブリの資本投下がなされ、2部屋からなる家屋が120、150人収容の幼稚園、425人収容の文化会館が2つ、つくられた。経済的に弱体なコルホーズにも、建設用に5年間で4410万ルーブリの資本投下がなされた。1980年、9100平方メートルの住居が割当てられ、住居建設に210万ルーブリが支出された。同年にはまた167人の若い専門家と437人の機械化推進員が遅れた経営に派遣された[17]。その際、これら全てが事実上無償であった。

もちろん、遅れた経営の問題には多くの側面がある。だが、多くの経営が経済的に立ち行かなかったことの基本的な理由の1つは、明らかに、労働の組織化および支払いの形態の不完全性や経営感覚のなさなどから来る、潜在的な労働力の利用の極度の非効率性にあった。移住ではなく労働リソースの利用のまずさが、州の農業の主要な問題なのである。

2. 農村における物資・技術基盤の拡張および社会的領域の発展

農産物の生産水準を維持すること、ましてそれを高めることは、労働生産性の向上にもとづいてのみ、あるいは追加的な労働力を引き込んでのみ、可能であった。このような条件の下、カードル問題の解決策は、農業の物資・技術基盤の強化に見出された。それが労働生産性を引き上げ、もって

農業からの労働力の流出を埋め合わせるだろうというのであった。解決策はまた、農村の社会的領域のより迅速な拡大にも見出された。それによって労働力の望ましくない流出が止められるだろうというのであった。実践においてこの政策はどのように実現されたのであろうか。

　1960年代－1980年代には資本投下の増大、農業機械製造企業の生産基盤の発展、鉱物肥料の生産拡張、土地改良システムの建設が、農業の物資・技術基盤の強化を促した。1983年初頭までに農業向けの基本生産フォンドは1965年の水準を4.7倍上回り、生産過程で使用する全エネルギー消費量と労働者数との関係指数は3倍以上になり、労働者1人当たりの電力使用量は7倍になり、鉱物肥料の投下は（現物量で）2.3倍になり、改良を施された土地の面積は2倍になった。

　それにもかかわらず農業の技術基盤の状態は、効率的な農業生産に必要とされる水準には至らなかった。農業企業と加工業企業の技術装備の水準は、1980年代初頭の時点でもなお、先進諸国に比べて低いままであった。1979年にソ連では、耕地1000ヘクタールにつき11.5台のトラクターがあったが、1978年にアメリカでは30台、1977年にイギリスでは72台、フランスでは81台、西ドイツでは194台、イタリアでは85台あった。1000ヘクタール当たりの穀物取り入れコンバイン数は、1979年のソ連に5.7台、1977年のアメリカとイギリスに15台、フランスに19台、西ドイツに33台、イタリアに8台であった。結果として、労働達成に必要な期間が引き延ばされた。収穫の時期のずれによって1800万－2000万トンの穀物が失われた。ソ連では穀物の27％に対して除草剤が使われていたが、フィンランドでは99％、イギリスでは75－95％、デンマークでは90％、ブルガリアでは90％、スウェーデンでは75％、西ドイツでは65－75％であった。結果としてソ連では、穀物の喪失はおよそ3000万トンに及んだ。また冷蔵庫の装備が不十分であったために穀物がいたんだ。これは、害虫による被害と合わせて500万－600万トンに匹敵する損害を与えた[18]。

　上述のことと関連して、以下の状況に注意を向けたい。州の農産物の生

産規模は巨大なものであった。だが、冷蔵庫や倉庫や穀物庫などの不足による生産物の損失もまた、巨大だったのである。この問題はもちろん、全ロシア的な性質のものであった。だがそれは、農産物生産の規模が大きかったところで最も深刻な結果をもたらしたのである。たとえば1967年、州では肉類と動物性油の生産計画が超過達成されたのだが、冷蔵庫の収容能力不足のために、肉・乳製品の保存をめぐってきわめて切迫した事態が生じた[19]。州指導部は農民の生み出した生産物にどう対処すればよいかが分からなかった。おそらく州の歴史上初めて、生産物の凶作によってではなく、その超過生産によって問題が生じたのである！　別の例を挙げよう。州のコルホーズとソフホーズでは1974年にようやく、ミルクの冷却処理が開始されるようになった。1979年に州では冷却されたミルクの比率は11.8％でしかなかった。クラスノダール地方では51.2％、スターヴロポリ地方では32.2％、ロシア連邦共和国全体では35.3％である[20]。こうした条件の下で生産規模をさらに増やすのは、合理的なことではなかった。だがまさにその課題に、農業政策におけるプライオリティが与えられていたのである。こうした一面的な戦略の下では、農業におけるカードルの不足は避けられなかった。

　農業生産基盤の近代化が完遂されなかったことが、カードル問題の解決に影響を与えた。だが、他方ではまさにそのカードル不足こそが、農業の物資・技術基盤の強化の問題をより効率的に解決することを許さなかったのである。というのは1つには、農村の社会的領域の発展に対する関心の不足があった。1960年代初頭においても都市と農村の間には、社会的発展の水準とテンポにおいて許しがたいほどの深い亀裂が残り続けた。社会・経済面において農村は都市から数十年も遅れていた。そのことは、肉体労働、おもに手作業の比率の大きさ、福利の水準の低さ、生活環境の快適度の低さ、日常的な文化の素朴性、教育を受ける権利の制約、良質の医療サービスの欠如、健康状態の著しい劣悪性、農村住民の相対的な短命に表れていた。1960年代末に農村住民の諸成人カテゴリーの健康状態は、15－20

表4　社会施設の数によるロストフ州農村居住地点のグループ分け（1969年、農村居住地点総数に対するパーセンテージ）

施設のタイプ	施設を擁する居住地点の数	
	居住地点内	5キロ以上遠隔地に
病院	7	74
託児所、保育園、幼稚園	37	5
クラブ	67	7
図書館	39	26
運動場	33	39
店舗	72	6
軽食堂	22	51
生活サービス		10キロ以上の遠隔地に
床屋	10	52
公衆浴場	21	38
縫製作業所	11	51
長靴作業所	6	67

表5

	当該距離にある居住地点のパーセンテージ	
	5キロまで	5キロ以上
バス停留所から	74	26
村ソヴェトから	39	61
	10キロまで	10キロ以上
地区中央拠点から	10	90
	15キロまで	15キロ以上
鉄道から	31	69

歳年長の都市住民の健康状態に相応していた[21]。

　1960年代中旬には学者、政治家、経営者は次のことを疑っていなかった。生産・経済ファクター（専門職に就く可能性の欠如、労働の季節性、その他）とは別に、文化・生活サービスに対する不満と、都市との交通連絡の悪さによっても住民は村から出て行くのだろうと。文化・生活施設の多くは農村居住地点からは離れた所にあったし、全ての集落が電化されてラジ

オの恩恵を受けているわけでもなかった。たとえば1969年に州の18地区の59居住地点（住民数2700人）は電化されていなかった。州の395の居住地点（全体の14％）にはラジオ電波が届かなかった。わずか4地区においてのみ、全ての居住地点がラジオ電波を受信できた。電話網を備えていたのは居住地点の62％である。居住地点の12％は、電話網が15キロ以上離れた地点にしかなく、居住地点の15％は、郵便局が10キロ以上離れた所にしかなかった。

1960年代の終わりには、全ての居住地点が近接地に初等学校を有していた。94の居住地点、すなわち全体の3％の居住地点では、学校は5キロ以上離れた所にあった。各自の区域内に初等学校があったのは居住地点の49％である。居住地点の38％は、5キロ以上離れた所に8年制学校があった。中等普通教育学校は州の居住地点の64％にあった。文化・生活、医療、その他のサービスの有無を基準にすると、居住地点は次のようにグループ分けができる（表4）。

十分整備された交通網が、それぞれの居住地点において、住民の生活およびその他のサービスを改善する可能性をもたらすことは明らかである[22]。交通網の存在は表5に示されている。

農村住民の移住の分析からは、以下のことが示される。州の農業における労働リソースの問題を解決するためには、社会政策を活性化することと並んで、はっきりとした目的をもち、かつ大規模に農村の社会問題を解決することが、最重要の役割を果たさねばならない。1960年代－1980年代に国家は社会問題へ関心を転換させた。この時期に、農業労働の機械化の水準が上昇し、カードルの職業・教育構造には進歩的な変化が生じ、農作業以外の生活の領域が拡大し、農村の社会的インフラは改良され、農村世帯の収入が上昇し、都市と農村の住民の収入格差が減少した。他方で、農村の抱える社会問題に対する国家の関心は、求められていたほど大規模なものにはならなかった。

60年代中旬、州の農村地区における労働・生活条件は複雑なものであっ

た。生産の機械化の水準は、とくに畜産の領域では、低いままであった。大型有角家畜と豚の飼育場における機械化の程度を見ると、給水は51－79％、建物の清掃は20－38％、施餌は7－34％である。機械による搾乳には、牝牛11万8000頭（24％）が移行していた。複合的な機械化がなされたのは牛舎の8％に過ぎなかった[23]。

　村落の電化とガス化の水準も、きわめて低いままであった。州農業による1964年の電力消費は、「ロストフエネルゴ」システムによる全電力供給の6.8％であった。そこには生産関連の需要4.1％が含まれていた。1966年に天然ガスと液化ガスによるガス化作業は、27の地区中央拠点と558のコルホーズ・ソフホーズのうち、5つの居住地点と18の経営においてのみなされていた。農村地域にある37万1000戸のうちでガス化がなされたのは僅か0.3％（約1000）であった。ところが多くの居住地点が主要ガス供給管の近接地にあったため、実際には数千戸をガス化することも、170のコルホーズとソフホーズの生産活動上の需要にガスを供給することも、可能だったのである[24]。

　農村住民の日常サービスの水準も、低いままに留まった。たとえば、ソ連閣僚会議付属人民監督委員会が調査した州のコルホーズとソフホーズ286のうち、集落中央部に生活サービス・コンビナートや複合応対拠点があったのは90のみであった。1965年、州全体では住民1世帯当たりの生活サービスに年間10ルーブリ相当が提供されていたが、農村地帯では5ルーブリ20コペイカしかなかった。農村地帯では店舗および公共供食提供企業が非常に不足しており、サービス文化も劣悪であった。居住空間の不足も感じられ、その公共設備も低水準であった[25]。これらの状況の結果、カードル、とくに高等教育を受けた専門家を確保することは著しく困難になった。

　1960年代後半、農村の抱える社会問題に対する関心が強まった。それは、社会的領域における量的パラメーターの成長というよりは、農村の社会的発展における質的に新しい段階の始まりであった。村落の電化を達成し、

家事および生活サービスにおいて電気エネルギーを広範に利用し、村落をガス化し、自立的な経済部門として生活サービスを創出し、長期利用に耐えるだけの商品によって農村を満たし、毎月の保障された労賃支払いおよび年金供与へのコルホーズの移行を完了し、農村青年に普通中等教育を供与するための複合的な措置が実現されはじめたのである。

統計資料の分析および社会学的アンケートの資料からは、社会的領域の発展において好ましい変化があったことが証明される。1960－1980年代にこの地域の農村部では多くの家屋、学校、健康施設、クラブ、生活サービス・コンビナート、店舗が建設され、居住地点のガス化、電話網開設、また道路建設のために多くの仕事がなされた。農業従事者の月平均の給与は、1965年の78ルーブリから1970年の124.3ルーブリに、さらに1985年の168.7ルーブリへと増大した。農村部にも年金供与システムが確立された。

同様に強調すべきは、最低限の社会福利が村落にも保障されるようになり、つつましいとはいえ十分に信頼できる程度のものとして、住民の社会保障および社会保護システムがつくられたことである。その基礎には、安定した賃金、自由な就職の可能性、万人に開かれた年金保障システム、青年の無償教育、文化的価値の享受、高水準ではないものの医療援助享受の可能性があった。社会的領域における均等化原則は、社会の尖鋭な階層分化、貧困化、広範な貧民層の出現を妨げていた。

だが、質的に深い転換を農村の社会発展に保障することはできなかった。ガス・給水・電話網、学校、クラブ、健康施設などのない居住地点が、州には少なからず存在した。1989年、19万7000人を抱える州の1126の居住地点に、就学前児童施設がなかった。また24地区では学校の不足が強く感じられた。就学前児童施設が確保されていたのは62.6％であり、これは基準を17.4％下回った。公共給食および商業にとっての物資・技術基盤の成長も緩慢であった。コルホーズとソフホーズの軽食堂で、高水準の装備がなされていたのは40－45％のみであった。コルホーズの軽食堂の定員が確保されていたのは81％であり、一連の地区では基準の30－45％でしかなかっ

た。294の村には常設店舗がなく、250の村には商業企業がなかった。13万人を抱える848の居住地点に健康施設がなかった。諸地区の中央病院のほとんど10分の1のベッド、また区病院の約16％のベッドが、老朽化した建物の中に置かれていた。一部屋に8、10、12人と詰め込まれるのが村の病院の通例であった。農村部では医者が1100人以上、中級医療職員が1200人以上、不足していた。医療薬品の申し込みの4分の1は満たされなかった。農村住民1人当たりの生活サービス費は、都市住民より7ルーブリ少なかった。17万2000人が住む953の農場の住民が、図書館サービスを享受できなかった。544の農場ではいかなる形態の文化サービスも欠落していた。水の供給も衛生基準を満たさなかった。中央集中化された給水システムは、農村住民の3分の1以下にサービスしていたに過ぎない。1980年代末まで天然ガスも全家族の10分の1が享受していただけである。低劣な住居、文

表6[27] 住民数による農村居住地点の分類（人口センサス・データによる）

指標	農村住民拠点の数 (対応する年度における)				人口、1000人 (1959年と1970年は実際の居住者数、 1979年と1989年は定住者数)			
	1959	1970	1979	1989	1959	1970	1979	1989
農村居住地点、総数 うち人口ごとの区分 (人数)：	4338	2867	2467	2274	1377.9	1410.9	1285.3	1235.9
5まで	248	13	25	21	0.8	0.1	0.1	0.1
6-10	244	37	29	35	1.9	0.3	0.2	0.3
11-50	688	255	205	237	18.4	8.2	6.2	7.1
51-100	549	275	270	255	40.4	21.1	20.7	19.0
101-200	904	585	503	433	134.3	87.0	75.5	63.8
201-500	1056	986	757	608	329.7	313.2	241.1	192.6
501-1000	399	412	369	395	269.2	292.3	262.9	285.1
1001-2000	150	197	208	197	200.4	263.3	275.2	267.7
2001-3000	52	54	45	41	122.3	130.2	103.6	97.0
3001-5000	26	31	36	28	101.4	119.4	140.1	107.3
5001以上	22	22	20	24	159.1	175.8	159.7	195.9

化・生活サービスの欠如、労働・休息環境の未整備は、安定した労働力集団の創出を促進しなかった。1985年の1年間で、直接の農業生産従事者の数は2万8700人減った。学校を卒業した者の35－40％のみが、自分の運命を農業と結びつけた。1986－1988年に高等また中等専門教育を受けた者約1万人、つまり専門家の16％が農村を去った[26]。

たしかに以下の状況も考慮に入れねばならない。州の居住地点数の変動とその人口を見てみよう（表6）。

このように農村人口は、1959年には4338、1989年には2274の村落に集中していた。そのうち20—24のみが、5000から1万人の人口を擁していた。同時に小規模な居住地点も数多く存在した。1989年にそのうちの24％では人口は100人を切り、43％では200人以下であった。このことが1つ1つの居住地点に完全なサービス・コンプレックスを組織することを不可能にしたのである。だがそれとともに、道路建設と電話網の敷設がとりわけ鋭い問題となった。それにもかかわらずこれらの問題は、州では許しがたいほど緩慢なテンポでしか解決されなかったのである。

ロストフ州の農村が社会的に遅れたものとなった理由はどこにあるのか。地域ごとの社会的プロセスの特殊性と州指導部の計算違いがあったにせよ、主要な役割を果たしたのは全国に共通して農村の経済・社会発展を抑止した理由であった。農業と農村の発展を犠牲にして、製造部門、都市、工業に経済的また経済外的なプライオリティを確保するシステムが、数十年にわたって作動していた。伝統の力、経済的実践の惰性、経済的困難の増加は、社会問題への向き直りが見られた1980年代後半にさえも、農村の社会的建設に向けられたリソースの再配分を確保することを許さなかった。1981－1985年と比べて、1986－1990年、非生産用途施設建設への資本投下はほとんど1億2500万ルーブリも減少し、その比率も19.6％から18.1％へと低下した。社会・文化施設の建設・設置計画は89％しか遂行されなかった。生産施設の方は98％だったのに、である[28]。

こうして1960年代－1980年代、都市と農村の社会・経済発展の間で、ま

表7 ロストフ州の都市と農村の社会的発展に関するいくつかの比較データ

指標	都市	農村地区
社会化された居住フォンドの福利、1990年1月1日現在、居住面積に対するパーセンテージ：		
給水	90	39
下水道	88	31
セントラル・ヒーティング	83	15
浴場	82	25
ガス	79	73
温水供給	62	7
損壊・老朽化した建物の比率	1.9	2.2
医療ベッドの確保（10000人当たり）	131.5	116.3
診療所の確保（10000人当たり）：		
1交替時間当たりの応対可能人数	260	194.3
基準に対するパーセンテージ	74.7	45.5
ホテルの部屋数（1000人当たり）	3.7	1.8
電話機の数（100家族当たり）	24	14
有料サービスの実現規模（住民1人当たり、ルーブリ）	208.52	130.82
生活サービスの実現規模（住民平均、ルーブリ）	59.46	38.39
舗装道路で連絡されているコルホーズとソフホーズの集落中心部の比率（％）	—	95.2
ロシア連邦共和国におけるこの指標での順位	—	38

た生産的領域と社会的領域の間で、プライオリティの転換は現実には確保されなかった。都市部と比べて農村の社会的領域の指標がどうなっていたかは、表7から窺える[29]。

　ドン地方の村落の社会発展には肯定的な傾向も見られたし、村落における社会発展と生活の水準は向上したものの、それらは農村住民の必要を満たすものではなかった。社会的な転換の規模と性格は、十分なものではなかった。かくして移住は、農村における社会的生活条件の改善を背景にして、農村潜在的な労働力のきわめて非効率な利用の下で、生じていたのである。

3. カードル問題への「非市場的」対応

　だが問題は、農村の物資・技術基盤の拡張、および社会的領域の発展におけるテンポと規模が不十分であったことだけではない。これらの問題の解決には客観的に時間が必要であった。他方、カードル問題の解決は遅延を許さないものであった。このカードル問題に対して州指導部と経営者たちは、戦術レベルでの解決を図ったのである。それはつまり都市民、誰よりもまず学生と生徒の農作業への引き入れであり、兵士と囚人の労働力の利用であった。女性機械化推進員運動の発展キャンペーンも、強制的な措置として捉えることができる。これらの点を詳細に論じることはできないので、個々の典型的な数字と事実を挙げるに留めよう。

　1970年代に収穫作業への学生と生徒の引き入れは、大規模に組織化された性格を帯びるようになった。たとえば1970年には大学と中等専門学校の学生2万人以上が、農作業に引き入れられた[30]。1978年7月には、大学と中等専門学校の学生および職業技術学校生徒3万8353人が、8月には4万98人が、労働学期に参加した。彼らの多くは、コルホーズとソフホーズ、また州の加工業企業で労働した。8090人の学生と生徒は建設部隊に加わり、うち6790人が州内で作業をおこなった[31]。1980年には5万人以上の学生、生徒、児童が、労働学期に参加した[32]。

　もちろん農繁期に追加的労働力を引き入れることは全く理に適っており、正当なことである。学生と生徒は少なからぬ規模の作業を果たした。たとえば1977年に農村職業技術学校の生徒は29の機械化班に組織され、7417ヘクタールにわたって収穫作業をおこない、1万4056トンの穀物を脱穀した。農村学校の高学年児童は92の部隊と班に編成され、5500ヘクタールを開墾し、7300ヘクタールを耕作し、1万5300ヘクタールをまぐわで起こし、1万5700ヘクタールにわたって春播きをおこない、18万トンの穀物を脱穀した。学生と生徒の手で12万トンの果物と野菜が収穫され、都市職業技術学

校生徒の手で5万8000トンの果物、野菜、トウモロコシ、その他の農作物が収穫された。また大学の学生と中等専門学校の生徒の手で標準サイズの缶詰4000万個が製造された[33]。

　だが、農作業における学生の労働・生活・休息の組織化、および労賃の支払いには、組織性のなさ、現行法の侵犯、経営感覚と責任の欠如が広く見られた。その結果、青年の労働は非効率的に利用され、浪費された。青年の間での安全技術違反と規律のなさによって事故が起こったことも稀ではなかった[34]。農作業の間、学生と生徒が自分の直接の義務である学業から引き離されることをも考慮に入れるならば、その本質からいって強制的に、かつ経済面においては無責任な形で青年を農作業に引き込んだことは、全く不合理であったし、経済的には目的に適っていなかったことが、明らかとなる。くわえて青年の安価な労働力を大規模に農作業に引き込んだことは、この部門のカードル供給問題を解決せず、経済効率のよい労働力の利用形態を探求することを促さず、経営者が自分の計算違いを学生の不足と彼らの規律のなさに帰することを許したのであった。

　1960年代－1980年代の全期間にわたり、州の農業では囚人労働が用いられていた。囚人労働の主要な対象は、土地改良を含む農村建設事業であった。囚人労働の利用は組織性と効率性の不足によって特徴づけられた。典型的な例を挙げよう。ロストフ州矯正労働施設に収監中の受刑者の労働利用に関する解説文書（1967年8月）に示されるように、いくつかの経済機関、たとえばドン水利建設総局は、長期にわたり囚人労働を利用していたが、その利用は十分に効率的ではなく、まずいものであった。すなわちドン水利建設総局は、470人中約300人しか灌漑施設建設に利用せず、作業停止を数多く繰り返していた。ロストフ農事建設傘下のカメンスキー・トラストでは法律に違反して囚人の48時間労働週を8時間に短縮し、やはり作業停止に見舞われていた[35]。1969年、囚人労働を利用して稲作ソフホーズ建設に労働力を保障するため、プロレタルスキー地区スホーイ居住区に500人の受刑者を収容できる矯正労働コロニーが開設された。彼らは全て

建設事業に振り向けられねばならなかった。だが、1971年初頭の州内務局の書簡にあるように、労働の組織化のまずさから受刑者の50％以上につねに仕事がなかった。その一方で、ドン水利建設総局長の手になる説明文書では、500人の収容が見込まれたコロニーに700人の受刑者が収容されている、1971年に550人の受刑者が稲作ソフホーズの住居と生産施設の建設に取りかかるはずなのだが、コロニー指導部は建設対象地域を拡大してはいない、と指摘された[36]。すなわち囚人労働の利用がまずいのは治安維持機関のせいだ、とされたのである。

このように囚人労働は非効率的に利用されていた。それでも1971年1月に州指導部はソ連ゴスプランに対して、仮釈放中の者をドン水利建設総局に割り当てるよう要請をおこなった。書簡に記されているように、灌漑システム建設地区では労働力不足のため、1966－1970年に仮釈放中の者が労働に引き込まれた。書簡では1971－1975年の間毎年1000人、仮釈放中の者を水利施設建設に割り当てるよう要請がなされていた[37]。

兵士も定期的に農作業に引き込まれた。その労働は、建設および自動車による輸送に大規模に用いられた。1971－1975年に北カフカーズ軍管区の兵士の手で、700万トン以上の穀物を含む1000万トン以上の農業貨物が移送された。クラスノダール貯水池、大スタヴロポリ運河、ニコラエフ水利施設、灌漑システム、牧畜コンプレックス、稲作耕地の建設に、軍の建設人員が参加した。これらの建設に5年間で2億5000万ルーブリ以上の資本が投下された。60万平方メートル以上の居住地域が新たに設けられた[38]。党州委員会ビューロー決定「ドン水利建設公団の擁する軍建設大隊の利用改善措置について」（1989年1月）に示されているように、灌漑建設においては4つの建設技術大隊が、毎年850万ルーブリ、公団のプログラムのほとんど10％に及ぶ作業を遂行していた。だが、軍建設人員の労働の組織化およびその支払いには深刻な欠陥があり、非生産的喪失も大きかった[39]。

ドンでは女性機械化推進員運動は大して広まらなかった。戦時の非常事態の下では正当化されることも、1970－1980年代にあっては時代錯誤に見

えたのである。女性の機械化推進員からなる労働者集団を創出するために、党活動家は多くの努力を傾けた。だが、結果は僅かなものでしかなかった。たとえば1969－1979年、機械化推進員の専門技能を9000人以上の女性が身につけた。1979年には州内で1800人以上の女性機械化推進員が働いていた[40]。1985年にはトラクターとコンバインでの作業に5000人の女性を引き入れることが計画された[41]（比較のために挙げると、州では1971－1975年に毎年平均2万6100人の機械化推進員が養成された。1976－1979年には7万4000人、そのうちトラクター手とコンバイン手はそれぞれ1万5100人と4万8000人であった）[42]。

だが、機械化推進員のための正常な労働・生活条件を作り出すことは、州の党・経済機関にとって力の及ばぬ課題であることが明らかになった[43]。女性機械化推進員運動の発展計画が達成されなかったのも偶然ではない。主要な理由は、機械化推進労働がその性質からいって女性向けではないことにあった。まさにそのため、女性機械化推進員のブリガーダを大規模に創出するという路線は、冒険以上のものではなかったのである。

このように行政システムは、農村カードル問題の解決方法を、非市場メカニズムの利用を通じて見出そうとした。追加的労働力のこうした経済外的な引き入れは、その本質からいって一時的かつ非効率的な措置でしかなく、労働リソースの不足をもたらす理由のうちの一つさえも解消することがなく、従来通りに農業を粗放的な発展の道へと方向づけたのである。

ほとんど行政的措置だけによってカードル問題を解決しようとして、党・国家指導部は市場的なレギュレイターを利用することを拒否した。コルホーズとソフホーズが経済的な自立性をもち、社会的生産の枠を超えて企業心を発揮するための可能性は、非常に限られていた。たしかに1965年の経済改革は、そのためのチャンスを与えたかのようであった。この点に関して次の証拠は興味深いものである。1965年4月に開かれたロストフ州党組織アクチーフの会議において、当時ロシア連邦共和国閣僚会議議長であったゲ・イ・ヴォローノフが、生活サービスとクスターリ副業における

私的イニシアチヴの許可について、問題を提起した[44]。だが、残念ながらこの考えは実現されることがなかったのである。そのため農村の潜在的な労働力を効率的に利用する可能性は、制限されたままとなった。

さらに行政システムは、あらゆる手段を用いて市場関係の諸要素を抑圧してきた。この点について、1960－1980年代の全期間における、季節雇用ブリガーダ（作業隊）の農業での利用という、特徴的な問題を見てみよう。党州委員会の資料「州の労働リソースの利用状態およびその改善措置について」（1970年）において指摘されたように、農業生産部門には著しい余剰労働力があったにもかかわらず、州のコルホーズとソフホーズ、また農村地域の建設機構とその他の機構は、毎年、雇用労働者を季節労働に利用していたのである。

臨時の労働者は、基本的に、生産および文化・生活施設の建設に利用された。また農作業では、スイカ類と野菜の栽培、トウモロコシの取り入れ、干草・わらの刈り入れに用いられた。1968年にはこれらの作業に1万6000人が従事していた。だが指摘しなければならないのは、大半の場合、雇用労働者の利用は、現行法の侵犯を伴っていたことである。季節労働者は、コルホーズ・ソフホーズの常住の働き手の3－5倍も多く賃金を受け取っていた。州全体では、雇用されたブリガーダ員1人当たりの平均賃金は月350ルーブリを越えた。個々の場合では月に2000ルーブリを越えることもあった。そのとき常住の働き手は105－110ルーブリしか受け取っていなかったのである。

雇用労働者に対する払い過ぎは、多くの経営で認められた事実である。1967年に州全体での払い過ぎは155万7000ルーブリであったが、早くも1968年には233万ルーブリに達していた。州の12の地区では、臨時の労働者が自前の資材と機械を用いて作業をおこない、不足分の建設資材をコルホーズ・ソフホーズの負担で国営企業や建設現場から手に入れていた、という事実があった。

現行法を侵犯してコルホーズではいわれのない巨額の前払いがなされ、

ブリガーダの各メンバーにではなく班長に賃金が渡された。税控除なしに賃金を支払ったケースもあった。一連の経営で臨時の労働者に土地が賃貸しされ、彼らはその利用から不当に高額の収入を得ていた。雇用ブリガーダの労働者が農作物現金化の仲介人となり、得られた金額の6－8％を自分のものにしているというケースもあった。これらのブリガーダの労働者にはしばしば無料で交通手段と食事が提供された[45]。

　州の諸官庁はこれらの現象を根絶するために多くの力を注いだ。だが全ては徒労に終わった。この問題に関して州諸機関が多くの決定をおこない、罪を犯した者の行政責任、さらには刑事責任までもが問われたが、経済的に利益があり経済的目的に合致するところでは、それらは効果を挙げることがなかった。行政的な禁止ではこれらの現象を根絶することができなかった。なぜならばそれは、現行法を侵犯していたとはいえ、深い経済的な根を有しており、労働の組織化および支払いシステムにおける不完全性を反映していたからである。経済的な合理性はあらゆる禁令にもかかわらず自らの道を切り開いた。雇用労働の季節的な利用を根絶することはできない、それは偶然的なものではなく深い根をもっており、いたるところで広く見られるものである、という事実を理解したことが、おそらく、それらとの闘争を全く不活発なものとしたのであろう。本質的にいってこの現象は、計画システム内部におけるプリミティヴな市場の構成要素であった。もしコルホーズとソフホーズが経済的な独立性、労働に応じて賃金の規模を設定する可能性を現実にもっていたならば、コルホーズ員とソフホーズ労働者はより効率的に働いたことであろう。そのなかでも建設や野菜栽培等々においては、アルテリ的なブリガーダから成るコルホーズ員、ソフホーズ労働者が効率的に働いたことであろう。そのときは半合法的な雇用ブリガーダではなく、伝統的な農民アルテリが存在することになったであろう。高い賃金を合法的に受け取る可能性があることは、労働規律を強化するための強力な刺激となり、農村住民の生活水準を引き上げるための重要なファクターとなり、カードル問題を解決するための条件となったであろ

うし、つまるところ農業生産における効率性引き上げを促進したであろう。しかし、行政的なコルホーズ－ソフホーズ・システムは、一定の法の枠内に抑え込まれていたため、農村またロシア農民の潜在的な労働力を効率的に利用することができなかったのである。

　見かけ上、労働リソースは不足しているように見えるが、農業カードルの一部は、部分的には農村部に存在する加工業部門に再配置することができたであろう。カードルの一部は副業、小規模な建設ビジネスに従事できたであろうし、農村住民の一部がもっぱら、さらにまた完全に自己の経営で働くことさえもできたであろう。これら全てのことは、農村の潜在的な労働力をより効率的に利用し、イニシアチヴと企業心を展開し、生活水準を引き上げ、農村を住みよくすることを可能にしたであろう。われわれの見解では、そうすることは当時存在していた社会経済システムの枠内で可能であったのだが、もっぱらイデオロギー的な教条主義のために許されなかったのである。ソヴェト的なコルホーズ－ソフホーズ制度の生産関係システムを改革する必要性を政治指導部が認識したのは、1980年代の終わりになってからであった。そのときはもう遅かったのである。

　したがって、農業におけるカードル不足は、移住がその諸問題を生み出したとはいえ、移住それ自体によって規定されていたのではなかった。むしろカードル不足はソ連共産党の農業政策自体に内在していたのである。それはテクノクラート主義の特徴をもち、農村の社会的後進性を保守し、生産物の加工システムに然るべき関心を向けず、労働に十分な刺激を与えず、すねかじり根性を育み、農業、建設、生活サービスにおいて個々人またアルテリの労働活動を発展させるための可能性を残さなかったのである。

むすび

ロシア諸地域に当てはまる法則としての移住、都市化、農民の減少は、

ロストフ州をも見舞った。本来の性質からしても単純なものではなかったが、それらは党の農業政策の特殊性に影響されて尖鋭な形態をとった。労働力の流出は農業の発展にとっての諸問題を生み出した。農村からのカードルの流出はときには過度のものとなった。これらの条件の下で、第1に、農村部からの移住を低下させることができ、第2に、労働力の不可避の流出を穴埋めして、現存する潜在的な労働力を効果的に利用することができるようなメカニズムを見出すことが、必要であった。1960年代から1980年代に、この課題を解決するために多様なメカニズムが試みられた。だが期待された結果をえることはできなかった。

ロストフ州では農村住民の移住は異常な規模をもったわけではなく、1980年代後半には事実上停止した。とはいえ農業における労働力利用の効率的なメカニズムが見出されたわけではなかった。この点に関して、州の農業生産には労働力の過剰が見られたと確言するだけの根拠がある。ときにそれは農村過剰人口と呼ばれた。農村住民が流出する一方で、社会的安定の確保、社会的領域の強化、生活水準の向上もまた生じていた。まさにそのため、農村住民が農村から押し出されるということはなく、彼らは社会的・物資的福利の最低保障を享受しつつ村に残ったのである。このようにして国家は、状況が農民のルンペン化にまではいたらないようにしてきた。この課題には社会政策は対処しおおせてきたのである。しかし、現存する潜在的な労働力の効率的な利用を保障することは、コルホーズ-ソフホーズ・システムにはできなかった。

それは何よりもまず、以下のことによって説明される。潜在的な労働力の活性化と、労働効率の向上の確保とは、なによりもまず行政的な方法によって図られてきたのである。物資的な刺激の方法は十分ではなく、柔軟でもなかった。経済的な自立性と企業心のための可能性は、非常に制限されていた。これはすなわち、生活水準を本質的に引き上げるための合法的な可能性が制限されていたということである。そのため、潜在的な労働力の著しい部分が私的な副業に用いられたし、「ヤミの」賃仕事、さらには

「コルホーズのものは俺のもの」原則による小規模な（それもそれほど小規模ではない）窃盗が、広く行き渡ったのである。それとともに農民の間には、すねかじり根性、無気力、土地・育て上げた作物・家畜に対する無関心が広まった。

ところが農民の間でのイニシアチヴ、実務的な仕事さばき、自己実現の希求、物質的に保障された生活への欲求といったものは、協同組合の発展、あるいはまた農業ばかりでなくサービス、建設、商業分野における小規模ビジネスの発展を通じて、実現できるはずのものであった。これらの条件の下でならアルテリ労働やコルホーズ労働も、より効率的になったはずである。他方でこれらの条件の下でなら、専門知識をもち企業心に富んだ若者が農村に残り、創造的かつ積極的に労働に励んだであろう。彼らの多くは農村で自己実現の可能性を見出すことができなかったために、都市に去ったのである。これらのことは、農村部におけるより効率的な社会政策と結合されたならば、高度に発展した農業セクターを生み出すことを可能にしたであろう。

かくして国家は、農村の社会環境を近代化の条件に適用させるために、積極的な社会政策、協同組合、小規模ビジネス、アルテリ労働、個人のイニシアチヴといった方法を活用することを許さなかった。市場メカニズムを欠いた行政的なレギュレイターは、1960年代－1980年代の全期間にわたって、移住を調整するためにも、農村の潜在的な労働力を効率的に利用するためにも、不完全であることが分かった。農業また農村部には、国家によって調整された市場が必要なのである。市場がなければ移住を最適化することも、農村の潜在的な労働力を生産的に活用することも、高度に効率的な農業セクターを創出することもできないのである。いわゆる「粗野な市場」の下では農村の社会的領域、農業生産、そして農民の退廃がはじまる。ロシアにおいて前世紀の1990年代に生じたのは、これであった。

注

(1)　Народное хозяйство Ростовской области в XI пятилетке. Ростов-на-Дону, 1986. С. 48-49, 53, 58, 65-66, 68.

(2)　Центр документации новейшей истории Ростовской области (ЦДНИРО). Ф. 9. Оп. 39. Д. 333. Л. 29-32.

(3)　Народное хозяйство Ростовской области в XI пятилетке. Ростов-н/Д, 1986. С. 44, 58; Народное хозяйство Ростовской области в 1991 году. Ростов-н/Д, 1992. С. 252, 287; Народное хозяйство Ростовской области: информационно-аналитический обзор. Ростов-н/Д, 1988. С. 148.

(4)　ЦДНИРО. Ф. 9. Оп. 73. Д. 1. Л. 93; Оп. 60. Д. 75. Л. 28.

(5)　ЦДНИРО. Ф. 9. Оп. 50. Д. 323. Л. 55.

(6)　Народное хозяйство Ростовской области в XI пятилетке. Ростов-н/Д, 1986. С. 48-49.

(7)　Народное хозяйство Ростовской области в XI пятилетке. Ростов-н/Д, 1986. С. 48-49.

(8)　ЦДНИРО. Ф. 9. Оп. 50. Д. 323. Л. 31-32.

(9)　ЦДНИРО. Ф. 9. Оп. 50. Д. 348. Л. 99.

(10)　ЦДНИРО. Ф. 9. Оп. 50. Д. 323. Л. 32.

(11)　ЦДНИРО. Ф. 9. Оп. 50. Д. 323. Л. 41-42, 55-58.

(12)　ЦДНИРО. Ф. 9. Оп. 50. Д. 323. Л. 44.

(13)　ЦДНИРО. Ф. 9. Оп. 50. Д. 167. Л. 16-20.

(14)　ЦДНИРО. Ф. 9. Оп. 92. Д. 1. Л. 225.

(15)　ЦДНИРО. Ф. 9. Оп. 39. Д. 324. Л. 12, 38.

(16)　ЦДНИРО. Ф. 9. Оп. 50. Д. 170. Л. 92-93.

(17)　ЦДНИРО. Ф. 9. Оп. 82. Д. 51. Л. 92-93.

(18)　Российский государственный архив социально-политической истории. Ф. 5. Оп. 84. Д. 343. Л. 25-35.

(19)　ЦДНИРО. Ф. 9. Оп. 3. Д. 605. Л. 130-135.

(20)　ЦДНИРО. Ф. 9. Оп. 73. Д. 166. Л. 48.

(21)　См. *Заславская Т. И.* Страницы творческой биографии// Реформаторское течение в отечественной аграрно-экономической мысли (1950-1990-е гг.). М., 1999. С. 78.

(22)　ЦДНИРО. Ф. 9. Оп. 39. Д. 333. Л. 32-34.

(23)　ЦДНИРО. Ф. 9. Оп. 2. Д. 299. Л. 142, 143; Оп. 39. Д. 2. Л. 45.

(24)　ЦДНИРО. Ф. 9. Оп. 2. Д. 149. Л. 51; Д. 235. Л. 21.

(25) ЦДНИРО. Ф. 9. Оп. 2. Д. 154. Л. 733-755; Оп. 39. Д. 150. Л. 48.
(26) ЦДНИРО. Ф. 9. Оп. 101. Д. 65. Л. 22; Оп. 103. Д. 2. Л. 13. 21-22; Д.399. Л. 58-60.
(27) Ростовская область: Статистический ежегодник. 1998. Ростов-на-Дону, 1999. С. 51.
(28) ЦДНИРО. Ф. 9. Оп. 102. Д. 471. Л. 3.
(29) ЦДНИРО. Ф. 9. Оп. 102. Д. 451. Л. 32.
(30) ЦДНИРО. Ф. 9. Оп. 39. Д.368. Л. 61.
(31) ЦДНИРО. Ф. 9. Оп. 68. Д. 7. Л. 53-60.
(32) ЦДНИРО. Ф. 9. Оп. 73. Д. 29. Л. 6.
(33) ЦДНИРО. Ф. 9. Оп. 68. Д. 7. Л. 46-47.
(34) ЦДНИРО. Ф. 9. Оп. 73. Д. 32. Л. 130-135.
(35) ЦДНИРО. Ф. 9. Оп. 3. Д. 605. Л. 256.
(36) ЦДНИРО. Ф. 9. Оп. 50. Д. 428. Л. 54-57.
(37) ЦДНИРО. Ф. 9. Оп. 50. Д. 195. Л. 2.
(38) ЦДНИРО. Ф. 9. Оп. 60. Д. 75. Л. 112.
(39) ЦДНИРО. Ф. 9. Оп. 70. Д. 8. Л. 10-12.
(40) ЦДНИРО. Ф. 9. Оп. 70. Д. 43. Л. 87.
(41) ЦДНИРО. Ф. 9. Оп. 70. Д. 43. Л. 94.
(42) ЦДНИРО. Ф. 9. Оп. 73. Д. 18. Л. 75.
(43) ЦДНИРО. Ф. 9. Оп. 60. Д. 92. Л. 93-96; Оп. 70. Д. 43. Л. 88-89.
(44) ЦДНИРО. Ф. 9. Оп. 2. Д. 149. Л. 205-206.
(45) ЦДНИРО. Ф. 9. Оп. 50. Д. 323. Л. 32-34.

第4部◎ポスト・ソヴェト農民

▲…収穫の取り入れ。

ロシアにおける土地流通・土地市場

―― 実態理解のための若干の考察 ――

野部公一

1. 課題設定

　ソ連では土地は国家による排他的所有の下におかれていた。農用地の利用権は、ソフホーズ・コルホーズに対して独占的に無期限で与えられ、土地に関するあらゆる取引は、全面的に禁止されていた。このような制度は、ペレストロイカ期になると、非効率的な土地利用、さらには農業不振の根本的な原因の1つとして認識されるようになる。このため、1990年2月にはソ連土地基本法が採択され、土地改革が開始された。

　その後のソ連崩壊は、土地改革を深化させた。ロシアにおける土地改革は、土地の国家による排他的所有の廃止、土地の私的所有の導入が目的とされたのである。しかし、農用地売買をめぐっては鋭い対立が発生し、改革は長期間にわたるものとなった。

　ロシアの土地改革は、21世紀初頭に新局面を迎えた。2001年10月には土地法典が、2003年1月には連邦法「農業利用地の流通について」（Федеральныйзакон «об обороте земель сельскохозяйственного назначения»）が発効し、農用地売買が法的に最終決着をみた。現在では、土地区画の売買、賃貸、賃貸権の売買、相続、贈与、抵当権の設定の各種取引が実施されている。

　ロシアの土地改革の評価も次第に肯定的なものになってきた。ロシアの土地改革の本質は「社会的公正の追求」にあり、経済効率の低下、時間の浪費といった様々な誤りはある程度やむを得なかった、少なくともバウチ

ャーによる民有化よりはましである、という見解が主流をしめつつある[1]。

　だが、こうした新たな展開・再評価には、いずれも大きな限定がつく。

　連邦法「農業利用地の流通について」の発効により、農用地売買は法律上では可能となった。しかし、実際の土地売買には、まさに現地に行き、交渉を始めてみないとその可否がわからないというのが実態である。近年、連邦レベルの土地売買統計や各種報告書が公表され、その利用が可能となった。しかし、それはロシアの土地流通・土地市場のほんの一部を反映したものでしかない。こうした資料の無批判な利用は、実態を見誤る危険性をもっている。

　ロシアの土地改革は「社会的公正」を理念としていたことはたしかである。しかし、2005年以降では、農村における新しい地主の誕生と土地なし農民の大量発生を警告する報道が目立って増えている[2]。

　さて、いまあげたような土地流通・土地市場に関する法律・統計・理念と実態・現実との間の相違は、いかなる原因で発生したのか。また、ロシアの土地流通・土地市場は、どのように理解すればよいのか。そして、それはロシアの農業生産や農村にいかなる影響を与えるのであろうか。本稿は、こうした疑問に対する解答を探ろうとする試みである。

　本稿の構成は以下のとおりである。

　2.では、農用地取引の法律と現実との差異が発生した原因を、土地改革の歴史[3]を概観することにより考察する。

　3.では、土地区画の取引統計と実際の土地流通・土地市場の相違を考察する。ここでは、ひとまず1999－2003年の土地区画の取引統計を用いて、その特徴を明らかにする。その後に、土地持分の取引、農業生産に対する影響を加味して、実際の土地流通・土地市場の動向を明らかにする。

　4.では、最初に、土地持分という土地改革に際して採用された方法がもたらした諸問題を考察する。次に、これらの解決方法として連邦法「農業利用地の流通について」が示した手法とその問題点を考察する。

　最後に、5.では全体のまとめとして、土地利用の効率という観点から、

土地改革の成果をごく簡単に検証する。

2. 土地改革の経緯

　法律と現実の相違は、農用地売買をめぐる長年の対立のなかで形成されていった。本節では、まずロシアにおける土地私有化の基本的な手法を紹介し、次に農用地売買の可否をめぐる対立の過程を検討する。

　ロシアにおける土地改革は、1990年11月23日のロシア・ソヴェト社会主義連邦共和国法「土地改革について」から開始され、1991年12月27日のロシア大統領令「ロシア・ソヴェト社会主義連邦共和国における土地改革の実施に関する緊急方策について」とそれに関連する法令により細則が定められた。以下では、ロシアの土地改革における土地私有化の方法をまとめてみよう。

　まず、ソフホーズ・コルホーズが利用していた土地は、当該農場の従業員、その領域に居住する社会・公共部門の労働者（教師、医師、保母等）と年金受給者に対して、その持分所有権が与えられた。持分所有権は、「土地持分」と称され、ソフホーズ・コルホーズの土地面積を有資格者で除した面積とされた。ただし、その上限は地区の一人当り平均農用地面積とされ、多くの地域では、7－10ヘクタール程度となった。土地改革により、約1190万人の市民が1億1760万ヘクタールの土地持分の所有者となった[4]。

　また、農民経営や住民の個人副業経営に供与されていた土地は、地方の行政機関が決定した基準面積以内までが無償で私有地とされた。基準面積は、農民経営では30－50ヘクタール、住宅付属地では集落内で0.5ヘクタール、集落外で1ヘクタール、農園では0.06－0.08ヘクタール程度とされた。農民経営については、基準を上回る部分は「相続可能な終身占有権」で与えられた。住宅付属地・農園の多くは基準面積以内であり、利用して

いた地所は通例、無償で私有地とされた。

　これに加えて、都市住民や農村への移住者に対しては、国家の土地再配分フォンドから、申請に応じて、農民経営や個人副業経営用地が基準面積までが無償で与えられた。

　以上の紹介からわかるように、ロシアの土地改革は「社会的公正」を十分に考慮したものであり、改革時点で農業に従事していた人々だけでなく、広範な層の人々に対して、土地所有権を無償で与えたのである。

　だが、農用地売買の可否に関しては、深刻な対立が発生した。所有権とは、法的に言えば、占有権・利用権・処分権の総体である。したがって、土地改革の目的である土地の私的所有の導入とは、土地売買の自由の導入を必然的にともなう。しかし、ロシアにおいては土地の私的所有の伝統が欠如しており、とりわけ農用地は「それを耕している者のものである」という観念が強かった。このため、世論はなかなか一致を見ず、立法過程は長期化したのである。

　土地の私的所有の原則は、1993年12月に制定された現行のロシア憲法第36条において宣言された。しかし、その第3項で、別途定められるとされた土地取引の細則を含んだ連邦法の制定は難航した。

　1994年1月には、国家会議（下院）は、新しい土地法典制定作業に着手した。新土地法典は、憲法の示した土地立法の理念を具体化・集大成するものであった。国家会議には、政府および改革派の「ロシアの選択」が作成した2つの草案が提出されたが、いずれも1994年7月に第一読会の段階で否決されてしまった。このため、国家会議農業問題委員会が各界よりよせられた1300項目以上の修正要求を考慮した新草案を提出したが、これも1995年3月22日に否決されてしまう[5]。1995年3月の採決結果は、ロシアには農用地売買に関して多様な意見が存在し、社会的合意を得るのがいかに難しいかを改めて示したのである。

　唯一の例外と言えるのが、住宅付属地やダーチャに代表される旧来から個人に帰属する度合いの強かった土地である。これらは、すでに述べたよ

うに、土地改革の初期に、従来から利用されてきた地所がそのまま私的所有に移された。しかも、1993年5月30日のロシア政府決定「ロシア連邦市民による土地区画の売買手続きの承認について」では、「個人副業経営、ダーチャ、農園および個人住宅建設のための土地区画ないしはその一部」を対象として、その所有者に第三者へ売却（ただし、土地の使用目的は変更できない）する権利が与えられ、かつその手続きが明確化された。このため、これら用地に限って私的所有が確立した。大都市周辺では売買をも含む土地取引が早くからおこなわれることになった。

その後も、土地法典の採択は難航し、連邦レベルの土地法制は長期間にわたって空白状態が続いた。このような空白を埋めるため、連邦構成主体の政府による独自の土地法制定が開始された。例えば、サラートフ州議会は、1997年11月12日に法律「土地について」を採択した。同法では、農用地を含む土地の売買が容認され、これに基づいて公開入札が開始された[6]。

一方、サラートフ州の対極として、独自立法により土地の私的所有に制限を加える一連の連邦構成主体が現れた。例えば、北カフカーズのダゲスタン共和国では、土地の私的所有自体が規定されていなかった。トゥヴァ共和国では憲法によって土地は国家所有とされ、土地利用者にはその占有権のみが与えられた。同様の規定は、マリー・エル共和国の憲法にも存在した。さらに中間的な存在として、連邦の土地法のみを採用している連邦構成主体が存在した[7]。連邦レベルの土地法制は空白状態であったから、これら連邦構成主体においては、土地の私有権は明白なものとなっていないことになる。つまり、独自立法が拡大したため、まさに道1本隔てて異なった土地法規が適用されているという、極めて不正常な状態が発生したのである。

1991－2001年の間に、ロシアでは土地再配分に関係して32の連邦法、53のロシア大統領令、180のロシア政府決定、242のロシア国家土地委員会の法令が採択された。しかし、これらは、しばしば矛盾していた。結果として、農用地売却の可否ですらはっきりとしなかった。以上のような連邦レ

ベルでの法的空白をうめるために、連邦構成主体レベルでは、補完的な法令が採択された。1991－2001年の間に、その数はモスクワ市だけで759にもおよび、78の連邦構成主体の総計では1万3000を超えた[8]。しかし、連邦構成主体による法律の乱発は、さらに多くの矛盾を生み、土地利用に深刻な問題を発生させた。

　土地法典採択の動きは、プーチンの登場とともに再開された。熱狂的なプーチン・ブームの下でおこなわれた1999年の国家会議選挙では、ロシア共産党を筆頭とする反対勢力は大幅に後退し、大統領与党が圧倒的多数を占めたのである。大統領に就任したプーチンにとって、国家会議は、自らが必要とする法案の自動承認装置となった。まず、土地法典が2001年10月25日に採択され、10月30日に発効した。また、連邦法「農業利用地の流通について」が2002年7月24日に採択、2003年1月27日に発効し、農用地売買は法的には最終決着をみた。

　だが、法的な決着と現実との間のギャップはいまだに存在する。

　第1に、連邦法「農業利用地の流通について」は、農用地売買の大枠の手続きを決定したにすぎなかった。農用地売買の開始時期、市民が私的所有しうる上限面積等は、連邦構成主体が、それぞれの条件を考慮して、別個の法律を定めるとされた[9]。つまり、土地売買は連邦構成主体での法律採択が終わらないと、有効に機能しないのである。だが、法律採択にあたっては、既存法との数々の矛盾の解決が必要とされた。このため、法律採択は極めて緩慢なものとなった。連邦法「農業利用地の流通に関して」発効後の7カ月間の時点で、連邦構成主体の法律が採択されたのは、クラスノダール地方、アルタイ地方、ノヴゴロド州、サラートフ州のわずか4つに過ぎなかった。さらに25の連邦構成主体では、法律は依然として第一読会、第二読会の段階にあった[10]。もちろん、時間の経過につれ、この問題は解消されるであろう。しかし、現段階では、その影響は未だに大きいのである。

　第2の原因は、官僚の恣意的な態度である。官僚は、とりわけ農民経営

の土地取得に対して、敵対的であり続けている。このことに関して、クラスルダール地方農民経営協会の議長は、以下のように発言している。「結論として、もし地区の役人が土地をフェルメル［農民経営］に渡さないという課題をたてたならば、彼らは常にそのためにあらゆる可能性を見いだすのである」(11)。同様の報告は、ヴォルゴグラード州、ロストフ州、スターヴロポリ地方等の南部から多く寄せられている(12)。

3. 土地流通・土地市場の特徴

　本節では、ロシアの土地流通・土地市場の特徴を考察する。それに先立って、ロシアにおける土地分類概念をまとめておきたい。なぜなら、現在のロシアでは「農業利用地（земли сельскохозяйственного назначения）」「農用地（сельскохозяйственные угодья）」等混同しやすい用語が存在しており、注意を要するからである。

　農業利用地とは、土地法典による土地分類である。農業利用地は、さらに（1）直接、農業生産がおこなわれる土地、と（2）間接的に農業生産のために利用される土地、の2つから構成される。

　（1）は、農用地と呼称され、それは、耕地（пашни）、採草地（сенокосы）、放牧地（пастбища）から構成される。

　（2）には、農業生産のために利用される道路、施設用地、灌木、沼沢等が含まれる。

　ちなみに、土地法典では、すべての土地を7つに分類しており、その分類に基づくロシアの土地構成は表1に示したとおりである。

　ところが、実際には、農業生産がおこなわれているのは、農業利用地だけではない。土地法典の分類でいうところの「集落の土地」「森林フォンド」「予備地」の一部でも農業生産はおこなわれている(13)。これらを含めると農業生産のために利用されている土地は、2003年において6億1420万

表1　ロシアの土地構成（土地法典の分類による）　　　　単位：百万ヘクタール

	1998年1月1日	2002年1月1日
農業利用地	455.0	397.9
集落の土地	20.9	18.8
工業、エネルギー産業、運輸その他の土地	17.6	17.2
特別保全地域	31.6	34.0
森林フォンド	1046.3	1102.3
水源フォンド	19.9	27.8
予備	118.5	111.6
計	1709.8	1709.8

出所）*Шагайда Н. И.* Земельный рынок: способы и тенденции перехода земли от собственника к пользователю//Бюллетень Центр АПЭ. 2003. № 2. С. 18.

ヘクタールとなる（うち農用地は1億9380万ヘクタール）。また、2004年1月1日時点のロシアの総土地フォンドは、17億90万ヘクタールであり、農業利用地はその23％に相当する3億9320万ヘクタールであった[14]。

　以下では、ひとまず1999－2003年の土地区画の取引統計を用いて、その特徴を明らかにする。なお、用いる土地区画の取引統計は、すべての分類の土地を含むものを利用する。なぜならば、すべての土地を対象とした統計は、農業利用地のみの統計よりも、より詳細なデータが利用可能なためである。また、土地区画取引に占める農業利用地の比率は極めて高く、データ代替には大きな問題がないと思われるからである。2000－2003年に関しては、すべての土地区画取引面積と農業利用地取引面積が比較可能であり、土地区画取引の実に90.1－92.1％が農業利用地で占められていることがわかる（表2）。さらに、農業利用地の定義からも明らかなように、実際の農業生産に利用されている土地は、農業利用地のみに止まらない。このため、土地取引全体を対象とする方が、農業への影響を考察するうえでは、より適切である。

　さて、1999－2003年のロシアにおける土地区画取引であるが、その件数は表3に、その面積は表4に示したとおりである。なお、表3・表4では、

表2　土地区画取引面積と農業利用地取引面積　　　　　　　　　　単位：ヘクタール

		2000年	2001年	2002年	2003年
全取引面積	全土地区画 うち農業利用地 ％	60347313 55559000 92.1	69955514 63082000 90.2	43904000 40375000 92.0	67735000 61020000 90.1
うち公的セクター	全土地区画 うち農業利用地 ％	60223134 55541000 92.2	69831938 63071000 90.3	43759000 40364000 92.2	67470000 60993000 90.4
うち私的セクター	全土地区画 うち農業利用地 ％	124179 18000 14.5	123576 11000 8.9	145000 11000 7.6	265000 27000 10.2

資料）*Мамаева Г. Г.* Об обороте земель сельскохозяйственного назначения в 2003 году//Экономика сельскохозяйственных и перерабатывающих предприятий.2005. № 3. С. 47-48.

国有地・自治体有地に関する取引を公的セクター、私有地に関する取引を私的セクターと名付けてある。

　2003年にロシアにおいては、100万件以上、1400万ヘクタールを超える新たな土地区画取引がおこなわれた。これに継続中の賃貸契約等を加えたものが表3・表4にしめした数値であり、それは約440万件、6770万ヘクタールにも達する。

　また、表3・表4からは、1999－2003年のロシアの土地区画流通のいくつかの特徴が見てとれる。

　第1の特徴は、ロシアの土地区画流通が極めて不安定な点である。例えば、取引面積をみれば、1999－2003年の間に大きな変動を記録していることが見て取れる。このことは、ロシアの土地市場が様々な経済状況・政治的状況により影響を被りやすいこと、その方向を予測することが困難なことを示している。

　第2の特徴は、公的セクターが圧倒的な割合を占めている点である。公的セクターは、取引件数で約88－91％、取引面積では、常に99.6％以上を占めている。これに対して、市民・法人間での土地区画取引である私的セクターは、取引件数で近年増加傾向を示しているものの、取引面積では、

表3　ロシアにおける土地区画取引（件数）

	1999年	2000年	2001年	2002年	2003年
全取引件数	5226629	5271174	5556327	5320315	4362000
％	100	100	100	100	100
公的セクター	4763642	4768274	5057057	4795446	3838000
％	91.14	90.46	91.01	90.13	87.98
うち賃貸	4733347	4728690	5025656	4744391	3730000
％	90.56	89.71	90.45	89.18	85.51
うち賃貸権の売却	8104	15615	6936	5734	11000
％	0.16	0.3	0.12	0.1	0.25
うち売却	22191	23969	24465	45321	97000
％	0.42	0.45	0.44	0.85	2.22
私的セクター	462987	502900	499270	524869	524000
％	8.86	9.54	8.99	9.87	12.02
うち売買	291771	315508	305692	321508	324000
％	5.58	5.99	5.5	6.04	7.43
うち贈与	22443	23441	24576	27621	30000
％	0.43	0.44	0.44	0.52	0.69
うち相続	147533	161912	167512	173279	161000
％	2.82	3.07	3.02	3.26	3.69
うち抵当	1240	2039	1490	2461	9000
％	0.03	0.04	0.03	0.05	0.21

資料）《Отечественные записки》. 2004. № 1 (16). С. 257;《Экономист》2004. № 7. С. 90;《Экономика сельскохозяйственных и перерабатывающих предприятий》2005. № 3. С. 47.

全体の0.14－0.39％を占めるに過ぎない。

　第3の特徴は、主な取引の形態が国有地・自治体有地の賃貸となっている点である。この間、賃貸は、取引件数では約85％－90％を占め、取引面積では99.5％以上を占め続けている。また、賃貸の主な対象は農業利用地であり、2000－2003年には賃貸地全体の90－92％を占めていた。農業利用地の賃貸面積は、2001年に約6300万ヘクタール、2002年に約4000万ヘクタール、2003年に約6100万ヘクタールであった。2003年の数値は、農業利用地全体の15.5％に相当する。このうち約5900万ヘクタールは農業企業と農民経営が、約200万ヘクタールは市民が賃借していた[15]。

表4　ロシアにおける土地区画取引（面積）　　　　　　　　　　　単位：ヘクタール

	1999年	2000年	2001年	2002年	2003年
全取引面積	72150706	60347313	69955514	43904000	67735000
%	100	100	100	100	100
公的セクター	72051213	60223134	69831938	43759000	67470000
%	99.86	99.8	99.82	99.67	99.61
うち賃貸	72028548	60213760	69791128	43729000	67403000
%	99.83	99.78	99.76	99.6	99.51
うち賃貸権の売却	6844	4999	24553	2700	12000
%	0.01	0.01	0.04	0.01	0.02
うち売却	15821	4375	16257	27300	55000
%	0.02	0.01	0.02	0.06	0.08
私的セクター	99493	124179	123576	145000	265000
%	0.14	0.20	0.18	0.33	0.39
うち売買	45361	55618	48381	52000	82000
%	0.06	0.09	0.07	0.12	0.12
うち贈与	5832	6027	6948	7000	13000
%	0.01	0.01	0.01	0.02	0.02
うち相続	47606	61668	67410	82000	138000
%	0.07	0.10	0.10	0.18	0.2
うち抵当	694	866	837	4000	32000
%	0.00	0.00	0.00	0.01	0.05

資料）《Отечественные записки». 2004. № 1 (16). С. 257; «Экономист» 2004. № 7. С. 90; «Экономика сельскохозяйственных и перерабатывающих предприятий» 2005. № 3. С. 47.

　なぜ、私的セクターは不活発なのか？　この点については、2002年にニージニー・ノヴゴロド、イヴァノヴォ、ロストフの3州でおこなわれたアンケート調査をもとにした研究は、以下の3点を原因として指摘している。

　第1は、土地に対する需要が少ないことである。この傾向は、もっとも多くの農業利用地を占有している農業企業において、顕著であった。調査では144の農業企業に対して、土地に対する需要の有無を問うたところ、あると回答したのは全体の14％にすぎなかった[16]。とりわけ、イヴァノヴォ州では、土地拡大を予定している農業企業はわずか3％であり、43％の農業企業は逆に土地利用の縮小を計画していた[17]。

第2は、土地市場情報の欠如と取引手続きの情報不足である。まず、前節でも紹介した農用地売買をめぐる対立の結果、実に78％もの農業企業の指導者が土地を購入できるのかどうかを知らなかった。また、土地は賃借可能であると知っていた者も全体の56％に止まっていた。さらに売買価格、賃貸価格に関しては、情報が欠如しているため、多くの回答者が値段がつけられないとしている[18]。取引手続きに関しては、「契約書はどこで貰えるのか」「どのように取引を申請するのか」等の基礎的な情報に関する疑問がよせられている[19]。そもそもの法律的知識や手続き方法が周知徹底されていないことが見てとれる。

　第3は、土地取引の法的な登録手続きが困難であり、費用がかさむことである。表5は、州および経営類型別に、この点を感じている者の割合を示したものである。同表からは土地取引がもっとも活発におこなわれている（すなわち、実際に手続きをおこなった者が多い）ロストフ州の農民経営・個人副業経営で、過半の者が困難と負担を感じていることが見てとれる。このことに関しては、モスクワ州での土地持分の法的な登録を事例とした興味深い報告が存在する。それによると、土地持分の法的な登録のためには、6つの関係機関に対して最低で8回の申請をおこなうことが必要であった。手続き完了までには、1回の訪問で申請1つが完了すると仮定しても、「2－6週間」が予測されるという。実際には、1つの申請を完了させるためには関係機関を「最低で3回」は訪問する必要があるので、必要期間はさらに延びることになる。経費に関しては、さらに不透明かつ

表5　土地取引登録に困難・費用的な負担を感じる者の比率　　　　　単位：％

州	農民経営・個人副業経営	農業企業
イワノヴォ	6	7
ニージニー・ノヴゴロド	11	4
ロストフ	51	33

出所）Шагайда Н. И. Рынок земель сельскохозяйственного назначения: практика ограничений//Вопросы экономики. 2005. № 6. С.124.

表6　個人副業経営用に私人により売却された区画の個人副業経営全体に占める比率

単位・％

	1993年	1994年	1995年	1996年	1997年	1998年	1999年	2000年	2001年	2002年	累計
区画数	0.02	0.16	0.44	0.49	0.61	0.59	0.76	0.78	0.82	0.78	5.45
面積	0.01	0.08	0.27	0.29	0.43	0.36	0.40	0.38	0.40	0.37	2.99

出所）　Липски С. Новое в законодательной базе аграрного сектора//Экономист. 2004. № 8. С.90.

予測困難であり、「300ルーブリ」から「150万ルーブリ」にのぼる可能性があるという[20]。

　現在、ロシアの土地区画流通全体に占める私的セクターの役割は小さい。しかし、私的セクターの取引は、その多くが土地区画の売買であり、決定的な影響力をもっている。とりわけ個人副業経営用地に関しては、市民と市民との間の土地区画の売買が、土地再配分の「主要な方法」となっている[21]。表6は、私的セクターでの土地区画売買が、個人副業経営全体に占める比率を示したものである。同表からは個々の年での取引は極めて小規模ながら、土地改革開始以来の累計はすでに相当程度に達していることがみてとれる。例えば、土地改革開始以来、個人副業経営の区画所有者の20人中1人は、土地売買によって変わっているのである。個人副業経営の農村住民の家計に占める大きな意義を考慮すれば、ロシアの土地流通における私的セクターの意義は、相当程度に達しているといっても良い。

　また、ロシアの土地流通・土地市場を考える際には、土地持分の存在を忘れることができない。土地持分は市民が所有しており、所有者の判断によって、賃貸、その利用権の出資等がおこなわれている。つまり、土地持分は取引されており、これを私的セクターでの取引に含めると、ロシアの土地流通・土地市場の様相は一変する。

　表7は、私的所有の下にある農業利用地の面積の推移を示したものである。同表からは、土地持分が私的所有地の中でも圧倒的な存在であることがわかる。また、その面積は、いずれの年も土地区画の取引面積を大きく上回っていることがわかる。すなわち、ロシアの土地流通・土地市場の特

表7　私的所有の下にある農業利用地の推移　　　　　　単位：千ヘクタール

	2000年	2002年	2003年
総計	125528.9	124892.5	125571.8
うち市民の所有	119145.8	119820.1	120651.7
うち土地持ち分	113301.5	112456.9	113065.8
うち放棄されている土地持ち分	27287.8	24573.0	26330.0
うち農民経営	3875.2	4047.0	4164.3
うち個人副業経営	1220.4	1649.2	1741.9
うち農園	572.0	569.6	567.2
うち菜園	16.5	13.7	12.6
うち個人住宅建設地	2.0	1.9	1.8
うちダーチャ建設地	2.2	2.1	2.8

出所）　*Мамаева Г. Г.* Об обороте земель сельскохозяйственного назначения в 2003 году//Экономика сельскохозяйственных и перерабатывающих предприятий. 2005. № 4. С.51.

徴としては、土地区画市場と並行し、土地持分市場が成立していること、それが極めて大きな役割を果たしているのである。また、土地持分市場を考慮すると、ロシアの土地流通・土地市場において私的セクターの役割が極めて大きくなる。

　そもそも土地持分は、その流動性が高くなること、活発な市場取引がおこなわれることを運命づけられていた。というのも社会的公正を重視した分配方法により、初発から「約50％の土地持分所有者は、年金受給者で構成」されていたからである[22]。年金受給者の中には、すでに自ら耕作のできない高齢者が含まれており、土地持分は、時間の経過とともに新しい所有者・利用者へと移動していったのである。

　以上のような自然流動に加えて、新たな土地持分の借り手として、農民経営が登場した。大規模な農民経営は、積極的に土地区画・土地持分の賃借をおこなっている。サラートフ州の2001年のデータによれば、土地面積が1000ヘクタールを超える農民経営の80％が土地を賃借しており、賃借地はその全利用地の67％に達していた。また、サラートフ州での農民経営へ

表8　農業企業の農用地構成に占める土地持ち分　　　　　　　単位：千ヘクタール

	2002年	2003年	変動
全農用地	150374	147524	－2850
％	100.0	100.0	
全土地持ち分	102535	101186	－1349
％	68.2	68.6	
うち賃貸	65562	65571	9
％	43.6	44.4	
うち利用権を定款資本等に出資	12020	9240	－2780
％	8.0	6.3	
うち放棄された土地持ち分	24140	24887	747
％	16.1	16.9	

出所）　Мамаева Г. Г. Об обороте земель сельскохозяйственного назначения в 2003 году// Экономика сельскохозяйственных и перерабатывающих предприятий. 2005. № 4. С.52.

の土地持分の貸し手は1万2900人に達し、土地持分所有者全体の4％に相当していた。彼らの52％は年金受給者、18％は失業者であった。また、全体の56％は、土地持分の賃貸先を農業企業から農民経営に変えた者であった。変更の理由は、「農業企業崩壊」のためが33％、「農業企業が契約を守らなかった」ためが28％、「農民経営の契約条件が有利だった」ためが12％であった。さらに、全体の69％の者が土地持分は農民経営に賃貸した方がより有利であると感じている[23]。

　だが、圧倒的大多数の土地持分を利用しているのは、依然として農業企業である。この状態を示しているのが表8である。同表からは、農業企業の農用地の実に7割近くが市民の所有する土地持分であることがわかる。このような農業企業による土地持分利用には、周知のように様々な問題が存在する。例えば、土地持分の利用は、しばしば契約書なしで、口頭の約束でおこなわれている。このため、利用料の支払いは極めて不確実である。さらに、「放棄された（невостребованные）土地持分」の存在がある。これは、土地持分の所有者がその利用方法を決定していない土地持分のこ

とであり、農業企業が無償で利用している。このような不正常な状態をもたらした原因および問題点に関しては、改めて次節で考察しよう。

4. 変貌する土地市場

　市民の所有する土地持分は、1990年代を通じて農業企業により独占的に賃借されてきた。ここには、土地持分はあくまで抽象的な権利であり、実際の地所は分筆されなかったことが大きく作用している。土地持分は、所有者としても資産・財産としての認識を持ちにくかったのである。また、農業企業にとっても、賃借しているという認識は薄くかった。土地持分の導入は、土地利用関係に本質的な変化をもたらさなかったのである[24]。

　また、土地持分は資産として、しかるべき価値をもっていなかった。現代ロシアにおいて農業利用地・農用地の価格は低く、土地持分の賃借料はさらに低い。以下、このことをロシアにおいて農用地売買が1998年から開始され、市場価格形成がほかの地域よりも進んでいると考えられるサラートフ州の例で確認してみよう。

　まずは農業利用地・農用地の価格である。サラートフ州では、2000年には、13区画・539ヘクタールの国有・自治体有の農業利用地が売却されている。その価格は、ヘクタール当りで300－600ルーブリであった。2001年には、59区画・9500ヘクタールがヘクタール当りほぼ300ルーブリで売却されている。このように、近年のサラートフ州の農用地の相場はヘクタール当り300－600ルーブリ程度で推移している[25]。次に土地持分の賃貸料である。サラートフ州では、2000－2001年にかけて、1996－1997年に3年間の期限で締結された土地持分の賃貸契約の再契約がおこなわれた。その際の賃料は、「新しい現実」が考慮され、ヘクタール当り60－70ルーブリへと減額された[26]。

　2000－2002年の為替レートは、おおよそ1ドル＝30ルーブリの水準で推

移していたから、土地価格はヘクタール当りわずか10－20ドル程度、土地持分の賃料はヘクタール当りわずか2ドル程度ということになる。なお、賃料に関しては、実際にはその金額に相当する飼料穀物、藁、牛乳等の現物で支給されるのが通例である。さらに、こうしたわずかな賃料すらも、農業企業の赤字を理由に支払われないことが多々あった。

　以上のような状況を考慮すれば、多くの「放棄された土地持分」が生まれる理由も明らかであろう。土地持分は資産としての価値が乏しいがため、何らかの理由でその所有者が農業企業を離れると、それは放置されるのである。また、「放棄された土地持分」と同時に、農業企業外の者が所有する土地持分も増加している。これは、土地持分所有者は高齢者が多く、その死亡により農業企業外の者に相続される事例が多発しているためである。農業企業外の者が土地持分を相続した場合、その利用には関心が薄くなる。時間がたつにつれて、これらの土地持分は売却されるか、「放棄された土地持分」となる可能性が大きい。

　現在の農業企業は、多くの土地持分を農業企業外の者から賃借している。逆に言うと農業企業の従業員から賃借する土地は次第に減少しつつある。例えば、サラートフ州での調査によれば、同州のある株式会社は、2002年に729の土地持分を賃借したが、このうち、株式会社の従業員からのものは24％に過ぎなかった。その他は、失業者のものが24％、年金受給者のものが27％、さらに24％に相当する174の土地持分所有者は死亡しており、その相続手続中のものであった。このように、土地持分は相当程度流動しており、農場外の所有者が多くなっている[27]。ある研究では、すでに2002年時点で、土地持分の所有者の「60％」が「年金受給者」または土地持分を「相続した者」となったものと推定している[28]。これらの人々の土地持分に対する関心は概して低く、このことが賃料をさらに引き下げている[29]。

　土地持分の曖昧な性格は、法律上の矛盾を発生させた。ロシアでは、民法典によれば、賃貸関係は、具体的な物件のみに発生するとされている。

ところが、土地持分は、具体的な物件とはいえず、したがって、厳密に言えば、賃貸や売買の対象になりえないのである[30]。また、土地持分の所有者は、長年にわたって土地持分の利用方法を決定しなかった。このため、農業企業が契約もなしに土地を利用し続けるという慣行が一般化してしまった。つまり、法的にみれば、土地が不法に利用される状態が続いていたのである[31]。

　短期的な賃貸契約に基づく土地利用は、農業企業にとっても、問題が存在する。契約が終了すれば、土地持分は、第三者への売却、賃貸が可能となる。このため、長期的な土地利用を前提する土地改良の実施や長期輪作の利用が極めて困難になったのである[32]。

　以上の問題点を解決するために、連邦法「農業利用地の流通について」は、現行の土地持分の賃貸に対して、民法典に則した契約を締結することを求めた。民法典の第607条には、賃貸契約に際して、土地区画の地図添付が義務づけられている。このため、土地持分を実際の地所に分筆したうえで、その地所の賃貸契約を締結することとされた。再契約の期限は、連邦法「農業利用地の流通について」の発効後2年以内とされた。再契約がおこなわれない場合、従来の土地持分の「賃貸」契約は、自動的に土地持分の「信託（доверительное управление）」契約に変更されることになった[33]。

　信託契約への変更は、持分所有者の立場を著しく不利なものとする。まず、土地持分所有者には、定額の賃料は支払われなくなる。かわって農業企業が収益をあげた場合に、配当が与えられるだけになる。さらに、農業企業が倒産した場合には、負債返済は所有者の了承なしに、土地持分によりおこなわれ得る。負債が土地持分の売却によっても返済できない場合、農業企業の資産（機械、設備、家畜等）が売却される。さらにそれでも返済ができない場合、今度は土地持分所有者の資産が売却されてしまう。

　しかし、再契約はほとんど進展しなかった。なぜならば、土地の分筆は、調整が極めてむずかしく、かつ多額の費用を要したからである。法的手続

きも煩雑であり、大きな障害となった。このことに関しては、先にも引用したモスクワ州での報告では、「10の土地持分を用いて42ヘクタールの土地を分筆してもらいその地所の法的登録をおこなう」という手続きのケースが検討されている。この手続きを遂行するためには、8つの関係機関に対して、最低で10回の申請をおこなうことが必要であった。そして、完了までには、最短でも「3－6ヵ月」の時間と最低でも8万8100ルーブリの費用が必要と推定されている[34]。

また、この間に連邦法「農業利用地の流通について」の新たな問題点が明らかになってきた。それは、農業利用地の農業外利用の拡大である。

この原因は、農業利用地とその他の土地の著しい価格差である。2003年の国有地・自治体有地のヘクタール当たり売却価格をみると、ロシア平均で、農業企業・農民経営向けの農業利用地は1900ルーブリであったのに対して、個人副業経営・農園・菜園向けの土地は5万6500ルーブリ、市民向けのダーチャ、ガレージ、住宅建設用地では23万9000ルーブリへと高騰する[35]。この傾向は大都市周辺でさらに顕著になる。例えば、モスクワ州では0.01ヘクタールの土地は、農業利用地で3－10ドル、市民向けの宅地で500ドル以上と評価されている[36]。さらに「農業利用地」という区分には、農業生産のために利用される「施設用地」が含まれている。このため、土地区分を変更することなく住宅などの建設が可能である[37]。このような事情から、土地持分の信託契約への移行と関連して、大都市の周辺での「意図的な、しばしば強力な農業企業破産の波」が発生している。土地投機と農村の崩壊が進行しているのである[38]。

以上のような事情から、2004年後半よりロシア各地では、土地持分の信託契約移行期限の延期、土地整理に対する援助等を内容とする請願、抗議行動が相次いだ。2005年2月には、議会で連邦法「農業利用地の流通について」の修正が審議され、国家会議では土地持分契約の再締結期限の2006年7月1日への延長が盛り込まれた。だが、連邦評議会（上院）は修正を拒否し、最終的には成案とならなかった[39]。このため、近い将来には、

土地なし農民の大量発生と新しい地主が登場するのではないかとの予想が囁かれている[40]。ロシアの土地流通・土地市場は、いま、大きな転換点にたっているのである。

5. おわりに

　本節では、土地改革の目的であった土地利用の効率化は達成されたかという点を、耕地の利用状況により検討したい。また、新たな経営組織として注目されている、いわゆる「アグロフィルマ（агрофирма）」「アグロホールディング（агрохолдинг）」の問題点を土地利用の観点から指摘したい。

　まずは耕地の利用状況である。表 9 は、1990年以降の利用状況の推移を示したものである。この表からは、ロシアにおける耕地面積が一貫して減少を続けていること、それは土地法制の整備と流通の活性化によっても歯止めがかからなかったことがまず見てとれる。さらに注目すべきは、減少している耕地も十分に利用されていないことである。表 9 では、播種に利用された耕地、純休閑とされた耕地を除いたものを「未利用の耕地」と名付けたが、それは1990年代後半から急増している。2003年にいたっては、耕地の実に18.6％が放置されている計算となる。

　次に「アグロフィルマ」「アグロホールディング」の問題点である。これらの経営組織は、垂直的農工インテグレーション経営とも呼ばれている。そこでは、食料加工企業、食品工業、さらにはまったく農業に関係のない企業が、破綻した農業企業を吸収し、農業生産をおこなっているのである。このタイプの経営は1998年の経済危機以降、急速にその数と影響力を増している。その中には、50万ヘクタール以上もの土地を集中する「ガスプロム」のような存在すらある。これら経営組織に関しては、残念ながら、公式統計は存在しない。しかし、いくつかの経営は、規模を追求するあまり、

表9 ロシアの耕地利用状況の推移　　　　　　　　　　単位：百万ヘクタール

	1990年	1994年	1997年	2000年	2001年	2002年	2003年
耕地	131.8	130.0	124.5	119.7	119.0	118.4	117.5
うち播種＋純休閑	131.5	127.6	114.3	103.5	102.2	100.9	95.7
未利用の耕地	0.3	2.4	10.2	16.2	16.8	17.5	21.8
同上比率（％）	0.2	1.8	8.2	13.5	14.1	14.8	18.6

資料）*Мамаева Г. Г.* Использование земельных и материально-технических ресурсов сельского хозяйства//Экономика сельскохозяйственных и перерабатывающих предприятий. 1999. № 11. С. 16-17; она же Об обороте земель сельскохозяйственного назначения в 2003 году//Экономика сельскохозяйственных и перерабатывающих предприятий. 2005. № 4. С.54.

経営効率が低下し、崩壊過程にあるともいわれている。また、その土地集積過程も度々、不明瞭さが指摘されている[41]。「アグロフィルマ」「アグロホールディング」はすでに、農業全体に対しても影響力は大きく、その効率性に関しては、より詳細な検証がなされるべきであろう。

ロシアの土地改革はその目的を達したとはいいがたい。それはいまだ未完のものであり、様々な問題を抱えているのである。

注

（1）　Например, см.: *Шагайда Н. И.* Формирование рынка земель сельскохозяйственнго назначения в России//Отечественные записки. 2004. № 1. С. 268.

（2）　Например, см.: «Крестьянская Россия». 2005. № 4. С. 2.

（3）　1990年代のロシアの土地改革の詳細に関しては、山村理人『ロシアの土地改革：1989～1996年』、多賀出版、1997年、野部公一『CIS 農業改革研究序説──旧ソ連における体制移行下の農業』農文協、2003年等を参照されたい。

（4）　*Шагайда Н. И.* Формирование рынка земель сельскохозяйственнго назначения в России//Отечественные записки. 2004. № 1. С. 264.

（5）　*Плотников В.* Земельный кодекс-основа земельного права//АПК. 2000. № 5. С. 8.

（6）　«Крестьянские ведомости». 1997. № 47. С. 2.

（7）　*Иванкина Е.* и Ртищев И. Особенности земельного законодательства

в российских регионах//Вопросы экономики. 2000. № 7. С. 77-81.
(8) «Экономика сельского хозяйства России». 2005. № 1. С. 10.
(9) こうした処置は、広大な領域をもつ多民族国家ロシアにおいて、必須の処置である。ロシア憲法第72条においても、土地立法は連邦政府と連邦構成主体政府の共同管轄事項であるとの規定とされている。それとともに、これは連邦構成主体に対する譲歩でもあるように思える。
(10) «Экономика сельского хозяйства России». 2003. № 12. С. 12.
(11) «Крестьянские ведомости». 2005. № 13. С. 7.
(12) «Крестьянские ведомости». 2004. № 51. С. 2.
(13) 例えば、土地法典により「集落の土地（земли поселений）」に分類されているが、農業生産のために利用されている土地は、「農業利用地（земли сельскохозяйственного пользовании）」と呼ばれ、約860万ヘクタールに達している（Шагайда Н. И. Рынок земель сельскохозяйственного назначения: практика ограничений//Вопросы экономики. 2005. № 6. С. 119.）。
(14) *Мамаева Г. Г.* Об обороте земель сельскохозяйственного назначения в 2003 году//Экономика сельскохозяйственных и перерабатывающих предприятий. 2005. № 3. С. 46.
(15) Там же. С. 47-48.
(16) *Шагайда Н. И.* Формирование рынка земель сельскохозяйственнго назначения в России//Отечественные записки. 2004. № 1. С. 269.
(17) *Шагайда Н. И.* Рынок земель сельскохозяйственного назначения: практика ограничений//Вопросы экономики. 2005. № 6. С. 122-123.
(18) *Шагайда Н. И.* Формирование рынка земель сельскохозяйственнго назначения в России//Отечественные записки. 2004. № 1. С. 268-269.
(19) *Шагайда Н. И.* Рынок земель сельскохозяйственного назначения: практика ограничений//Вопросы экономики. 2005. № 6. С. 123.
(20) Там же. С. 124-125.
(21) *Липски С.* Новое в законодательной базе аграрного сектора//Экономист. 2004. № 8. С. 89-90.
(22) *Шагайда Н. И.* Формирование рынка земель сельскохозяйственнго назначения в России//Отечественные записки. 2004. № 1. С. 263.
(23) *Кузник Н. и Шабанов В.* Особенности землепользования в крестьянских（фермерских）хозяйствах//АПК. 2002. № 12. С. 70-71.
(24) 同時に、土地持分という方法により、多くの利益がもたらされたことも否

定できない。まず、ソフホーズ・コルホーズの土地を数百の地所に分割するための多大な支出と無用の混乱が回避された。さらに、土地が分割された後では、新経営を組織することは、土地整理にかかわる膨大な調整作業を必要し、著しく困難となろう。土地持分という制度は、農業改革の不安定な時期に土地利用の安定性をまがりなりにも確保したと言える。

(25) *Мамаева Г. Г.* Об обороте земель сельскохозяйственного назначения в 2003 году//Экономика сельскохозяйственных и перерабатывающих предприятий. 2005. № 3. С. 48.

(26) *Кузник Н. и Шабанов В.* Ресурсное обеспечение приусадебного сельскохозяйственного производства//АПК. 2004. № 3. С. 62-63.

(27) Там же. С. 64.

(28) *Липски С.* Особенности современного этапа земельной реформы//Экономист. 2002. № 10. С. 81.

(29) *Кузник Н. и Шабанов В.* Ресурсное обеспечение приусадебного сельскохозяйственного производства//АПК. 2004. № 3. С. 64.

(30) «Крестьянские ведомости». 2004. № 52. С. 3.

(31) «Крестьянские ведомости». 2005. № 1-2. С. 4.

(32) *Мамаева Г. Г.* Об обороте земель сельскохозяйственного назначения в 2003 году//Экономика сельскохозяйственных и перерабатывающих предприятий. 2005. № 4. С. 53.

(33) *Рыманов А.* Об аренде земельных долей и их доверительном управлении//Экономист. 2003. № 6. С. 91.

(34) *Шагайда Н. И.* Рынок земель сельскохозяйственного назначения: практика ограничений//Вопросы экономики. 2005. № 6. С. 125.

(35) *Мамаева Г. Г.* Об обороте земель сельскохозяйственного назначения в 2003 году//Экономика сельскохозяйственных и перерабатывающих предприятий. 2005. № 3. С. 49.

(36) *Шагайда Н. И.* Рынок земель сельскохозяйственного назначения: практика ограничений//Вопросы экономики. 2005. № 6. С. 127.

(37) *Шагайда Н. И.* Земельный рынок: способы и тенденции перехода земели от собственника к пользователю//Бюллетень Центра АПЭ. 2003. № 2. С. 18-19.

(38) «Экономика сельского хозяйства России». 2005. № 1. С. 10.

(39) *Гранк И.* Зешение земельного вопроса отложено//Коммерсантъ. 14 февраля 2005 г. На сайте: http://www.kommersant.ru

(40) «Крестьянские ведомости». 2005. № 4. С. 2.
(41) *Хлыстун В. Н.* Институциональные преобразования и развитие земельных отношений в сельском хозяйстве России//Экономика сельскохозяйственных и перерабатывающих предприятий. 2005. № 6. С. 10.

移行経済下ロシアの農村における貧困動態

—— 都市の貧困動態との比較から ——

武田友加

はじめに

　現在、ロシアにおいて、貧困の削減は、1人当たり GDP の倍増と並んで、ロシア政府の最重要課題の一つである。しかし、計画経済から市場経済への急激な移行の中で、急進的改革によって生じる生活水準の不安定化、貧困、所得格差という問題は、極めて重要ではあるが置き去りにされがちな問題であった[1]。金融危機が生じた1998年8月以降のルーブル安、それに伴う国内製品の生産回復、さらに、石油価格の高騰などの外的好条件に助けられ、ロシアの経済成長は1999年以降プラスに転換した。ロシア連邦統計局[2]によれば、貧困者比率は、2000年に28.9％、2002年には25.0％にまで減少しており、経済成長が貧困削減にプラスの影響を与えたといえる[3]。持続的な貧困削減のためには、今後も経済成長が必要であることに異論はないであろう。しかし、ロシアの経済成長が持続するかどうかは石油価格などの外的条件に大きく依存する[4]。石油価格の下落は経済成長や貧困削減の鈍化につながりかねない。また、仮に、経済成長が持続したとしても、所得格差などの不平等が拡大すれば、経済成長の貧困削減への効果は弱まることになる。

　経済成長の貧困削減効果は一様ではない。例えば、貧困の減少率は都市と農村で異なる。都市の貧困減少率は、2000－2001年に8.8％、2001－2002年に10.1％であり、一方、農村では、2000－2001年に6.4％、2001－2002年に3.8％であった[5]。ロシアでは、依然として都市貧困者数が農村

貧困者数よりも圧倒的に多いが、貧困削減のテンポの相違と関連して、農村貧困者の全貧困者数に占める割合が多少上昇するという変化がみられた。

　以上のように、経済成長の影響もその恩恵を受ける度合いも様々である。したがって、どのような人々が貧困から抜け出し、あるいは、貧困に陥ったのか、あるいは、貧困に留まっているのかという貧困動態の分析は、有効な貧困削減政策を実施する上で重要になる。従来、ロシアの貧困の研究関心の中心は、基本的に、貧困者比率の把握、貧困の測定方法、静態的視点からの貧困者プロファイルであった[6]。これらが意味することは、とりわけ、ロシアのような不安定な移行経済下では、貧困線を境界とする流出入が頻繁に生じる、つまり、貧困フローが大きい可能性が高いにも関わらず、ある一定の期間における異時点間の生活水準の変化についてはほとんど研究されてこなかったということである[7]。本稿では、従来研究されてこなかったロシアの貧困動態を、農村と都市に関して比較分析する。その目的は、1990年代ロシアの農村貧困の特徴と原因を明らかにすることにある。

　本章の構成は以下のようになる。第1節では、ロシアの貧困の特徴について議論する。第2節では、本章で利用するデータと貧困動態分析のための概念について述べる。第3節では、1990年代ロシアの貧困動態について分析し、農村貧困と都市貧困の違いを明らかにする。最後に、議論を総括する。

1. ロシアの貧困の特徴

1.1. 貧困と不平等の拡大

　図1は、1990年代ロシアの貧困問題に関わる経済指標の推移を示している。ここでの貧困の定義はロシア連邦統計局による。つまり、1人当たり

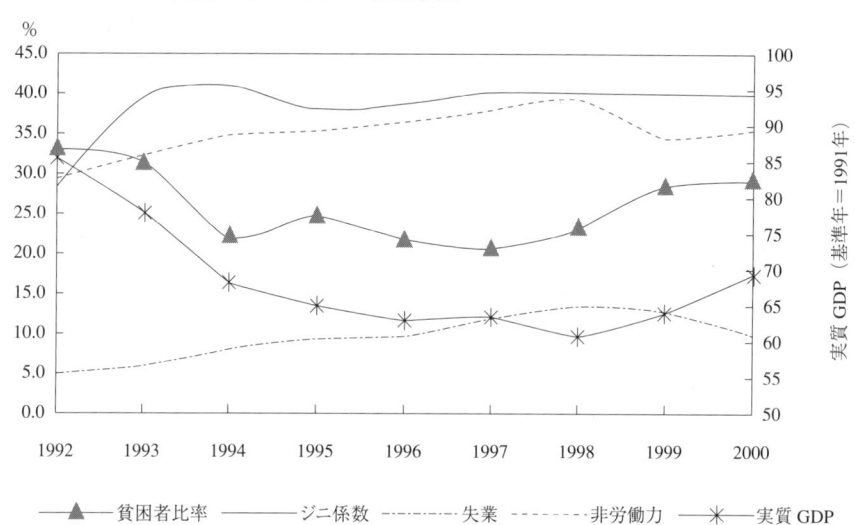

図1 ロシアの貧困とそれに関わる経済指標

凡例：貧困者比率、ジニ係数、失業、非労働力、実質GDP

注) 貧困者比率＝貧困者数／人口。ここでの貧困の定義はロシア連邦統計局による。失業率はILO定義。実質GDPは1991年価格を基準とし筆者が計測。

出所) *Госкомстат России* Экономическая активность населения России. 2002. С.11, 178.; *Госкомстат России* Социальное положение и уровень жизни населения России. 2001. С. 130, 141.; 1999. С. 161.; 1997. С. 107, 116.; *Госкомстат России* Российский статистический ежегодник. 2001. С. 36.

可処分所得が最低生存費（貧困線）以下である場合に貧困者とみなされている。1980年代末には貧困者比率は10−11％にすぎなかったが、市場経済化を開始した1992年には33.5％まで急激に上昇し、その後、20.5−31.9％の間を変動した。マクロ・レベルでの貧困者比率の変動の大きさは、ミクロ・レベルでの貧困フローも大きい可能性があることを示唆している。

図1において、失業率と貧困者比率の間に明らかな直接的関係をみいだすことは難しい。中・東欧諸国と異なり急激な市場経済化が進む中で、ロシアでは失業率が緩やかに上昇し、現在でも、ほとんどの中・東欧諸国よりもロシアの失業率は低い。これは、ロシアがその他の移行諸国とは違う形で移行危機に適応したことを意味している。ロシアの企業・組織は、大

量解雇の代わりに、実質賃金を削減し賃金の支払を遅延した。その結果、頻繁に働いているが生活水準は低いまま、あるいは、悪化さえするという現象が広範にみられるようになった。

　また、失業率と同様、非労働力率と貧困者比率の間にも明らかな直接的関係はみられない（図1）[8]。非労働力人口の中には、例えば、働いていない年金受給者、学生、主婦、職探しを諦めた者などが含まれる。一般に、年金受給者がロシアにおける代表的な貧困層として想定されやすいが、それは事実とはいえない。雇用者、一時的失業者、年金受給者、失業手当受給者など社会カテゴリー別に貧困者数分布をみるとき、最も大きな比率を占めるのは雇用者である。例えば、1998－2000年、雇用者数は貧困者数全体の40.0－41.7％を占めたのに対し、働いている年金受給者数は全体の1.1－1.4％、働いていない年金受給者数は全体の12.2－14.2％を占めた。また、マクロ的ショック、つまり、1998年8月の金融危機に対し最も脆弱であったのは雇用労働者と年金受給者だったが、その後、年金受給者は年金支給額の上昇などによりその他の社会グループよりも速いテンポで貧困から抜け出している（武田 2004a, pp. 252-254; Такэда 2005, C. 367-369）。以上から、ロシアの貧困は働く貧困者（the working poor）が特徴の1つであると結論できる。

　一般に、貧困削減の際、成長効果の方が不平等効果よりも大きい。しかし、不平等度の変化も貧困の削減や増加に関わる（Naschold 2004, pp.110-114）。市場経済への急激な移行の中で、ロシアにおける不平等度は急激に悪化した（図1）。ジニ係数は、急上昇後、一定の水準に留まっているようにみえる。しかし、ロシアのジニ係は、貧困者比率同様、国際的水準からみてかなり高い（武田 2000, p.75; 武田 2004a, p.249; Такэда 2005, C. 366-367）。世界銀行の所得分類において、ロシアは中所得国のグループに入るが、旧ソ連・中東欧諸国、ラテン・アメリカ、アジアの中所得国と比較しても、貧困者比率同様、ロシアの不平等度は大きい。例えば、ロシアの貧困者比率（30.9％［1994年］）は、ウクライナ（31.7％［1995年］）やフィリピン

（36.8％［1997年］）と同じぐらいであり、ジニ係数（0.487［1998年］）は、マレーシア（0.492［1997年］）、ペルー（0.462［1997年］）、フィリピン（0.462［1996年］）とほぼ同水準であった（World Bank 2002）。Hanmerと Naschold によれば、不平等度の高い国（ジニ係数が0.43以上）は、同率の貧困削減率を達成するために、不平等度の低い国（ジニ係数が0.43以下）の約3倍の経済成長率を必要とする。したがって、高い不平等度は貧困削減の障害になりうる（Hanmer et al. 2000, pp.15-17; Naschold 2004, p.109）。ロシアの貧困削減のためには、持続的な経済成長を達成するだけでなく、所得再分配政策等の格差是正の政策も必要になるであろう[9]。

1.2. 都市・農村の貧困リスクと貧困増加・減少の変化率

表1において、貧困リスクは、ある一時点における都市内あるいは農村内での貧困者比率として定義される。1990年代、都市でも農村でも貧困リスクが増大した。そして、徐々に都市・農村の貧困リスク間に差がみられるようになる。移行開始当初の1990年代初頭には、都市の貧困リスクと農村の貧困リスクはほぼ同じ水準であった。例えば、1994年の都市の貧困リスクは21.8％、農村の貧困リスクは20.9％であり、1995年にはそれぞれ30.5％、29.8％であった（武田 2004a, p.251）。しかし、1997年以降、都市と農村の貧困リスク間に大きな差がみられるようになり、かつ、農村の貧困リスクが都市のそれを上回るようになった（表1）。

貧困リスクの変化率に関しても、都市・農村間に相違がみられる（表1）。1998年の経済危機の影響は都市においてより大きかった。その結果、都市の貧困リスクの変化率は農村よりも大きく、1997－1998年の変化率は都市で20.4％、農村で14.5％であり、1998－1999年は、それぞれ、44.5％、27.3％であった。しかし、危機後に生じた経済成長の下で、都市の貧困リスクは農村と比較して速いテンポで改善した。1999－2000年の貧困リスクの変化率は、都市ではマイナス24.4％であったが、農村ではマイナス

表1　都市と農村の貧困リスク、貧困家計分布、変化率（％）

	貧困リスク[1]				貧困家計の分布			
	1997	1998	1999	2000	1997	1998	1999	2000
全家計	25.7	30.4	42.3	32.7	100	100	100	100
居住地：								
都市	23.5	28.3	40.9	30.9	63.5	65.8	69.7	67.7
農村	31.7	36.3	46.2	37.7	36.5	34.2	30.3	32.3
変化率[2]		'97-'98	'98-'99	'99-2000		'97-'98	'98-'99	'99-2000
全家計		18.3	39.1	−22.7				
都市		20.4	44.5	−24.4		3.6	5.9	−2.9
農村		14.5	27.3	−18.4		−6.3	−11.4	6.6

注）1）貧困のリスクは、該当するカテゴリー内での貧困者比率。
　　2）筆者算出。
出所）*Госкомстат России* Социальное положение и уровень жизни населения России. 2001. C. 145.; 1999. C. 162.

18.4％であった。これは、都市の貧困家計の多くが農村の貧困家計よりも速いテンポで貧困から抜け出していることを示唆している。

　貧困家計の都市・農村間における分布にも注意すべきであろう。1997－2000年を通して、貧困リスクは都市よりも農村において常に高かったが、都市の貧困家計数の全貧困家計数に占める比率は、農村の貧困家計数の比率よりも常に高い（表1）。1997－2000年、貧困家計の63.5－69.7％が都市家計であったのに対し、貧困家計の30.3－36.5％が農村家計であった。つまり、貧困リスクは都市より農村でより高いが、貧困者数は農村より都市でより多い[10]。

　以上に指摘された点が意味することは、第1に、1990年代に都市でも農村でも貧困リスクは高まったが、都市・農村の貧困リスク間に差が徐々に生じたこと、第2に、農村の貧困リスクよりも、都市の貧困リスクの増大と減少はマクロ経済状況により依存していることである。マクロ経済ショック、つまり、経済危機が生じた場合には、都市住民は農村住民よりも危機に対して脆弱であった。一方、経済成長が生じた場合、農村住民よりも都市住民がより早く成長の成果を享受する機会を得た。また、第3に、農

村の貧困者数は都市よりも圧倒的に少ないが、農村の貧困リスクは都市よりも徐々に大きくなり、経済成長下での貧困リスクの減少率も都市と比較して小さかった。以上の点から、都市と農村の貧困削減のためには、全国一律的な貧困削減戦略をとるのではなく、その地域の特徴に適した貧困削減戦略をとる必要があるといえる。

2. データと分析方法

2.1. 貧困動態分析のためのデータ

貧困動態分析のためにはパネルとなる個票データが必要になる。ロシアの貧困動態分析を可能にする唯一の個票データは、ロシア長期モニタリング調査（the Russia Longitudinal Monitoring Survey: RLMS）のみである（武田 2004b）。RLMS は、家計調査と労働力調査の質問事項を含んでおり、かつ、全国レベルの代表性を維持している。また、個票データへのアクセスが比較的容易であるという点でも、データソースとして利便性が高い[11]。本稿では、貧困動態の分析の際、1994－2000年の RLMS の個票データ（1994年、1996年、1998年、2000年）、即ち、Round 5, 7, 8, 9 の個票データを利用して分析をおこなう。各 Round の標本数は約4,000世帯である。

2.2. 貧困の測定

代表的な貧困指標として、貧困者比率（headcount ratio: P_0）、貧困ギャップ比率（poverty gap ratio: P_1）、二乗貧困ギャップ比率（squared poverty gap ratio: P_2）が挙げられる（Foster at al. 1984, pp.761-766）。それぞれ、貧困の広がり、深さ、厳しさを示す指標であり、これらの指標の測定には、以下の関係式を利用する。

$$P_a(y;z) = \frac{1}{n} \sum_{i=1}^{q} [(z-y_i)/z]^a$$

$y = (y_1, y_2, \ldots, y_n)$ 一人当たりの支出水準ベクトル（昇順）

z：最低生存費（貧困線）

q：貧困者数

n：総人口

　$a = 0$ のときは貧困者比率（P_0）、$a = 1$ のときは貧困ギャップ比率（P_1）、$a = 2$ のときは二乗貧困ギャップ比率（P_2）となる。本稿では貧困フローに関心があるので、貧困指標として貧困者比率を採用する。また、人々の生活水準を所得ベースではなく支出ベースで捉える。支出の内訳は、食費、非食料への支出、貸出、貯蓄、私的移転（アウトフロー）となる。食費には、外食や、個人副業経営[12]で生産された食料の自家消費分を貨幣換算化した額が含まれている。また、等価尺度（equivalence scale）を利用し、対成人1人の子供のコストを0.5、追加的成人のコストを0.9として一人当たりの支出を測定した。物価の地域差を考慮するために貧困線として公式地域別貧困線（連邦構成主体レベルの公式貧困線）を利用する[13]。

2.3. 貧困動態：慢性的貧困、一時的貧困、非貧困

　貧困動態を分析するためのカテゴリーを導入しよう（図2）。ここで観測されている時点は4時点である。もし、一人当たり平均支出が常に貧困線を下回っていた場合、「恒常的貧困」に分類される。一人当たり平均支出が、4回のうち3回、貧困線を下回っていた場合は「多発的貧困」、4回のうち2回、貧困線を下回った場合は「変動的貧困」、4回のうち1回、貧困線を下回った場合は「単発的貧困」として分類される。さらに、もし、一人当たり平均支出が一度も貧困線を下回ったことがない場合、「継続的非貧困」として分類される。これら5つのカテゴリーを特定カテゴリーとする場合、これら特定カテゴリーを3つの集計カテゴリーとしてまとめる

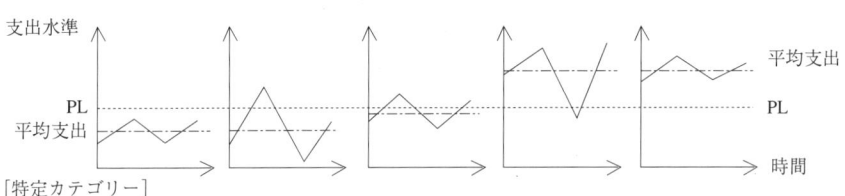

図2　貧困の動態分析のための5つのカテゴリーとその集計カテゴリー

[特定カテゴリー]
(a)恒常的貧困　(b)多発的貧困　(c)変動的貧困　(d)単発的貧困　(e)継続的非貧困

[集計カテゴリー]
(A)慢性的貧困　　　　　(B)一時的貧困　　　　(C)非貧困

出所）Hulme and Shepherd（2003, p. 406）の Figure 1 を若干改定。Hulme らの図は、J. Jalan and M. Ravallion, 2000, "Is Transient Poverty Different? Evidence for Rural China," *Journal of Development Studies*, 36: 6. の改定。

ことができる。つまり、恒常的貧困と多発的貧困は「慢性的貧困」として、変動的貧困と単発的貧困は「一時的貧困」として、継続的非貧困は「非貧困」として集計可能である（Hulme and Shepherd 2003, pp.404-406; 武田2004a, pp.255-256）。

上述のように、本稿では、RLMS の個票データを利用して集計と推計をおこなう。また、1994年（Round 5）、1996年（Round 7）、1998年（Round 8）、2000年（Round 9）を上記の4時点とする。例えば、ある個人の一人当たり平均支出が1994年にのみ貧困線以下であった場合、この個人は一時的貧困（特定カテゴリーでは単発的貧困）のカテゴリーに分類されることになる。

3. 都市貧困と農村貧困の相違

3.1. 都市と農村の貧困動態：一時的貧困か、慢性的貧困か？

上記の貧困動態分析のための定義に基づく推計結果は、表2の通りであ

表2　1994—2000年の貧困動態：ロシア全体、居住地別。

集計カテゴリー	貧困動態 (PD)	特定カテゴリー	ロシア全体		モスクワ市とペテルブルク市		その他の都市		農村	
(C) 非貧困	(e) 継続的非貧困	N94-N96-N98-N00 (0/4)	33.8%	33.8%	29.6%	29.6%	35.3%	35.3%	31.2%	31.2%
(B) 一時的貧困	(d) 単発的貧困	N94-N96-N98-N00 (1/4)	25.0%	9.1%	36.7%	15.6%	23.7%	7.7%	25.9%	11.0%
		N94-N96-N98-N00 (1/4)		8.4%		16.7%		7.9%		8.1%
		N94-N96-N98-N00 (1/4)		4.4%		2.6%		4.5%		4.4%
		N94-N96-N98-N00 (1/4)		3.1%		1.9%		3.6%		2.4%
	(c) 変動的貧困	N94-N96-P98-P00 (2/4)	20.3%	8.0%	13.7%	10.4%	20.3%	7.3%	21.4%	9.0%
		N94-N96-P98-P00 (2/4)		3.0%		0.0%		3.0%		3.5%
		N94-N96-P98-P00 (2/4)		4.5%		0.7%		4.6%		5.0%
		N94-N96-P98-P00 (2/4)		1.3%		1.5%		1.4%		0.8%
		N94-N96-P98-P00 (2/4)		2.0%		0.4%		2.4%		1.5%
		N94-N96-P98-P00 (2/4)		1.5%		0.7%		1.5%		1.6%
(A) 慢性的貧困	(b) 多発的貧困	N94-P96-P98-P00 (3/4)	13.2%	7.9%	13.7%	7.8%	12.7%	7.5%	14.3%	8.9%
		N94-P96-P98-P00 (3/4)		2.8%		4.8%		2.6%		2.7%
		N94-P96-P98-P00 (3/4)		1.2%		0.0%		1.2%		1.2%
		N94-P96-P98-P00 (3/4)		1.4%		1.1%		1.4%		1.5%
	(a) 恒常的貧困	P94-P96-P98-P00 (4/4)	7.7%	7.7%	6.3%	6.3%	8.0%	8.0%	7.2%	7.2%
標本数 (個人)			5527	(100%)	270	(100%)	3608	(100%)	1649	(100%)

注：標本は、RLMSのRound 5, 7, 8, 9の全てに参加した個人。「N」はt時点に貧困ではなかったこと、「P」はt時点に貧困であったことを意味する（t＝1994, 1996, 1998, 2000年）。統計的に有意なPDと居住地の特徴的連関を、連関がプラスの場合には濃い灰色のマス目、連関がマイナスの場合は薄い灰色のマス目で示している。一時的貧困と農村の特徴的連関に関しては有意水準5％、それ以外の特徴的連関は有意水準1％。

出所）RLMSの個票データより筆者推計。

る。1990年代、ロシア全体の貧困は流動的であった。RLMS の個票データに基づく筆者の推計によれば、1994－2000年、全体の66.2％が少なくとも1回は貧困のカテゴリーに陥ったのに対し、常に貧困のカテゴリーに留まっていた者（恒常的貧困）はわずか7.7％であった（表2）。ロシア全体では、一時的貧困者数が慢性的貧困者数を圧倒的に上回っていたといえる。

表2は、貧困動態（PD）と3つの居住地の間の特徴的連関も示している。ここで、3つの居住地とは、モスクワ市・ペテルブルク市、その他の都市、農村である。居住地間で PD（集計カテゴリー）の分布に差があるかどうかを調べるためにクラスカル・ウォリス検定をおこなったところ、PD 分布に関して居住地間に統計的に有意な差がみられた（$\chi^2(2)=6.10$, $p<0.05$）[14]。したがって、居住地ごとに貧困の程度、すなわち、貧困動態は異なっているといえる。また、PD と居住地の間には χ^2 検定において有意な連関がみられた（PD の集計カテゴリーに関しては $\chi^2(4)=11.73$, $p<0.05$; PD の特定カテゴリーに関しては $\chi^2(8)=35.47$, $p<0.01$）。そこで、PD と居住地の間にどのような特徴的連関があるのか調べるために、残差分析（residual analysis）をおこなった。調整済み残差はどの質的データの組合せが特徴的であるかを示しており、調整済み残差の絶対値が約2以上のとき、その組合せを統計的に有意な特徴的連関のある組合せとみなすことができる[15]。表2では、残差分析によって確認された特徴的な連関を、プラスの連関に関しては濃い灰色で、マイナスの連関に関しては薄い灰色で示している。例えば、単発的貧困者の分布が相対的に多い居住地は、巨大都市（モスクワ市とペテルブルク市）ということになる（$p<0.01$）。

残差分析の結果、ロシアの PD と居住地との間には、以下のような特徴的連関がみられた。第1に、1990年代、非貧困者は農村よりもその他の都市に住んでいる傾向が相対的に強かった。一方、一時的貧困者は相対的に農村に住んでいる傾向が強く、その他の都市に住んでいる傾向は弱かった。このように、農村では貧困に陥るリスクが相対的に高いが、一時的あるい

は慢性的貧困者数は農村よりもその他の都市において多い、という点にも注意する必要がある。第2に、単発的貧困者は相対的にモスクワ市やペテルブルク市に住んでいる傾向が強く、その他の都市に住んでいる傾向は弱い。第3に、慢性的貧困は居住地との間に特徴的な連関がない。但し、表2の標本には、いずれのRoundにおいても食費が0でない個人のみが含まれており、もし、食費が0である個人も含めれば、慢性的貧困者は農村に住んでいる傾向が相対的に強くなる。

巨大都市（モスクワ市やペテルブルク市）と単発的貧困の連関の相対的な強さは次のように説明できる。1998年の金融危機、つまり、マクロ経済ショックの影響はその他の居住地よりも巨大都市において大きく、その結果、マクロ経済ショックが巨大都市の貧困フローに対してより大きな影響を与えた。また、巨大都市に住む人々は、マクロ経済の成長という条件下で、貧困から抜け出す可能性が高い。総じて、巨大都市とその他の都市では、貧困状態から抜け出せる可能性が高いが、農村では長期的貧困に陥るリスクが高い傾向にある。慢性的貧困はいずれの居住地でも存在するが、上述のように、その数は一時的貧困ほど多くない。貧困削減のための社会政策を策定する際、以上のようなPD分布の居住地別の相違に注意を払う必要があるであろう。

3.2. ロシア全体の貧困動態と労働力状態

既に指摘したように、市場経済への移行過程におけるロシアの貧困の特徴の一つは、働く貧困者（the working poor）である。ロシア全体において、労働力状態（labour force status: LFS）、つまり、就業、失業、非労働力（非経済活動人口）は、貧困動態（PD）とどのような連関があるのだろうか？　表3は、PDカテゴリー別のLFS分布（LFSカテゴリー別のPD分布）を示しており、標本には1994－2000年の全てのRoundに参加した15－72歳の男女が含まれている。本稿では、就業・失業の定義としてILO

定義を採用している。就業（者）には、単発的な仕事（случайная работа）[16]を含めて何らかの仕事に従事した者が含まれる。また、仕事がなく、働く意志があり、仕事を実際に探しており、仕事に就く用意がある場合、失業（者）に分類される。そして、就業にも失業にも分類されない者は、非労働力に分類される。非労働力には、学生、働いていない年金受給者、主婦、仕事を探すことを諦めた者などが含まれる。クラスカル・ウォリス検定の結果、PD 分布に関して LFS 間に統計的に有意な差がみられた（1994年に関しては $\chi^2(2)=29.86$, $p<0.01$；2000年に関しては $\chi^2(2)=28.80$, $p<0.01$）。また、PD と LFS の連関は統計的に有意であり（1994年は $\chi^2(4)=37.16$, $p<0.01$；2000年は $\chi^2(4)=44.08$, $p<0.01$）、残差分析をおこなったところ以下の特徴がみられた。

　PD カテゴリー別の LFS 分布に関してみる場合、第1に、非貧困者は、一時的貧困者や慢性的貧困者と比較して、何らかの仕事に従事した傾向が相対的に強く、非労働力人口や失業者である傾向は弱い。第2に、一時的

表3　貧困動態と労働力状態の連関

貧困動態（PD）：1994—2000年		労働力状態（LFS）						全体	
		就業		失業		非労働力			
		1994	2000	1994	2000	1994	2000	1994	2000
非貧困	% within PD	**69.7**	**64.0**	3.2	3.9	27.1	32.1	100.0	100.0
	% within LFS	**37.7**	**38.4**	24.7	32.2	31.3	29.2	35.1	34.6
一時的貧困	% within PD	63.0	**54.4**	4.4	3.7	**32.7**	**41.9**	100.0	100.0
	% within LFS	43.9	42.4	43.0	39.9	**48.7**	**49.5**	45.3	45.0
慢性的貧困	% within PD	61.3	54.6	**7.6**	**5.7**	31.1	39.7	100.0	100.0
	% within LFS	18.4	19.2	**32.3**	**27.9**	20.0	21.2	19.5	20.3
全体	% within PD	65.0	57.8	4.6	4.2	30.4	38.1	100.0	100.0
	% within LFS	100.0	100.0	100.0	100.0	100.0	100.0	100.0	100.0

注）標本は、Round 5, 7, 8, 9 の全てに参加した15—72歳の男女。就業には、単発的な仕事を含め何らかの仕事に従事している者が含まれる。失業は、ILO の定義による失業者。統計的に有意な PD と LFS の特徴的連関を、連関がプラスの場合は濃い灰色のマス目、マイナスの場合は薄い灰色マス目で示している。数値が太字で表記されている組合せは 1 %水準で、太字で表記されていない組合せは 5 %水準で統計的に有意な特徴的連関である。
出所）RLMS の個票データより筆者が推計。

貧困者は、非貧困者や慢性的貧困者と比較して、非労働力人口である傾向が強く、就業者である傾向が弱い。これは、学生、主婦、働いていない年金受給者などは、就業者や失業者よりも、一時的貧困に陥る傾向が相対的に強いということと同意である。第3に、慢性的貧困者は、非貧困者や一時的貧困者と比較して、失業者である傾向が相対的に強く、就業者である傾向は弱い。しかし、表3に示されているように、PDのいずれの集合カテゴリーにおいても、就業者数は圧倒的に多い（54.4－69.7％）。これらが意味することは、ロシア全体の平均賃金水準は低く働く貧困者（the working poor）が多いが、失業は相対的に慢性的貧困へのリスクを高め、また、非労働力化は相対的に一時的貧困へのリスクを高めるということである。

一時的貧困と非労働力の間の正の連関をどのように解釈すべきだろうか？ 1990年代のロシアでは、将来の生産回復を想定して企業は人員数を維持しようとした。1990年代、ロシアの実質GDPは最大で約40％も落ち込んだが大幅な人員削減はおこなわれなかった。例えば、移行開始直後のマイナス成長下のハンガリーでは、就業者数の実質GDPの弾力性が10.426（1993年）であったが、ロシアの場合、わずか0.239－0.560（1993－1996年）であった[17]。市場経済化以前と比較すれば、ロシアでも失業率は徐々に増加する傾向にはあったが、多くの中・東欧諸国よりも低い水準に止まった。そして、就業率の緩やかな減少と比較的低水準な失業率という条件の下、非労働力率は1998年まで徐々に増加した。これは、家計構成員の一人が働いている場合、リストラであれ希望退職であれ、離職後、失業ではなく非労働力化する傾向が強まったことを意味している。

実際、非労働力率は失業率よりも就業率の変化に対してより敏感に反応した（図3）。これは、非労働力化している者の中には、家計の不安定な生活水準に対処するために、就業機会を待ち望んでいた者が多いことを示唆している。例えば、非労働力人口のうち主婦がマクロ経済の変化に対してより敏感に反応した（図4）。主婦らは何らかの仕事を得ることを潜在的に希望していたといえる。加えて、非労働力人口のうち、働くことを希

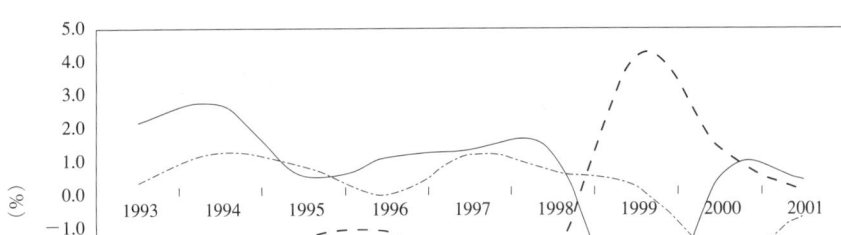

図3　就業率の変化の要素分解

- - - - 就業率　　------- 失業率　　——— 非労働力

注）就業率（R_e）＝（就業者数）／（15—72歳の男女数）。失業率（R_u）＝（失業者数）／（15—72歳の男女数）。非労働力率（R_i）＝（非労働力人口）／（15—72歳の男女数）。｜R_eの前年度からの変化｜＝｜R_uの前年度からの変化＋R_iの前年度からの変化｜。

出所）ロシア連邦統計局のデータに基づき筆者推計。*Госкомстат России Экономическая активность населения России*. 2002. C.11, 178.

望している者が増加した。ロシア連邦統計局のデータによれば、16－54/59歳の男女で働くことを希望している者は、1997年には全非労働力人口の22.4％、2000年には29.4％であった。しかし、働くことを希望したにも関わらず仕事を積極的に探さない、あるいは、仕事をみつけることをあきらめた者が多かった。

　家計の不安定な生活水準は、市場経済への移行期に、実質賃金水準が大幅に落ち込んだこと、1人当たりの賃金が家族を養うのに十分な水準を下回ったこと、また、賃金支払遅延が普及したことと関係がある。これらの結果、家計構成員のうち1人が働いていたとしても、非労働力化している構成員のいる家計は一時的貧困に陥るリスクが高まった。また、非労働力人口のPD別・年齢別分布において PDと年齢階級の連関は統計的に有意であり（$\chi^2(10)=18.08$, $p<0.10$）、非貧困や慢性的貧困と比較すると、一時的貧困は60歳以上の者、つまり、働いていない年金受給者である傾向が

図4　ロシア全体の非労働力人口分布（16～54／59歳）

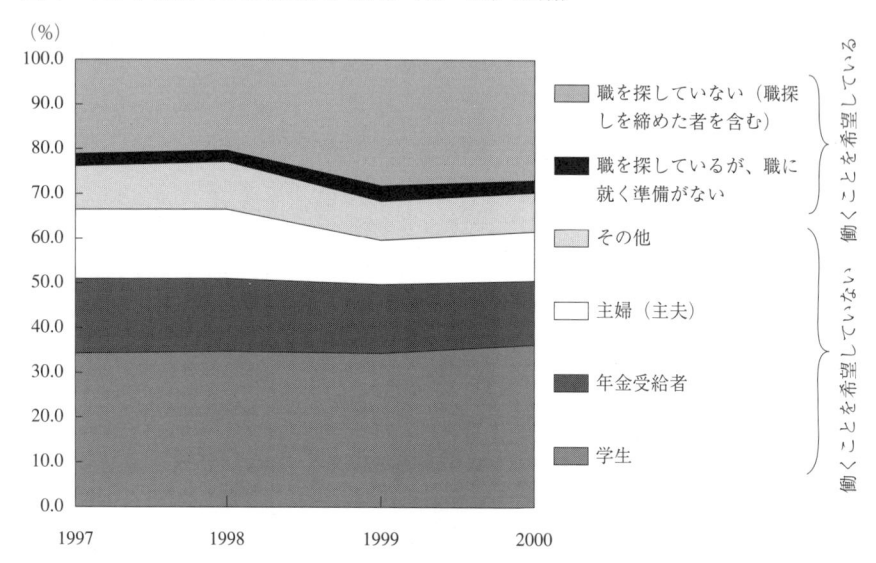

凡例（上から）：
- 職を探していない（職探しを締めた者を含む）
- 職を探しているが、職に就く準備がない
- その他
- 主婦（主夫）
- 年金受給者
- 学生

右側注釈：「働くことを希望していない」／「働くことを希望している」

注）基本的に、年金受給資格年齢は、女性は55歳以上、男性は60歳以上。「働くことを希望していない」者は、学生、年金受給者、主婦（主夫）、その他。また、「働くことを希望している」者は、職を探しているが職に就く準備がない者、職を探していない者（職探しを諦めた者を含む）。

出所）ロシア連邦統計局のデータに基づき筆者作成。Госкомстат России Экономическая активность населения России. 2002. С.182.

強かった（$p<0.01$）。実際、彼らはマクロ経済危機などに対してより脆弱であり、例えば、金融危機直後の1998-1999年、働いていない年金受給者の貧困リスクは大幅に増加した。しかし、その後の経済成長下で、働いていない年金受給者の貧困リスクは大幅に減少している（Такэда 2005, С. 367-369）。

3.3. 都市内・農村内の貧困動態と労働力状態の連関の相違

都市内・農村内のPDとLFSの連関に相違はみられるであろうか？　都市内・農村内の貧困の程度に関してLFS間に相違があるかどうかを調べ

**表4　都市内・農村内の貧困動態と労働力状態の連関
（1994—2000年のプールド・データ）**

表4-1　都市内の貧困動態と労働力状態

	就業	失業	非労働力
非貧困者	+++	---	---
一時的貧困者	---	--	+++
慢性的貧困者	---	+++	+++

表4-2　農村内の貧困動態と労働力状態

	就業	失業	非労働力
非貧困者	+++	---	
一時的貧困者	---		+++
慢性的貧困者	++	+++	---

注）残差分析の結果、プラスの特徴的連関がみられた場合は「+」、マイナスの連関がみられた場合は「−」と表示。符号3つは有意水準1％、符号2つは有意水準5％であることを示している。
出所）RLMSの個票データより筆者推計。

るためにクラスカル・ウォリス検定をおこなったところ、いずれの場合もLFS間に相違がみられた（都市に関しては$\chi^2(2)=176.18, p<0.01$；農村に関しては$\chi^2(2)=26.20, p<0.01$）[18]。さらに、χ^2検定において、都市内・農村内それぞれのPDとLFSの間に有意な連関がみられたので（都市に関しては$\chi^2(4)=201.18, p<0.01$；農村に関しては$\chi^2(4)=52.44, p<0.01$）、残差分析をおこなった。表4には、残差分析の結果、特徴的な正の連関がみられた場合にはプラス（+）が、特徴的な負の連関がみられた場合にはマイナス（−）が記されている。表4に示されているように、都市内のPDとLFSの連関と、農村内のPDとLFSの連関には相違がみられる。例えば、都市の慢性的貧困者は非労働力人口である傾向が強いのに対し（表4-1）、農村の慢性的貧困者は非労働力人口である傾向が弱く、就業者である傾向が強かった（表4-2）。

　都市内と農村内のPDとLFSの連関にこのような相違が生じるのは何故なのか？　慢性的貧困と非労働力の連関に関する都市・農村間の相違の原因の一つは、農村の非労働力人口は、都市の非労働力人口よりも、個人副

業経営に従事できる可能性が高いことにある。これは、自家消費のための食料生産をおこなえる可能性が農村では都市よりも大きいことを意味している。つまり、個人副業経営への従事は、農村住民が慢性的貧困に陥らない可能性を高める。また、農村住民にとって老齢年金は極めて重要な貨幣所得源である[19]。その結果、農村の非労働力人口は、慢性的貧困よりも一時的貧困に陥る傾向が相対的に強くなった。一方、都市の非労働力人口は、個人副業経営に従事する可能性が相対的に小さく、その結果、一時的貧困よりも慢性的貧困に陥る傾向が相対的に強くなった。以上のような理由から、慢性的貧困と非労働力人口の間の連関は都市ではプラスになったが、農村ではマイナスとなった。農村における慢性的貧困と就業の連関については3.4.3.で議論したい。

表5　貧困動態別の居住地と労働力状態の連関（1994—2000年のプールド・データ）

表5-1　非貧困に関する居住地と労働力状態

貧困動態（PD）：			労働力状態（LFS）			全体
			就業	失業	非労働力	
非貧困	都市	% within 居住地	69.6	4.4	26.0	100.0
		% within LFS	77.4	78.9	61.8	72.7
	農村	% within 居住地	54.1	3.1	42.8	100.0
		% within LFS	22.6	21.1	38.2	27.3
全体		% within 居住地	65.4	4.1	30.6	100.0
		% within LFS	100.0	100.0	100.0	100.0

表5-2　一時的貧困に関する居住地と労働力状態

貧困動態（PD）：			労働力状態（LFS）			全体
			就業	失業	非労働力	
一時的貧困	都市	% within 居住地	59.1	4.8	36.2	100.0
		% within LFS	74.4	71.5	64.2	70.2
	農村	% within 居住地	48.0	4.5	47.5	100.0
		% within LFS	25.6	28.5	35.8	29.8
全体		% within 居住地	55.8	4.7	39.5	100.0
		% within LFS	100.0	100.0	100.0	100.0

注）表3と同様。
出所）RLMSの個票データより筆者推計。

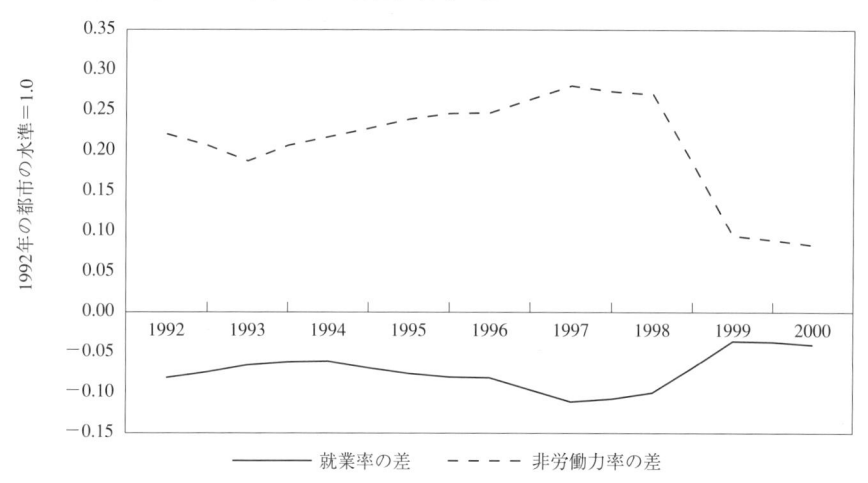

図5　都市と農村の就業率の差と非労働力率の差

注）「1992年の都市の就業率」=1.0。「1992年の都市の非労働力率」=1.0。「就業率（非労働力率）の差」=「農村の就業率（非労働力率）」-「都市の就業率（非労働力率）」。
出所）筆者推計。Госкомстат России Российский статистический ежегодник. 2001. C. 36. Госкомстат России Экономическая активность населения России. 2002. C. 12-13.

3.4. 都市・農村間の貧困動態の相違

各PD別に居住地とLFSの間の連関を調べたところ、非貧困と一時的貧困に関して居住地とLFSの間に有意な連関がみられたため（非貧困に関しては$\chi^2(2)=150.64$, $p<0.01$；一時的貧困に関しては$\chi^2(2)=84.26$, $p<0.01$）、残差分析をおこなった（表5）。残差分析の結果では、都市と比較して、農村では非貧困者も一時的貧困者も非労働力人口である傾向が強かった。この理由の一つとして、都市と農村の労働市場の相違が挙げられる。例えば、都市では農村よりも就業が維持されていた（図5）。一方、農村では都市よりも非労働力比率が高く、1990年代に、都市と農村の非労働力率の差が広がった。以下、都市と農村のPDの相違に関して詳しく議論しよう。

3.4.1. 都市の非貧困と農村の非貧困

　都市の非貧困者と比較して、農村の非貧困者は何らかの仕事に従事している傾向が弱く、非労働力化している傾向が強かった（表5-1）。そこで、非貧困者で非労働力化している者の年齢階級に関して都市・農村間で差があるかどうかを調べるためにマン・ホイットニーのU検定（U検定）をおこなったところ、都市・農村間に統計的に有意な差がみられた（$p<0.01$）[20]。また、居住地と年齢階級の連関が統計的に有意であったため（$\chi^2(5)=47.62, p<0.01$）、残差分析をおこなった。その結果、農村の非貧困者で非労働力化している者は、都市と比べて、60歳以上の年金受給者である傾向が強いのに対し、都市の非貧困者で非労働力化している者は、農村と比べて、15-19歳、20-29歳である傾向が強かった（$p<0.01$）[21]。

　これらの傾向の原因として、以下の点が指摘できる。第1に、都市の非貧困者は農村と比べて就業者である傾向が強く、彼らの賃金水準は家族を養う、つまり、被扶養家族を養うことが可能な水準である、と考えられる。第2に、農村の働いていない年金受給者は、個人副業経営に従事できる可能性がより大きいため、貧困に陥らない傾向が強い。第3に、特に農村では、年金が家計の重要な所得源になっている。そのため、農村の年金受給者は相対的に貧困に陥らない可能性が強い。

3.4.2. 都市の一時的貧困と農村の一時的貧困

　都市の一時的貧困者と比較して、農村の一時的貧困者は非労働力人口である傾向が強いのに対し、都市の一時的貧困者は何らかの仕事に従事している傾向が強かった（表5-2）。また、一時的貧困者に関して、非労働力人口と就業者の年齢階級をそれぞれ調べたところ、U検定において、都市・農村間に統計的に有意な差がみられた（非労働力人口に関しては有意水準1％、就業者に関しては有意水準5％）。また、それぞれの分布において、居住地と年齢階級の間に統計的に有意な連関がみられたため（非労働力人口に関しては$\chi^2(5)=46.71, p<0.01$；就業者に関しては$\chi^2(5)=$

37.20, p＜0.01)、残差分析をおこなった。その結果、一時的貧困者で非労働力化している者のうち、農村住民に関しては20－29歳、30－39歳である傾向が都市と比較して強いのに対し、都市に関しては60歳以上である傾向が農村と比較して強かった（p＜0.01）。また、一時的貧困者で就業している者のうち、農村住民に関しては30－39歳、40－49歳である傾向が都市よりも強いのに対し（p＜0.01）、都市住民に関しては50－59歳（p＜0.10）、60歳以上（p＜0.01）である傾向が農村よりも強かった。これらは、農村の一時的貧困者は、都市の一時的貧困者と比べて、より若い層である傾向が強いということを意味している。

農村の一時的貧困者で非労働力化している者は主婦である傾向が強かった（p＜0.01）。そして、以下に示すように、主婦らは潜在的に働くことを希望していた可能性がある。図6は、16歳から年金受給資格年齢前（男性は59歳、女性は54歳）までの都市・農村別の非労働力人口分布を示している。農村では、主婦の非労働力人口全体に占める比率は、1997年には16.2％、1998年には17.5％であったが、経済成長がみられ始めた1999年には8.8％にまで減少した。一方、都市では、主婦の非労働力人口全体に占める比率は、1997年には15.4％、1998年には14.9％、1999年には10.8％であった。非労働力人口に対する主婦数の減少率は農村よりも都市において大きい。例えば、1998－1999年、主婦の減少率は農村で49.5％、都市で27.2％であった。以上から、家計の総所得が家計維持にとって不十分な水準であった、つまり、世帯主の賃金が家族を養うのに不十分であったため、主婦が働き始めたと想定できる。

また、農村の非労働力人口の中の隠れた失業にも注目すべきである。つまり、農村では、全非労働力人口において働くことを希望している者の比率が都市よりも高い。ロシア連邦統計局のデータによれば、1998年、働くことを希望している非労働力人口の比率は農村で27.0％、都市で20.7％であった（それぞれ、1999年には38.4％と28.5％、2000年には33.4％と27.9％）。また、1998年、仕事をみつけることを諦めた非労働力人口は農村で9.4％、

図6　都市・農村別の非労働力人口分布（16〜54/59歳）

図6-1　都市の非労働力人口分布（16〜54/59歳）

凡例：
- 職を探していない（職探しを締めた者を含む）
- 職を探しているが、職に就く準備がない
- その他
- 主婦（主夫）
- 年金受給者
- 学生

右側注記：
- 働くことを希望している
- 働くことを希望していない
- 働くことを希望している

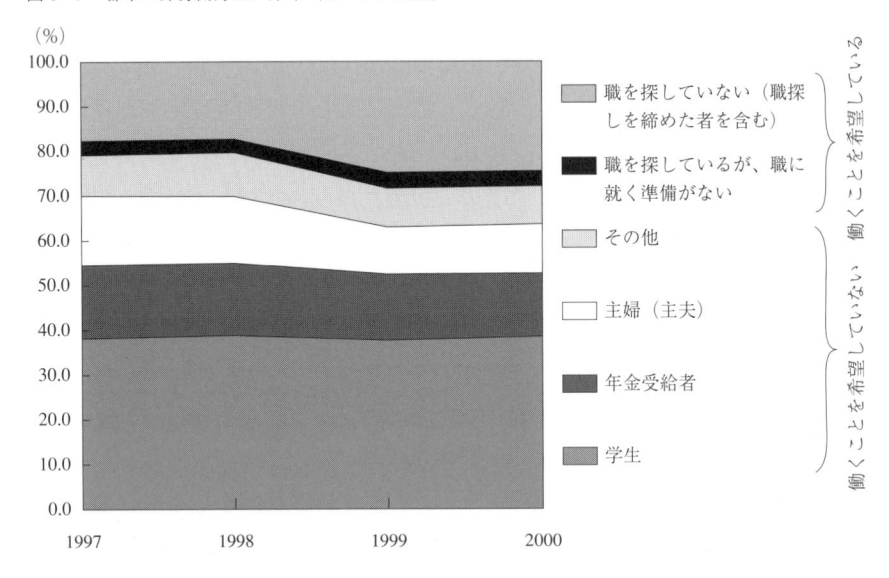

図6-2　農村の非労働力人口分布（16〜54/59歳）

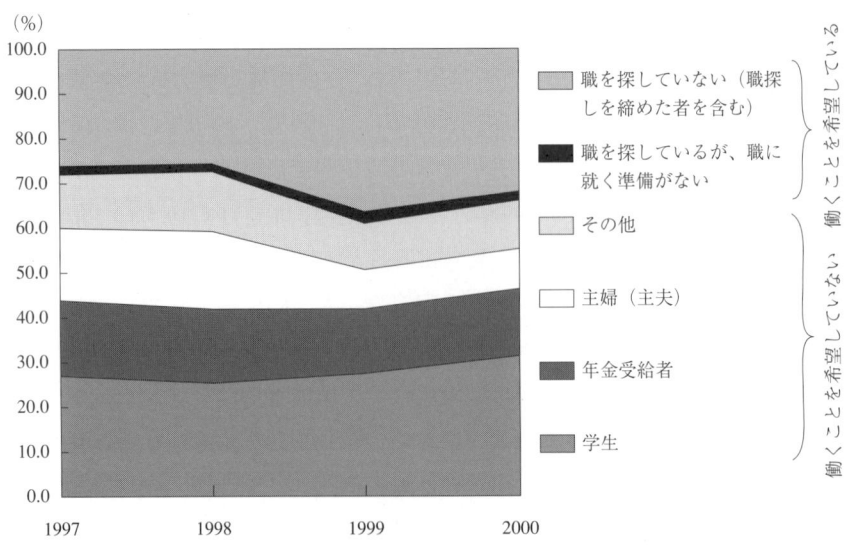

凡例：
- 職を探していない（職探しを締めた者を含む）
- 職を探しているが、職に就く準備がない
- その他
- 主婦（主夫）
- 年金受給者
- 学生

注）図4と同様。
出所）ロシア連邦統計局のデータに基づき筆者作成。Госкомстат России Экономическая активность населения России. 2002. C. 182-183.

都市で4.0％であった（それぞれ、1999年には13.9％と3.9％、2000年には11.9％と3.4％）[22]。

以上のように、農村の一時的貧困は、都市と比べてより若い層が陥っている傾向が強く、また、働く貧困者（the working poor）だけでなく非労働力人口内の隠れた失業とも関係している。

3.4.3. 農村の働いている慢性的貧困者とその職業

表4で示されているように、農村でも都市でも慢性的貧困は失業とプラスの連関があった。しかし、全慢性的貧困者数に占める比率は、失業者と非労働力人口と比べて、就業者が圧倒的に高い。筆者の推計によれば、1994－2000年の都市・農村において、全慢性的貧困者数に対する就業者数の比率は50.7－61.9％であった。

既に指摘したように、慢性的貧困者分布に関して、居住地とLFSの間に統計的に有意な連関はみられなかった。しかし、慢性的貧困者の職業と居住地との間に統計的に有意な連関がみられた（$\chi^2(8)=84.56, p<0.01$）[23]。まず、都市と農村の職業分布に関してみると、農村の就業者は、都市の就業者よりも、熟練の農林漁業、機械操作員・組立工、初級（非熟練）の職業に従事している傾向が強かった（$p<0.01$）。またPDと職業との連関に関してみると、農村において特徴的なこれらの職業と慢性的貧困との間に特徴的なプラスの連関が認められた（熟練の農林漁業は $p<0.05$；機械操作員や初級の職業は$p<0.01$）[24]。このような傾向は、慢性的貧困者に関する居住地と職業の特徴的連関においても確認でき、慢性的貧困者に関する居住地と職業についての残差分析の結果、農村と上記の職業の間に特徴的なプラスの連関がみられた（$p<0.01$）。農村の慢性的貧困者と特徴的なプラスの連関があった職業として、例えば、農村における機械操作員に関してはトラック運転手やコンバイン運転手などが、そして、農村における初級の職業に関しては清掃人や非熟練の農業労働者などが挙げられる。

以上から次のように結論できる。農村において慢性的貧困は失業とプラ

スの特徴的連関があるが、規模に関しては、失業者や非労働力人口ではなく、就業者が慢性的貧困の多数を占める。しかも、その比率は圧倒的に高い。また、農村の働いている慢性的貧困者は、初級の職業などに従事している傾向が強く、それらの職業は主に農業に関するものである。したがって、農村の慢性的貧困は、失業だけでなく、生活水準の維持が可能な賃金水準を達成できる産業の不足や農外雇用の不足と関係している。

おわりに

　本稿では、1990年代を中心に、移行経済下にあるロシアの都市と農村の貧困動態（PD）をノンパラメトリック分析や残差分析に基づき比較分析した。そして、都市と農村の PD の相違を明らかにすることから、農村の貧困の特徴を明示した。主な結論は以下のようになる。

　市場経済への移行の過程で、ロシアの貧困者比率は上昇し、働く貧困者（the working poor）がロシアの貧困の特徴となった。1990年代に全体の66.2％が一度は貧困に陥ったが、そのほとんどが一時的貧困者であり（45.3％）、慢性的貧困者は全体の20.9％であった。また、都市と農村では PD の分布に関して相違があり、都市では貧困から抜け出す可能性が高く、農村では貧困が長期化する傾向が強かった。

　ロシア全体の PD の分布に関して労働状態（LFS）間で相違があり、非貧困と就業、一時的貧困と非労働力、慢性的貧困と失業との間に特徴的な連関がみられた。しかし、これらの連関に関して、農村内と都市内に相違がみられた。農村では、個人副業経営に従事する機会や年金の受給が年金受給者の貧困リスクを緩和する方向に作用し、その結果、都市と比較して、年金受給者の厚生がその他の社会経済グループよりも高くなった。

　都市の一時的貧困は働く貧困者（the working poor）と関連する傾向が強いのに対し、農村の一時的貧困は、働く貧困者（the working poor）だけで

なく非労働力人口内の隠れた失業と関連している傾向が強かった。そして、都市と比べて、農村では若い家計と一時的貧困との連関が相対的に強い。また、慢性的貧困は失業とプラスの特徴的連関があるが、慢性的貧困の多数を占めるのは、都市でも農村でも就業者であった。農村の慢性的貧困者の職業は初級（非熟練）の職業である傾向が強く、農村の慢性的貧困は顕在失業だけでなく初級（非熟練）の職業とも関係している。

　経済成長の結果としての賃金の上昇と賃金支払遅延の減少によって、都市でも農村でも貧困者比率が減少した。経済成長は貧困削減に有効であり、特に、一時的貧困の削減により有効である。しかし、インフレや大きな賃金格差などが貧困削減の阻害要因となりうる。また、農村の貧困は、働く貧困者（the working poor）だけでなく、生活水準の維持・改善を可能にする賃金水準を生み出すような産業や農外雇用の不足あるいは欠如とも関係している。そのため、農村の貧困削減は、都市の貧困削減よりも困難である。貧困者のターゲティング等の社会的支援は、政府の財政状況や経済成長に大きく依存し、また、ロシアの経済成長は石油・ガス価格などの外的条件に大きく左右される。持続的な貧困削減のためには、社会的支援という受動的な貧困削減対策だけでなく、各家計あるいは個々人が自立的に貧困から抜け出せるような政策が重要になるであろう。そのためには、地域産業の育成・復興など地域経済の発展の促進、農外雇用創出の促進、また、生産性の高い産業部門への労働力移動などが必要になるであろう。

参考文献
絵所秀紀・山崎幸治編、1998、『開発と貧困：貧困の経済分析に向けて』、アジア経済研究所。
武田友加、2000、「移行初期ロシアにおける不平等の固定化と貧困：賃金支払遅延と第2雇用」『スラヴ研究』、47、pp.71-90。
―――、2004a、「1990年代ロシアの貧困動態：貧困者間の相違性の把握」『スラヴ研究』、51、pp.241-272。
―――、2004b、「ロシアの貧困分析に関わる統計：貧困・生活水準・雇用問題に関する統計調査」CIRJE discussion paper series、CIRJE-J-114。

田畑伸一郎・塩原俊彦、2004、「ロシア：石油・ガスに依存する粗野な資本主義」西村可明編著『ロシア・東欧経済：市場経済移行の到達点』、日本国際問題研究所、pp.1-27。

Dagdeviren, H., R. van der Hoeven. and J. Weeks, 2004, "Redistribution Does Matter: Growht and Redistribution for Poverty Reduction," in A. Shorrocks and R. van der Hoeven, eds., *Growth, Inequality, and Poverty,* pp.125-153.

Dollar, D. and A. Kraay, 2004, "Growth is Good for the Poor," in Shorrocks, A. and R.van der Hoeven, eds., pp.27-61.

EBRD, 2004, *Transition Report Update,* London: EBRD.

Foster, J., Greer, J. and Thorbecke, E., 1984, "A Class of Decomposable Poverty Measures," *Econometrica,* 52: 3, pp.761-766.

Hanmer, L. and F. Naschold, 2000, "Attaining the International Development Targets: Will Growth Be Enough?," *Development Policy Review,* 18, pp.11-36.

Hulme, D. and A. Shepherd, 2003, "Conceptualizing Chronic Poverty," *World Development,* 31: 3, pp.403-423.

Klugman, J., ed., 1997, *Poverty in Russia: Public Policy and Private Responses,* Washington D.C.: The World Bank.

Naschold, F., 2004, "Growth, Distribution, and Poverty Reduction," in Shorrocks, A. and R.van der Hoeven, eds., pp.107-123.

Rimashevskaya, N., ed., 1992, *Taganrog Studies: Family Well-Being, Conditions, Standards, Way and Quality of Life of the Population of Russia,* M.: ISPEN RAN.

Shorrocks, A. and R.van der Hoeven, eds., 2004, *Growth, Inequality, and Poverty,* New York: Oxford Univ. Press.

Williamson, J., 2004, "The Strange History of the Washington Consensus," *Journal of Post Keynesian Economics,* 27: 2, pp.195-206.

Всемирный банк Российская Федерация: доклад по оценке бедности（Проект）//Отчет №28923-RU. 28 июня 2004.

Госкомстат России Российский статистический ежегодник. М.（各年版）

─────Социальное положение и уровень жизни населения России. М.（各年版）

─────Экономическая активеность населения России. М.（各年版）

Корчагина И., Овчарова Л. и Турунцев Е. Система индикаторов уровня бедности в переходный период в России//Российская программа экономических исследований. Научный доклад №98/4. 1999.

Московский центр Карнеги Бедность: альтернативные подходы к определению и измерению. М., 1998.

Такэда Ю. Временная или хроническая бедность в России?: городские и сельские бедные в 1990-х годах//Сост. *Окуды Х.* XX век и сельская Россия. Токио, 2005. С. 364-391.

注

* 本研究は、科学研究費補助金若手研究B（課題番号：17730178）の成果の一部である。

（1） ロシア・中東欧の急進的改革の基盤は、1989年にラテン・アメリカ諸国の経済再建のためにWilliamsonによって作成された「ワシントン・コンセンサス」であった。Williamsonは、最近、1990年代にラテン・アメリカや移行諸国で起こった結果の反省から、「新たなアジェンダ」の中で、ケインジアン的実物経済安定化や、制度の重視、成長だけでなく所得分配への配慮の重要性等について言及している（Williamson 2004, pp.202-204）。

（2） ロシア連邦統計局（*Росстат*）は、ロシア連邦国家統計委員会（*Госкомстат России*）の新名称。

（3） *Госкомстат России* Российский статистический ежегодник. 2003. С. 189. 世界銀行の推計によれば、貧困者比率は1999－2002年に41.5％から19.6％へと大幅に減少した（Всемирный банк 2004, С. 18-19）。「経済成長は貧困削減にも有効である」という最近の研究として、例えば、Dollar and Kraay（2004）が挙げられる。

（4） ロシアの経済成長が、いかに石油・ガスの輸出やこれらの市場経済価格に大きく依存しているかについては、例えば、田畑・塩原（2004, pp.5-13）を参照。田畑らは、1992－1996年の大不況はオランダ病で説明可能であり、石油・ガスなどの輸出がロシアの経済成長を妨げるメカニズムを内包している、とも指摘している（田畑・塩原、2004, p.12）。

（5） ロシア連邦統計局のデータに基づき筆者推計。（*Госкомстат России* Социальное положение и уровень жизни населения. 2003. С. 145）

（6） 例えば、Rimashevskaya, ed.（1992）; Klugman, ed.（1997）; Московский центр Карнеги（1998）; Корчагина и др.（1999）; 武田（2000）。

（7） 1990年代ロシアの貧困動態に関する研究として、例えば、武田（2004a）が挙げられる。

681

（8） ロシアでは、経済活動人口は15－72歳の男女の就業者と失業者からなり、それ以外の15－72歳の男女が非経済活動人口（非労働力）と定義される。
（9） 所得・資産の再分配政策が貧困削減に与える効果をクロス・カントリー分析（50カ国）し、再分配政策の効果を有効と評価している研究として、例えば、Dagdeviren et al.（2004）がある。
（10） この点は、南アジアなどの農村における高い貧困リスクと圧倒的に多い貧困者数や、ラテン・アメリカなどにおける農村貧困者の都市への移動などの貧困問題と、ロシアの貧困問題は異なることの証左といえる。
（11） RLMSの標本数は、1992－1994年1月（Phase I）は約6,000世帯、1994年11月以降（Phase II）は約4,000世帯。RLMSの詳細については以下のサイトを参照。http://www.cpc.unc.edu/rlms．RLMSや貧困分析に関するその他の統計調査に関する詳細に関しては、武田（2004b）を参照。
（12） 個人副業経営とは、個人的消費や零細的販売を目的とした小規模の菜園経営を意味する。農村であれば、家畜経営をしている場合もある。
（13） 本稿で採用した測定方法の詳細は、武田（2004a, pp.244-249）を参照。また、ロシアの貧困線に関しては、Такэда（2005, C. 372-373）などを参照。
（14） 本稿では、貧困の程度を、非貧困の場合は0、一時的貧困の場合は1、慢性的貧困の場合は2としてクラスカル・ウォリス検定をおこなった。
（15） 調整済み残差は標準正規分布に従うので、絶対値が1.96を超えるとき5％水準で有意、絶対値が2.58を超えるとき1％水準で有意となる。
（16） RLMSの調査票では、単発的な仕事（случайная работа）に関して以下のような質問が設けられている。「この30日間に、（さらに）何らかの仕事をしたかどうか教えてください。例えば、誰かに服を縫ったり、誰かを車で送迎したり、アパートや車の修理をしたり、食料を購入してそれを届けたり、病人の看病などをしましたか？」
（17） 以下のデータに基づき筆者推計。Госкомстат России Экономическая активностьнаселения России. 2002. C. 11, 178. Госкомстат России Российский статистический ежегодник. 2001. C. 36. LABORSTAT Labour Statistics Database（http://laborsta.ilo.org/）. EBRD, 2004, Transition Report Update, p.16.
（18） 1994－2000年のプールド・データ（pooled data）に基づく推計。以下、都市と農村の比較分析をする際、プールド・データを基に分析する。
（19） 2001年、ミハイル・ズラーボフ（当時、年金基金局長）は、雑誌『人間と労働』の編集長のインタヴューに次のように答えている。「賃金が高いモスクワでは、1,200ルーブルの年金は最低生存費に全く一致しないが、補助金が支給されている（経済力の低い）地域では、年金受給者がさらに2人の大

人を養うことができる。最近、出張先で、若者たちが年金支給額の上昇計画について何ともしつこく尋ねたことに、非常に驚いた。回答を得たとき、ある若者が別の若者にこういった。『本当に、牛を飼うより得だな』」(*Зурабов М.* Старасть должна перестать ассоцироваться с бедностью//Человек и Труд. 2001. № 6. C. 5-6.)

(20) 1994－2000年のプールド・データに基づく推計。本稿では、年齢階級の順序尺度を、0－19歳は1、20－29歳は2、30－39歳は3、40－49歳は4、50－59歳は5、60歳以上は6とした。

(21) 各Roundに関してもほぼ同様の傾向がみられた。但し、1994年（Round 5）に関しては、40－49歳の年齢階級と都市との間に正の特徴的連関、農村との間に負の特徴的連関がみられた。

(22) 働くことを希望している者の比率と、仕事をみつけることを諦めた者の比率は、ロシア連邦統計局のデータに基づく筆者の推計。*Госкомстат России* Экономическая активность населения России. 2002. C. 182-183.

(23) 1994－2000年のプールド・データに基づく推計。なお、職業分類は、ILOによる国際職業分類（ISCO88）に基づく。農村住民で慢性的貧困である軍人はいなかったため、軍人をサンプルから除外してχ^2検定をおこなった。ISCO88の詳細については、例えば、http://laborsta.ilo.org/ の分類（Classifications）に関する項目を参照。

(24) 全国レベルでの貧困動態と職業に関する1994－2000年のプールド・データに基づく推計。

編者あとがき

　本書のきっかけは、20年ほど前の1980年代後半、ペレストロイカの時期に遡る。私がヴォルガ地方の集団化についてモスクワで地方新聞を読んでいた頃、当時、科学アカデミーソ連史研究所の大学院生であったヴィクトル・コンドラーシンが自分の郷里を抱くペンザ農村の1930年代初頭における飢饉を描いたペーパーを、一昨年逝去したダニーロフ氏の自宅でお借りし、それをホテルの部屋にもちかえって読んだ。私がロシアに通いはじめたのが、「西側」の人間に対してまだ閉鎖的だったブレジネフ時代であったことも原因して、モスクワでは英米の知り合いの研究者と時々出会う程度で、私には適当なロシア人の研究者仲間がいなかった。しかし若いロシア人が自国史の空白部分を自分の郷里の歴史で埋めようとする論文を読んだとき、論文への内容的な感想に先だって、自分にも友人ができそうな予感をふと感じたことを覚えている。今にして思えば、そのころモスクワにはまだ旧体制の空気が多分に漂っていた。

　その後、1990年代に入ってヴィクトルとは個人的に親しくなった。2001年春に日本を訪れた同人とともに、金沢の梶川伸一氏（現金沢大学教授）のご自宅へ向かう特急列車のなかで、研究計画をうちあけた。そのとき、どのようなグループを編成するかを相談し、急に計画が具体化した。

　計画とは、日本人研究者だけではカバーできない分野を中心にロシア側のメンバーを補充して20世紀ロシア農民史を書くことであった。日本側からの参加者については、少し制限があり、すべての方に声をかけることができなかったが、それでも20世紀ロシア農民史に関係している方にできるだけ多く参加していただいた。ロシア側からの参加者について考慮したことは、公式の歴史観の崩壊を身をもって体験した世代で、しかし若い人を、次いで「地域」を意識している人を、さらに全体として、時期だけではなくテーマとしても多様性が出るように、という3点であった。

　結果からいえば、「地域」については、「農民」という概念を問題にする

と、直ちに「どこの」といった質問が研究会などでときに出たことに象徴される、その地域ごとにあたかも一つの農民、一つの歴史があるような傾向を、まれにではあるが、ロシア側に感じることがあった。ソ連時代のモスクワは、農作業しか知らない片田舎のムジークやバーバ（農夫と農婦）の運命でさえ決定することが幾度もあった。平凡ではあるが、中央も地域も重要である。ヴィクトルも私も、最初の段階では、歴史認識全体に大きな対立はない、とほとんど何も考えず楽観的であったが、個々人のもっと大きな歴史観における相違を意識的に議論するべきであったかもしれない。関心の多様性を反映して、個々の問題でのその意見の相違について、あるいはその同意や補完について討議がおこなわれることはあったが、より大きな歴史観については（言葉の壁という本質的な問題を別としても）十分に議論ができなかった。しかし、20世紀ロシア農民を論じる場合の一つの座標軸となる共同体については個別に議論があり、編者の序論に一端は反映させることができたかもしれない。

　したがって従来の公式の歴史観の崩壊という大上段の議論についても、次の意見は、むしろ私の性格を反映した個人的な感想に属する。私は、歴史の根底的な見直しが許されなかった従来のあり方からの急速な離脱のなかで、或る研究者がぽつんと漏らした次の言葉に大きな共感を感じている。これは中央黒土のクルスクの歴史家が書いた全くわずかな一節である。新しい歴史観の基礎となるべき多くの史料がこれまでロシア人研究者にも閉ざされていたのは事実であるが、彼によれば、新しい歴史観が不可能なほど史料が秘匿されていてアクセスできなかったのでは決してなく（あるいは恐れて関わりを避けたのでもなく）、たとえば、穀物調達であれば、農民の赤裸々な不満、農村の実態を記した、それぞれ1000頁をこえるようなファイルの山が地方アルヒーフで利用可能であった。彼が告白するには、それらを彼ら（おそらく全員）は「周知の理由から、こうした類の史料には懐疑的に、あるいは不信感をもって」関わり、利用しなかったのだという（*Рянский Л. М. и др.* Курская деревня в 1920-30 годах. Курск,

1993.)。

　あえて断定すれば、彼らはアルヒーフの特定の史料を、依拠するに足りない、通りがかりに一瞥をあたえるただの古紙だとみなしていた。これを他人事だとやりすごせる人々は幸せである。個人を取り巻く時代の状況は、様々な要因を内にはらみながら圧倒的な力をもって個人の想像力の、そうでなくとも小さな働きに本質的な枷をはめる。歴史像の転換は、多くの場合、研究者がもたらしたのではなく、時代によって研究者が思い知らされたものである。

　しかしそのようなロシア人研究者（本書に登場しなかった研究者をふくめて）からわれわれが学ぶべきものは、ここに細部まで記すことはとても不可能であるが、あまりにも多い。社会の近さ、言葉、史料へのアクセスの速さと容易さ、その他あらゆる点で、'わが国がロシア農民史研究の後進に今後甘んじることになるかもしれない切迫した危機感を記した十数年前の文章があることをあえてここに記して、参照をお願いする次第である*。

　　＊ソビエト史研究会編『ロシア農村の革命――幻想と現実』木鐸社、ソビエト史研究会報告第5集、1992年、「はしがき」。

　さて、研究会は2002年秋に最初は小規模なグループからはじめ、最終的には2005年11月にロシア側8名をふくむ総勢20名をこえる人々が参加した。本書の刊行の意図もこのときに確認された。それまで、富士山麓の宿泊所や東京大学経済学部その他で各種の集まりをもった。これらの研究会をきっかけとした交流は、ここには書ききれない大きさをもち、各人の記憶と今後の過程のなかに多くの形でつづくことであろう。その報告集と研究結果が、2冊の露文のディスカッション・ペーパー*と、このグループの最初の著作である、同じく露文の論文集『20世紀と農村ロシア』（東京大学経済学部付属・日本経済国際共同研究センター、2005年）**である。なお、読者が手にしておられるこの日本語の論文集は、この論集の翻訳ではなく多くの点で独立したものであるから、後者をも参照していただければ幸いである。

これら非売品の3つの論文集には残部が若干あり、編者宛に連絡いただければご希望の方にはお譲りすることができる。

　　＊Hiroshi Okuda (ed.), *History of the Russian Peasantry in the 20th Century*: Vol. 1, CIRJE-F-189, January 2003; Vol. 2, CIRJE-F-262, Faculty of Economics, University of Tokyo, February 2004.

　　＊＊XX век и сельская Россия. CIRJE-R-2. Faculty of Economics, University of Tokyo. 2005. 本書については、総合歴史雑誌『祖国』の日本特集号（«Родина». 2005. № 10）に紹介文が、ついで、T・シャーニンらが中心になっている『農民研究：理論・歴史・現代』第5部のダニーロフ追悼記念号（Крестьяноведение: Теория. История. Современность. Вып. 5. М., 2006）に、全16本の論文の紹介をふくむア・クラートキンの10頁の大きな書評が出た。書評の末尾では、「この論集は、残念ながらロシアでは事実上、書誌的な稀覯本である」と指摘されている。

　最初の計画では、ソ連史研究の新しい状況、条件をとりいれた新しい通史を数人で書くことを目的の半分とし、残りを各論に予定していた。しかし、通史が各人の個性を抑えた、通り一遍の叙述になることを恐れて（さらに他にも2, 3の問題があった）結局それを断念した。こうして逆に、当初まさに避けようとしたありふれた論文集となったのではないか、と危惧している。私は、新たに公表された史料を反映させた集団化についての論文を書きたかったが、様々な事柄を注視しなければならなかったために、その精神的な余裕をもつことがついにできなかった。各参加者の執筆意欲は高く、簡単に2冊になる勢いであったため、大事をとって、多くの方々に小さなサイズの原稿をお願いし、窮屈な思いを我慢していただくことになった。このような機会はもはや望めないから、危険を冒してもう少し自由に書いていただくべきであったのか、あるいはこの程度のサイズで十分とするべきなのか、あるいはこれでさえ大部すぎるのか、弁解と後悔と慰めが入り交じって、今となっては私自身どう感じたらよいのかよくわからない。

　ともあれ、大した事故もなく、こうして無事に全体が終了したことが不

編者あとがき

思議なほど、この間、膨大な作業があった。研究、出版全般の問題から日常の些細な事柄にいたるまで私が実質的に全般を担当したが、ロシア語の力不足に苛立つことが多かった私を細谷未青さんが秘書として積極的に補助してくださった。全体が、すべてわれわれ二人の懸命の手工業でおこなわれた。「ミオ」がロシア側の参加者に愛されたことが最大の励みであった。

次に、このような企画の場合、在モスクワのロシア側事務担当が絶対に必要であり、科学アカデミー哲学研究所のイリーナ・コズノワさんが大変なご多忙のなかを快くそれにあたってくださった。彼女は、本書の編集の途中にも、その深いロシア農民史の知識を惜しみなくあたえてくださり、最後には、表紙、挿絵の資料もたくさんお送りくださった。またこの数年間、多くの機会にわれわれ日本人研究者側が書いたロシア語の校閲は、多くの場合、ロシア側参加者数名が分担した。

さらに、鈴木健夫早稲田大学教授と前記の梶川教授は、この間、次々と現れる問題について貴重な時間を割いて個人的に相談に乗ってくださった。研究会には、荒田洋先生（前國學院大學教授）や、失礼ながらお名前を書ききれないその他の方々も参加してくださった。

本書、およびそれに先行する研究活動と成果の刊行においては、2003～2005年度の日本学術振興会科学研究費、東京大学経済学部付属・日本経済国際共同研究センターによる外国人研究者招聘支援と刊行助成、江草基金からの援助を受けた。関係機関、関係諸氏に心からお礼申し上げたい。刊行を積極的に支持してくださった社会評論社の松田健二社長と、編集担当の新孝一氏にはお礼の言葉もない。このような諸機関、諸個人のご助力がなければ、われわれの努力の積み重ねが日の目を見ることはなかったであろう。

2006年10月

奥田央

事項索引

ア行

アウトサイダー　325
赤い馬車　413, 414, 445　→集団的供出
アグロゴロド（農業都市）　45
アグロフィルマ　650, 651
アグロホールディング　650, 651
アナキスト　アナキズム　154, 155, 160-165, 168, 172, 175, 177, 178, 181, 185
アネクドート　64, 72
アノミー　70
アメリカ　アメリカ人　253, 275, 278-281, 284, 285
アメリカ援助局（ARA）　278
アルテリ（非農業的な）　622, 625
アルテリ模範定款（1935年）　25, 39, 527, 529, 533, 544, 545, 569, 575, 578-581, 594
アレンダ　35, 37, 39
アントーノフ運動　→アントーノフ（人名索引）
生き抜き　生き残り　25, 77, 483, 498, 499, 525, 526, 529-531
イギリス　396
育種　555, 561
移行経済　656, 678
移住　26, 69, 436, 483, 485, 486, 497, 498, 597, 598, 600, 601, 611, 614, 623-625
市　→バザール
医療　医師　292, 318, 609, 611, 613-614
インテリゲンツィヤ　知識人　124, 224, 303, 309, 326, 493-494
インフラ　118, 611
ヴェ・チェ・カ　160, 178, 184, 232, 234, 250　→オ・ゲ・ペ・ウ
ヴォルガ・ドイツ人　254-289 passim　→沿ヴォルガ・ドイツ人自治共和国　→民族自治
　——に対する強制措置（1915－1917年）　254, 255
　——に対する強制措置（1941年）　289
ウクライナ　19, 54, 153-185 passim, 221, 229, 232, 238, 258, 259, 261, 350, 355, 368, 371, 414, 418, 429, 449, 462, 470-472, 481-503, 508-510, 573-588 passim
右派　右翼反対派　11, 18, 19, 388-389
馬　役畜　18, 20, 22, 72, 123-125, 144, 257, 485, 486, 499, 501, 529, 539, 549, 557
エス・エル　16, 230, 257, 377
左翼——　223
エム・テ・エス（機械・トラクター・ステーション）　43, 516, 518, 532, 533, 539, 545, 551-553, 583
　——政治部　495-496, 516, 517, 545
沿ヴォルガ・ドイツ人自治州　253, 257-262, 264, 266, 270, 273, 275, 278, 279
オーストリア　104
オートルプ　31-34, 89-106 passim, 118, 331, 392
オ・ゲ・ペ・ウ　348, 376-377, 391, 393-394, 396, 414, 444, 456, 461, 465,

691

469-471, 477, 478, 489, 494, 495, 500
カ行
学生　生徒　　617, 618
カザフスタン　　427, 431, 469, 481, 509, 548
嫁資　303-305, 329, 330
家事　605, 612
餓死　26, 263, 269-276, 279-285, 418, 488, 496, 501, 503
　大量——　274, 495, 497, 500, 503
ガス化　612, 613
家族　25, 37-44, 65, 71, 121, 291, 292, 301-303, 305, 307, 311-315, 319, 323-326, 328, 530, 570, 579-581,
　——分割　33, 111, 120, 121, 305, 311, 330
　　小——　527, 576, 588
　　大——　29, 33, 38, 527
　　　未分割大——　70
家宅捜索　381, 385
家畜調達　430-431, 448, 509
家内工業　　→クスターリ生産
寡婦　297, 303, 306, 313, 316, 331
家父長制　63, 68
貨幣税　228-230, 237, 248
壁新聞　335-372 passim　→セリコル
　——通信員（スチェンコル）　336
　——の起源　337-338, 360
慣習法　14
旱魃　26, 261, 267, 270, 273, 482, 484, 538, 540, 554, 575
飢餓　26, 29, 253, 259, 263, 267-285 passim, 418, 497, 498, 510
　——輸出　501-502
機械化　548, 552, 611, 612, 619-620
ギガント・マニア　20

飢饉　17, 26, 27, 29, 111, 309, 386, 418, 526, 538, 543
　——（1921－22年）　251, 253-286, 286, 289, 418, 494, 495, 501, 538-539
　——（1932－33年）　26, 29, 286, 289, 431, 481-503, 508-510, 539, 541, 542, 585
　——（1946年）　26, 543, 585
気候　482-484, 502
義務納入　義務納入制　16, 26, 429, 430, 530, 535, 536, 558, 559
休暇　603
休閑地　540, 547, 554
休耕地　休耕方式　47, 547
教会　254, 256, 263, 265, 272, 284, 299-302, 315, 316, 323, 440, 451, 494, 510, 559, 562
凶作　262, 265, 266, 268, 272, 274, 284, 285, 526, 538, 540, 541, 545, 553, 609
強制的輪作　89, 91, 120
強制播種　224, 225, 233, 242, 247
強制労働　259, 473
協同組合　111-112, 116, 405, 424, 449, 494, 513-515, 537, 589, 591, 625
共同体
　——の解体　144　→土地団体の廃止
　——の小規模化　47
　——の復活　15, 32, 105, 525
　——的自治　13,
　——的行動様式　19, 49
儀礼　71, 75, 291, 292, 294, 299, 301, 306, 307, 316, 318, 321-326
近代化　66, 70, 87, 100, 291, 292, 502, 537, 562, 563, 597, 600, 609
　「封建的」復古による——　592

均等分配　→共同体　→割替
　　　所得の——　527, 528
　　　土地の——　15, 25, 28, 52, 40-41, 68, 71, 527, 529, 591, 596
　　　労働の——　29, 71
均分相続　→相続
勤勉な農民　436, 450
金融危機　655, 658, 660, 666, 670
勤労原理　27
区画地経営　→オートルプ　→フートル
　　　——と農民信用組合　117-121, 144
クスターリ生産　営業　家内工業　41, 124, 143, 306, 331, 450, 544, 604, 620
クラーク　16, 70, 76, 117, 259, 261, 339, 358, 376, 380-384, 393-396, 409, 443-444, 451, 523, 527
　　　——清算　——の階級としての絶滅　19, 20, 34, 54, 382, 403, 425, 429, 430, 432, 433, 440, 442, 455-458, 471, 474, 483, 485, 499, 515, 526
　　　絶滅された——の子孫　76
クロンシュタット反乱　231, 236, 456
ゲ・ペ・ウ　→オ・ゲ・ペ・ウ
経済外的強制　593, 594
経済成長　655-656, 659, 660-661, 670, 675, 679, 681
刑法
　　　——第58条　394
　　　——第61条　429, 432
　　　——第107条　381-383, 394, 399, 443-444
血縁　528
欠勤　71, 603

結婚　291, 292, 294-330, 332, 423
　　　——の社会性　292, 319-323
現物税　食糧税　219-222, 225, 228-231, 233-242, 244, 246, 248, 273, 275
公開裁判　423, 425
工業化　16, 34, 482, 541, 546
　　　——公債　420
口承文化　63, 66
購入地　17
高利貸付業者　127, 134, 135
呼応計画　485, 509
五カ年計画　16
国際子供救済同盟　278
国内旅券制　パスポート制　21, 330, 500-501,
黒板　415, 491, 510
穀物市場　374, 387
穀物調達　16, 25, 26, 30, 42, 221, 222, 225-227, 243, 372, 374, 378-397, 401, 414, 403-430, 443, 455, 457, 462, 464, 465, 467, 469, 470, 474, 481-495, 509, 530, 542, 556-558　→種子調達
　　　——危機　227, 372, 378, 385, 397, 403-404, 406, 407, 409, 419, 425, 432, 445, 523
　　　——非常委員会　491
　　　農戸別——　417, 446
国立銀行　115, 116, 129
コサック　155, 177, 178, 180
乞食　272, 483, 499
個人主義　120
個人農（集団化後の）　485, 486, 488-490, 500, 511, 520, 545, 550, 560
個人副業経営　→副業経営
戸籍登録課　481, 496, 497
国家化　391　→コルホーズの国家化

693

個別分離　100, 102
コミッサール　165, 175, 179, 222, 243
コミンテルン　493
コムーナ　コムーナ型　24, 224, 225, 244, 511-513
コムソモール　329, 330, 338, 347, 348, 351, 355, 360, 361, 368, 439-440, 460, 464, 465, 517
雇用ブリガーダ　622
コルホーズ
　　——からの逃亡　26, 492, 500, 569-572, 584-587
　　——農戸　72, 579
　　——の国家化　28, 524, 525, 590, 593
　　——のソフホーズへの転化　46
　　——の大規模化　合併　34, 43-46, 51, 73
　　——の小規模化　45-47
　　——の管理システム　512-522
　　——の発生　511
　　——民主主義　46, 544
　　——問題会議　45, 573, 575, 578, 594
　　共同体の——への転化　21
コンバイン　552, 553, 607, 620
　　——台数の国際比較（1970年代末）608
コンヴェーヤー方式　485, 509

サ行

サークル　339-341, 343, 346-357, 361-372, 376, 377
在郷軍　459, 472　→赤軍
祭日　→祝祭日
採草地　28, 98, 529, 546, 547, 589

作業日の義務的ミニマム　必要最小限　26, 71, 545, 581, 594
雑圃制　89
左派　左翼反対派　407
三圃制　543, 554
シェフ　437
ジェンダー　62, 63
識字率　441, 520
自己課税　379, 382, 384, 406, 415, 418, 419-421, 422, 425, 428, 431, 446, 448, 464, 474
自己義務　420, 427, 428, 431
市場経済　75, 591, 655, 657, 658, 666, 668, 669, 678, 681
自治　→地方自治　→民族自治
失業　645, 647, 657-658, 666-669, 671, 677-679, 682　→労働力
　　隠れた——　675, 677, 679
私的商業　387
私的土地所有　私有化　13, 15, 21, 39, 111, 120, 121, 124, 392, 631, 633-636, 643
私的土地整理　89-90, 92, 98, 100
指導員スタッフ　517, 518
ジニ係数　658, 659
地主　地主制　13, 17, 68, 156-159, 167, 172, 180, 191, 632
死亡率　501
社会主義的競争　474, 557
社会組織　335, 336, 342, 355, 361, 368, 372, 536
社会的強制　420, 421　→自己義務　→連帯責任
社会保障　29, 38, 613
社団的秘密　48, 78
宗教　63, 70, 364, 396, 440, 451, 472, 510

694

事項索引

十字軍遠征　397
収穫の損失　487-488
囚人　囚人労働　617-619
集村化　→フートル
住宅付属地　24, 26, 39, 40-41, 51, 486, 500, 529, 531, 545, 551, 589, 633, 634, 649
　　——の拡大　24, 549, 551, 588
　　——の規模　24, 544, 545, 575, 581
　　——の削減　551, 588-589, 596
　　——の縮小　574-578
　　——の返上　569, 573-577
　　——の割当・分与　71, 527, 579-581, 591, 596
　　——の没収　510
　　——の割替　25, 29, 529
集団化　11, 18, 66, 73-75, 305, 468, 481, 482, 512, 514, 532, 545, 556
　　全面的——　15-25, 27-30, 34, 41, 44, 46, 47, 51, 53, 55, 69, 70, 73, 105, 359, 372, 397, 398, 403, 430, 432-434, 440, 442, 446, 451, 455, 457, 458, 471-473, 481-486, 488, 490, 495, 497-499, 502, 503, 509, 510, 515, 516, 521, 524, 525, 526, 539-541, 556, 585, 591　→階級としてのクラークの絶滅
　　第2期——　44
集団的供出　412-415, 417, 445　→赤い馬車
集団的土地整理　98, 99, 100, 103
祝祭日　73, 294, 300, 306, 323, 524
種子調達　224, 233, 234
出版の自由　337, 342, 349, 360, 363, 364, 372　→壁新聞
シュルツェ原則　113
小家族　→家族
小規模信用　→信用金庫　信用組合

商業村　バザール村　大村　41, 159, 307, 411
商品飢饉　406
商品交換　166, 222, 225-229, 236, 241-243, 248, 251, 373, 401, 409-411, 444　→生産物交換
職員　434-435, 549-552, 555, 560
食糧税　→現物税
食糧徴発隊　259, 260, 263, 264
食糧独裁令　259
女性　農婦　49, 69, 74, 79, 101, 292, 294-323 passim, 324, 325, 347, 350, 351, 357, 364, 561, 619-620
人口
　　——センサス（1897年）　88
　　——センサス（1926年）　433
　　——センサス（1959年）　598
　　——センサス（2002年）　597
　　——の損失　26, 497, 508, 509, 539, 542, 556
　　都市——　542, 561, 562, 586, 598, 600
　　農村——　12, 89, 104, 433, 485, 560, 561, 586, 598, 600, 601, 615
　　農村過剰——　585, 624
　　ピョートルの——調査　595
新コース　437
心性　→メンタリティ
信用金庫　128-141 passim
信用組合　小規模信用　111-146
森林　14
犂　20, 303, 553
スターリン体制　→スターリン（人名索引）
スターリン突撃作業員　519-521, 533, 534
スタハーノフ運動者　518-519, 528

695

ストライキ　371
ストルィピン農業改革　→ストルィピン（人名索引）
すねかじり根性　29, 438, 623, 625
ズヴェノー　527, 528
スプリャーガ　70
スホード（共同体の集会）　19, 30, 101, 166, 184, 388, 391, 394, 411-412, 413, 418-431 passim, 445
　郷——　92
スボートニク（共産主義土曜労働）　206, 207, 215, 371
スモレンスク・アルヒーフ　434, 449
性　317-325　→結婚　ポスィデルキ
生産物交換　227-229, 242, 248
聖職者　127, 292, 303, 317, 331, 332, 370
青年　→若者
製粉所　409, 510
赤軍　153, 156, 158, 168, 170-177, 180, 183, 184, 191, 192, 231, 232, 257-261, 263, 265, 336, 360, 455-479, 557　→兵士
　——の農民的構成　456-459
赤板　510
世代　61, 63, 66, 68, 73, 75, 77, 79, 94, 433, 531
世帯別所有　67, 120
窃盗、泥棒　17, 71, 489, 490, 493, 625
ゼムストヴォ　89, 90, 96, 112-118, 122, 128-130, 139, 141, 142, 144, 195, 538
セリコム　233, 234
セリコル　→農村通信員

全権代表　22, 49, 250, 380, 382-384, 393-395, 409, 416, 417, 425, 432, 518, 557
　——システム　517
戦時共産主義　106, 112, 133, 145, 147, 154, 156, 191, 219, 220, 223, 226, 227, 231, 236, 241, 242, 248, 251, 382, 397, 408, 425, 434, 437, 450, 452
戦争　73, 379, 382, 386, 396-397, 403, 433, 442, 493
　第1次世界大戦　68, 99-105, 111, 145, 253, 254, 259, 397, 433
　第2次世界大戦（大祖国戦争）　23, 24, 72-75, 531, 546-561
　第2次世界大戦後　25, 43, 51, 561, 562, 585
全村分割　98, 101, 104　→オートルプ　→フートル
ソヴェト活発化　341, 363, 437
ソヴェト権力（非ボリシェヴィキ的な）　156-157, 164-166, 174
ソヴェト選挙　49, 438
相互扶助　44, 296
早婚　292, 297, 312, 330　→結婚
相続　35, 37, 39, 54, 88, 111, 120, 121, 631, 635, 647
　長子——制　33
　均分——　121
組織的募集　585
ソフホーズ化　550　→コルホーズのソフホーズへの転化
ソロフキ　430, 526-527
村会決議運動　13, 68

タ行
ダーチャ　634, 635, 649
大家族　→家族

大衆的直接行動　394-396, 401, 455, 456, 468, 476
「大転換」　19, 30
脱集団化　37, 51, 66, 73
脱農民化　12, 43, 46, 71, 441-442, 563, 568, 590
多圃輪作　95, 103, 355, 371, 561, 648
単位収量　収量　485, 487, 540, 541, 545, 550, 554
単一土地分界図村落　90
チェ・カ　→ヴェ・チェ・カ
畜産　140, 486, 487, 520, 523, 530, 536, 543, 550, 552, 554-558 passim, 560, 562, 611
地方自治　13, 16, 70, 403, 419, 591
チャグロ　293, 330
チャストゥーシカ　64, 69, 72, 308, 315, 331, 332
チャパン戦争　157, 191
中央アジア　255, 289, 548
中国　493, 509
長子相続制　→相続
賃金支払遅延　658, 669, 679
ツァーリ　29, 160, 501
定住化　509
泥炭採掘　431
テーニシェフ・フォンド　→テーニシェフ（人名索引）
出稼ぎ　68, 89, 292, 300, 302, 303, 305, 311, 314, 316-318, 323, 324, 326, 330, 351, 487, 500
デツィスト（民主主義的中央集権派）　212, 213
電化　610, 612
展望のない村　34, 46
電話　20, 610, 613, 615-616
ドイツ　ドイツ人　ドイツ軍　25, 74, 104, 157, 159, 175, 253-286 passim, 493, 557　→ヴォルガ・ドイツ人

党（ロシア共産党、全連邦共産党、ソ連共産党）大会
　第8回——　224
　第10回——　219, 220, 229, 235, 236, 239-241, 401
　第13回——　338
　第15回——　16, 378, 407, 437, 438, 444
　第20回——　580, 590
党中央委員会農業部　568-569, 573, 576, 578-580, 583, 584, 589
都市化　12, 34, 46, 66, 71, 598, 600, 609, 623
都市人口　→人口
都市と農村　193, 196, 197, 200, 204, 211, 292, 464, 469, 563, 609, 615
ドジンキ　70
土地
　——永久利用証書　545
　——改革（1990年からの）　631-635, 643, 650, 651
　——改良　371, 608, 648
　——革命　31, 32
　——国有化　167, 191
　——整理　87-106 passim, 371　→私的土地整理　→集団的土地整理
　——整理委員会（ストルィピン改革期）　90-105 passim, 112, 113, 117, 118
　——市場　632-650
　——社会化　105, 106, 191
　——団体　15, 20　→共同体
　——団体の廃止　15-17, 525, 536
　——民有化　632

697

――不足　13, 33, 54, 89, 97
――法典（1922年）　13, 225
――法典（2001年）　631-637, 652
――持分　35, 37, 632-633, 642-649
――問題　116, 117
「土地と自由」　67, 75, 76
トラクター　20, 30, 552, 553, 561, 607, 620
――台数の国際比較（1970年代末）608

ナ行

内戦　193, 194, 199, 211, 212, 220, 223, 227, 249, 452, 512
ナチス　493
怠け者　26, 440
西シベリア蜂起　157, 191, 221, 232
日本　493, 507
ネップ　21, 69, 105, 184, 219, 220, 223, 225, 231, 242, 244-246, 329, 335, 337, 338, 344, 358-360, 388, 397, 404, 433, 444, 450, 452, 456, 511　→反ネップ
ネオ・――　489
年金　年金受給者　613, 633, 644, 645, 647, 658, 667-670, 672, 674, 675, 678, 683
農外雇用　678, 679　→労働力
農業企業　35, 40
農業集約化　537, 553, 555, 560
農業税　355, 374, 378, 382, 383, 401-402, 409, 418, 424, 425, 467, 468, 474, 551, 574-577, 587-588, 594
農業労働者　→バトラーク
農事暦　64
農村居住地点　434, 610-611, 615

農村人口　農村過剰人口　→人口
農村通信員　68, 327, 329, 335, 338-372 passim, 438
――党　349
農村統治　13, 16, 20, 43, 193-194
農村図書室　338, 340, 347, 355, 361, 368, 435
「農村に面を向けよ」　437, 438
「農村派」　22
農奴解放　23, 89, 111, 112, 119, 330
農奴　農奴制　再版農奴制　新農奴制　16, 330, 585-587, 592, 595
農戸分割　→家族分割
農婦　→女性
農民運動　153, 154, 156, 158, 160, 162-164, 171, 172, 185　→農民革命　→農民戦争
農民化　437　→脱農民化
農民改革　→農奴解放
農民革命　13, 14, 55, 62, 68, 163, 167, 183, 185
農民公債　381, 382, 384, 406, 418, 421-425
農民週間　205, 206
農民戦争　68
農民相互扶助委員会　375-376, 377, 420, 423
農民代表人　29, 457, 462, 464
農民同盟（1920年代）　15, 16, 70, 375-378, 405, 438, 469
――（1905年）　93
ノスタルジア　73, 76
ノメンクラトゥーラ　46

ハ行

配給制度　220, 221, 242-244, 542, 556, 558

白軍　　153, 156, 157, 160, 168, 170-174, 179, 181, 182, 257, 258
バザール　　41, 185, 409, 529, 530　→商業村
パスポート　　→国内旅券制
パターナリズム　　29, 52, 391
働く貧困者　　658, 668, 677-679
罰金　　428, 429, 431, 432
バトラーク　　29, 476, 477, 527
バルト沿岸　　88, 97, 133
反キリスト　　396, 421
反ネップ　　69, 404, 433
反ユダヤ主義　　154, 158, 174, 180
ピオネール　　367, 368
非常措置　　18, 378, 379, 381, 385, 387, 394, 397, 406, 409, 417, 429, 467, 475, 516
　　――依存　　379, 385-387, 397
病気　疫病　　21-22, 269, 273-283 passim, 302, 325, 496-497, 542　→飢饉
広幅地条　　89, 103
貧困　　→働く貧困者
　　――指標　　661, 662
　　――線　　656, 657, 662-663
　　――動態　　656, 661-673, 682, 683
　　――リスク　　659-661, 670, 678
　　一時的――　　662-679
　　慢性的――　　662-679
貧農
　　――委員会　　223
　　――グループ　　388
　　――集会　　413
ブィリーナ（口承の英雄叙事詩）　294
フィンランド　　88
フートル　　31-34, 68, 87-106 passim, 118, 119, 261, 331, 392
　　――の集村化　　34, 544, 545
フェルメル　　35-39, 54, 531, 637
フォークロア　　62-65, 69, 71, 160
副業経営　　→住宅付属地
　　コルホーズ員の個人――　　26, 36, 37, 46, 54, 73, 489, 536, 544-546, 550-552, 603-605, 624, 633-635, 642, 643, 649, 662, 672, 674, 678, 682
　　企業の――　　549-550, 552
　　労働者・職員の――　　550-552
付属地　　→住宅付属地　副業経営
フランス　　396
ブリガーダ　ブリガーダ長　　527, 544, 560, 620, 622
　　季節雇用ブリガーダ　　621, 622
ブレスト講和　　191
分村　分村化　　47, 56
兵士
　　帰休――　　464
　　赤軍――　　64, 72, 74, 207, 231, 249, 250, 303, 306, 318, 331, 617, 619　→赤軍
　　第1次大戦のロシア軍――　　104
ペレストロイカ　　54, 66, 219
ベロルシア　　54, 350, 355, 368, 370, 371, 467, 470, 590
ボイコット　　394, 416, 510
蜂起　　27, 119
封建制　　592
ポーランド　　258, 261
暴力　　29, 68, 432, 433, 440, 451
牧草播種　　89, 371
牧草圃輪作方式　　543
保証賃金制　　36, 590, 612
ポスィデルキ（若者の夜の集い）　306, 307, 309, 310, 312, 317, 318, 330,

699

331 →性
捕虜　104

マ行

マースレニッツァ（大斉前の1週間）　306, 309, 322
マスコミ　66
マフノー運動　→マフノー（人名索引）
魔法使い　296, 319, 320, 325, 326　→儀礼
満州　493, 507
ミール　17, 100, 314　→共同体
見えない穀物ストック　374, 402
密造酒　384, 406
三つ叉蜂起　157, 191
民族自治　253, 256, 257
村計画　426, 427-429, 430, 448
村農民委員会　→セリコム
牝牛　12, 143, 305, 499, 533, 535, 612
メンシェヴィキ　49, 204, 230, 411, 414
メンタリティ　心性　22, 23, 29, 62, 93, 94, 119, 137, 144, 145, 389, 392
木材調達　431, 473, 585
モラル・エコノミー　17, 62, 67

ヤ行

遺言　88, 120
遊牧民　431, 509
ユダヤ人　158　→反ユダヤ主義
余剰貨幣　424, 425
予約買付契約　428, 430

ラ行

ラブコル　→労働者通信員
ラブセリコム　→労農通信員

離婚　313-315　→結婚
リューチン綱領　448
ルィセンコ学説　561
ルンペン化　624
連帯責任　連帯責任制　17, 42, 120, 226, 235, 310, 421, 423
労働組合　15, 449, 517
労働者購買部　549
労働者通信員　335
労働流動性　605
労働力　→失業
　――の流出　598, 604, 605, 608, 624
　――不足　605, 609, 619, 620, 623
　潜在的な――の過剰　623, 624　→人口（農村過剰人口）
　農閑期の――利用　603-605
労農通信員　339, 348, 357, 358
労農同盟　11, 219, 244, 413, 423
ローマ教皇　397
ロシア革命
　――1905年　13-15, 111, 119, 121, 144, 145
　――1917年2月　145, 165, 195, 199, 231, 255
　――1917年10月　156, 195, 199, 219, 256, 258, 286
ロシア長期モニタリング調査（RLMS）　661, 663, 665, 682

ワ行

若者　青年　292, 295-298, 303, 304, 306-310, 312, 315-319, 322, 330-332, 347, 364, 368, 433, 436, 440-441, 449, 468, 472, 605, 613, 618
割当徴発　183, 191, 209, 219-222, 224-230, 233-243, 245, 249, 259, 261,

262, 382, 385, 386, 397, 410-412, 417, 430, 484, 509
割替　15, 28, 32, 33, 52-54, 67, 68, 88, 89, 105, 120, 146, 159
　——共同体　21, 120, 146
　——の消滅　88
　——の偽装　89
　周期的——　25
　総割替　158, 159, 167
　無——共同体　88, 120

人名索引

ア行

浅岡善治　　327, 359-361, 363, 364, 372
アニスコフ V. T.　　547
アブラーモフ F.　　21, 27
荒田洋　　250, 444
アルヴァックス M.　　60, 79
アルシーノフ P. A.　　154, 155, 175
アルチュニャン Yu. V.　　547
アンゲル　　172
アントーノフ A. S.　　18, 154, 157, 159, 190, 221, 229, 232, 243, 258
アントーノフ＝オフセーエンコ V. A.　　154, 167, 168, 175-177, 190, 250
アンドレーエフ A. A.　　45, 573
アンドレーエフ V. M.　　205
アンドレーエフ A.　　366
アンバルツーモフ Ye.　　441
イヴァノーフ V.　　520, 534
イヴニツキー N. A.　　502
石井規衛　　444
乾雅幸　　286
イブラギーモワ D. Kh.　　54
イリヌィフ V. A.　　448, 525
イングーロフ S. M.　　345, 356, 363
ヴァイオラ L.　　482
ヴァインシテイン A.　　450
ヴァレイキス I.　　365, 390, 392, 423, 424
ヴァレンチーノフ N.　　414
ウィートクロフト S.　　482, 497, 508
ヴィノグラードフ S.　　408
ヴィリヤムス V. R.　　543

ヴェイツェル I. Ya.　　443
ヴェトシキン M. K.　　198
ヴォイコフ P. L.　　396
ウォーラースティン I.　　595
ヴォーリン B. M.　　163, 185, 187
ヴォローノフ G. I.　　620
ヴォロシーロフ K. E.　　180, 465, 477
ヴラジーミルスキー M. F.　　197, 203, 204
ヴラジーミロフ M. K.　　238
ヴランゲリ A. A.　　173, 182, 191, 223, 258
ウリツキー S. B.　　360
ウンシュリフト I. S.　　477
エイヘ R. I.　　415
エイスモント N. B.　　405
エカチェリーナ2世　　254
エシコフ S. A.　　13, 15, 16, 18, 19, 190, 444
絵所秀紀　　679
エフィメンコ A. Ya.　　14
エフェーリナ T. V.　　22, 23
エフェーリン Yu. G.　　22, 23
エフゲーノフ S.　　343-345
エリツィン B.　　35, 37, 51
エンジェルシュテイン L.　　291
大蔵公望　　216
奥田央　　15, 26, 48-56, 286, 289, 442, 444, 446-451, 482, 504
オシンスキー N.（オボレンスキー V. V.）　　198, 222, 224, 225, 230
オスコールコフ Ye. N.　　502
オストロフスキー V. B.　　36
オリスキー Ya. K.　　477
オルジョニキッゼ S.　　466

703

カ行

カーメネフ L. B. 180, 198, 207, 208, 222, 228, 241, 242, 247
ガイステル A. I. 402
カガノーヴィチ L. M. 29, 198, 427, 492, 495
ガゲン・トルン 301
梶川伸一 26, 52, 215, 246-251, 286, 444
カチャロフスキー K. 55
ガネンコ 578-582
カバーノフ V. V. 47, 49, 112, 224
ガマルニク Ya. B. 472
ガラクチオーノフ A. N. 198
カリーニン M. I. 29, 30, 232, 259, 336, 343, 420, 421, 436-437, 441, 519
ギンペリソン Ye. G. 450
クヴィーリング Em. I. 443
ククーシキン Yu. S. 16
クバーニン M. I. 154, 158
クビャーク N. A. 416
クラーギン 573
クリヴォシェイン A. V. 100, 102, 103
グリゴリエフ N. 172, 173, 175, 180
クリスチャン D. 446
クリッツマン L. 154
クルイジヌイ A. Ye. 119
グルムナーヤ M. N. 21, 25, 28, 50, 51
クレスチンスキー N. N. 197, 198
ケスラー J. 255
ゲルマン A. A. 279
コヴァリョーフ D. V. 15, 31, 53
ゴーリキー M. 168
コシオール S. V. 437, 438, 440
小島修一 55

コズノワ I. Ye. 15, 16, 23, 25, 37-39, 41, 46, 50-52
コズロフ A. I. 573
コノヴァーロフ I. N. 112
コルチャーク A. V. 258
ゴルドン 411, 412, 416, 427
コルニーロフ G. Ye. 24, 442
コレーリン A. P. 112
ゴレムィキン I. L. 254
ゴロヴァーノフ V. L. 155
ゴロシチョーキン F. I. 509
コロチロフ G. 279
コンドラーシン V. V. 13, 26, 27, 55, 432, 510

サ行

ザードフ L.（ゼニコフスキー）161
サヴェリエフ 583
阪本秀昭 286
ザゴルスキー V. M. 200
サフォーノフ D. A. 227
サプローノフ T. V. 197, 200, 212
ジェルジンスキー F. E. 232
シェレメチェフ P. S. 96
塩川伸明 593
塩原俊彦 680, 681
ジダーノフ A. A. 30
シチャーギン E. M. 105
ジノーヴィエフ G. Ye. 180, 236
島田孝夫 212
シメリョーフ G. 40, 41
ジャーキン V. S. 112
シャーニン T. 65, 186
シャルィギン 534
シュシキン N. N. 547
シュロイニング J. 255, 263, 264

ジュンコフスキー V. F.　97
ショーター E.　291
ズィマー V. F.　585, 586
ズィリャーノフ P. N.　88
スィルツォフ S. I.　179, 427
スヴィチェルスキー A. I.　219, 227, 234, 246
スカーチコ A. I.　176
スコット J. C.　17
スコロパツキー P. P.　157, 191
鈴木健夫　26, 51
スターリン I. V.　11, 12, 16, 18, 19, 24, 29, 30, 35, 46, 53, 180, 256, 292, 363, 379-381, 389, 403, 406-409, 414, 421, 427, 430, 433, 440, 441, 443, 444, 450, 451, 466, 467, 481, 482, 484, 485, 488, 491-495, 500-503, 509, 510, 519, 534, 536, 539, 544, 569, 573, 576, 577, 582, 584-588, 592-594
ストルィピン P. A.　14, 31-33, 76, 87, 91, 96-101, 105, 106, 111, 112, 117, 120, 121, 144, 146, 331
ストルーク　172
ズプコフ M.　209, 210
ズブリーリン A. A.　48
スミス R. E. F.　446
スミドーヴィチ P. G.　197, 209
スミルノーフ A.　260, 437
スラービン　477
ズラーボフ M.　682
セミョーノフ S. T.　92, 93
セミョーノワ・チャン・シャンスカヤ O. P.　298, 321
ゼリョーヌィ　172
ゼレーニン I. Ye.　24, 49, 516
ゼレンスキー I. A.　203
ソコロフスキー　172

タ行
高橋一彦　328, 332
武田友加　679, 682
ダーリ V. I.　293
ダニーロフ V. P.　13, 21, 32, 49, 433, 444, 503, 543
ダニーロワ L. V.　21, 22, 27
渓内謙　18, 50, 196, 211, 212, 220, 246, 363, 432, 445, 452
田畑伸一郎　680, 681
タルホワ N. S.　13
チェイチ L.　414
チェニーキン A. I.　154, 172, 173, 175, 179, 182, 191, 258, 260
崔在東（チェ・ゼドン）　31, 147, 149, 151
チャン＝シャンスカヤ　→セミョーノワ・チャン・シャンスカヤ O. P.
チュツカエフ S. Ye.　228
チュカフキン V. G.　98, 103
チュフリッタ G. V.　411, 412
チュベンコ　162
ツィフツィヴァゼ I. V.　200
ツォーベル G.　289
ツュルーパ A. D.　226, 233, 236, 248, 259-261
デイヴィス R. W.　482, 595
ディモーニ T. M.　27-29, 567, 568, 586, 592
テーニシェフ V. N.　317, 328
ドィベンコ P. E.　175, 177
ドゥブロフスキー S. M.　47
トゥリツェヴァ L. A.　324
トハチェーフスキー M. N.　190
土肥恒之　595
ドミトレンコ V. P.　226, 247, 251
トルストイ L. N.　13

トルストイ A. N.　161
トルブニコフ A. A.　96
トロツキー L. D.　178-181, 192, 222, 236, 238, 249

ナ行

ナウハツキー V. V.　591, 592
中村喜和　333
中山弘正　596
ナンセン F.　278
ニキーフォロワ M.　162, 177
ニコライ2世　13, 254
西村可明　589, 593, 596, 680
ネムチーノフ V. S.　402
ノーヴ A.　594, 595
ノーソフ　206
野部公一　35, 54, 651
ノラ P.　59, 79

ハ行

パヴリュチェンコフ S. A.　212, 231
ハタエーヴィチ M. M.　425, 428, 436, 441, 495, 510
畠山禎　330
パトーリチェフ　590
バフチン M. M.　72
パフマン S. V.　14
坂内徳明　328
半谷史郎　289
肥前栄一　330
ヒトラー　493
ピョートル1世　586, 587
ビルン I. G.　380, 390
広岡直子　327, 329, 332
ヒンチューク L. M.　404
フィッツパトリック S.　482, 585, 586

フーヴァー H.　278
プーチン V. V.　636
フェノメーノフ M. Ya.　14, 308, 309, 326
ブハーリン N. I.　232, 363, 375, 407, 425, 438, 450, 467
ブブノフ A. S.　462, 465, 477
フリャーシチェワ A. I.　402
プリャドチェンコ G.　381
ブリュハーノフ N. P.　227, 273, 423
フルシチョフ N. S.　19, 25, 46, 536, 569, 570, 573, 577, 578, 580, 583, 584, 587, 588
ブルデュー P.　61
プレオブラジェンスキー E. A.　237
プレハーノフ G. V.　414
フロイト S.　60
ブロック M.　60
プロトニコフ V. A.　70
ヘイシン M. L.　119
ペヴズネル　415
ベーレニキー M.　428
ベズニン M. A.　586
ペティン K.　256
ペトリューラ S. V.　159, 172, 175, 176, 191, 494
ペトロフスキー G. I.　492
ペナー D.　482
ベネヂクトフ I. A.　45
ベルグソン H.　60
ベルシン P. N.　15, 119
ベルンシュターム T. M.　306, 317, 323
ベローフ V.　22
ボグダーノフ N.　224
ポクロフスキー M. N.　186
ボゴヴォイ I.　348

ポストィシェフ P. P.　　447
ポドヴォイスキー N.　　168, 177
ポポーフ P. I.　　402
ポポーフ V. P.　　25, 51
ポリドーロフ S. I.　　209
ポリャーコフ Yu. A.　　219

マ行
マーズル L. N.　　25, 596
マクシーモフ S. V.　　312
マクスードフ S.　　449
増谷英樹　　360
松井憲明　　51, 594, 596
マツケーヴィチ V. V.　　583
松里公孝　　212
マフノー N. I.　　153-185, 191, 192, 221, 229, 232, 238, 258
マルクス　　12, 225
マレンコフ G. M.　　43, 573, 577
マンスーロフ A. A.　　327
ミコヤン A. I.　　379, 404, 407-412, 416, 425-427, 443, 447, 485
ミャスニコフ A. F.　　202-204, 206
ミリューチン V. P.　　242
ムィシキン Yu. S.　　202
ムゲラッゼ I. V.　　198
メット I.　　185
メルル S.　　482
モール A.　　270
モロトフ V. M.　　16, 245, 246, 450, 491, 493-495, 500, 510

ヤ行
ヤゴーダ G. G.　　466, 477
保田孝一　　55
山崎孝治　　679
山田昌弘　　327

山村理人　　596, 651
ヤコヴェンコ　　570
ヤコヴレフ Ya. A.　　435
ユング C.　　60

ラ行
ラーリン Yu.　　226
ラコフスキー H.　　167-168, 177
ラスプーチン V.　　21-22
良知力　　360
リシツィン A. Ye.　　209
リヴリン L. S.　　202
リトヴィーノフ M. M.　　278
リャザーノフ D. B.　　238
リューチン M. N.　　→リューチン綱領
ルイコフ A. I.　　230, 407, 424, 437, 443
ルイセンコ T. D.　　→ルイセンコ学説
ルチンチョフ　　117
レヴィン M.　　482, 504
レーニン V. I.　　11, 160, 180, 202, 219-225, 227-231, 235-241, 246, 248, 257, 259-261, 266, 273, 341, 494, 510
レーパ A. K.　　416, 426
ロイター E.　　256
ロゴフ M. I.　　209
ロバーノフ　　584
ロメイコ A. G.　　395, 396

ワ行
和田春樹　　212

著者紹介 (執筆順)

奥田央 (おくだ・ひろし) (1947年)
東京大学・大学院経済学研究科・教授
『コルホーズの成立過程―ロシアにおける共同体の終焉』(1990年);『ヴォルガの革命―スターリン統治下の農村』(1996年);『20世紀と農村ロシア』(編、2005年、露文) など

コズノワ イリーナ
ロシア科学アカデミー・哲学研究所・上級研究員
『ロシア農民の社会的記憶のなかの20世紀』(モスクワ、2000年);『多ウクラード的農業経済とロシア農村(20世紀80年代中頃から90年代)』(共著、モスクワ、2001年);「ロシア農民の記憶のなかの農業変革」(『社会学研究』2004年第12号所収) など

コヴァリョーフ ドミトリー (1970年)
モスクワ国立教育大学・ロシア現代史講座・教授
『転換の10年間1917〜1927年におけるモスクワ郊外の農民』(モスクワ、2000年);「19世紀末〜20世紀第1四半期ロシアの農民経営における近代化過程の歴史から(モスクワ近郊の史料による)」(『祖国史』2002年第5号所収);『20世紀第1四半期の首都圏における農業変革と農民』(モスクワ、2004年) など

崔在東（チェ・ゼドン）（1964年）
慶應義塾大学・経済学部・助教授
「ストルィピン農業改革とモスクワ県ゼムストヴォ」（『土地制度史学』1996年第152号所収）；「ストルィピン農業改革期ロシアにおける遺言と相続」（『ロシア史研究』2002年第71号所収）；「ストルィピン農業改革期ロシアにおける私的所有・共同所有および家族分割」（『歴史と経済』2003年第178号所収）など

コンドラーシン　ヴィクトル（1961年）
ペンザ国立教育大学・歴史学部・教授
『1918～1922年における沿ヴォルガの農民運動』（モスクワ、2001年）；『飢饉：ソヴェト農村における1932～1933年（沿ヴォルガ、ドン、クバンの史料による）』（共著、サマーラ-ペンザ、2002年）；「大祖国戦争期におけるソ連の農民と農業」（『ロシア科学アカデミー・サマーラ学術センター・イズヴェスチヤ』2005年第7巻第2号所収）など

池田嘉郎（いけだ・よしろう）（1971年）
新潟国際情報大学・情報文化学部・講師
「内戦期のモスクワにおける党と行政」（『スラヴ研究』2004年第51号所収）；「革命期ロシアにおける全般的労働義務制」（『史学雑誌』2005年第114編第8号所収）；「革命期ロシアにおける労働とネイション・ビルディング」（『ロシア史研究』2006年第78号所収）など

梶川伸一（かじかわ・しんいち）（1949年）
金沢大学・文学部・教授
『飢餓の革命―ロシア十月革命と農民』（1997年）；『ボリシェヴィキ権力とロシア農民―戦時共産主義下の農村』（1998年）；『幻想の革命―十月革命からネップへ』（2004年）など

著者紹介

鈴木健夫(すずき・たけお)（1943年）
早稲田大学・政治経済学術院・教授
『帝政ロシアの共同体と農民』（1990年）；『近代ロシアと農村共同体―改革と伝統』（2004年）；『ロシアとヨーロッパ―交差する歴史世界』（編、2004年）など

広岡直子(ひろおか・なおこ)（1959年）
東京外国語大学・外国語学部・非常勤講師
「リャザーニ県における出生率の推移とその歴史的諸原因」（『ロシア農村の革命―幻想と現実』1993年所収）；「ロシア農村の伝統世界―農民暦を読む」（『スラブの社会』1995年所収）；「現代ロシア農業への歴史的視座―デニーソヴァとポポフを読む」（『PRIME（明治学院大学国際平和研究所）』2001年第14号所収）など

浅岡善治(あさおか・ぜんじ)（1972年）
福島大学・人文社会学群・人間発達文化学類・助教授
「ネップ期ソ連邦における農村通信員運動の形成―『貧農』『農民新聞』の二大農民全国紙を中心に」（『西洋史研究』1997年新輯第26号所収）；「『ソヴィエト活発化』政策期におけるセリコル迫害問題と末端機構改善活動」（『ロシア史研究』1998年第63号所収）；「ボリシェヴィズムと『出版の自由』―初期ソヴィエト出版政策の諸相」（『思想』2003年8月号所収）など

エシコフ　セルゲイ（1952年）
タンボフ国立技術大学・国家と法（歴史と理論）講座主任
『ネップ期（1921～1928年）におけるタンボフ県の農民経営』（タンボフ、2004年）；『中央黒土の集団化：前提と遂行（1929～1933年）』（タンボフ、2005年）；「改革後農村の土地諸関係：研究史の諸問題」（論文集『人文科学：問題と解決』第4部、ペテルブルグ、2006年）など

711

タルホワ　ノンナ
ロシア国立戦争公文書館・文書公刊部・部長
『軍と農民：赤軍とソヴェト農村の集団化　1928〜1933年』（モスクワ‐ペテルブルグ、2006年）；文書資料集『ロシアの農民革命　1902〜1922年』（モスクワ、2000年〜継続刊行中）；文書資料集『ソヴェト農村の悲劇　1927〜1939年』（モスクワ、2000年〜継続刊行中）など

グルムナーヤ　マリーナ
国家行政北西部アカデミー・ヴォログダ市支部・人文社会系学科講座主任・助教授
「1920年代末〜1930年代ロシア・ヨーロッパ北部におけるコルホーズの土地利用」（『20世紀の北部農村』第2部、ヴォログダ、2001年所収）；「大祖国戦争期におけるロシア・ヨーロッパ北部のバザール商業」（『1941−1946年　戦争の教訓』ヴォログダ、2006年）など

コルニーロフ　ゲンナジー（1951年）
ロシア科学アカデミー・ウラル支部・歴史考古学研究所・主任研究員
『大祖国戦争期（1941〜1945年）のウラル農村』（エカテリンブルグ、1990年）；『人口発展史』（共著、エカテリンブルグ、1996年）；文書資料集『20世紀ウラルの食糧の安全　1900〜1984年』（全2巻、エカテリンブルグ、2000年）など

松井憲明（1946年）
釧路公立大学・経済学部・教授
「ソ連のコルホーズ農戸について」（『スラヴ研究』第33号、1986年）；「旧ソ連におけるコルホーズ員の農家付属地の性格について」（釧路公立大学 Discussion Paper Series, 1999年）；「ソ連時代の農民家族」（『ロシア史研究』第74号、2004年）など

著者紹介

ナウハツキー　ヴィターリー（1955年）
ロストフ国立経済大学・歴史学政治学講座・教授
『農業とロシア農村の近代化　1965～2000年』（ロストフ・ナ・ドヌー、2003年）；『1965～1991年におけるロストフ州農村の社会的分野の発展』（共著、ロストフ・ナ・ドヌー、2005年）；「60年代～80年代ソ連の農業生産の動態：特質、問題、矛盾」（『ロストフ国立経済大学通報』2005年第1号所収）など

野部公一（のべ・こういち）（1961年）
専修大学・経済学部・教授
「処女地開拓とフルシチョフ農政」（『社会経済史学』1990年第56巻第4号所収）；「コルホーズのソフホーズへの転換──1954～1965年」（『政治経済改革への途』1991年所収）；『CIS農業改革研究序説』（2003年）など

武田友加（たけだ・ゆか）（1972年）
東京大学・大学院経済学研究科・助手
「移行初期ロシアにおける不平等の固定化と貧困　賃金支払遅延と第2雇用」（『スラヴ研究』2000年第47号所収）；「1990年代ロシアの貧困動態　貧困者間の相違性の把握」（『スラヴ研究』2004年第51号所収）；「移行経済下ロシアの貧困緩和と貧困化の決定要因　都市と農村」（『経済学論集』2006年第72巻第1号所収）など

ОГЛАВЛЕНИЕ

ВМЕСТО ПРЕДИСЛОВИЯ

Хироси Окуда
История российского крестьянства XX века
и крестьянская община 11

I

ИСТОРИЯ И СОВРЕМЕННОСТЬ

Ирина Кознова
Историческая память российского крестьянства в XX веке 59

II

ДОКОЛХОЗНОЕ КРЕСТЬЯНСТВО

Дмитрий Ковалёв
Столыпинская землеустроительная политика
и крестьянство столичных губерний России 87

Джаедонг Чой
Крестьянские кредитные товарищества
в России в 1904-1919 годах 111

Виктор Кондрашин
Махновщина: крестьянское движение
в Украине в 1918-1921 годах 153

Ёсиро Икэда
Город-губерния как форма управления деревней
в 1918-1921 годах 193

Синъити Кадзикава
Коммунистическая «иллюзия» и кризис 1921 года
Идеал и реальность натурального налога 219

Такэо Судзуки
«Погребальные звоны раздаются на Волге»: голод
1921-1922 годов и немцы Поволжья 253

Наоко Хироока
Любовь, брак и семья в жизни русского крестьянина-общинника
(1880-1920-е годы) 291

Дзэндзи Асаока
Деревенская стенгазета при НЭПе — попытка
«свободы печати» в низах 335

Сергей Есиков
 Хлебозаготовительный кризис и социально-политическая ситуация
 в деревне Центрального Черноземья (1927-1929 годы) ·············373
Хироси Окуда
 Конец НЭПа в деревне ···403

III

КОЛХОЗНОЕ КРЕСТЬЯНСТВО

Нонна Тархова
 «Крестьянские настроения» в Красной Армии
 в 1928-1931 годах ···455
Виктор Кондрашин
 Голод 1932-1933 годов в России и Украине:
 трагедия советской деревни ·······································481
Марина Глумная
 Колхозы, крестьянство и власть на Европейском Севере России
 в 1920-1930-е годы ···511
Геннадий Корнилов
 Трансформация аграрной сферы Урала
 в первой половине XX века ···537
Нориаки Мацуи
 Пути преобразования колхозной системы в 1952-1956 годах ···········567
Виталий Наухацкий
 Трудовой потенциал села Ростовской области 60-80-х годов
 XX века: опыт административного регулирования ·····················597

IV

ПОСТСОВЕТСКОЕ КРЕСТЬЯНСТВО

Коити Нобэ
 Оборот земель сельскохозяйственного назначения
 в России (1999-2003 гг.)··631
Юка Такэда
 Динамика сельской и городской бедности
 в российской переходной экономике ·································655

Послесловие
Предметно-тематический указатель
Именной указатель

20世紀ロシア農民史

2006年11月7日　初版第1刷発行

編　者＊奥田　央
発行人＊松田健二
発行所＊株式会社社会評論社
　　　　東京都文京区本郷2-3-10 お茶の水ビル
　　　　☎03(3814)3861　FAX.03(3818)2808
　　　　http://www.shahyo.com
印　刷＊株式会社ミツワ
製　本＊東和製本

Printed in Japan

レーニン・革命ロシアの光と影

上島武・村岡到編　A5判★3200円＋税
ボルシェビキの指導者・レーニンの理論・思想・実践を多角的に解明する共同研究。革命ロシアの光と影を浮き彫りにする現代史研究の集大成。上島武・梶川伸一・森岡真史・川端香男里・村岡到・太田仁樹・千石好郎・斉藤日出治・島崎隆・堀込純一

二〇世紀の民族と革命
世界革命の挫折とレーニンの民族理論
白井朗　A5判★3600円＋税
世界革命をめざすレーニンの眼はなぜヨーロッパにしか向けられなかったのか。ムスリム民族運動を圧殺した革命ロシアを照射し、スターリン主義の起源を解読する。

マフノ運動史1918-1921
ウクライナの反乱・革命の死と希望
ピョートル・アルシノフ／郡山堂前訳　A5判★3800円＋税
ロシア革命後、コサックの地を覆った反乱、それは第一に、国家を信じることをやめた貧しい人々の、自然発生的な共産主義への抵抗運動だった。運動敗北後にベルリンでつづられた、党国家官僚との論争の熱に満ちた当事者によるドキュメント。

国際スパイ・ゾルゲの世界戦争と革命

白井久也編著　A5判★4300円＋税
日米開戦の前夜、1941年10月にリヒアルト・ゾルゲ、尾崎秀実ら35名がスパイとして一斉検挙された。44年11月7日、主犯格のゾルゲと尾崎は処刑される。ロシアで公開された新資料を駆使して、ゾルゲ事件の真相をえぐる20世紀のドキュメント。